“十二五”职业教育国家规划教材
经全国职业教育教材审定委员会审定
全国林业职业教育教学指导委员会“十二五”规划教材

林业“3S”技术

李云平　韩东锋　主编

中国林业出版社

内容简介

本教材结合林业生产的特点，全面详细地介绍了全球定位系统(GPS)、地理信息系统(GIS)和遥感(RS)的概念、特点和软件操作。全书分为4个单元9个项目，详细叙述了“3S”技术在林业上的应用方法和技巧。主要内容包括：手持GPS的使用、林业遥感影像预处理、图像增强处理、林地利用分类图的制作、ArcGIS 10.0基础操作、林业空间数据采集与编辑、林业专题地图制图、林业空间数据的空间分析和“3S”技术在林业生产中的综合应用等。书中配有大量有实际背景的应用实例并给出了详细地操作步骤，供参考使用。

本教材强调新颖性、实用性、技巧性、全面性和实战性，注重理论与实践的结合，是全国林业高职院校涉林专业师生必需的教材，既可作为“3S”技术专业人员的工具书，也可作为林业技术人员的指导书。

图书在版编目(CIP)数据

林业“3S”技术 / 李云平，韩东锋主编. —北京：中国林业出版社，2014.12(2019.6重印)
“十二五”职业教育国家规划教材 经全国职业教育教材审定委员会审定 全国林业职业教育教学指导委员会“十二五”规划教材
ISBN 978-7-5038-7808-4

Ⅰ.①林… Ⅱ.①李… ②韩… Ⅲ.①地理信息系统-应用-林业-高等职业教育-教材 ②全球定位系统-应用-林业-高等职业教育-教材 ③遥感技术-应用-林业-高等职业教育-教材 Ⅳ.①S7-39

中国版本图书馆CIP数据核字(2015)第000748号

国家林业局生态文明教材及林业高校教材建设项目

中国林业出版社·教育出版分社
策　划：肖基浒　牛玉莲　　　　责任编辑：肖基浒
电　话：(010)83143555　　　　传　　真：(010)83143516
E-mail：jiaocaipublic@163.com

出版发行：中国林业出版社(100009　北京市西城区德内大街刘海胡同7号)
电话：(010)83143500
http：//www.forestry.gov.cn/lycb.html
经　　销：新华书店
印　　刷：三河市祥达印刷包装有限公司
版　　次：2015年3月第1版
印　　次：2019年6月第5次印刷
开　　本：787mm×1092mm　1/16
印　　张：29
字　　数：724千字
定　　价：61.00元(赠光盘)

《林业"3S"技术》
编写人员

主　编

李云平　山西林业职业技术学院

韩东锋　杨凌职业技术学院

副主编

范晓龙　山西林业职业技术学院

靳来素　辽宁林业职业技术学院

编写人员（按姓氏笔画排序）

亓兴兰　福建林业职业技术学院

买凯乐　广西生态工程职业技术学院

李云平　山西林业职业技术学院

陈德成　河南林业职业学院

范晓龙　山西林业职业技术学院

黄寿昌　广西生态工程职业技术学院

韩东锋　杨凌职业技术学院

靳来素　辽宁林业职业技术学院

序

为了推动林业高等职业教育的持续健康发展，进一步深化高职林业技术专业教育教学改革，提高人才培养质量，全国林业职业教育教学指导委员会（以下简称“林业教指委”）按照教育部的部署，对高职林业类专业目录进行了修订，制定了专业教学标准。在此基础上，林业教指委和中国林业出版社联合向教育部申报“高职‘十二五’国家规划教材”项目，并于2013年11月12～14日在云南昆明召开了“高职林业技术专业‘十二五’国家规划教材”和部分林业教指委“十二五”规划教材编写提纲审定会议，开始了2006年以来的新一轮的高职林业技术专业教材的编写和修订工作。根据高职林业技术专业人才培养工作需要，编写了《森林环境》《森林植物》《林木种苗生产技术》《森林经营技术》《森林营造技术》《森林资源经营管理》《森林调查技术》《林业有害生物控制技术》《林业法规与执法实务》《林业“3S”技术》《植物组织培养技术》《森林防火》共12部教材。本套教材的编写，凝聚着全国林业类高职院校2006年以来的教育教学改革的成果和从教的广大教师、专家的教学科研成果，特别是课程改革的成果。有些为省部级精品课程、国家精品课程和国家精品资源共享课程，如《林业种苗生产技术》教材是辽宁林业职业技术学院从2006年开始深化二轮课程改革打造的国家精品课程和国家精品资源共享课程，在此基础上，结合全国其他学校改革成果编写而成的。既满足林业技术专业对人才培养的需要，又符合人才培养规律、职业教育规律和生物学规律，是一部优秀的高职林业技术专业教材。

本套教材坚持积极推进学历证书和职业资格证书“双证书”制度，促进职业教育的专业体系、课程内容和人才培养方式更加适应林业产业需求、职业需求。在教材编写中，坚持职业教育面向人人，增强职业教育的包容性和开放性。教材内容以林业技术专业所覆盖的岗位群所必需的专业知识、职业能力为主线，采取能够增强学生就业的适应能力、实际应用能力、提高职业技能的课程项目化方法，有利于促进高职院校采取行之有效的项目化课程教学的新型模式。

本套教材适用范围广，应用面宽。既可作为全国高职林业技术专业学生学习的教材，又适用于全国林业技术培训用书，还可以作为全国林业从业人员的专业学习用书。

我们相信本套教材必将对我国高等职业教育林业技术专业建设和教学改革有明显的促进作用，为培育合格的高素质技能型林业类专业技术人才作出贡献。

全国林业职业教育教学指导委员会
2014年6月

前言

“3S”信息技术属于新技术、新方法，在林业生产中无论是常规的森林资源调查、森林资源经营管理、森林营造和森林管护，还是目前林业生态环境工程建设项目，如退耕还林(草)、天然林保护、防护林工程等均用到“3S”信息技术。因此，在高职院校林业技术专业开设《林业“3S”技术》课程非常必要。

通过课程的学习，让学生掌握遥感技术(RS)、全球定位系统(GPS)、地理信息系统(GIS)基础理论知识，学会ERDAS 9.2、ENVI、ArcGIS 10.0等相关软件的使用，具备使用这些软件进行遥感图像数字化处理、制作遥感专题图；用手持GPS进行导航、定位、面积求算，采集数据，并将采集到的数据传输到ArcGIS系统中；ArcGIS中建立数据库，简单的矢量数据和栅格数据处理，建立空间分析和三维立体动画的技能，为林业生产服务。

本教材体例新(项目任务式)、内容新(新技术、新软件使用)，少理论、多实践、多操作，避免了市场上现有书籍不足，便于教师讲授和学生学习。

全书分为4个模块9个项目。具体的编写分工如下：

项目1　手持GPS的使用，河南林业职业学院　陈德成编写

项目2　林业遥感影像预处理，辽宁林业职业技术学院　靳来素编写

项目3　图像增强处理，广西生态工程职业技术学院　买凯乐编写

项目4　林地利用分类图的制作，福建林业职业技术学院　亓兴兰编写

项目5　ArcGIS 10.0基础操作，山西林业职业技术学院　李云平编写

项目6　林业空间数据采集与编辑，杨凌职业技术学院　韩东锋编写

项目7　林业专题地图制图，山西林业职业技术学院　范晓龙编写

项目8　林业空间数据的空间分析，山西林业职业技术学院　范晓龙编写

项目9　“3S”技术在林业生产中的综合应用，广西生态工程职业技术学院黄寿昌编写

大家在学习过程中应多加思考，领会每一步操作的深层含义后。再根据书本给出的参数获得操作结果后，可以尝试使用不同的参数设置进行反复练习，对比、分析相应的运行结果，这对于综合应用和深度掌握“3S”技术是大有裨益的。

本书的编写得到中国林业出版社牛玉莲、肖基浒，全国林业职业教育教学指导委员会贺建伟的大力指导和支持；辽宁林业职业技术学院王巨斌通力合作与协调；参编人员夜以继日，呕心沥血；参编教师单位提出了宝贵意见和建议，在此一并致谢！

虽然本书编写数易其稿，但由于编者水平有限，错误与不妥之处在所难免，敬请读者批评指正！

编　者

2014年4月

目录

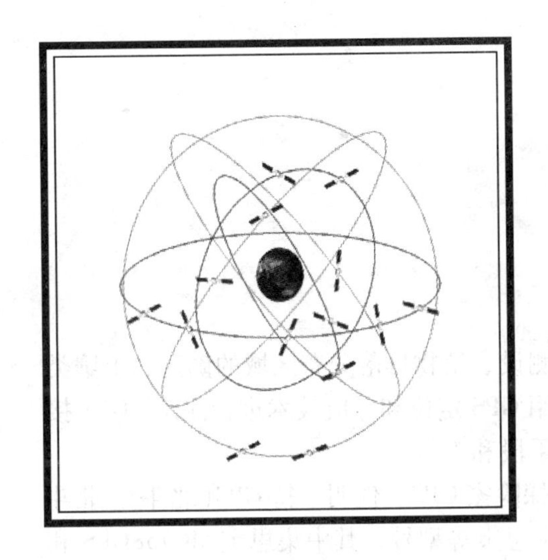

模块1 GPS在林业生产中的应用

项目1　GPS的使用

GPS在林业生产中主要用于导航、定位、测算面积。目前所用GPS种类、型号很多，不同类别手持GPS接收机使用方法不同。本单元主要阐述了我国北斗卫星导航系统、集思宝MG758GPS和S760GPS配合GIS在林生产上的应用，本学习单元包括1个学习项目共3个工作任务。

项目1

GPS的使用

在林业生产中，森林位置和面积测绘、苗圃地测设、植物群落分布区域的确定、土壤类型的分布调查、境界勘测等工作，都可以采用GPS定位和导航技术进行测定，GPS接收机已经成为森林资源调查、监测与管理的主要手段和工具。

目前生产中常用的手持GPS接收机有麦哲伦探险家GPS、佳明手持GPS(北斗)、北斗华宸手持GIS(带北斗定位)、中海达GPS、南方集思宝等型号，其中集思宝MG758GPS和S760GPS是近年来应用较多，使用非常方便的一种类型。它们的优点是可以将外业测定数值直接导入ArcGIS 10.0软件中，还可以与CASS地形地藉成图软件配合使用进行成图。

知识目标

1. 了解我国北斗卫星导航系统。
2. 掌握手持集思宝MG758应用的基本理论知识。
3. 学会集思宝MG758GPS和S760GPS手持机的应用。

技能目标

1. 学会使用MG758和S760GPS手持机进行数据采集和管理，包括利用GPS创建点、线和面。
2. 学会数据编辑、保存和导出。

任务1

北斗卫星系统

→任务描述

北斗卫星导航系统是我国正在实施的自主研发、独立运行的全球卫星导航系统，可在全球范围内全天候、全天时提供高精度、高可靠的定位、导航和授时服务。

→任务目标

了解我国北斗卫星导航系统发展现状及北斗系统空间信号特征，理解北斗系统的基本组成。

→知识准备

1.1.1 北斗卫星导航系统概述

北斗卫星导航系统(BeiDou Navigation Satellite System)是我国正在实施的自主研发、独立运行的全球卫星导航系统，缩写为BDS，与美国全球卫星定位系统的(GPS)、俄罗斯的格洛纳斯、欧盟的伽利略系统兼容共用的全球卫星导航系统，并称全球四大卫星导航系统。

北斗卫星导航系统由空间段、地面段和用户段三部分组成。空间端包括5颗静止轨道卫星和30颗非静止轨道卫星。地面端包括主控站、注入站和监测站等若干个地面站。用户端由北斗用户终端以及与美国GPS、俄罗斯“格洛纳斯”(GLONASS)、欧盟“伽利略”(GALILEO)等其他卫星导航系统兼容的终端组成。

北斗卫星导航系统已成功发射四颗北斗导航试验卫星和十六颗北斗导航卫星，将在系统组网和试验基础上，逐步扩展为全球卫星导航系统。

北斗系统在继续保留北斗卫星导航试验系统有源定位、双向授时和短报文通信服务基础上，向亚太大部分地区正式提供连续无源定位、导航、授时等服务。北斗卫星系统已经对东南亚实现全覆盖，可在全球范围内全天候、全天时，为各类用户提供高精度、高可靠的定位、导航、授时服务，包括开放服务和授权服务两种方式。开放服务是向全球免费提供定位、测速和授时服务，定位精度10m，测速精度0.2m/s，授时精度10nm。授权服务是为有高精度、高可靠卫星导航需求的用户，提供定位、测速、授时和通信服务以及系统完好性信息。我国以后生产定位服务设备的生产商，都将会提供对GPS和北斗系统的支持，会提高定位的精确度。

系统评价北斗导航终端与GPS、“伽利略”和“格洛纳斯”相比，优势在于短信服务和导航结合，增加了通讯功能；全天候快速定位，极少的信号盲区，精度比GPS高。

1.1.2 术语和定义、缩略语

利用北斗卫星导航系统播发的公开服务信号，来确定用户位置、速度和时间的无线电导航服务。北斗卫星导航系统常用下列缩略语。

BDS：BeiDou Navigation Satellite System，北斗卫星导航系统，简称北斗系统；

BDT：BeiDou Navigation Satellite System Time，北斗时；

CGCS2000：China Geodetic Coordinate System 2000，2000中国大地坐标系；

GEO：Geostationary Earth Orbit，地球静止轨道；

ICD：Interface Control Document，接口控制文件；

IGSO：Inclined Geosynchronous Orbit，倾斜地球同步轨道；

MEO：Medium Earth Orbit，中圆地球轨道；

NAV：Navigation（as in“NAV data”or“NAV message”），导航；

OS：Open Service，公开服务；

RF：Radio Frequency，射频；

PDOP：Position Dilution Of Precision，位置精度因子；

SIS：Signal In Space，空间信号；

TGD：Time Correction of Group Delay，群延迟时间改正；

URAE：User Range Acceleration Error，用户距离误差的二阶导数；

URE：User Range Error，用户距离误差；

URRE：User Range Rate Error，用户距离误差的一阶导数；

UTC：Universal Time Coordinated，协调世界时；

UTCOE：UTC Offset Error，协调时间时偏差误差。

1.1.3 北斗卫星导航系统基本组成

北斗卫星导航系统基本组成包括：空间段、地面控制段和用户段。

(1)空间段

北斗系统目前在轨工作卫星有5颗GEO卫星、5颗IGSO卫星和4颗MEO卫星。星座组成如图1-1所示。相应的位置为：

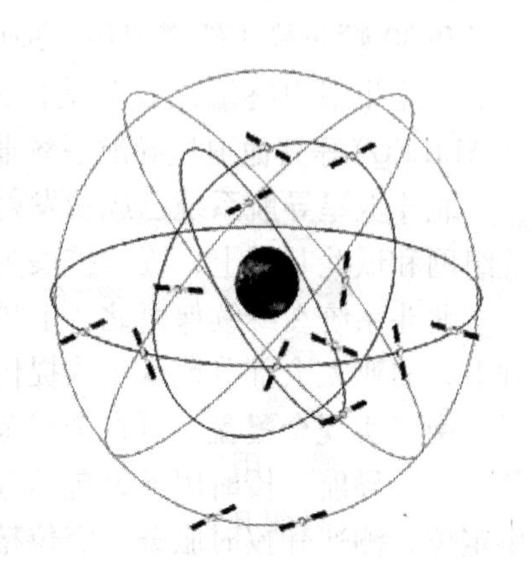

图1-1 北斗卫星导航系统星座组成

GEO卫星的轨道高度为35 786km，分别定点于东经58.75°、80°、110.5°、140°和160°。

IGSO卫星的轨道高度为35 786km，轨道倾角为55°，分布在三个轨道面内，升交点赤经分别相差120°，其中三颗卫星的星下点轨迹重合，交叉点经度为东经

118°，其余两颗卫星星下点轨迹重合，交叉点经度为东经 95°。

MEO 卫星轨道高度为 21 528km，轨道倾角为 55°，回归周期为 7 天 13 圈，相位从 Walker24/3/1 星座中选择，第一轨道面升交点赤经为 0°。四颗 MEO 卫星位于第一轨道面 7、8 相位、第二轨道面 3、4 相位。

(2)地面控制段

地面控制段负责系统导航任务的运行，主要由主控站、注入站和监测站等组成。

主控站是北斗系统的运行控制中心，主要任务包括：

①收集各时间同步/注入站、监测站的导航信号监测数据，进行数据处理，生成导航电文等。

②负责任务规划与调度和系统运行管理与控制。

③负责星地时间观测比对，向卫星注入导航电文参数。

④卫星有效载荷监测和异常情况分析等。

时间同步/注入站主要负责完成星地时间同步测量，向卫星注入导航电文参数。

监测站对卫星导航信号进行连续观测，为主控站提供实时观测数据。

(3)用户段

多种类型的北斗用户终段，包括与其他导航系统兼容的终段。

(4)北斗系统公开服务区

北斗系统公开服务区指满足水平和垂直定位精度优于 10m(置信度 95%)的服务范围。北斗系统已实现区域服务能力，现阶段可以连续提供服务的区域，包括 55°S～55°N，70°E～150°E 的大部分区域，如图 1-2 所示。

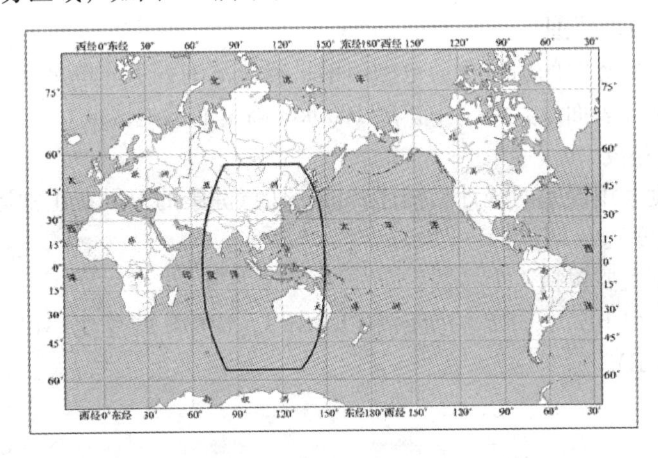

图 1-2　北斗系统服务区

1.1.4　北斗系统空间信号特征

1.1.4.1　空间信号接口特征

(1)空间信号射频特征

北斗系统采用右旋圆极化(RHCP)L 波段信号。B1 频点的标称频率为 1561.098MHz，卫星发射信号采用正交相移键控(QPSK)调制，其他信息详见 BDS－SIS－ICD－2.0 的规定。

（2）导航电文特征

①导航电文构成　根据信息速率和结构不同，导航电文分为 D1 导航电文和 D2 导航电文。D1 导航电文速率为 50bps，D2 导航电文速率为 500 bps。MEO/IGSO 卫星播发 D1 导航电文，GEO 卫星播发 D2 导航电文。

D1 导航电文以超帧结构播发。每个超帧由 24 个主帧组成，每个主帧由 5 个子帧组成，每个子帧由 10 个字组成，整个 D1 导航电文传送完毕需要 12min。其中，子帧 1 至子帧 3 播发本星基本导航信息；子帧 4 的 1～24 页面和子帧 5 的 1～10 页面播发全部卫星历书信息及与其他系统时间同步信息。

D2 导航电文以超帧结构播发。每个超帧由 120 个主帧组成，每个主帧由 5 个子帧组成，每个子帧由 10 个字组成，整个 D2 导航电文传送完毕需要 6min。其中，子帧 1 播发本星基本导航信息，子帧 5 播发全部卫星的历书信息与其他系统时间同步信息。

卫星导航电文的正常更新周期为 1h。

②公开服务导航电文信息　公开服务导航电文信息主要包含：

a. 卫星星历参数；

b. 卫星钟差参数；

c. 电离层延迟模型改正参数；

d. 卫星健康状态；

e. 用户距离精度指数；

f. 星座状况（历书信息）等。

1.1.4.2　空间信号性能特征

（1）空间信号覆盖范围

北斗系统公开服务空间信号覆盖范围用单星覆盖范围表示。单星覆盖范围是指从卫星轨道位置可见的地球表面及其向空中扩展 1000km 高度的近地区域。

（2）空间信号精度

空间信号精度采用误差的统计量描述，即：任意健康的卫星在正常运行条件下的误差统计值（95% 置信度）。

空间信号精度主要包括 4 个参数：

用户距离误差（URE）、URE 的变化率（URRE）、URRE 的变化率（URAE）和协调世界时偏差误差（UTCOE）。

任务 2

MG758 应用

→任务描述

ArcPad 通过手持集思宝 MG758 为野外用户提供数据访问、制图及 GIS 分析和 GPS 集成功能，使用 ArcPad 可快速且容易地采集数据，并在对数据的合法性与有用性进行及时的验证。

→任务目标

能够设置集思宝 MG758 参数，激活集思宝 MG758，学会使用 MG758 进行数据采集和管理，包括利用 GPS 创建点、线和面，并进行数据编辑和保存。

→知识准备

1.2.1 集思宝 MG758 移动 GIS 平台

集思宝 MG758 是一款开放式 Windows Mobile 操作系统的移动 GIS 平台。采用工业级三防设计，支持野外恶劣环境下作业。内置蓝牙、GPRS、摄像头，大容量锂电池，支持高容量存储卡。真正实现移动办公，为空间数据采集以及信息化建设提供全面的解决方案。

(1) GPS 引擎，专业可靠

内置专业 GPS 引擎和高性能 GPS 天线，收星灵敏稳定，可以最大限度地提高在不利环境下的定位速度，具有良好的林区和城区工作能力。支持外接 GPS 接收天线，从而保证在恶劣环境下不间断进行作业。内置 A－GPS，大大缩短了首次捕获 GPS 信号的时间，工作效率高。

(2) CPU 核心，全能极速

采用专业级定制的 UniStrong MG7 Pro 处理芯片，具备了全硬件的视频 Codec、图形加速和硬件 DSP 等处理器核，类似于 PC 的多核设计理念，MG7 Pro 处理器实际计算能力是其他平台 4～6 倍。应该说 MG7 Pro 已经不再是一个 CPU，而是一个 CPU、显卡、声卡俱全的单芯片微型 PC(PC on a Chip)，内置 2D 图形系统硬件加速引擎，几何绘图时硬件加速，加载地图迅速。

(3) 触控屏幕，一指操作

采用国际液晶屏专家 Casio 的最新一代 3.5 寸 QVGA TFT 显示屏，阳光下清晰可见，采用全新的BlanView技术，户外效果更优于传统半反半透屏幕。支持触摸功能，长达50 000h的超长寿命设计，为野外工作提供良好的显示效果。配合Windows Mobile 6.5操作系统，所有界面操作更简单，更直观。

(4)高清摄像，全景属性

内置300万像素摄像头，搭配6倍数码变焦及自动对焦能力，具备丰富的功能设置，配合3.5英寸液晶屏取景。可以实现拍摄带有经纬度信息的图片，为地物提供最直观的图片描述，可以非常方便地将地物的位置数据、属性数据和图片进行关联。支持视频拍摄功能，更好地还原野外地形地貌及工作情况。配合大容量Micro SD卡，拍照的数量和摄像的时间可以无限量扩充。

(5)蓝牙扩展，无线互联

内置蓝牙，Bluetooth V2.0无线技术，支持EDR。方便了设备之间的数据共享和备份。支持连接蓝牙条码扫描器、蓝牙RFID阅读器和蓝牙现场打印机，极大地丰富了扩展应用。

(6)电子罗盘、气压测高

内置电子罗盘和气压高度计，即使在卫星信号不佳的情况下，也可为用户准确提供方向、气压以及高程等信息。气压高度计，简明的图像方式表现地形坡度变化，迅速掌握地形地貌。不论身在何处，密林还是隧道，都能够通过电子罗盘掌握正确的前进方向。

(7)路网导航，一机多能

MG7系列搭载了成熟高效的Windows Mobile 6.5版智能操作系统，经过工程师的精心优化，反应速度更为出色。强劲的扩展性能不仅可以安装GIS应用软件，更支持安装正版UniStrong GoU导航软件。

1.2.2 ArcPad软件

ArcPad是基于Windows和Windows Mobile移动设备为移动GIS应用和作业而设计的软件。通过移动和手持设备为野外工作者提供了制图、GIS与GPS集成功能。应用ArcPad获取数据方便而快捷，大大提高了野外数据的有效和可利用性。

ArcPad支持符合业界标准的矢量地图(shapefile)及栅格影像(MrSID影像格式)的显示，野外获取的数据能很容易地上传到办公室里的主数据库中。

ArcPad也提供与遵循NMEA和TSIP输出协议的GPS或DGPS的集成，通过允许用户在地图显示环境下浏览、编辑、增加用户所在位置的要素可以增强GPS技术。

1.2.2.1 ArcPad的关键特征

(1)支持的数据格式 无须格式转换

AocPad能直接使用符合业界标准的Shapefile矢量格式(这种格式被ArcInfo、ArcView GIS、ArcIMS及其他ESRI软件使用)和多种图像格式，如：JPEG、MrSID(压缩影像)等。

(2)显示和查询

ArcPad包含全套的浏览、查询和显示工具，如缩放、要素属性显示，层可见性随比例而变，与外部文件的超链接，距离与面积量算，图层显示控制以及各种显示符号的设置。

(3)ArcIMS通性

支持ArcIMS图像服务，通过一个活动的TCP/IP连接到服务器并取回数据到当前视图，新建一个.GND文件(Geography Network Definition file)。

(4)投影

测量坐标(经/纬度)，Universal Transverse Mercator (UTM)，Gauss - Kruger，Lambert Conformal Conic，Cylindrical equal area。

(5)编辑和数据获取

ArcPad允许用户新建、删除、移动Shapefile中的点、线和多边形要素，也能使用GPS数据进行要素编辑。属性数据可以通过内置的编辑界面或用户自定义窗体进行操作。

(6)可选的GPS

带上一个可选的GPS ArcPad能够在地图上实时显示用户的当前位置，ArcPad支持大量不同的GPS设备，只要这种GPS接受器的输出格式遵循NMEA标准，这个标准对电子信号需求、数据传输协议、定时和具体的语句格式都做了定义。ArcPad能够接收GPS发送过来的信息，所有的GPS数据能以跟踪日志的形式记录下来。

(7)用户界面

ArcPad为底层复杂的功能使用提供了一个简单又流行的用户界面，通过受控的工具条，用户能实现大部分功能，这已经成了屏幕尺寸受限制下的一条重要的设计标准，特别是在更小的手掌尺寸大小的PC Windows CE设备上。

(8)用户化定制

允许用户来定制软件程序，可以增加和删除用户界面上的按钮，创建或者编辑已有的工具条，并且支持别的输入设备，诸如条码扫描器。

(9)针对ArcView GIS的ArcPad工具集

针对ArcView GIS的ArcPad工具集允许ArcView GIS用户为ArcPad抽取，转换以及投影数据，ArcView GIS用户能够剪裁Shapefile专题(theme)以及生成ArcPad投影和符号文件。用户能够把符号输出成点(TrueType字体符号)，线(线的颜色及宽度)和多边形(简单的栅格填充)。ArcView的对话框设计器能为ArcPad定制窗体，从而为数据采集提供简单而高效的手段，ArcView GIS的用户也能生成简单元数据文件供ArcPad使用。

1.2.2.2 系统要求

ArcPad专门针对Windows CE环境而设计，支持以下的处理器芯片组：Hitachi(日立) SH3和SH4、StrongARM和MIPS。

这4种芯片组为大多数运行Windows CE的设备所使用，包括小型PC手掌机、笔记本电脑和笔式计算机等。最低的操作系统要求是带有Microsoft ActiveSync 3.0的Windows CE 2.11。

→任务实施

在Windows Mobile系统中使用ArcPad

一、目的与要求

通过安装有Windows Mobile系统的ArcPad，引导学生进行新建图层、设置GPS连接参数、激活GPS、加载图层、图层管理、用GPS创建点、创建线、创建面、数据编辑等操作，掌握Windows Mobile操作系统的MG758应用。

根据安装有Windows Mobile系统的ArcPad的要求，能熟练的在Windows Mobile系统中使用ArcPad，进行GPS连接参数设置、加载图层、图层管理、用GPS创建点、线和面及数据编辑等。

二、数据准备

所用数据材料为山西林业职业技术学院实验林场SPOT遥感影像。

三、操作步骤

1. 打开ArcPad

双击ArcPad图标，弹出如图1-3界面。

图1-3 ArcPad界面

选择New map就是在一个新建的空白地图上运行ArcPad，如果需要采集数据就要先添加或新

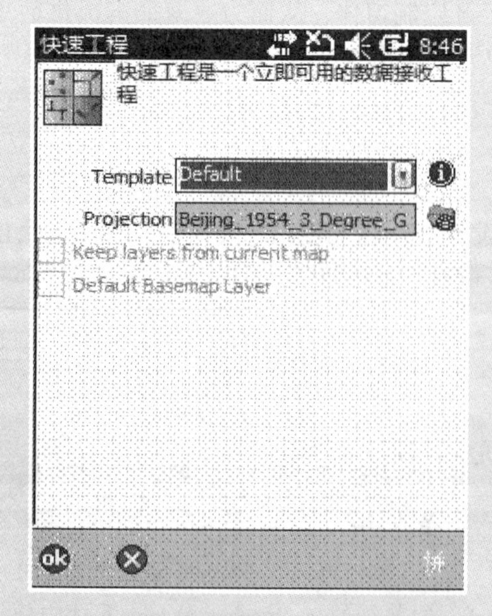

图1-4 新建快速工程

建图层，而选择Create a QuickProject则是新建一个已经具有点、线、面图的快速工程，新建快速工程时，会弹出如图1-4界面。

一般Template都默认，Projection则根据需求选择投影系统。点击“OK”，弹出新建快速工程的属性和一些其他选项，包括Start using GPS(激活GPS)和Record GPS tracklog(记录GPS轨迹)，如图1-5所示。

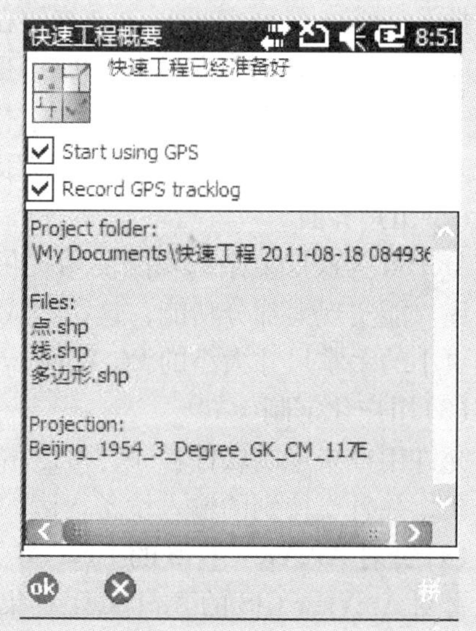

图1-5 新建快速工程属性

如果这里选择了Record GPS tracklog，后面工作想关闭轨迹显示的话，就要到图层管理下的内容表里把GPS跟踪日志去掉。而选择打开已有地图或者是打开最近用过的地图，则按照已有地图或最近用过的地图设置打开。

2. 新建图层

在ArcPad中，数据是以点、线、面不同图层的形式存在。例如电线杆以点表示，河流、道路用线表示，湖泊、建筑楼群、一片林地、草地等用面表示。

①选择 按钮旁下拉键头，选择“新建—〉新建图层”，如图1-6中“1”所示。

②在弹出的窗口中选择新建图层的类型，如图1-6中“2”所示。

③单击[+]按钮，为图层增加属性，如图1-6中“3”所示。

图 1-6　新建图层

1. 新建图层　2. 图层类型　3. 图层添加属性

④在输入面板中更换输入法，用触笔选择定义每个字段，比如名称、长度等。可以定义成字符型、数字型、日期型，同时还可以定义每个字段的长度、精度。比如数字型，其精度代表小数点后的位数。输入完成后单击“OK”键，完成一个字段的定义，如图 1-7 所示。

⑤所有字段定义完成后，单击“OK”，弹出保存窗口，输入保存文件名和路径，完成一个图层的创建，如图 1-8 所示。

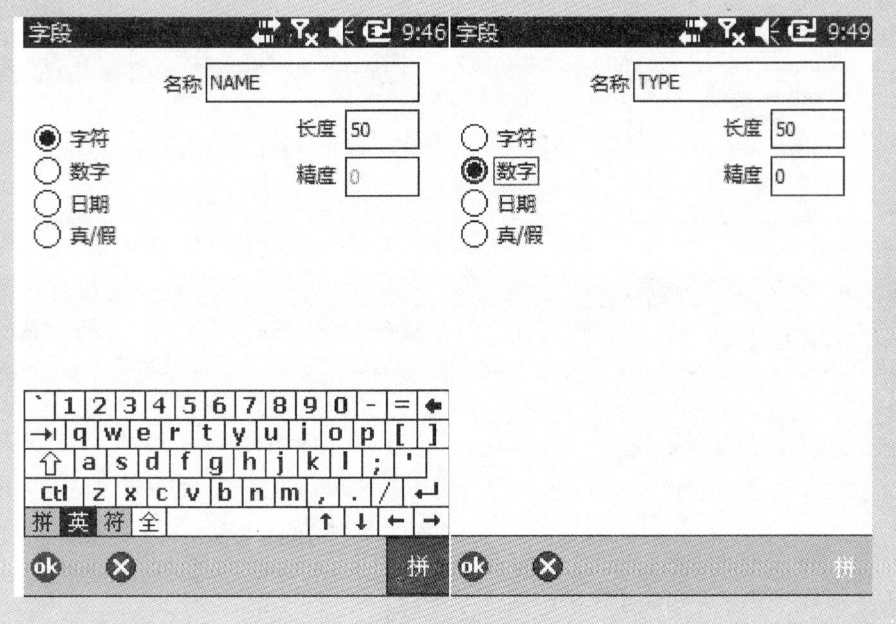

图 1-7　定义输入法

图 1-8　创建图层

3. 设置 GPS 连接参数

①单击主菜单下“GPS 激活”按钮 下方倒三角箭头，如图 1-9 中“1”所示。

图 1-9　GPS 激活

②选择“GPS 首选项”，弹出界面，见图 1-9“2”所示。

③设置 GPS 参数，MG838 相关参数依次为：协议：NMEA0183。端口：COM5。波特率：57600。选好参数，点击“OK”完成设置，如图 1-10 中“3”所示。

④为了保证后处理的精度，启用计算平均值功能。进入“捕获”页面，选中“启用计算平均值，”输入欲平均的位置数目，如图 1-11 所示。

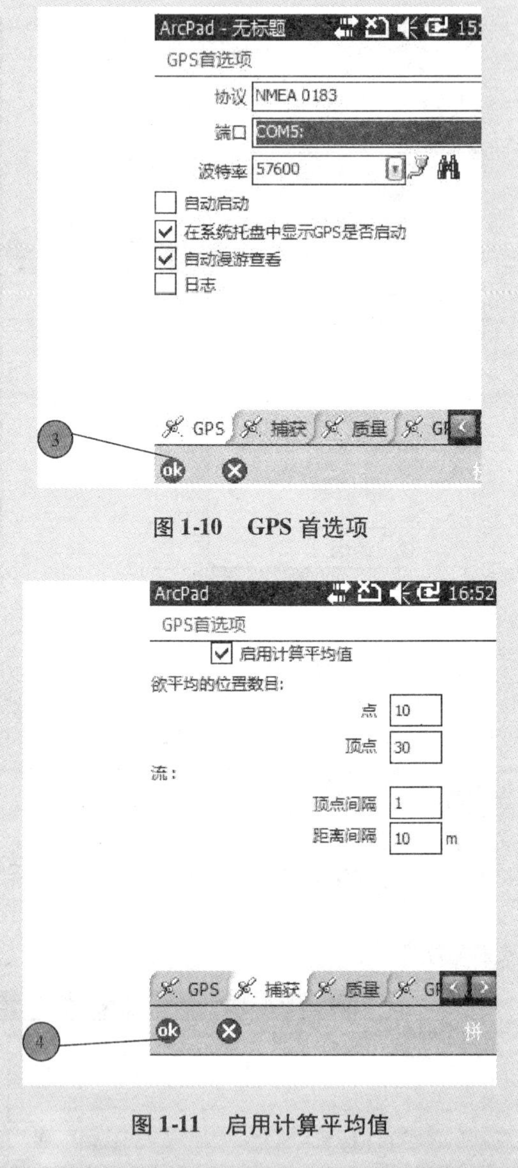

图 1-10　GPS 首选项

图 1-11　启用计算平均值

4. 激活 GPS

单击“GPS 激活”按钮 右下角箭头，选择“GPS 激活”，系统会自动激活 GPS，如果在室内或者信号不好处，无法定位，弹出如图 1-12 界面所示。

5. 采集数据

(1)加载图层

选择“加载图层”按钮 ，会将系统内部以及事先创建好的图层均列出。选择要采集数据的图层，单击“OK”，将所选图层加载，如图 1-13 所示。

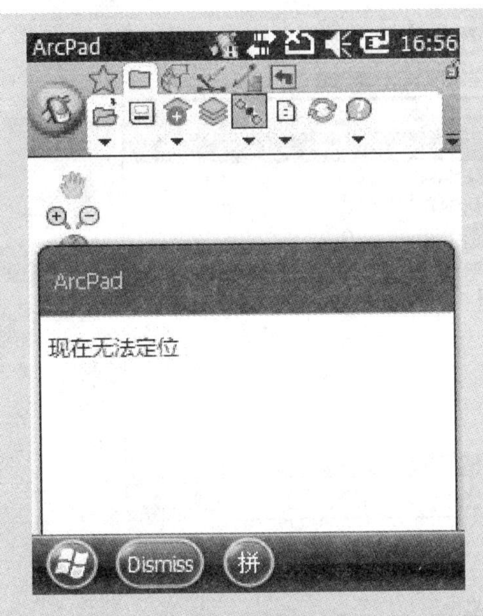

图1-12 GPS激活

注意：GPS前面出现一红框表示GPS被激活。通过单击实现激活与关闭。

提示：这里需要注意的是，如果在开始的时候选择的是新建一个"快速工程"(Quick Project)的话，就不用在采集前再添加图层了，因为一个快速工程内已经含有了点、线、面三个图层了。如果采集要加入地图作为底图，则要先新建一个快速工程，再通过添加数据按钮把图加载进去。

(2)图层管理

如果同时打开若干个图层，可以进行不同图层间的管理。

选择"图层管理"按钮弹出"内容表"窗口。如果需要对哪个图层进行编辑，在下的框中打勾即可，如图1-14所示。

双击图层，或者选择按钮，在弹出的"图层属性"对话框中进行相应的设置。

(3)用GPS创建点

确认从"内容表"中选择一个点图层，同时GPS被激活。

①从"编辑/绘制要素"框中选择点，如图1-15"1"所示。

②在当前位置，单击"用GPS绘制一个点要素"按钮，产生一个GPS点。同时"要素属性"框会自动打开，如图1-15"2"所示。

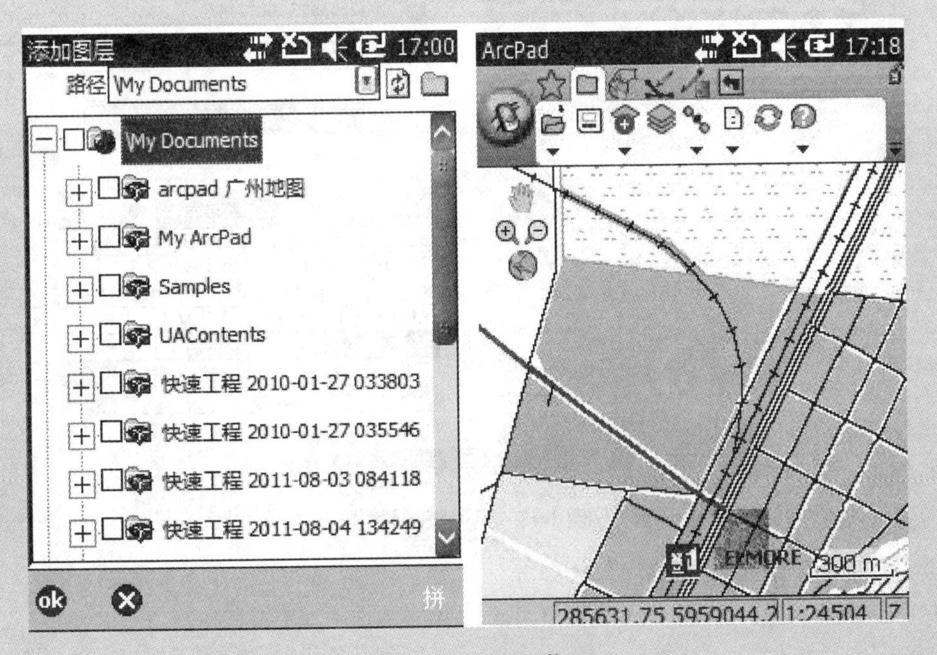

图1-13 图层加载

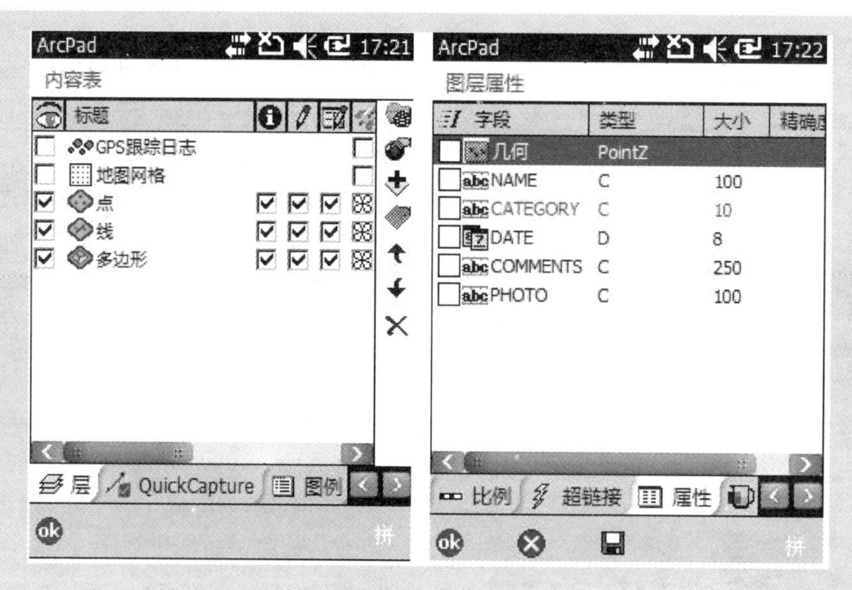

图1-14　图层管理

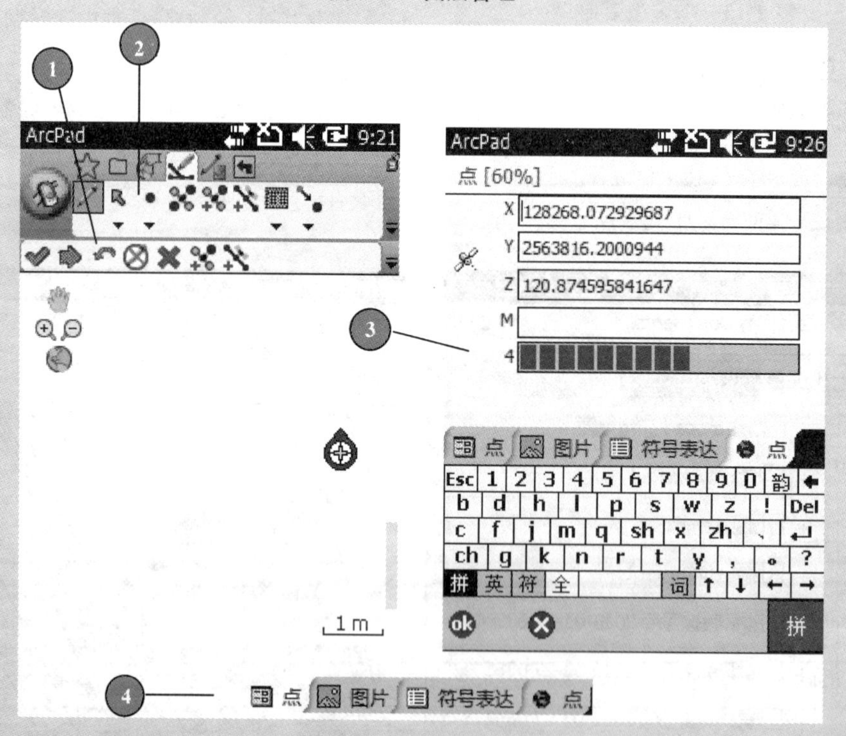

图1-15　用GPS创建点

③在"要素属性"框中的"点"界面，会弹出一进度条，它从指定的采集GPS点的个数慢慢减至零，如图1-15"3"所示。

④更改界面至"点"，输入采集点的属性。

⑤单击"OK"，完成一个点的创建，如图1-15"4"所示。

注意：在采集一个点未完成平均时，可同时输入属性，无需等到结束。

如果在完成平均之前选择"OK"，系统会提示"未达到位置平均默认值，现在想停止位置平均吗?"。

如果想取消点的创建，单击⊗即可。

(4)用 GPS 创建线

确认从“内容表”中选择一个线图层，同时 GPS 被激活；

①从“编辑/绘制要素”框中选择线；如果 GPS 被激活，“用 GPS 添加一个要素顶点”以及“连续增加 GPS 点”被激活，如图 1-16 所示。

②如果想在当前位置添加一个 GPS 点作为线性地物的结点，单击“用 GPS 添加一个要素顶点”，即可增加一结点。

结点会以蓝色方框的形式在图上绘出，同时所有的结点会相连成线，并且使用用户所选择的颜色表示。如果发现点采集有误，可以单击删除。

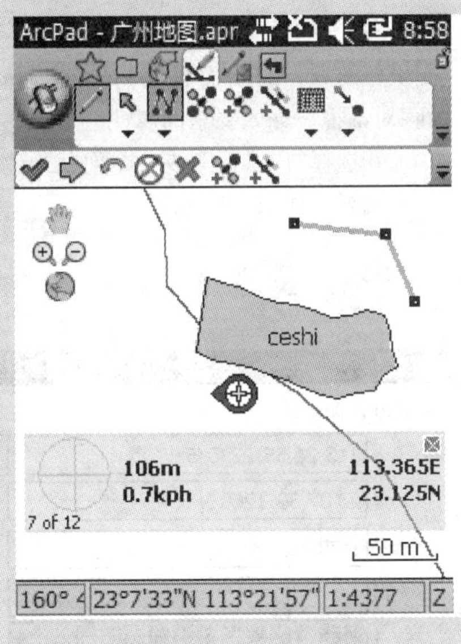

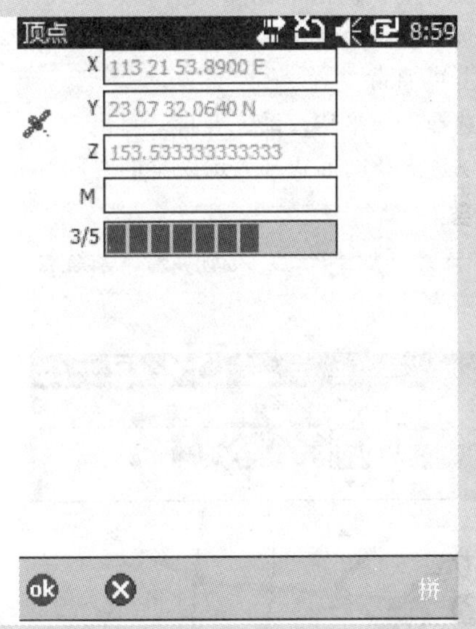

图 1-16　GPS 创建线

③如果启动取平均，系统会自动弹出平均对话框，并以进度条的形式表示采集的时间和数目。

④单击“连续增加 GPS 点”按钮，系统会根据设置的“顶点间隔”(单位是秒)以及“距离间隔”(单位是米)自动采集 GPS 数据。

⑤单击，系统会弹出“要素属性”对话框，输入要素的属性。

⑥选择“OK”，完成一条线状地物的采集与属性的编辑。如图 1-17 所示。

提示：捕捉线状地物时创建点状地物如果一个点层打开，即便在采集线状地物，仍可以采集点状地物。将“连续增加 GPS 点”暂停，单击“用 GPS 绘制一个点要素”按钮，产生一个 GPS 点要素。过程同上。暂停 GPS 线状地物的捕捉通过单击“连续增加 GPS 点”按钮暂停或者停止此线状地物的捕捉，如果需要激活，只要重新单击即可。

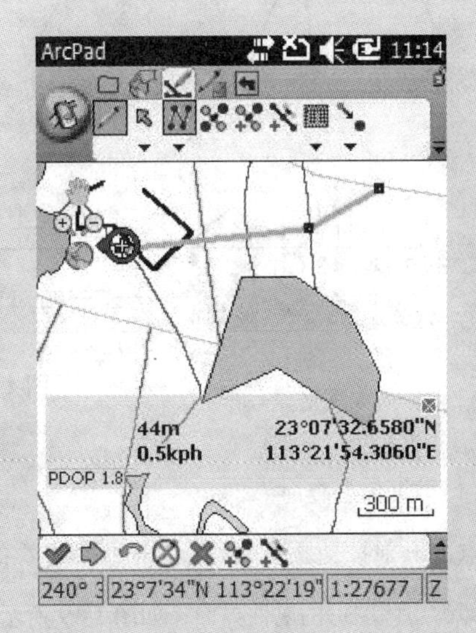

图 1-17　线状地物的采集与属性编辑

(5)用 GPS 创建面

确认从“内容表”中选择一个面图层，同时 GPS 被激活。

①从“编辑/绘制要素”框中选择面；如果GPS被激活，“用GPS添加一个要素顶点”以及“连续增加GPS点”被激活。

②如果您想在当前位置添加一个GPS点作为面状地物的结点，单击“用GPS添加一个要素顶点”，即可增加一结点。结点会以蓝色方框的形式在图上绘出，同时所有的结点会相连成线，使用用户所选择的颜色表示。如果发现点采集有误，可以单击删除。

③如果选择了取平均，系统会自动弹出平均对话框。并以进度条的形式来表示采集的时间和数目。

④单击“连续增加GPS点”按钮，系统会根据设置的“顶点间隔”以及“距离间隔”自动采集GPS数据。

注意：这里的“顶点间隔”和“距离间隔”都要达到，才采集点。例如，“顶点间隔”设置为10s，“距离间隔”设置为100m的时候，如果10s内走了100m，那就采集，如果10s过了走不到100m就不采集，如果10s没到就走了100m也不采集，要等到10s后才采集。

⑤单击，系统会自动增加一个与初始点相同坐标的点，封闭面状地物。同时弹出“要素属性”对话框，输入要素的属性。

⑥选择“OK”，完成一个面状地物的采集和属性的编辑。如图1-18所示。

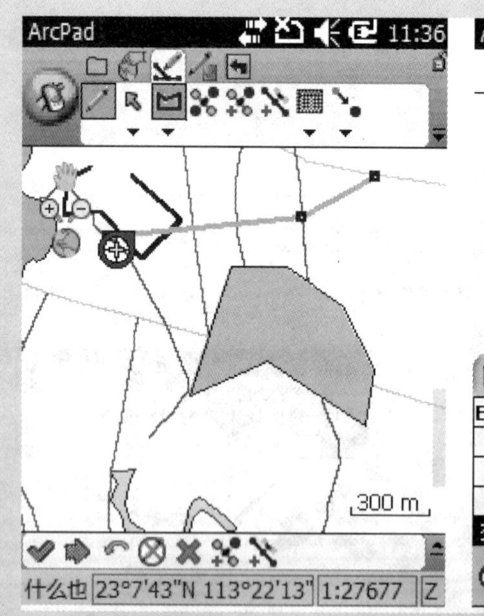

图1-18 GPS创建面

6. 数据编辑

(1)数据信息查询

点击识别按钮，然后点击想要查看的图形，即弹出该图形的属性界面，如图1-19所示。

(2)删除图形数据

点击选择按钮，然后点击要删除的图形，该图形显示被选中，然后点击，选择“删除”，如图1-20所示。

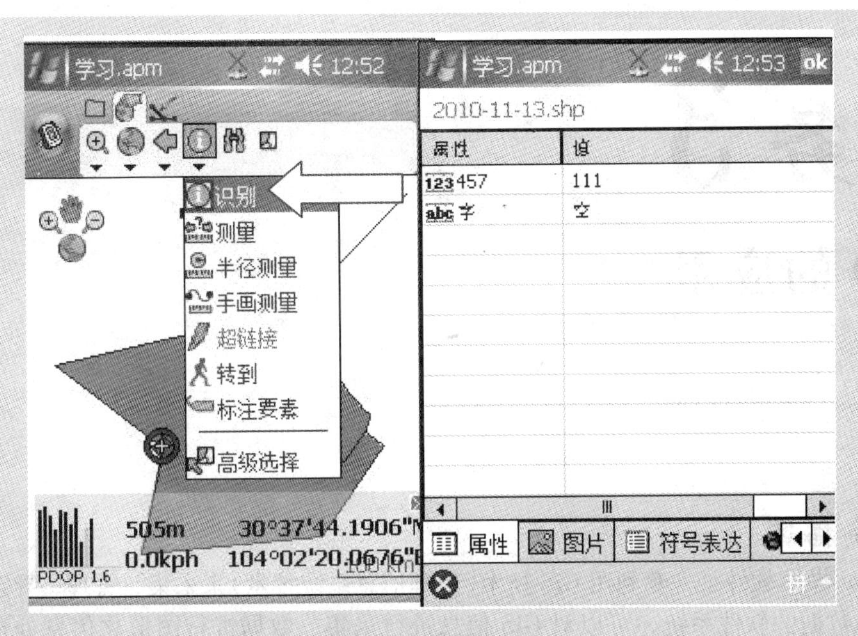

图1-19 数据信息查询

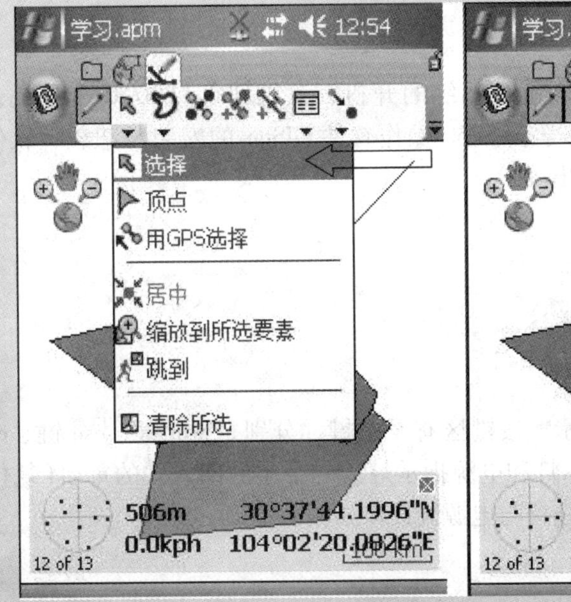

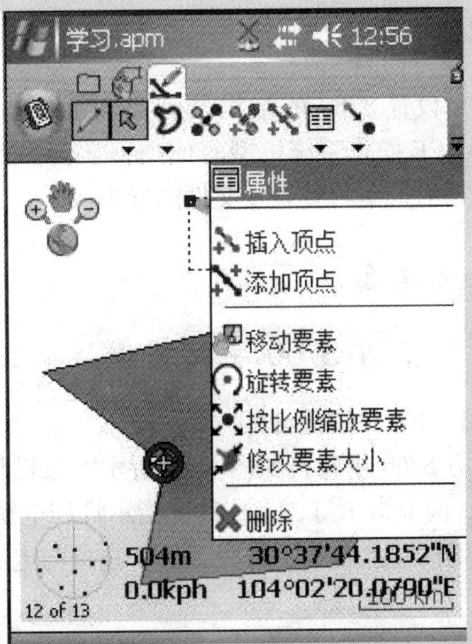

图1-20 删除图形数据

→成果提交

作出书面报告，包括操作过程和结果以及心得体会，具体内容如下：

1. 简述在 Windows Mobile 系统中使用 ArcPad 的应用过程。
2. 回顾操作过程中的心得体会，遇到的问题及解决方法。

任务 3

S760 的应用

→任务描述

GIStar 操作软件是一套利用 GIS 技术(地理信息系统技术)来采集、管理、导入、导出地理信息数据的软件系统，可以对 GIS 信息进行采集、数据进行图形化信息处理，提供 GIS 数据资源。

→任务目标

了解设置 S760 的结构及键盘功能；熟练的开机、关机和重启 S760 手持机；掌握 Windows CE 操作系统机型的使用；学会 S760 操作软件 GIStar 的安装与卸载、软件的设置、数据的采集与查看及文件的导出等。

→知识准备

1.3.1　南方 S760 手持机概述

1.3.1.1　S760 按键介绍

南方 S760 手持机如图 1-21 所示。按键区有 4 个键，分别是 win 键、esc 键、ent 键、pwr 键；两个指示灯，工作状况指示灯和电源指示灯；一个小的凹入式的重启(复位)键，位于按键区左上角指示灯旁。USB 接口与电源线接口如图 1-22 所示。

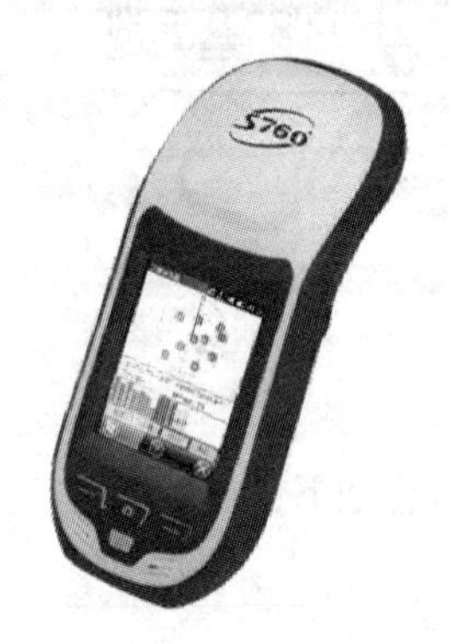

图 1-21　南方 S760 手持机示意

图 1-22　S760USB 接口与电源线接口

1.3.1.2 S760的开机、关机和重启

(1)开机

按住PWR键3s之后，直到红灯熄灭蓝灯亮起时，将开机。开机后屏幕将出现：微软的Windows标志和Windows欢迎界面。

如果手持机正在使用，并且在使用中待机(仅仅关闭屏幕)，短按PWR键，将唤醒屏幕，出现之前运行的界面。

(2)关机和重启

长按PWR键3s，界面将出现一提示框，点取相应的选项可以进行重启，关机和取消。或者直接用触笔点击重启键，机器也将重启。

1.3.1.3 如何正确取出、放入触摸笔

①触摸笔位于手持机正面笔槽内，向笔帽端轻拉取出触摸笔。

②放入触摸笔时，笔帽向外，轻按直至笔帽顶端与手持机表面持平，如图1-23所示。

1.3.1.4 如何安装、拆卸SIM卡

(1)安装、拆卸SIM卡

①用螺丝刀拆开主机底盖，底部有一个卡槽，左边一个就是手机卡的安装插槽。

②把手机卡金属接触面向上，缺口向右，轻推插入手机卡。

③松手后手机卡不弹出，则手机卡安装完毕。

④轻按SIM卡，即可弹出，如图1-23所示。

(2)存储卡的安装、拆卸

①手持机底部卡槽，右边一个稍小的一个是存储卡的安装插槽。

②把存储卡金属接触面向上，缺口方向左，轻推插入存储卡。

③松手后存储卡不弹出，则安装完毕。

④轻按存储卡，松手即可弹出如图1-23所示。

图1-23 S760底部卡槽

1.3.2 手持机与电脑连接管理数据

1.3.2.1 安装Microsoft ActiveSync

将Microsoft ActiveSync安装到桌面计算机上并建立桌面计算机与掌上计算机的通讯。操作步骤如下：

①将“Microsoft ActiveSync桌面计算机软件”光盘放入您的光驱。Microsoft ActiveSync安装向导将自动运行。如果该向导没有运行，可到光驱所在盘符根目录下找到setup.exe后双击它运行。

②单击下一步安装Microsoft ActiveSync。按照窗口提示安装流程来安装软件，直至安装完成，如图1-24所示。

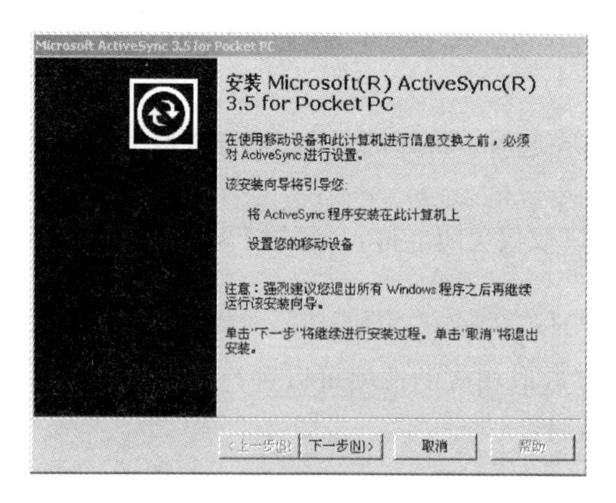

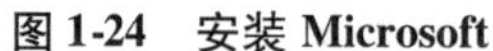
图1-24 安装 Microsoft

图1-25 S760 手持机与电脑连接新硬件向导

1.3.2.2 连接手持机与PC

①安装了 Microsoft ActiveSync 后，重新启动计算机。

②使用连接电缆，将电缆的一端插入手持机下端的USB接口，另一端插入电脑的USB端口。

③打开手持机。首次连接，将弹出新硬件向导对话框，如图1-25所示信息。选择"从列表或指定位置安装"。

④驱动安装完成后，软件将检测掌上计算机并配置通讯端口。如果连接成功，屏幕会显示如图1-26所示信息。

⑤使用"浏览"功能，即能进入手持机程序管理和文件管理文件夹。当手持机与电脑同步后，打开"我的电脑"，找到："移动设备"，可浏览移动设备(手持机)中的所有内容，如图1-27所示。

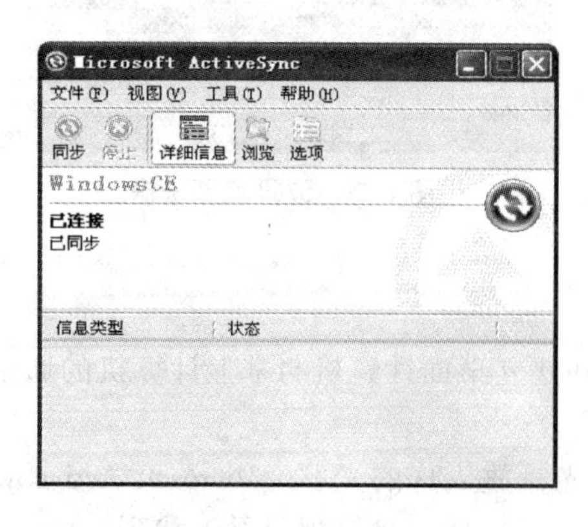

图1-26 S760 手持机与电脑已连接页面

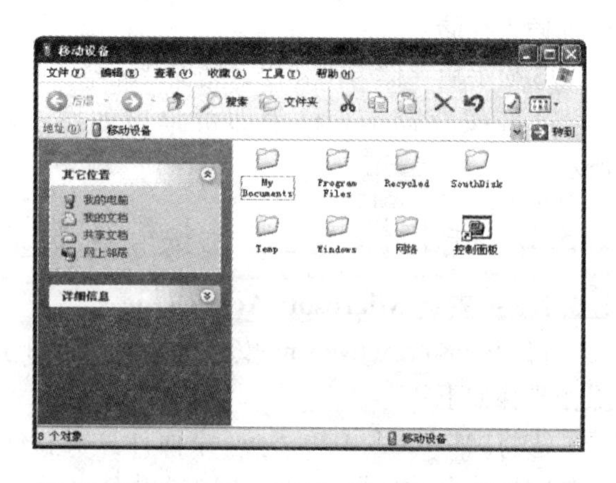

图1-27 S760 手持机移动设备浏览页面

1.3.3 S760 手持机操作系统简要说明

1.3.3.1 Windows CE 操作系统机型的使用

(1)S760 与 PC 连接

①使用"U盘模式"，将TF卡直接以可移动磁盘的形式显示在PC上的我的电脑中进

行管理，使用前需将“开始” - “设置” - “控制面板” - “USB连接”中选择为“U盘模式”。使用“U盘模式”时，只能管理TF卡中的数据，无法管理机身内存中的数据。

②通过MicrosoftActiveSyn软件使用USB数据线与电脑同步，可在电脑上管理机身内存和TF卡中的数据，其前提是电脑正确安装微软的同步软件，以及将“开始” - “设置” - “控制面板” - “USB连接”中选择为“同步模式”。

(2)校正触摸屏

在开始菜单中找到(设置)点开后将看到(控制面板)，在控制面板里找到(笔针)，如图1-28所示。双击(笔针)，将出现一对话框(笔针属性)，在此对话框中选择“再校准”按钮。参考校正向导即可对触摸屏进行校正，如图1-29所示。

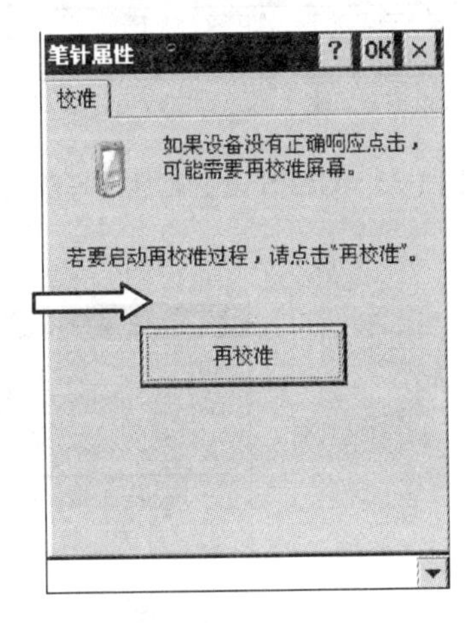

图1-28　笔针属性图

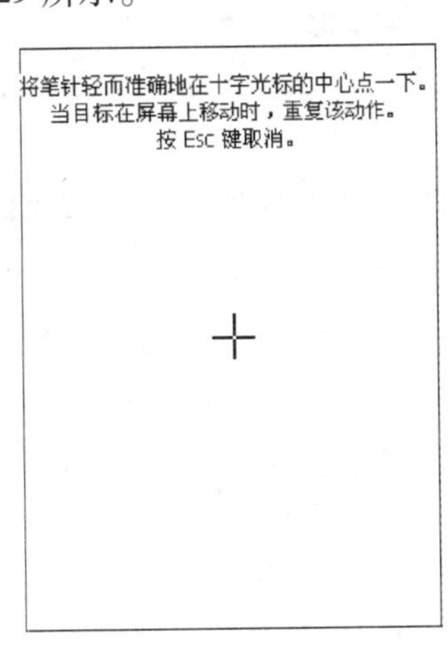

图1-29　触摸屏再校准

(3)GPRS网络设置

CE系统自带有网络拨号连接，打开步骤：开始菜单 - 设置 - 网络和拨号连接 - GPRS - 连接即可，如图1-30～图1-33所示。

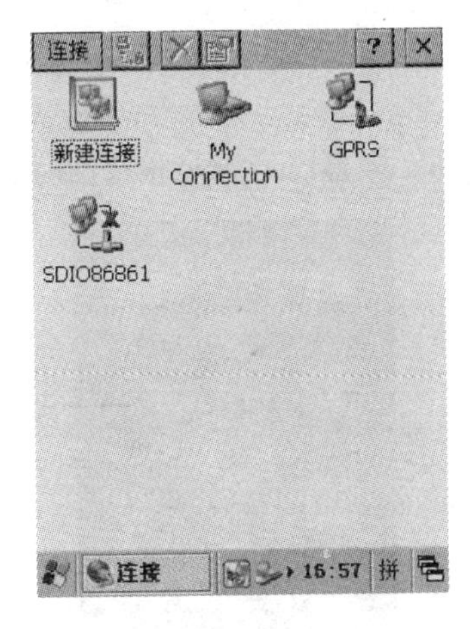

图1-30　GPRS网络设置

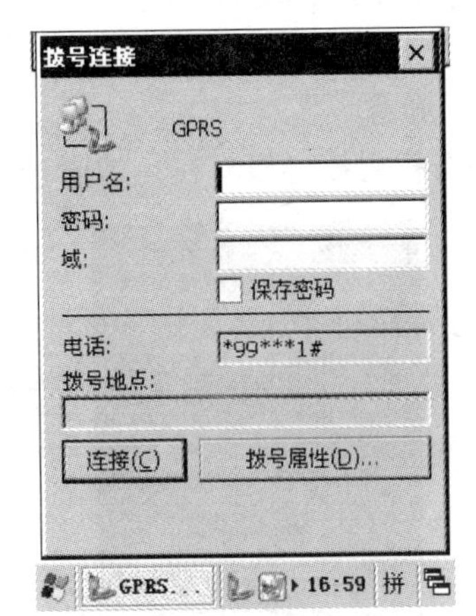

图1-31　GPRS拨号连接

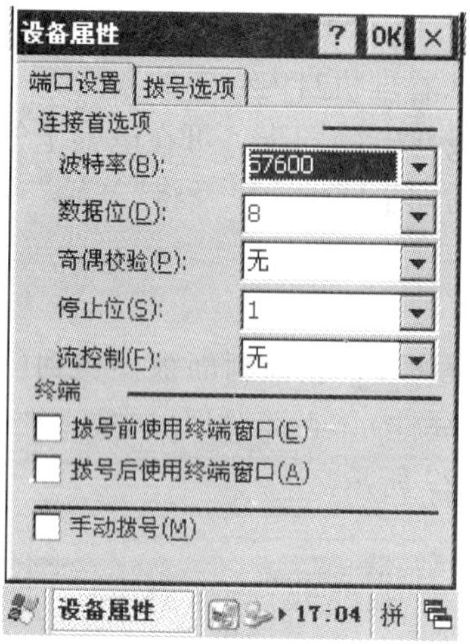

图1-32　GPRS设备属性端口设置

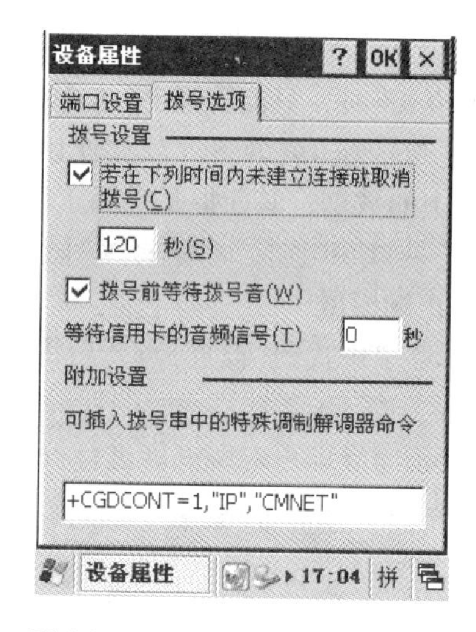

图1-33　GPRS设备属性拨号选项

(4)背景灯设置

手持机需要长时间待机，需要进行如下设置。

①点击开始菜单－设置－控制面板－显示－背景光。

②取消勾选电池电源界面下“使用电池电源并且设备空闲超过”，如图1-34所示。

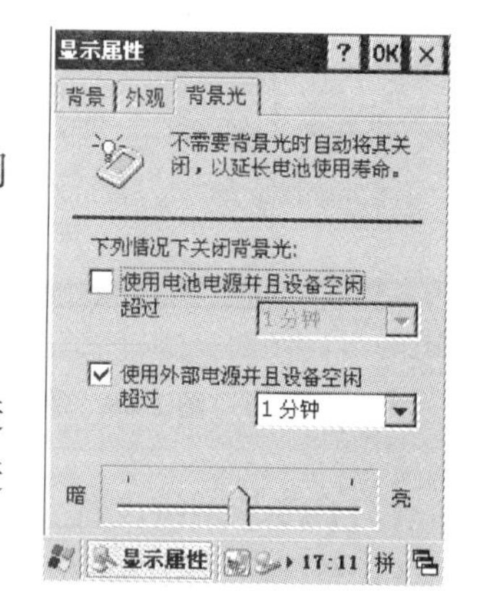

图1-34　背景灯设置显示属

1.3.3.2　Windows Mobile操作系统机型的使用

(1)系统主界面及开始菜单

操作硬件按键开机后，点击左下角的Windows图标，进入基本设置和启动相关程序。开始菜单界面下程序图标可进行调换。

①点击开始菜单进入程序界面，如图1-35所示。

②长按程序图标直到程序弹起，移动程序图标到您想要的位置，如图1-36所示。

(2)校正屏幕

如果手持机触摸屏没有校正或者当光笔点击屏幕，屏幕已经不是很灵活时，需对触摸

图1-35　Windows Mobile操作系统程序界面

图1-36　Windows Mobile操作系统程序界面调换

屏进行校正。在“开始菜单”-“设置”-“系统”-“屏幕”-“调整屏幕”，将出现如图 1-37、图 1-38 所示，根据提示进行操作即可对触摸屏进行校正。校正完成，程序将自动退出。

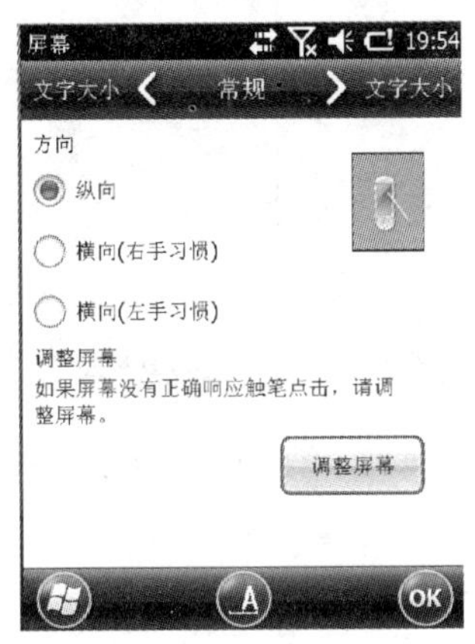

图 1-37　触摸屏校正屏幕页面

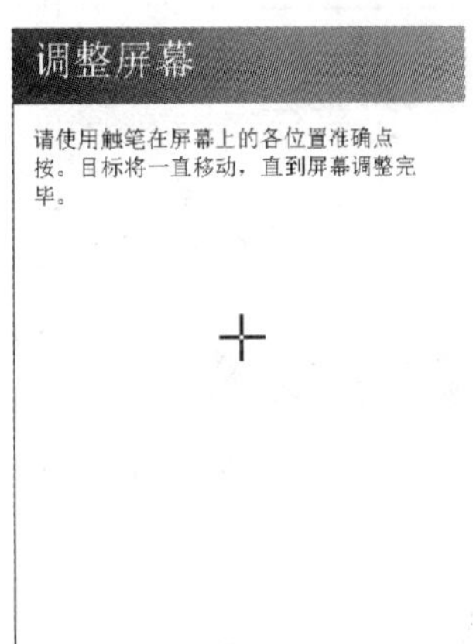

图 1-38　触摸屏校正调整屏幕页面

(3) GPRS 网络设置

①点击开始菜单-设置-连接属性页-连接-高级-选择网络，如图 1-39 所示。

②在下拉框中选择“Internet 设置”后点击“ok”返回至上界面如图 1-40 所示。

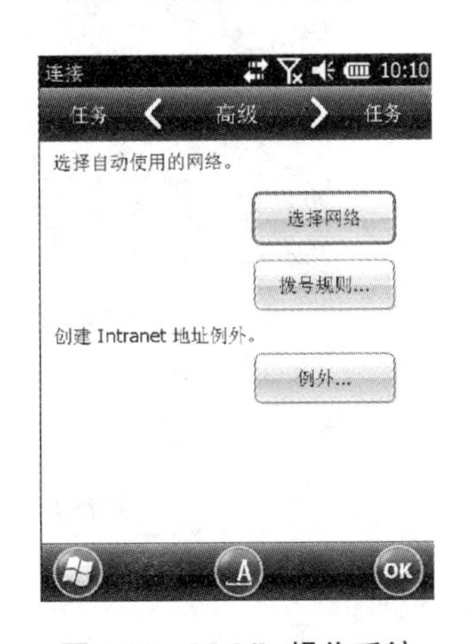

图 1-39　Mobile 操作系统 GPRS 网络设置

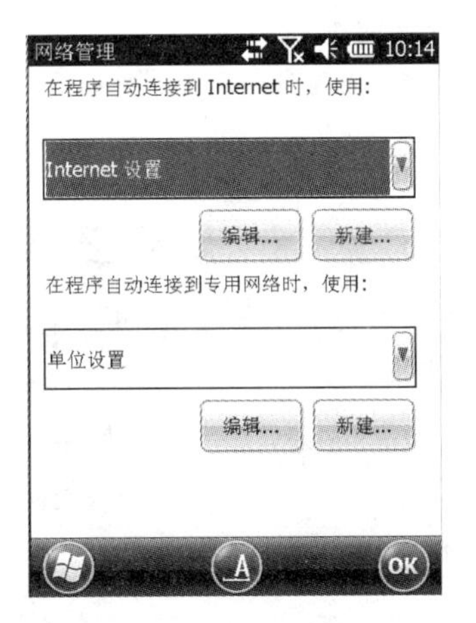

图 1-40　Mobile 操作系统 GPRS 网络管理界面

图 1-41　Internet 设置页面

③点击“任务”标签出现网络连接设置主图，点击 Internet 设置下面的添加新调制解调器连接，如图 1-41 所示。

④在选择调制解调器栏，选择电话线路(GPRS)，然后点击下一步，如图 1-42 所示，添加新的 GPRS 连接。

⑤输入访问点名称 cmnet(WAP 包月则输入 cmwap)，如图 1-43 所示，点击下一步，点击完成如图 1-44 所示。

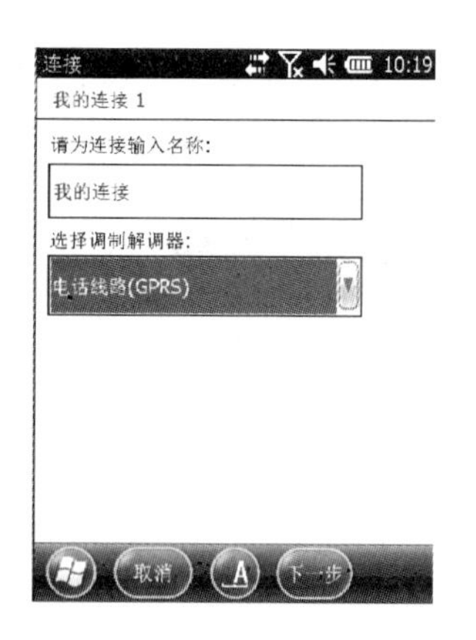

图1-42 选择调制解调器设置页面

图1-43 访问点名称设置

图1-44 GPRS网络设置完成界面

→任务实施

S760在GIStar操作软件下的应用

一、目的与要求

通过S760手持机安装GIStar操作软件，引导学生进行“工程”设置、坐标系统及采集设置、GPS基本设置、数据采集、记录设置、数据的查看、文件的导出等，熟悉和掌握S760在GIStar操作软件下的应用方法和步骤。

根据ArcGis对信息的采集与处理的要求，能熟练操作安装有GIStar操作软件的S760，能正确的进行坐标系统及采集设置、GPS基本设置、数据采集、记录设置、数据的查看、文件的导出等操作。

二、数据准备

所用数据材料为山西林职院实验林场SPOT遥感影像。

三、操作步骤

1. GIStar软件的安装与卸载

(1)GIStar软件安装

对于S760手持机，解压缩下载包，将GIStar文件夹中所有文件拷贝到手持机中的Program Files文件夹中。在资源管理器内找到拷贝文件，运行GIStar. exe，如图1-45所示，按提示步骤操作。安装完毕后，系统会在菜单中自动创建快捷方式“GIS数据采集”，双击快捷方式进入GIStar，如图1-46所示。

图1-45 资源管理器GIStar-exe运行界面

图1-46 GIS数据采集快捷方式

(2)GIStar软件卸载

依次操作菜单－设置－系统－删除程序中选中要删除的程序，单击删除完成删除。

2. 软件的设置说明

(1)“工程”设置

①新建工程 依次操作管理－工程－新建工程，如图1-47所示。选择“新建工程”，弹出工程信息界面，如图1-48所示。

②坐标系统及采集设置 对工程名称、储存路径、创建日期、操作人员、工程说明等工程信息进行设定后，点击“下一步”，进入坐标系统界面，如图1-49所示。

坐标系统默认北京54坐标系统，也可以选择合适的坐标系统。点击“编辑”进入坐标参数设置，如图1-50所示。选项卡包括：椭球、投影、七参、

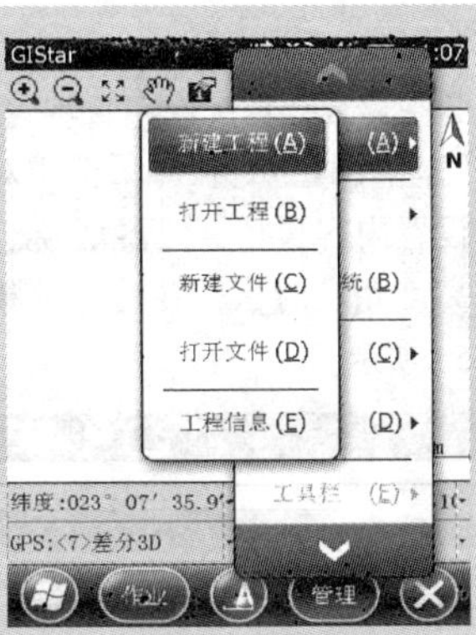

图 1-47　新建工程界面

图 1-48　工程信息界面

四参、高程、垂直、校正。

例如，要修改高斯投影中央子午线设置。点击“投影”选项卡，在中央子午线处输入当地中央子午线，如广东为 114，如图 1-51 所示。

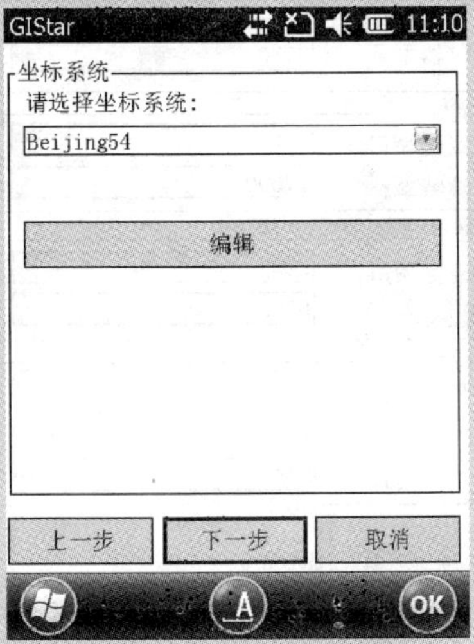

图 1-49　工程信息坐标系统界面

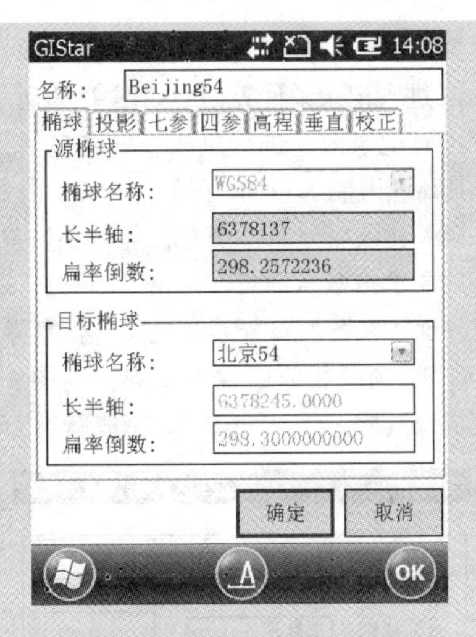

图 1-50　坐标参数设置界面

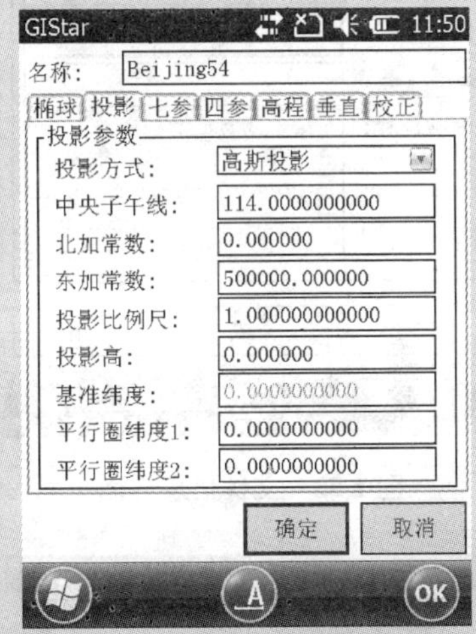

图 1-51　设置椭球和四参数界面

图 1-52　记录条件界面

参数设置完成后“确定”返回坐标系统界面，点击“下一步”进入记录条件界面，如图4-52所示。此界面下可对记录限差进行更改。限差包括：状态限制、HRMS限制、VRMS限制、PDOP限制，其中状态限差建议差分3D，其他限差越小误差越小。如无特殊要求按默认即可。点击“下一步”进入文件信息界面，如图1-53所示。在文件信息界面下，点击“浏览”选择相应的数据字典，如图1-54所示。完成设置后，点击“完成”，完成新建工程。

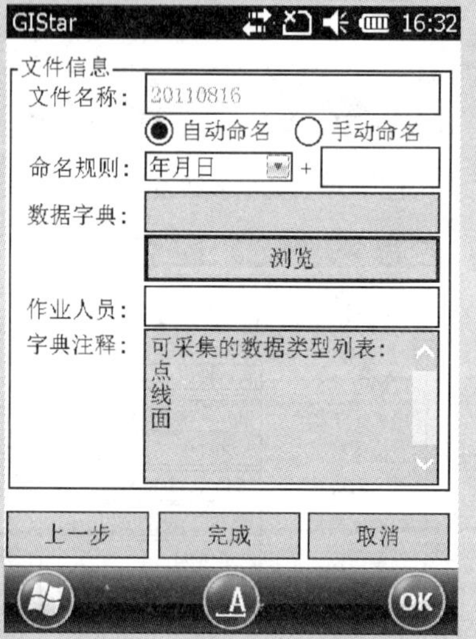

图1-53　文件信息界面

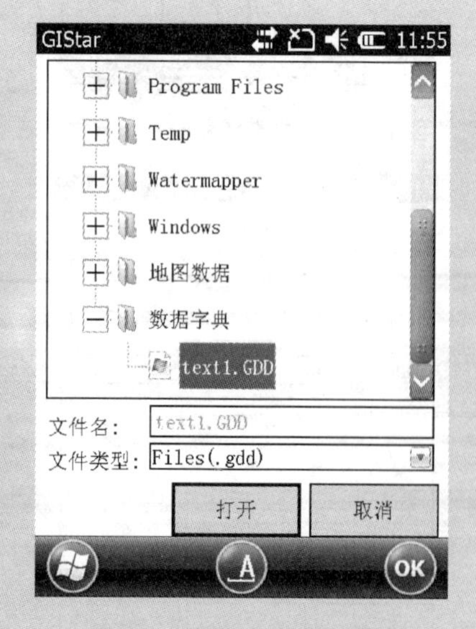

图1-54　数据字典选择界面

(2)GPS设置

①GPS基本设置　依次操作管理→GPS→基本设置，选择“基本设置”，在对话框中对GPS进行基本设置，设置内容包括：仪器型号、定位端口、差分端口、高度角、时区，并对差分模式进行设置，如图1-55所示。

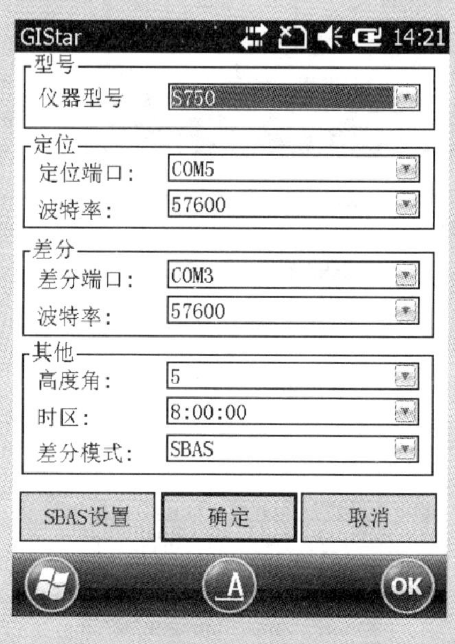

图1-55　GPS基本设置界面

②SBAS差分设置　GPS基本设置中，将差分模式选为“SBAS”，开启SBAS差分，如图1-56所示。单击“SBAS设置”按钮，进入SBAS设置，如图1-57所示。

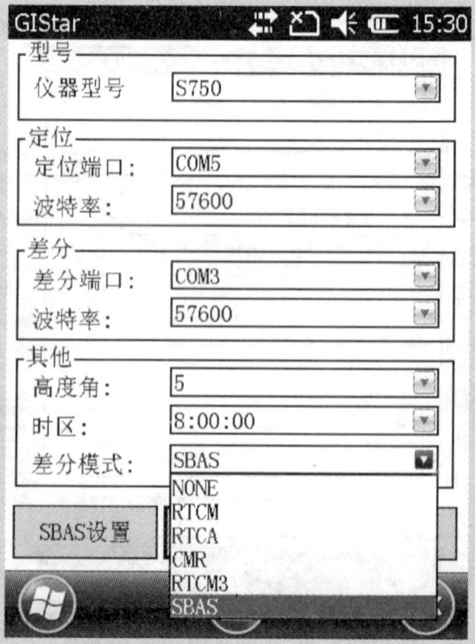

图1-56　GPS差分模式选SBAS选择界面

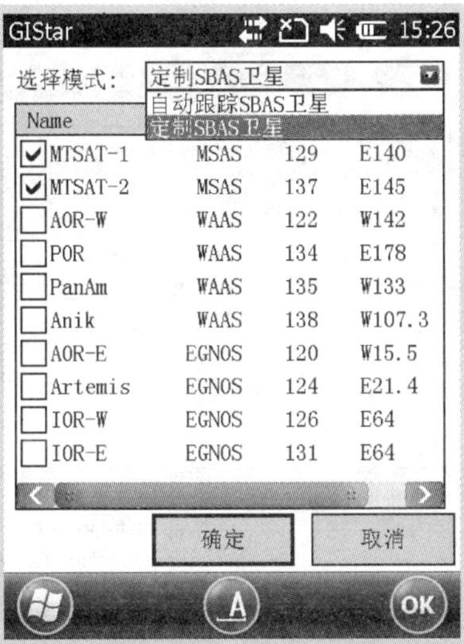

Name			
☑MTSAT-1	MSAS	129	E140
☑MTSAT-2	MSAS	137	E145
☐AOR-W	WAAS	122	W142
☐POR	WAAS	134	E178
☐PanAm	WAAS	135	W133
☐Anik	WAAS	138	W107.3
☐AOR-E	EGNOS	120	W15.5
☐Artemis	EGNOS	124	E21.4
☐IOR-W	EGNOS	126	E64
☐IOR-E	EGNOS	131	E64

图 1-57　SBAS 设置界面

下拉菜单中可以选择自动跟踪 SBAS 卫星，设置完成确认退出。

③外部源连接(外部源差分)　GPS 基本设置中，将差分模式选为外部源模式，开启外部源差分，如图 1-58 所示。单击外部源设置，如图 1-59 所示。输入 IP、端口、用户名、密码，设置完成后点击确定，完成外部源设置。

依次操作管理→GPS→外部源连接，如图 1-60 所示。在外部源连接界面内，选择合适的接入点(单频手持机一般选择 RTCM2.3、RTD 或者 DGPS)，点"开始"连接外部源，如图 1-61 所示，连接成功后，在主界面状态栏显示传输数据。

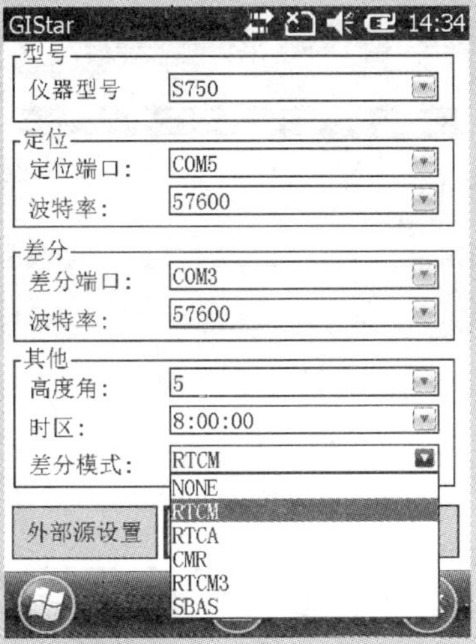

图 1-58　外部源模式界面

图 1-59　外部源设置界面

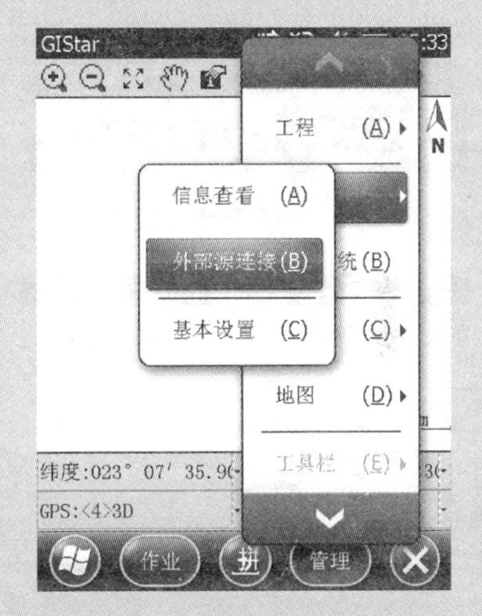

图 1-60　外部源连接界面

图 1-61　外部源开始连接界面

3. 数据的采集与查看

(1)数据采集

依次选择作业→测量→动态采集(勾选)，如图1-62所示，切换到动态采集模式，动态采集模式界面为GIStar默认界面，如图1-63所示。

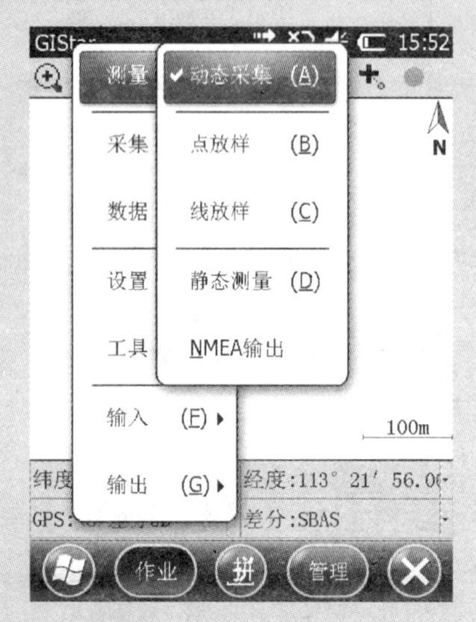

图1-62 动态采集模式界面

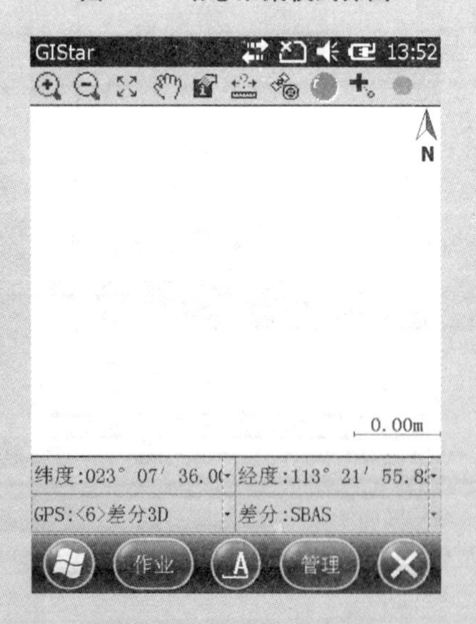

图1-63 新建要素界面

点击或者双击ENT键进入采集界面。当精度达到要求，自动显示出要素状态，如图1-64所示，单击“确定”，在弹出界面中可以进行采集要素设置和采集坐标设置。

采集要素分为：点、线、面和数据字典，如图1-65所示。点击“确定”进入下一步。如果采集要素选择默认点、线、面，则进入名称、编码设置，如图1-66所示。

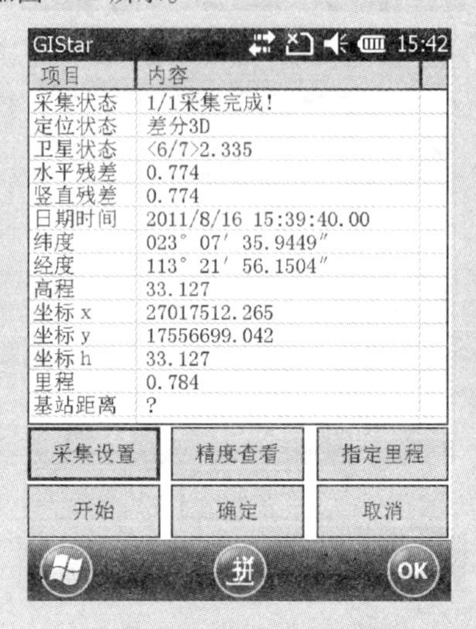

图1-64 要素状态界面

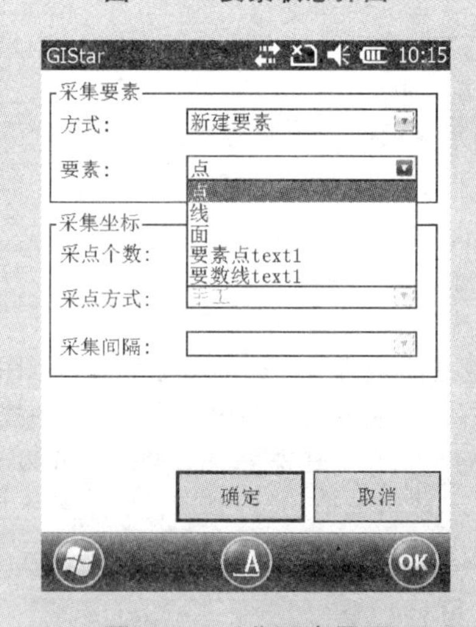

图1-65 采集要素界面

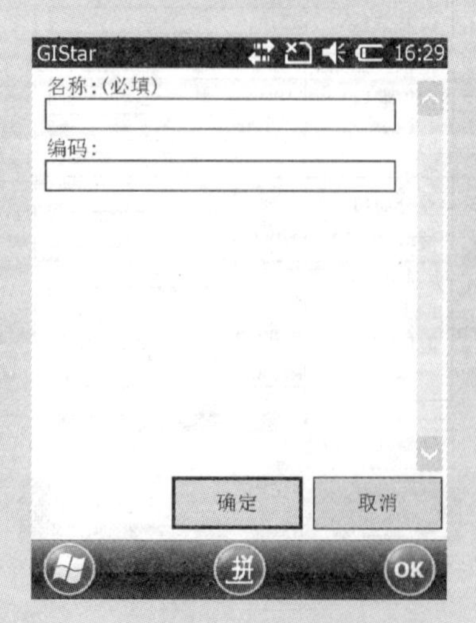

图1-66 名称、编码设置界面

(2)记录设置

依次操作作业→设置→记录设置，如图1-67所示。选择“记录设置”，弹出记录设置对话框，如图1-68所示。

可以对采集条件、采集方式、天线进行设置，也可以在采集状态界面中，如图1-69所示。

选择“采集设置”对限差等设置，还可以设置里程、查看精度。

(3)数据的查看

依次操作作业→数据→要素查看，如图1-70所示。通过要素查看，查看所有要素和坐标，如图1-71所示，同时可以查看要素的一些信息如线的周长，面的面积等。

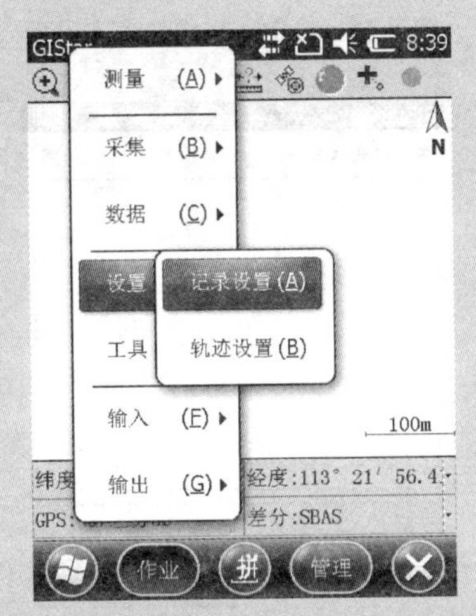

图1-67 记录设置界面

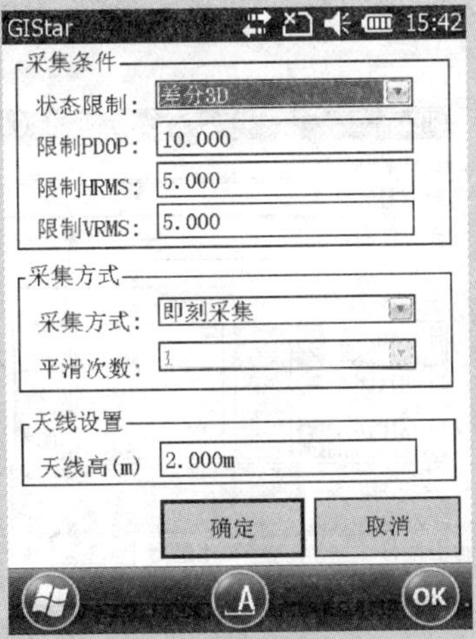

图1-68 记录设置对话框界面

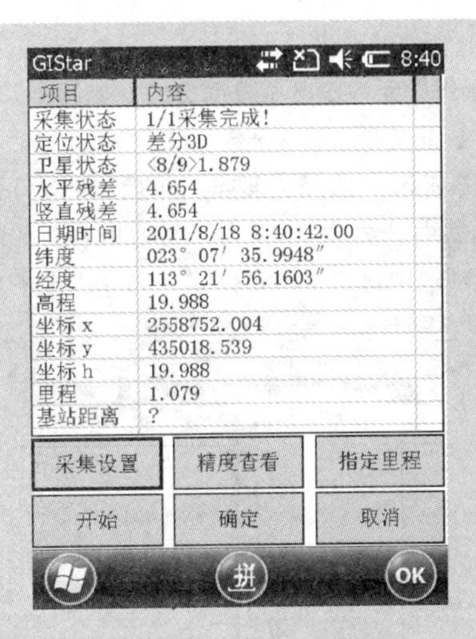

图1-69 采集状态界面

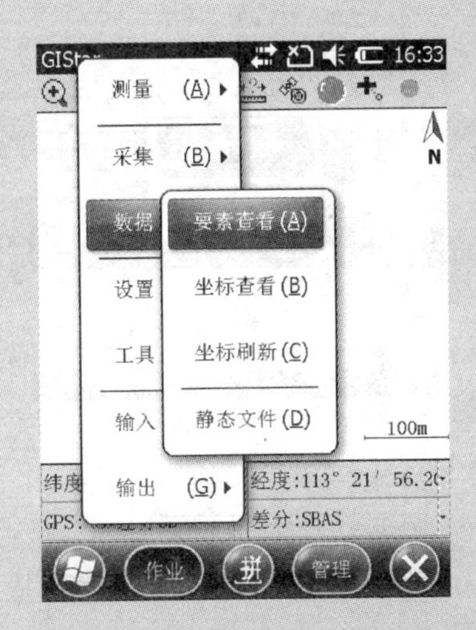

图1-70 数据查看对话框界面

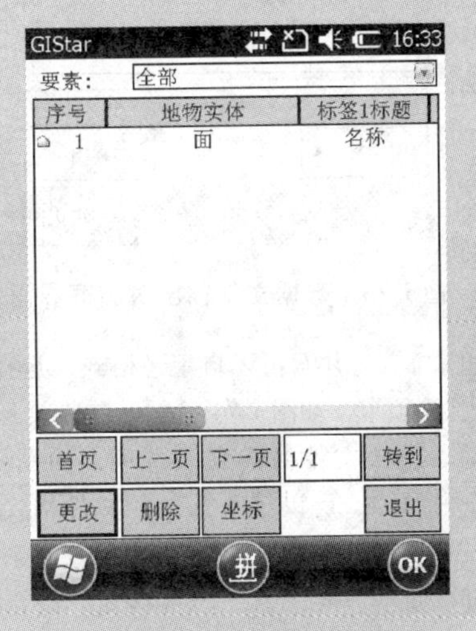

图1-71 要素查看界面

4. 文件的导出

操作作业→输出→数据文件，如图 1-72 所示。选择“数据文件”，弹出数据文件输出对话框，如图 1-73 所示。选择需要导出的数据文件后，在 GIS 格式中选择输出格式，也可以在“自定义格式”选项卡中自定义需要格式。选择需要的导出位置后，选择“导出”完成数据导出。

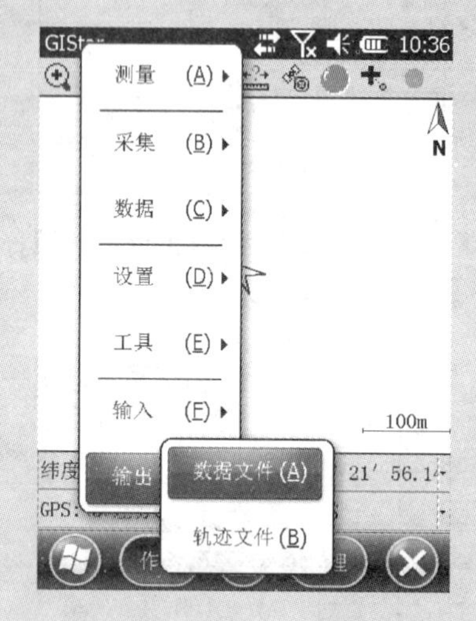

图 1-72 文件输出对话框界面

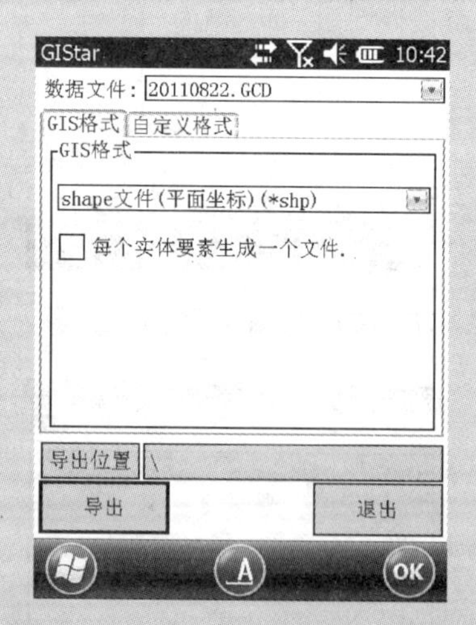

图 1-73 数据文件输出对话框界面

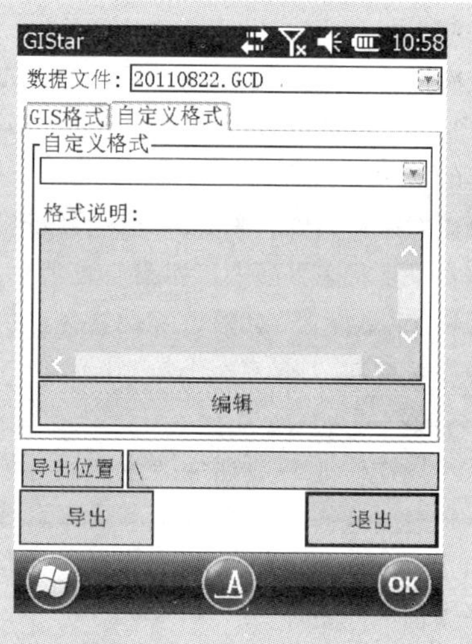

图 1-74 自定义格式选项卡界面

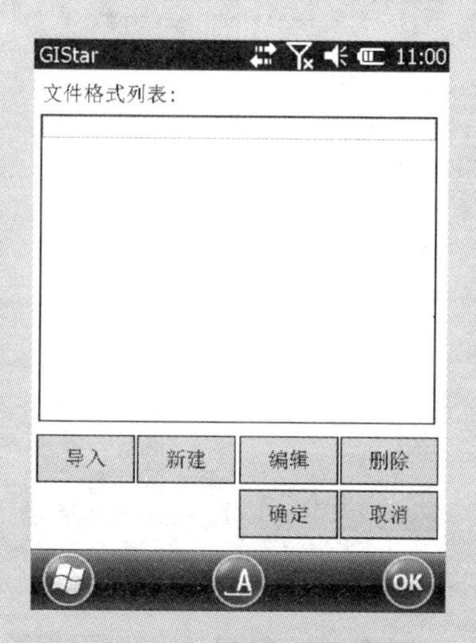

图 1-75 文件格式列表选项

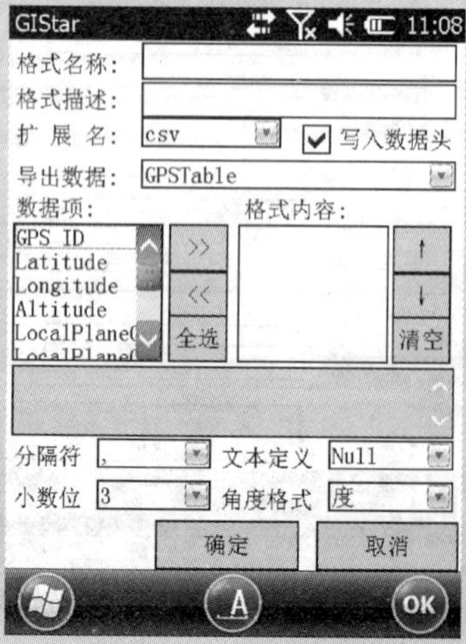

图 1-76 新建格式窗口

如果需要，用户可以自定义格式，选择“自定义格式”选项卡，如图 1-74 所示，在选项卡中点击“编辑”，进入文件格式列表选项，如图 1-75 所示，点击“导入”可以导入 .cfg 的文件格式。点击“新建”弹出新建格式窗口，如图 1-76 所示。该界面下可以创建 .csv、.txt、.dat 格式，并自定义任意其数据项，设置完成后点击“确定”完成格式自定义。

→成果提交

作出书面报告，包括操作过程和结果以及心得体会，具体内容如下：

1. 简述S760在GIStar操作软件下的应用过程。
2. 回顾操作过程中的心得体会，遇到的问题及解决方法。

自主学习资料库

1. 中国卫星导航系统管理办公室．北斗卫星导航系统公开服务性能规范(1.0版).2013.
2. 中国卫星导航系统管理办公室．北斗卫星导航系统发展报告(2.2版).2013.
3. 中国卫星导航系统管理办公室．北斗卫星导航系统空间信号接口控制文件公开服务信号(2.0版).2013.
4. 合众思状．ArcPad简易操作手册．
5. 游先祥．遥感原理及在资源环境中的应用．北京：中国林业出版社，2003.
6. 南方测绘．S760等机型操作说明．

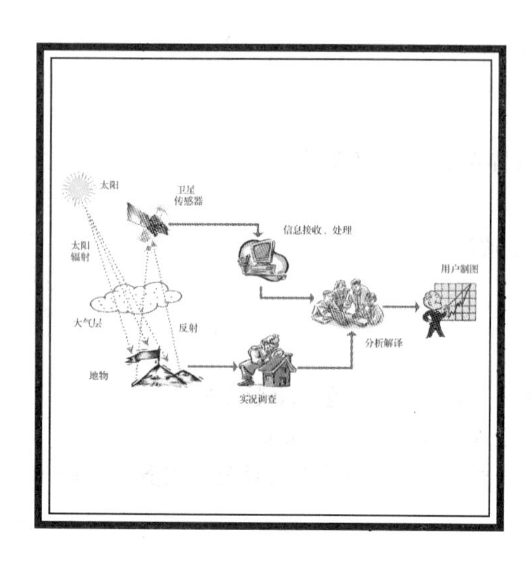

模块2 RS在林业生产中的应用

项目2　林业遥感影像预处理
项目3　遥感影像增强
项目4　林地分类图的制作

遥感(Remote Sensing，RS)技术在林业生产上最早应用的是森林制图与森林资源调查，目前在森林资源动态监测、森林火灾监测、森林病虫害监测、森林灾害损失评估等方面都进行了广泛的应用，此外在树种分类、森林蓄积量估测等方面也进行了深入的研究和探索。本模块包括林业遥感影像预处理、遥感影像增强处理、林地分类图的制作三个项目。具体内容是在介绍遥感基础知识的前提下，详细叙述了遥感影像的预处理和增强处理的方法，最后在进行非监督分类和监督分类的基础上，完成林地分类图的制作。

项目2 林业遥感影像预处理

遥感影像的预处理项目包括认识遥感、遥感影像数据格式转换、几何校正、裁剪、镶嵌、投影变换等几个任务。其中几何校正是遥感技术应用过程中必须完成的预处理工作，几何校正处理之后需要开展的工作就是根据研究区域空间范围进行图像的裁剪或者镶嵌处理，并根据需要进行图像的投影变换处理，为随后图像分类处理与空间分析做准备。此外，不同的传感器、不同的遥感图像处理软件所获得或处理的遥感影像格式各不相同，在实际应用过程中需要对遥感影像的格式进行转换。本项目利用辽宁林业职业技术学院实验林场所在范围的遥感影像进行预处理。

知识目标

1. 掌握遥感的概念、分类、遥感技术系统组成及在林业中的应用。
2. 了解 ERDAS IMAGINE 遥感图像处理软件的界面及基本功能。
3. 掌握常见的遥感影像数据格式。
4. 掌握几何校正、裁剪、镶嵌及投影的相关概念。
5. 熟悉几何校正、裁剪、镶嵌及投影变换的操作方法。

技能目标

1. 学会常见遥感影像数据格式的转换。
2. 能够完成遥感图像的几何校正处理。
3. 能够根据研究区域范围裁剪出目标范围。
4. 能够通过镶嵌处理，完成研究区域空间范围的拼接。
5. 能够根据需要进行遥感图像投影的变换处理。

任务1

认识遥感

→任务描述

遥感技术目前在林业上应用广泛，主要是用于森林资源调查中和地形图一起作为调查用图面材料（二者相互补充），森林资源经营管理中作为森林区划、森林资源调查结果制图和编制森林经营方案中的图面材料，森林资源动态监测、森林灾害监测等判读图面材料，要想掌握这门技术首先要从认识遥感开始，本任务包括遥感技术基础、遥感的物理基础以及常见遥感资源卫星系统三个部分，是学习遥感最基础的知识，为进一步学好遥感打下良好的基础。

→任务目标

1. 掌握遥感的概念、遥感分类及遥感技术系统的组成。
2. 了解遥感技术在林业上的应用。
3. 理解遥感的物理基础，进而知晓遥感的原理。
4. 了解国内外主要遥感卫星系统的技术指标。

→知识准备

2.1.1 遥感技术基础

遥感技术是20世纪60年代迅速发展起来的一门新兴综合探测技术。是建立在现代物理学，如光学技术、红外技术、微波技术、雷达技术、激光技术、全息技术，以及计算机技术、数学、地学基础上的一门综合性科学。经过几十年的迅速发展，目前遥感技术已广泛应用于农林业及国土资源调查、环境及自然灾害监测评价、水文、气象、地质矿产、测绘、海洋、军事等领域，成为一门实用、先进的空间探测技术。

遥感技术自20世纪70年代引入我国林业应用中以来，为我国森林资源监测和信息获取技术水平的提高做出了重要贡献，遥感数据已成为森林资源和生态状况监测的重要数据源。目前，随着以遥感技术、地理信息系统及全球定位系统为主的“3S”技术在林业中的应用，使森林资源和生态状况信息的存储、查询、更新、分析、共享和传输变得更加完善，有力地推动了森林资源监测技术的发展，节省了大量的人力物力，提高了调查效率，

更好地保证了森林资源监测数据的完备性和连续性。

2.1.1.1 遥感的概念

遥感(Remote sensing)就字面含义可以解释为遥远的感知。人类通过大量的实践，发现地球上每一个物体都在不停地吸收、发射和反射信息和能量，其中有一种人类已经认识到的形式——电磁波，并且发现不同物体的电磁波特性是不同的。遥感就是根据这个原理来探测地表物体对电磁波的反射和其发射的电磁波，从而提取这些物体的信息，完成远距离识别物体。

遥感从广义上说，泛指一切无接触的远距离探测，包括对电磁场、力场、机械波(声波、地震波)等的探测。实际工作中，重力、磁力、声波、地震波等的探测被划为物理探测的范畴，只有电磁波的探测属于遥感的范畴。

从狭义上说，遥感是借助对电磁波敏感的仪器(传感器)，从远处(不与探测目标相接触)记录目标物对电磁波的辐射、反射、散射等特征信息，然后对所获取的信息进行提取、判定、加工处理及应用分析的综合性技术。

现代遥感技术是以先进的对地观测探测器为技术手段，对目标物进行遥远感知的过程。地球上每一种物质作为其固有性质都会反射、吸收、透射及辐射电磁波。物体这种对电磁波固有的特性称作光谱特性(spectral characteristics)。一切物体，由于其种类及环境条件的不同，具有反射或辐射不同波长电磁波的特性。现代遥感技术即根据这个原理完成基本作业的过程：在距地面几千米、几百千米甚至上千千米的高度上，以飞机、卫星等为观测平台，使用光学、电子学和电子光学等探测仪器，接收目标物反射、散射和发射来的电磁辐射能量，以图像胶片或数字磁带形式进行记录，然后把这些数据传送到地面接收站。最后将接收到的数据加工处理成用户所需要的遥感资料产品。

2.1.1.2 遥感技术系统

通常把不同高度的平台使用传感器收集地物的电磁波信息，再将这些信息传输到地面并加以处理，从而达到对地物的识别与监测的全过程(图2-1)，称为遥感技术。现代遥感技术系统一般由：遥感平台、传感器、遥感数据接收与处理系统、遥感资料分析解译系统

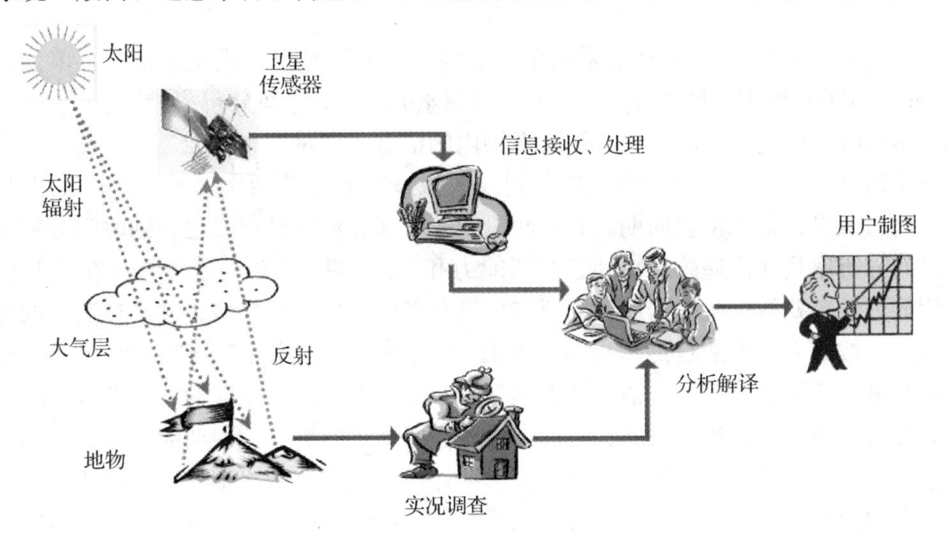

图2-1 遥感过程

这四部分组成。其中遥感平台、传感器和数据接收与处理系统是决定遥感技术应用成败的3个主要技术因素，遥感分析应用工作者必须对它们有所了解和掌握。

(1)遥感平台(Platform)

在遥感技术中搭载传感器的工具称为平台或载体，它是传感器赖以工作的场所，平台的运行特征及其姿态稳定状况直接影响传感器的性能和遥感资料的质量。目前遥感平台主要有飞机、卫星和航天飞机等。

(2)传感器(Remote sensor)

收集、记录和传输目标信息的装置称为传感器，它是遥感的核心技术。目前应用的传感器主要有：摄影机、摄像仪、扫描仪、光谱辐射计等。平台和传感器代表着遥感技术的发展水平。在评价一个传感器性能优劣的指标中，空间分辨率、波谱分辨率和时间分辨率是几个很重要的参数。

①*空间分辨率* 空间分辨率是指遥感影像的解析能力，即在影像上分辨地面物体的能力。遥感上所说的空间分辨率通常指地面分辨率，就是指影像上所能辨别的地面物体的最小尺寸。不同目的卫星所获取的图像，其分辨率是不一样的，其中侦察卫星图像的分辨率最高，气象卫星分辨率最低。一般可有3种表示法：

a. 像元：是扫描影像的基本单元，是成像过程中或用计算机处理时的基本采样点，由亮度值表示。单个像元所对应的地面面积大小与卫星种类相关，面积单位为米(m)或千米(km)。如美国QuikBird商业卫星一个像元相当地面面积0.61m×0.61m，其空间分辨率为0.61m；Landsat/TM一个像元相当地面面积28.5m×28.5m，简称空间分辨率30m；NOAA AVHRR一个像元约相当地面面积1100m×1100m，简称空间分辨率1.1km(或1km)。

对于光电扫描成像系统，像元在扫描线方向的尺寸大小取决于系统几何光学特征的测定，而飞行方向的尺寸大小取决于探测器连续电信号的采样速率。

b. 线对数(Line pairs)：对于摄影系统而言，影像最小单元常由通过1mm间隔所包含的线对数确定，单位为线对/mm。所谓线对是指一对同等大小的明暗条纹或规则间隔的明暗条对。

c. 瞬时视场(IFOV)：指传感器内单个探测元件的受光角度或观测视野，单位为毫弧度(mrad)。IFOV越小，最小分辨单元(可分像素)越小，空间分辨率越高。IFOV取决于遥感光学系统和探测器大小。一个瞬时视场内的信息，表示一个像元。

②*时间分辨率* 时间分辨率是指在同一区域进行的相邻两次遥感观测的最小时间间隔。对轨道卫星，也称覆盖周期。时间间隔大，时间分辨率低；反之，则时间分辨率高。

时间分辨率是评价遥感系统动态监测能力和“多日摄影”系列遥感资料在多时相分析中应用能力的重要指标。根据地球资源与环境动态信息变化的快慢，可选择适当的时间分辨率范围。按研究对象的自然历史演变和社会生产过程的周期划分为5种类型：超短期的，如台风、寒潮、海况、鱼情、城市热岛等，需以小时计；短期的，如洪水、冰凌、旱涝、森林火灾或虫害、作物长势、植被指数等，要求以日数计；中期的，如土地利用、作物估产、生物量统计等，一般需要以月或季度计；长期的，如水土保持、自然保护、冰川进退、湖泊消长、海岸变迁、沙化与绿化等，则以年计；超长期的，如新构造运动、火山喷发等地质现象，可长达数十年以上。

③*波谱分辨率*　波谱分辨率是指传感器探测器件接收电磁波辐射所能区分的最小波长范围。波段的波长范围越小，波谱分辨率越高。也指传感器在其工作波长范围内所能划分的波段的量度。波段越多，波谱分辨率越高。

如陆地卫星多波段扫描仪 MSS 和 TM(专题制图仪)，在可见光范围内，MSS 3 个波段的光谱范围均为 0.1μm；TM1 ~3 波段的波谱范围分别是 0.07μm、0.08μm 和 0.06μm。后者波谱分辨率高于前者。MSS 共有 4 ~5 个波段；TM 共分 7 个波段，也说明后者波谱分辨率高于前者。因地物波谱反射或辐射电磁波能量的差别，最终反映在遥感影像的灰度差异上，故波谱分辨率也反映区分不同灰度等级的能力。比如多波段扫描仪在可见光的 3 个波段能区分 128 级，而第四波段(波长范围 0.3μm)只能区分 64 级，可见光波段波谱分辨率比近红外波段高。波谱分辨率是评价遥感传感器探测能力和遥感信息容量的重要指标之一。提高波谱分辨率，有利于选择最佳波段或波段组合来获取有效的遥感信息，提高判读效果。但对扫描型传感器来说，波谱分辨率的提高不仅取决于探测器性能的改善，还受空间分辨率的制约。

(3)遥感数据接收处理系统

为了接收从遥感平台传送来的图像和数据，必须建立遥感地面接收站。地面接收站由地面数据接收和记录系统(TRRS)，图像数据处理系统(Image Digital Processing System，IDPS)两部分组成。地面数据接收和记录系统的大型抛物天线，能够接收遥感平台发回的数据。这些数据是以电信号的形式传回，经检波后，被记录在视频磁带上。然后把这些视频磁带、数据磁带或其他形式的图像资料等送往图像数据处理机构。图像处理机构的任务是将数据接收和记录系统记录在磁带上的视频图像和数据进行加工处理和贮存，最后根据用户的要求，制成一定规格的影像胶片和数据产品，作为商品分发给用户。

(4)分析处理系统

用户得到的遥感资料，是经过处理的图像胶片或数据。根据各自的应用目的，对这些资料进行分析、研究、判断解释，从中提取有用信息，并将其翻译成为我们所用的文字资料或图件，这一工作称为“解译”。目前，解译已经形成了一些规范的技术路线和方法。

①*常规目视解译技术*　所谓常规目视解译是指人们用手持放大镜或立体镜等简单工具，凭借解译人员的经验，来识别目标物的性质和变化规律的方法。由于目视解译所用的仪器设备简单，在野外和室内都可进行。这种方法既能获得一定的效果，还可验证仪器的准确程度，所以它是一种最基本的解译方法。但是，目视解译既受解译人员专业水平和经验的影响，也受视觉功能的限制，并且速度慢，不够准确。

②*图像处理技术*　图像处理技术是 20 世纪发展起来的一种识别地物的方法，它是利用电子计算机对遥感影像数据进行分析处理，获得目标地物的光谱信息，进而对地物进行判读，实现自动识别和分类。该技术既快速、客观、准确，又能直接得到解译结果，是遥感分析解译的发展方向。近年来，在目标识别上，已发展到地表纹理、目标地物的形状等相结合的判别模型，从而大大提高了目标识别的可靠性。

2.1.1.3　遥感的分类

根据人们对遥感分类的依据不同，或根据遥感自身的特点及应用领域，可从以下几个角度进行分类：

(1)按探测平台划分

依传感器所搭载的遥感平台进行分类，可划分为：地面遥感、航空遥感、航天遥感和航宇遥感。

①地面遥感　地面遥感是以近地表的载体作为遥感平台的探测技术。如汽车、三角架、气球和大楼等。所用的传感器可以是成像或非成像传感器。地面遥感可以获得成像或非成像方式的数据，由于它与地面其他观测数据具有绝对同步关系，可以为构建地表物理模型奠定重要基础。

②航空遥感　航空遥感是以飞机为平台从空中对目标地物进行探测的技术。主要的特点是沿航线分幅获取地面目标地物信息，因此其灵活性大，所获得的图像比例尺大，分辨率高，已形成了航空摄影完整的理论体系，为地方尺度的遥感提供数据平台。

③航天遥感　航天遥感是以卫星、火箭以及航天飞机为平台，从外层空间对目标地物进行探测的技术系统。航天遥感是20世纪70年代发展起来的现代遥感技术，其特点是已形成从低分辨率到高分辨率的对地观测手段，不仅可用于宏观区域的自然规律与现象的研究，同时高分辨率小卫星为地方尺度的大比例尺制图与地理规律的研究提供新的数据源，另外其重复周期短，为动态监测地球表面环境提供了可能。

④航宇遥感　航宇遥感是以宇宙飞机为平台对宇宙星际的目标进行探测的遥感技术。随着运载火箭技术的不断发展，人类活动范围逐步从地球环境向宇宙星际环境的延伸，从而实现了对月球、火星等星际环境的遥测。这一技术为进一步探索地球的起源提供了科学数据。

(2)按探测的电磁波段划分

根据传感器所接收的电磁波谱，遥感技术可分为五种：

①可见光遥感　传感器仅采集与记录目标物在可见光波段的反射能量，主要有摄影机、扫描仪、摄像仪等。

②红外遥感　传感器采集并记录目标地物在电磁波红外波段的反射或辐射能量，主要有红外摄影机、红外扫描仪等。

③微波遥感　传感器采集并记录目标地物在微波波段反射的能量，所用传感器主要包括扫描仪、微波辐射计、雷达、高度计等。

④多光谱遥感　传感器将把目标物反射或辐射来的电磁辐射能量分割成若干个窄的光谱带，同步探测得到一个目标物不同波段的多幅图像。目前所使用的多光谱遥感传感器有多光谱摄影机、多光谱扫描仪和反束光导管摄像仪等。

⑤紫外遥感　传感器采集和记录目标物在紫外波段的辐射能量，由于太阳辐射能量到达地面的紫外线能量非常弱，因此可用波段非常窄(0.3～0.4μm)，但对地质遥感有非常重要的意义。

⑥高光谱遥感　高光谱遥感是近年发展起来的新型遥感探测技术，它是在某一波长范围内，以小于10 nm波长间隔对地观察，探测地表某目标地物的反射或发射能量的探测技术。高光谱遥感通常来讲，可分为成像高光谱和非成像高光谱遥感。非成像高光谱遥感，是指利用高光谱非成像光谱(辐射)仪在野外或实验室测量特征地物的反射率、透射率及其辐射率，从而从不同侧面揭示特征地表波谱特征以及其性质。野外或实验室高光谱研究，为进一步模拟成像光谱仪，确定传感器测量光谱范围、波段设置(波段数、波宽及位

置）和评价遥感数据的应用潜力奠定基础，常用的非成像光谱仪有 ASD、LI－1800 等。成像高光谱遥感，是指以小于 10 nm 的光谱波宽，探测地面目标地物的波段特征的技术，目前成像高光谱仪大都在 9～10 nm 的波宽，有 128 以上的波段对地表进行探测其反射能量。如 AIS 高光谱传感器有 128 个波段，波宽为 9.6 nm；AVIRIS 高光谱传感器有 224 个波段，波宽为 10 nm。

（3）按电磁辐射源划分

根据传感器所接收的能量来源，遥感技术可划分为主动和被动遥感 2 种。

①主动遥感是指传感带有电磁波发射装置，在探测过程中，向目标地物发射电磁波辐射能量，然后接收和记录目标物反射或散射回来的电磁波的遥感。如雷达、闪光摄影等属此类。

②被动遥感指传感器探测和记录目标地物对太阳辐射的反射或是目标地物自身发射的热辐射和微波的能量。其中目标物反射的电磁波能量，其输入能量是太阳自然辐源而非人工辐射源，热红外和微波波段的发射能量是地物吸收太阳辐射能量后的再辐射过程。

（4）按应用目的划分

根据遥感信息源的应用进行划分，可分为地质遥感、农业遥感、林业遥感、水利遥感、海洋遥感、环境遥感、灾害遥感等。

2.1.1.4 遥感的特点及发展趋势

从遥感传感器与遥感平台的发展来看，在性能、经济效益等方面遥感技术有以下六个方面的特点：

（1）探测范围广，获取信息的范围大

一幅陆地卫星影像对应地面约 $3.4\times10^4\text{km}^2$，覆盖我国全部领土仅需 500 多张，而覆盖我国全部领土所需航片则是近 100 万张。前者可连续不断且无一遗漏地重复获得，后者实际上不可能连续重复探测。因此，这个特点对国土资源普查有着重大意义，同时宏观的特点使得大面积以至全球范围研究生态环境和资源问题成为可能。

（2）获取的信息内容丰富、新颖，能迅速反映动态变化

正因为遥感探测范围广，所以获取的信息内容丰富。卫星周期性对地球各处进行观察，使得有可能进行动态观测，获取新颖的资料，从而实现对地的动态变化监测。

（3）获取信息方便而且快速

利用遥感获取信息不受地形限制。对于高山冰川、戈壁沙漠、海洋等地区，一般方法不易获得的资料，卫星相片则可以获得大量有用的资料。同时，卫星还可以不受任何政治、地理条件的限制，覆盖地球的任何一角。这使得能够及时地获得各种地表信息，使得过去对农田、森林、城市等大区域成图所需几年到十几年的时间大为缩短。

（4）综合性

遥感技术构成对地球观察监测的多层空间、多波段、多时相的探测网。它从三个空间：地理空间（经、纬、高程）、光谱空间、时间空间提供给我们五维信息，使得能更加全面深入地观察、分析问题。

（5）成本低

例如，某水渠规划设计，航空勘测花费为 26 美元/km^2，而利用卫片只需 0.6 美分/km^2。

(6)高分辨率、高光谱遥感发展逐步走向成熟

当代遥感技术已能全面覆盖大气窗口，包括可见光、近红外和短波红外区域。热红外遥感的波长可达8～14μm；微波遥感观测目标物电磁波的辐射和散射，分被动微波遥感和主动微波遥感，波长范围为0.1～100cm。目前卫星遥感的空间分辨率已从原来的几千米、几百米、几十米逐步发展几米和几十厘米。光谱分辨率从单一波段、多光谱遥感逐步发展到高光谱遥感。

2.1.1.5　遥感技术在林业上的应用

遥感作为一门综合技术，是美国海军研究局的艾弗林·普鲁伊特(E. L. Pruitt)在1960年提出来的。此后，在世界范围内，遥感作为一门独立的新兴学科，获得了飞速的发展。我国自20世纪70年代以来，遥感事业也有了长足的进步。全国范围内的地形图更新普遍采用航空摄影测量，并在此基础上开展了不同目标的航空专题遥感试验与应用研究。我国成功研制了机载地物光谱仪、多光谱扫描仪、红外扫描仪、成像光谱仪、真实孔径和合成孔径侧视雷达、微波辐射计、激光高度计等传感器，为赶超世界先进水平、推动传感器的国产化做出了重要贡献。

遥感技术在林业上的应用主要包括以下几个方面：

(1)森林制图与森林资源调查

①森林制图　遥感技术在林业上最早最基本的应用为森林制图与森林资源调查。通过对遥感影像判读或进行分类处理，可以制作森林覆盖图，森林覆盖是全球变化、景观格局与动态、可持续发展评价等诸多领域研究的基础。对某一较小的区域来说，可以制作森林分布图，方便地统计森林覆盖率等土地利用情况。

②国家森林资源连续清查　应用遥感目视判读技术与地面抽样调查相结合的方法开展国家森林资源清查，可以提供全面准确的森林资源调查数据和图面材料，为编制森林采伐限额和森林经营方案及建立森林资源档案提供了可靠的科学依据。

目前我国森林资源清查中，应用较多的遥感数据为Landsat TM/ETM和CBERS－CCD数据。1999年开始的全国第六次全国森林资源连续清查中全面应用了“建立国家森林资源监测体系”项目的研究成果，遥感技术应用也由实验阶段过渡到实际应用，并在体系全覆盖、提高抽样精度、防止偏估等方面起到了重要的作用。借助遥感手段，寻求快速宏观监测森林资源的方法，从定时监测转向连续监测，从静态监测转向动态监测，提高监测的现势性和时效性，对森林资源的可持续经营与利用具有重要意义。

③森林资源规划设计调查　早在20世纪50年代，航空相片开始用于森林资源二类调查，但由于航空相片成本较高而难以广泛应用。20世纪90年代，Landsat－TM数据开始应用于森林资源二类调查，虽然TM数据波段丰富，可供选择的波段组合较多，但是由于其空间分辩率较低，不宜用作外业调绘图纸，从而限制了其在二类调查中的应用。SPOT5数据的出现，以2.5m和5m的全色波段分辨率，10m分辨率的多光谱数据得到了林业生产单位的广泛应用。为加强森林资源经营管理，适应国家信息化发展需要，SPOT5数据不仅应用于林业科研项目，而且已在国内大范围地应用于森林资源二类调查。

(2)森林资源动态监测

卫星遥感能周期性地提供包括森林植被信息的遥感数据，为森林资源动态监测提供了可靠的信息源。利用2个或多个不同时期的遥感资料，就可以获得森林资源的动态变化情况。利用遥感多时相特点和GIS技术相结合，能够实现区域尺度甚至全球尺度的动态监测。目前，欧美许多国家应用MODIS数据来监测森林资源，内容包括冠层制图、植被覆盖转移监测、过火区与采伐监督。

①*森林资源生态状况监测* 森林资源宏观监测主要内容之一是林木生长状况监测。利用红外遥感波段可清晰反映森林健康状况；大区域遥感监测可及时了解森林生境、森林消长动态；AVHRR、MODIS等高时间分辨率数据的出现，为形成时间序列监测森林物候、气候变化影响与响应提供了无可替代的条件，成为森林生态状况监测的重要分支。利用MODIS数据，可采用归一化植被指数(NDVI)、增强型植被指数(EVI)、土壤调节植被指数(SAVI)以及比值植被指数(RVI)等对监测区典型树种的长势进行分析。

②*林业生态工程监测* 利用多级分辨率卫星遥感数据对林业生态工程区进行遥感监测评价，对工程区域内林业生态工程(如六大林业重点工程的天然林资源保护工程、退耕还林工程、“三北”及长江中下游等重点防护林体系建设工程、京津风沙源治理工程、野生动植物保护及自然保护区建设工程和重点地区速生丰产用材林基地建设工程等)的实施情况进行跟踪监测，实现监测数据及时、直观反映现实情况，达到客观评价其成效的目的，从而为我国林业生态建设管理、制定相应的管理规定和宏观决策提供科学依据。

工程监测可综合运用“3S”技术，获得林业工程区域在时间序列上的空间信息，并通过分析与处理，对工程的实施做出如下方面的监测与评价：一是监测工程进展情况，为工程落实提供基础数据；二是监测工程实施状况和质量，为工程建设与管理提供依据；三是评估工程建设成效，为工程建设的各项决策提供依据；四是调查监测区森林植被变化状况，分析林业生态工程的实施对监测区生态环境的影响。

我国林业生态工程监测示范研究已获阶段性进展，对于不同的工程，选取重点监测区，利用不同分辨率的遥感数据，以多阶监测的方法，辅以适当地面调查核实，对重点监测区进行连续的动态监测，已形成一套林业生态工程监测的系统方法。

③*森林火灾监测预报* 目前，我国林业系统已建成了卫星林火监测中心、林火信息监测网络。通过气象卫星影像定标、定位处理，及时提取林火热点信息，确定林火发生地的环境、地类等内容。为森林火灾指挥扑救提供决策。如1987年我国大兴安岭原始森林发生特大火灾，遥感图像不但显示了它的火头、火灾范围，还发现火势有向内蒙古原始森林逼近的可能，救火指挥部根据这一信息，及时采取有效措施，加以防止。减少了火灾损失。

④*森林病虫害监测* 植物受到病虫害侵袭，会导致植物在各个波段上的波谱值发生变化。如植物在受到病虫危害时，在人眼还看不到时，其红外波段的光谱值就已发生了较大的变化，从遥感资料提取这些变化的信息，分析病虫害的源地、灾情分布、发展状况，给防治病虫害提供信息。如对安徽省全椒县国营孤山林场1988年、1989年发生的马尾松松毛虫害，用TM卫星遥感资料作波谱亮度值分析，提取灾情信息，掌握了虫情分布、危害状况，并统计出重害、轻害和无害区所占的面积，有效地指导了对松毛虫的防治和灾后评估。“八五”国家科技攻关项目“松毛虫早期灾害点遥感监测研究”，是我国利用遥感技术对森林病虫害进行预测预报、监测管理的比较深入的应用研究。

⑤*森林灾害损失评估* 遥感技术能及时、准确评估森林灾害造成的损失。在1987年大兴安岭特大火灾的损失评价中，利用卫星资料统计出过火面积为$124\times10^4hm^2$，其中又

分为重度、轻度、居民点和道路的过火面积。其精度为96%。1986年我国吉林省长白山自然保护区原始森林遭受特大飓风侵袭，由于该地区交通不便，地面调查困难，利用卫星遥感资料进行了损失评估，得出森林蓄积量损失达$185 \times 10^4 m^3$，有效地支持了灾后建设。

此外，遥感技术在森林生物物理参数反演(叶面积指数、吸收光合有效辐射净初级生产力、生物量)、森林生态系统碳循环模拟、森林生态系统景观格局分析、森林可视化经营等方面都有一定应用。

2.1.2 遥感的物理基础

2.1.2.1 电磁波与电磁波谱

遥感技术是建立在物体电磁波辐射理论基础上的。不同物体具有各自的电磁辐射特性，才有可能应用遥感技术探测和研究远距离的物体。遥感的物理基础涉及面广，本任务只介绍有关遥感应用中所涉及的主要物理基础知识，如电磁波与电磁波谱，太阳辐射与大气影响、地物的光谱特性等。

(1)电磁波及其特性

波是振动在空间的传播。如在空气中传播的声波，在水面传播的水波以及在地壳中传播的地震波等，它们都是由振源发出的振动在弹性介质中的传播，这些波统称为机械波。在机械波里，振动着的是弹性介质中质点的位移矢量。光波、热辐射、微波、无线电波等都是由振源发出的电磁振荡在空间的传播，这些波叫做电磁波。在电磁波里，振荡的是空间电场矢量和磁场矢量。电场矢量和磁场矢量互相垂直，并且都垂直于电磁波传播方向。

电磁波是通过电场和磁场之间相互联系传播的。根据麦克斯韦电磁场理论，空间任何一处只要存在着场，也就存在着能量，变化着的电场能够在它的周围空间激起磁场，而变化的磁场又会在它的周围感应出变化的电场。这样，交变的电场和磁场是相互激发并向外传播，闭合的电力线和磁力线就像链条一样，一个一个地套连着，在空间传播开来，形成了电磁波。实际上电磁振荡是沿着各个不同方向传播的。这种电磁能量的传递过程(包括辐射、吸收、反射和透射等)称为电磁辐射。电磁波是物质存在的一种形式，它是以场的形式表现出来的。因此，电磁波的传播，即使在真空中也能传播。这一点与机械波有着本质的区别，但两者在运动形式上都是波动，波动的共性就是用特征量，如：波长λ、频率υ、周期T、波速ν、振幅A、位相φ等来描述它们的共性。

基本的波动形式有两种：横波和纵波，横波是质点振动方向与传播方向相垂直的波，电磁波就是横波。纵波是质点振动方向与传播方向相同的波。例如，声波就是一种纵波。波动的基本特点是时空周期性。时空周期性可以由波动方程的波函数来表示。

(2)电磁波谱

实验证明，无线电波、微波、红外线、可见光、紫外线、γ射线等都是电磁波，只是波源不同，波长(或频率)也各不相同。将各种电磁波在真空中的波长(或频率)按其长短，依次排列制成的图表叫做电磁波谱(图2-2)。

在电磁波谱中，波长最长的是无线电波，无线电波又依波长不同分为长波、中波、短波、超短波和微波。其次是红外线、可见光、紫外线，再次是X射线。波长最短的是γ射线。整个电磁波谱形成了一个完整、连续的波谱图。各种电磁波的波长(或频率)之所以不同，是由于产生电磁波的波源不同。例如，无线电波是由电磁振荡发射的，微波是利

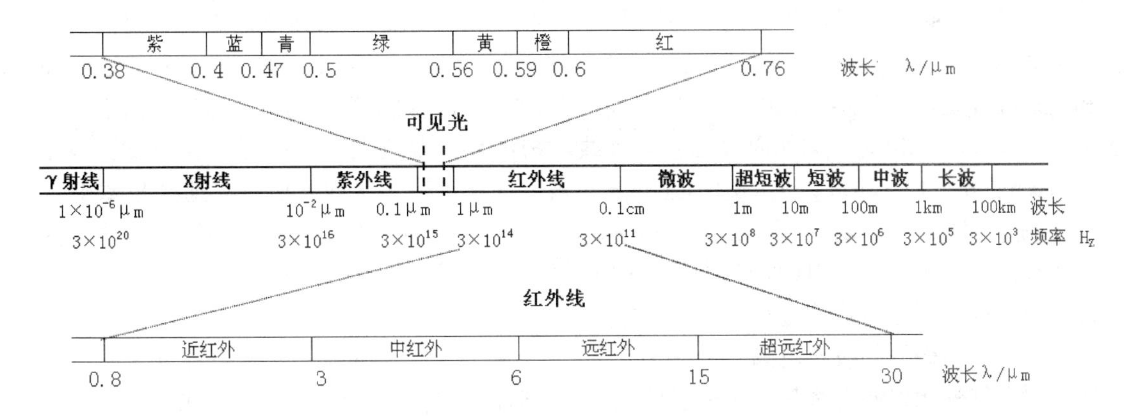

图2-2 电磁波谱

用谐振腔及波导管激励与传输，通过微波天线向空间发射的；红外辐射是由于分子的振动和转动能级跃迁时产生的；可见光与近紫外辐射是由于原子、分子中的外层电子跃迁时产生的；紫外线、X射线和γ射线是由于内层电子的跃迁和原子核内状态的变化产生的；宇宙射线则是来自宇宙空间。

在电磁波谱中，各种类型的电磁波，由于波长(或频率)的不同，它们的性质就有很大的差别(如在传播的方向性、穿透性、可见性和颜色等方面的差别)。例如，可见光可被人眼直接感觉到，看到物体各种颜色；红外线能克服夜障；微波可穿透云、雾、烟、雨等。但它们也具有共同性：

- 各种类型电磁波在真空(或空气)中传播的速度相同，都等于光速：

$$c=3\times10^{8}\text{m/s}$$

- 遵守同一的反射、折射、干涉、衍射及偏振定律。

目前，遥感技术所使用的电磁波集中在紫外线、可见光、红外线到微波的光谱段，各谱段划分界线在不同资料上采用光谱段的范围略有差异。

遥感常用的各光谱段的主要特性如下：

①紫外线　紫外线波长范围为0.01～0.4μm。太阳辐射通过大气层时，波长小于0.3μm的紫外线几乎都被吸收，只有0.3～0.4μm波长的紫外线部分能穿过大气层到达地面，且能量很少，并能使溴化银底片感光。紫外波段在遥感中主要应用于探测碳酸盐岩分布和水面飘浮的油膜污染的监测。

②可见光　可见光波长范围0.4～0.76μm。由红、橙、黄、绿、青、蓝、紫色光组成，人眼对此可以感知，又叫可见光，是遥感中最常用的波段。在遥感技术中，常用光学摄影方式接收和记录地物对可见光的反射特征。也可将可见光分成若干个波段，同一瞬间对同一景物、同步摄影获得不同波段的像片；亦可采用扫描方式接收和记录地物对可见光的反射特征。

③红外线　红外线波长范围为0.76～1000μm，为了实际应用方便，又将其划分为：近红外0.76～3.0μm，中红外3.0～6.0μm，远红外6.0～15.0μm和超远红外15～1000μm。近红外在性质上与可见光相似，所以又称为光红外。由于它主要是地表面反射太阳的红外辐射，因此又称为反射红外。在遥感技术中采用摄影方式和扫描方式，接收和

记录地物对太阳辐射的红外反射。在摄影时，由于受到感光材料灵敏度的限制，目前只能感测0.76～1.3μm波长范围。近红外波段在遥感技术中也是常用波段。中红外、远红外和超远红外是产生热感的原因，所以又称为热红外。自然界中任何物体，当温度高于绝对温度（-273.15℃）时，均能向外辐射红外线。物体在常温范围内发射红外线的波长多在3～4μm之间，而15μm以上的超远红外线易被大气和水分子吸收，所以在遥感技术中主要利用3～15μm波段，更多的是利用3～5μm和8～14μm波段。红外遥感是采用热感应方式探测地物本身的辐射（如热污染、火山、森林火灾等），所以工作时不仅白天可以进行，夜间也可以进行，能进行全天时遥感。

④微波　微波的波长范围1mm～1m。微波又可分为：毫米波、厘米波和分米波，微波辐射和红外辐射两者都具有热辐射性质。由于微波的波长比可见光、红外线要长，能穿透云、雾而不受天气影响，所以能进行全天候全天时的遥感探测。微波遥感可以采用主动或被动方式成像。另外，微波对某些物质具有一定的穿透能力，能直接透过植被、冰雪、土壤等表层覆盖物。因此，微波在遥感技术中是一个很有发展潜力的遥感波段。

在电磁波谱中不同波段，习惯使用的波长单位也不相同，在无线电波段波长的单位取千米或米，在微波波段波长的单位取厘米或毫米；在红外线段常取的单位是微米（μm），在可见光和紫外线常取的单位是纳米（nm）或微米。波长单位的换算如下：

$1\text{nm} = 10^{-3}\mu\text{m} = 10^{-7}\text{cm} = 10^{-9}\text{m}$

$1\mu\text{m} = 10^{-3}\text{mm} = 10^{-4}\text{cm} = 10^{-6}\text{m}$

除了用波长来表示电磁波外，还可以用频率来表示，如无线电波常用的单位为吉赫（GHz）。习惯上常用波长表示短波（如γ射线、X射线、紫外线、可见光、红外线等），用频率表示长波（如无线电波、微波等）。

2.1.2.2　电磁辐射源

自然界中一切物体在发射电磁波的同时，也被其他物体发射电磁波所辐射。遥感的辐射源可分自然电磁辐射源和人工电磁辐射源两类，它们之间没有什么原则区别。就像电磁波谱一样，从高频率到低频率是连续的。物质发射的电磁辐射也是连续的。

（1）自然辐射源

自然辐射源主要包括太阳辐射和地物的热辐射。太阳辐射是可见光及近红外遥感的主要辐射源，地球是远红外遥感的主要辐射源。

①太阳辐射　太阳辐射是地球上生物、大气运动的能源，也是被动式遥感系统中重要的自然辐射源。太阳辐射覆盖了很宽的波长范围，由1埃直至10m以上，包括γ射线、紫外线、红外线、微波及无线电波。太阳辐射能主要集中在0.3～3μm段，最大辐射强度位于波长0.47μm左右。由于太阳辐射的大部分能量集中在0.4～0.76μm之间的可见光波段，所以太阳辐射一般称为短波辐射。

②地球的电磁辐射　地球辐射可分为两个部分：短波（0.3～2.5μm）和长波（6μm以上）部分。

地球表面平均温度27℃（绝对温度300K），地球辐射峰值波长为9.66μm。在9～10μm之间，地球辐射属于远红外波段。

当对地面目标地物进行遥感探测时，传感器接收到小于3μm波长，主要是地物反射太阳辐射的能量，而地球自身的热辐射极弱，可忽略不计；传感器接收到大于6μm波长，主要是地物本身的热辐射能量；在3~6μm中红外波段，太阳与地球的热辐射均要考虑。所以在进行红外遥感探测时，选择清晨时间，其目的就是为了避免太阳辐射的影响。地球除了部分反射太阳辐射以外，还以火山喷发、温泉和大地热流等形式，不断地向宇宙空间辐射能量。

(2)人工辐射源

主动式遥感采用人工辐射源。人工辐射源是指人为发射的具有一定波长(或一定频率)的波束。工作时接收地物散射该光束返回的后向反射信号强弱，从而探知地物或测距，称为雷达探测。雷达又可分为微波雷达和激光雷达。在微波遥感中，目前常用的主要为侧视雷达。

①*微波辐射源* 在微波遥感中常用的波段为0.8~30cm。由于微波波长比可见光、红外线波长要长。因此，在技术上微波遥感应用的主要是电学技术，而可见光、红外遥感应用则偏重于光学技术。在应用上，微波遥感由于微波波长较长，受大气干扰小，具有全天候全天时探测能力；同时微波对某些物质具有一定的穿透能力，能直接透过植被覆盖。

②*激光辐射源* 激光在遥感技术中应用较广的为激光雷达。激光雷达使用脉冲激光器，它可精确测定卫星的位置、高度、速度等，也可测量地形、绘制地图、记录海面波浪情况，还可利用物体的散射性及荧光、吸收等性能监测污染和勘查资源。在遥感图像处理中，采用激光输出器和激光存储器，可大大提高图像处理的速度和精度。

2.1.2.3 大气对电磁波辐射的影响

太阳辐射入射到地球表层，需经过大气层(即要经过大气外层、热层、中气层、平流层和对流层等)。而地物对太阳辐射的反射，会又一次经过大气层后，然后被遥感传感器所接收。

当太阳辐射途径大气层时，将受到大气层中的气体、云、雾、雨、尘埃、冰粒、盐粒等成分的吸收、散射和透射，使其能量受到衰减和重新分配。

大气对通过的电磁波产生吸收、散射和透射的特性，称为大气传输特性。这种特性除了取决于电磁波的波长(即随波长不同而不同)，还决定于大气成分和环境的变化。

(1)大气的吸收与散射

太阳辐射有时习惯称作太阳光，太阳光通过地球大气照射到地面，经过地面物体反射又返回，再经过大气到达航空或航天遥感平台，被安装在平台上的传感器接收。这时传感器探测到的地表辐射强度与太阳辐射到达地球大气上空时的辐射强度相比，已有了很大的变化，这种变化主要受到大气主要成分影响。大气主要成分可分为二类：气体分子和其他微粒。它们对电磁辐射具有吸收与散射作用。

①*大气吸收作用* 太阳辐射穿过大气层时，大气分子对电磁波的某些波段有吸收作用，吸收作用使辐射能量变成分子的内能，引起这些波段的太阳辐射强度衰减。

②*大气散射作用* 大气中的粒子与细小微粒如烟、尘埃、雾霾、小水滴及气溶胶等对大气具有散射作用。散射的作用使在原传播方向上的辐射强度减弱，增加了向其他各个方向的辐射。我们把辐射在传播过程中遇到小微粒而使传播方向改变，并向各个方向散开的物理现象，称为散射。散射现象的实质是电磁波传输中遇到大气微粒产生的一种衍射现象。

(2)大气折射和透射

①大气折射现象　电磁波穿过大气层时，除了吸收和散射两种影响以外，还会产生传播方向的改变，产生折射现象。大气的折射率与大气圈层的大气密度直接相关。

②大气透射现象　太阳电磁辐射经过大气到达地面时，可见光和近红外波段电磁辐射被云层或其他粒子反射的比例约占30%，散射约占22%，大气吸收约占17%，透过大气到达地面的能量仅占入射总能量的31%。反射、散射和吸收作用共同衰减了辐射强度，剩余部分即为透过的部分。剩余强度越高，透过率越高。对遥感传感器而言，透过率高的波段，才对遥感有意义。

(3)大气窗口

太阳辐射与大气相互作用产生的效应，使得能够穿透大气的辐射，局限在某些波长范围内。通常把通过大气而较少被反射、吸收或散射的透射率较高的电磁辐射波段称为大气窗口。

遥感传感器选择的探测波段应包含在大气窗口之内，根据地物的光谱特性以及传感器技术的发展。因此遥感传感器选择的探测波段应包含在大气窗口之内。

2.1.2.4　地物的光谱特性

自然界中任何地物都具有其自身的电磁辐射规律，如具有反射，吸收外来的紫外线、可见光、红外线和微波的某些波段的特性；它们又都具有发射某些红外线、微波的特性；少数地物还具有透射电磁波的特性，这种特性称为地物的光谱特性。

(1)地物的反射光谱特性

当电磁辐射能量入射到地物表面上，将会出现三种过程：一部分入射能量被地物反射；一部分入射能量被地物吸收，成为地物本身内能或部分再发射出来，一部分入射能量被地物透射。根据能量守恒定律可得：

$$P_o = P_\rho + P_\alpha + P_\tau$$

式中　P_o——入射的总能量；

P_ρ——地物的反射能量；

P_α——地物的吸收能量；

P_τ——地物的透射能量。

①地物的反射率　地物反射率是地物对某一波段电磁波的反射能量与入射的总能量之比，其数值用百分率表示。地物的反射率随入射波长而变化。

地物反射率的大小，与入射电磁波的波长、入射角的大小以及地物表面颜色和粗糙度等有关。一般地说，当入射电磁波波长一定时，反射能力强的地物，反射率大，在黑白遥感图像上呈现的色调就浅。反之，反射入射光能力弱的地物，反射率小，在黑白遥感图像上呈现的色调就深。在遥感图像上色调的差异是判读遥感图像的重要标志。

②地物的反射光谱　地物的反射率随入射波长变化的规律，叫做地物反射光谱。按地物反射率与波长之间关系绘成的曲线(横坐标为波长值，纵坐标为反射率)称为地物反射光谱曲线。不同地物由于物质组成和结构不同具有不同的反射光谱特性。因而可以根据遥感传感器所接收到的电磁波光谱特征的差异来识别不同的地物，这就是遥感的基本出发点。

(2)地物的发射光谱特性

任何地物当温度高于绝对温度时，组成物质的原子、分子等微粒，在不停地做热运动，都有向周围空间辐射红外线和微波的能力。通常地物发射电磁辐射的能力是以发射率作为衡量标准。地物的发射率是以黑体辐射作为基准。

早在1860年基尔霍夫(Kirchhoff C.)就提出用黑体这个词来说明能全部吸收入射辐射能量的地物。因此，黑体是一个理想的辐射体，黑体也是一个可以与任何地物进行比较的最佳辐射体。所谓黑体是“绝对黑体”的简称，指在任何温度下，对于各种波长的电磁辐射的吸收系数恒等于1(100%)的物体。黑体的热辐射称为黑体辐射。显然，黑体的反射率$\rho=0$，透射率$=0$。

自然界并不存在绝对黑体，实用的黑体是由人工方法制成的。这种理想黑体模型的建立，是为了参照计算一般物体的热辐射而设计的。

地物的发射率随波长变化的规律，称为地物的发射光谱。按地物发射率与波长间的关系绘成的曲线(横坐标为波长，纵坐标为发射率)称为地物发射光谱曲线。要测定地物的发射光谱，首先必须测量地物的发射率。然后根据地物的发射率与波长对应关系可以画出发射光谱曲线，测量地物发射率最简单的方法是通过测量地物的反射率(指近红外)来推求地物的发射率(即$\varepsilon=1-\rho$)。因为测量地物的反射率要比直接测量发射率简单容易，也便于实现。

(3)地物的透射光谱特性

透射率就是入射光透射过地物的能量与入射总能量的百分比，用τ表示。地物的透射率随着电磁波的波长和地物的性质而不同。例如，水对0.45~0.56μm的蓝绿光波具有一定的透射能力，较混浊水体的透射深度为1~2m，一般水体的透射深度可达10~20m。又如，波长大于1mm的微波对冰体具有透射能力。

一般情况下，绝大多数地物对可见光都没有透射能力。红外线只对具有半导体特征的地物，才有一定的透射能力。微波对地物具有明显的透射能力，这种透射能力主要由入射波的波长而定。因此，在遥感技术中，可以根据它们的特性，选择适当的传感器来探测水下、冰下某些地物的信息。

2.1.3 常见卫星系统

2.1.3.1 Landsat卫星系统

美国的地球资源卫星(Landsat系列)全名为地球资源技术卫星。由于它是以研究全球陆地资源为对象，而且另外有专门研究海洋的卫星，因此后来改名为陆地卫星。美国宇航局于1972年7月23日发射了第1号地球资源卫星，以后又陆续发射了2~7号，目前在轨运行的有陆地资源卫星5号和7号。陆地卫星是以探测地球资源为目的而设计的。它既要求对地面有较高的分辨率，又要求有较长的寿命，因此，是属于中高度、长寿命的卫星。

(1)陆地资源卫星的运行特征

美国陆地卫星具有近极地、近圆形轨道、按一定周期运行、轨道与太阳同步的特征，表2-1列出了陆地卫星的主要轨道参数。

表2-1 陆地卫星轨道参数

卫星	传感器	发射时间	退役时间	轨道高度/km	轨道倾角/°	运行周期/min	重复周期/d	过境赤道时刻	景幅宽度/km^2
Landsat1	MSS/RBV	1972. 07. 23	1978. 01. 07	920	99. 20	103. 34	18	9：30	185×185
Landsat2	MSS/RBV	1975. 01. 22	1982. 02. 25	920	99. 20	103. 34	18	9：30	185×185
Landsat3	MSS/RBV	1978. 03. 05	1983. 03. 31	920	99. 20	103. 34	18	9：30	185×185
Landsat4	MSS/TM	1982. 07. 16	2001. 06. 30	705	98. 20	98. 20	16	9：45	185×185
Landsat5	MSS/TM	1984. 03. 01	在轨运行	705	98. 20	98. 20	16	9：45	185×185
Landsat6	ETM	1993. 10. 05	发射失败						
Landsat7	ETM$^+$	1999. 04. 15	在轨运行	705	98. 20	98. 20	16	10：00	185×185

（2）传感器特征

Landsat 1～5、7号卫星所载传感器有主要有4种，即反束光导管摄相机（return beam vidicon，RBV）、多光谱扫描仪（multispectral scanner，MSS）、专题制图仪（thematic mapper，TM）、再增强型专题成像仪（enhanced thematic mapper plus，ETM$^+$），各传感器波段划分、波段范围及空间分辨率如表2-2所示。

表2-2 Landsat 4、5、7号传感器参数

卫星	传感器	波段范围/μm	空间分辨率/m^2
Landsat 4	MSS	0. 495～0. 605	79×79
		0. 603～0. 696	
		0. 701～0. 813	
		0. 808～1. 023	
	TM	0. 452～0. 518	30×30
		0. 529～0. 609	
		0. 624～0. 693	
		0. 776～0. 905	
		1. 568～1. 784	
		10. 42～11. 66	120×120
		2. 097～2. 347	30×30
Landsat 5	MSS	0. 497～0. 607	79×79
		0. 603～0. 697	
		0. 704～0. 814	
		0. 809～1. 036	
	TM	0. 452～0. 518	30×30
		0. 528～0. 609	
		0. 626～0. 693	
		0. 776～0. 904	
		1. 568～1. 784	
		10. 45～12. 42	120×120
		2. 097～2. 349	30×30

（续）

卫星	传感器	波段范围/μm	空间分辨率/m^2
Landsat 7	ETM $^+$	0.452 ~ 0.514	30×30
		0.519 ~ 0.601	
		0.631 ~ 0.692	
		0.772 ~ 0.898	
		1.547 ~ 1.748	
		10.31 ~12.36	60×60
		2.065 ~ 2.346	30×30
		0.515 ~0.896(Pan)	15×15

①多光谱扫描仪(multispectral scanner，MSS) 陆地卫星第4～5号上均装有多光谱扫描仪，均采用4个工作波段，各波段波谱范围和编号略有差别。多光谱扫描仪的扫描镜与地面聚光系统的光轴成45°，扫描镜摆幅为±2.98°，对地面景物的视场为11.56°，对应的地面宽度为185km。横向扫描与卫星运行方向垂直，纵向扫描与卫星运行同时进行。扫描作业时，扫描镜的摆动频率为13.62Hz，每次扫描形成6条扫描线，同时扫描地面景物，在扫描仪内沿运行方向排列有6个探测器，每个探测器视场为79m。总视场474m。由于卫星经过地面的速度为6.47km/s，故地面目标相对遥感仪器也以同样速度运动。而扫描镜摆动频率为13.62Hz，这样每次有效扫描周期为73.42ms，因此，扫描镜每摆动一次，在一个扫描周内卫星下的点在地面恰好移动474m。两者密切配合，即下一次扫描周期时，第一个探测器的扫描线恰好与前一周期的第六个探测器的扫描线相邻，在卫星运行中，扫描是连续的，扫描方向自西向东为有效扫描。当扫描镜回扫时，快门轮关闭了光导管与地面景物的通路，为无效扫描。

MSS传感器各波段用途如下：

MSS-1(绿光波段)对水体有一定的透视能力，能判读水下地形，透视深度一般可达10～20m，还可以用于辨别岩性、松散沉积物，对植物有明显地反映。

MSS-2(红光波段)对水体有一定的透视能力，对海水中的泥沙流、大河中的悬浮物质有明显地反映，对岩性反映也较好，能区别死树和活树(活树色调较深)。

MSS-3(红～近红外波段)对水体及湿地的反映明显，水体为暗色调，浅层地下水丰富地段、土壤湿度大的地段有较深的色调，而干燥地段则色调较浅。也能区别植物的健康状况，健康的植物色调浅，有病虫害的植物色调较深。

MSS-4(近红外波段)与MSS-3有相似之处，水体色调更黑，湿地也具有深的色调，也能区别植物的健康状况，有病虫害的植物则色调更深。

②专题制图仪(thematic mapper，TM) 专题制图仪是第二代光学机械扫描仪，与多光谱扫描仪不同的是，多光谱扫描仪只能单项扫描，回扫时扫描无效，而专题制图仪是采用双向扫描，正扫与回扫都是有效扫描。双向扫描可以提高扫描效率，缩短停顿时间，以及提高探测器接收地面辐射的灵敏度。该仪器具有一个摆动式的平面镜，用来扫描垂直于运行方向，卡赛格林型的望远镜把能量反射到焦面上的可见光和红外探测器上。因为平面镜在两个方向上扫描，所以在能量到达探测器之前，要求通过一个光学机械扫描仪的改正

器。陆地卫星第4、5号装载的专题制图仪，包括7个波段。专题制图仪2～4波段与多光谱扫描仪1～3波段基本相似，都属于可见光波段，在专题制图仪上对光谱段的区间作了适当调整。第5、7波段属于短波红外波段，除第6波段外，各波段的地面分辨率为30m，第6波段属于热红外波段，分辨率为120m。

TM传感器各波段用途如下：

TM-1（蓝绿波段）对水体有穿透力。可区分土壤、植被、森林类型、海岸线、浅水地形。

TM-2（绿波段）研究植物长势与病虫害，绿色反射率、植物分类，水中含沙量。

TM-3（红波段）用于研究植物类型，叶绿素吸收率，悬浮泥沙，城市轮廓，水陆界线。

TM-4（近红外波段）用于研究水陆界线，水系，道路，居民点，植物类型。

TM-5（短波红外波段）用于研究土壤水分，植物含水量，热图像，裸露人工建筑，区分云和雪被。

TM-6（热红外波段）用于研究植被、土壤热条件热特性，热制图。

TM-7（短波红外波段）用于研究地质矿产，岩石分类，水热条件热图像分析。

③**增强型专题成像仪**（enhanced thematic mapper plus，ETM^+） Landsat 6、7卫星上的增强专题成像仪（ETM）的改进型号。ETM Plus是由Raytheon公司制造的，它比Landsat-4采用的专题成像仪（TM）敏感度更高，是一台8波段的多光谱扫描仪辐射计，工作于可见光、近红外、短波长和热红外波段。

主要有3方面的改进：

- 热红外波段的分辨率提高到60m（Landsat-6的热红外分辨率为120m）；
- 首次采用了分辨率为15m的全色波段；
- 改进后的太阳定标器使卫星的辐射定标误差小于5%，即其精度比Landsat-5约提高1倍。

2.1.3.2 SPOT卫星系统

SPOT系列卫星是法国发射的地球观测实验卫星，最后发射的SPOT5卫星的分辨率为最高，其全色分辨率提高到2.5m，多光谱达到10m。除了前面几颗卫星上的高分辨率几何装置（HRG）和植被探测器（vegetation）外，SPOT5更有一个高分辨率立体成像（HRS）装置，主要任务是监测海上浮游生物和地球表面森林植被的变化，可提供地球表面高清晰度的立体图像。SPOT系列卫星运行以来，获取了数百万影像数据，由于其较高的地面分辨率、可侧视观测并生成立体像对和在短时间内可重复获取同一地区数据等有别于其他卫星遥感数据的特点，而受到遥感用户的青睐。在土地利用与管理、森林覆盖监测、土壤侵蚀和土地沙漠化的监测以及城市规划等人与环境的关系研究方面，都发挥了重要的作用。

（1）SPOT卫星的轨道特征

SPOT卫星与Landsat同属一类，以观测地球资源为主要目的。因此，它们的运行特征也具有近极地、近圆形轨道；按一定周期运行；轨道与太阳同步，同相位等特点，其参数见表2-3。

表 2-3 地球观测实验卫星(SPOT)参数

项 目	参 数
轨道高度/km	832
运行周期/(min·圈$^{-1}$)	101.4
每天绕地球运行圈数	14.9
重复周期/d	26(369 圈)
轨道倾角/°	98.72 ±0.08(除南、北纬 81.29°以南北地区以外，均可覆盖)
在赤道上轨道间距/km	108.4
赤道降交点地方时	10：30 ±15min

轨道的太阳同步可保证在同纬度上的不同地区，卫星过境时太阳入射角近似，以利于图像之间的比较；轨道的同相位，表现为轨道与地球的自转相协调，并且卫星的星下点轨道有规律地、等间距排列；而近极地近圆形轨道在保证轨道的太阳同步和相位特性的同时，使卫星高度在不同地区基本一致，并可覆盖地球表面的绝大部分地区。

(2)SPOT 卫星的结构

地球观测实验系列卫星(SPOT)搭载的传感器包括高分辨率可见光扫描仪(high resolution visible sensor，HRV)、高分辨率可见光红外扫描仪(high resolution visible and infrared，HRVIR)、高分辨率几何成像装置(high resolution geometric，HRG)、植被探测器 VEG (VEGETATION)和高分辨率立体成像装置(high resolution stereoscopic，HRS)。表 2-4 是 SPOT 系列卫星所搭载的传感器相关参数特征。

表 2-4 SPOT 系列卫星传感器参数

参数名称	卫星名称	多光谱波段	全色波段	植被成像装置(VEG)	高分辨率立体成像装置(HRS)
波段设置/μm	SPOT 1－3	0.50～0.59	0.51～0.73		
		0.61～0.68			
		0.79～0.89			
	SPOT4	0.50～0.59	0.61～0.68	0.43～0.47	
		0.61～0.68		0.50～0.59	
		0.79～0.89		0.61～0.68	
		1.58～1.75		0.79～0.89	
				1.58～1.75	
	SPOT5	0.49～0.61	0.48～0.71	0.43～0.47	0.49～0.69
		0.61～0.68		0.61～0.68	
		0.78～0.89		0.78～0.89	
		1.58～1.78		1.58～1.78	
空间分辨率/m^2	SPOT 1－4	20×20	10×10	1.15km	
	SPOT 5	10×10 20×20(B4)	5×5 或 2.5×2.5	1km	10×10
图幅尺寸/km^2	SPOT 1－5	60×60	60×60	2250×2250	120×120

2.1.3.3 QuickBird卫星系统

QuickBird卫星(快鸟卫星)于2001年10月18日由美国Digital Globe公司在美国范登堡空军基地发射，是目前世界上最先提供亚米级分辨率的商业卫星，卫星影像分辨率为0.61m。

QuickBird卫星是为高效、精确、大范围地获取地面高清晰度影像而设计制造的。其主要参数见表2-5。

表2-5 QuickBird卫星有关参数

项 目	参 数
发射日期	2001年10月18日
发射装置	波音Delta II运载火箭
发射地	加利福尼亚范登堡空军基地
轨道高度	450km
轨道倾角	97.2°
飞行速度	7.1km/s
降交点时刻	上午10：30
轨道周期	93.5min
条带宽度	垂直成像时为16.5km×16.5km
平面精度	23cm(CE90)
动态范围	11位
空间分辨率	全色：0.61m(星下点)；多光谱：2.44m(星下点)
光谱响应范围	全色：450~900nm B：450~520nm；G：520~600nm R：630~690nm；NIR：760~900nm

QuickBird卫星根据纬度的不同，卫星的重访周期在1~3.5d之间。垂直摄影时QuickBird卫星影像的条带宽为16.5km，当传感器摆动30°时，条带宽约19km。

2.1.3.4 中巴地球资源卫星

(1)中巴地球资源卫星概况

中巴地球资源卫星(CBERS)是我国第一代传输型地球资源卫星，包含中巴地球资源卫星01星、中巴地球资源卫星02星和中巴地球资源卫星02B星三颗卫星组成。它的成功发射与运行开创了中国与巴西两国合作研制遥感卫星、应用资源卫星数据的广阔领域，结束了中巴两国长期单纯依赖国外对地观测卫星数据的历史。中国资源卫星应用中心负责资源卫星数据的接收、处理、归档、查询、分发和应用等业务。

1999年10月14日，中巴地球资源卫星01星(CBERS-01)成功发射，在轨运行3年10个月；2003年10月21日，中巴地球资源卫星02星(CBERS-02)发射升空，目前仍在轨运行。2007年9月19日，中巴地球资源卫星02B星在中国太原卫星发射中心发射，并成功入轨。

(2) CBERS-01/02传感器

① CCD相机(CCD)　在星下点的空间分辨率为19.5m，扫描幅宽为113km。它在可见、近红外光谱范围内有4个波段和1个全色波段。具有侧视功能，侧视范围为±32°。

相机带有内定标系统。

②红外多光谱扫描仪(IRMSS)　有1个全色波段、2个短波红外波段和1个热红外波段，扫描幅宽为119.5km。可见光、短波红外波段的空间分辨率为78m，热红外波段的空间分辨率为156m。IRMSS带有内定标系统和太阳定标系统。

③宽视场成像仪(WFI)　有1个可见光波段、1个近红外波段，星下点的可见分辨率为258m，扫描幅宽为890km。由于这种传感器具有较宽的扫描能力，因此，它可以在很短的时间内获得高重复率的地面覆盖。WFI星上定标系统包括一个漫反射窗口，可进行相对辐射定标，见表2-6。

表2-6　CBERS－01/02卫星系统传感器参数

参　数	传感器名称		
	CCD相机	宽视场成像仪（WFI）	红外多光谱扫描仪（IRMSS）
传感器类型	推扫式	推扫式(分立相机)	振荡扫描式(前向和反向)
可见/近红外波段/μm	1：0.45～0.52 2：0.52～0.59 3：0.63～0.69 4：0.77～0.89 5：0.51～0.73	10：0.63～0.69 11：0.77～0.89	6：0.50～0.90
短波红外波段/μm	无	无	7：1.55～1.75 8：2.08～2.35
热红外波段/μm	无	无	9：10.4～12.5
辐射量化	8bit	8bit	8bit
扫描带宽	113km	890km	119.5km
空间分辨率(星下点)	19.5m	258m	波段6、7、8：78m 波段9：156m
具有侧视功能	有(－32°～＋32°)	无	无
视场角	8.32°	59.6°	8.80°

(3)CBERS－02B传感器

①CCD相机(CCD)　CCD相机在星下点的空间分辨率为19.5m，扫描幅宽为113km。它在可见、近红外光谱范围内有4个波段和1个全色波段。具有侧视功能，侧视范围为±32°。相机带有内定标系统。

②高分辨率相机(HR)　CBERS－02B携带有2.36m分辨率的HR相机。

③宽视场成像仪(WFI)　宽视场成像仪(WFI)有1个可见光波段、1个近红外波段，星下点的可见分辨率为258m，扫描幅宽为890km。由于这种传感器具有较宽的扫描能力，因此，它可以在很短的时间内获得高重复率的地面覆盖。WFI星上定标系统包括一个漫反射窗口，可进行相对辐射定标。

任务 2

ERDAS IMAGINE 应用基础

→任务描述

ERDAS IMAGINE 是美国 ERDAS 公司开发的遥感图像处理系统。它以其先进的图像处理技术，友好、灵活的用户界面和操作方式，为遥感及相关应用领域的用户提供了内容丰富而功能强大的图像处理工具，本次任务主要是学习 ERDAS IMAGINE 的基本操作，内容包括遥感影像的显示、量测、数据叠加、文件信息操作等。

→任务目标

1. 掌握 ERDAS IMAGINE 视窗菜单的功能。
2. 学会遥感影像的显示、量测、数据叠加、文件信息查询等操作。

→知识准备

ERDAS IMAGINE 是服务于不同层次用户的模型开发工具以及具有高度的 RS/GIS(遥感图像处理和地理信息系统)集成功能，为遥感及相关应用领域的用户提供了内容丰富而功能强大的图像处理工具，代表了遥感图像处理系统未来的发展趋势。

2.2.1 ERDAS IMAGINE 图标面板

ERDAS IMAGINE 启动后，首先看到 ERDAS IMAGINE 的图标面板(图 2-3)，包括菜单条和工具条两部分，其中提供了启动 ERDAS IMAGINE 软件模块的全部菜单和图标。

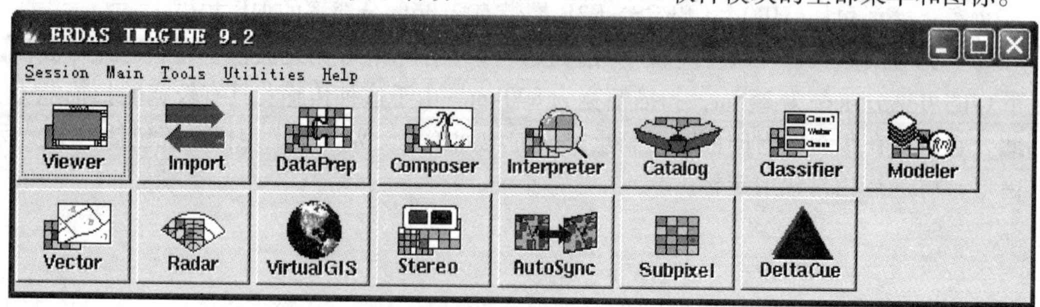

图 2-3 ERDAS IMAGINE 的图标面板

2.2.1.1　菜单命令及其功能

ERDAS IMAGINE 菜单条中包括5项下拉菜单(表2-7)，每个菜单都是由一系列命令或选择项组成，这些命令或选择项及其功能见表2-8～表2-11。

表2-7　ERDAS IMAGINE 图标面板菜单条

菜　单	菜单功能
Session(综合菜单)	完成系统设置、面板布局、日志管理、启动命令工具、批处理过程、实用功能、联机帮助等
Main(主菜单)	启动 ERDAS 图标面板中包括的所有功能模块
Tools(工具菜单)	完成文本编辑、矢量及栅格数据属性编辑、图形图像文件坐标变换、注记及字体管理、二维动画制作
Utilities(实用菜单)	完成多种栅格数据格式的设置与转换、图像的比较
Help(帮助菜单)	启动关于图标面板的联机帮助，ERDAS IMAGINE 联机文档查看、动态连接库浏览等

表2-8　综合菜单(Session)命令及其功能

命　令	功　　能
Preference	面向单个用户或全体用户，设置多数功能模块和系统默认值
Configuration	为 ERDAS IMAGINE 配置各种外围设备，如打印机、磁带机
Session Log	查看 ERDAS IMAGINE 提示、命令及运行过程中的实时记录
Active Process List	查看与取消 ERDAS IMAGINE 系统当前正在运行的处理操作
Commands	启动命令工具，进入命令菜单状态，通过命令执行处理操作
Enter Log Message	向系统综合日志(Session Log)输入文本信息
Start Recording Batch Commands	开始记录一个或多个最近使用的 ERDAS IMAGINE 命令
Open Batch Command File	打开批处理命令文件
View offline Batch Queue	打开批处理进程对话框，查看、编辑、删除批处理队列
Flip Icon	确定图标面板的水平或垂直显示状态
Tile Viewers	平铺排列两个以上已经打开的窗口
Close All Viewers	关闭当前打开的所有窗口
Main	进入主菜，启动图标面板中包括的所有模块
Tools	进入工具菜单，显示和编辑文本及图像文件
Utilities	进入实用菜单，执行 ERDAS 的常用功能
Help	打开 ERDAS IMAGINE 联机帮助文档
Properties	打开 IMAGINE 系统特性对话框，查看和配置序列号与模块及环境变量
Exit IMAGINE	退出 ERDAS IMAGINE 软件环境

表2-9　主菜单(Main)命令及其功能

命　令	功　　能
Start IMAGINE Viewer	启动视窗
Import/Export	启动输入输出模块
Data Preparation	启动预处理模块
Map Composer	启动地图编制模块
Image Interpreter	启动图像解译模块

（续）

命　令	功　能
Image Catalog	启动图像库管理模块
Image Classification	启动图像分类模块
Spatial Modeler	启动空间建模工具
Vector	启动矢量功能模块
Radar	启动雷达图像处理模块
Virtual GIS	启动虚拟 GIS 模块
Subpixel Classifier	启动子像元分类模块
DeltaCue	启动智能变化检测模块
Stereo Analyst	启动三维立体分析模块
IMAGINE AutoSync	启动图像自动匹配模块

表 2-10　工具菜单(Tools)命令及其功能

命　令	功　能
Edit Text Files	建立和编辑 ASCII 码文本文件
Edit Raster Attributes	查看、编辑和分析栅格文件属性数据
View Binary Data	查看二进制文件的内容
View IMAGINE HFA File Structure	查看 ERDAS IMAGINE 层次文件结构
Annotation Information	查看注记文件信息，包括元素数量与投影参数
Image Information	获取 ERDAS IMAGINE 栅格图像文件的所有信息
Vector Information	获取 ERDAS IMAGINE 矢量图形文件的所有信息
Image Commands Tool	打开图像命令对话框，进入 ERDAS 命令操作环境
NITF Metadata Viewer	查看 NITF 文件的元数据
Coordinate Calculator	将坐标系统从一种椭球体或参数转变为另外一种
Create/Display Movie Sequences	产生和显示一系列图像画面形成的动画
Create/Display Viewer Sequences	产生和显示一系列视窗画面组成的动画
Image Drape	以 DEM 为基础的三维图像显示与操作
DPPDB Workstation	输入和使用 DPPDB 产品

表 2-11　实用菜单(Utilities)命令及其功能

命　令	功　能
JPEG Compress Image	应用 JPEG 压缩技术对栅格图像进行压缩，以便保存
Decompress JPEG Image	将应用 JPEG 压缩技术所生成的栅格图像进行解压缩
Convert Pixels to ASCII	将栅格图像文件数据转换成 ASCII 码文件
Convert ASCII to Pixels	以 ASCII 码文件为基础产生栅格图像文件
Convert Images to Annotation	将栅格图像文件转换成 IMAGINE 的多边形注记数据
Convert Annotation to Raster	将 IMAGINE 的多边形注记数据转换成栅格图像文件
Create/Update Image Chips	产生或更新栅格图像分块尺寸，以便于显示管理
Create Font Tables	以任一 ERDAS IMAGINE 的字体生成栅格字符映射表
Font to Symbol	将特定的字体转换为地图符号

（续）

命　令	功　　能
Compare Images	打开图像比较对话框，比较两幅图像之间的某种属性
Oracle Spatial Table Tool	添加、删除和编辑在 Oracle 空间表里的行和列
CSM Plug – in Manager	设置 ERDAS IMAGINE 用到的 CSM 插件库
Reconfigure Raster Formats	重新配置系统中栅格图像数据格式
Reconfigure Vector Formats	重新配置系统中矢量图形数据格式
Reconfigure Resample Methods	重新设置系统中图像重采样方法
Reconfigure Geometric Models	重新设置系统中图像校正方法
Reconfigure PE GCS Code	计算投影引擎里的地理坐标系统

2.2.1.2　工具图标及其功能

ERDAS IMAGINE 面板中各工具的功能见表 2-12。

表 2-12　图标面板功能简介

图　标	功能简介
	该模块主要实现图形图像的显示，是人机对话的关键
	数据输入输出模块，主要实现外部数据的导入、外部数据与 ERDAS 支持数据的转换及 ERDAS 内部数据的导出
	数据预处理模块，主要实现图像拼接、校正、投影变换、分幅裁剪、重采样等功能
	专题制图模块，主要实现专题地图的制作
	启动图像解译模块，主要实现图像增强、傅里叶变换、地形分析及地理信息系统分析等功能
	图像库管理模块，实现入库图像的统一管理，可方便地进行图像的存档与恢复
	图像分类模块，实现监督分类、非监督分类及专家分类等功能
	空间建模模块，主要是通过一组可以自行编制的指令集来实现地理信息和图像处理的操作功能

（续）

图　标	功能简介
Vector	矢量功能模块，主要包括内置矢量模块及扩展矢量模块，该模块是基于 ESRI 的数据模型开发的，所以它直接支持 coverage、shapfile、vector layer 等格式数据
Radar	雷达图像处理模块，主要针对雷达影像进行图像处理、图像校正等操作
VirtualGIS	虚拟 GIS 模块，给用户提供一个在三维虚拟环境中操作空间影像数据的模块
Stereo	立体分析模块，提供针对三维要素进行采集、编辑及显示的模块
AutoSync	自动化影像校正模块，该模块提供工作站及向导驱动的工作流程机制，可实现影像的自动校正
Subpixel	启动智能变化检测模块
DeltaCue	启动面向对象信息提取模块

2.2.1.3　ERDAS IMAGINE 支持的数据格式

ERDAS IMAGINE 9.2 版本支持的数据格式达 150 多种，可以输出的数据格式有 50 多种，几乎包括所有常见的栅格数据和矢量数据格式，下面列出实际工作中常用的 ERDAS IMAGINE 所支持的数据格式。

(1) 支持输入数据格式

ArcInfo Coverage E00、ArcInfo GRID E00、ERDAS GIS/ERDAS LAN、Shape File、DXF、DGN、Generic binary、Geo TIFF、TIFF、JPEG、USGS DEM、GRID、GRASS、TIGER、MSS Landsat、TM Landsat、Landsat-7、SPOT、AVHRR、RADARSAT 等。

(2) 支持输出数据格式

ArcInfo Coverage E00、ArcInfo GRID E00、ERDAS GIS、ERDAS LAN、Shape File、DXF、DGN、IGDS、Generic binary、Geo TIFF、TIFF、JPEG、USGS DEM、GRID、GRASS、TIGER、DFAD、OLG、DOQ、PCX、SDTS、VPF 等。

2.2.1.4　视窗菜单功能

ERDAS IMAGINE 二维视窗是显示栅格图像、矢量图形、注记文件、AOI(感兴趣区域)等数据层的主要窗口。每次启动 ERDAS IMAGINE 时，系统都会自动打开一个二维视窗，当然，用户在操作过程中可以随时打开新的窗口，操作过程如下：

在 ERDAS 图标面板菜单条单击【Main】→【Start IMAGINE Viewer】命令，或者在 ERDAS IMAGINE 图标面板工具条单击 Viewer 图标，打开二维视窗，如图 2-4 所示。

图 2-4　二维视窗(打开栅格图像后)

(1)视窗菜单功能

在视窗中如不打开任何文件，视窗菜单条中通常包含 5 个菜单：File、Utility、View、AOI、Help。如果在视窗中打开不同的文件时，则动态出现对应的命令，各命令对应的功能见表 2-13。

表 2-13　窗口菜单条命令与功能

命　令	功　　能
File	文件操作
Utility	实用操作
View	显示操作
AOI	AOI 操作
Vector	矢量操作
Annotation	注记操作
Raster	栅格操作
Help	联机帮助

(2)文件菜单(File)功能

窗口菜单条中的 File 所对应的下拉菜单包含了 8 项命令，其中前 3 项命令又有相应的二级下拉菜单，菜单中各项命令及其功能见表 2-14。

表2-14　文件菜单命令与功能

命　令	功　　能
New:	创建新文件:
AOI Layer	创建AOI文件
Vector Layer	创建矢量文件
Annotation Layer	创建注记文件
Viewer Specified	用一个指定的彩色模式创建一个视窗
Map Composition	创建地图制图编辑
Map Report	导出视窗内容到一个制图模板中
Classic Viewer	创建一个新的传统视窗
Geospatial Light Table	创建一个新的GLT视窗
Footprint	创建视窗中文件的边框图层
IEE Layer	连接到Oracle的地理空间数据库
Open:	打开文件:
AOI Layer	打开AOI文件
Raster Layer	打开栅格文件
Vector Layer	打开矢量文件
Annotation Layer	打开注记文件
Terra Model Layer	打开地形模型文件
Web Service	连接到另一个服务器
View	打开视窗文件
Map Composition	打开地图编辑
Three Layer Arrangement	打开一个3波段图像并分别用3个视窗显示每一波段
Multi-Layer Arrangement	打开多波段图像并分别用视窗显示每个波段
Save:	保存文件:
Top Layer	保存上层文件
Top Layer As	另存上层文件
AOl Laver As	另存AOl文件
All Layers	保存所有文件
View	保存视窗内容
View to Image File	视窗内容转换为3波段的RGB文件
Print	打印视窗中的内容
Clear	清除视窗中的所有内容
Close	关闭当前视窗
Close Other Viewers	关闭其他视窗

→任务实施

ERDAS IMAGINE 应用基础

一、目的与要求

通过遥感影像的显示、文件显示顺序的调整、量测功能及数据的叠加显示，使学生熟练掌握ERDAS IMAGIN 遥感图像处理软件的基本操作。

视窗(Viewer)中对多波段影像数据进行真彩色显示时，使用不同波段组合分别显示；量测(Measure)工具测量的长度、周长、面积等结果进行保存；在同一视窗中打开多个影像文件，调整显示顺序并分别用混合显示工具(Blend)、卷帘工具(Swipe)和闪烁工具(Flicker)进行显示。

二、数据准备

某研究地区的 TM、ETM、SPOT、TIFF 等影像数据。

三、操作步骤

1. 遥感影像的显示

(1)启动程序

在 ERDAS 图标面板中单击 Viewer 图标，或者在 ERDAS 图标面板的菜单栏中点击 Main → Start IMAGINE Viewer，打开视窗 Viewer #1。

(2)确定文件

在 Viewer#1 窗口菜单条中单击【File】→【Open】→【Raster Layer】命令，打开 Select Layer To Add 对话框；或者在视窗工具条中单击打开文件图标，同样打开 Select Layer To Add 对话框，如图 2-5 所示。在本对话框中，确定文件所在的文件夹、文件名以及文件的类型等，各选项的具体内容见表 2-15。

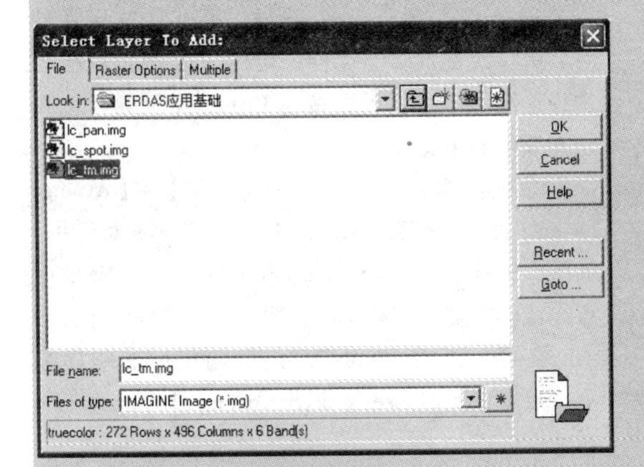

图 2-5 File 标签

①影像所在文件夹(Look in)：“...\ prj02 \ 任务实施 2. 2 \ data”

②文件名(File name)：lc_ tm. img

表 2-15 打开图像文件参数

参数项	中文含义
Look in	选择图像文件所在的文件夹
File name	确定文件名
Files of type	选择文件类型
Recent	快速选择近期操作过的文件
Goto	改变文件路径

(3)设置显示参数

在 Select Layer To Add 对话框中，单击 Raster Options 标签，进行参数设置，可以设置图像文件显示的各项参数如图 2-6，其各选项的具体内容如表 2-16 所示。

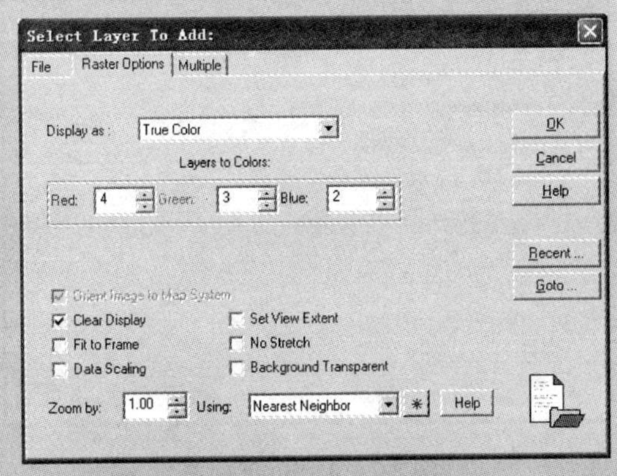

图 2-6 Raster Options 标签

表 2-16 图像文件显示参数

参数项	含义
Display As:	图像显示方式:
True	真彩色(多波段图像)
Pseudo	假彩色(专题分类图)
Gray	灰色调(单波段图像)
Relief	地形图(DEM 数据)

（续）

参数项	含义
Layers to Colors：	图像显示颜：
Red：4	红色波段(4)
Green：3	绿色波段(3)
Blue：2	蓝色波段(2)
Clear Display	清除视窗中已有图像
Fit to Frame	按照窗口大小显示图像
Data Scaling	设置图像密度分割
Set View extent	设置图像显示范围
No Stretch	图像线性拉伸设置
Background Transparent	背景透明设置
Zoom by	定量缩放设置
Using：	重采样方法：
Nearest Neighbor	邻近像元插值
Bilinear Interpolation	双线性插值
Cubic Convolution	立方卷积插值
Bicubic Spline	三次样条插值

(4)设置 Multiple

在 Select Layer To Add 对话框中，单击 Multiple 标签，就进入设置本参数界面(图 2-7)，本参数并不是每次打开图像文件都需要进行设置，只有在选择文件时，同时选择了多个文件，才需要设置 Multiple 标签，每个选项的具体含义见表 2-17。

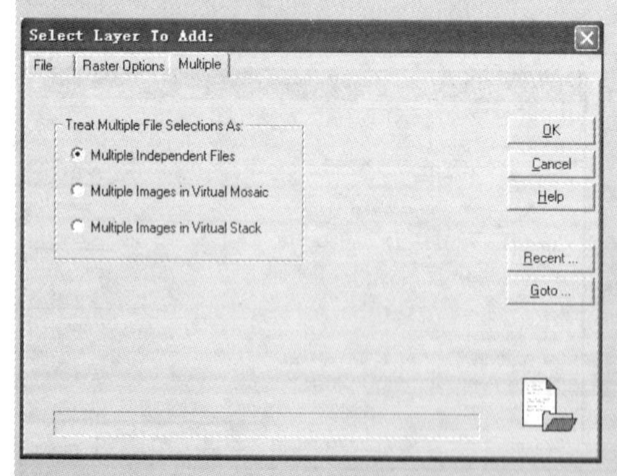

图 2-7　Multiple 标签

表 2-17　打开多个图像文件选项

参数项	含义
Multiple Independent Files	在不同的层中分别打开多个文件
Multiple Images in Virtual Mosaic	多个文件以一个逻辑文件的形式在一个层中打开
Multiple Images in Virtual Stack	多个文件在一个虚拟层中打开

(5)打开图像文件

在 Select Layer To Add 对话框中，单击 OK 按钮，打开所确定的图像，在视窗中即可显示该图像。如图 2-8 所示。

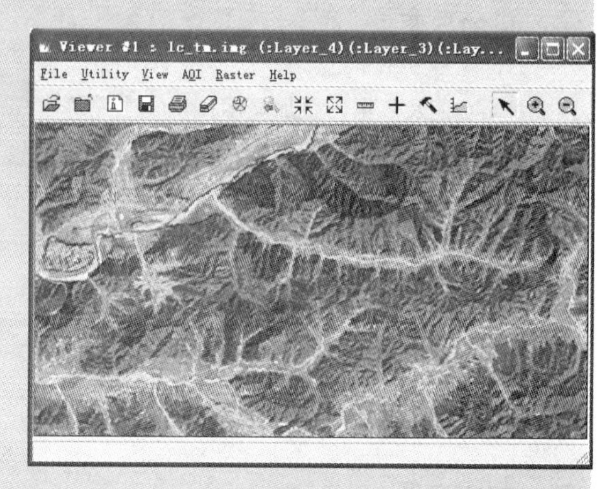

图 2-8　在视窗中打开的 TM 影像

2. 文件显示顺序的调整

在实际工作中，有时候需要在同一个视窗中同时打开多个文件，可以包括影像文件、矢量文件、AOI 文件、注记文件等。打开多个文件时，最后打开的文件位于最上层，经常遮挡了下层文件，这时就需要通过调整文件的显示顺序，把下层文件调整到上层后才能浏览到图像。

①在同一视窗中依次打开“...\prj02\任务实施 2.2\data\”下的 lc_tm.img、lc_spot.img、lc_pan.img 三个文件，注意在打开上层文件时，不要清除视窗中已经打开的文件，即打开文件时不要选择 Clear Display 复选框。另外在选择文件时，可一次选择多个文件，按住 Shift 键加鼠标可选择连续的多个文件，按住 Ctrl 键加鼠标可选择不连续的多个文件。

②在视窗菜单中：选择【View】→【Arrange Layers】命令，打开 Arrange Layers Viewer 对话框，如图 2-9 所示。在 Arrange Layers Viewer 对话框中点击鼠标左键或拖动文件，即可调整文件顺序。

③点击应用(Apply)，按照调整后的顺序显示。点击关闭(Close)，退出 Arrange Layers Viewer 对话框。

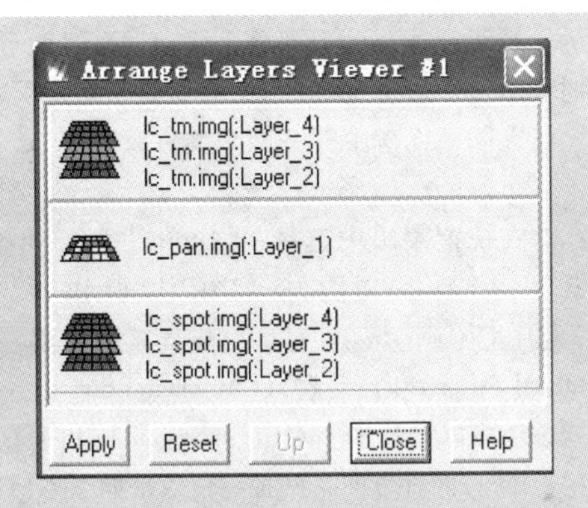

图 2-9　【Arrange Layers Viewer】对话框

3. 量测功能

①在视窗中打开"...\prj02\任务实施 2.2\data\"下的 lc_ tm. img;

②在菜单单击【Utility】→【Measure】命令，打开 Measurement Tool 视窗(图 2-10)，或者在视窗工具条中单击量测图标 ，打开 Measurement Tool 视窗。

③在 Measurement Tool 视窗中使用相应的工具，可以量测点的坐标、线的长度及多边形的周长与面积。其主要量测工具的功能见表 2-18。

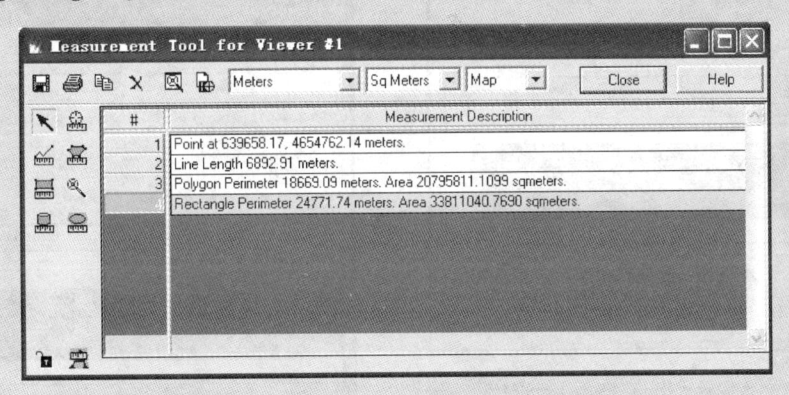

图 2-10　Measurement Tool for Viewer 视窗

表 2-18　量测工具栏主要图标与功能

图标	命令	功能
	Disables Measurements	停止量测功能
	Measure Positions	量测点的坐标(位置)
	Measure Lengths and Angles	量测线的长度与角度
	Measure Perimeters and Areas	量测多边形周长与面积
	Measure Rectangular Areas	量测矩形面积
	Measure Ellipses	量测椭圆面积

④测量结束后，在 Measurement Tool 对话框中点按钮保存测量结果，将测量结果保存在"...\prj02\任务实施 2.2\result"文件夹下，命名为：lcjg. mes。

4. 数据叠加显示

ERDAS IMAGINE 提供的数据叠加显示工具有三个，分别是混合显示工具(Blend)，卷帘工具(Swipe)和闪烁工具(Flicker)，是针对具有相同地理参考系统(地图投影和坐标系统)的两个文件进行操作的。

(1)混合显示工具(Blend)

通过控制上层图像显示的透明度大小，使得上下两层图像混合显示。文件位于"...\prj02\任务实施 2.2\data\"

①在同一视窗中打开两个文件：lc_ pan. img 和 lc_ tm. img。

②在视窗菜单中选择：【Utility】→【Blend】，

打开 Viewer Blend/Fade 对话框，如图 2-11。

③在 Viewer Blend/Fade 对话框中，用户既可以通过设置 Blend/Fade Percentage(0 - 100)达到混合显示效果，也可以通过在 Speed 微调框中定义数值和选中 Auto Mode 复选框自动显示文件混合效果。

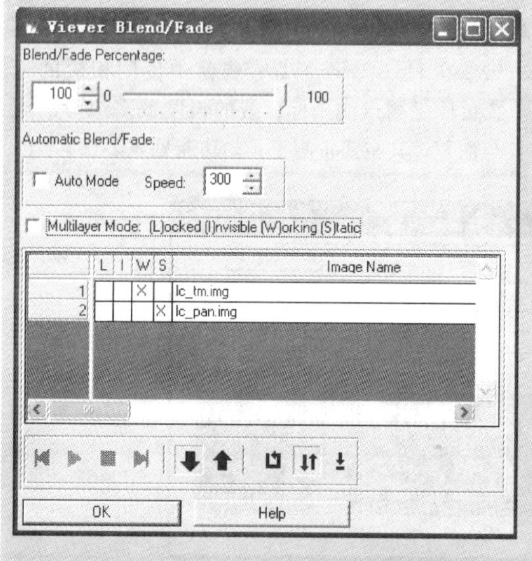

图 2-11　【Viewer Blen/Fade】对话框

(2)卷帘显示工具(Swipe)

卷帘显示工具通过一条位于窗口中部可实时控制和移动的过渡线，将窗口中的上层数据文件分为不透明和透明两个部分，移动过渡线就可以同时显示上下两层数据文件，查看其相互关系。

①在同一视窗中打开两个文件：lc_ pan. img 和 lc_ spot. img。

②在视窗菜单中选择：【Utility】→【Swipe】，打开 Viewer Swipe 对话框，如图 2-12 所示。

③在 Viewer Swipe 对话框中，可以手动卷帘(Manual Swipe)和自动卷帘(Automatic Swipe)两种模式，还可以设置水平卷帘(Horizontal)和垂直卷帘(Vertical)两种方向，两种卷帘效果如图 2-13。

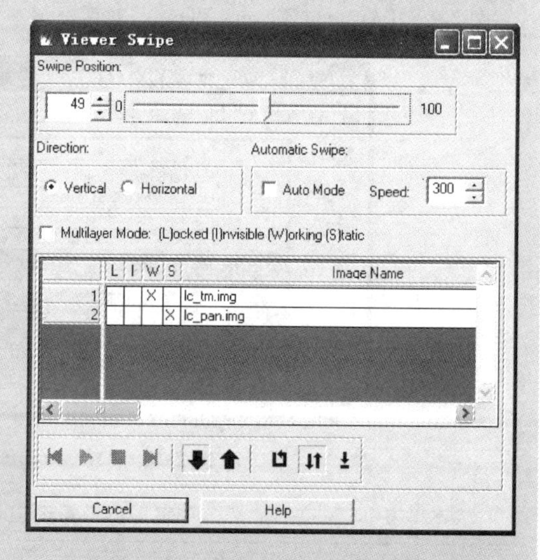

图 2-12　【Viewer Swipe】对话框

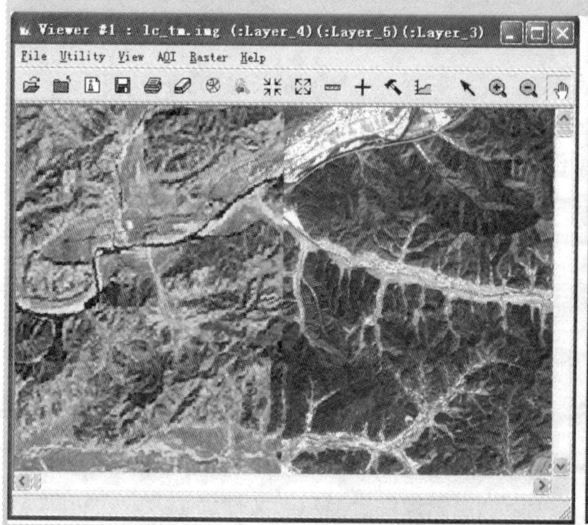

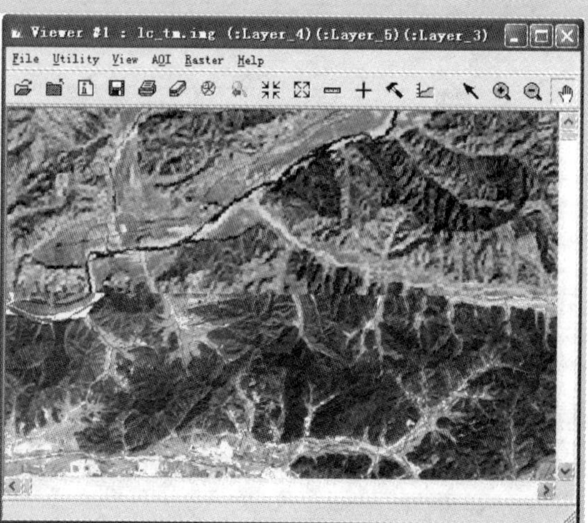

图 2-13　垂直卷帘(左)与水平卷帘(右)效果

（3）闪烁显示工具（Flicker Tool）

主要用于自动比较上下两层图像的属性差异及其关系，典型应用实例是分类专题图像与原始图像之间的比较。

①在菜单条单击【Utility】→【Flicker】命令，打开 Viewer Flicker 对话框，如图 2-14 所示。

②在 Viewer Flicker 对话框中，可以设置自动闪烁与手动闪烁两种模式。自动闪烁是按照所设定的速度自动控制上层图像的显示与否；而手动闪烁则是手动控制上层图像的显示与否。

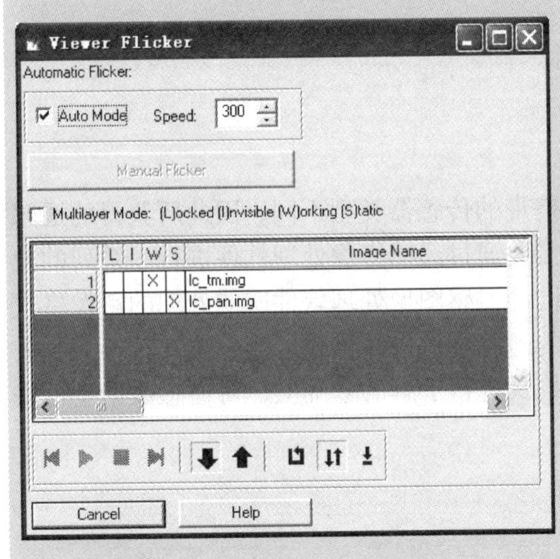

图 2-14　【Viewer Flicker】对话框

5. 图像信息显示

主要应用于查阅或修改图像文件的有关信息，如投影信息、统计信息和显示信息等。

①在打开遥感影像的视窗菜单条单击【Utility】→【Layer Info】命令，打开 ImageInfo 对话框，如图 2-15 所示。或在工具条单击文件信息图标，同样打开 Image Info 对话框。

②在 Image Info 对话框中可以查看普通信息、投影信息、直方图、像元灰度值等，可以删除和修改地图投影、编辑栅格属性等。

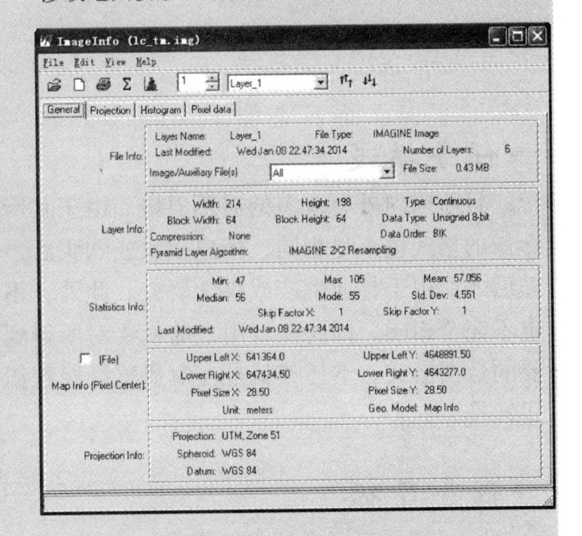

图 2-15　【Image Info】对话框

→成果提交

1. 使用不同组合打开同一多波段影像数据屏幕截图。

2. 混合显示工具（Blend）、卷帘工具（Swipe）和闪烁工具（Flicker）3 种影像叠加显示成果数据。

3. 测量某一地区道路长度、水域面积，并提交结果数据。

任务 3

遥感影像数据格式转换

→任务描述

目前国内外有众多的遥感卫星，由于其所携带的传感器类型不同，因此所获得的遥感影像的格式也不尽相同，用户接收或购买后，需要通过遥感影像处理软件进行一系列的处理后才能用于林业生产或科学研究。此外，不同的遥感图像处理软件所能处理的影像格式也不完全相同。因此在应用之前就要对所得到的遥感影像进行格式转换，将其转换为所需要的数据格式。本任务就是在对遥感影像数据格式进行了解的基础上，对遥感数据进行格式转换。

→任务目标

1. 了解遥感影像的常见格式。
2. 学会遥感影像的格式转换

→知识准备

2.3.1 常见遥感影像格式

(1)遥感数据的通用格式

用户从遥感卫星地面站获得的遥感数据一般为通用二进制(generic binary)数据，外加一个说明性的头文件。其中，generic binary 数据主要包含三种数据类型：BSQ 格式、BIP 格式、BIL 格式。

①BSQ 数据格式　BSQ(band sequential)是按波段顺序依次排列的数据格式，见表 2-19。

表 2-19　BSQ 数据格式排列表

第一波段	(1，1)	(1，2)	(1，3)	…	(1，*n*)
	(2，1)	(2，2)	(2，3)	…	(2，*n*)
	…	…	…	…	…
	(*m*，1)	(*m*，2)	(*m*，3)	…	(*m*，*n*)

（续）

第二波段	(1，1)	(1，2)	(1，3)	…	(1，n)
	(2，1)	(2，2)	(2，3)	…	(2，n)
	…	…	…	…	…
	(m，1)	(m，2)	(m，3)	…	(m，n)
…	…	…	…	…	…
第n波段	(1，1)	(1，2)	(1，3)	…	(1，n)
	(2，1)	(2，2)	(2，3)	…	(2，n)
	…	…	…	…	…
	(m，1)	(m，2)	(m，3)	…	(m，n)

②BIP 数据格式　BIP(band interleaved by pixel)格式中，每个像元按波段次序交叉排序。见表2-20。

表2-20　BIP 数据格式排列表

行	第一波段	第二波段	…	第n波段	第一波段	第二波段	…
第一行	(1，1)	(1，1)	…	(1，1)	(1，2)	(1，2)	…
第二行	(2，1)	(2，1)	…	(2，1)	(2，2)	(2，2)	…
…	…	…	…	…	…	…	…
第n行	(n，1)	(n，1)	…	(n，1)	(n，2)	(n，2)	…

③BIL 数据格式　BIL(band interleaved line)格式逐行按波段排列，见表2-21。

表2-21　BIL 数据排列表

第一波段	(1，1)	(1，2)	(1，3)	…	(1，n)
第二波段	(1，1)	(1，2)	(1，3)	…	(1，n)
…	…	…	…	…	…
第n波段	(1，1)	(1，2)	(1，3)		(1，n)
第一波段	(2，1)	(2，2)	(2，3)	…	(2，n)
第二波段	(2，1)	(2，2)	(2，3)	…	(2，n)
…	…	…	…	…	…

（2）IMG 格式

IMG 格式是 ERDAS IMAGINE 软件专用的文件格式，它支持单波段和多波段遥感影像数据的存储。为方便影像存储、处理及分析，遥感数据源必须首先使用数据转换模块转换为 . img 格式进行存储。

转换后的 . img 格式文件包括图像对比度、色彩值、描述表、影像金字塔结构信息及文件属性信息。

ERDAS 能够自动根据 * . img 的文件名，探测出同一个文件夹下的具有相同文件名的其他信息文件相关(＊. hdr，＊. rrd)，并调用其中的信息。

IMG格式的设计非常灵活，由一系列节点构成，除了可以灵活地存储各种信息外，还有一个重要的特点是图像的分块存储。这种存储以及显示的模式称为金字塔式存储显示模式，塔式结构图像按分辨率分级存储与管理，最底层的分辨率最高，数据量最大。采用这种图像金字塔结构建立的遥感影像数据库，便于组织、存储、显示与管理多尺度、多数据源遥感影像数据，实现跨分辨率的索引与浏览。

(3) Landsat数据格式

①*Landsat-5数据* 中国遥感卫星地面站所生产的Landsatd-5卫星数字产品格式分为EOSAT FAST、GEO TIFF和CCRSL GSOWG 3大类。

EOSAT FAST格式辅助数据与图像数据分离，具有简便、易读的特点。辅助数据以ASCII码字符记录，图像数据只含图像信息，用户使用起来非常方便。该格式又可分为FASTB和FASTC两种。目前绝大多数用户选择订购都是FAST-B格式产品。

FAST-B格式采用BSQ记录方式；存储介质上的每一个图像文件对应于一个波段的数据，并且所有图像文件尺寸相同；EOSAT FAST-B格式磁带上包括两类文件：头文件和图像文件。头文件是第一个文件，共1536字节，全部为ASCII码字符。图像文件只含图像数据，不包括任何辅助数据信息。图像的行列数在带头文件中给出。

GEO TIFF格式是在TIFF6.0的基础上发展起来的，并且完全兼容于TIFF6.0格式，目前的版本号为1.0。在TIFF图像中有关图像的信息都是存放在Tag中，并且规定软件在读取TIFF格式图像时如果遇到非公开或者未定义的Tag，一律作忽略处理，所以对于一般的图像软件来说，GEO TIFF和一般的TIFF图像没有什么区别，不会影响到对图像的识别；对于可以识别GEO TIFF格式的图像软件，可以反映出有关图像的一些地理信息。

使用ERDAS进行转换时，数据类型选择TM Landsat EOSAT Fast Format。

②*Landsat-7数据* Landsat-7与Landsat-5的最主要差别有：增加了分辨率为15m的全色波段(PAN波段)；波段6的数据分低增益和高增益数据，分辨率从120m提高到60m。Landsat-7卫星所获得的数据按产品处理级别分为以下4类。

- 原始数据产品(Level 0)。原始数据产品是卫星下行数据经过格式化同步、按景分幅、格式重整等处理后得到的产品，产品格式为HDF格式，其中包含用于辐射校正和几何校正处理所需的所有参数文件。原始数据产品可以在各个地面站之间进行交换并处理。
- 系统几何校正产品(Level 2)。系统几何校正产品是指经过辐射校正和系统级几何校正处理的产品，其地理定位精度误差为250m，一般可以达到150m以内。如果用确定的星历数据代替卫星下行数据中的星历数据来进行几何校正处理，其地理定位精度将大大提高。几何校正产品的格式可以是FAST－L7A格式、HDF格式或Geo TIFF格式。
- 几何精校正产品(Level 3)。几何精校正产品是采用地面控制点对几何校正模型进行修正，从而大大提高产品的几何精度，其地理定位精度可达一个像元以内，即30m。产品格式可以是FAST-L7A格式、HDF格式或Geo TIFF格式。
- 高程校正产品(Level 4)。高程校正产品是采用地面控制点和数字高程模型对几何校正模型进行修正，进一步消除高程的影响。产品格式可以是FAST-L7A格式、HDF格式或Geo TIFF格式。要生成高程校正产品，要求用户提供数字高程模型数据。

(4) SPOT-5 数据格式

SPOT-5 卫星采用 DIMAP 格式。DIMAP 是开放的数据格式，既支持栅格数据，也支持矢量数据。SPOT 数据产品的 DIMAP 格式包含两部分：影像文件(Imagedata)和参数文件(Metadata)。影像文件为 Geo TIFF 格式，表达为 Imagery. TIF，绝大多数商业软件或 GIS 软件均支持该数据格式。参数文件为 XML 格式，表达为 Metadata. dim，可以使用任何网络浏览器阅读。

使用 ERDAS 进行转换时，数据类型选择 SPOT DIMAP(directly read)。

2.3.2 其他数字图像格式

(1) BMP 格式

BMP 是英文 Bitmap(位图)的简写，是 Windows 操作系统中的标准图像文件格式。这种格式的特点是包含的图像信息较丰富，几乎不进行压缩，因此它占用磁盘空间比较大。

BMP 文件的图像深度，也就是每个像素的位数有 1bit(单色)、4bit(16 色)、8bit(256 色)、16bit(64K 色，高彩色)、24bit(16M 色，真彩色)和 32bit(4096M 色，增强型真彩色)。BMP 文件存储数据时，图像的扫描方式是按从左到右、从下到上的顺序。典型的 BMP 图像文件由三部分组成：①位图文件头数据结构，它包含 BMP 图像文件的类型、显示内容等信息。②位图信息数据结构，它包含有 BMP 图像的宽、高、压缩方法，定义颜色等信息。③调色板。

(2) GIF 格式

GIF 格式是用来交换图片的，当初开发这种格式的目的就是解决当时网络传输带宽的限制。GIF 格式的特点是压缩比高，磁盘空间占用较少，所以这种图像格式迅速得到了广泛的应用。GIF 格式可以同时存储若干幅静止图像进而形成连续的动画，使之成为当时支持 2D 动画为数不多的格式之一。目前 Internet 上大量采用的彩色动画文件多为这种格式的文件。GIF 格式的缺点是不能存储超过 256 色的图像，所以通常用来显示简单图形及字体。它在压缩过程中，图像的像素资料不会被丢失，然而丢失的却是图像的色彩。尽管如此，这种格式仍在网络上大行其道应用，这和 GIF 图像文件短小、下载速度快、可用许多具有同样大小的图像文件组成动画等优势是分不开的。

(3) JPEG 格式

JPEG 也是常见的一种图像格式，其扩展名为 . jpg 或 . jpeg。JPEG 压缩技术十分先进，压缩比率通常在 10:1 ~40:1。它用有损压缩方式去除冗余的图像和彩色数据，获取极高的压缩率的同时能展现十分丰富生动的图像，可以用最少的磁盘空间得到较好的图像质量。JPEG 被广泛应用于网络和光盘读物上。

(4) TIFF 格式

TIFF(Tag Image File Format)是 Mac 中广泛使用的图像格式。它的特点是图像格式复杂、存储信息多。正因为它存储的图像细微层次的信息非常多，图像的质量也得以提高，故而非常有利于原稿的复制。

该格式有压缩和非压缩两种形式，其中压缩可采用 LZW 无损压缩方案存储。不过，由于 TIFF 格式结构较为复杂，兼容性较差，因此有时软件可能不能正确识别 TIFF 文件(现在绝大部分软件都已解决了这个问题)。目前在 Mac 和 PC 机上移植 TIFF 文件也十分便捷，因而TIFF现在也是微机上使用最广泛的图像文件格式之一。

（5）PSD格式

这是图像处理软件Adobe Photoshop的专用格式Photoshop Document（PSD）。在Photoshop所支持的各种图像格式中，PSD的存取速度比其他格式快很多，功能也很强大。由于Photoshop越来越被广泛地应用，所以这种格式也会逐步流行起来。

（6）PNG格式

PNG（Portable Network Graphics）是一种新兴的网络图像格式。PNG是目前保证最不失真的格式，它汲取了GIF和JPG两者的优点，存储形式丰富，兼有GIF和JPG的色彩模式；它的另一个特点能把图像文件压缩到极限以利于网络传输，但又能保留所有与图像品质有关的信息，因为PNG是采用无损压缩方式来减少文件的大小，这一点与牺牲图像品质以换取高压缩率的JPG有所不同；它的第三个特点是显示速度很快，只需下载1/64的图像信息就可以显示出低分辨率的预览图像；第四，PNG同样支持透明图像的制作，透明图像在制作网页图像的时候很有用。PNG的缺点是不支持动画应用效果。

2.3.3 数据的输入输出

ERDAS IMAGINE的数据输入和输出（Import/Export）功能允许用户输入多种格式的数据供IMAGINE使用，同时允许用户将IMAGINE的文件格式转换成多种数据格式。

因此可以这样理解ERDAS IMAGINE的数据输入和输出功能：所谓输入就是将其他栅格格式的遥感影像数据转换为ERDAS IMAGINE软件默认的IMG格式，输出就是指将ERDAS IMAGINE默认的格式转换为其他栅格格式的数据。

→任务实施

遥感影像数据格式转换

一、目的与要求

通过对Landsat、SPOT、JPEG、TIFF影像数据的输入以及IMG数据的输出操作，使学生掌握遥感影像数据的格式转换。

将Landsat、SPOT、JPEG、TIFF等格式的影像数据转换为ERDAS IMAGINE默认的IMG格式；通过ERDAS IMAGINE的输出功能，将其默认的IMG格式转换为TIFF、JPEG等通用的栅格格式。

二、数据准备

某研究区域TM、ETM、SPOT、TIFF、JPEG等栅格影像数据。

三、操作步骤

1. Landsat-5数据的输入

用户从遥感卫星地面站购置的TM图像数据或其他图像数据，往往是经过转换以后的单波段普通二进制数据文件，外加一个说明头文件，头文件名多命名为header.dat。数据文件多命名为band1.dat、band2.dat、band3.dat等，对于这种数据，必须选择正确的格式来输入。下面以Landsat-5 TM数据的输入为例来进行介绍其操作步骤。

①在ERDAS图标面板工具条单击Import/Export图标，打开Import/Export对话框。如图2-16所示。

②选择输入数据操作，即选择Import单选按钮。

③选择输入数据类型（Type）：TM Landsat EOSAT Fast Format。

④选择输入数据媒体（Media）：File。

⑤确定输入（Input File）："...\prj02\任务实施2.3\data"下的header.dat。

⑥确定输出文件（Output File）："...\prj02\

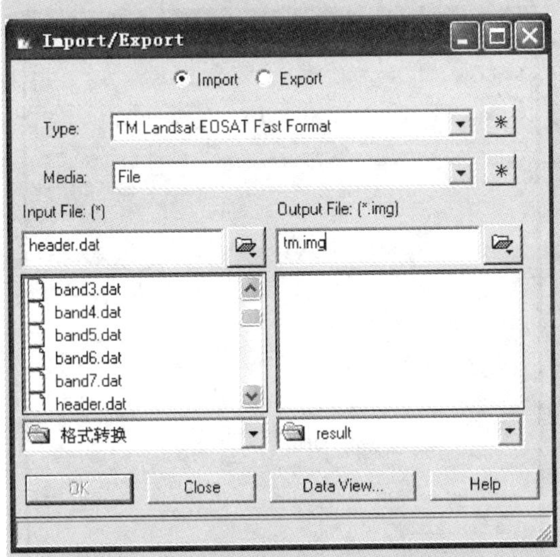

图 2-16 【Import/Export】对话框

任务实施2. 3 \ result"下，命名为 tm. img。

⑦单击 OK 按钮，关闭 Import/Export。同时打开 Landsat TM Fast Format 对话框(图 2-17)。

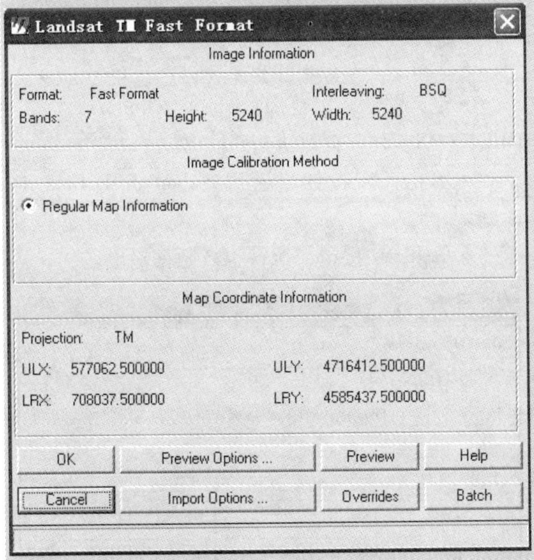

图 2-17 【Landsat TM Fast Format】对话框

⑧在 Landsat TM Fast Format 对话框中点 Import Options 可以选择要导入 ERDAS 的波段，默认选择全部波段。

⑨最后点 OK，即将全部单波段数据导入为 ERDAS IMAGINE 格式，同时将单波段数据组合为多波段。

说明：也可以将每个单波段的 . dat 二进制文件分别输入为 IMG 文件。

2. SPOT-5 数据的输入

SPOT-5 卫星采用 DIMAP 格式。影像文件为 Geo TIFF 格式，常用 Imagery. TIF 表示，参数文件为 XML 格式，表达为 Metadata. dim。

在进行数据输入时，文件类型既可以选择为 SPOT DIMAP，输入文件选择 metadata. dim，文件类型也可以选择 TIFF，输入文件选择 Imagery. TIF。本书以输入 Imagery. TIF 为例。

①在 ERDAS 图标面板工具条单击 Import/Export 图标，打开 Import/Export 对话框(图 2-18)。

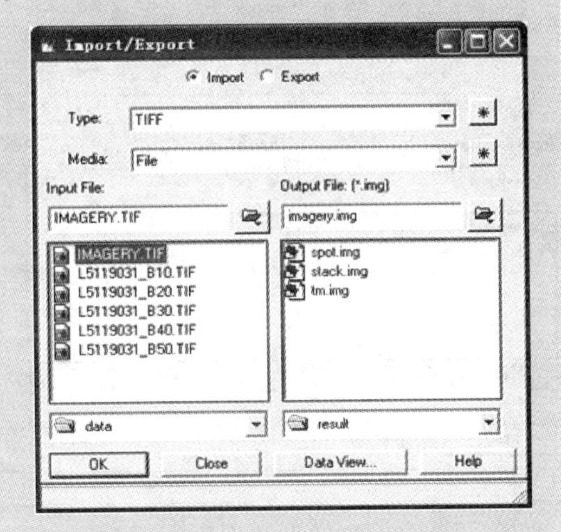

图 2-18 【导入 SPOT Geo TIFF 数据时的 Import/Export】对话框

②选择输入数据操作，即选择 Import 单选按钮。

③选择输入数据类型(Type)：TIFF。

④选择输入数据媒体(Media)：File。

⑤确定输入文件 (Input File)："... \ prj02 \ 任务实施 2. 3 \ data"下的 Imagery. TIF。

⑥确定输出文件 (Output File)："... \ prj02 \ 任务实施 2. 3 \ result"文件夹下，命名为 Imagery. img 文件。

⑦单击 OK 按钮，转换为 ERDAS 默认的 img 格式图像。

3. JPEG 的数据输入/输出

JPG 图像数据是一种通用的图像文件格式，ERDAS 可以直接读取 JPG 图像数据，只要在打开图像文件时，将文件类型指定为 JFIF(*. JPG)格式就可以直接在窗口中显示 JPG 图像，但操作处理速度比较慢。如果要对 JPG 图像做进一步的处理操作，最好将 JPG 图像数据转换为 IMG 图像数据，一种比较简单的途径是在打开JPG图像的窗口中，将JPG文件另存为IMG文件就可以了。当然也可以使用输入/输出模块来进行输入。

但是，如果要将自己的IMG图像文件输出成JPG图像文件，供其他图像处理系统或办公软件使用，就必须按照下面介绍的转换过程进行。

①ERDAS图标面板工具条单击Import/Export图标，打开Import/Export对话框(图2-19)。

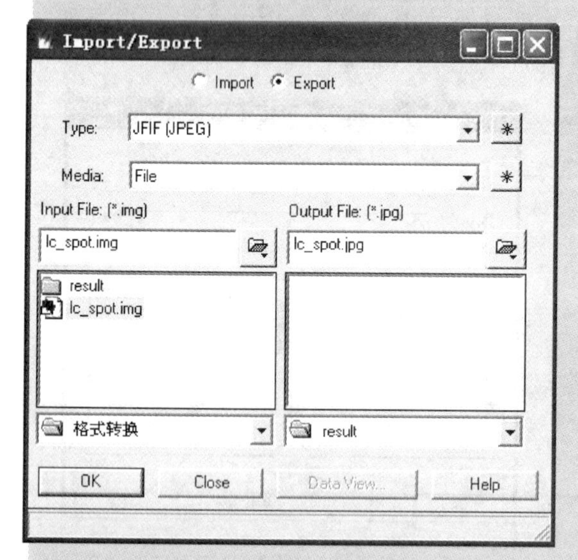

图2-19 【输出JFIF数据时的Import Export】对话框

②选择输出数据操作，即选择Export单选按钮。

③选择输出数据类型：JFIF(JPG)。

④选择输出数据媒体(Media)：File。

⑤确定输入文件路径和文件名："...\prj02\任务实施2.3\data"下的影像文件lc_spot.img。

⑥确定输出文件路径和文件名为："...\prj02\任务实施2.3\result"下的lc_spot.jpg。

⑦单击OK按钮(关闭Import/Export对话框)，打开Export JFIF Data对话框(图2-20)。

在Export JFIF Data对话框中设置下列输出参数：

• 设图像对比度调整(Contrast Option)：Use Standard Deviation Stretch。

• 设标准差拉伸倍数(Standard Deviations)：2。

• 设图像转换质量(Quality)：100。

在Export JFIF Data对话框中Export Options(输出设置)按钮，打开Export Options对话框(图2-21)。

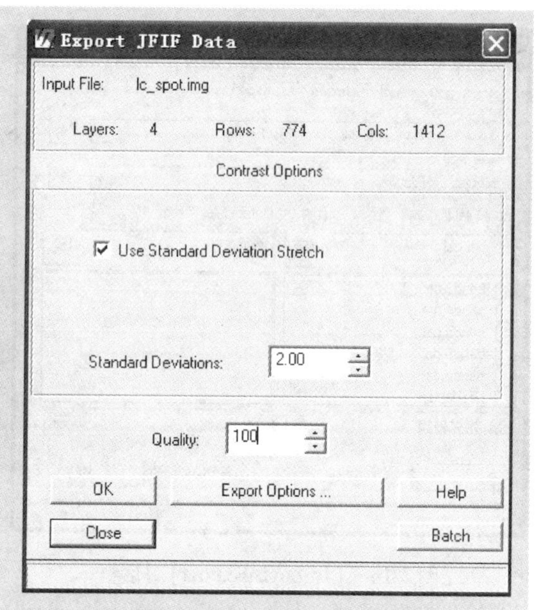

图2-20 【Export JFIF Data】对话框

在Export Options对话框中，定义下列参数：

• 选择波段(Select Layers)：4，3，2。

• 坐标类型(Coordinate Type)：Map。

• 定义图像输出范围(Subset Definition) ULX、ULY、LRX、LRY：默认全部输出。

• 单击OK按钮，返回Export JFIF Data对话框。

• 单击OK按钮，执行JPG数据输出。

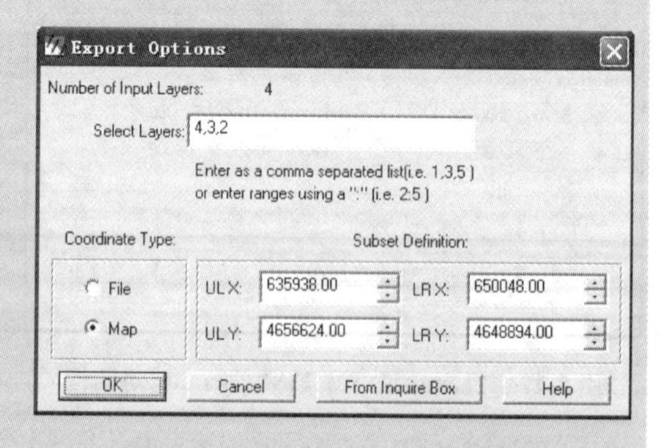

图2-21 【Export Options】对话框

4. TIFF图像数据输入输出

TIFF图像数据是非常通用的图像文件格式，从8.4版本起ERDAS IMAGINE系统便增加了一个TIFF DLL动态连接库，从而使ERDAS IMAGINE支持6.0版本的TIFF图像数据格式的直接读写，包括普通TIFF和Geo TIFF。

用户在使用 TIFF 图像数据时，不需要再像以前那样通过 Import/Export 来转换 TIFF 文件，而是只要在打开图像文件时，将文件类型指定为 TIFF 格式就可以直接在窗口中显示 TIFF 图像，不过，操作 TIFF 文件的速度比操作 IMG 文件要慢一些。

如果要在图像解译器(Interpreter)或其他模块下对图像做进一步的处理操作，依然需要将 TIFF 文件转换为 IMG 文件，这种转换非常简单，只要在打开 TIFF 的窗口中将 TIFF 文件另存为 IMG 文件就可以了。

同样，如果 ERDAS IMAGINE 的 IMG 文件需要转换为 Geo TIFF 文件，只要在打开 IMG 图像文件的窗口中将 IMG 文件另存为 TIFF 文件就可以了。

5. 组合多波段数据

在实际工作中，不论是购买还是从网络下载的遥感影像往往是以单波段独立保存的 . dat 或. TIF 文件，而遥感图像的处理和分析多数是针对多波段图像进行的，所以还需要将若干单波段图像文件组合(Layer Stack)成一个多波段图像文件，具体过程如下：

在 ERDAS 图标面板菜单条单击打【Main】→【Image Interpreter】→【Utilities】→【Layer Stack】命令，打开 Layer Selection and Stacking 对话框(图 2-22)。

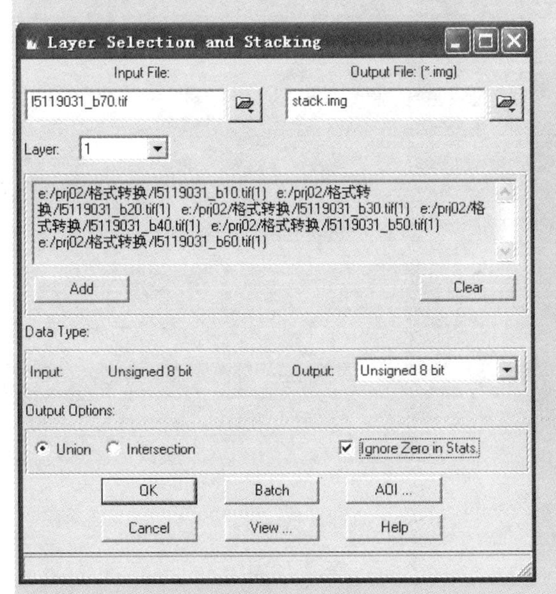

图 2-22　【Layer Selection and Stacking】对话框

或在 ERDAS 图标面板工具条单击 Interpreter 图标→【Utilities】→【Layer Stack】命令，打开 Layer Selection and Stacking 窗口。

所有单波段文件存放于“... \ prj02 \ 任务实施 2. 3 \ data”。

在 Layer Selection and Stacking 窗口中，依次选择并加载(Add)中波段图像：

①输入单波段文件(Input File)：选择 L5119031_ B10. TIF 文件，单击 Add 按钮。

②输入单波段文件(Input File)：选择 L5119031_ B20. TIF 文件，单击 Add 按钮。

③输入单波段文件(Input File)：选择 L5119031_ B30. TIF 文件，单击 Add 按钮。

④重复上述步骤，添加所有波段。

⑤输出多波段文件(Output File)：stack. img。

⑥输出数据类型(Output)：Unsigned 8 Bit。

⑦波段组合(Output Options)：选择 Union 单选按钮。

⑧输出统计忽略零值，即选中 Ignore Zero In Stats 复选框。

⑨单击 OK 按钮，关闭 Layer Selection and Stacking 窗口，执行波段组合操作。

执行完毕后，就将若干个单波段数据组合成为多波段数据文件了。

→成果提交

1. Landsat-5、SPOT 数据分别转换为 IMG 数据成果。
2. 单波段数据合成多波段数据成果。
3. 一幅 IMG 数据转换为 JPG 数据成果。
4. 一幅 TIFF 栅格数据转换为 IMG 数据成果。

任务 4

遥感影像裁剪

→任务描述

在遥感图像处理的实际工作中，通过各种途径得到的遥感影像覆盖范围较大，而本任务所需的数据只需要覆盖学院实验林场的这一小部分，为节省磁盘存储的空间，减少数据处理时间，需要对影像进行分幅裁剪(Subset)，来取得研究目标区域的遥感影像。在ERDAS中实现分幅裁剪，可以分为规则裁剪(Rectangle Subset)和不规则裁剪(Polygon Subset)。其中不规则裁剪可以直接利用AOI进行，也可以利用已有的矢量数据进行裁剪。

→任务目标

1. 掌握AOI文件的建立、保存及使用。
2. 熟练掌握ERDAS IMAGINE规则裁剪和不规则裁剪操作方法。

→知识准备

2.4.1　AOI文件

AOI是用户感兴趣区域(Area of Interest)的英文缩写，在ERDAS的AOI菜单中包含了AOI工具及其他的命令，分别应用于完成与AOI有关的文件操作。确定了一个AOI之后，可以使相关的ERDAS IMAGNE的处理操作针对AOI内的像元进行：AOI区域可以保存为一个文件，便于在以后的多种场合调用，AOI区域经常应用于图像裁剪、图像分类模板(Signature)文件的定义等。需要说明的是，一个窗口只能打开或显示一个AOI数据层，当然，一个AOI数据层中可以包含若干个AOI区域。

2.4.2　裁剪方式

(1)规则分幅裁剪(Rectangle Subset)

规则分幅裁剪是指裁剪图像的边界范围是一个矩形区域，通过左上角和右下角两点的坐标或者通过矩形的4个顶点的坐标，就可以确定图像的裁剪范围，整个裁剪过程比较简单。

(2)不规则裁剪(Polygon Subset)

不规则分幅裁剪是指裁剪图像的边界范围是任意多边形，无法通过左上角和右下角两点的坐标确定裁剪位置，而必须在裁剪之前生成一个完整的闭合多边形区域，可以是一个AOI多边形，也可以是ArcInfo的一个Polygon Coverage或Shapefile，在实际工作中要根据不同的情况采用不同裁剪方法。

→任务实施

遥感影像裁剪

一、目的与要求

通过建立AOI，对遥感影像进行规则裁剪和不规则裁剪，使学生掌握从范围较大的遥感影像中提取目标区域的方法。

二、数据准备

某研究区域TM、SPOT影像数据。

三、操作步骤

1. 建立AOI文件

(1)在视窗中打开影像文件

文件位于"...\prj02\任务实施2.4\data"下的lc_tm.img。

(2)打开AOI工具面板

①在菜单条单击【AOI】→【Tools】命令，打开AOI工具面板(图2-23)。

②AOI工具面板中几乎包含了所有的AOI菜单操作命令。AOI具面板大致可以分为3个功能区，前两排图标是创建AOI与选择AOI功能区，中间3排是编辑AOI功能区，而最后两排则是定义AOI属性功能区。掌握AOI工具面板中的命令功能，对于在图像处理工作中正确使用AOI功能、发挥AOI的作用是非常有意义的。

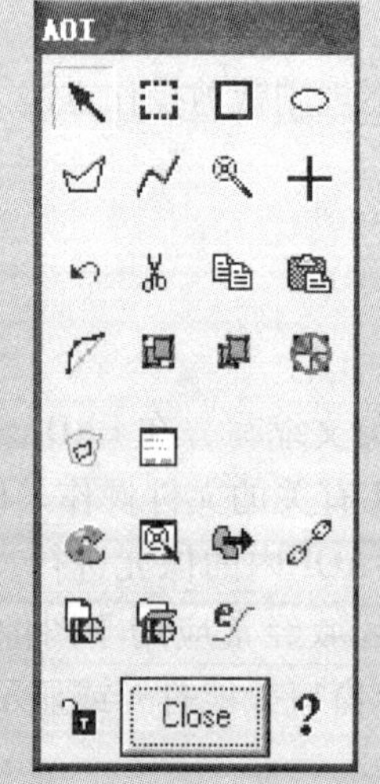

图2-23 AOI工具面板

(2)定义AOI显示特性

①在菜单条单击【AOI】→【Style】→【AOI Styles】命令，打开AOI Styles对话框。或在AOI工具面板单击Display AOI Styles图标，打开AOI Styles对话框(图2-24)。

图2-24 【AOI Styles】对话框

②对话框说明了AOI显示特性(AOI Styles)的内容，既有AOI区域边线的线型(Foreground Width/Background Width)、颜色(Color)、粗细(Thickness)，还有AOI区域填充与否(Fill复选框)及填充颜色(Fill Color)。

(3)定义AOI种子特征

AOI区域的创建有两种方式，其一是选择绘制AOI区域的命令后用鼠标在屏幕窗口或数字化仪上给定一系列数据点，组成AOI区域；其二是以给定的种子点为中心，按照所定义的AOI种子特征(Seed Properties)进行区域增长，自动创建任意边线的AOI区域。定义AOI种子特征就是为创建后一种AOI区域做准备，这种AOI区域在图像分类模板定义中经常使用。

在菜单条单击【AOI】→【Seed Properties】命令，打开Region Growing Properties对话框(图2-25)。

图 2-25　【Region Growing Properties】对话框

Region Growing Properties 对话框中各项参数的具体含义如表 2-22 所示。实际操作中，根据需要设置好相关的参数之后，关闭对话框，就可以使用 AOI 工具面板中的 Region Grow AOI 工具来生成 AOI。

表 2-22　AOI 种子特征参数及含义

参数	含义
Neighborhood：	种子增长模式：
4 Neighborhood Mode	4 个相邻像元增长模式
8 Neighborhood Mode	8 个相邻像元增长模式
Geographic Constraints：	种子增长的地理约束：
Area（Pixels/Hectares/A-cres）	面积约束（像元个数、面积）
Distance（Pixels/Meters/Feet）	距离约束（像元个数、距离）
Spectral Euclidean Distance	光谱欧氏距离
Grow at Inquire	以查询光标为种子增长
Set Constraint AOI	以 AO I 区域为约束条件
Options：	选择项定义：
IncludeIsland Polygons	允许岛状多边形存在
Update Region Mean	重新计算 AOI 区域均值
Buffer Region Boundary	对 AOI 区域进行 Buffer

（4）保存 AOI 数据层

无论使用 Create Rectangle AOI、Create Polygon AOI 或 Region Grow AOI 工具在窗口中建立了多少个 AOI 区域，总是位于同一个 AOI 数据层中，可以将众多的 AOI 区域保存在一个 AOI 文件中，以便随后应用。

在菜单条单击【File】→【Save】→【AOI Layer As】命令，打开 Save AOI As 对话框，如图 2-26。

Save AOI As 对话框中进行以下设置：

①确定文件路径为："...\prj02\任务实施 2.4\result"。

②确定文件名称（Save AOI as）为 linchang. aoi。

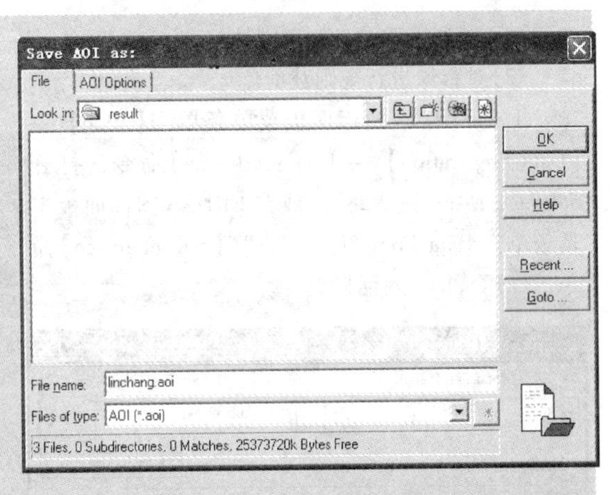

图 2-26　【保存 AOI】对话框

③单击 OK 按钮（保存 AOI 文件，关闭 Save AOI As 对话框）。

2. 规则裁剪

规则分幅裁剪（Rectangle Subset）：是指裁剪图像的边界范围是一个矩形区域，通过左上角和右下角两点的坐标或者通过矩形的 4 个顶点的坐标，就可以确定图像的裁剪范围，整个裁剪过程比较简单。

（1）打开需要裁剪的遥感影像

①在 Viewer 窗口中选择【File】→【Open】→【Raster Layer】菜单，打开 Select Layer to Add 对话框，并选择需要裁剪的影像："...\prj02\任务实施 2.4\data"下的 lc_ tm. img，点击 OK 按钮。

②在 Viewer 窗口中选择【AOI】→【Tools】菜单，打开 AOI 工具面板，使用 Create Rectangle AOI 工具，来选择需要裁剪的范围，建立 AOI 区域。也可以直接使用步骤一中保存的 AOI 文件。

说明：有时为了准确裁剪目标区域，也可以在 Viewer 窗口中选择 Utility →Inquire Box 菜单，打开查询框，并在 Viewer 工具条中点击 ↖ 拖动查询框到需要的范围，也可根据需要输入左上角和右下角点的坐标（图 2-27）。点击 Apply 按钮，将

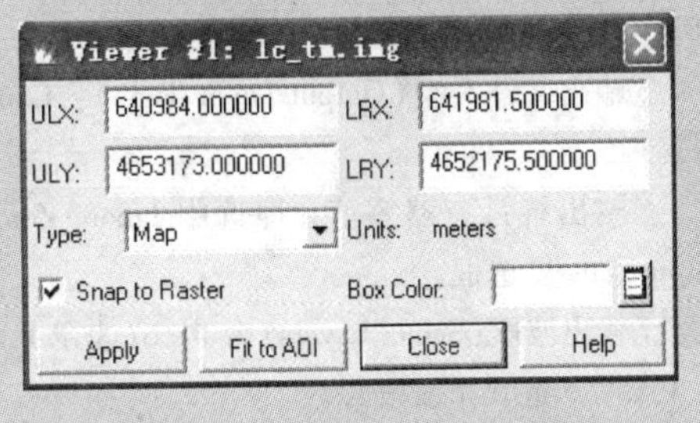

图 2-27　【Inquire Box】对话框

查询框移动到设置的坐标范围处。

(2)对影像进行规则裁剪

①在ERDAS图标面板菜单条单击【Main】→【Data Preparation】→【Subset Image】命令，打开Subset对话框(图2-28)。或在ERDAS图标面板工具条单击Data Prep图标→选择【Subset Image】命令，打开Subset对话框。

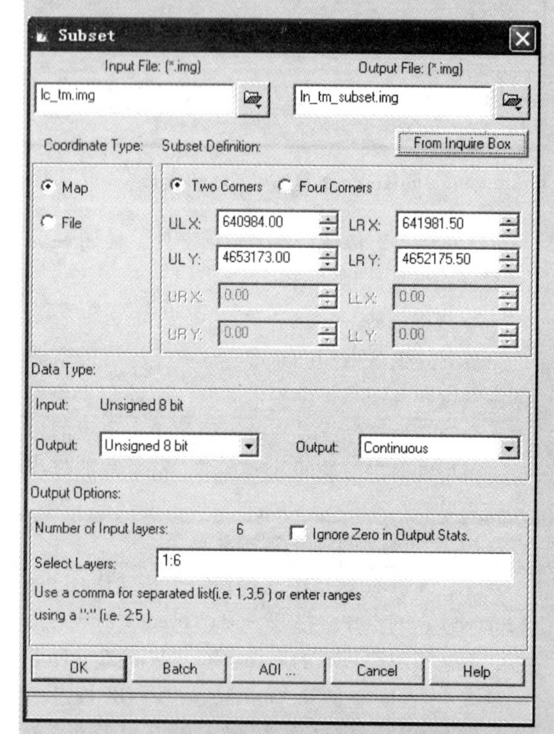

图2-28 【Subset Image】对话框

在Subset对话框中需要设置下列参数：

②输入图像文件(Input File)："...\prj02\任务实施2.4\data"下的lc_tm.img。

③输出图像文件名称(Output File)为："...\prj02\任务实施2.4\reslut\"下的lc_tm_subset.img。

④输出数据类型为(Date Type)为：Unsigned 8 Bit。

⑤输出文件类型(Output Layer Type)：Continuous。

⑥输出统计忽略零值：即选中Ignore Zero In Output stats复选框。

⑦输出波段(Select Layers)为1：6(表示1，2，3，4，5，6这6个波段)。

⑧裁剪范围(Subset Definition)：点下面的AOI...按钮，在弹出的Choose AOI对话框(图2-29)中选择Viewer(如果保存了AOI文件，也可以选择AOI File)，再点OK，即确定了裁剪的范围。

⑨单击OK按钮，关闭Subset对话，执行图像裁剪。

⑩裁剪完成后，打开裁剪后的影像lc_tm_subset.img，观察裁剪后的结果。

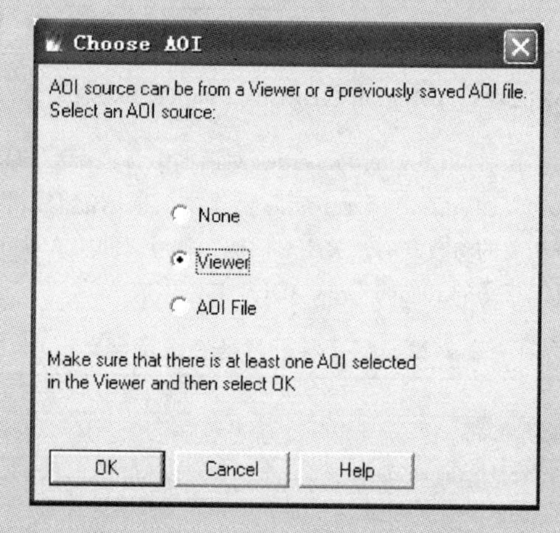

图2-29 【Choose AOI】对话框

说明：如果在步骤一中使用了查询框(Inquire Box)来确定裁剪范围时，直接点Subset Image对话框中的From Inquire Box按钮来确定裁剪范围，也可以直接输入ULX、ULY、LRX、LRY(如果选中了Four Corners单选按钮，则需要输入4个顶点的坐标。)

3. 不规则裁剪

不规则裁剪(Polygon Subset)是指裁剪图像的边界范围是任意多边形，无法通过顶点坐标确定裁剪位置，而必须事先生成一个完整的闭合多边形区域，可以是一个AOI多边形，也可以是ArcGIS的一个Polygon Coverage或Shapefile，针对不同的情况采用不同裁剪过程。

方法一：使用AOI多边形裁剪

(1)建立AOI多边形区域

①在Viewer视窗打开需要进行裁剪的影像文件"...\prj02\任务实施2.4\data"下的lc_spot.img。

②在Viewer视窗菜单中选择【AOI】→【Tools】菜单，打开AOI工具面板。

③利用AOI工具面板中的Create Polygon AOI工具 来绘制多边形AOI，并将多边形AOI保存

为“...\prj02\任务实施2.4\reslut”下的lc1.aoi文件(图2-30)。

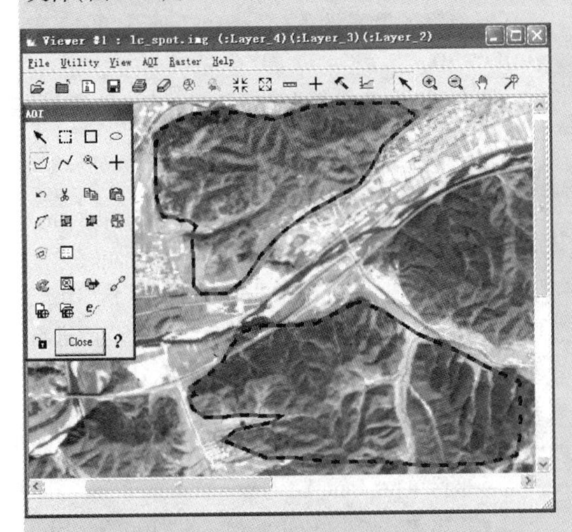

图2-30 利用Create Polygon AOI建立的多边形AOI

(2)利用多边形AOI进行裁剪

①在ERDAS图标面板菜单条中单击【Main】→【Data Preparation】菜单，选择Subset Image选项，打开Subset Image对话框(图2-31)；或者在ERDAS图标面板工具条中单击Data Prep图标，打开Data Preparation菜单，选择Subset Image选项，打开Subset Image对话框。

②在Subset Image对话框中需要设置下列参数。

• 输入文件名称(Input File)：“...\prj02\任务实施2.4\data”下的lc_ spot. img。

• 输出文件名称(Output File)：“...\prj02\任务实施2.4\reslut”下的lc_ spot_ subset. img。

• 应用AOI确定裁剪范围：单击AOI按钮。

• 打开选择AOI(Choose AOI)对话框(图2-31)。

• 在Choose AOI对话框中确定AOI的来源(AOI Source)：File(已经存在的AOI文件)或Viewer(视窗中的AOI)。

• 本例选择文件(File)，进一步确定AOI文件“...\prj02\任务实施2.4\reslut”文件夹下的lc1. aoi。

• 输出数据类型(Output Data Type)：Unsigned 8 bit。

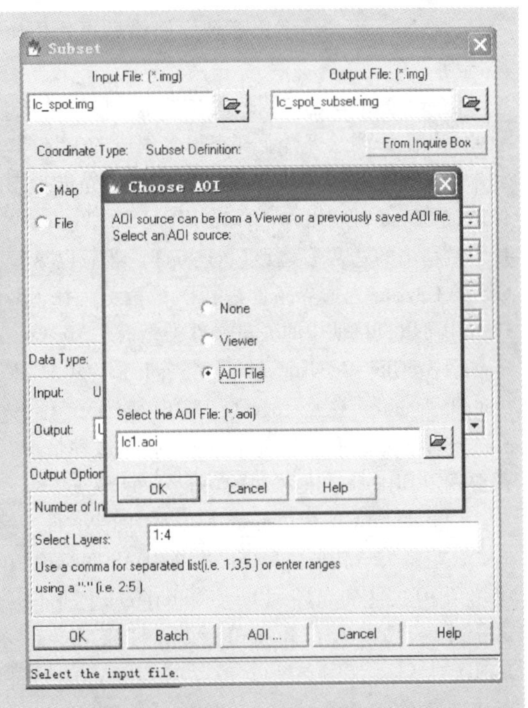

图2-31 【裁剪及AOI选择】对话框

• 输出像元波段(Select Layers)：1：4(表示选择1～4共4个波段)。

• 单击OK按钮，关闭Subset Image对话框，执行图像裁剪。

裁剪完成后，在一个新的Viewer中打开裁剪后的图像，结果如图2-32所示。

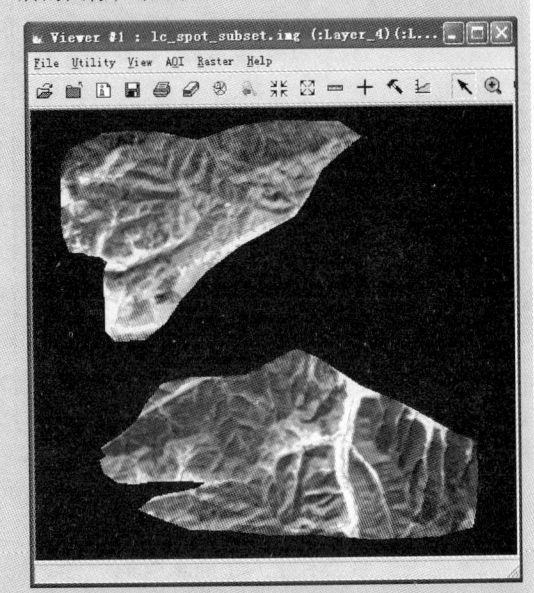

图2-32 利用多边形AOI裁剪后的影像

方法二：将矢量多边形转为栅格后再使用掩膜裁剪

随着GIS的广泛应用，现在各个地区在林业、农业、国土、测绘等行业都有很多现成的矢量图，如果是按照行政区划边界或自然区划边界进行图像的裁剪，经常利用ArcGIS或ERDAS的Vector模块绘制精确的边界多边形(Polygon)，然后以ArcGIS的Polygon为边界条件进行图像裁剪。在ERDAS中可以直接使用的矢量文件类型有：Arc Coverage、ArcGIS Geodatabase(*.gdb)、ORACLE Spatial Feature(*.ogv)、SDE Vector Layer(*.sdv)、Shapefile(*.shp)等。对于这种情况，需要调用ERDAS其他模块的功能分两步完成。

(1) 将ArcGIS多边形转换成栅格图像文件

①启动矢量转栅格程序　在ERDAS图标面板菜单条中单击【Main】→【Image Interpreter】→【Utilities】→【Vector to Raster】命令，打开Vector to Raster对话框(如图2-33)；或者在ERDAS图标面板工具条中单击Interpreter图标→【Utilities】→【Vector to Raster】命令，打开Vector to Raster对话框。

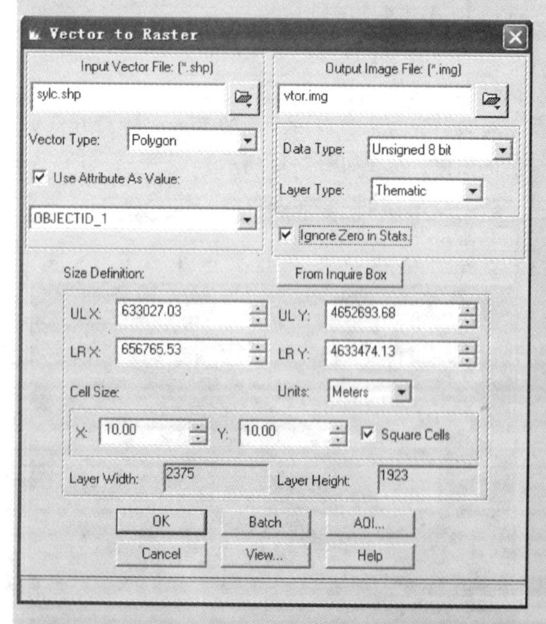

图2-33 【Vector to Raster】对话框

②设置Vector to Raster对话框参数

• 输入矢量文件名称(Input Vector File)："...\prj02\任务实施2.4\data"下的sylc.shp(为了减少计算机处理时间，本例选取的矢量范围只包括了学院实验林场的一部分)。

• 确定矢量文件类型(Vector Type)：Polygon。

• 使用矢量属性值(Use Attribute as Value)：OBJECT ID。

• 输出栅格文件名称(Output Image File)："...\prj02\任务实施2.4\result"下的VtoR.img。

• 栅格数据类型(Data Type)：Unsigned 8 bit。

• 栅格文件类型(Layer Type)：Thematic。

• 转换范围大小(Size Definition)：ULX、ULY、LRX、LRY。(默认为将全部矢量范围进行转换，如只转换一部分，可使用AOI、Inquire Box或者直接输入左上角和右下角的坐标值来确定范围)。

• 坐标单位(Units)：Meters。

• 输出像元大小(Cell Size)：X：10、Y：10。

• 选择正方形像元：Squire Cell。

最后，单击OK按钮，关闭Vector to Raster对话框，执行矢栅转换。

(2) 通过掩膜运算(Mask)进行裁剪

①启动掩膜(Mask)程序　在ERDAS图标面板菜单条单击【Main】→【Image Interpreter】→【Utilities】→Mask命令，打开Mask对话框(图2-34)。或在ERDAS图标面板工具条单击Interpreter图标，选择【Utilities】→【Mask】命令，打开Mask对话框。

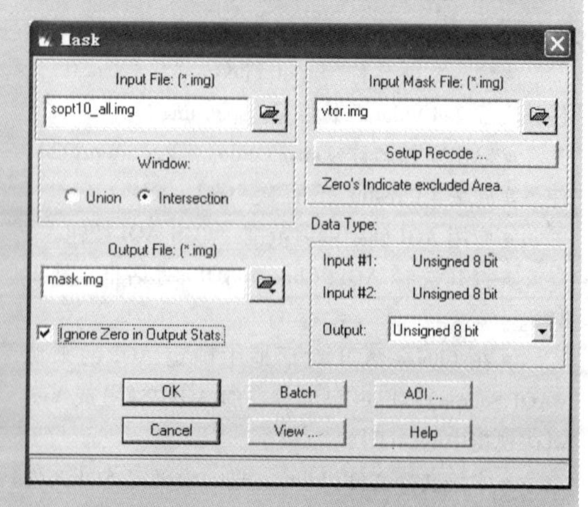

图2-34 【Mask】对话框

②设置Mask对话框参数

• 输入图像文件名(Input File)为需要进行裁剪的图像文件，此处输入"...\prj02\任务实施

2.4\data”文件夹下的spot10_ all. img。

• 输入掩膜文件名(Input Mask File)：“...\prj02\任务实施2.4\result”下的VtoR. img。

• 单击Setup Recode设置裁剪区域内新值(New Value)：1，区域外取0值。

• 确定掩膜区域做交集运算：Intersection。

• 输出图像文件名(Output File)：“...\prj02\任务实施2.4\result”文件夹下，命名为mask. img。

• 输出数据类型(Output Data Type)：Unsigned 8bit。

• 输出统计忽略零值，即选中Ignore Zero In Output Stats复选框。

• 单击OK按钮，关闭Mask对话框，执行掩膜运算。

裁剪后结果如图2-35所示。

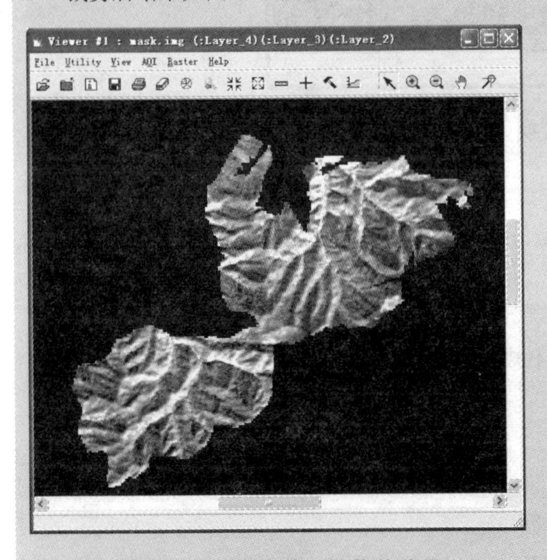

图2-35　使用掩膜文件裁剪结果

方法三：利用矢量多边形转换成AOI后进行裁剪

在遥感图像裁剪任务中，我们掌握了遥感图像的规则裁剪和不规则裁剪，在不规则裁剪中使用AOI多边形和矢量多边形进行裁剪。其中在使用矢量多边形进行裁剪时，首先把矢量文件转换为栅格文件，然后把此栅格文件作为掩膜文件进行裁剪。为了拓展能力我们介绍另一种使用矢量多边形进行裁剪的方法。

(1)打开需要裁剪的图像和矢量文件

①启动ERDAS，在Viewer窗口中打开需要进行裁剪的图像“...\prj02\任务实施2.4\data”下的TM_ all. img。

②在同一视窗中打开学院实验林场的矢量图：“...\prj02\任务实施2.4\data”下的矢量文件sylc. shp(图2-36)。

(2)将SHP文件转成AOI文件

①在Vector菜单下，点TOOLS命令，打开矢量工具面板。

②在面板中使用“Select features with a rectangle”工具选择矢量文件所覆盖的范围。

③在当前窗口新建一个AOI层。打开文件菜单【File】→【New】→【AOI layer】，这样就建立了一个新的AOI图层。

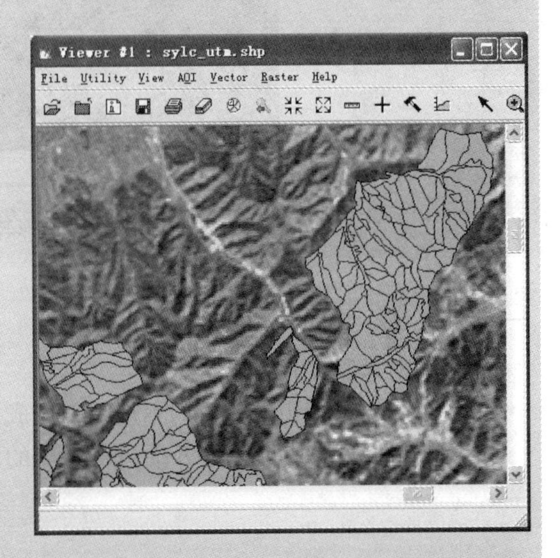

图2-36　在同一窗口打开的栅格和矢量图像

④在【AOI】菜单下选择【copy selection to AOI】，即把矢量图形转换成AOI。

⑤在【File】菜单下【Save】→【AOI layers as】保存为“...\prj02\任务实施2.4\result”文件夹下的sylc. aoi文件。注意在保存AOI文件时，有一个选项【AOI Options】，根据需要，是否选中“Save Only Selected AOI Elements”复选框。

说明：在进行矢量图层选择时，经常出现不能选择的情况，此时要注意调整图层的显示顺序，不论哪一个对象，只有在最上层时才能进行选择。调整图层顺序时，在视窗中打开【View】→【Arrange Layers】命令操作。

(3)进行裁剪

进行裁剪的操作步骤同前。只是在选择裁剪

范围时，选择上一步保存的AOI文件：sylc. aoi。同时要选中Ignore Zero in Output Stats，将裁剪结果保存为“...\prj02\任务实施2.4\result”文件夹下的sylc. img。裁剪后的结果如图2-37所示。

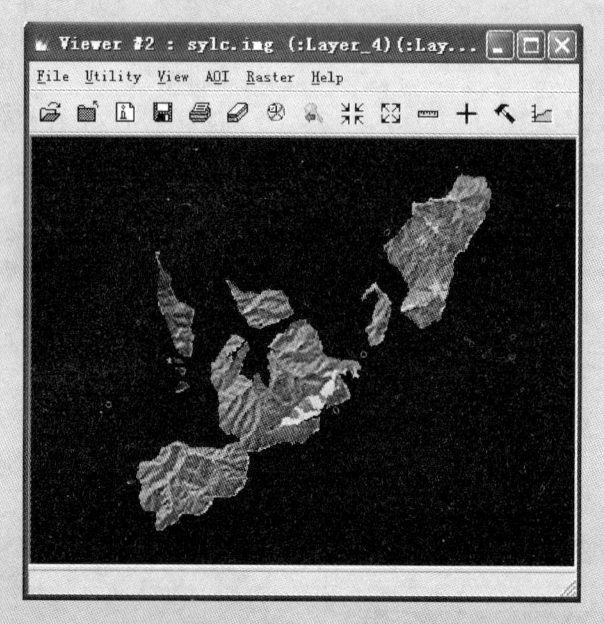

图2-37　将矢量多边形转换AOI后的裁剪的结果

→成果提交

1. 规则影像裁剪成果数据。
2. 使用AOI多边形裁剪的不规则影像成果数据。
3. 利用矢量多边形转AOI后进行裁剪的不规则影像成果数据。

任务 5

遥感影像几何校正

→任务描述

遥感图像在成像过程中，必然受到太阳辐射、大气传输、光电转换等一系列环节的影响，同时，还受到卫星的姿态与轨道、地球的运动与地表形态、传感器的结构与光学特性的影响，从而引起遥感图像存在辐射畸变与几何畸变。所以，遥感数据在接收之后、应用之前，必须进行辐射校正与几何校正。辐射校正通常由遥感数据接收与分发中心完成，而用户则根据需要进行几何校正，本次任务就是完成遥感图像的几何校正。

→任务目标

1. 了解遥感影像产生畸变的原因以及几何校正的概念。
2. 掌握遥感影像几何校正的方法步骤。

→知识准备

2.5.1 几何校正

几何校正(Geometric Correction)就是将遥感影像数据投影到平面上，使其符合地图投影系统的过程；而将地图坐标系统赋予遥感影像数据的过程，称为地理参考(Geo - referencing)。由于所有地图投影系统都遵从于一定的地图坐标系统，所以几何校正包含了地理参考。

遥感图像中包含的几何畸变，具体表征为图像上各像元的位置坐标与所采用的标准参照投影坐标系中目标地物坐标的差异。图像几何校正的目的就是定量确定图像上的像元坐标与相应目标地物在选定的投影坐标系中的坐标变换，建立地面坐标系与图像坐标系间的对应关系。几何校正的一般流程如图 2-38 所示。

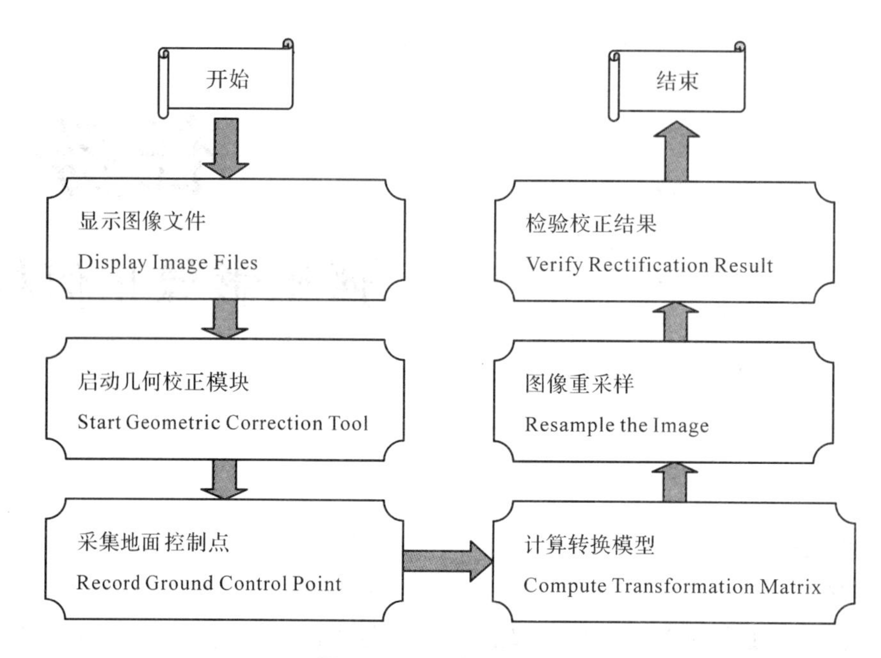

图2-38 几何校正流程示意

2.5.2 几何校正的类型

(1)几何粗校正

几何粗校正即根据引起畸变原因而进行的几何校正。

(2)几何精校正

几何精校正即利用控制点进行的几何校正。几何精校正实质上是用数学模型来近似描述遥感影像的几何畸变过程，并认为遥感影像的总体畸变可以看作是挤压、缩放、偏移以及更高次的基本变形的综合作用的结果，利用畸变的遥感影像与标准地图或影像之间的一些对应点(即控制点数据对)求得这个几何畸变模型，然后利用此模型进行几何畸变的校正，这种校正不考虑引起畸变的原因。

→任务实施

遥感影像几何校正

一、目的与要求

利用已有准确投影信息的SPOT数据作为参考，使用多项式来校正Landsat TM影像数据，让学生掌握遥感影像的几何校正方法和操作步骤。

控制点一般选择在道路交叉点，河流拐点等特征点；控制点不要选择太少也不要太集中，最好分布在整幅影像上；在定义控制点时，图像显示比例要尽量大。

二、数据准备

某研究区域TM、SPOT影像数据。

三、操作步骤

1. 显示图像

(1)启动程序

在ERDAS图标面板中单击Viewer图标两次，打开两个视窗Viewer #1和Viewer#2。

（2）打开图像文件

影像文件位于“...\prj02\任务实施2.5\data”文件夹下。

在Viewer#1视窗中打开需要校正的Landsat ETM+图像：lc_tm.img。

在Viewer#2视窗中打开具有准确投影信息的同一地区SPOT影像：lc_spot.img作为参考图像。

2. 启动几何校正模块

①在Viewer#1的菜单条中单击【Raster】→【Geometric Correction】命令，打开Set Geometric Model对话框（图2-39）。

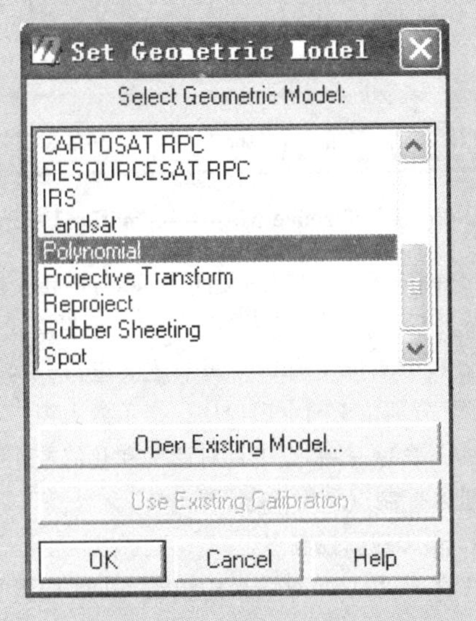

图2-39　【Set Geoometric Model】对话框

图2-40　【Set Geo Correction Input File】对话框

说明：在ERDAS IMAGINE系统中进行图像几何校正，也可以用以下两种途径启动几何校正模块。一种方法是在ERDAS图标面板菜单条单击【Main】→【Data Preparation】→【Image Geometric Correction】命令，打开Set Geo Correction Input File对话框，如图2-40。或在ERDAS图标面板工具条单击Data Prep图标【Image Geometric Correction】命令，打开Set Geo Correction Input File对话框。

然后选择From Viewer，点击Select Viewer，在打开的视窗中选择需要校正的图像文件，也可以选择From Image File在磁盘找到需要校正的图像文件并打开，同时打开Set Geoometric Model对话框。

②选择几何校正的计算模型为：Polyonmial（多项式校正）。

③单击“OK”按钮，同时打开Geo Correction Tools对话框和Polynomial Model Properties窗口（图2-41、图2-42）。

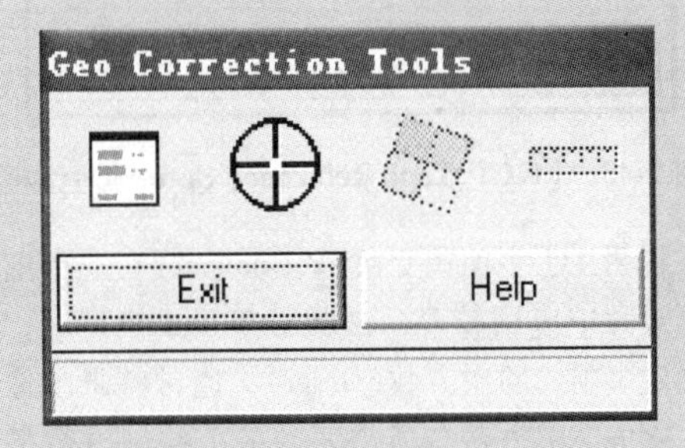

图2-41　【Geo Correction Tools】对话框图

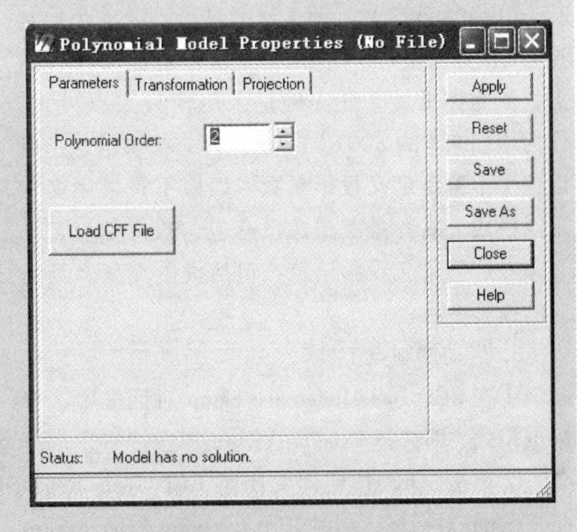

图2-42　Polynomial Model Properties窗口

④在Polynomial Model Properties窗口中，定义多项式模型参数及投影参数。

• 定义多项式次方（Polynomial Order）：2。

• 定义投影参数（Projection）。

• 单击Apply按钮应用，再单击Close按钮关闭后，即打开GCP Tool Reference Setup对话框（图

2-43)。

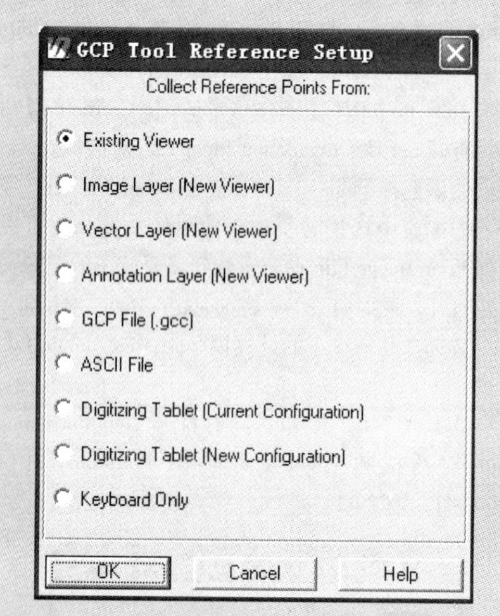

图2-43 【GCP Tool Reference Setup】对话框

说明：①多项式变换(Polynomial)在卫星图像校正过程中应用较多，在调用多项式模型时，需要确定多项式的次方数(Order)，通常整景图像选择3次方。次方数与所需要的最少控制点数是相关的，最少控制点数计算公式为$(t+1)*(t+2)/2$，式中t为次方数，即1次方最少需要3个控制点，2次方需要6个控制点，3次方需要10个控制点，依此类推。②该实例是采用窗口采点模式，作为地理参考的SPOT图像已经含有投影信息，所以这里不需要定义投影参数。如果不是采用窗口采点模式，或者参考图像没有包含投影信息，则必须在这里定义投影信息，包括投影类型及其对应的投影参数。

3. 启动控制点工具

①在GCP Tools Reference Setup对话框中选择采点模式，即选择Existing Viewer单选按钮。

②单击"OK"按钮即关闭了GCP Tools Reference Setup对话框，同时打开了Viewer Selection Instructions指示器(图2-44)。

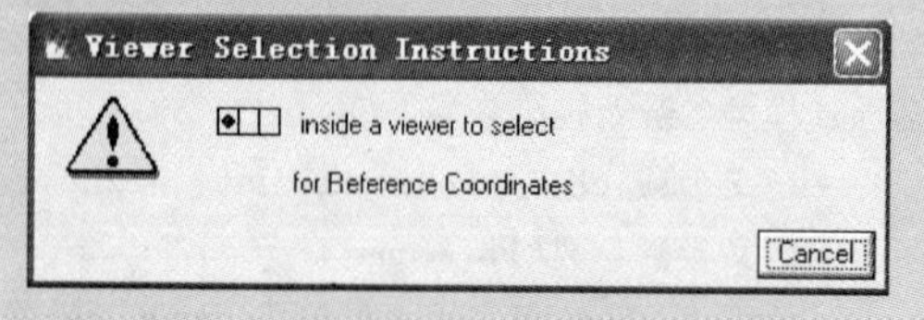

图2-44 Viewer Selection Instructions指示器

③在显示作为地理参考图像lc_ spot. img的Viewer#2中单击，打开Reference Map Information提示框(图2-45)，显示参考图像的投影信息。

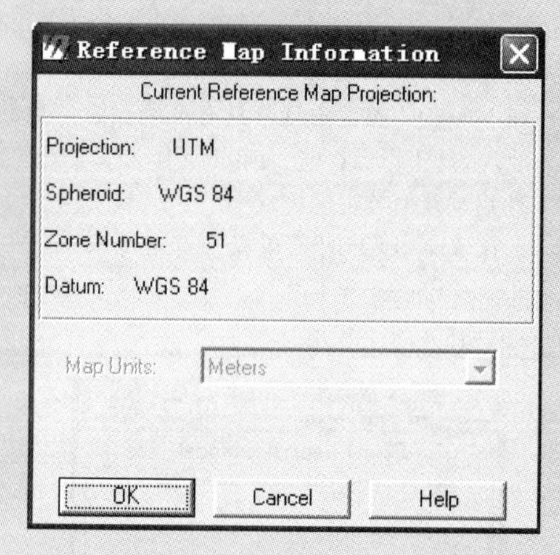

图2-45 【Reference Map Information】提示框

④单击"OK"按钮即关闭Reference Map Information对话框，自动进入地面控制点采集模式，其中包含两个图像主窗口、两个放大窗口、两个关联方框(分别位于两个窗口中，指示放大窗口与主窗口的关系)、控制点工具对话框和几何校正工具等。进入控制点采集状态(图2-46)。

4. 采集地面控制点

①在GCP Tool对话框中单击Select GCP图标，进入GCP选择状态。

②在Viewer#1中移动关联方框位置，寻找明显的地物特征点，作为输入GCP。

③在GCP Tool对话框中单击Create GCP图标，并在Viewer#3中单击定点，GCP数据表将记录一个输入GCP，包括其编号、标识码、X坐标、Y坐标。

④在GCP Tool对话框中单击Select GCP图标，重新进入GCP选择状态。

⑤在Viewer#2中移动关联方框位置，寻找对应的地物特征点，作为参考GCP。

⑥在GCP Tool对话框中单击Create GCP图标，并在Viewer#4中单击定点，系统将自动把参考点的坐标(X Reference，Y Reference)显示在GCP数据表中。

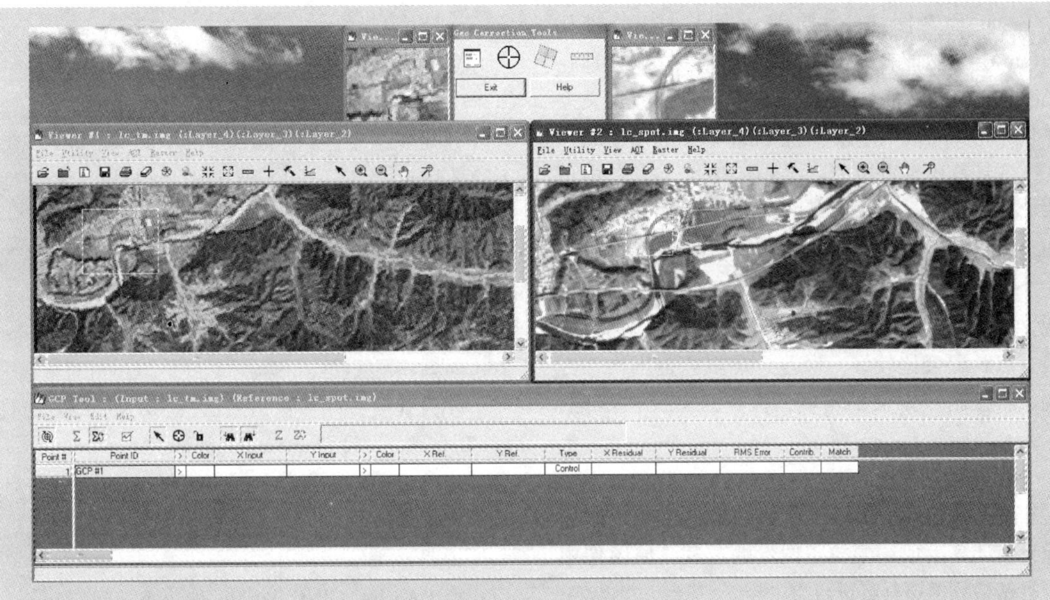

图 2-46　多项式校正地面控制点采集状态

GCP Tool : (Input : lc_tm.img) (Reference : lc_spot.img)

File View Edit Help

Control Point Error: (X) 0.0053　(Y) 0.0282　(Total) 0.0287

Point #	Point ID	>	Color	X Input	Y Input	>	Color	X Ref.	Y Ref.	Type	X Residual	Y Residual	RMS Error	Contrib.	Match
1	GCP #1			49.750	-88.250			637508.000	4654074.000	Control	0.008	-0.043	0.043	1.509	
2	GCP #2			235.750	-24.250			643008.000	4655914.000	Control	0.003	-0.016	0.016	0.563	
3	GCP #3			461.250	-168.750			649568.413	4651619.642	Control	-0.001	0.007	0.007	0.257	
4	GCP #4			274.750	-248.750			644149.697	4649408.266	Control	0.004	-0.017	0.017	0.607	
5	GCP #5			107.250	-225.250			639186.761	4649999.092	Control	-0.006	0.030	0.031	1.070	
6	GCP #6			103.750	-7.250			639153.000	4656439.092	Control	-0.007	0.038	0.039	1.351	
7	GCP #7	>				>				Control					

图 2-47　【GCP Tool】对话框与 GCP 数据表

⑦在 GCP Tool 对话框中单击 Select GCP 图标 ↖，重新进入 GCP 选择状态；并将光标移回到 Viewer#1，准备采集另一个输入控制点。

⑧不断重复步骤①～⑦，采集若干 GCP，直到满足所选定的几何校正模型为止。采集 GCP 以后，GCP 数据表如图 2-47 所示。

5. 采集地面检查点

步骤 4 中所采集的 GCP 的类型均为 Control Point(控制点)，用于控制计算、建立转换模型及多项式方程。下面所要采集的 GCP 的类型均是 Check Point(检查点)，用于检验所建立的转换方程的精度和实用性。如果控制点的误差比较小的话，也可以不采集地面检查点。采集地面检查点的步骤如下。

①在 GCP Tool 菜单条中确定 GCP 类型。

单击【Edit】→【Set Point Type】→【Check】命令。

②在 GCP Tool 菜单条中确定 GCP 匹配参数(Matching Parameter)。

方法：单击【Edit】→【Point Matching】命令，打开 GCP Matching 对话框，在 GCP Matching 对话框中，需要定义下列参数：

• 在匹配参数(Matching Parameters)选项组中设最大搜索半径(Max. Search Radius)为 3；搜索窗口大小(Search Window Size)：X 值 5、Y 值 5。

• 在约束参数(Threshold Parameters)选项组中设相关阈值(Correlation Threshold)：0.8；选择删除不匹配的点(Discard Unmatched Point)。

• 在匹配所有/选择点(Match All/Selected Point)选项组中设置从输入到参考(Reference from Input)或从参考到输入(Input from Reference)。

• 单击 Close 按钮(关闭 GCP Matching 对话框)。

③确定地面检查点：在 GCP Tool 工具条中单

击 Create GCP 图标，并将 Lock 图标打开，锁住 Create GCP 功能，如同选择控制点一样，分别在 Viewer#1 和 Viewer#2 中定义 5 个检查点，定义完毕后单击 Unlock 图标，解除 Create GCP 功能。

④计算检查点误差：在 GCP Tool 工具条中单击 Compute Error 图标，检查点的误差就会显示在 GCP Tool 的上方，只有所有检查点的误差均小于一个像元，才能继续进行合理的重采样。一般来说，如果控制点(GCP)定位选择比较准确的话，检查点匹配会比较好，误差会在限差范围内，否则，若控制点定义不精确，检查点就无法匹配，误差会超标。

6. 图像重采样

重采样(Resample)过程就是依据待校正影像像元值计算生成一幅校正图像的过程，原图像中所有栅格数据层都将进行重采样。

①在 Geo Correction Tools 对话框中单击 Image Resample 图标，打开 Resample(如图像重采样)对话框(图 2-48)。

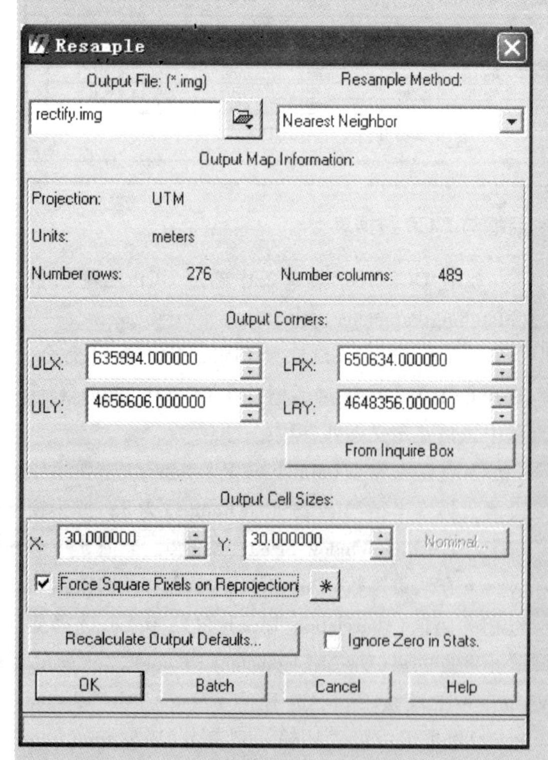

图 2-48 【Resample】对话框

②输出图像文件名(Output File)："...\prj02\任务实施 2.5\result"文件夹下，命名为 rectify. img。

③选择重采样方法(Resample Method)：Nearest Neighbor。

④定义输出图像范围(Output Comers)：在 ULX、ULY、LRX、LRY 输出需要输出图像的范围，默认全部输出。

⑤定义输出像元大小(Output Cell Sizes)：X 值 30/Y 值 30。应该与原影像的像元相同。

⑥设置输出统计中忽略零值，即选中 Ignore Zero in Stats 复选框。

⑦设置重新计算输出默认值(Recalculate Output Defaults)，设 Skip Factor 为 10。

⑧单击 OK 按钮，关闭 Resample 对话框，启动重采样进程。

说明：

ERDAS IMAGINE 提供 3 种最常用的重采样方法。

- Nearest Neighbor：邻近点插值法，将最邻近像元值直接赋予输出像元。
- Bilinear Interpolation：双线性插值法，用双线性方程和 2×2 窗口计算输出像元值。
- Cubic Convolution：立方卷积插值法，用三次方程和 4×4 窗口计算输出像元值。

7. 保存几何校正模式

在 Geo Correction Tools 对话框中单击 Exit 按钮，退出图像几何校正过程，按照系统提示选择保存图像几何校正模式，并定义模式文件(*.gms)，以便下次直接使用。

8. 检验校正结果

检验校正结果(Verify Rectification Result)的基本方法是：同时在两个窗口中打开两幅图像，其中一幅是校正以后的图像，一幅是当时的参考图像，通过窗口地理连接(Geo Link/Unlink)功能及查询光标(Inquire Cursor)功能进行目视定性检验，具体过程如下：

①打开图像文件　在视窗 Viewer#1 中打开校正后的图像 rectify. img，在 Viewer#2 中打开带有地理参考的图像 lc_ spot. img。

②建立窗口地理连接关系　在 Viewer#1 中右击，在快捷菜单中选择 Geo Link/Unlink 命令。然后在 Viewer#2 中单击，建立与 Viewer#1 的连接。

③通过查询光标进行检验　在 Viewer#1 中右击，在快捷菜单中选择 Inquire Cursor 命令，打开

光标查询对话框。在 Viewer#1 中移动查询光标，观测其在两屏幕中的位置及匹配程度，并注意光标查询对话框中数据的变化(图2-49)。如果满意的话，关闭光标查询对话框。

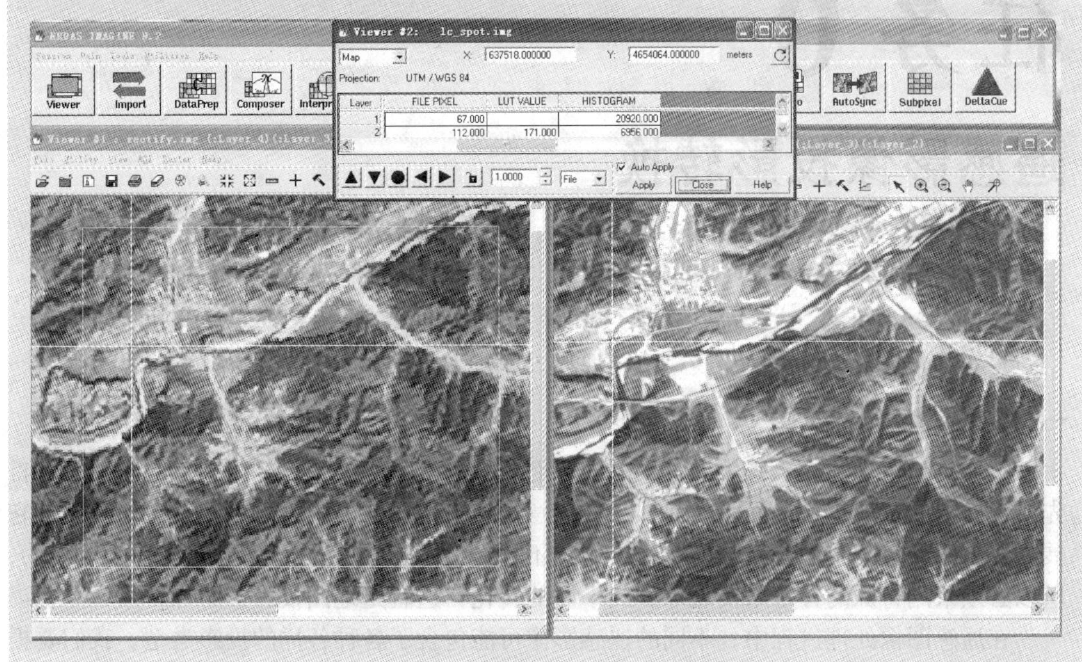

图2-49　通过地理关联检验校正结果

成果提交

1. 利用SPOT影像作为参考影像校正TM影像成果数据。
2. 利用1∶50 000地形来校正SPOT影像成果数据。

任务 6

遥感影像投影转换

→任务描述

地球是一个椭球体，其表面是个曲面，而地图通常是二维平面，因此在地图制图时首先要考虑把曲面转化成平面。然而，从几何意义上来说，球面是不可展平的曲面。要把它展开成平面，势必会产生破裂与褶皱。这种不连续的、破裂的平面是不适合制作地图的，所以必须采用特殊的方法来实现球面到平面的转化，这就是地图投影。

在遥感图像处理过程中，不同的遥感影像可能包含了各种各样的投影类型，我们要根据具体的工作任务将原来的投影类型转换成我们所需要的投影类型。本任务就是将原图像 UTM 投影，转换为北京 1954 坐标系所使用的高斯-克吕格投影。

→任务目标

1. 掌握地图投影的相关概念。
2. 学会遥感图像投影变换的方法。

→知识准备

2.6.1 地图投影

地图投影(Map Projection)：就是把地球表面的任意点，利用一定数学法则，转换到地图平面上的理论和方法。也可以概括成：地图投影就是指建立地球表面(或其他星球表面或天球面)上的点与投影平面(即地图平面)上点之间的一一对应关系的方法。即建立之间的数学转换公式。它将作为一个不可展平的曲面即地球表面投影到一个平面的基本方法，保证了空间信息在区域上的联系与完整。这个投影过程将产生投影变形，而且不同的投影方法具有不同性质和大小的投影变形。

2.6.2 林业上常用的投影

地图投影的分类方法很多，按照构成方法可以把地图投影分为两大类：几何投影和非几何投影。几何投影又分为方位投影、圆柱投影、圆锥投影；非几何投影分为：伪方位投影、伪圆柱投影、伪圆锥投影、多圆锥投影。

高斯-克吕格(Gauss-Kruger)投影是一种横轴等角切椭圆柱投影。我国规定1:10 000、1:25 000、1:50 000、1:100 000、1:250 000、1:500 000比例尺地形图，均采用高斯克吕格投影。其中1:25 000至1:500 000比例尺地形图采用经差6度分带，1:10 000比例尺地形图采用经差3度分带。在林业生产中广泛使用1:10 000地形图，一般使用北京1954坐标或西安1980坐标系统均为高斯—克吕格(Gauss-Kruger)投影，而购买的遥感数据通常使用UTM投影，因此在生产上使用时，经常需要进行投影转换。

→任务实施

遥感影像投影转换

一、目的与要求

通过对一幅使用WGS84坐标系统的遥感影像转换为北京1954坐标系统，使学生掌握遥感影像投影转换的方法和操作。

掌握北京1954坐标系统的相关参数；转换后影像的像元大小最好跟原来保持一致。

二、数据准备

某研究区域使用WGS84坐标系统的TM或SPOT影像数据。

三、操作步骤

1. 启动投影变换模块

在数据预处理模块(Data Preparation)中可以通过2种途径启动：

①在ERDAS图标面板菜单条单击【Main】→【Data Preparation】→【Reproject Images】命令，打开Reproject Images对话框(图2-50)。

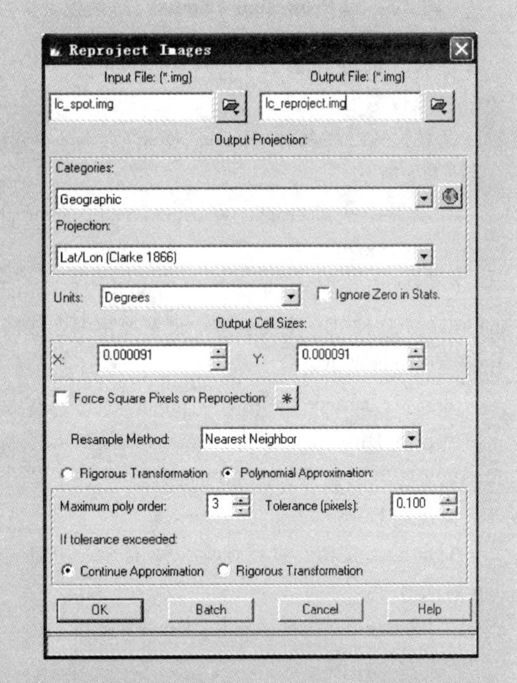

图2-50　【Reproject Images】对话框

②在ERDAS图标面板工具条单击Data Prep图标→【Reproject Images】命令，打开Reproject Images对话框。

在图像解译模块(Image Interpreter)中也可以通过2种途径启动。

①在ERDAS图标面板菜单条单击【Main】→【Image Interpreter】→【Utilities】→【Reproject...】命令，打开Reproject Images对话框。

②在ERDAS图标面板工具条单击Interpreter图标→【Utilities】→【Reproject...】命令，打开Reproject Images对话框。

2. 设置Reproject Images对话框参数

由于ERDAS中没有提供现成的北京1954坐标系统，所以在进行投影转换前应先建立该坐标系。

在Reproject Images对话框中必须设置下列参数，才可进行投影变换。

①确定输入图像文件(Input File)："...\prj02\任务实施2.6\data"\lc_spot.img。该影像使用WGS84坐标系、UTM投影。

②定义输出图像文件(Output File)："...\prj02\任务实施2.6\result"文件夹下，命名为lc_reproject.img。

③定义输出图像投影(Output Projection)为包括投影类型和投影参数。

④定义投影类型(Categories)，点【Edit/Create Projections】按钮，打开Projection Chooser对话框(图2-51)，点Custom标签，设置相关参数。

⑤设置投影类型(Projection Type)为Transverse Mercator(横轴墨卡托)。

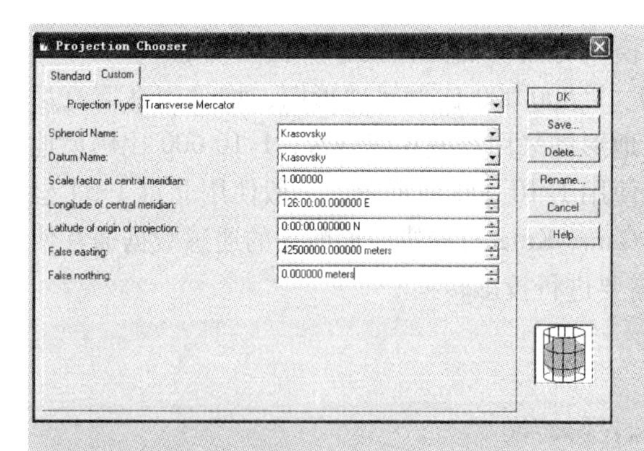

图 2-51 【Projection Chooser】对话框

⑥设置椭球体名称(Spheroid Name)为 Krasovsky(克拉索夫斯基)。

⑦设置基准面名称(Datum Name)为 Krasovsky(克拉索夫斯基)。

⑧设置中央经线的比例因子(Scale factor at central meridian:)为 1。

⑨设置中央经线的经度(Longitude of central meridian:)为 126E。中央经度的设置要根据图像所在的地理位置来决定。

⑩设置(Latitude of origin of projection)为 0N。

⑪设置 False easting 为 42 500 000 meters。如果不需要带号的输为 500 000 meters。

⑫设置 False nothing 为 0 meters。

⑬点 Save 按钮，进行保存，弹出 Save Projection 对话框(图 2-52)。

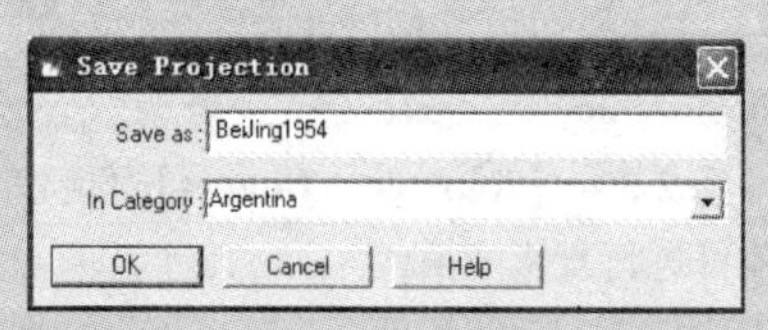

图 2-52 【Save Projection】对话框

⑭在另存为(Save as:)后输入自定义的投影名称，此处输入 Beijing1954。

⑮选择默认保存类别(In Category): Argentina。点 OK 按钮。

⑯在定义投影类型(Categories)中选择: Argentina。

⑰在 Projection 中选择: BeiJing1954。

⑱定义输出图像单位(Units): Meters。

⑲确定输出统计默认零值。即选中 Ignore Zero in Stats.

⑳定义输出像元大小(Output Cell Sizes): X 值 10/Y 值 10。像元的大小最好保持跟原来的像元大小一致。

㉑选择重采样方法(Resample Method): Nearest Neighbor。

㉒定义转换方法为 Rigorous Transformation(严格按照投影数学模型进行变换)或 Polynomial Approximation(应用多项式近似拟合实现变换)。

如果选择 Polynomial Approximation 转换方法，还需设置下列参数:

①多项式最大次方(Maximum Poly Order): 3。

②定义像元误差(Tolerance Pixels): 1。

③如果在设置的最大次方内没有达到像元误差要求，则按照下列设置执行。

④如果超出像元误差，依然应用多项式模型转换，严格按照投影模型转换。

⑤单击"OK"按钮，关闭 Reproject Images 对话框，执行投影变换。

投影转换完成后，可见影像的投影已进行了转换(图 2-53)。

图 2-53 完成投影转换后的影像

→成果提交

1. WGS84 坐标系统的遥感影像转换为北京 1954 坐标系统成果数据。
2. 地理坐标系统遥感影像转换为 WGS84 坐标系统成果数据。

任务 7

遥感影像镶嵌

→任务描述

遥感影像镶嵌(Mosaic Image)又称影像的拼接，就是将具有地理参考的若干相邻图像合并成一幅图像或一组图像的过程，图像的镶嵌在遥感图像预处理中是一项经常需要完成的基础性工作，如果研究范围比较大的时候更是一项必不可少的工作，本次任务就是完成遥感影像的镶嵌处理。

→任务目标

1. 掌握遥感影像镶嵌的条件。
2. 熟悉遥感图像镶嵌处理的操作方法。

→知识准备

2.7.1 图像镶嵌

图像镶嵌(Mosaic Image)也称图像的拼接，就是将若干幅相邻图像合并成一幅图像或一组图像的过程。

2.7.2 图像镶嵌的条件

①需要拼接的输入图像必须含有地图投影信息，或者说输入图像必须经过几何校正处理或进行过校正标定。

②输入的图像可以具有不同的投影类型、不同的像元大小。

③输入的图像必须具有相同的波段数。

④进行图像拼接时，需要确定一幅参考图像，参考图像将作为输出拼接图像的基准，决定拼接图像的对比度匹配、以及输出图像的地图投影、像元大小和数据类型。

2.7.3 Mosaic Images 按钮面板介绍

Mosaic Images 按钮共有 4 个面板，分别是：Mosaic Pro(高级图像镶嵌)、Mosaic Tool(图像镶嵌工具)、Mosaic Direct(图像镶嵌工程参数设置)、Mosaic Wizard(建立图像镶嵌工程向导)。下面重点介绍 Mosaic Tool(图像镶嵌工具)的菜单命令及工具图标。

2.7.4 Mosaic Tool 视窗菜单

Mosaic Tool 视窗菜单命令及功能见表2-23。

表2-23 Mosaic Tool 视窗菜单命令及功能

命令	功能
File:	文件操作:
New	新建图像拼接工具
Open	打开图像拼接工程文件(*.mos)
Save	保存图像拼接工程文件(*.mos)
Save As	重新保存图像拼接工程文件
Annotation	将拼接图像轮廓保存为注记文件
Close	关闭当前图像拼接工具
Edit:	编辑操作:
Add Images	向图像拼接窗口加载图像
Delete Image(s)	删除图像拼接工程中的图像
Color Correction	设置镶嵌图像的色彩校正参数
Set Overlay Function	设置镶嵌光滑和羽化参数
Output Options	设置输出图像参数
Delete Outputs	删除输出设置
Show Image Lists	是否显示图像文件列表窗口
Process:	处理操作:
Run Mosaic	执行图像镶嵌处理
Preview Mosaic	图像镶嵌效果预览
Help:	联机帮助:
Help for Mosaic Tool	关于图像拼接的联机帮助

2.7.5 Mosaic Tool 视窗工具

Mosaic Tool 视窗工具图标及其功能见表2-24。

表2-24 Mosaic Tool 视窗工具图标及其功能

图标	命令	功能
	Add Images	向图像镶嵌窗口加载图像
	Set Input Mode	设置输入图像模式
	Image Resample	打开图像重采样对话框
	Image Matching	打开图像色彩校正对话框
	Send Image to Top	将选择图像置于最上层
	Send Image Up One	将选择图像上移一层
	Send Image to Bottom	将选择图像置于最下层
	Send Image Down One	将选择图像下移一层

（续）

图　标	命　令	功　　能
	Reverse Image Order	将选择图像次序颠倒
	Set Intersection Mode	设置图像交接关系
	Next Intersection	选择下一种相交方式
	Previous Intersection	选择前一种相交方式
fx	Overlap Function	打开叠加功能对话框
	Default Cutlines	设置默认相交剪切线
	AOI Cutlines	设置 AOI 区域剪切线
	Toggle Cutline	开关剪切线的应用模式
	Delete Cutlins	删除相交区域剪切线
	Cutline Selection Viewer	打开剪切线选择窗口
	Auto Cutline Mode	设置剪切线自动模式
	Set Output Mode	设置输出图像模式
	Output Options	打开输出图像设置对话框
	Run Mosaic Process	运行图像拼接过程
	Preview Mosaic	预览图像拼接效果
	Reset Canvas	改变图面尺寸以适应拼接图像
	Scale Canvas	改变图面比例以适应选择对象
	Select Point	选择一个点进行查询
	Select Area	选择一个区域进行查询
	Zoom Image IN by 2	两倍放大图形窗口
	Zoom Image OUT by 2	两倍缩小图形窗口
	Select Area for Zoom	选择一个区域进行放大
	Roam Canvas	图形窗口漫游
	Image List	显示/隐藏镶嵌图像列表

→任务实施

遥感影像镶嵌

一、目的与要求

通过将同一地区不同时相的几幅影像拼接在一起，让学生掌握遥感影像镶嵌的方法和操作。

1. 镶嵌过程中要正确设置图像色彩校正，使不同时相的图像在颜色上相互协调一致。

2. 要镶嵌的相邻图幅间有一定的重复覆盖区。

3. 为了使镶嵌后的影像没有拼接的痕迹，有时需要在重叠区内选择一条连接两边图像的拼接线，使得根据这条拼接线拼接起来的新图像浑然一体。

二、数据准备

某研究区域不同时相的多幅TM或SPOT影像数据。

三、操作步骤

1. 启动图像拼接工具

本次任务是将辽宁林业职业技术学院实验林场范围内相邻的三幅陆地卫星影像lc1. img、lc2. img、lc3. img进行镶嵌处理，拼接为一幅图像。文件位于：“... \ prj02 \ 任务实施2.7 \ data”。

在ERDAS图标面板菜单条单击【Main】→【Data Preparation】菜单，选择【Mosaic Images】选项，打开Mosaic Images按钮面板(图2-54)，单击Mosaic Tool命令，打开Mosaic Tool窗口，如图2-55。或在ERDAS图标面板工具条单击Data Prep图标，打开【Data Preparation】菜单，单击【Mosaic Images】按钮，打开【Mosaic Images】按钮面板，单击【Mosaic Tool】按钮，打开Mosaic Tool窗口。

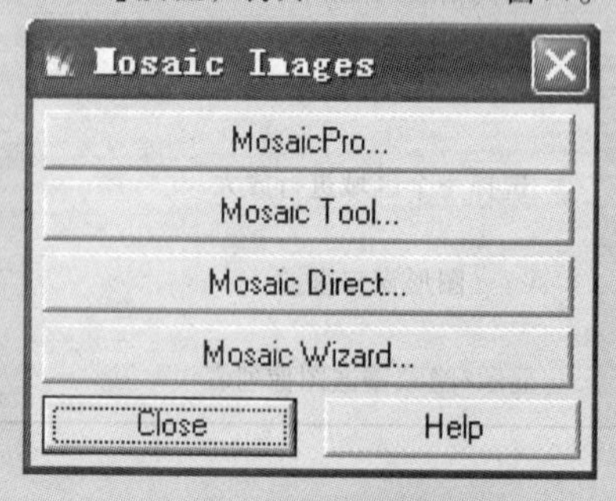

图2-54　Mosaic Images按钮面板

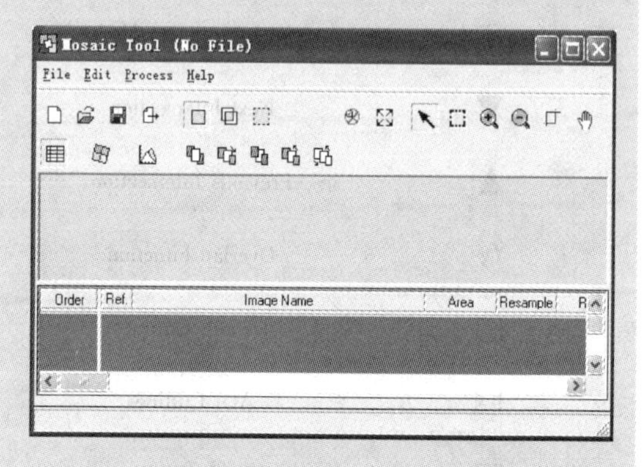

图2-55　Mosiac Tool视窗

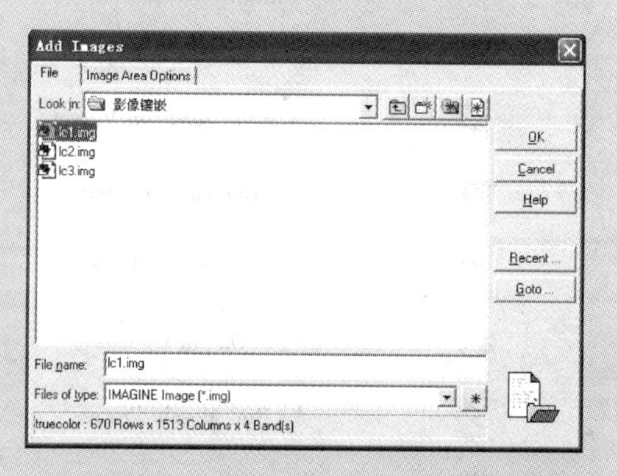

图2-56　【Add Images for Mosaic】对话框

2. 加载Mosaic图像

在Mosaic Tool菜单条单击【Edit】→【Add Images】命令，打开Add Images for Mosaic对话框(图2-56)。或在Mosaic Tool工具条单击Add Images图标，打开Add Images for Mosaic对话框。

在Add Images for Mosaic对话框中，需要设置以下参数：

①选择拼接图像文件(Image File Name)：lc1. img。

②设置图像拼接区域(Image Area Options)为Compute Active Area(图2-57)，再点击【Set】在Active Area Options对话框，如图2-58。将其中的Boundary Search Type设为Edge。单击“OK”按钮。

③在Add Images对话框中单击“OK”按钮，将图像lc1. img被加载到Mosaic窗口中。

④重复前3步操作，依次加载lc2. img

和 lc3. img。

⑤单击“OK”按钮，关闭 Add Images for Mosaic 对话框。

在 Image Area Options 标签中，可以设置图像镶嵌区域，各项设置的含义见表2-25。

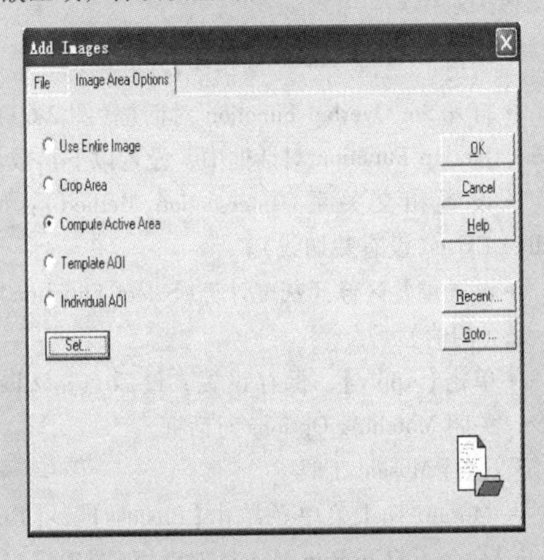

图2-57 【Image Area Options】对话框

图2-58 【Active Area Options】对话框

表2-25 Image Area Options 标签的设置及其功能

设置选项	功　能
Use Entire Image	默认设置，图像全部区域设置为镶嵌区域
Crop Area	按百分比裁剪后将剩余的部分设置为镶嵌区域； 需在 Image Area Option 标签中设置 Crop Percentage
Compute Active Area	将计算的激活区域设置为镶嵌区域； 需在 Image Area Option 标签中进行设置(Set)。 Select Search Layer：设置计算激活区域的数据层。 Background Value Range：背景值设定。 Boundary Search Type：边界类型设置。一是 Corner：四边形边界。二是 Edge：图像的全部边界。 Crop Area：选中 Corner 单选按钮时有效，裁切掉的面积百分比
Template AOI	用一个 AOI 模板设定多个图像的镶嵌边界
Individual AOI	一个 AOI 只能用于一个图像的镶嵌边界设置

3. 设置图像叠置次序

在 Mosaic Tool 工具条单击 Set Mode for input Images 图标 □，并在图形窗口单击选择需要调整的图像，进入设置输入图像模式的状态，Mosaic Tool 工具条中会出现与该模式对应的调整图像叠置次序的编辑图标，充分利用系统所提供的编辑工具，根据需要进行上下层调整。这些调整工具包括：

- Send Image to Top：将选择图像置于最上层。
- Send Image Up One：将选择图像上移一层。
- Send Image to Bottom：将选择图像置于最下层。
- Send Image Down One：将选择图像下移一层。
- Reverse Image Order：将选择图像次序颠倒。
- 调整完成后，在 Mosaic Tool 窗口单击，退出图像叠置组合状态。

4. 图像色彩校正设置

①在 Mosaic Tool 菜单条单击【Edit】→【Color

Corrections】命令，打开 Color Corrections 对话框(图 2-59)；或者在 Mosaic Tool 工具条单击 Set Input Mode 图标 □，进入设置输入图像模式。单击 Color Corrections 图标，打开 Color Corrections 对话框。

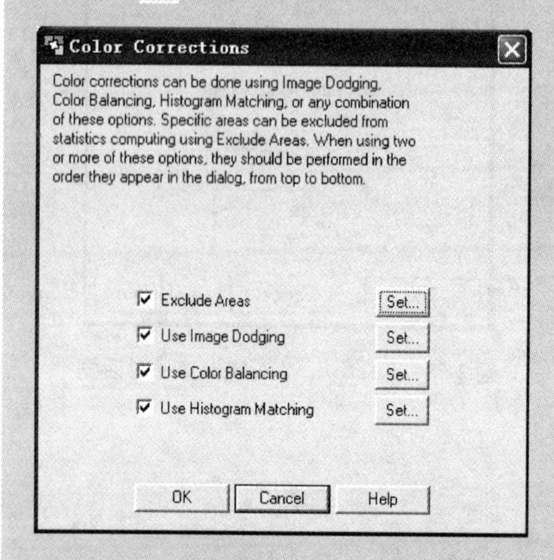

图 2-59 【Color Corrections】对话框

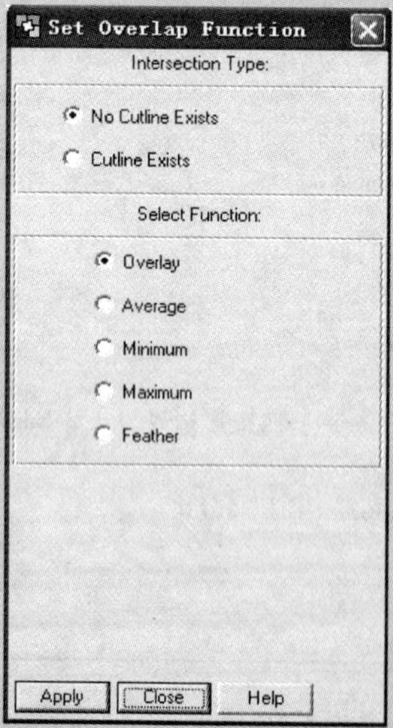

图 2-60 【Set Overlap Function】对话框

②Color Corrections 对话框给出 4 个选项，允许用户对图像进行图像匀光(Image Dodging)、色彩平衡(Color Balancing)、直方图匹配(Histogram Matching)等处理。在 Color Corrections 对话框中，Exclude Areas 允许用户建立一个感兴趣区(AOI)，从而使图像匀光、色彩平衡、直方图匹配等处理排除一定的区域。

③在【Mosaic Tool】视窗菜单条中单击【Edit】→【Set Overlap Function】命令，打开 Set Overlap Function 对话框(图 2-59)；或者在 Mosaic Tool 视窗工具条中单击 Set Intersection Mode 图标，进入设置图像关系模式。

• 单击 Overlap Function 图标 *fx*。

• 打开 Set Overlap Function 对话框(图 2-60)。在 Set Overlap Function 对话框中，设置以下参数。

• 设置相交关系(Intersection Method)：No Cutline Exists(没有裁切线)。

• 设置重叠区像元灰度计算(Select Function)：Average(均值)。

• 单击【Apply】，保存设置，最后点击 Close 命令，关闭 Matching Options 对话框。

5. 运行 Mosaic 工具

在 Mosaic Tool 菜单条单击【Process】→【Run Mosaic】命令，打开 Run Mosaic 对话框(图 2-61)。

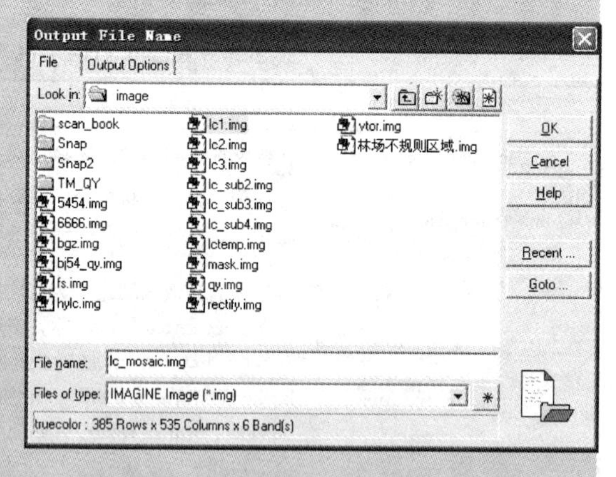

图 2-61 【Run Mosaic】对话框 File 标签

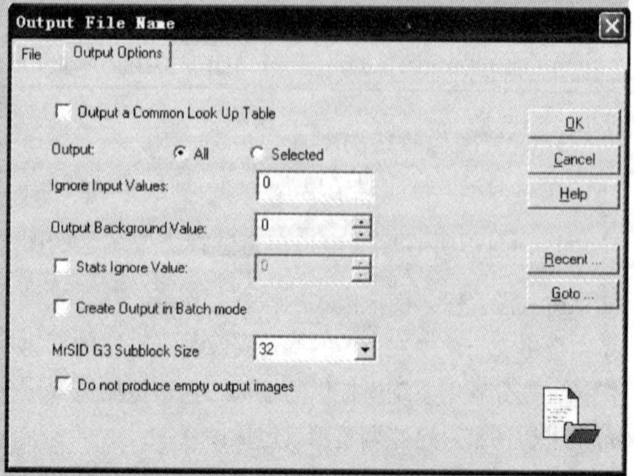

图 2-62 【Run Mosaic】对话框 Output Options 标签

在 Run Mosaic 对话框中，设置下列参数：

①确定输出文件名(Output File Name)："...\prj02\任务实施 2.7\result"文件夹下，命名为 lc_ mosaic. img。

②确定输出图像区域(Output)：All(图 2-62)。

③忽略输入图像值(Ignore Input Value)：0。

④输出图像背景值(Output Background Value)：0。

⑤忽略输出统计值(Stats Ignore Value)：0。

⑥单击 OK 按钮，关闭 Run Mosaic 对话框，运行图像镶嵌。

6. 退出 Mosaic 工具

①在 Mosaic Tool 菜单条单击【File】→【Close】命令，系统提示是否保存 Mosaic 设置。

②单击【No】按钮，关闭 Mosaic Tool 窗口，退出 Mosaic 工具。镶嵌后的图像如图 2-63 所示。

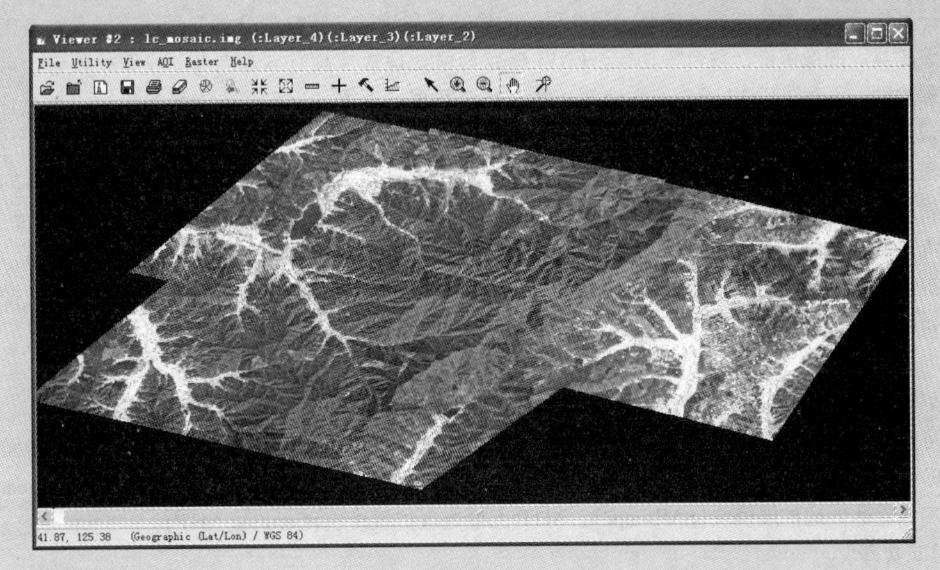

图 2-63　镶嵌完成结果图

→成果提交

提交两幅以上遥感影像的镶嵌成果数据。

拓展知识

其他常用遥感图像处理软件

目前国内外有很多的遥感图像处理软件，这些遥感图像处理系统各有特点，除了我们介绍的 ERDAS IMAGINE 之外，广泛使用的还有 ENVI、PCI、ER MAPPER、泰坦遥感图像处理系统(Titan Image)等，下面仅对目前常用的一些遥感图像处理软件作一简单介绍。

1. ENVI(The Environment for Visualizing Images)

ENVI(The Environment for Visualizing Images)是美国 ITT Visual Information Solutions 公司的旗舰产品。它是由遥感领域的科学家采用交互式数据语言 IDL(Interactive Data Language)开发的一套功能强大的遥感图像处理软件。它是快速、便捷、准确地从影像中提取信息的首屈一指的软件解决方案。ENVI 已经广泛应用于科研、环境保护、气象、石油矿产勘探、农业、林业、医学、国防安全、地球科学、公用设施管理、遥感工程、水利、海洋、测绘勘察和城市与区域规划等领域。

(1)功能

①强大的影像显示、处理和分析系统 ENVI包含齐全的遥感影像处理功能：常规处理、几何校正、定标、多光谱分析、高光谱分析、雷达分析、地形地貌分析、矢量应用、神经网络分析、区域分析、GPS联接、正射影像图生成、三维图像生成、丰富的可供二次开发调用的函数库、制图、数据输入/输出等功能组成了图像处理软件中非常全面的系统。

ENVI对于要处理的图像波段数没有限制，可以处理最先进的卫星格式，如Landsat7、IKONOS、SPOT、RADARSAT、NASA、NOAA、EROS和TERRA，并准备接受未来所有传感器的信息。

②强大的多光谱影像处理功能 ENVI能够充分提取图像信息，具备全套完整的遥感影像处理工具，能够进行文件处理、图像增强、掩膜、预处理、图像计算和统计，完整的分类及后处理工具，及图像变换和滤波工具、图像镶嵌、融合等功能。ENVI遥感影像处理软件具有丰富完备的投影软件包，可支持各种投影类型。同时，ENVI还创造性地将一些高光谱数据处理方法用于多光谱影像处理，可更有效地进行知识分类、土地利用动态监测。

③集成栅格和矢量数据 ENVI的矢量工具可以进行屏幕数字化、栅格和矢量叠合，建立新的矢量层、编辑点、线、多边形数据，缓冲区分析，创建并编辑属性并进行相关矢量层的属性查询。

④集成雷达分析工具 用ENVI完整的集成式雷达分析工具可以快速处理雷达SAR数据，提取CEOS信息并浏览RADARSAT和ERS-1数据。用天线阵列校正、斜距校正、自适应滤波等功能提高数据的利用率。ENVI还可以处理极化雷达数据。

⑤地形分析工具 ENVI具有三维地形可视分析及动画飞行功能，能按用户制定路径飞行，并能将动画序列输出为MPEG文件格式，便于用户演示成果。

⑥可扩充模块 ENVI可扩充模块包括：大气校正模块(Atmospheric Correction)、立体像对高程提取模块(DEM Extraction)、面向对象空间特征提取模块(ENVI EX)、正射纠正扩展模块(Ortho-rectification)、高级雷达处理扩展模块(SARscape)、NITF图像处理扩展模块(Certified NITF)。

(2)二次开发

ENVI是一个另类的遥感平台，因为它不是由传统的开发语言如C/C++开发的，而是由它的二次开发语言IDL开发的。

简单地说，IDL是VC、VB、JAVA、FORTRAN、MATLAB、OPENGL等语言的集成。IDL的提供了丰富的二维、三维图形图像类，其功能可与OPENGL媲美，而且其封装好的图形函数类的编程功能远超过OPENGL函数库。另外IDL的一个突出优点是能以ActiveX控件和COM组件的方式嵌入到C++、C#等常规语言开发的系统。目前应用IDL语言，已经开发出了ENVI、IMAGIS、RiverTools、医学等成熟产品。

2. PCI

PCI GEOMATICA是PCI公司将其旗下的四个主要产品系列，也就是PCI EASI/PACE、(PCI SPANS，PAMAPS)、ACE、ORTHOENGINE，集成到一个具有同一界面、同一使用规则、同一代码库、同一开发环境的一个新产品系列，该产品系列被称之为PCI GEOMATICA。该系列产品在每一级深度层次上，尽可能多的满足该层次用户对遥感影像处理、摄影测量、GIS空间分析、专业制图功能的需要，而且使用户可以方便地在同一个应用界面下非常方便地完成工作。

(1)功能

PCI主要功能见表2-26。

表 2-26 PCI 功能简介

软件包描述	功能描述
核心模块 - Geomatica Core	• 桌面平台环境，包括数据访问工具，数据管理工具，图像切割，重投影，矢量编辑，制图。在 OE 中提供了多项式校正、手动镶嵌功能。
JPEG2000	• 支持 JPEG2000 文件格式的读写操作
Certified NITF(Pending Certification)	• 支持 NITF 文件格式的读写操作
光学模块—Optical (including ATCOR2 Atmospheric Correction)	• Avhrr(NOAA)传感器、神经网络，影像锁定、数据融合、大气校正 • ATCOR2——针对平坦地区；采用新的云雾处理算法
针对 ATOR3 大气校正模块—Atmospheric Correction(ATOR3)	• ATCOR3——针对崎岖地带，需提供 DEM
雷达模块—Radar	• 具有各种雷达分析功能，增强了 SAR 可视化和分析 • 增加了对 ENVISAT 传感器的支持，主要包括天线补偿校正、变化检测、各种滤波、飞行路径估计、斑点噪声去除、影像质量报告、入射角分析、雷达后向散射标定、DEM 模拟雷达影像、倾斜影像到地面影像的转换、配准、纹理分析等
高光谱模块—Hyperspectral	• 光谱角制图工具、光谱纪录的添加、光谱数据的算术运算、高到底的谱卷积和高斯卷积、光谱库报告、影像光谱到参考光谱的匹配 • 支持用户对光谱库纪录的修改和光谱的归一化等 • 提供新的数据浏览和分析工具，大大减少处理时间
高光谱图像压缩模块—Hyperspectral Image Compressor	• 矢量量化影像压缩
高光谱大气校正模块—Hyperspectral Atmospheric Correction	• 新增了 MODTRAN4 大气辐射变换模型，可以从图像数据中提取大气的水汽含量并制图
全景锐化模块—Pan Sharpening	• 对高分辨率卫星采用最新的融合算法 • 支持 8bit，16bit，32bit 类型数据 • 生成的高分辨率彩色影像保留原有的色彩信息
智能数字化模块—Smart Digitizer	• 自动跟踪线性特征和边界特征，矢量化区域边界和线状要素 • 可根据道路的中心线智能矢量化道路线
桌面产品引擎模块—Desktop Production Engine	• 可视化的操作流程环境 Modler • 基于命令行的脚本语言 Easi
桌面产品引擎附加模块—Desktop Production Engine Plus	• 桌面产品引擎的附加模块，提供有效的批处理能力
空间分析模块—Spatial Analysis	• 包括缓冲区分析、叠加分析、地形分析等
制图工具—Charting	• 添加图名、图例、比例尺和指北针等制图信息
自动采集工具—Auto Collection	• 控制点库管理器、控制点与同名点自动匹配
自动配准工具—Auto Registration	• 自动的图像对图像的配准
自动镶嵌工具—Auto Mosaic	• 影像自动镶嵌(颜色匹配与接边线自动提取)
航片模型—Airphoto Model	• 航片正射校正与镶嵌 支持 GPS 与惯性导航参数输入、空三、框标点自动采集

（续）

软件包描述	功能描述
卫片模型—Satellite Models	• 卫片正射校正与镶嵌 提供多种卫星的严格参数模型，可通过星历数据模拟新卫星轨道模型 • 支持的传感器：ASAR、ASTER 1B、EROS、Hyperion EO－1、MERIS、MODIS、SPOT 5，Formosat
高分辨率卫片模型—High Resolution Models	• 针对SPOT5、Quickbird、Ikonos、EROS传感器模型，生成精确的正射校正图
RPC和通用模型—Generic and RPC Models	• 卫星正射校正工具； 应用RPC参数执行影像整射校正
雷达DEM提取—Radar DEM Extraction	• 从Radar SAT影像上自动提取DEM 主要功能同上，支持ASAR的DEM提取
自动DEM提取—Automatic DEM Extraction	• 可从航片、SPOT、IRS、ASTER、EROS、IKONOS、Quickbird影像上自动提取DEM 主要功能包括：核线影像生成、自动DEM提取、GEOCODE DEM、2D DEM手工编辑、出错点消除及内插法
三维立体测图—3D Stereo	• 三维立体显示及特征提取 • 支持新的输出格式：ESRI Shape Files（.shp）和Auto Cad Format（.dxf）
GeoRaster for Oracle	• 支持Oracle 10g空间地理栅格数据 • 提供ETL工具，灵活提取、变换和加载超过120种数据格式 • 支持图像的批处理 • 提供向导工具进行数据的转入转出操作
三维飞行浏览—FLY!	三维透视视场浏览和逼真的三维飞行
Polarmetric SAR Workstation	• 模拟多种类型的PLOSAR数据
网络地图服务—Web Map Server	• WMS应用GIF，Jpeg，Pix格式发布矢量和栅格信息 • 支持要素的空间查询和属性查询
网络特征服务—Web Feature Server	• WFS发布要素的几何和非几何特征 • 支持的空间操作包括重叠，包含等，支持逻辑运算和比较运算
网络覆盖服务—Web Coverage Server（Available V10.0.1）	

（2）二次开发

PCI二次开发方式和Erdas Imageine的二次开发方式颇为类似，提供一个C/C＋＋SDK来提供底层接口，使用自身的EASI脚本语言来让用户可以方便的创造、编辑和运行用户定制的所有SPANS和EASI/PACE所提供功能的图形程序。

在最新的PCI的二次开发包ProSDK为用户提供了用C⁺⁺、Java及Python等编程语言对Geomatica软件组件以应用程序的方式进行应用或扩展的能力。ProSDK V1.2进一步提供了拥有更多功能的灵活开发环境。ProSDK V 1.2发布了Windows XP和Linux（Red Hat企业工作站5和SUSE Linux 10.1），并兼容Microsoft Visual Studio .NET/C⁺⁺2003、gcc3.3、Python 2.4，以及Java 1.5、Python和Java。

3. ER Mapper

ER Mapper是由澳大利亚EARTH RESOURCE MAPPING公司（以下简称ERM）开发的遥感图像处理系统。其主要功能包括以下几个方面。

（1）遥感、GIS、数据库全面集成

ER Mapper 通过先进的动态连接技术，实现了遥感、GIS、数据库全面集成。

ER Mapper 可直接读取、编辑、增加、存储 GIS 数据，并且可以利用卫星影像、航空影像数据对 GIS 数据进行更新，可支持的 GIS 系统：ARC/INFO、ArcView、MapInfo、AutoCAD MAP、Autodesk World、Autodesk MapGuideTM 等。

（2）数据高比例压缩算法的应用，最大幅度的节约用户硬件投资

ER Mapper 公司在图像压缩方面有了重大突破，即小波压缩技术（ECW），压缩比可达 10:1 到 50:1，大大的降低图像存储空间，而仍保持图像的高质量，ER Mapper6.0 以上版本可以直接显示和处理压缩图像。

（3）全模块设计

ER Mapper 是全模块设计，除了具有空间滤波、影像增强、波段间运算、几何变换、几何纠正、影像配准、镶嵌、影像分类等传统图像处理功能外，更具有以下高级功能：

①航片的正射校正。

②等高线生成。

③强大的镶嵌与数据融合能力。

④镶嵌图像的颜色平衡。

⑤地理配准。

⑥数据的栅格化。

⑦雷达图像处理。

⑧三维可视化及贯穿飞行。

⑨支持各种流行数据格式。

ER Mapper 所支持的数据格式不仅来自于遥感（Landsat、SPOT、ERS-1、JERS-7、NOAA AVHRR、航空多光谱等等），而且还来自地球物理勘探的各个领域，如地震、航磁、重力等，因而形成了综合地学信息分析的基础。

ER Mapper 可直接存储如 TIFF，GeoTIFF，BMP，ESR IBSL，SPOT View 、UDF、UDF、JPEG、ESRI BIL、SPOTView、TIFF 等数据格式。

⑩支持各种输出设备。

⑪先进的制图系统。

（4）完美良好的用户界面，易于使用的操作向导（Wizard）

ER Mapper 用户界面十分友好，简洁，富于逻辑性。针对不同的行业，ER Mapper 在 Toolbars 菜单提供一系列的与行业相关的工具条，每个行业工具条上有与行业相关的操作，这样用户操作非常方便。工具条上有许多操作向导（即 wizard），操作向导简单易用，许多图像处理过程实现了自动化操作，如数据融合、几何校正、土地动态监测等。

（5）方便创新的用户开发环境。

4. 泰坦遥感图像处理系统（Titan Image）

泰坦遥感图像处理软件（Titan Image）是在充分吸收了国内外优秀遥感软件优点的基础上，由北京东方泰坦科技股份有限公司研发的完全自主知识产权的新一代优秀的国产遥感图像处理软件平台，是“国家 863 商用遥感数据处理专题”的重大科技成果的结晶。它目前已达到了和国际知名遥感图像处理软件同等技术水平，具有架构先进、全中文交互式操作界面，功能强大、性能稳定、二次开发方便简单等特点。该软件由集成环境、影像工具箱、几何配准、影像镶嵌、影像对象分类、雷达数据处理、高光谱数据处理、三维可视化、流程化定制九大功能模块组成。

Titan Image 能够面向测绘、国土、规划、农业、林业、水利、环保、气象、海洋、石油、交通、地震、国防、教育等行业提供涵盖影像处理、信息提取、信息分析、制图输出等一系列功能的遥感信息工

程完整解决方案。

泰坦遥感图像处理软件(Titan Image)主要有以下特点。

(1)强大的数据支持能力

① 能够直接操作PCI PIX、TIF、GEOTIFF、BMP、JPEG、RAW主流遥感影像数据格式，并支持Titan GIS 、ArcView SHP、MapInfo MIF、DXF等上百种数据格式的读取、转换。

②具备开放、灵活的底层架构，提供强大的对新增数据源支持能力。

(2)丰富高效的遥感图像处理功能

①支持国内外主流遥感影像的高精度处理功能。

②提供上百种核心遥感影像处理工具供用户选择。

③集成高空间分辨率卫星数据及航空数据处理、高光谱、雷达数据处理功能，满足用户多种需求。

(3)方便友好的操作方式

①基于国内用户使用习惯的深入调研和理解，提供贴合用户操作习惯的使用流程，界面友好，操作方便，易学易用。

②支持多任务处理功能，允许用户同时执行多个处理操作。系统以后台执行操作的方式，并行执行多个处理任务。提高图像处理的效率，节省用户的时间。

(4)强大的GIS功能

支持大多数常用GIS数据源，提供对矢量库、影像库、影像文件、各种GIS专题数据的叠加显示及地图整饰工作；提供了高质量、专业化的影像图制作。

(5)丰富的二次开发函数库

①提供多达上百种的C++图像处理算法库和灵活多样的算法扩展实现模式，支持VC++开发环境。

② 提供细颗粒度开发组件，支持.NET、C++开发环境。

(6)紧密的更新升级机制

①密跟踪国产遥感卫星发射计划，快速实现对新增传感器的支持，以提供对TH、ZY-3、ZY02-C的支持。

②密切跟踪国家相关标准规范修订，确保软件系统的同步更新。

③关注用户体验，针对用户反馈及时更新。

自主学习资料库

1. 中国科学院遥感与数字地球研究所. http://www. radi. ac. cn
2. 中国科学院地理空间数据云. http://www. gscloud. cn/
3. 美国地质调查局. http://www. usgs. gov
4. 美国航空航天局. http://www. nasa. gov

自测题

1. 简述遥感技术系统的概念、分类及组成。
2. 简述遥感成像原理。
3. 比较常见遥感卫星系统所接收数据的差异。
4. 简述遥感技术在林业上有哪些应用。
5. 如何在ERDAS IMAGINE软件的视窗里，让几幅遥感图像能够混合、卷帘和闪烁叠加显示？说明其方法步骤。
6. 简述遥感图像规则和不规则裁剪的方法步骤。
7. 什么叫几何校正？简述其工作的流程。

8. 什么叫地图投影？简述将某幅 WGS84 坐标系统的遥感影像转换为北京 1954 坐标系统的方法步骤。

9. 简述同一地区不同时相的几幅遥感影像镶嵌(拼接)操作方法步骤。

参考文献

党安荣，等．2010. ERDAS IMAGINE 遥感图像处理教程[M]. 北京：清华大学出版社．

杨昕，等．2008. ERDAS 遥感数字图像处理实验教程[M]. 北京：科学出版社．

林辉，等．2011. 林业遥感[M]. 北京：中国林业出版社．

张煜星，等．2007. 遥感技术在森林资源清查中的应用研究[M]. 北京：中国林业出版社．

蒋建军，等．2010. 遥感技术应用[M]. 南京：江苏教育出版社．

李玲．2010. 遥感数字图像处理[M]. 重庆：重庆大学出版社．

费鲜芸，等．SPOT5 城区影像几何精校正点位和面积精度研究[J]. 测绘科学，32(1)：105 - 106.

廖文峰．2008. 卫星遥感图像的几何精校正研究[J]. 地理信息空间，6(5)：86 - 88.

术洪磊，承继成．1996. 一种 TM 图像的快速几何精校正方法[J]. 遥感信息(1)：32 - 34.

刘志丽．2001. 基于 ERDAS IMAGING 软件的 TM 影像几何精校正方法初探——以塔里木河流域为例[J]. 干旱区地理，24(4)：353 - 357.

杨丽萍．2009. 不同季相 SPOT5 影像镶嵌前色调处理方法研究[J]. 遥感技术与应用，24(2)：140 - 145.

项目3

遥感影像增强

遥感影像在获取的过程中由于受到大气的散射、反射、折射或者天气等因素的影响，致使获得的遥感影像对比度不够、影像模糊，所需信息不够突出，或者遥感影像的波段较多，数据较大。因此，要求对遥感影像进行增强处理，以改善遥感影像的质量，突出所需信息，增加遥感影像的可辨识度、可读性，压缩数据。遥感影像增强方法主要有辐射增强、空间增强和光谱增强等。

知识目标

1. 了解遥感影像增强处理的目的和主要增强技术。
2. 熟悉辐射增强的含义及增强技术。
3. 熟悉空间增强的含义及增强技术。
4. 熟悉光谱增强的含义及增强技术。

技能目标

1. 掌握直方图均衡化、匹配、亮度反转、去霾处理、降噪处理等影像辐射增强技术。
2. 掌握卷积增强、锐化增强、非定向边缘增强、纹理分析、自适应滤波等空间增加技术。
3. 掌握主成分变换、色彩空间变换、缨帽变换、代数运算、色彩增强等光谱增强技术。

任务 1

辐射增强

→任务描述

辐射增强是通过改变遥感影像中的灰度值来改变遥感影像的对比度，进而改善遥感影像视觉效果的遥感影像处理方法。灰度值指色彩的浓淡程度，灰度直方图是指一幅数字图像中，对应每一个灰度值统计出具有该灰度值的像素数。辐射增强能提高遥感影像的对比度，改善视觉效果。ERDAS 中提供的辐射增强功能有：查找表拉伸、直方图均衡化、直方图匹配、亮度反转、去霾处理、降噪处理、去条带处理等。该任务主要介绍直方图均衡化、直方图匹配、去霾处理、降噪处理的方法及操作步骤。通过对遥感影像进行辐射增强处理，引导学生熟练掌握利用 ERDAS IMAGING 进行直方图均衡化、直方图匹配、亮度反转、去霾处理、降噪处理等辐射增强的方法，以改善视觉效果，便于对遥感影像的分析和解译。

本任务以山西林业职业技术学院实验林场 SPOT 遥感影像为例，如图 3-1、图 3-5 所示。各院校根据实际，使用相关数据。

→任务目标

掌握辐射增强不同方法的基本操作方法和步骤，能熟练进行直方图均衡化、直方图匹配、亮度反转、去霾处理、降噪处理等辐射增强操作。根据遥感影像的具体情况，能使用适当的方法进行辐射增强处理。

→知识准备

3.1.1 直方图均衡化

遥感影像直方图描述了遥感影像中每个亮度值 DN(Digital Number)的像元数量的统计分布。通过每个亮度值的像元数除以遥感影像中总像元数得到。对遥感影像进行拉伸处理，重新分配像元，使亮度集中的遥感影像得到改善，增强遥感影像上大面积地物与周围的地物的反差。

3.1.2 直方图匹配

经过数学变化，使遥感影像某一或者全部波段的直方图与另一遥感影像的某一或者全部的直方图对应类似。直方图匹配常作为相邻遥感影像拼接或者应用多时相遥感影像进行动态变化研究的预处理，可以部分消除因太阳高度角或者大气影响造成的相邻遥感影像效果的差异。

3.1.3 亮度反转

亮度反转(Brightness Inverse)是对遥感影像亮度范围进行线性或非线性取反，产生与原始遥感影像亮度相反的遥感影像，明暗反转，是线性拉伸的特殊情况。通过反转可以建立相片底片的效果。扫描一张底片，需要对底片进行处理时候，可以用亮度反转进行处理。亮度反转包括条件反转(Inverse)和简单反转(Reverse)两种算法，条件反转强调遥感影像中较暗的部分，而简单反转则是简单取反，均衡对待。

3.1.4 去霾处理

遥感影像时常受到雾霾的影响，由于雾霾对电磁波有吸收、折射、反射和散射作用，导致遥感影像清晰度降低。因此，尽可能地消除雾霾对遥感影像的影响，才能有效地提高遥感影像的质量。

去霾处理(Haze Reduction)去除影像的模糊程度。对于多波段遥感影像，去霾处理是基于缨帽变换(Tasseled Cap Transformation)，对影像进行主成分变换，找出与模糊度相关的成分并剔除，然后进行主成分逆变换回到RGB彩色空间，达到去霾的目的。全色影像，去霾处理采用点扩展卷积反转(Inverse Point Spread Convolution)进行处理(卷积是分析数学中一种重要的运算)，并根据情况选择5×5或者3×3卷积算子分别进行高频模糊度(High-haze)和低频模糊度(Low-haze)的去除。

3.1.5 降噪处理

遥感影像噪声是遥感影像在摄取或传输时所受的随机信号干扰，是遥感影像中各种妨碍人们对其信息接收的因素，分为外部噪声和内部噪声。外部噪声，即指系统外部干扰以电磁波或经电源串进系统内部而引起的噪声。如电气设备，天体放电现象等引起的噪声；内部噪声，一般有四个源：①由光和电的基本性质所引起的噪声。②电器的机械运动产生的噪声。③器材材料本身引起的噪声。④系统内部设备电路所引起的噪声，如电源引入的交流噪声。降噪处理(Noise Reduction)是利用自适应滤波方法去除遥感影像中的噪声，降噪处理在沿着边缘或平坦区域去噪声的同时可以很好地保持遥感影像中的一些微小的细节。

→任务实施

辐射增强

一、目的与要求

通过对遥感影像进行辐射增强处理，引导学生熟练掌握利用ERDAS IMAGING进行直方图均衡化、直方图匹配、亮度反转、去霾处理、降噪处理等辐射增强方法，以改善视觉效果，便于对遥感影像的分析解译。操作严格步骤，掌握辐射增强操作，对照原图，查看、分析结果。

二、数据准备

所用数据材料为山西林职院实验林场SPOT遥感影像，如图3-1所示，与广西柳州TM遥感影像，如图3-14所示。

三、操作步骤

(一)直方图均衡化

1. 打开直方图均衡化对话框

单击 ERDAS 图标面板工具条中的【Interpreter】图标，在下拉菜单中点击【Radiometric Enhancement】→【Histogram Equalization】，如图 3-2 所示。

2. 输入输出设置

打开【Histogram Equalization】对话框，如图 3-3 所示。

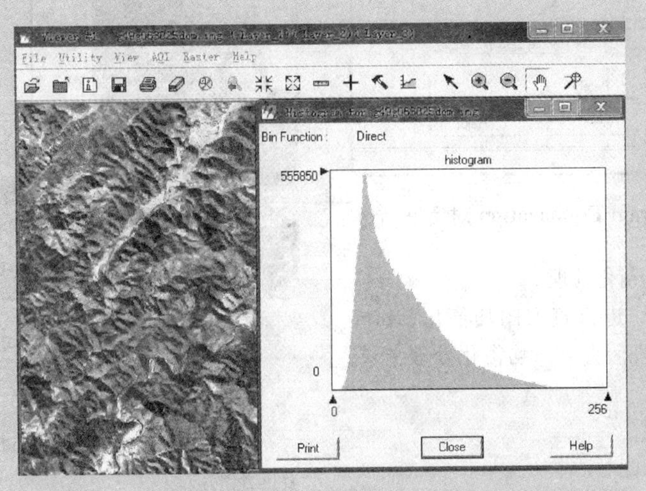

图 3-1　山西林职院实验林场 SPOT 遥感影像及其直方图

输入文件(Input File)：位于“....\prj03\data\shanxi.img”。

输出文件(Output File)：位于“...\prj03\任务实施 3.1\results\equalization.img”。

3. 设置参数

①坐标类型【Coordinate Type】Map，坐标类型为地图类型。

②处理的范围【Subset Definition】为直方图均衡化处理的范围：默认为整幅遥感影像的范围，也可在 ULX、ULY、URX、URY 中输入数值来设定直方图均衡化的范围，或者用【From Inquire Box】设定处理的范围。

③输出数据分段【Number of Bins】表示输出的数据分段(默认为 256，设定为小于 256 的数值)。

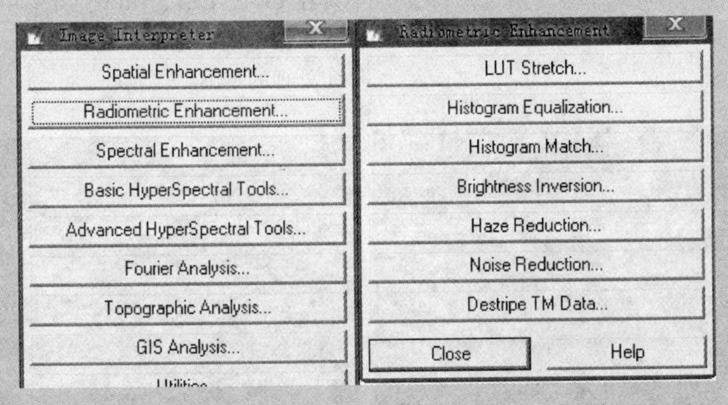

图 3-2　直方图均衡化步骤

④选中【Ignore Zero in Stats】☑Ignore Zero in Stats. 复选框，表示在进行直方图均衡化的数据统计中忽略 0 值。

⑤单击按钮【View...】打开模型生成器，浏览直方图均衡化的空间模型。

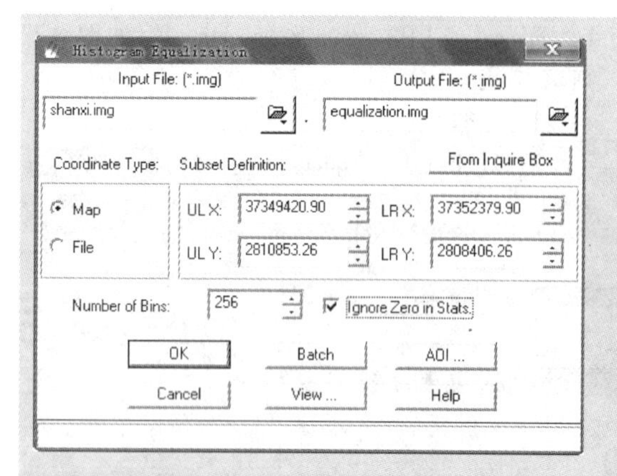

图3-3 Histogram Equalization对话框

4. 进行直方图均衡化处理

单击"OK"按钮，进行直方图均衡化(Histogram Equalization)处理。直方图均衡化处理结果，如图3-4所示。

(二)直方图匹配

1. 打开直方图匹配对话框

单击ERDAS图标面板工具条中的【Interpreter】图标 ，在下拉菜单中点击【Radiometric Enhancement】→【Histogram Equalization】(图3-6)。

2. 输入输出设置

①打开【Histogram Matching】对话框(图3-7)。

②输入文件(Input File)：

位于"...\prj03\data\shanxi.img"。

③输出文件(Output File)：

位于"...\prj03\任务实施3.1\results\matching.img"。

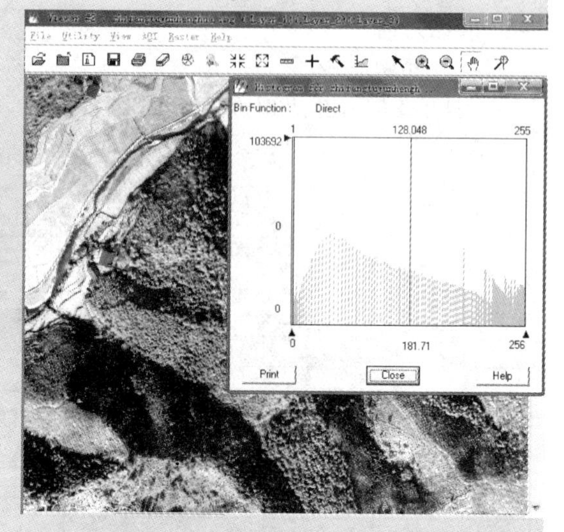

图3-4 直方图均衡化结果

3. 设置参数

①需要匹配的波段【Band to be matched】为需要匹配的波段。

②匹配参考波段【Band to match to】为匹配参考波段，也可以选择所有波段，本例中选择了所有波段 ☑ Use All Bands For Matching 。

③坐标类型【Coordinate Type】选择Map，坐标类型为地图类型。

④处理的类型【Subset Definition】为直方图匹配处理的范围：默认为整幅遥感影像的范围，也可在ULX、ULY、URX、URY中输入数值来设定直方图匹配的范围，或者用【From Inquire Box】设定处理的范围。

图3-5 山西林业职业技术学院实验林场SPOT遥感影像

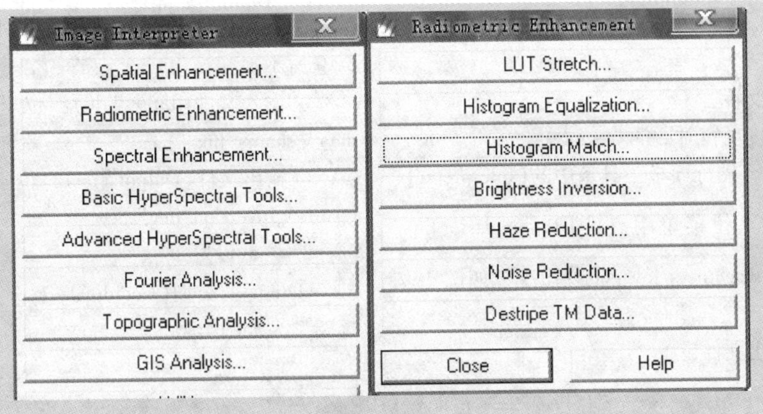

图3-6　直方图匹配步骤

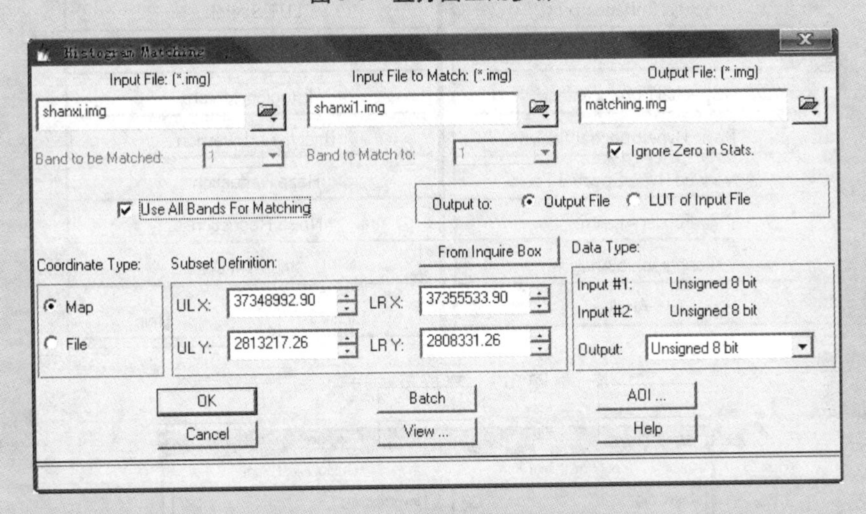

图3-7　Histogram Matching 对话框

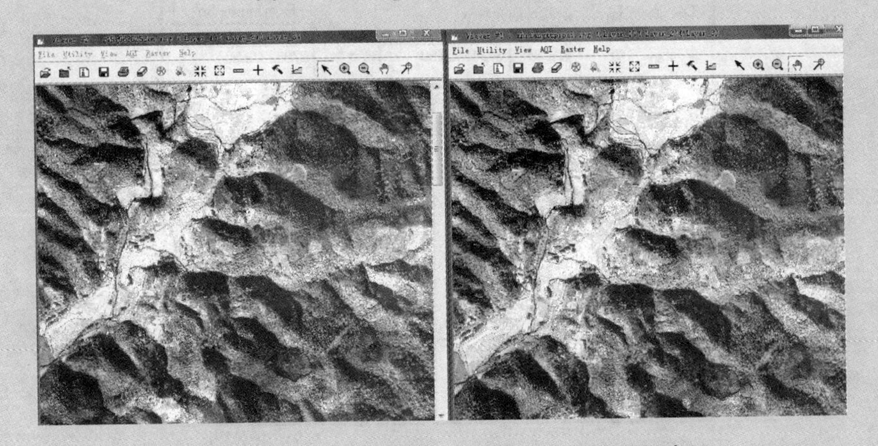

图3-8　直方图匹配结果，原图(左)，匹配后(右)

⑤选中【Ignore Zero in Stats】复选框表示在进行直方图匹配的数据统计中忽略0值。

⑥单击按钮【View...】打开模型生成器，浏览直方图匹配的空间模型。

4. 进行直方图匹配处理

单击"OK"按钮，进行直方图匹配(Histogram

Matching)处理。直方图匹配处理结果如图3-8所示。

(三)亮度反转

1. 打开亮度反转对话框

单击ERDAS图标面板工具条中的【Interpreter】图标，在下拉菜单中点击【Radiometric Enhancement】→【Brightness Inversion】命令，如图3-9所示。

2. 输入输出文件设置

①打开【Brightness Inversion】对话窗口，如图3-10所示。

②输入文件(Input File)：位于"...\prj03\data\shanxi.img"。

③输出文件(Output File)：位于"...\prj03\results\inversion.img"。

3. 参数设置

①坐标的类型【Coordinate Type】选择Map，坐标类型为地图类型。

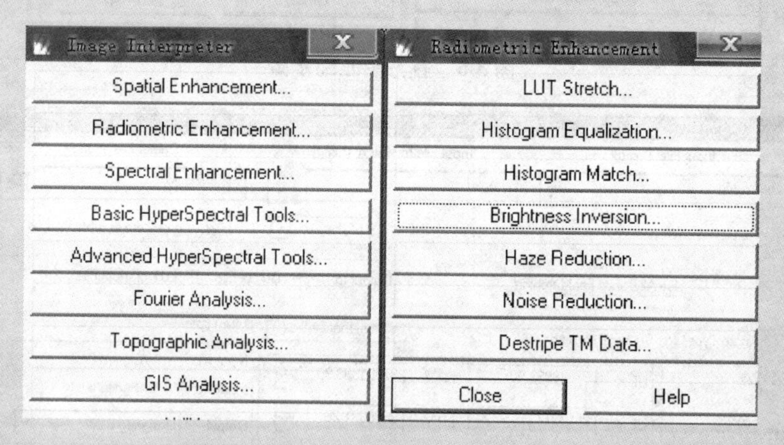

图3-9 亮度反转步骤

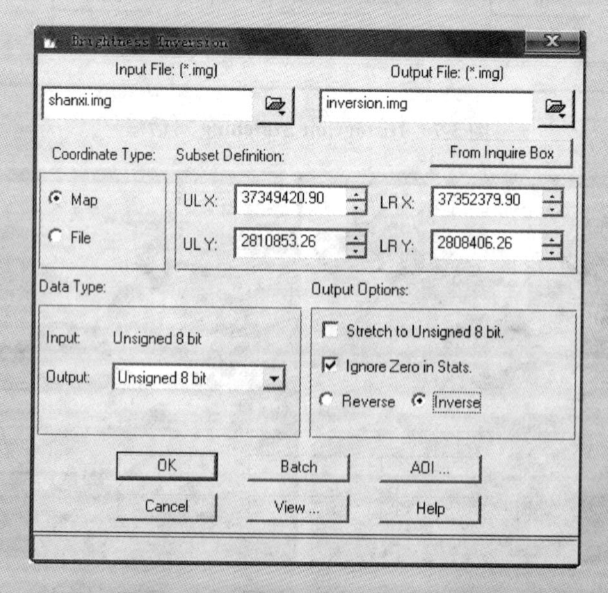

图3-10 Brightness Inversion对话框

②处理范围定义【Subset Definition】为亮度反转处理的范围：默认为整幅遥感影像的范围，也可在ULX、ULY、URX、URY中输入数值来设定亮度反转的范围，或者用Inquire Box设定处理的范围。

③数据类型【Data Type】Input Unsigned 8 bit，Output Unsigned 8 bit。

④输出选项【Output Options】输出选择，输出

数据可以设置为拉伸为 Unsigned 8 bit，则选择复选框 Stretch to Unsigned 8 bit；选中【Ignore Zero in Stats】 Ignore Zero in Stats 复选框表示在进行亮度反转的数据统计中忽略0值。

4. 亮度反转方法

选择亮度反转的方法：以简单亮度反转为例，选择单选项【Inverse】。

5. 进行亮度反转

进行亮度反转处理：单击“OK”按钮，进行亮度反转(Brightness Inverse)处理，结果如图3-11所示。

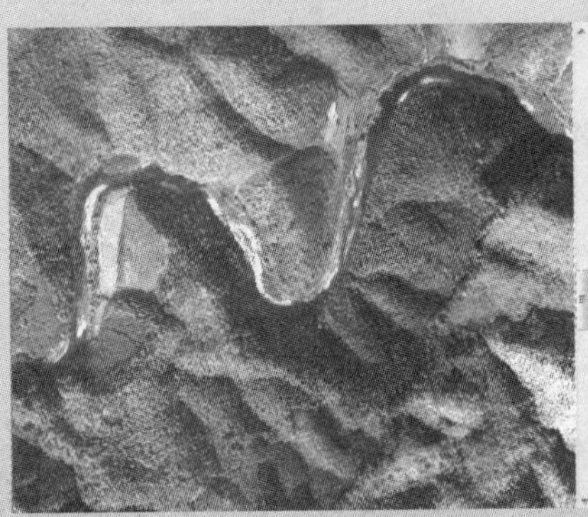

图3-11　亮度反转处理结果，原图(左)，反转后(右)

Image Interpreter
Spatial Enhancement...
Radiometric Enhancement...
Spectral Enhancement...
Basic HyperSpectral Tools...
Advanced HyperSpectral Tools...
Fourier Analysis...
Topographic Analysis...
GIS Analysis...

Radiometric Enhancement
LUT Stretch...
Histogram Equalization...
Histogram Match...
Brightness Inversion...
Haze Reduction...
Noise Reduction...
Destripe TM Data...
Close　Help

图3-12　去霾处理步骤

(四)去霾处理

1. 打开去霾处理对话框

单击 ERDAS 图标面板工具条中的【Interpreter】 Interpreter 图标，在下拉菜单中点击【Radiometric Enhancement】→【Haze Reduction】命令，如图3-12所示。

2. 输出输入文件设置

打开【Haze Reduction】对话框，如图3-13所示。

输入文件(Input File)：位于“...\prj03\data\liuzhou.img”。

输出文件(Output File)：位于“...\prj03\任务实施3.1\results\haze_reduction.img”。

3. 参数设置

①坐标类型【Coordinate Type】选择 Map，坐标类型为地图类型。

②处理的类型【Subset Definition】为去霾处理的范围：默认为整幅遥感影像的范围，也可在 ULX、ULY、URX、URY 中输入数值来设定去霾处理的范围，或者用【From Inquire Box】设定处理的范围，本例中使用查询框设定去霾处理的范围。

③统计中忽略零值，选中【Ignore Zero in Stats】复选框；去霾数据输入时忽略零值，选中【Ignore Zero in Input】复选框。

4. 去霾处理方法

去霾处理方法有 Point Spread、Landsat4 和

Landsat-5三种，Point Spread选项有High和Low两种，其中High采用的是5×5卷积计算，Low采用3×3卷积计算，适用任何数据源；Landsat-4和Landsat-5表示该方法所适用的数据源分别为Landsat-4和Landsat-5遥感数据，本例中所使用的为Landsat-5的遥感影像，故选择Landsat-5。

5. 进行去霾处理

进行去霾处理：单击“OK”按钮，进行去霾(Noise Reduction)处理。结果如图3-14所示。

Haze Reduction
Input File: (*.img) liuzhou.img
Output File: (*.img) haze_reduction.img
Coordinate Type: Map / File
Subset Definition: From Inquire Box
ULX: 324140.00 LRX: 351320.00
ULY: 2707500.00 LRY: 2681910.00
Method: Landsat 5 TM
Point Spread Type: High / Low
Ignore Zero in Stats.
Ignore Zero in Input.
OK Batch AOI... Cancel View... Help
Select output file.

图3-13 Haze Reduction对话框

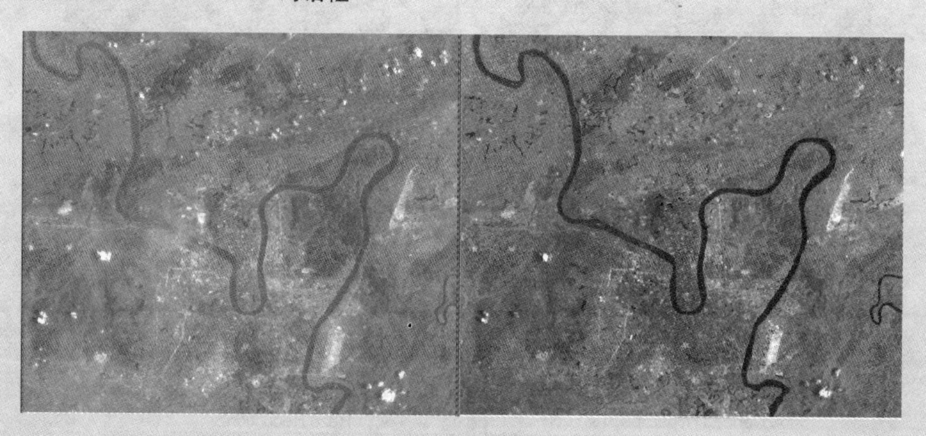

图3-14 去霾处理结果，原图(左)，处理后(右)

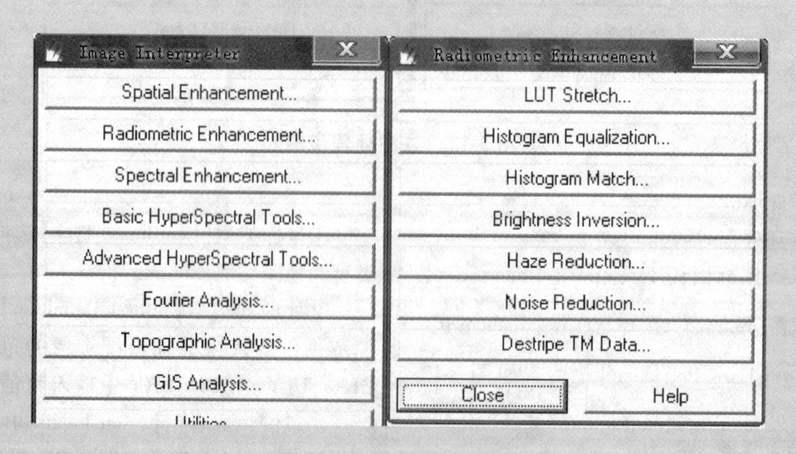

图3-15 降噪处理步骤

(五)降噪处理

1. 打开降噪处理对话框

单击ERDAS图标面板工具条中的【Interpreter】图标，在下拉菜单中点击【Radiometric Enhancement】→【Noise Reduction】命令，如图3-15所示。

2. 输入输出文件设置

①打开【Haze Reduction】对话框，如图3-16所示。

②输入文件(Input File)：位于“...\prj03\

data \ liuzhou. img”。

③输出文件(Output File)：位于“... \ prj03 \ 任务实施 3. 1 \ results \ noise_ reduction. img”。

3. 参数设置

(1)坐标的类型【Coordinate Type】选择 Map，坐标类型为地图类型。

(2)处理的范围【Subset Definition】为降噪处理的范围：默认为整幅遥感影像的范围，也可在 ULX、ULY、URX、URY 中输入数值来设定直方图均衡化的范围，或者用【From Inquire Box】设定处理的范围，本例中，使用查询框(Inquire Box)设定降噪处理的范围。

4. 进行降噪处理

进行降噪处理：单击“OK”按钮，进行降噪(Noise Reduction)处理。结果如图 3-17 所示。

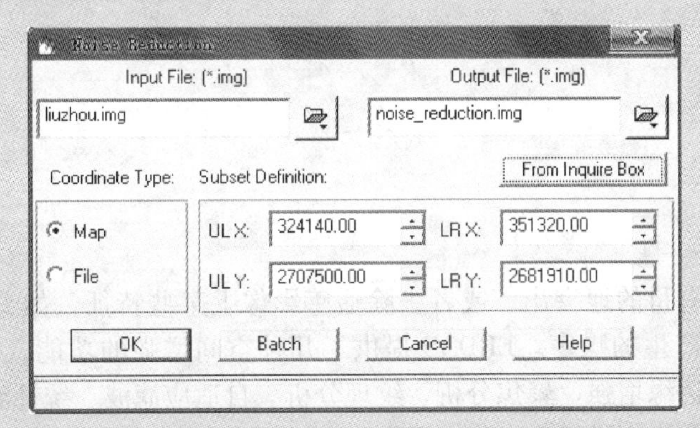

图 3-16 Noise Reduction 对话框

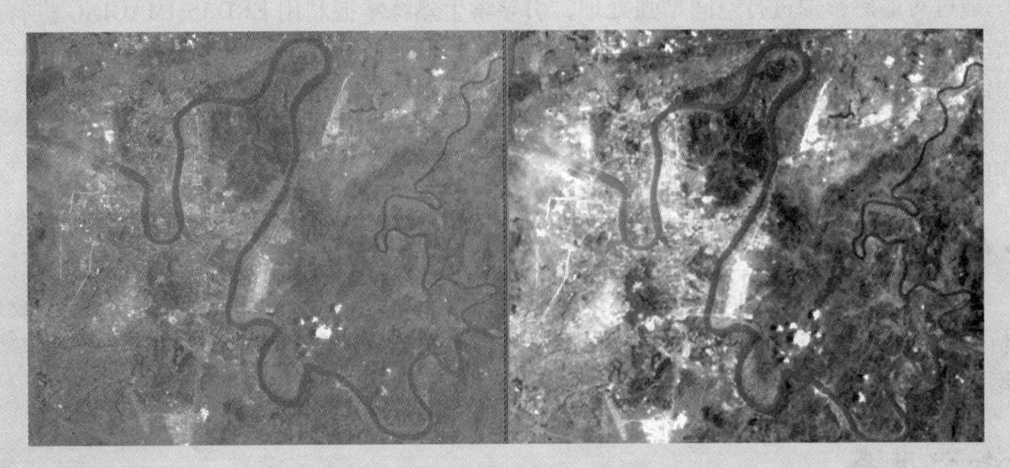

图 3-17 降噪处理结果，原图(左图)，处理后(右图)

→成果提交

提交遥感影像的直方图均衡化、直方图匹配、亮度反转、去霾处理、降噪处理等辐射增强结果到目录：

... \ 班级姓名学号 \ 辐射增强 \ 直方图均衡化

... \ 班级姓名学号 \ 辐射增强 \ 直方图匹配

... \ 班级姓名学号 \ 辐射增强 \ 亮度反转

... \ 班级姓名学号 \ 辐射增强 \ 去霾处理

... \ 班级姓名学号 \ 辐射增强 \ 降噪处理

任务2

遥感影像的空间增强

→任务描述

空间域增强是有目的地突出、或者去除遥感影像上某些特征，如突出边缘或者线状物，抑制遥感影像产生的噪声。ERDAS 提供了几种空间增强的功能，例如：卷积增强、锐化增强、非定向边缘增强、聚焦分析、纹理分析、自适应滤波、统计滤波等。该任务主要介绍卷积增强、分辨率增强和锐化增强方法和操作步骤。

通过对遥感影像进行空间增强处理，引导学生熟练掌握利用 ERDAS IMAGING 进行卷积增强、锐化增强、非定向边缘增强、纹理分析、自适应滤波等空间增强方法，有目的地突出、或者去除遥感影像上某些特征，便于对遥感影像的分析解译。

本任务以山西林业职业技术学院实验林场 SPOT 遥感影像为例。各院校根据实际，使用相关数据。

→任务目标

能进行遥感影像的空间增强，熟练掌握卷积增强、锐化增强、非定向边缘增强、纹理分析、自适应滤波等空间增强操作。根据遥感影像的具体情况，能使用适当的方法进行空间增强处理。

→知识准备

3.2.1 卷积增强

卷积增强是通过卷积运算来改变遥感影像的空间频率特征。遥感影像的卷积运算是用“模板”(卷积函数)来实现的。卷积处理的关键是卷积算子的选择，也即卷积核(Kernal)的选择。ERDAS 中提供了多种卷积算子，如 3×3、5×5 和 7×7 等组，这些算子存放在 default. klb 文件夹中，每组又包括边缘滤波(Edge Detect)、边缘增强(Edge Enhance)、低通滤波(Low Pass)、高通滤波(High Pass)、水平检测(Horizontal)、垂直检测(Vertical)和交差检测(Summary)等多种不同的处理方式，其中低通滤波起平滑作用，其他都起锐化作用。

3.2.2 锐化增强

锐化增强(Crisp Enhancement)是通过对遥感影像进行卷积滤波处理，以增强整幅遥感影像的亮度。锐化处理可以根据定义的矩阵直接对遥感影像进行处理，也可以对遥感影像先进行主成分变化的方法实现。

3.2.3 非定向边缘检测

非定向边缘检测(Non - directional Edge)是卷积增强的一个应用，目的是突出边缘、轮廓、线状目标信息，起到锐化的效果。非定向边缘检测使用两个常用的滤波器(Sobel和Previtt)，进行水平检测和垂直检测，然后将两个检测结果进行平均化处理。

3.2.4 纹理分析

纹理分析(Texture Analysis)是通过在一定的窗口内进行二次变异分析或者三次非对称分析，是雷达遥感影像或者其他遥感影像的纹理结构得到增强，纹理分析的关键是窗口大小的确定和操作函数的定义。

3.2.5 自适应滤波

自适应滤波(Adapter Filter)是应用Wallis自适应滤波(Wallis Adaptive Filter)方法对遥感影像的感兴趣区进行对比度拉伸，从而达到影像增强的目的。自适应滤波主要设置问题是移动窗口和乘积倍数大小的定义。

→任务实施

空间增强

一、目的与要求

通过对遥感影像进行空间增强处理，引导学生熟练掌握利用ERDAS IMAGING进行卷积增强、锐化增强、非定向边缘增强、纹理分析、自适应滤波等空间增强方法，有目的地突出、或者去除遥感影像上某些特征，便于对遥感影像的分析解译。

严格操作步骤，掌握辐射增强操作，对照原图，查看、分析结果。

二、数据准备

数据材料为山西林业职业技术学院实验林场SPOT遥感影像。

三、操作步骤

(一)卷积增强

1. 打开卷积增强处理对话框

单击ERDAS图标面板工具条中的【Interpreter】图标，在下拉菜单中点击【Spatial Enhancement】→【Convolution】，如图3-18所示。

2. 输入输出设置

打开【Convolution】对话框，如图3-19所示。

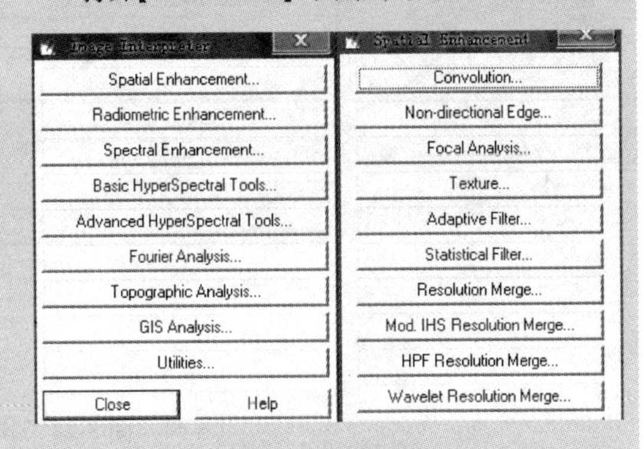

图3-18 卷积增强

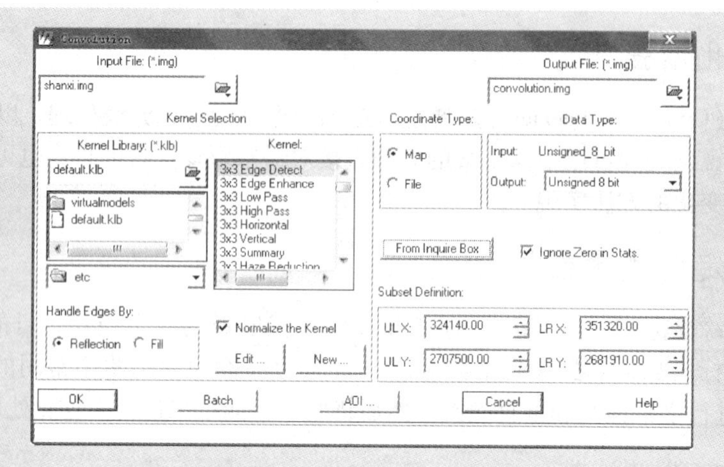

图 3-19 Convolution 对话框

图 3-20 卷积增强处理结果，原图(左)，处理后(右)

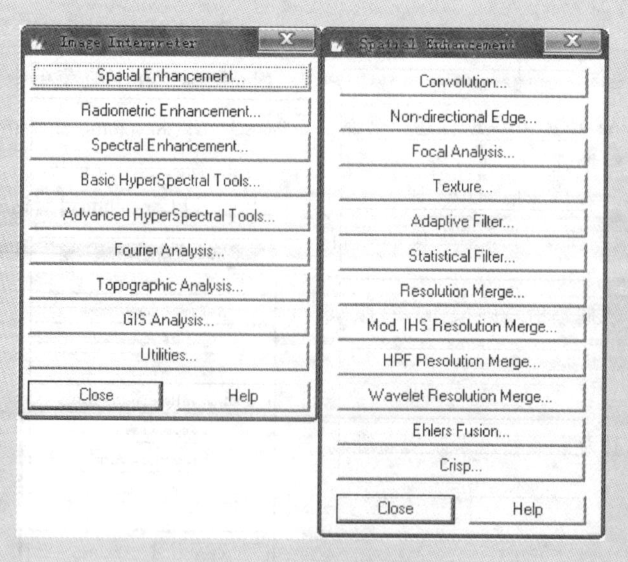

图 3-21 锐化增强步骤

输入文件(Input File)：位于"...\prj03\data\shanxi. img"。

输出文件(Output File)：位于"...\prj03\任务实施3.2\results\convolution. img"。

3. 参数设置

①卷积核(Kernal)选择卷积核库(Kernal Library)中的default. klb中的3×3 Edge Detect。

②边缘化处理方法(Handle Edges by)选择Reflection选项。

③选择【Normalize the Kernal】，进行卷积归一化处理。

④坐标的类型【Coordinate Type】Map，坐标类型为地图类型。

⑤输出数据类型(Output Data Type)为Unsigned 8 bit。

4. 进行卷积处理

进行卷积处理：单击"OK"按钮，进行卷积(Convolution)处理，结果如图3-20所示。

(二)锐化增强

1. 打开锐化增强对话框

单击ERDAS图标面板工具条中的【Interpreter】图标，在下拉菜单中点击【Spatial Enhancement】→【Crisp】，如图3-21所示。

2. 输入输出设置

①打开【Crisp】对话框，如图3-22所示。

②输入文件(Input File)：位于"...\prj03\data\shanxi. img"。

③输出文件(Output File)：位于"...\prj03\任务实施3.2\results\crisp. img"。

3. 参数设置

①坐标类型【Coordinate Type】选择Map，坐标类型为地图类型。

②处理的范围【Subset Definition】为锐化增强处理的范围：默认为整幅遥感影像的范围，也可在ULX、ULY、URX、URY中输入数值来设定锐化增强的范围，或者用【From Inquire Box】设定处理的范围。

③点击【From Inquire Box】按钮，用视窗遥感影像中的Inquire Box来指定锐化的区域，在不使用该功能时，则默认为整幅图变换。

④输出数据类型(Output Data Type)：Unsigned 8 bit。

⑤输出选择(output options)：选择【Stretch to Unsigned 8 bit】表示将数据拉伸到0～255；选中【Ignore Zero in Stats】复选框表示在进行锐化增强的数据统计中忽略0值。

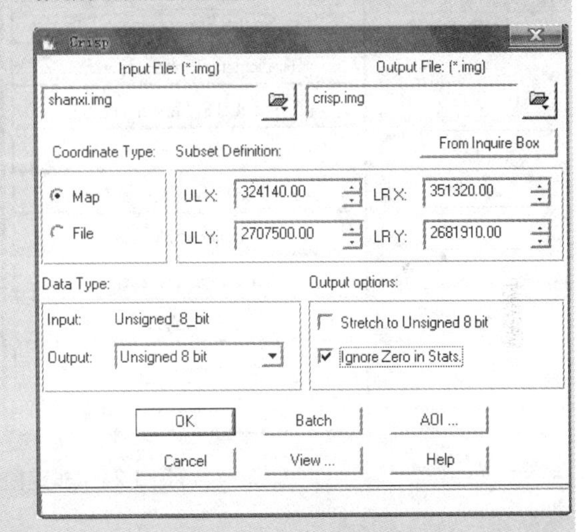

图3-22 Crisp对话框

4. 进行锐化增强处理

单击"OK"按钮，进行锐化增强处理(Crisp)处理。锐化结果如图3-23所示。

图3-23 锐化处理结果，原图(左)，处理后(右)

(三)非定向边缘检测

1. 打开非定向边缘检测对话框

单击ERDAS图标面板工具条中的【Interpreter】图标，在下拉菜单中点击【Spatial Enhancement】→【Non-directional Edge】，如图3-24所示。

2. 输入输出设置：

①打开【Non-directional Edge】对话框，如图3-25所示。

②输入文件(Input File)：位于"...\prj03\data\shanxi.img"。

③输出文件(Output File)：位于"...\prj03\任务实施3.2\results\non_directional.img"。

3. 参数设置

①数据类型【Coordinate Type】选择Map，坐标类型为地图类型。

②处理的范围定义【Subset Definition】为非定向边缘检测处理的范围：默认为整幅遥感影像的范围，也可在ULX、ULY、URX、URY中输入数值来设定非定向边缘检测的范围，或者用Inquire Box设定处理的范围。

③点击【From Inquire Box】按钮，用视窗遥感影像中的Inquire Box来指定非定向边缘检测的区域，在不使用该功能时，则默认为整幅图变换。

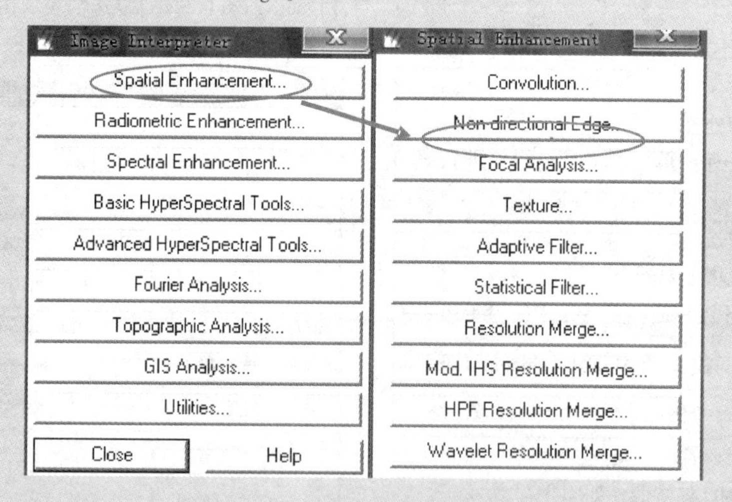

图3-24 非定向边缘检测步骤

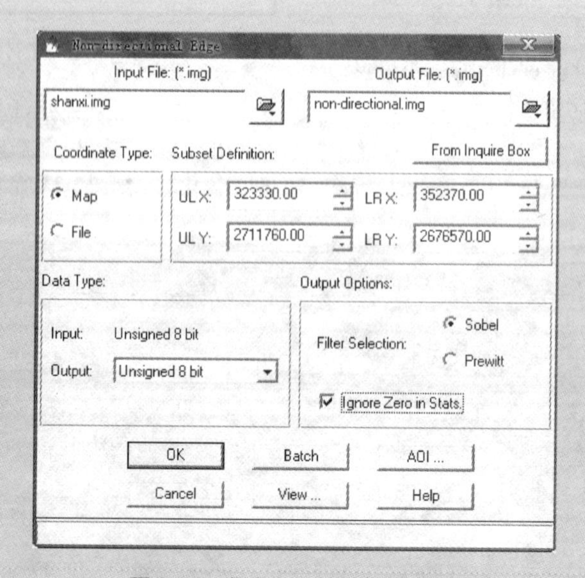

图3-25 非定向边缘检测对话框

图3-26　非定向边缘检测结果，原图(左)，处理后(右)

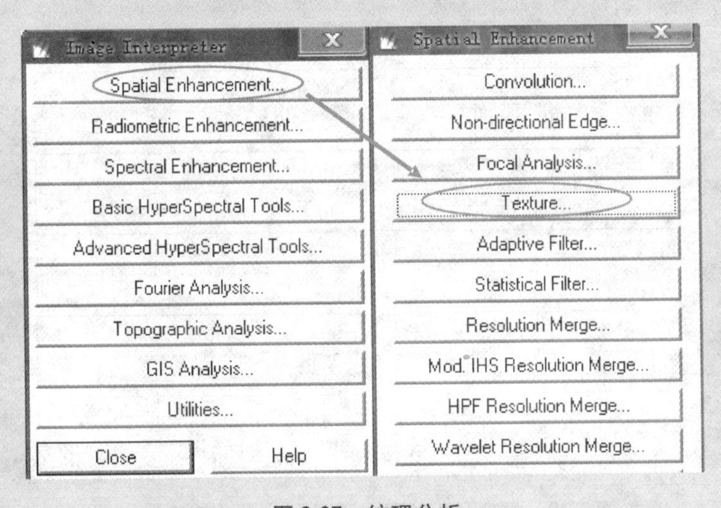

图3-27　纹理分析

④输出数据类型(Output Data Type)为Unsigned 8 bit。

⑤输出选择(Output Options)：选择滤波器为Sobel；选中Ignore Zero in Stats复选框表示在进行非定向边缘检测的数据统计中忽略0值。

4. 进行非定向边缘检测处理

单击"OK"按钮，进行非定向边缘检测处理(Non-directional Edge)处理。非定向边缘检测结果如图3-26所示。

(四)纹理分析

1. 打开纹理分析对话框

单击ERDAS图标面板工具条中的【Interpreter】图标，在下拉菜单中点击【Spatial Enhancement】→【Texture】，如图3-27所示。

2. 输入输出设置

①打开【Texture】对话框，如图3-28所示。

②输入文件(Input File)：位于"...\prj03\data\shanxi.img"。

③输出文件(Output File)：位于"...\prj03\任务实施3.2\results\texture.img"。

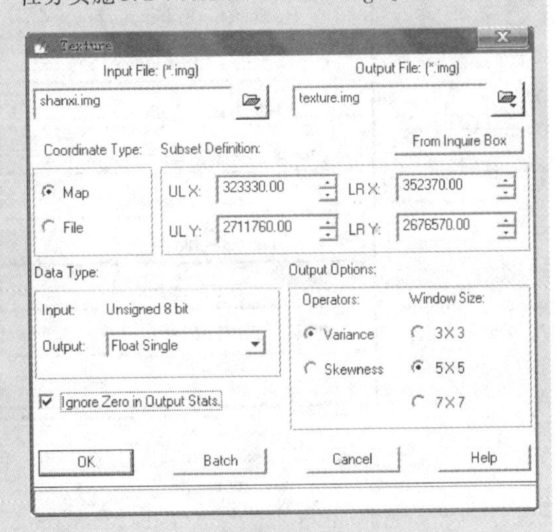

图3-28　纹理分析对话框

3. 参数设置

①坐标类型【Coordinate Type】选择Map，坐标类型为地图类型。

②处理的范围定义【Subset Definition】为纹理分析处理的范围：默认为整幅遥感影像的范围，也可在ULX、ULY、URX、URY中输入数值来设定纹理分析的范围，或者用Inquire Box设定处理的范围。

③点击【From Inquire Box】按钮，用视窗遥感影像中的查询框(Inquire Box)来指定纹理分析的区域，在不使用该功能时，则默认为整幅图变换。

④输出数据类型(Output Data Type)为默认的Float Single。

⑤输出选择(Output Options)中，操作函数定义为Variance或者Skewness，本例中选择Variance操作函数；确定窗口大小(Window Size)为5×5。

⑥选中【Ignore Zero in Stats】复选框表示在进行纹理分析的数据统计中忽略0值。

4. 进行纹理分析处理

单击"OK"按钮，进行纹理分析(Texture)处理，结果如图3-29所示。

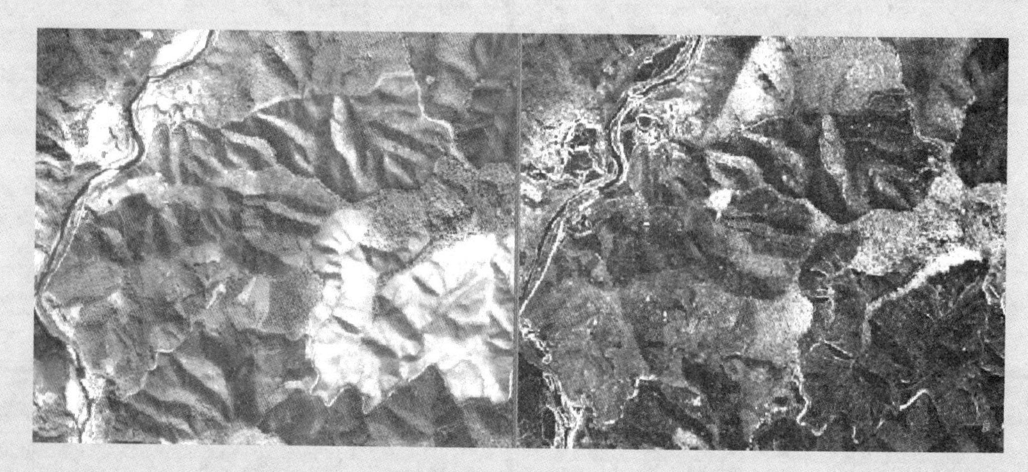

图3-29 纹理分析结果，原图(左)，处理后(右)

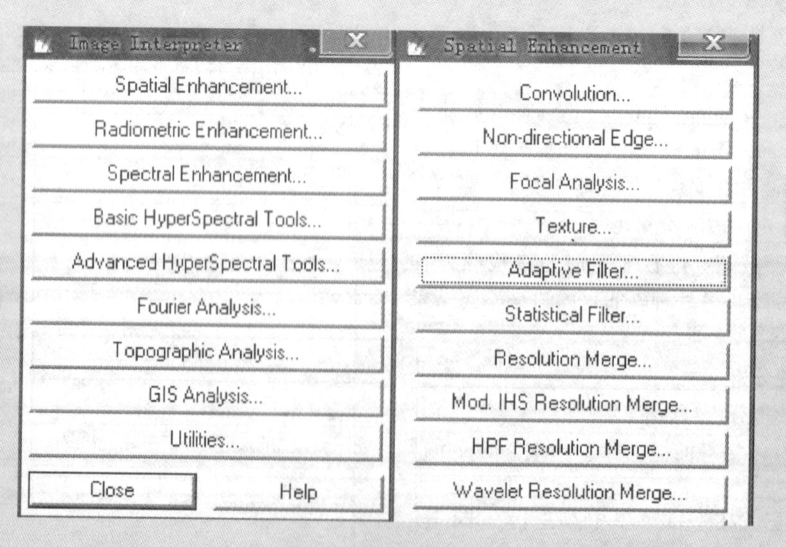

图3-30 自适应滤波

(五)自适应滤波

1. 打开自适应滤波对话框

单击 ERDAS 图标面板工具条中的【Interpreter】图标，在下拉菜单中点击【Spatial Enhancement】→【Adaptive】，如图 3-30 所示。

2. 输入输出设置

①打开【Wallis Adaptive Filter】对话框，如图 3-31 所示。

②输入文件(Input File)：输入文件(Input File)：位于“... \ prj03 \ data \ shanxi. img”。

③输出文件(Output File)：位于“... \ prj03 \ 任务实施 3. 2 \ results \ adaptive_ filter. img”。

3. 参数设置

①坐标类型【Coordinate Type】选择 Map，坐标类型为地图类型。

②处理范围定义【Subset Definition】为自适应滤波处理的范围：默认为整幅遥感影像的范围，也可在 ULX、ULY、URX、URY 中输入数值来设定自适应滤波的范围，或者用 Inquire Box 设定处理的范围。

③点击【From Inquire Box】按钮，用视窗遥感影像中的查询框(Inquire Box)来指定自适应滤波的区域，在不使用该功能时，则默认为整幅图变换。

④输出数据类型(Output Data Type)为默认的 Float Single。

⑤移动窗口【Moving Window】Window Size 3，

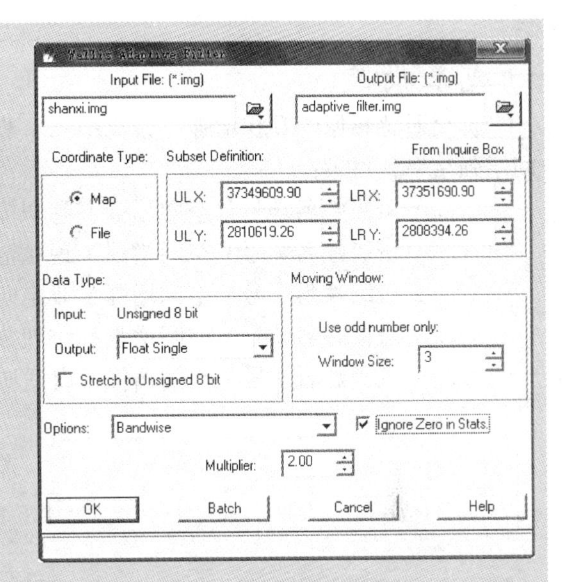

图 3-31　自适应滤波对话框

表示窗口大小(Window Size)为 3 × 3。

⑥选项【Options】输出文件选项默认为 Bandwise。Bandwise：过滤每个波段；PC：使用于自适应滤波后的影像；选中【Ignore Zero in Stats】复选框表示在进行自适应滤波的数据统计中忽略 0 值；【Multiplier】乘积倍数设置为 2，乘积倍数用于调整遥感影像的反差和对比度。

4. 进行自适应滤波处理

单击“OK”按钮，进行自适应滤波(Wallis Adaptive Filter)处理，结果如图 3-32 所示。

图 3-32　自适应滤波结果，原图(左)，处理结果(右)

→成果提交

提交遥感影像的卷积增强、锐化增强、非定向边缘检测、纹理分析、自适应滤波等空间增强结果到目录：

"...\班级姓名学号\空间增强\卷积增强"

"...\班级姓名学号\空间增强\锐化增强"

"...\班级姓名学号\空间增强\非定向边缘检测"

"...\班级姓名学号\空间增强\纹理分析"

"...\班级姓名学号\空间增强\自适应滤波"

任务3

遥感影像的光谱增强

→任务描述

遥感影像的光谱增强是基于多波段的遥感数据对波段进行变换以达到遥感影像增强处理的目的，主要方法有主成分变换、色彩空间变换、缨帽变换、代数运算、色彩增强等。该任务介绍主成分变换、归一化植被指数、缨帽变换、色彩增强等增强方法和操作步骤。

通过对遥感影像进行光谱增强处理，引导学生熟练掌握利用 ERDAS IMAGING 进行主成分变换、归一化植被指数、缨帽变换、色彩增强等空间增强方法，有目的地突出、或者去除遥感影像上某些特征，便于对遥感影像的分析解译。

本任务以山西林业职业技术学院试验林场 SPOT 遥感影像与广西柳州 TM 遥感影像为例。

→任务目标

掌握遥感影像光谱增强的操作方法，能熟练进行主成分变换、缨帽变换、代数运算、色彩增强等光谱增强的操作。

→知识准备

3.3.1 主成分变换

主成分变换(Principal Component Analysis)，又称为 K-L 变换，是一种线性变换方法，主要用于数据的压缩和信息的增强。主成分分析是将一个遥感影像分解为一组主要成分的和，计算每个主成分占总量的百分数，百分数的大小反映了图中不同部分的相关性，按百分数的大小排序，选取最大的一个或者几个主成分，则恢复后的遥感影像相关性好；如果选取最小的一个或者几个主成分，则遥感影像恢复后相关性差。

3.3.2 归一化植被指数

不同绿色植物对不同波长的吸收率不同，光线照射在植被上的时候，近红外波段的光大部分被植被反射，而可见光波段的光则大部分被植物吸收，以地表覆被对不同波段光谱的吸收及反射差异来反映土地覆被的“绿度”，植被指数是遥感测定地面植被生长和分布的一种方法，常用的为标准差植被指数，又叫归一化植被指数(Normalized Difference Vegetation Index, NDVI)。归一化植被指数定义为：NDVI = (IR - R)/(IR + R) 其中，IR 为多波段遥感影像中的近红外(infrared)波段，R 为红波段。

3.3.3 缨帽变换

缨帽变换是一种线性变换的方法，缨帽转换旋转坐标的空间，旋转之后的坐标所指的方向与地物有密切的关系，特别是与植物生长和土壤有关。缨帽变换既可以实现信息的压缩，又可以帮助解译分析农作物的特征，具有实际应用意义。目前，缨帽变换主要用于MSS和TM等遥感影像的变换。

3.3.4 色彩增强

亮度值的变换可以改善遥感影像的质量，利于人眼对遥感影像的观察，不同遥感影像的变换可以增强遥感影像的可读性。

→任务实施

光谱增强

一、目的与要求

通过对遥感影像进行光谱增强处理，引导学生熟练掌握利用 ERDAS IMAGINGF 进行主成分变换、归一化植被指数、缨帽变换、色彩增强等空间增强方法，有目的地突出、或者去除遥感影像上某些特征，便于对遥感影像的分析解译。

严格操作步骤，掌握辐射增强操作，对照原图，查看、分析结果。

二、数据准备

数据材料为山西林业职业技术学院实验林场SPOT遥感影像与广西柳州TM遥感影像。

三、操作步骤

(一)主成分变换

1. 打开主成分变换对话框

单击 ERDAS 图标面板工具条中的【Interpreter】图标 Interpreter，在下拉菜单中点击【Spectral Enhancement】→【Principal Components】，如图3-33所示。

2. 输入输出设置

①打开【Principal Components】对话框，如图3-34所示。

②输入文件(Input File)：输入文件(Input File)：位于"... \ prj03 \ data \ shanxi. img"。

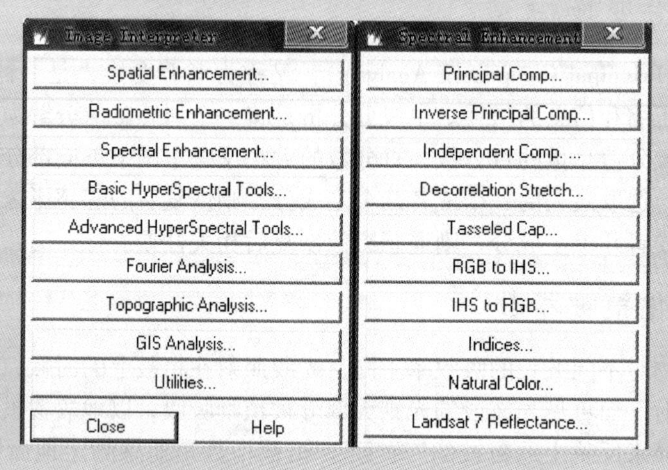

图3-33 主成分变换步骤

Principal Components
Input File: (*.img) shanxi.img
Output File: (*.img) principle.img
Data Type: Input: Unsigned 8 bit Output: Unsigned 8 bit
Coordinate Type: Map File
Subset Definition: From Inquire Box
ULX: 37349609.90 LRX: 37351690.90
ULY: 2810619.26 LRY: 2808394.26
Output Options: Stretch to Unsigned 8 bit Ignore Zero in Stats.
Eigen Matrix: Show in Session Log Write to file: Output Text File: (*.mtx) shanxi.mtx
Eigenvalues: Show in Session Log Write to file: Output Text File: (*.tbl) shanxi.tbl
Number of Components Desired: 3
OK Batch View ... AOI ... Cancel Help

图 3-34 主成分变换对话框

③输出文件(Output File)：位于“... \ prj03 \ 任务实施 3. 3 \ results \ principal. img”。

3. 参数设置

①数据类型【Data Type】显示主成分变换遥感影像的数据类型及设置主成分变换后输出遥感影像的数据类型，例子中，主成分变换遥感影像的数据类型为 Unsigned 8 bit，输出遥感影像数据类型设置为 Unsigned 8 bit。

②坐标类型【Coordinate Type】选择 Map，坐标类型为地图类型。

③处理范围定义【Subset Definition】主成分变换处理的范围：默认为整幅遥感影像的范围，也可在 ULX、ULY、URX、URY 中输入数值来设定直方图均衡化的范围，或者用查询框(Inquire Box)设定处理的范围。

④点击【From Inquire Box】按钮 用视窗遥感影像中的查询框(Inquire Box)来指定主成分变换的区域，在不使用该功能时，则默认为整幅图变换。

⑤输出选项【Output Options】输出文件复选框，选中 Stretch to Unsigned 8 bit 表示将数据拉伸到 0 ~ 255，选中【Ignore Zero in Stats】 Ignore Zero in Stats. 复选框表示在进行主成分分析的数据统计中忽略 0 值。

⑥特征矩阵【Eigen Matrix】特征矩阵输出设置，选中 Show in Session Log 复选框表示需要在运行日志中显示。选中 Write to file 复选框表示需要写入特征矩阵文件中，在对应的 Output Text File 中输入保存特征矩阵文件的路径和文件名，本例子中命名为 principal. img。

⑦特征数据【Eigen Value】特征数据输出设置，选中【Show in Session Log】复选框表示需要在运行日志中显示；选中【Write to file】复选框表示需要写入特征矩阵文件中，在对应的 Output Text File 中输入保存特征矩阵文件的路径和文件名，本例子中默认命名为 shanxi。

图 3-35 主成分变换结果，原图(左)，处理后(右)

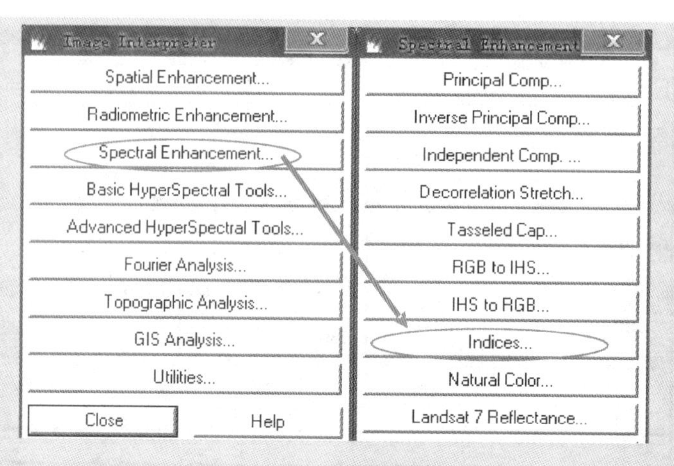

图3-36 指数运算

⑧需要的成分数量【Number of Components Desired】设置需要的成分数量，在下拉菜单中选择3。

⑨进行主成分变换：单击"OK"按钮，进行主成分变换(Principal Components)处理。主成分变换结果如图3-35所示。

(二)归一化植被指数运算

1. 打开归一化植被指数运算对话框

单击ERDAS图标面板工具条中的【Interpreter】图标，在下拉菜单中点击【Spectral Enhancement】→【Indices】，如图3-36所示。

2. 输入输出设置

①打开【Indices】对话框，如图3-37所示。

②输入文件(Input File)：位于"...\prj03\data\shanxi.img"。

③输出文件(Output File)：位于"...\prj03\任务实施3.3\results\indices.img"。

3. 参数设置

①传感器【Sensor】输入山西林职院试验林场SPOT遥感影像时，传感器选项自动选择为SPOTXS/XI。

②坐标类型【Coordinate Type】Map，坐标类型为地图类型。

③处理范围定义【Subset Definition】为归一化植被指数运算的范围：默认为整幅遥感影像的范围，也可在ULX、ULY、URX、URY中输入数值来设定归一化植被指数运算的范围，或者用查询框(Inquire Box)设定处理的范围。

④点击【From Inquire Box按钮】：用视窗遥感影像中的查询框(Inquire Box)来指定归一化植被指数运算的区域，在不使用该功能时，则默认为整幅图变换。

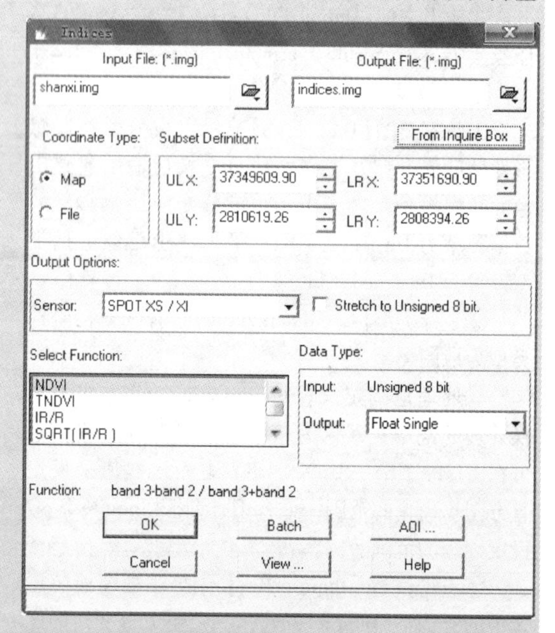

图3-37 Indices对话框

⑤选择函数类型【Select Function】选择函数类型为NDVI。

⑥数据类型【Data Type】显示归一化植被指数运算遥感影像的数据类型及设置归一化植被指数运算后输出遥感影像的数据类型，例子中，为Float Single。

⑦所显示的Select Function为第5步所选函数的NDVI计算方法。

4. 进行归一化植被指数运算

点击"OK"按钮，执行归一化植被指数运算结果如图3-38所示。

图 3-38　归一化植被指数运算结果，原图(左)，结果(右)

(三)缨帽变换

1. 打开缨帽变换对话框

单击 ERDAS 图标面板工具条中的【Interpreter】图标，在下拉菜单中点击【Spectral Enhancement】→【Tasseled Cap】，如图 3-39 所示。

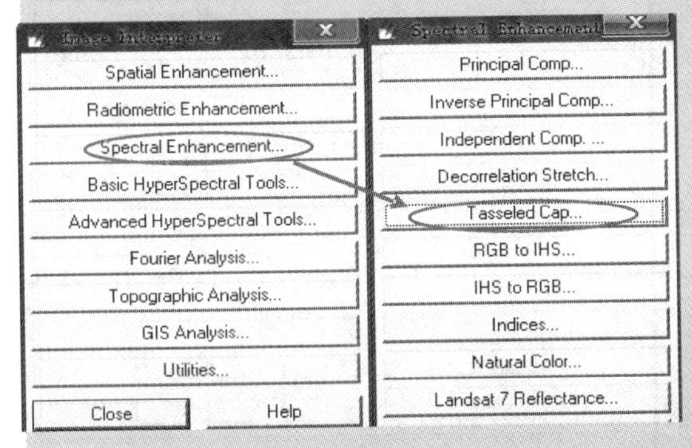

图 3-39　缨帽变换

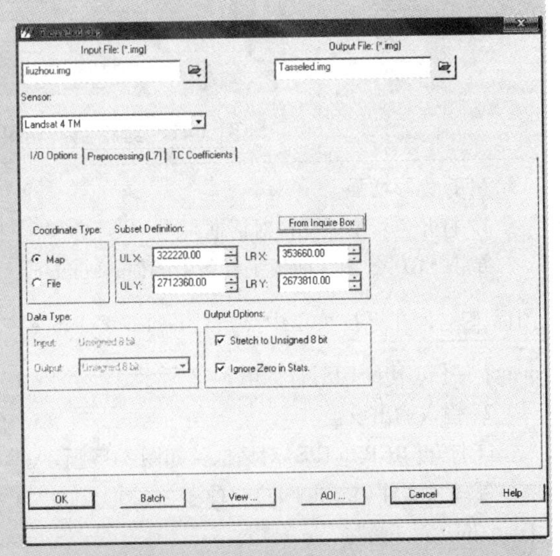

图 3-40　Tasseled Cap 对话框

2. 输入输出设置

①打开【Tasseled Cap】对话框，如图 3-40 所示。

②输入文件(Input File)：位于"...\prj03\data\liuzhou.img"。

③输出文件(Output File)：位于"...\prj03\任务实施 3.3\results\tasseled.img。

3. 参数设置

①对 landsat7 数据进行设置【Processing(L7)】对话框 仅对 Landsat7 数据进行设置。本例中为默认设置。

②系数矩阵【TC Coefficients】对话框 是进行缨帽变换的遥感影像各个图层的系数矩阵，可对系数进行改变。本例中为默认值。

③传感器【Sensor】输入广西柳州 TM 遥感影像，传感器类型选择为 Landsat5。

④坐标类型【Coordinate Type】选择 Map，坐标类型为地图类型。

⑤处理范围定义【Subset Definition】为缨帽变换处理的范围：默认为整幅遥感影像的范围，也可在 ULX、ULY、URX、URY 中输入数值来设定缨帽变换的范围，或者用查询框(Inquire Box)设定处理的范围。

⑥点击【From Inquire Box】按钮，用视窗遥感影像中的查询框(Inquire Box)来指定缨帽变换的区域，在不使用该功能时，则默认为整幅图变换。

⑦数据类型【Data Type】显示缨帽变换遥感影像的数据类型及设置缨帽变换后输出遥感影像的数据类型，例子中，为 Unsigned 8 Bit。

⑧输出选项【Output Options】，选中 Stretch to Unsigned 8 bit 表示将数据拉伸到0～255，选中【Ignore Zero in Stats】 ☑ Ignore Zero in Stats. 复选框表示在进行缨帽变换的数据统计中忽略0值。

4. 进行缨帽变换

点击"OK"按钮，执行缨帽变换，结果如图3-41所示。

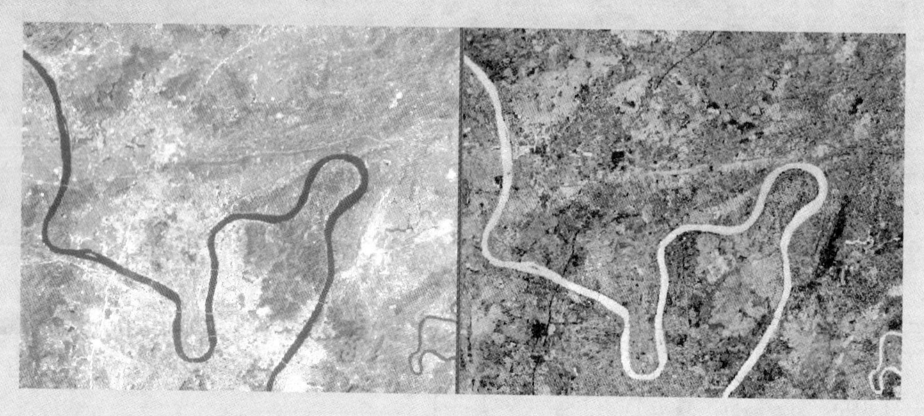

图3-41 缨帽变换结果，原图(左)，结果(右)

(四)色彩增强

1. 打开色彩增强变换对话框

单击 ERDAS 图标面板工具条中的【Interpreter】图标 Interpreter，在下拉菜单中点击【Spectral Enhancement】→【RGB to HIS】，如图3-42 所示。

2. 输入输出设置

①打开【RGB to HIS】对话框，如图3-43 所示。

②输入文件(Input File)：位于"... \ prj03 \ data \ liuzhou. img"。

③输出文件(Output File)：位于"... \ prj03 \ 任务实施3. 3 \ results \ rgb_ ihs. img。

3. 参数设置

①坐标类型【Coordinate Type】选择 Map，坐标类型为地图类型。

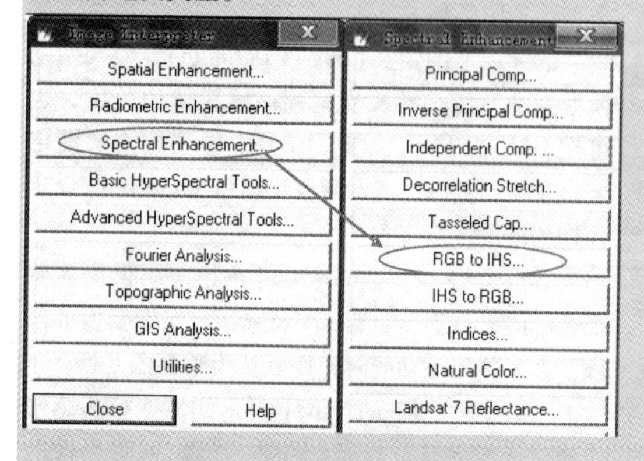

图3-42 色彩变换

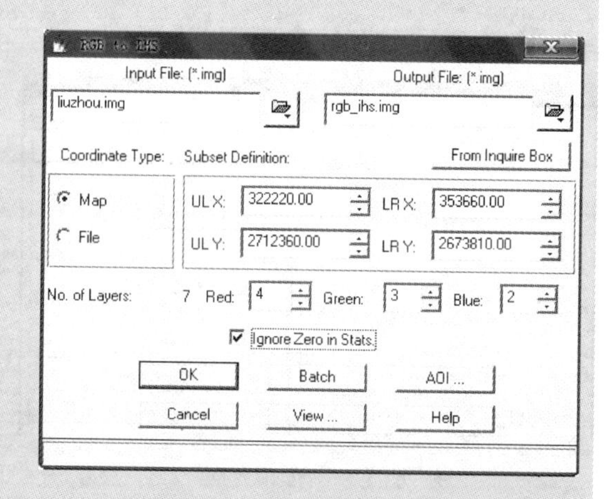

图3-43 RGB to HIS 对话框

②处理范围定义【Subset Definition】为色彩增强变换处理的范围：默认为整幅遥感影像的范围，也可在 ULX、ULY、URX、URY 中输入数值来设定色彩增强变换的范围，或者用查询框(Inquire Box)设定处理的范围。

③点击【From Inquire Box】按钮用视窗遥感影像中的查询框(Inquire Box)来指定色彩增强变换的区域，在不使用该功能时，则默认为整幅图变换。

④图层号【No. of Layers】红绿蓝(RGB)的为默认值：Red 为4，Green 为3，Blue 为2。

⑤选中【Ignore Zero in Stats】复选框表示在进行色彩增强变换的数据统计中忽略0值。

4. 进行色彩变换处理

单击"OK"按钮，进行色彩变换(RGB to IHS)处理，色彩变换结果如图3-44所示。

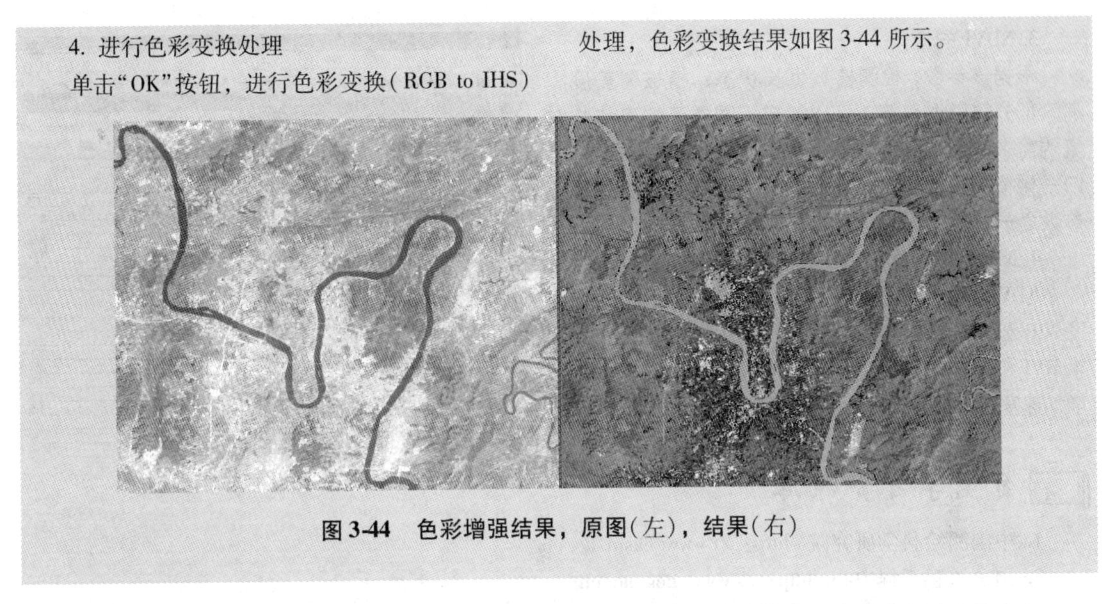

图3-44 色彩增强结果，原图(左)，结果(右)

→成果提交

提交遥感影像主成分变换、归一化植被指数运算、缨帽变换、色彩变换等辐射增强结果到目录：

"...\ 班级姓名学号\ 光谱增强\ 主成分变换"

"...\ 班级姓名学号\ 光谱增强\ 归一化植被指数运算"

"...\ 班级姓名学号\ 光谱增强\ 缨帽变换"

"...\ 班级姓名学号\ 光谱增强\ 色彩增强"

拓展知识

归一化植被指数

归一化植被指数NDVI是目前应用最广泛的植被指数。不同的NDVI值对应不同的土地覆被类型，可以进行土地覆被方面的研究。植被指数是基于植物的光谱特征，将可见光与近红外遥感光谱观测通道进行组合运算而得到的数据。迄今为止，植被指数已经发展出40余种。其中AVHRR－NDVI是目前应用最广泛的植被指数，应用领域包括土地利用、产量预报、区域检测以及生物地理学和生态学研究等。

1. NDVI指数原理

植物叶片组织对蓝光470nm和红光650nm有强烈吸收，而对绿光和红外光强烈反射叶片中心的海绵组织和叶片背面组织对近红外辐射NIR，700～1000nm反射较强。从红光Red到红外光，裸地反射率较高但增幅很小。植被覆盖越高，红光反射越小，近红外光反射越大。红光吸收很快达到饱和，而近红外光反射随着植被增加而增加。所以，任何强化Red和NIR差别的数学变换都可以作为植被指数来描述植被状况。

2. NDVI的值

归一化植被指数(NDVI)：$NDVI=(NIR-R)/(NIR+R)$，或两个波段反射率的计算。$-1<=NDVI<=1$，如图3-45所示，负值表示地面覆盖为云、水和雪等，对可见光高反射；0表示有岩石或裸土等，NIR和R近似相等；正值，表示有植被覆盖，且随覆盖度增大而增大；NDVI能反映出植物冠层的背景影响，如土壤、潮湿地面、雪、枯叶和粗糙度等，且与植被覆盖有关。

3. NDVI的应用

根据该参数，检测植被生长状态、植被覆盖度和消除部分辐射误差等，可以知道不同季节的农作物对氮的需求量，对合理施用氮肥具有重要的指导作用，归一化植被指数是反映农作物长势和营养信息的重要参数之一。

4. NDVI的局限性

NDVI的局限性表现在，用非线性拉伸的方式增强了NIR和R的反射率的对比度。对于同一幅图像，分别求RVI和NDVI时会发现，RVI值增加的速度高于NDVI增加速度，即NDVI对高植被区具有较低的灵敏度。

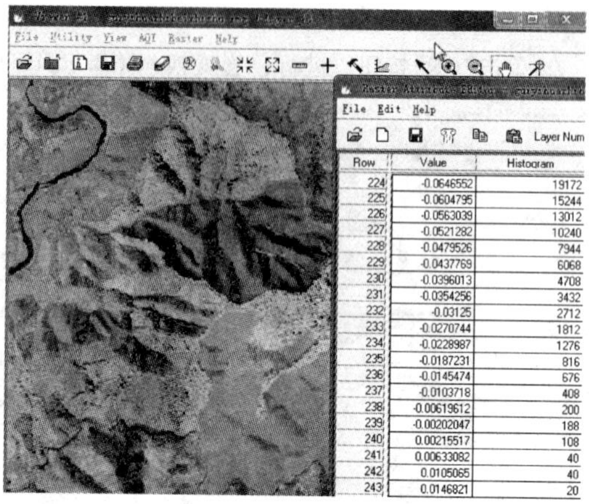

图3-45 归一化植被指数值

自主学习资源库

1. 中国测绘科学研究院．http：//www. casm. ac. cn/
2. 国家遥感工程中心．http：//www. ncg. ac. cn/
3. 资源与环境信息系统国家重点实验室．http：//www. lreis. ac. cn/sc/
4. 中国科学院地理科学与资源研究所．http：//www. igsnrr. ac. cn/
5. 中国林业科学研究院资源信息研究所．http：//www. ifrit. ac. cn/
6. 中国科学院遥感应用研究所．http：//www. irsa. cas. cn/
7. 中国科学院对地观测与数字地球科学中心．http：//www. ceode. cas. cn/new/
8. 数字地球．http：//www. digitalearth. net. cn/
9. 中国地质环境监测院．http：//www. cigem. info/
10. 国家测绘地理信息局管理信息中心．http：//www. sbsm. gov. cn/
11. 武汉大学遥感信息工程学院．http：//rsgis. whu. edu. cn/
12. 美国国家宇航局．http：//www. nasa. gov/
13. ESA欧空局．http：//www. esa. int/

参考文献

杨昕，汤国安等．2011. ERDAS遥感数字遥感影像处理实验教程[M]. 北京：科学出版社．

赵英时．2003. 遥感应用分析原理与方法[M]. 北京：科学出版社．

吴寿江，李亮，宫本旭，等．2012. GeoEye-1遥感影像去雾霾方法比较[J]. 国土资源遥感，94(3)：50－53.

李民赞．2006. 光谱分析技术及其应用[M]. 北京：科学出版社．

孙晓鹏．NDVI指数在植被研究中的应用及其评价．百度文库．http：//wenku. baidu. com/.

项目4 林地分类图的制作

遥感影像信息提取是遥感监测森林植被的实质内容，通过提取图像信息内容并进行分析，从而达到资源监测的目的，而林地利用分类图的制作是较常用的一种信息提取方式。本项目分遥感影像目视解译，遥感影像非监督分类，遥感影像监督分类，林地分类专题图制作4个任务，通过4个任务的实施完成，同学们能够熟悉图像信息提取的大概流程，能够独立进行遥感影像目视解译，遥感影像非监督分类，监督分类，林地分类专题图制作等，在此基础上，熟悉常用的遥感软件，能领会各种图像信息提取方法，能够根据需要，选择合适的图像信息提取方法，进行森林资源的监测。

知识目标

1. 熟悉林地利用分类图的制作流程。
2. 掌握非监督分类与监督分类方法的原理。
3. 区分比较非监督分类与监督分类方法的异同。
4. 能够领会其他各种信息提取方法的原理。

技能目标

1. 熟悉 Erdas 的操作。
2. 能够独立进行遥感影像非监督分类与监督分类。
3. 会制作林地利用分类图。
4. 领会各种信息提取方法，能根据林业生产实际的需要，选择合适的影像信息提取方法，满足实际生产需要。
5. 具备利用“3S”技术进行森林资源调查、监测与林业规划设计工作的基本业务素质。

任务 1

遥感影像目视解译

→任务描述

遥感影像目视解译是林地利用专题图制作的前期基础，为后面制作林业专题地图做准备。其基于遥感影像，通过图像解译图层、解译标志的建立，学会怎样利用 Erdas 软件进行图像波段组合、彩色图像合成等，明确影像目视解译的原则，掌握影像目视解译的方法，达到对图像地物类别的大概划分，为图像分类奠定基础。

→任务目标

遥感影像目视解译是图像信息提取的基础工作，不论哪种形式的图像分类方式，都离不开影像的目视解译，通过本任务的完成，能够基于遥感影像判别常见地物类别，学会目视解译的基本方法，熟悉各种遥感影像的目视解译。

→知识准备

遥感影像反映的是区域内地物的电磁波辐射能量，有明确的物理意义。遥感影像数据中像元亮度值的大小及其变化主要是由地物类型以及所发生的变化引起的。像元亮度值的大小及其变化所反映出的图像局部区域差异构成地物的影像特征。卫星影像的解译是遥感影像理解的重要内容，是对遥感图像上的各种特征进行综合分析、比较、推理和判断，最后提取出所需信息的过程。在卫星影像的解译过程中，无论是目标识别还是分类，特征才是事实上起决定作用的因素。特定的目标总是和相应的特征或特征组合(多特征)相联系的。只有选择合适的特征或特征组合，才能把某一对象与其他目标区别开来。因而，正确区分和界定森林不同类型的遥感影像特征，在森林资源的遥感影像理解与分析中具有重要的意义。

4.1.1 森林遥感影像特征

遥感影像特征包括两个部分：一是物质特征，表征物体成分、结构、形状、大小的空间特征、时间分布以及与环境因素相关性；二是能量特征，是表征物体能量流的成分、结构及特征状态。它蕴藏了时间、波谱(能量谱)、空间结构三方面内容。不同的地物波谱的时间效应和空间效应不同，在影像上的表现形式也有所不同。

对多光谱影像来说，遥感影像解译的重要依据正是遥感影像上的这种变化和差别，即地物反映在各波段通道上的像元值，也就是地物的光谱信息。在遥感成像过程中，由于受传感器、大气状况、区域条件等复杂因素影响，再加上地物自身所表现出来的差异性和相似性、边界的模糊性以及景观的多样性，往往会产生“同物异谱，异物同谱”现象。相同地物的影像光谱特征常表现出区域差异、季相差异等特征，不同的遥感传感器所记录的影像光谱也同样存在差异；反过来，不同时空尺度的遥感数据有着相对应的应用领域。因此，开展森林资源的遥感信息提取时，必须对调查与监测总体的森林资源背景情况较为了解，同时也必须对森林的光谱特性、空间特征、时相特征以及传感器波段有较深入的分析和了解，才能准确描述不同森林类型的影像特征，达到有效地提取所需特征信息的目的。

4.1.1.1　光谱特性分析

地物的光谱特性既为传感器工作波段的选择提供依据，又是RS数据正确分析和判读的理论基础，同时也可作为利用电子计算机进行数字图像处理和分类时的参考标准。

自然界中的任何地物都具有本身的特有规律，如具有反射、吸收外来的紫外线、可见光、红外线和微波的某些波段的特性；具有发射红外线、微波的特性(都能进行热辐射)；少数地物具有透射电磁波的特性。

其中，地物的反射率随入射波长变化而变化的规律，称为地物的反射光谱特性。理论上讲，遥感影像上的光谱响应曲线与利用地面光谱仪测出的标准地物光谱曲线应该一致，同时相同地物应该表现出相同的光谱特性。但由于地物成分和结构的多变性，地物所处环境的复杂性，以及遥感成像中受传感器本身和大气状况的影响，使得影像上的地物光谱响应呈现多重复杂的变化，在不同的时空会显示出不同的特点。

4.1.1.2　空间特征分析

地物的各种几何形态为其空间特征，它与物体的空间坐标X、Y、Z密切相关。这种空间特征在遥感影像上由不同的色调表现出来，具体表现为不同的形状、大小、图形、阴影、位置、纹理、布局、图案等，这些构成目视判读的解译标志。

①色调　是地物电磁辐射能量在影像上的模拟记录，在黑白相片上表现为灰阶，在彩色相片上表现为色别与色阶。

②阴影　表现出一种深色调到黑色调的特殊色调，可造成立体感，根据阴影的形状可以判断地物的性质。

③形状　是地物轮廓在影像平面上的投影，需要根据影像比例尺和分辨率具体分析地物形状，注意畸变对形状分析的误导。

④大小　地物的尺寸、面积、体积等在影像上按比例缩小的相似记录。目视解译时，在不同比例尺的影像上能识别的地物是可以估算的。有些情况下可以在影像上量算地物的尺寸。应用这一标志也应注意投影方式和畸变影响。

⑤位置　是指地物之间彼此相互关联关系在影像上的反映。例如沿海岸分布的滩涂、盐池、沙滩，湖边的芦苇，荒漠中的红柳，火山附近的熔岩，这种由生态和环境因素引起的相互印证的位置关系有时会成为判读的充分条件。此外，许多人为地物如交通设施、军事目标等都可以根据位置作出判断。

⑥布局　是景观各要素之间，或地物与地物之间相互有一定的依存关系，或人类活动形成的格局反映在影像上形成规律性的展布，如植被分带、不同形态沙丘分布、城市建

筑、土地利用等。

⑦图案 是景观地物几何特征随影像比例尺变化在影像上的模型系列。比如，绕山分布的梯田在航片可清晰判读，但在卫星影像上则成为条带状图案。

⑧纹理或质地 纹理是地物影像轮廓内的色调变化频率。点状、粒状、线状、斑状的细部结构以不同的色调呈一定的频率出现，组成轮廓内的影像特征，这常常是解译地物的主要标志。例如沙漠中的纹理能表现沙丘的形状以及主要风系的风向；岩石纹理或质地能分析岩性。

4.1.1.3 时相特征分析

地物的时间特征具有明显的季节性和区域性。同一地区地物的时间特征表现在不同时间地面覆盖类型不同，地面景观发生很大变化。如冬天冰雪覆盖，初春为露土，春夏为植物或树林枝叶覆盖；同一种类型，尤其是植物，随着出芽、生长、茂盛、枯黄的自然生长过程，地物及景观也在发生巨大变化；不同地区，尤其是不同气候带地物自然分布和生长规律差异很大。地物的这种时间特征在图像上以光谱特征及空间特征的变化表现出来，出现卫星成像的时间效应。例如森林砍伐，随时间变化，砍伐区在扩大，形状发生变化等。因此，根据森林分布的地域性、生长的季节性特点，选择遥感最佳时相对于森林遥感就显得非常必要，以达到强化森林植被信息及其类型的识别，并弱化其他因子干扰的目的。在影响森林植被遥感提取的干扰信息中，与森林交错分布的其他植被、遥感平台及传感器、太阳高度角以及背景土壤等直接影响对遥感最佳时相的选择。目前，森林遥感时相选择的常用方法是根据全国及各省森林类型分布进行森林植被遥感分区，通过对比分析同一区域不同植物的物候历，再参照太阳高度角和土壤光谱噪音对植物光谱的影响来确定。

4.1.2 影像波段组合

地物在各波段有不同的反射波谱特征信息，在遥感影像上呈现出不同彩色灰度，而且各类型的反射波谱差异不一样。因此基于多波段组合的遥感信息提取是必要的，能大大提高区分不同植被类型的能力。特别是对于森林资源目视解译来说，通常需要选择3个波段进行彩色合成，这样就产生了一个波段优化组合选择问题。对于森林资源监测来说，由于其地域广阔及植被丰富等特点，使得多光谱影像在林业上发挥了巨大的作用，因此下面以TM影像为例来介绍影像波段优化组合问题。

4.1.2.1 波段特征

对于TM影像来说，共有7个波段，具体可分为4个区段。

①TM1、TM2、TM3处于可见光区 它们能反映出植物色素的不同程度，3个波段中，TM2记录植物在绿光区反射峰的信息。不过，鉴于反射峰值的大小取决于叶绿素在蓝光和红光区吸收光能的强弱，因此TM2不能本质地决定可见光区植物反射波谱特性的叶绿素情况。TM1和TM3记录蓝光区和红光区的信息，由于蓝光在大气中散射强烈，TM1亮度值受大气状况影响显著；而TM3不仅反映了植物叶绿素的信息，而且在秋季植物变色期，还反映出叶红素、叶黄素等色素信息，在遥感信息上，能使不同类型的植被在色彩上出现差异，有利于植被类型的识别。

②TM4为近红外区 它获取植物强烈反射近红外的信息，且信息强弱与植物的生活力、叶面积指数和生物量等因子相关，对植物叶绿素的差异表现出较强的敏感性。因此，

TM4 是反映植被信息的重要波段。

③TM5 和 TM7 属中红外区　两个通道获取的信息对植物叶子中的水分状况有良好的反映。研究表明，在 TM 的 7 个波段中，TM5 记录的光谱信息最为丰富，植被、水体、土壤 3 大类地物波段反射率相差十分明显，是区分森林反射率最理想的波段。此外，TM5 和 TM7 所包含的光谱信息有很大的相似性。

④TM6 属热红外区　由于空间分辨率低，在植被调查、监测中应用很少，一般用于岩石识别和地质探矿等方面。

4.1.2.2　波段组合

波段组合的选择遵循两个原则：一是所选波段要物理意义良好并尽量处在不同光区；二是要选择信息量大、相关性小的波段。国内外学者对此研究很多，其主要方法有：最佳指数法、熵和联合熵法、方差—协方差矩阵特征值法等。按 RGB 合成方法，除波段 6 以外的 TM 波段可构成 20 个波段组合。根据施拥军等人(2003)利用最佳指数因子法(OIF)，对 20 个波段组合进行量化排序的结果，TM 影像的最佳波段组合为 1，4，5 和 3，4，5。同时综合考虑 TM1 亮度值受大气状况影响显著，因此，TM3，4，5 组合是进行森林植被解译的最佳波段组合方案，也是目前全国森林资源清查所采用的 TM 波段组合，反映出理论与实践的高度一致性。

4.1.3　遥感影像解译标志建立

遥感影像特征与实地情况对应的逻辑关系是影像解译的依据。各种地物都有各自特有的逻辑关系，这种逻辑关系在影像上所能够反映和表现地物信息的各种特征称为解译标志，通常又称为判读标志，包括直接解译标志和间接解译标志。其中，直接解译标志有目标地物的大小、形状、阴影、色调、纹理、图形和位置与周围的关系等；间接解译标志是指与地物有内在联系，通过相关分析能够间接反映和表现目标地物信息的遥感影像的各种特征，借助它可推断与目标地物的属性相关的其他现象。解译标志是遥感影像解译的主要标准，通过建立解译标志，能够帮助解译者识别遥感影像上的目标地物。这样不仅减少了野外工作量，节省人力财力，提高效率，而且也提高了解译工作的准确程度和质量。

4.1.3.1　解译标志建立的原则与方法

为了有效地对各类地物进行分析判读，依据遥感影像特征和遥感影像判读解译的基本原理，可利用分层分类方法，建立影像解译标志。整个过程应遵循以下原则：遥感信息与地学资料相结合原则；室内解译与专家经验、野外调查相结合原则；综合分析与主导分析相结合原则；地物影像特征差异最大化、特征最清晰化原则；解译标志综合化原则，既要包括影像的色调、形状、大小、阴影等直接特征，也要涵盖纹理、位置布局和活动等间接特征。

遥感影像解译标志的建立采用野外调查与影像分析相结合的方法进行。通过对具体区域内的土地利用背景资料的整理分析，深入细致地了解和掌握研究区地形、地貌、气象、土壤、植被和土地利用等基本情况，在此基础上，结合全国森林资源清查样地资料、森林调查规划设计资料，开展野外踏勘调查，对影像的色调、纹理和形状等特征与野外实地土地利用特征进行比较分析，建立各种地类的遥感影像解译标志；同时，收集有关从影像上无法获取的信息资料，包括基础图件、地形图、土壤图、植被图等，通过专家知识的推理确定各地物类型的界线，作为室内目视解译的依据。

4.1.3.2 解译标志建立的过程

解译标志的建立主要有室内预判、典型样地调查、建立解译标志、核查与修改几个步骤。

(1)室内预判

室内预判的目的是为了了解调查区概况、地貌类型、土地利用类型及各自时空分布规律。预判时首先应全面观察调查区遥感影像，了解调查区地形地貌特征及地类分布情况，在了解和掌握解译地区概况的基础上，根据解译任务的需要及遥感监测三阶调查的特点，制定统一的分类系统，并选择已知或典型地类先进行室内解译，以已知类型图斑的属性作为样地属性，此过程为室内预判。根据预判结果在计算机上分别将不同地类勾绘出来。预判的正确程度如何必须经过外业核实、建标、检验才能最终确定。对于同一地类不同的类型也应经过进一步的外业调查、内业解译与分析才能了解和掌握其影像特征。

(2)采集样点

采集样点是在室内预判的基础上进行，样点采集应具有代表性。代表性包括两种内涵：一是代表的种类全，指包括该地区非常典型的地貌和难以解译的地类。按照“地貌—植被”的顺序，根据预判的大致情况，结合调查总体区域的自然条件，选择不同地类的样点；二是种类表现的特征全，需要从每一类型中选择出多个典型样点，使它们能包含该地类的所有特征。一个地区典型样点应涵盖不能判定地类的所有不同色调、不同形态、不同结构、不同纹理的影像以及根据专业调查及动态监测所需确定的更细的分类等级。采集样点需要借助遥感电子数据，遥感图像处理软件或地理信息系统软件，借助上述软件得到样点的经纬度，以便准确地进行实地勘察。

(3)调查典型样地

典型样地的调查是将影像与其实际地类相结合的过程。带上事先采集样点的经纬度数据、预判区划过的卫星影像、地形图及相关的图面资料，根据事先已布设的样点，用地形图、GPS现地定位，调查并记载已有的全国森林资源清查样地调查资料和所采集样点的地类、地貌因子、地理坐标、类型等信息，并用照相机拍摄现地影像。

(4)建立解译标志

解译标志建立将外业区划在卫星影像上不同地类的图斑在计算机上准确勾绘出来，并把卫星影像、实地照片、解译标志汇集成该类型的典型解译样片作为其解译标志。将计算机影像特征与实地情况相对照，建立实际类型与计算机影像之间的关系，即可获得不同色调、不同形态、不同纹理、不同地形、地貌等因子所对应的专业要素。根据卫星影像上看到所调查的地类与影像之间的对应关系，获得各地类在影像上的特征，将各地类影像的色调、光泽、质感、几何形状、地形地貌等因子记载下来，建立影像特征与实地情况的对应关系，即目视解译标志，并形成解译标准。

(5)核查与修改

建立的解译标志还应经过复核检查后才能确定。鉴定的方法是在所有样地中系统抽取15%～20%的样地进行现地调查和利用解译标志室内解译，根据对样地的实测和利用解译标志室内解译的结果进行对比分析，计算解译地类精度，如果正判率达到技术要求(地类95%，荒漠化85%)，则解译标志可以用于指导工作；否则进行错判分析，并重新建标或修正原有解译标志。

4.1.4 遥感影像目视解译

遥感影像目视解译是指通过对遥感图像的观察、分析和比较，判断和识别遥感资料所表示的地物的类型、性质，获取其空间分布等的定性信息。遥感影像的判读，应遵循“先图外、后图内，先整体，后局部，勤对比，多分析”的原则。

(1)“先图外，后图内”

“先图外，后图内”是指遥感影像判读时，首先要了解影像的相关信息，包括以下内容：图像的区域及其所处的地理位置，影像比例尺、影像重叠符号、影像注记和影像灰阶等。

(2)“先整体，后局部”

了解图外相关信息后，再对影像作认真观察，观察应遵循“先整体，后局部”的原则，即对影像作整体的观察，了解各种地理环境要素在空间上的联系，综合分析目标地物与周围环境的关系。有了区域整体概念后，就可以在区域背景与总体特征指导下对具体目标判读，这样可以避免盲目性和减少判读错误。

(3)“勤对比，多分析”

对于“勤对比，多分析”的判读原则，在判读过程中要进行以下对比分析：

①多个波段对比　同一种地物在不同波段往往有不同的反射率，当在不同波段扫描成像时，其色调存在着差异，色调的明暗程度取决于地物在该波段的反射率，若反射率高，影像上的色调浅，反射率低，则色调深，因此，同一种物体在不同波段影像中的色调一般是不同的。地物色调的变化往往造成同一地物在不同波段影像上的差异。这是因为影像色调差异是构成物体形状特征的基础。如同一目标地物，在一个波段，色调与背景反差大，地物边界形状清晰，其形状特征明显，但在另一个波段，色调与边界色调反差很小，有些地方甚至用肉眼难以区分，在这种情况下，地物边界形状难以辨认，由此导致了同一地物在不同波段上的灰度与形状的差异表现，对比不同波段消除不同地物在同一个波段的“同谱异质”现象，可有效地防止误判。

②不同时相对比　同一地物在不同季节成像时，即使采用同一波段，影像上也会存在色调的差异。如在温带与亚热带地区，一年四季太阳辐射不同，降水量不同，直接影响到植被和土壤在扫描影像上的色调与形状的构象。不同时相对比，可以了解地物在不同季节的变化规律，也可以通过不同时相对比来选取最好的解译时相。

③不同地物的对比　在同一波段影像上，不同地物类型的色调或形状存在着差异。通过不同地物的对比，可以将它们区分开来，这也是建立判读标志的重要依据。

影像判读过程中的“多分析”是指以一个解译标志为主，多方面综合运用其他解译标志，对遥感影像进行综合分析，特别是色调和颜色的运用。

4.1.5 解译图层建立

在本案例中，所采用的影像是TM影像，具有7个波段，其色彩丰富，可以组合多个波段建立解译图层。本案例采用波段组合为432假彩色和321真彩色组合。在实际应用中，可以根据需要，多个波段组合联合应用。

4.1.5.1 打开要解译影像

①在 ERDAS 图标面板工具栏，单击【Viewer】图标，打开一个【Viewer】视窗。

②在【Viewer】视窗，单击图标，查找路径，打开要解译的影像 2000TM. img（位于“... \ prj04 \ 遥感影像目视解译 \ data”）。

4.1.5.2 波段组合

①在影像 2000tm. img 视窗的菜单栏，单击【Raster】→【Band Combinations】命令→打开【Set Layer Combinations】对话框，如图 4-1 所示。

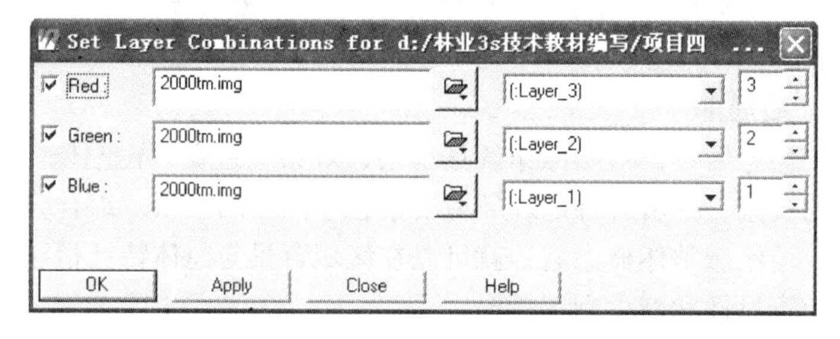

图 4-1 【Set Layer Combinations】对话框

②在【Set Layer Combinations】对话框，根据需要，在 Red、Green、Blue 波段输入波段名称。

③设置完成，单击“OK”按钮，则波段组合图像实现，432 波段组合图像，如图 4-2 所示，321 波段组合图像，如图 4-3 所示。

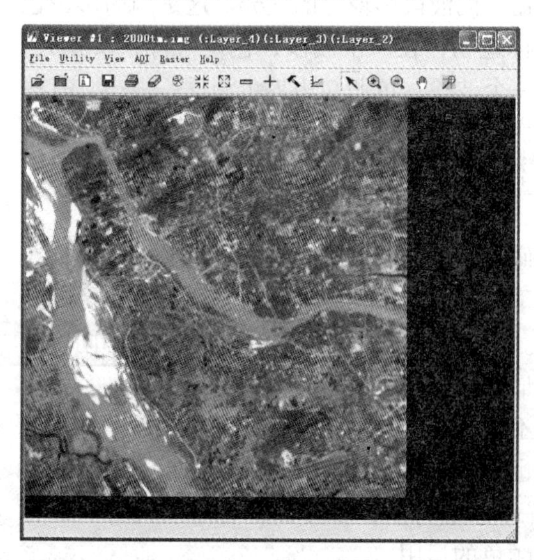

图 4-2 432 波段组合

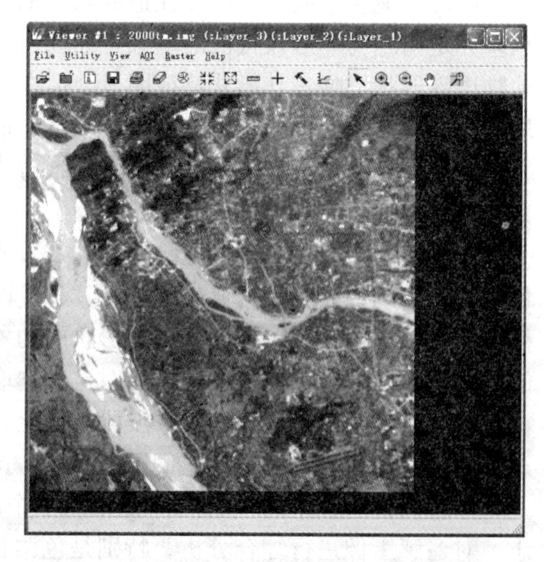

图 4-3 321 波段组合

4.1.6 目视解译

在影像 2000TM. img 上，大概判读共有道路、水体、农田、林地、城镇建设用地、沙滩 6 种地类，其判读如下表 4-1 所示。

①道路 色调多为灰白色，形状为不规则线状，纹理较均匀、平滑，地域分布具有明显规律，在城镇及沿着河流有分布。

②水体 色调为浅蓝色、深褐色或黑色，形状不规则，其中江与内河呈现不规则片带状、水库或小湖泊是不规则片状，纹理均匀光滑，地域分布没有明显规律，其中江是沿着山势蜿蜒，水库一般位于山脚下，内河则分布在城市里。

③农田 色调为淡红色，形状为不规则片状，纹理稍显粗糙，地域分布具有一定的规律性，多分布于山脚下、城镇边郊等有人口居住的平地。

④林地 色调多为鲜红色，其随着郁闭度的增大，颜色也逐渐加深，形状为不规则形状，纹理粗糙、不均匀，地域分布规律，多分布于丘陵或山地。

⑤城镇建设用地 色调为灰蓝色，形状为不规则片状，纹理粗糙、不均匀，地域分布具有一定的规律性，多分布于平地。

⑥沙滩 色调为白色，形状为不规则片状，纹理均匀、平滑，地域分布规律，多分布于水体边缘。

表4-1 遥感影像(2000TM.img)解译标志

类型	标志描述				解译样片
	色彩	形态	结构	地域分布	
道路	灰白色	不规则线状	纹理较均匀、平滑	城镇及沿着河流	
水体	浅蓝色、深褐色或黑色	不规则形状	纹理均匀光滑	规律不明显	
农田	淡红色	不规则片状	纹理稍显粗糙	山脚下、城镇边郊等有人口居住的平地	
林地	鲜红色	不规则形状	纹理粗糙、不均匀	丘陵或山地	
城镇建设用地	灰蓝色	不规则片状	纹理粗糙、不均匀	平地	
沙滩	白色	不规则片状	纹理均匀、平滑	水体边缘	

→任务实施

林地遥感影像目视解译

一、目的与要求

通过遥感影像林地利用的目视解译，明确林业遥感影像目视解译的方法和原则等，并深刻理解林业遥感影像目视解译的意义。通过影像波段组合、并结合其他相关资料，建立各地类的目视解译标志，包括色彩、形态、结构和地域分布，并截取各地类的解译样片。

二、数据准备

某林场SPOT-5遥感影像。

三、操作步骤

1. 建立解译图层

打开要解译影像subset. img(位于“... \ prj04 \ 任务实施4. 1 \ data”)，并进行波段组合，其操作步骤参见“知识准备：4. 1. 5 解译图层建立”，其波段组合图像，如图4-4所示。

2. 目视解译

根据2009年9月1日出版的《中华人民共和国林业行业标准：林地分类》标准，在此林场SPOT-5影像上，大概有纯林、混交林、其他灌木林地、人工造林未成林地、其他无立木林地、宜林荒山荒地、耕地、工矿建设用地、城乡居民点建设用地9种类型，其目视解译结果见表4-2。

图4-4　123波段组合图像

表4-2　遥感影像(Subset. img)目视解译标志

类型	标志描述				解译样片
	色彩	形态	结构	地域分布	
纯林	红褐色	不规则片状	纹理粗糙、有小颗粒	山地、丘陵	
混交林	褐蓝色或深褐红色	不规则形状	纹理粗糙、不均匀	山地、丘陵	
其他灌木林地	褐紫色或蓝紫色	不规则片状	纹理较均匀	山地、丘陵	
人工造林未成林地	淡紫绿色或紫白色	不规则形状	纹理不均匀、有小斑	丘陵或山地	
其他无立木林地	淡褐紫色、浅蓝色或浅黄紫色	不规则片状	纹理不均匀、有小斑	山地、丘陵	
宜林荒山荒地	蓝紫色或淡绿褐色	不规则片状	纹理较均匀	山地、丘陵	
耕地	白色	不规则片状	纹理均匀	平地	
工矿建设用地	白色或黄白色	不规则片状	纹理均匀	平地	
城乡居民点建设用地	白色	不规则片状	纹理均匀、有小斑	平地	

①纯林　色调多为红褐色，形状为不规则片状，纹理粗糙、有小颗粒，地域分布没有明显规律，多分布于山地、丘陵。

②混交林　色调多为褐蓝色或深褐红色，形状为不规则片状，纹理粗糙、不均匀，地域分布没有明显规律，多分布于山地、丘陵。

③其他灌木林地　色调多为褐紫色或蓝紫色，形状为不规则片状，纹理较均匀，地域分布没有明显规律，多分布于山地、丘陵。

④人工造林未成林地　色调多为淡紫绿色或紫白色，形状为不规则片状，纹理不均匀、有小斑，地域分布没有明显规律，多分布于山地、丘陵。

⑤其他无立木林地　色调多为淡褐紫色、浅蓝色或浅黄紫色，形状为不规则片状，纹理不均匀、有小斑，地域分布没有明显规律，多分布于山地、丘陵。

⑥宜林荒山荒地　色调多为蓝紫色或淡绿褐色，形状为不规则片状，纹理较均匀，地域分布没有明显规律，多分布于山地、丘陵。

⑦耕地　色调多为白色，形状为不规则片状，纹理均匀，地域分布规律明显，多分布于平地。

⑧工矿建设用地　色调多为白色或黄白色，形状为不规则片状，纹理均匀，地域分布具有规律，多分布于平地。

⑨城乡居民点建设用地　色调多为白色，形状为不规则形状，纹理均匀、有小斑，地域分布具有规律，多分布于平地。

→成果提交

作出书面报告，包括任务实施过程和结果以及心得体会，具体内容如下：

1. 简述遥感影像目视解译的原则与方法及任务实施过程，并附上每一步的结果影像。
2. 提交建立的影像目视解译标志表及其描述。
3. 回顾任务实施过程中的心得体会，遇到的问题及解决方法。

任务 2

遥感影像非监督分类

→任务描述

本任务基于遥感影像，应用 Erdas9.2 软件对其进行非监督分类，获得该影像的非监督分类结果图并获取各地类相关信息，进一步理解非监督分类原理及方法，并与任务 4.3 中监督分类结果图进行比较分析。

→任务目标

遥感影像非监督分类是比较常用的也是较基础性的一种图像分类方式，通过本任务的完成，要求学生熟悉遥感软件 Erdas 的操作，理解计算机图像分类的基本原理和方法以及非监督分类的过程，达到能熟练地对遥感影像进行非监督分类。

→知识准备

与目视判读解译不同，计算机自动解译主要是依据地物的光谱特征进行统计判别，具体方法包括有监分类和无监分类方法，分类结果的可靠性需要通过严格的分类精度统计分析以及野外调查进行验证。

非监督分类是根据地物的光谱统计特性进行分类，直接利用像元灰度值的统计特征进行类别划分，常常用于对分类区没有什么了解的情况。其分类前提是假设同类物体在相同的条件下具有相同的光谱特征，其不必对影像地物获取先验知识，仅是利用影像不同类地物光谱信息或者纹理信息进行特征提取，而后统计特征的差别来进行分类，最后再对已分出的各个类别的实际属性进行归属确认。所以，非监督分类方法的优点是，方法简单，对光谱特征差异大的地物类型分类效果好。但是当两个地物类型对应的光谱特征类差异很小时，效果不好。其常用的方法有分级集群法、动态聚类法等。

在实际操作中，非监督分类人为干预较少，自动化程度较高，比较常用 ISODATA 算法，其完全按照像元的光谱特性进行统计分类，图像的所有波段都参与分类运算，分类结果往往是各类别的像元数大体等比例。

ERDAS IMAGINE 使用 ISODATA 算法进行非监督分类。其聚类过程开始于任意聚类平均值或已有的一个分类模板的平均值，聚类每重复 1 次，其平均值就更新 1 次，新聚类的平均值再用于下次的聚类循环。如此，ISODATA 实用程序不断重复，直到最大循环次数达到设定好的阈值，或者两次聚类结果相比，其达到要求百分比的像元类别已经不再发生变化。

ERDAS 遥感图像非监督分类可分为初始分类、分类评价与方案调整、分类后处理三个步骤，下面以遥感影像 2000TM. img 为例介绍其基本操作。

4.2.1　初始分类

4.2.1.1　调出非监督分类对话框

①*方法一*　点击【Classifier】图标→【classification】菜单→【Unsupervised Classification】命令→【Unsupervised Classification】对话框

②*方法二*　点击【Data Prep】图标→【Data Preparation】菜单→【Unsupervised Classification】命令→【Unsupervised Classification】对话框

4.2.1.2　进行非监督分类

逐项填写第一步所调出的【Unsupervised Classification】对话框，如图 4-5 所示。

①确定输入文件(Input Raster File)为 2000TM. img(被分类的图像)(位于"... \ prj04 \ 遥感影像非监督分类 \ data")。

②确定输出文件(Output Cluster Layer Filename)为 Unsupervised. img(产生的分类图像)(位于"... \ prj04 \ 遥感影像非监督分类 \ data")。

③选择是否生成分类模板文件(Output Signature Set Filename)。如果生成模板文件，则选中【Output Signature Set Filename】，并定义模板文件名称及保存位置；若不生成模板文件，则不选中【Output Signature Set Filename】。

④确定聚类参数(Clustering Options)，初始聚类方法选择【Initialize from statistics】，分类数(Number of Classes)为 12。

注意：Initialize from statistics 指按照图像的统计值产生自由聚类，Use Signature Means 是利用已有的模板文件进行分类；对于分类数的确定，实际工作中常将分类数目取为最终分类数目的两倍以上。

⑤确定处理参数(Processing Options)　定义最大循环次数(Maximum Iterations)为 12，设置循环收敛阈值(Convergence Threshold)为 0.95。

注意：最大循环次数是指 ISODATA 重新聚类的最多次数，其设置的目的是为了避免程序运行时间太长或者由于没有达到聚类标准而导致死循环；在应用中一般将循环次数设置为 6 次以上，为避免死循环，此值也不可过大；收敛域值是指两次分类结果相比保持不变的像元所占最大百分比，其设置的目的也是为了避免 ISODATA 程序无限循环下去。

⑥单击"OK"按钮，执行非监督分类。

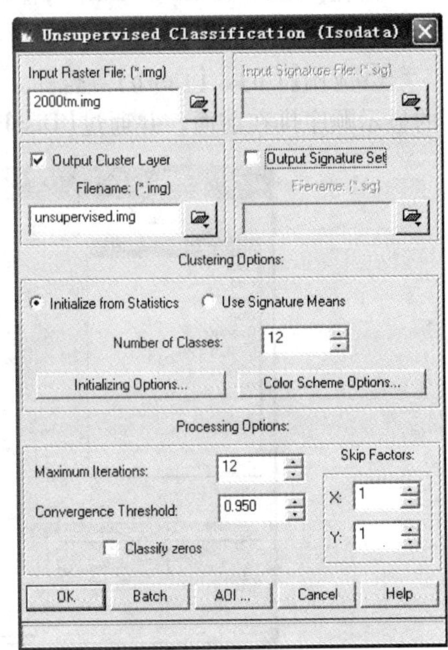

图 4-5　【unsupervised classification】对话框

4.2.2 分类评价与方案调整

4.2.2.1 显示原图像与分类图像

点击【Viewer】图标 ，打开两个【Viewer】窗口，分别显示分类图像 unsupervised. img 与原图像 2000TM. img。

4.2.2.2 调整分类图像属性字段显示顺序

①在分类图像 unsupervised. img 显示窗口菜单栏，单击【Raster】→【Attributes】命令，打开【Raster Attribute Editor】窗口，即初始分类图像 unsupervised. img 的属性表，如图 4-6 所示。

Raster Attribute Editor - unsupervised. img...

File Edit Help

Layer Number: 1

Row	Histogram	Color	Red	Green
0	924		0	0
1	7887		0.08	0.08
2	22787		0.16	0.16
3	5249		0.25	0.25
4	23318		0.33	0.33
5	31765		0.42	0.42
6	28095		0.5	0.5
7	25109		0.58	0.58
8	24718		0.67	0.67
9	18249		0.75	0.75
10	14135		0.83	0.83

图 4-6 unsupervised. img 的属性表

②在【Raster Attribute Editor】窗口菜单栏，单击【Edit】→【Column Properties】命令，打开【Column Properties】对话框，如图 4-7 所示。

③应用【Up】、【Down】等按钮，按照依次 Class Nams、Color、Opacity、Histogram 字段的显示顺序排在前面，并通过【Display Width】设置每列字段的显示宽度，利于编辑。

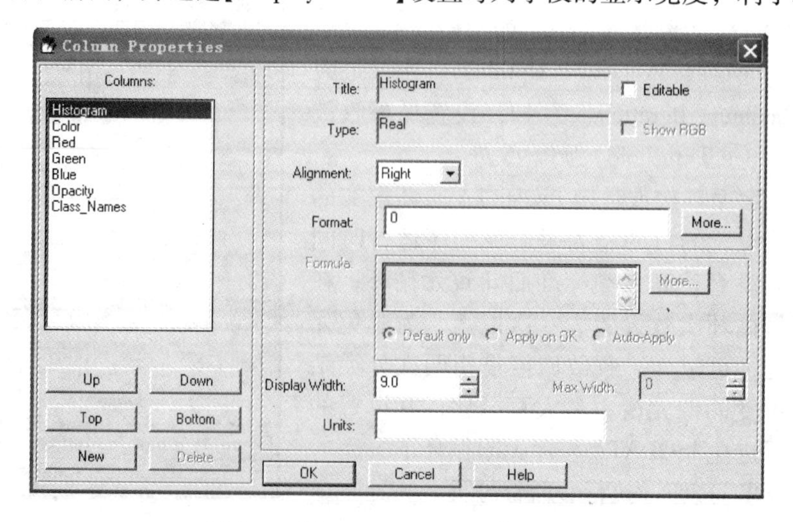

图 4-7 【Column Properties】对话框

④设置完成后，单击“OK”按钮，关闭【Column Properties】对话框，获取设置后的 unsupervised. img 属性表，如图 4-8 所示。

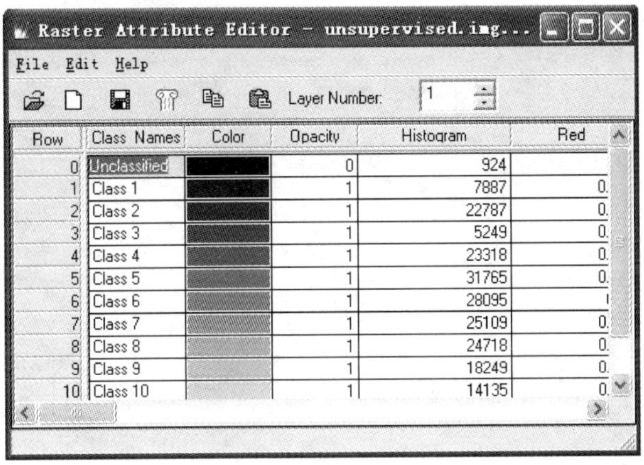

Raster Attribute Editor - unsupervised.img...

File Edit Help

Layer Number: 1

Row	Class Names	Color	Opacity	Histogram	Red
0	Unclassified		0	924	
1	Class 1		1	7887	0.
2	Class 2		1	22787	0.
3	Class 3		1	5249	0.
4	Class 4		1	23318	0.
5	Class 5		1	31765	0.
6	Class 6		1	28095	I
7	Class 7		1	25109	0.
8	Class 8		1	24718	0.
9	Class 9		1	18249	0.
10	Class 10		1	14135	0.

图 4-8　设置后的 unsupervised. img 属性表

4.2.2.3　类别赋色

非监督分类第一步获得图像是灰度图像，其各类别的显示灰度是系统自动赋予的，不利于类别的区分，为了更好地区分各类别，需要给各个类别重新赋予相应的颜色。

①鼠标单击一个类别的【Color】字段，表示选中该类别。

②在【As Is】色表单中选择一种适合的颜色。

③重复以上操作，直到所有类别都赋予相应的颜色。

④在赋色过程中，可以根据需要进行类别的不透明度设置，1 为不透明，0 为透明。具体操作为：

- 鼠标单击一个类别的【Opacity】字段，表示选择该类别并进入输入状态。
- 设置透明度，输入 1 为不透明，输入 0 为透明。

4.2.2.4　确定类别意义及精度，标注类别名称

①对照原先影像 2000TM. img，确定各类别专题意义，并分析其精度。

②在【Raster Attribute Editor】窗口，单击该类别的【Class Names】字段，进入输入状态。

③输入类别名称，按 Enter 键即可。

注意，在进行类别确定时，也可以采用叠加分析，即在一个窗口中，同时打开原先图像与初始分类图像，利用闪烁(Flicker)、卷帘显示(Swipe)、混合显示(Blend)等图像叠加显示工具，进行类别的判别分析。具体操作为：

- 单击【Viewer】图标，打开一个 Viewer 窗口。
- 窗口工具栏，单击按钮，显示原图像 2000TM. img(位于“...\prj04\遥感影像非监督分类\data”)。
- 窗口工具栏，单击按钮，打开【Select Layer To Add】对话框。
- 选择【Raster Options】页面，取消选中【Clear Display】，如图 4-9 所示。

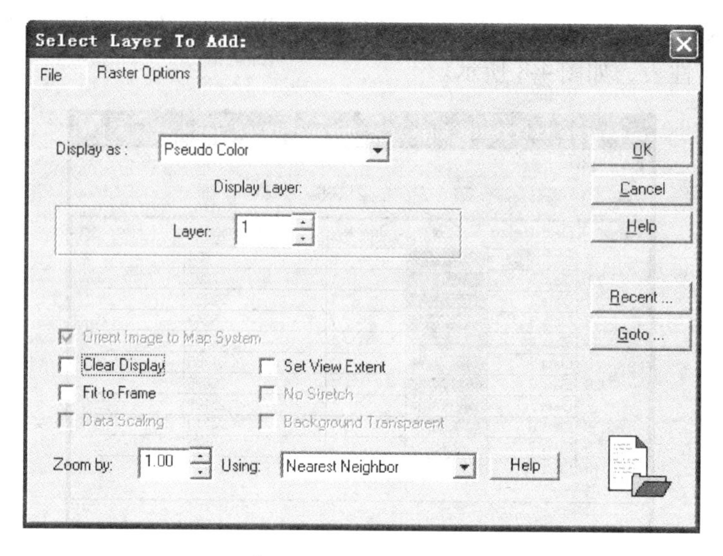

图4-9　【Select Layer To Add】对话框

• 选择【File】页面，确定输入分类图像 unsupervised. img，则分类图像覆盖于原图像2000TM. img之上。

• 在显示图像窗口菜单栏，单击【Utility】→【Flicker】，则图像闪烁叠加显示。

• 在显示图像窗口菜单栏，单击【Utility】→【Swipe】，则图像卷帘叠加显示。

• 在显示图像窗口菜单栏，单击【Utility】→【Blend】，则图像混合叠加显示。

对于类别名称的输入，要用英文或者拼音，不能用中文，否则容易出现乱码或者在后续的专题图制作中图例也会出现乱码。

重复以上4. 2. 2. 3、4. 2. 2. 4两步直到对所有类别都进行了分析与处理，如图4-10所示，同时也获取上色后的非监督分类初图，如图4-11所示。

Raster Attribute Editor - unsupervised.img...

File　Edit　Help

Layer Number: 1

Row	Class Names	Color	Opacity	Histogram	Red
0	Unclassified		0	924	
1	shuiti		0	7887	
2	minjiang		1	22787	
3	daolu		1	5249	0.9333
4	lindi		0	23318	0.250
5	chengzhen		1	31765	0.6901
6	nongtian		1	28095	0.4980
7	chengzhen1		1	25109	0.6274
8	chengzhen2		0	24718	
9	chengzhen3		1	18249	
10	chegnzhen4		1	14135	

图4-10　标注类别名称与赋色

图 4-11　类别赋色后的分类图

4.2.3　分类后处理

非监督分类或者监督分类，其分类原理是基于图像的光谱特征进行聚类分析，所以，不可避免带有一定的盲目性。要想获得比较理想的分类结果，还需要对分类后的结果图像进行一些后处理工作，这些处理操作就通称为分类后处理。

基于 ERDAS 系统提供的分类后处理方法，主要有聚类统计(Clump)、过滤分析(Sieve)、去除分析(Eliminate)、分类重编码(Recode)等。在应用时，要根据具体情况，选择合适的分类后处理方法，可以单独使用一种分类后处理方法，也可以联合使用。

4.2.3.1　分类重编码(Recode)

分类重编码，主要是针对非监督分类而言的，由于非监督分类之前，用户对分类地区没有什么了解，一般要定义比最终需要多一定数量的分类数，所以为了获取最终需要，则在非监督分类之后，需要对初始分类图像进行分类重编码处理，即对相近或类似的分类通过图像重编码进行合并，并重新定义分类名称和颜色。当然，分类重编码还可以用在很多其他方面，作用也有所不同。

(1)新编码录入

①打开【Recode】对话框，如图 4-12 所示。

• 方法一：ERDAS 图标面板菜单栏：单击【Main】→【Image Interpreter】命令→【Image Interpreter】对话框→【GIS Analysis】命令→【Recode】命令→【Recode】对话框。

• 方法二：ERDAS 图标面板工具栏：点击【Interpreter】图标 →【GIS Analysis】命令→【Recode】命令→【Recode】对话框。

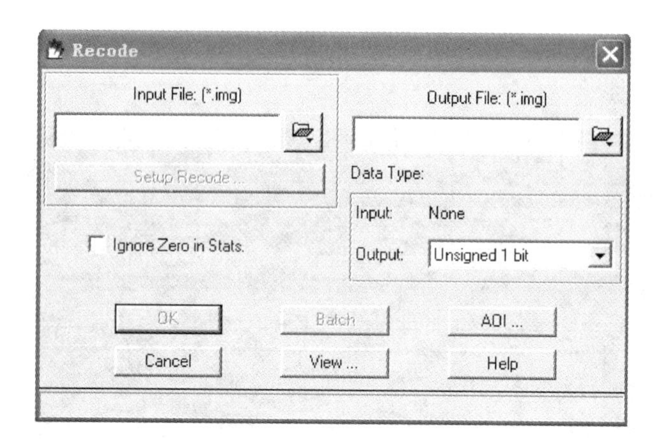

图 4-12 【Recode】对话框

②填写【Recode】对话框，如图 4-13 所示。

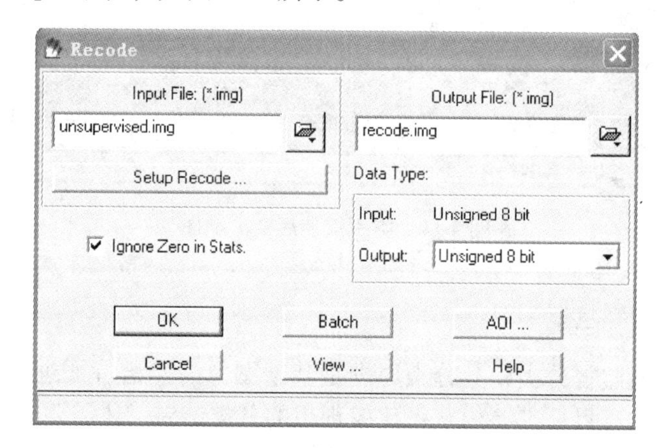

图 4-13 填写【Recode】对话框

• 确定输入文件(Input File)：unsupervised. img(位于"... \ prj04 \ 遥感影像非监督分类 \ data")。

• 定义输出文件(Output File)：recode. img(位于"... \ prj04 \ 遥感影像非监督分类 \ data")。

• 单击【Setup Recode】按钮，设置新的分类编码。

• 打开【Thematic Recode】表格，进行新编码设置，即根据需要改变 New value 字段的取值(直接输入)，在本例中，将原先的 12 类两两合并，形成 5 类，如图 4-14 所示。

• 单击"OK"按钮，关闭【Thematic Recode】表格，完成新编码输入。

(2)获取重编码图像

① 在【Recode】对话框，选中【Ignore Zero in Stats】，即在图像重编码处理过程中，忽略零值，不统计在内，则图像亮度显示效果更好。

②单击"OK"按钮，执行图像分类重编码处理，获取重编码图像 recode. img，如图 4-15 所示。

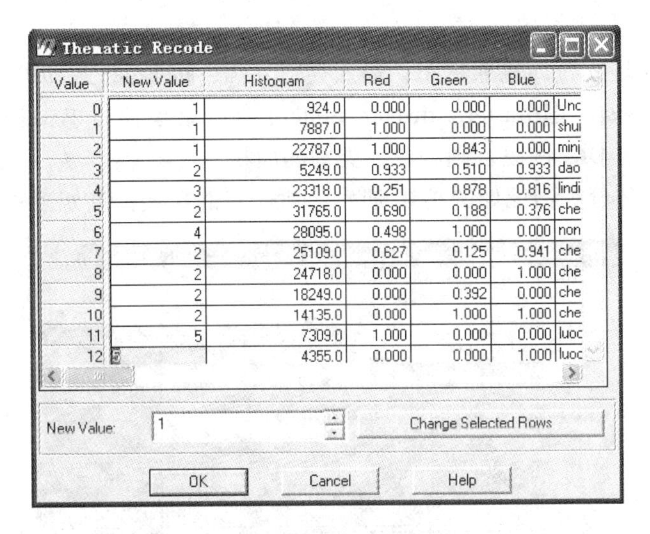
Thematic Recode

Value	New Value	Histogram	Red	Green	Blue	
0	1	924.0	0.000	0.000	0.000	Unc
1	1	7887.0	1.000	0.000	0.000	shui
2	1	22787.0	1.000	0.843	0.000	minj
3	2	5249.0	0.933	0.510	0.933	dao
4	3	23318.0	0.251	0.878	0.816	lindi
5	2	31765.0	0.690	0.188	0.376	che
6	4	28095.0	0.498	1.000	0.000	non
7	2	25109.0	0.627	0.125	0.941	che
8	2	24718.0	0.000	0.000	1.000	che
9	2	18249.0	0.000	0.392	0.000	che
10	2	14135.0	0.000	1.000	1.000	che
11	5	7309.0	1.000	0.000	0.000	luoc
12	5	4355.0	0.000	0.000	1.000	luoc

New Value: 1　Change Selected Rows

OK　Cancel　Help

图 4-14　重编码设置

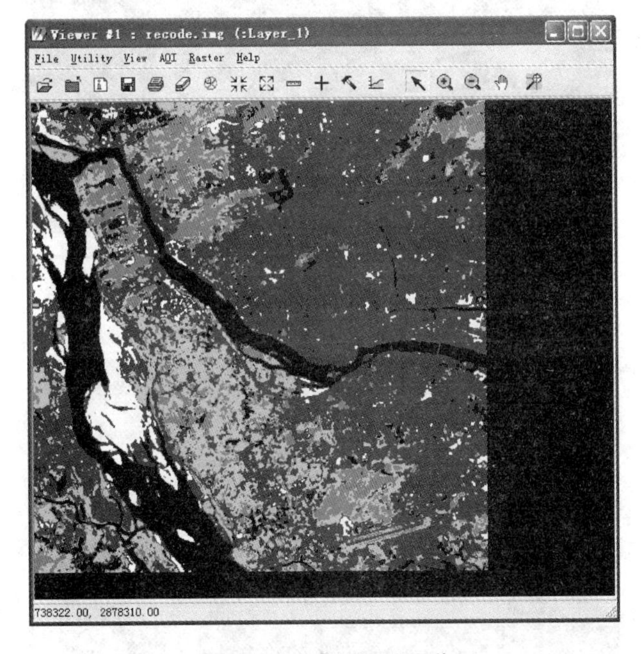

图 4-15　分类重编码图像

(3)编辑重编码图像

①打开分类重编码图像 recode. img(位于“... \ prj04 \ 遥感影像非监督分类 \ data”)。

②在图像窗口菜单栏，单击【Raster】→【Attributes】命令，打开【Raster Attribute Editor】窗口，即重编码图像 recode. img 的属性表。

③进行类别颜色的设置，在【Raster Attribute Editor】窗口，鼠标单击一个类别的【Color】字段，在【As Is】色表单中选择一种适合的颜色，重复以上操作，直到所有类别都赋予相应合适的颜色。

④ 标注类别名称，在【Raster Attribute Editor】窗口菜单栏，单击【Edit】→【Add Class

Names】命令，标注类别名称。具体操作为：在【Raster Attribute Editor】窗口，单击该类别的【Class Names】字段，进入输入状态；输入类别名称，按Enter键即可。

⑤获取类别面积，在【Raster Attribute Editor】窗口菜单栏，单击【Edit】→【Add Area Column】命令，单击"OK"按钮，则获取各类别的面积。

编辑好的非监督分类图像如图4-16所示，所获取的相关信息如图4-17所示。

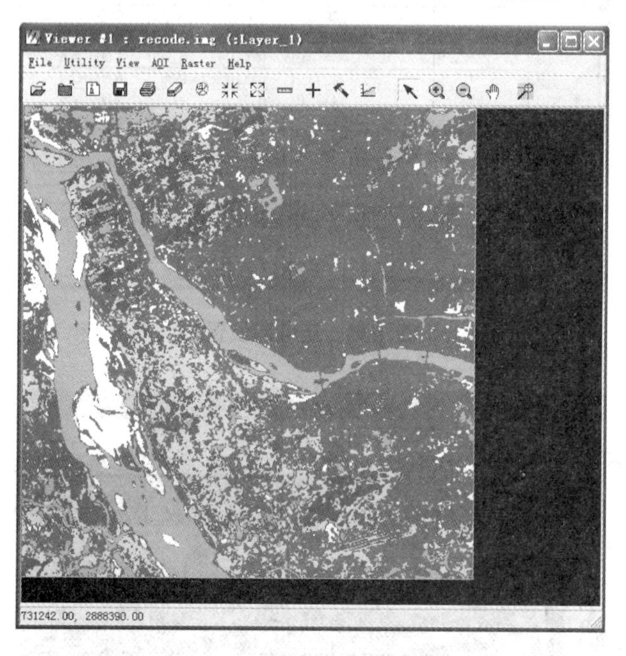

图4-16 编辑好的重编码图像

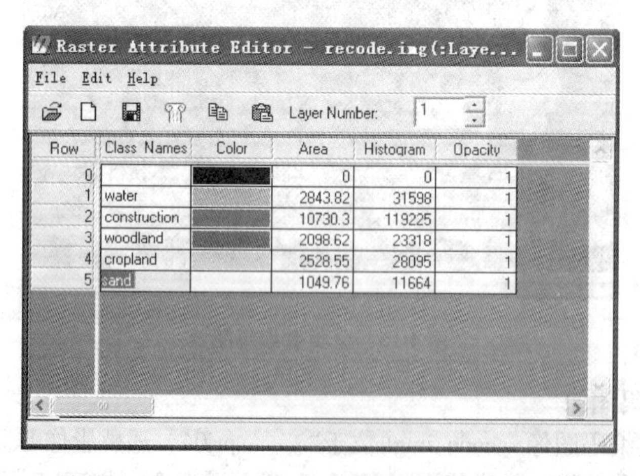

Row	Class Names	Color	Area	Histogram	Opacity
0			0	0	1
1	water		2843.82	31598	1
2	construction		10730.3	119225	1
3	woodland		2098.62	23318	1
4	cropland		2528.55	28095	1
5	sand		1049.76	11664	1

图4-17 重编码图像Recode.img的属性表

4.2.3.2 聚类统计(Clump)

监督分类或者非监督分类，其分类结果中有一些面积很小的图斑，为了专题制图或者其他实际应用，都应该剔除这些小图斑。分类后处理中的聚类统计(Clump)、过滤分析(Sieve)、去除分析(Eliminate)等方法则可以完成这项工作。在本案例中联合应用聚类统计、去除分析命令来进行小图斑的剔除工作。

聚类统计(Clump)是通过计算分类专题图像中每个分类图斑的面积、记录相邻区域中最大图斑面积的分类值等操作，产生一个 Clump 类组输出图像，其中每个图斑都包含 Clump 类组属性。该图像是一个中间文件，用于进行下一步处理。

①打开【Clump】对话框

• 方法一：在 ERDAS 图标面板菜单栏，单击【Main】→【Image Interpreter】→【GIS Analysis】→【Clump】→【Clump】对话框。

• 方法二：在 ERDAS 图标面板工具栏，单击【Interpreter】图标 →【GIS Analysis】→【Clump】→【Clump】对话框。

②填写【Clump】对话框，如图 4-18 所示。

• 确定输入文件(Input File)：recode. img(位于"... \ prj04 \ 遥感影像非监督分类 \ data")。

• 定义输出文件(Output File)：clump. img(位于"... \ prj04 \ 遥感影像非监督分类 \ data")。

• 文件坐标类型(Coordinate Type)选择【Map】。

• 根据需要确定处理范围(Subset Definition)：即在 ULX/Y、LRX/Y 微调框中输入所需要的数值，缺省状态为整个图像范围，也可以应用【From Inquire Box】按钮定义子区。

• 确定聚类统计邻域大小(Connect Neighbors)为 8(指统计分析将对每个像元四周的 8 个相邻像元进行)。注意：因为 Clump 聚类统计需要较长时间，所以若图像本身非常大，建议统计邻域选择 4。

• 单击"OK"按钮，关闭【Clump】对话框，执行聚类统计分析，获得聚类分析图，如图 4-19 所示。

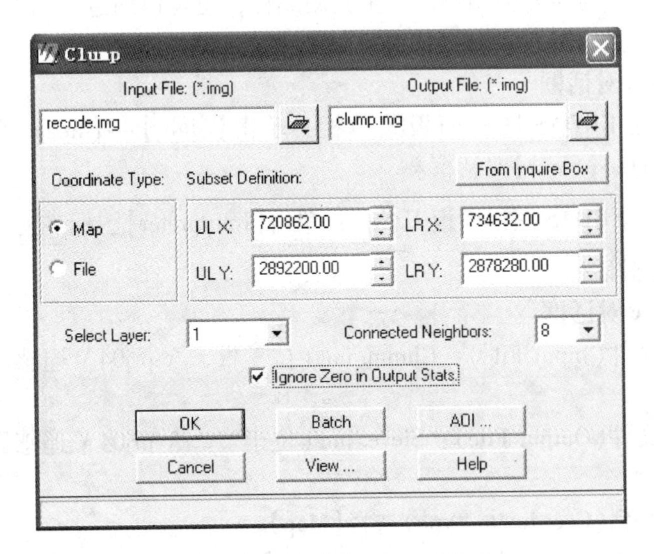

图 4-18　填写【Clump】对话框

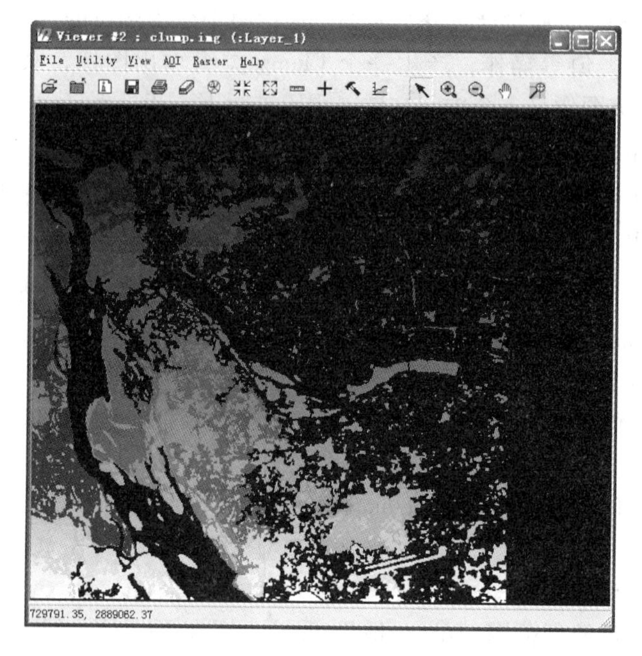

图4-19 Clump分析图

4.2.3.3 过滤分析(Sieve)

Sieve功能是对经Clump处理后的Clump类组图像进行处理，按照定义的数值大小，删除Clump图像中较小的类组图斑，并给所有小图斑赋予新的属性值0。对于无须考虑小图斑归属的应用问题，Sieve与Clump命令配合使用，有很好的作用。对于要考虑小图斑的归属问题时，可以与原分类图对比确定其新属性，也可以通过空间建模方法、调用Delerows或Zonel工具进行处理。其操作过程如下：

(1)打开Sieve对话框

①方法一：在ERDAS图标面板菜单栏：单击【Main】→【Image Interpreter】→【GIS Analysis】→【Sieve】→【Sieve】对话框。

②方法二：在ERDAS图标面板工具栏：单击【Interpreter】图标→【GIS Analysis】→【Sieve】→【Sieve】对话框。

(2)填写Sieve对话框

①确定输入文件(Input File)：Clump.img(位于“...\prj04\遥感影像非监督分类\data”)。

②定义输出文件(Output File)：Sieve.img(位于“...\prj04\遥感影像非监督分类\data”)。

③文件坐标类型(Coordinate Type)选择【Map】。

④根据需要确定处理范围(Subset Definition)：即在ULX/Y、LRX/Y微调框中输入所需要的数值，缺省状态为整个图像范围，也可以应用【From Inquire Box】按钮定义子区。

⑤确定最小图斑大小(Minimum Size)：16 pixels。

⑥单击“OK”按钮，关闭【Sieve】对话框，执行过滤分析，获取过滤分析图，如图4-20所示。

图 4-20　过滤分析图

4.2.3.4　去除分析(Eliminate)

去除分析是用于删除原始分类图像中的小图斑或 Clump 聚类图像中的小 Clump 类组，与 Sieve 命令不同，其将删除的小图斑合并到相邻的最大的分类当中，而且，如果输入图像是 Clump 聚类图像的话，经过 Eliminate 处理后，将小类图斑的属性值自动恢复为 Clump 处理前的原始分类编码。所以，也可以说 Eliminate 处理后的输出图像是简化了的分类图像。

(1)打开【Eliminate】对话框

①方法一：在 ERDAS 图标面板菜单栏：单击【Main】→【Image Interpreter】→【GIS Analysis】→【Eliminate】→【Eliminate】对话框。

②方法二：在 ERDAS 图标面板工具栏：单击【Interpreter】图标 Interpreter →【GIS Analysis】→【Eliminate】→【Eliminate】对话框。

(2)填写【Eliminate】对话框

填写【Eliminate】对话框，如图 4-21 所示。

①确定输入文件(Input File)：clump. img(位于“... \ prj04 \ 遥感影像非监督分类 \ data”)。

②定义输出文件(Output File)：eliminate. img(位于“... \ prj04 \ 遥感影像非监督分类 \ data”)。

③文件坐标类型(Coordinate Type)选择 Map。

④根据需要确定处理范围(Subset Definition)：即在 ULX/Y、LRX/Y 微调框中输入所需要的数值，缺省状态为整个图像范围，也可以应用【From Inquire Box】按钮定义子区。

⑤确定最小图斑大小(Minimum Size)：16 pixels。

⑥单击“OK”按钮，关闭 Eliminate 对话框，执行过滤分析，获得分析图，如图 4-22、

图4-23所示。

通过与最初的非监督分类图(图4-11)比较，可以看出，经过分类后处理，其分类图的专题效果明显提高了。当然，对于分类后处理的图像来说，除了进行类别赋色，也可以进行类别名称的标注与类别面积的增加，获取各类别的相关信息，其操作步骤同“4.2.3.1 分类重编码(Recode)：(3)编辑重编码图像”。

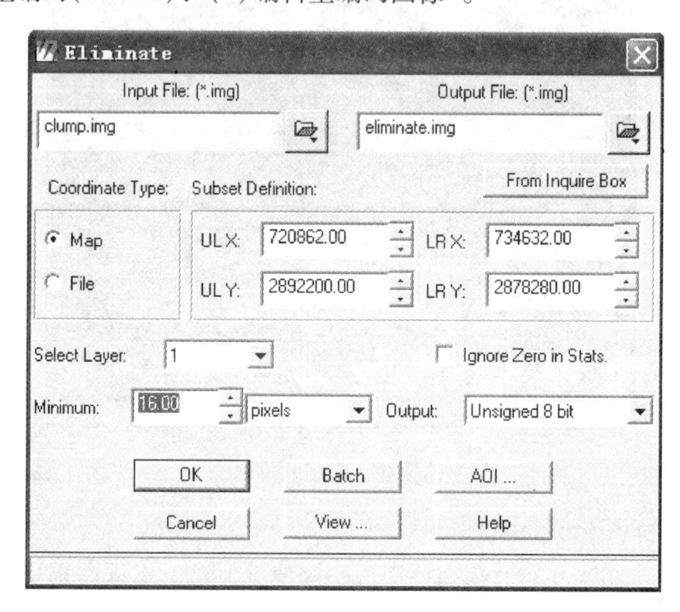

图4-21 填写【Eliminate】对话框

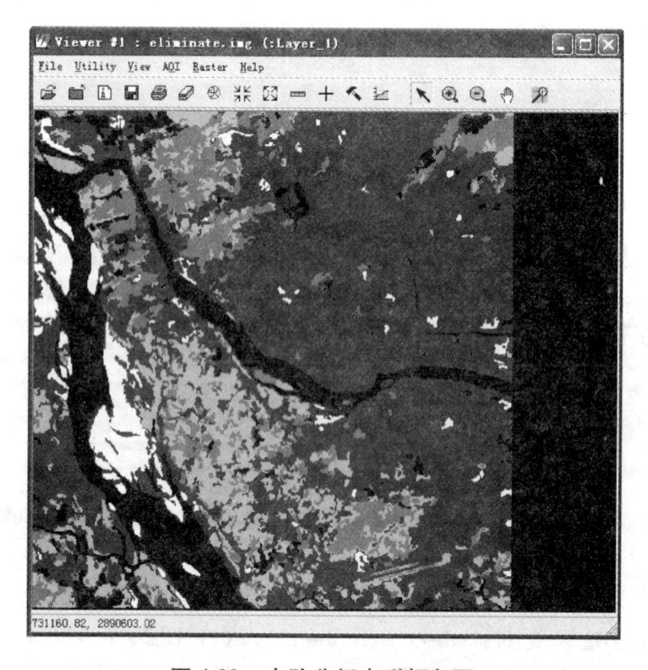

图4-22 去除分析未附颜色图

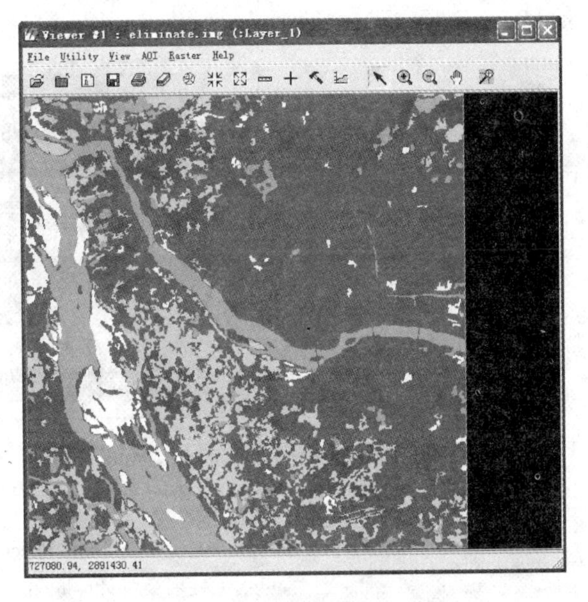

图4-23　去除分析附颜色图

→任务实施

林地遥感影像非监督分类

一、目的与要求

通过林地遥感影像非监督分类，明确非监督分类方法原理，并掌握其操作，熟悉林业遥感影像非监督分类的意义。

对影像进行非监督分类，获取林地分类图及各类别林地相关信息。

二、数据准备

某林场SPOT-5遥感影像。

三、操作步骤

1. 进行非监督分类

(1)调出非监督分类对话框

单击【Classifier】图标 →【classification】对话框→【Unsupervised Classification】按钮→【Unsupervised Classification】对话框。

(2)填写非监督分类对话框，执行非监督分类。

①确定输入文件(Input Raster File)为Subset. img(位于"...\prj04\任务实施4.2\data")。

②定义输出文件(Output Cluster Layer Filename)为Un-Subset. img(位于"...\prj04\任务实施4.2\data")。

③不勾选生成分类模板文件(Output Signature Set Filename)。

④确定聚类参数(Clustering Options)，初始聚类方法选择【Initialize from statistics】，分类数(Number of Classes)为20。

⑤确定处理参数(Processing Options)：定义最大循环次数(Maximum Iterations)为12，设置循环收敛阈值(Convergence Threshold)为0.95。

⑥单击"OK"按钮，执行非监督分类，获取非监督分类初图，如图4-24所示。

2. 分类方案调整

(1)打开原图像与分类图像

单击【Viewer】图标 ，打开两个Viewer窗口，分别显示分类图像Un-Subset. img与原图像Subset. img。

(2)打开分类图像的属性表并调整其属性字段显示顺序

①在分类图像显示窗口菜单栏，单击【Raster】→【Attributes】命令，打开【Raster Attribute Editor】窗口，即初始分类图像Un-Subset. img的属性表，参见图4-6。

②在【Raster Attribute Editor】窗口菜单栏，单

击【Edit】→【Column Properties】命令，打开【Column Properties】对话框，参见图4-7。

③应用【Up】、【Down】等按钮，按照依次Class Nams、Color、Opacity、Histogram字段的显示顺序排在前面，并通过【Display Width】设置每列字段的显示宽度，利于编辑。

④单击"OK"按钮，设置完成。

(3)定义类别颜色

①鼠标单击一个类别的【Color】字段，选中该类别。

②在【As Is】色表单中选择一种适合的颜色。

③重复以上操作，直到所有类别都赋予相应的颜色。

(4)标注类别名称

①对照原先影像Subset.img，确定各类别专题意义，并分析其精度。

②在【Raster Attribute Editor】窗口，单击该类别的【Class Names】字段，进入输入状态。

③输入类别名称，按Enter键即可。

重复以上(3)、(4)两步，直到所有类别都上色及进行了名称的确定，如图4-25所示。

3. 分类后处理

本任务根据情况需要，进行分类重编码、聚类统计与去除分析3步操作。

(1)分类重编码(Recode)

①确定新分类数目。根据2009年9月1日出版的中华人民共和国林业行业标准《林地分类》(LY/T 1812—2009)，在本任务中，将原先的20类两两合并，形成9类。

②打开【Recode】对话框，进行重编码设置，

图4-24 非监督分类未赋颜色图

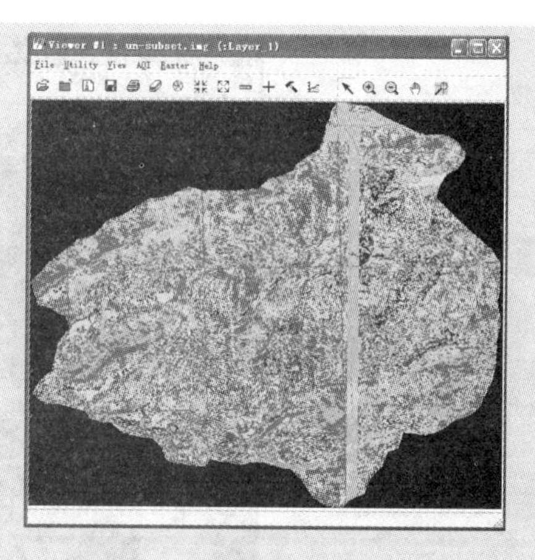

图4-25 非监督分类赋颜色图

执行分类重编码，其操作步骤参见"知识准备：4.2.3.1 分类重编码(Recode)"。

(2)聚类统计(Clump)

其操作步骤参见"知识准备：4.2.3.2 聚类统计(Clump)"。

(3)去除分析(Eliminate)

其操作步骤参见"知识准备：4.2.3.4 去除分析(Eliminate)"。

经过上述三步的分类后处理，获得分类后处理的最终非监督分类图un-eliminate.img(位于"…\prj04\任务实施4.2\data")，如图4-26所示。

图4-26 分类后处理图像

4. 编辑去除分析后的图像，获取相关信息

①类别赋色。

②标注类别名称。

③获取类别面积。

以上3步的操作步骤同"知识准备中4.2.3.1 分类重编码(Recode)：(3)编辑重编码图像"。

→成果提交

作出书面报告，包括任务实施过程和结果以及心得体会，具体内容如下：

1. 简述非监督分类的任务实施过程，并附上每一步的结果影像。
2. 提取出各类别林地的面积，并分析其误差原因。
3. 回顾任务实施过程中的心得体会，遇到的问题及解决方法。

任务 3

遥感影像监督分类

→任务描述

本任务是林地利用专题图制作的前提基础，基于遥感影像，应用 ERDAS 9.2 软件对其进行监督分类，获得该影像的监督分类结果图，作为林地利用专题图制作的底图，同时获取各地类相关信息。

→任务目标

监督分类是常用的一种图像信息提取的方法，通过本任务的完成，进一步理解计算机图像分类的基本原理和方法以及监督分类的过程，达到能熟练地对遥感图像进行监督分类的目的，同时深刻理解监督分类与非监督分类的区别，思考林业遥感影像信息提取的关键所在。

→知识准备

监督分类方法是通过训练区内样本的光谱数据计算各类别的统计特征参数，作为各类型的度量标准，然后根据判别规则将图像的各像元分到一定的类别中。常用的判别规则有贝叶斯判别、最大似然判别和最小距离判别等。训练场地的选择是有监分类的关键，常用于对分类区比较熟悉。

监督分类是利用训练场地获取先验的类别知识，其优点是地物类型对应的光谱特征差异小时效果好。但是其工作量大，由于训练场地有代表性，训练样本的选择要考虑地物光谱特征，样本数目能满足分类要求，且需要实地资料比较多，因此要求苛刻，不易做到。

在实际操作中，相比于非监督分类，监督分类更多地需要用户来控制。其首先选择用户可以识别或者借助其他相关信息可以判断其类型的像元建立模板，然后基于该像元，计算机自动识别具有相同特性的像元，进行分类。分类完成后，进行分类结果评价，如果对分类结果不满意，再修改模板，如此反复，建立一个比较准确的模板，进行最终的分类。

ERDAS 遥感图像监督分类可分为定义分类模板、评价分类模板、进行监督分类、评价分类结果及分类后处理五个步骤。在此，以影像 2000TM. img 为源数据，一一介绍上述 5 个步骤。在实际应用中，可以根据需要进行其中的部分操作。

4.3.1　定义分类模板

4.3.1.1　打开分类图像

在【Viewer】视窗中打开需要分类的图像 2000TM. img（位于“...\ prj04 \ 遥感影像监督分类 \ data”）。

4.3.1.2　打开模板编辑器并调整属性字段

①方法一：在 ERDAS 图标面板工具栏，单击【Classifier】图标→【Classification】菜单→【Signature Editor】命令→【Signature Editor】对话框，如图 4-27 所示。

②方法二：在 ERDAS 图标面板菜单栏，单击【Main】→【 Image Classification】命令→【Classification】菜单→【Signature Editor】命令→【Signature Editor】对话框，如图 4-27 所示。

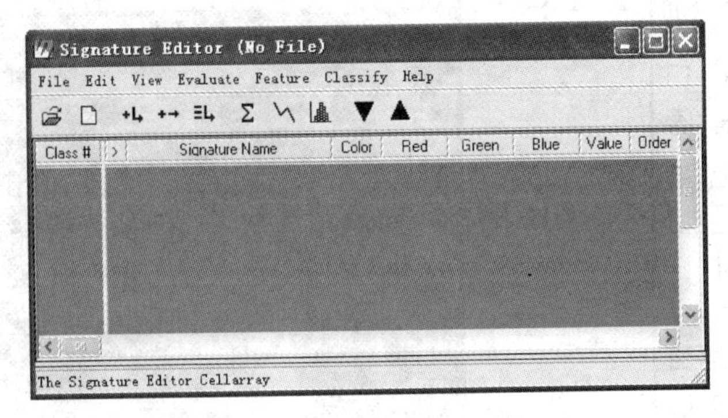

图 4-27　【Signature Editor】对话框

③在【Signature Editor】窗口菜单栏，单击【View】→【Columns】命令，打开【View Signature Columns】对话框，根据需要调整字段显示。或者在【Signature Editor】窗口，鼠标单击选中分类属性字段列，按住鼠标不放拖动列宽，进而调整字段显示。

4.3.1.3　获取分类模板信息

基于 ERDAS 系统，提供了 AOI 绘图工具、AOI 扩展工具、查询光标、生成特征空间图像应用 AOI 工具等 4 种方法来建立分类模板，在实际工作中，可能只用其中的一种方法即可，也可能需要几种方法联合应用。

(1) 应用 AOI 绘图工具在原始图像获取分类模板信息

①在原始图像 2000TM. img 视窗，在菜单栏单击【Raster】→【Tools】命令（或者在工具栏单击【Tools】图标），打开【Raster】工具面板，如图 4-28 所示。

②在【Raster 工具面板】，单击绘制多边形图标，绘制 AOI 多边形。

③在图像窗口中，选择蓝色区域（水体），绘制一个 AOI 多边形。

④在【Signature Editor】对话框，点击【Create New Signature】图标，将多边形 AOI 区域加载到【Signature Editor】分类模板属性表中。

⑤重复上述 2 ~4 步操作过程，绘制多个蓝色区域 AOI 多边形，如图 4-29 所示，并将其作为新的模板加入到【Signature Editor】分类模板属性表中，如图 4-30 所示。

⑥合并属性模板，如果对同一个专题类型（如水体）采集了全面且足够多的 AOI 并分别加入到模板中，可以将这些 AOI 模板合并，生成一个综合的新 AOI 模板，其中包含了

合并前的所有模板像元属性。具体操作如下：

• 在【Signature Editor】对话框中【Class #】字段下面的分类编号单击，按住鼠标左键下拉，将该类的AOI模板全部选定。

• 在工具栏，单击合并图标 ⊒ ，生成一个新模板，此新模板包含了合并前的所有模板像元属性。

• 鼠标右键单击，在下拉菜单项，选择【Delete Selection】，删除合并前的多个模板。

⑦在【Signature Editor】属性表，改变合并生成的分类模板的属性：包括名称与颜色，分类名称(Signature Name)：水体/颜色(Color)：蓝色。

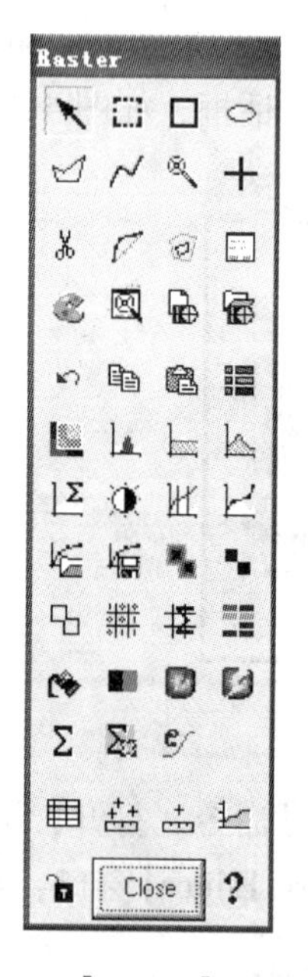

图4-28 【Raster】工具面板

图4-29 绘制AOI多边形

Signature Editor (No File)

File Edit View Evaluate Feature Classify Help

Class #	>	Signature Name	Color	Red	Green	Blue	Value	Order
1		Class 1		0.010	0.837	0.896	1	1
2		Class 2		0.013	0.842	0.901	2	2
3		Class 3		0.027	0.847	0.902	3	3
4		Class 4		0.021	0.825	0.898	4	4
5		Class 5		0.039	0.813	0.862	5	5
6		Class 6		0.043	0.815	0.862	6	6
7		Class 7		0.007	0.137	0.097	7	7
8		Class 8		0.030	0.347	0.457	8	8

图4-30 加载分类模板

⑧重复上述②~⑦步所有操作过程，绘制其他地类的AOI，确定分类模板名称和颜色，直到所有的地类都建立了分类模板，就可以保存分类模板。

⑨保存分类模板。如果在建立分类模板过程中，想随时保存分类模板或者建好后保存起来备用，具体步骤如下：

• 在【Signature Editor】窗口菜单栏，单击【File】→【Save】命令。

• 打开【Save Signature File As】对话框，如图 4-31 所示。

• 确定保存分类模板的目录，输入文件名，单击“OK”按钮，即可。

注意：在【Which Signatures】选项中，All 是指保存所有模板，Selected 是指保存被选中的模板。

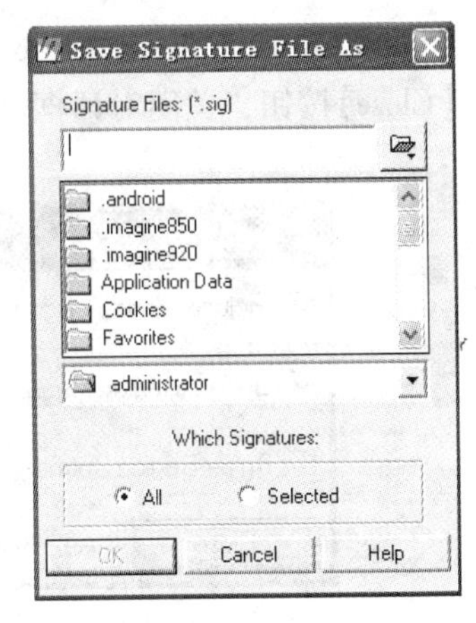

图 4-31　【Save Signature File As】对话框

(2) 应用 AOI 扩展工具在原始图像获取分类模板信息

应用 AOI 扩展工具生成 AOI，首先是选中一个种子像元，然后按照各种约束条件(如空间距离、光谱距离等)来考察相邻的像元，如果符合条件，则该相邻的像元就被接受，与种子像元一起组成新的像元组，并重新计算新的种子像元平均值(当然也可以设置一直沿用原始种子的值)，随后的相邻像元就以此新的种子像元平均值来计算光谱距离，执行下一步的计算判断。注意，在这过程中，空间距离的量算始终是以最初的种子像元为原点来计算的。

①设置种子像元特性

• 在原始图像 2000TM. img 窗口菜单栏，单击【AOI】→【Seed Properties】命令，打开【Region Growing Properties】对话框，进行相关参数设置。

• 相邻像元扩展方式(Neighborhood)选择：单击图标 ，按 4 个相邻像元扩展。

注意：此处包括了 2 种扩展方式， 表示以上、下、左、右 4 个像元作为相邻像元进行扩展。 表示种子像元周围的 9 个像元都是扩展的相邻像元。

• 区域扩展地理约束条件(Geographic Constrains)设置，包括面积约束(Area)、距离约束(Distance)。

注意：面积约束(Area)是确定每个 AOI 所包含的最多像元数(或者面积)，距离约束(Distance)是确定 AOI 所包含像元距种子像元的最大距离，这两个约束可以不设置，也可以设置一个或者两个。

• 波谱欧氏距离(Spectral Euclidean Distance)设置为 10。

注意：此处的距离是判断相邻像元与种子像元平均值之间的最大波谱欧氏距离，大于该距离的相邻像元则不被接受。

• 单击【Options】按钮，打开【Region Grow Options】对话框，设置区域扩展过程中的算法，选择【Include Island Polygons】和【Update Region Mean】，如图 4-32 所示。

注意：此处系统提供了 3 种算法，Include Island Polygons 是以岛的形式剔除不符合条件的像元，在种子扩展过程中，有时会有些不符合条件的像元被符合条件的像元包围，该算法就剔除这些不符合条件的像元。Update Region Mean 是重新计算种子平均值，若不选则一直以原始种子的值为均值。Buffer Region Boundary 是对 AOI 产生缓冲区，在利用 AOI 编辑 DEM 数据时，该设置可以避免高程的突然变化。

•【Region Growing Properties】对话框相关参数设置完成(如图4-33所示)，单击【Close】按钮，关闭对话框。

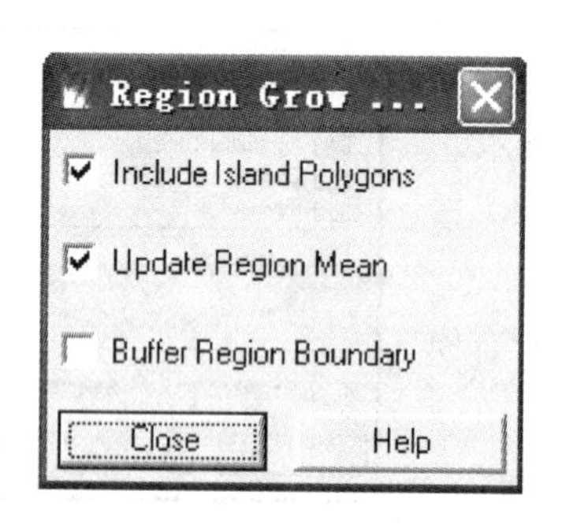

图4-32 【Region Grow Options】对话框

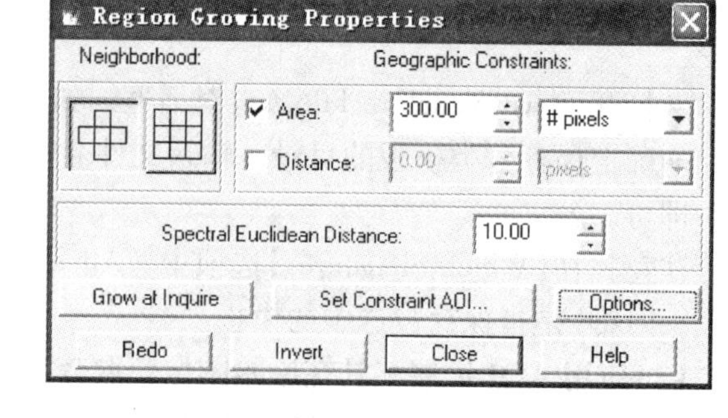

图4-33 【Region Growing Properties】对话框

②应用AOI扩展工具生成AOI

• 在原始图像2000TM. img视窗，在菜单栏单击【Raster】→【Tools】命令(或者在工具栏单击【Tools】图标)，打开【Raster】工具面板。

• 在【Raster】工具面板，单击图标，进入AOI生成状态。

• 在图像窗口中，选择蓝色区域(水体)，单击确定种子像元。

• 系统将根据上述设置的区域扩展条件自动扩展生成一个AOI。

• 如果生成的AOI不符合所需要，可以修改【Region Grow Options】对话框参数，直到符合需要为止；如果对生成的AOI比较满意，就继续进行下面的操作。

• 在【Signature Editor】对话框，点击【Create New Signature】图标，将多边形AOI区域加载到【Signature Editor】分类模板属性表中。

• 重复上述2~6操作过程，绘制多个蓝色区域AOI多边形，并将其作为新的模板加入到【Signature Editor】分类模板属性表中。

• 合并属性模板，其操作步骤同第1种方法(应用AOI绘图工具在原始图像获取分类模板信息)中的操作相同。

• 重复上述2~8步所有操作过程，绘制其他地类的AOI，确定分类模板名称和颜色，直到所有的地类都建立了分类模板，就可以保存分类模板。

• 保存分类模板，其操作步骤同第1种方法(应用AOI绘图工具在原始图像获取分类模板信息)中的操作相同。

(3)应用查询光标扩展方法获取分类模板信息

本方法与第2种方法(应用AOI扩展工具在原始图像获取分类模板信息)大同小异，不同的是种子像元的确定，第2种方法是在图像上单击确定种子像元，本方法是用查询光标确定种子像元。

①设置种子像元特性。其操作步骤同第2种方法(应用AOI扩展工具在原始图像获取分类模板信息)的"设置种子像元特性"。

②在原始图像2000TM. img窗口工具栏，单击【Inquire Cursor】图标(或者在窗口菜单栏，单击【Utility】→【Inquire Cursor】命令)，打开Viewer对话框，如图4-34所示，则图

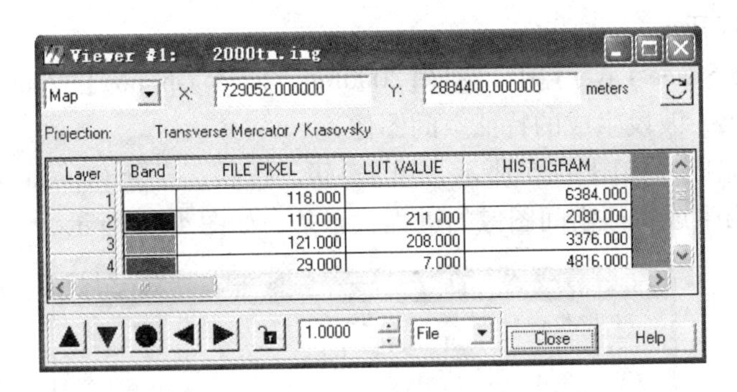

图 4-34 【Viewer】对话框

像窗口中出现相应的十字查询光标，十字交点可以准确定位一个种子像元。

③在原始图像 2000TM. img 窗口，选择蓝色区域(水体)，将十字查询光标交点移动到种子像元上，【Inquire Cursor】对话框中光标对应像元的坐标值与各波段数值相应变化。

④在【Region Growing Properties】对话框(图 4-33)，单击【Grow at Inquire】按钮，2000TM. img 图像窗口中自动产生一个新的扩展 AOI。

⑤在【Signature Editor】对话框，点击【Create New Signature】图标，将多边形 AOI 区域加载到【Signature Editor】分类模板属性表中。

⑥重复上述③~⑤步操作过程，绘制多个蓝色区域 AOI 多边形，并将其作为新的模板加入到【Signature Editor】分类模板属性表中。

⑦合并属性模板，其操作步骤同第 1 种方法(应用 AOI 绘图工具在原始图像获取分类模板信息)中的操作相同。

⑧重复上述③~⑦步所有操作过程，绘制其他地类的 AOI，确定分类模板名称和颜色，直到所有的地类都建立了分类模板，就可以保存分类模板。

⑨保存分类模板，其操作步骤同第 1 种方法(应用 AOI 绘图工具在原始图像获取分类模板信息)中的操作相同。

(4)生成特征空间图像应用 AOI 工具生成分类模板

前面所述的 3 种方法，都是在原始图像上应用 AOI 区域产生分类模板，此类模板是参数型模板，而在特征空间图像应用 AOI 工具生成分类模板则属于非参数型模板，其大概操作流程是：生成特征空间图像，关联原始图像与特征空间图像，确定图像类型在特征空间的位置，在特征空间图像绘制 AOI 区域，将 AOI 区域添加到分类模板中。

①生成特征空间图像

- 在【Signature Editor】窗口菜单栏，单击【Feature】→【Create】→【Feature Space Layers】命令，打开【Create Feature Space Images】窗口，进行参数设置。
- 在【Create Feature Space Images】窗口，确定原始图像(Input Raster Layer)为 2000TM. img。
- 定义输出图像文件根名(Output Root Name)为 2000TM。
- 在【Level Slice】选项组中，选择【Color】单选按钮，确定生成彩色图像。注意：在此处，如果选择产生了黑白图像，可以通过修改属性表而变为彩色。
- 选中【Output To Viewer】复选框，表示选择输出到窗口，则生成的特征空间图像自动在一个窗口中打开。

• 在【Feature Space Layer】中，选择【2000tm_ 2_ 5. fsp. img】(2000tm_ 2_ 5. fsp. img 是由第 2 波段和第 5 波段生成的特征空间图像)。

• 参数设置完成，如图 4-35 所示，单击“OK”按钮，关闭【Create Feature Space Images】对话框，弹出生成特征空间图像的进程状态条，如图 4-36 所示。

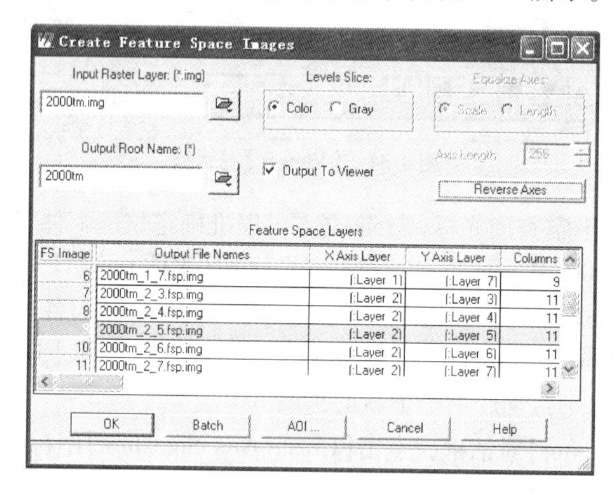

图 4-35　【Create Feature Space Images】窗口

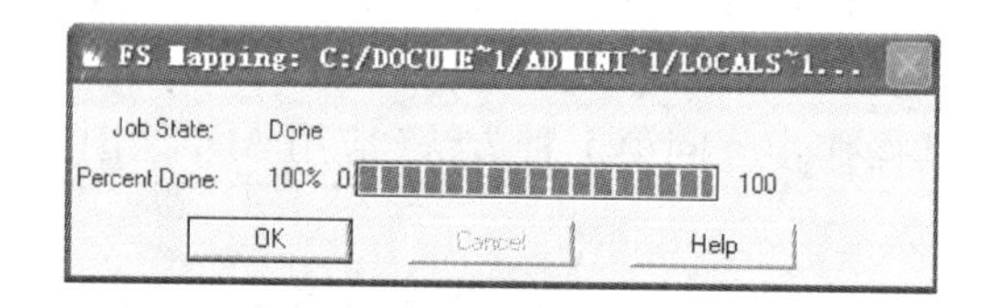

图 4-36　特征空间图像的进程状态条

• 进程结束，系统自动打开特征空间图像窗口，如图 4-37 所示。

注意：在【Create Feature Space Images】对话框(图 4-35)中的【Feature Space Layer】表中，是列出了图像 2000TM. img 的所有 7 个波段两两组合生成特征空间图像的文件名。这些文件名是由输出图像的文件根名和该图像所使用的波段数组成，如 2000tm_ 2_ 5. fsp. img，2000tm 是文件根名，_ 2_ 5 是指使用的波段数(在前的数字表示产生的图像 X 轴为该波段的值，单击【Create Feature Space Images】对话框中的【Reverse Axes】按钮，可以改变两个波段数的前后顺序)，fsp 为 Feature Space 的简写。在进行波段选择产生特征空间图像时，可以选择一个或者多个波段组合，从而产生一个或者多个特征空间图像。在本例中，只选择第 2 波段和第 5 波段来产生特征空间图像，是由于下面是针对水体建立分类模板，这两个波段组合反映水体比较明显。

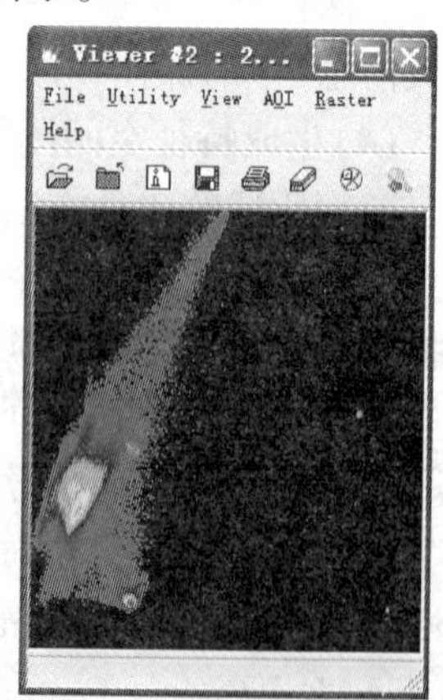

图 4-37　特征空间图像窗口

②关联原始图像与特征空间图像，确定图像类型在特征空间的位置

• 在【Signature Editor】窗口菜单栏，单击【Feature】→【View】→【Linked Cursors】命令，

打开【Linked Cursors】对话框，设置相关参数，如图4-38所示。

• 在【Viewer】微调框中，输入“2”，表示特征空间图像显示在Viewer#2窗口中，或者单击【Select】按钮，再根据系统提示在显示特征空间图像2000tm_ 2_ 5. fsp. img的窗口中单击一下，则【Viewer】微调框中，则自动出现显示特征空间图像的窗口编号“2”。

注意：如果是有多幅特征空间图像，则选中【All Feature Space Viewers】复选框，将使原始图像与所有的特征空间图像关联起来。

• 设置查询光标的显示颜色(Set Cursor Colors)，鼠标单击按钮，在弹出的【AS IS】色表选择颜色，图像查询光标的显示颜色(Image)选择红色，特征空间图像查询光标显示颜色(Feature Space)选择蓝色。

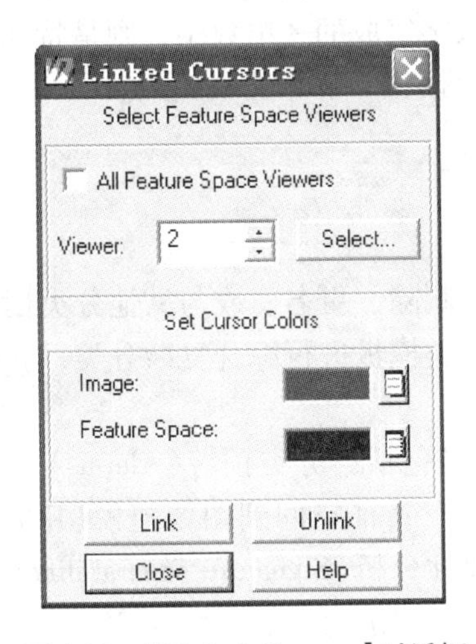

图4-38　【Linked Cursors】对话框

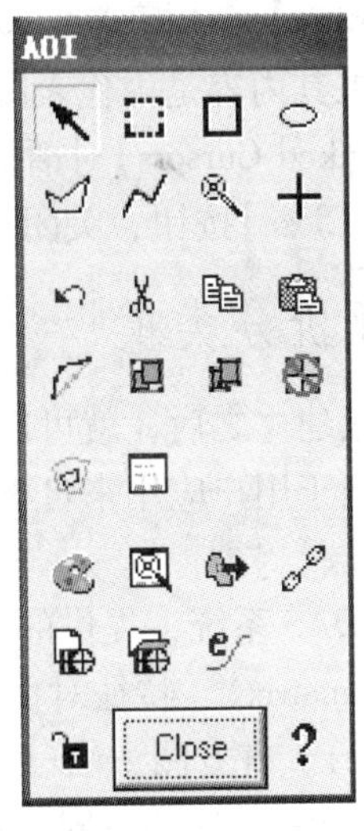

图4-39　AOI工具面板

• 单击【Link】按钮，根据系统提示，在原始图像显示窗口单击一下，将两个窗口关联起来，两个窗口中同时出现十字查询光标。

• 在原始图像2000TM. img的显示窗口(Viewer#1)中，拖动十字光标在水体上移动，则特征空间图像窗口(Viewer#2)的十字光标随之移动，从而查看水体像元在特征空间图像(Viewer#2)中的位置，从而确定水体在特征空间图像中的范围。

③在特征空间图像绘制AOI区域，将AOI区域添加到分类模板中

• 在特征空间图像窗口(Viewer#2)菜单栏，单击【AOI】→【Tools】命令，打开AOI工具面板，如图4-39所示。

• 在AOI工具面板，单击绘制多边形图标，进入绘制多边形AOI状态。

• 在特征空间图像窗口，选择与水体对应的区域，绘制一个多边形AOI。

注意：在特征空间中选择AOI区域时，要力求准确，不可大概绘制，只有准确绘制AOI，所建立的分类模板才科学，获得精确的分类结果。为了精确绘制AOI，关联原始图像与特征空间图像两个窗口，在特征空间进行类别定位时，可以在特征空间图像与类别对应的像元标记一系列点状AOI，后面绘制类别AOI多边形时，把这些点都准确地包含进去。

• 在【Signature Editor】对话框，点击【Create New Signature】图标，将多边形AOI区

域加载到【Signature Editor】分类模板属性表中。

• 在【Signature Editor】对话框，标注水体分类模板的属性：包括名称和颜色，分类名称(Signature Name)：水体/颜色(Color)：蓝色。

• 重复上述2～5操作步骤，获取更多的分类模板信息。当然，不同的分类模板信息需要借助不同波段生成的不同的特征空间图像来获取。

• 所有类别模板加载完成，在【Signature Editor】对话框菜单栏，单击【Feature】→【Statistics】命令，生成AOI统计特性。

注意：基于特征空间图像AOI区域所建立的分类模板，其本身不包含任何统计信息，必须要重新统计来产生统计信息。要区分所建立的模板是否特征空间模板，可以查看【Signature Editor】对话框分类模板属性表中的【FS】字段，如果其内容为空，则是非特征空间模板；如果其内容是由代表图像波段的两个数字组成的一组数字，则是特征空间模板。

• 在【Linked Cursors】对话框，单击【Unlink】按钮，解除关联关系。

• 单击【Close】按钮，关闭对话框。

4.3.2 评价分类模板

分类模板建立之后，就可以对其进行评价，删除、更名、或与其他分类模板合并等操作。这样有利于用户应用来自不同训练方法的分类模板进行综合复杂分类，获得比较理想的结果。

基于ERDAS系统，提供的分类模板评价工具包括：分类预警(Alarms)、可能性矩阵(Contingency matrix)、特征对像(Feature objects)、特征空间到图像掩模(Feature Space to image masking)、直方图方法(Histograms)、分离性分析(Signature separability)和分类统计分析(Statistics)等。这些不同的评价方法各有各的应用范围。

4.3.2.1 分类预警(Alarms)

分类预警评价的依据是平行六面体分割规则(Parallelepiped Division Rule)，其基于属于或者可能属于某一类别的像元生成一个预警掩膜，然后叠加在图像窗口显示，以示预警。一次预警评价可以针对一个类别或者多个类别进行，如果没有在【Signature Editor】对话框中选择类别，则当前活动类别(即【Signature Editor】对话框中“>”旁边的类别)都被用于进行分类预警。

(1)产生分类预警掩膜

①在【Viewer】窗口中，打开原始图像2000TM.img(位于“...\prj04\遥感影像监督分类\data”)，打开【Signature Editor】对话框，导入原始图像分类模板。

②在【Signature Editor】对话框中，单击【Class#】字段下的分类号，选择一个类别或者多个类别模板。

③在菜单栏，单击【View】→【Image Alarm】命令，打开【Signature Alarm】对话框。

④选中【Indicate Overlap】复选框，使同时属于两个及两个以上分类的像元叠加预警显示，在复选框后面的色框中设置像元叠加预警显示的颜色：红色，如图4-40所示。

⑤单击【Edit Parallelepiped Limits】按钮，打开【Limits】对话框，如图4-41所示。

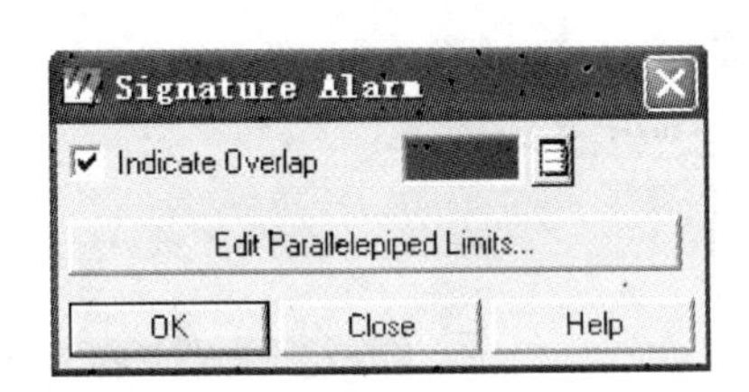

图 4-40　【Signature Alarm】对话框

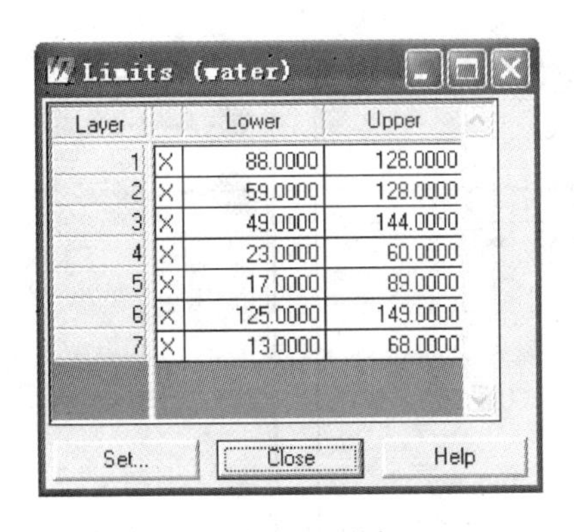

图 4-41　【Limits】对话框

⑥在【Limits】对话框，单击【Set】按钮，打开【Set Parallelepiped Limits】对话框。

⑦设置【Set Parallelepiped Limits】对话框，如图 4-42 所示，计算方法(Method)选择【Minimum/Maximum】，模板(Signatures)选择使用当前模板【Current】。

⑧单击"OK"按钮，关闭【Set Parallelepiped Limits】对话框，返回【Limits】对话框(图 4-41)。

⑨单击【Close】按钮，关闭【Limits】对话框，返回【Signature Alarm】对话框(图 4-40)。

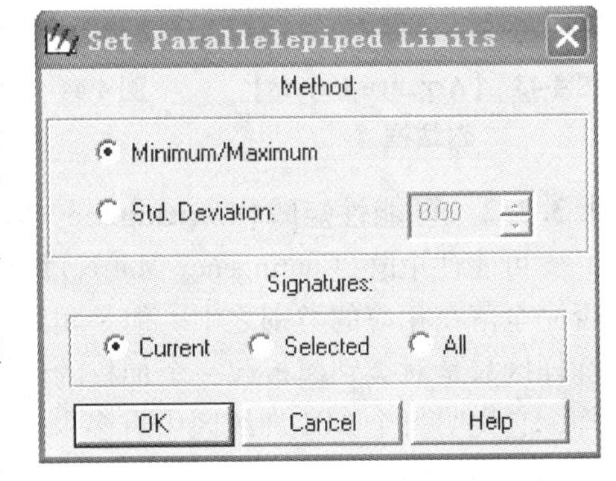

图 4-42　【Set Parallelepiped Limits】对话框

⑩单击"OK"按钮，根据系统提示，在显示原始图像 2000TM. img 的窗口中单击一下，执行分类预警评价，在原始图像形成预警掩膜，掩膜的颜色与模板颜色一致。单击【Close】按钮，关闭【Signature Alarm】对话框。

(2)查看分类预警掩膜

应用图像叠加显示功能，如闪烁显示、混合显示、卷帘显示等，来查看分类预警掩膜与图像之间关系。具体操作为：

①在显示图像窗口菜单栏，单击【Utility】→【Flicker】，则图像闪烁叠加显示。

②在显示图像窗口菜单栏，单击【Utility】→【Swipe】，则图像卷帘叠加显示。

③在显示图像窗口菜单栏，单击【Utility】→【Blend】，则图像混合叠加显示。

(3)删除分类预警掩膜

①在原始图像 2000tm. img 显示窗口菜单栏，单击【View】→【Arrange Layers】命令，打开【Arrange Layers】对话框，如图 4-43 所示。

②右击【Alarm Mask】预警掩膜图层，弹出【Layer Options】快捷菜单，如图 4-44 所示。

③在【Layer Options】快捷菜单，单击【Delete Layer】命令，删除【Alarm Mask】图层。

④在【Arrange Layers】对话框，单击【Apply】按钮，在原始图像窗口删除预警图层，弹出提示对话框，如图 4-45 所示，提示"Save Changes Before Closing?"。

⑤单击【否】按钮，关闭【Verify Save on Close】提示对话框，原始图像窗口的预警图层被删除。

⑥在【Arrange Layers】对话框，单击【Close】按钮，关闭【Arrange Layers】对话框。

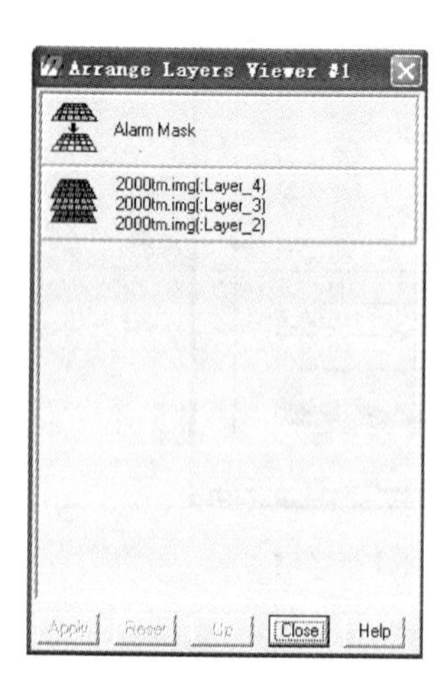

图4-43 【Arrange Layers】对话框

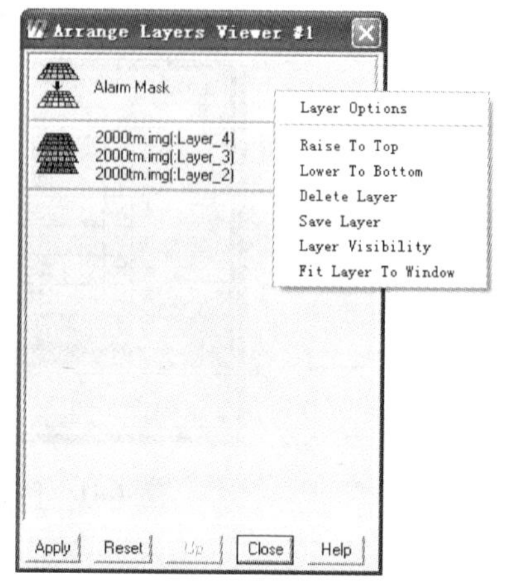

图4-44 【Layer Options】快捷菜单

图4-45 【Verify Save on Close】提示框

4.3.2.2 可能性矩阵(Contingency Matrix)

可能性矩阵(Contingency Matrix)评价工具是根据分类模板，分析AOI训练区的像元是否完全落在相应的类别之中。但是实际上AOI中的像元对各个类都有一个权重值，AOI训练样区只是对类别模板起一个加权的作用。所以，可能性矩阵的分析结果是一个百分比矩阵，它说明每个AOI训练区中有多少个像元分别属于相应的类别。AOI训练样区的分类可应用下列几种分类原则：平行六面体(Parallelepiped)、特征空间(Feature Space)、最大似然(Maximum Likelihood)、马氏距离(Mahalanobis Distance)。其具体操作如下：

①打开【Signature Editor】对话框，导入分类模板。

②在【Signature Editor】窗口菜单栏，单击【Evaluation】→【Contingency】命令，打开Contingency Matrix对话框，如图4-46所示。

③填写Contingency Matrix对话框，如图4-47所示。

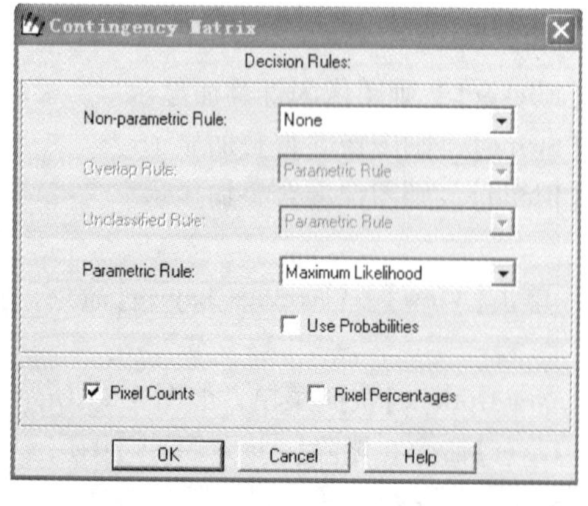

图4-46 【Contingency Matrix】对话框

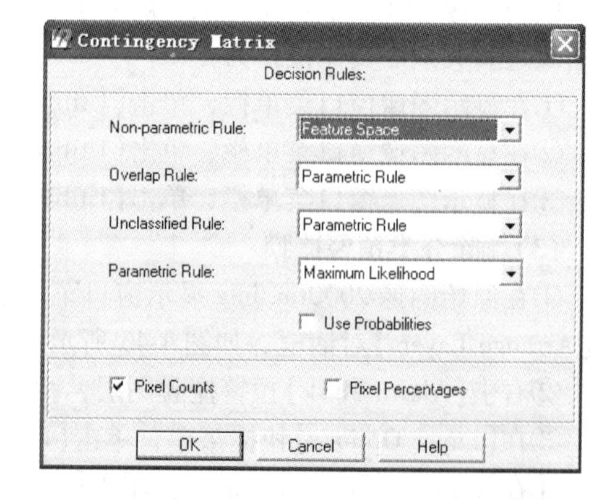

图4-47 填写【Contingency Matrix】对话框

- 非参数规则(Non-parametric Rule)选择：【Feature Space】。
- 叠加规则(Overlay Rule)选择：【Parametric Rule】。
- 未分类规则(Unclassified Rule)选择：【Parametric Rule】。

- 参数规则(Parametric Rule)选择：【Maximum Likelihood】。
- 选择像元总数作为评价输出统计：【Pixel Counts】。
- 单击“OK”按钮，关闭【Contingency Matrix】对话框，获取分类误差矩阵，如图4-48所示。

Editor: , Dir:

File Edit View Find Help

ERROR MATRIX

Reference Data

Classified Data	water	road	woodland	constructi
water	6086	1	0	0
road	40	142	0	311
woodland	18	0	4877	1
constructi	6	7	61	8785
sand	0	0	0	10
cropland	0	1	390	211
Column Total	6150	151	5328	9318

Reference Data

Classified Data	sand	cropland	Row Total
water	0	0	6087
road	2	0	495
woodland	0	105	5001
constructi	1	35	8895
sand	2356	0	2366
cropland	0	1829	2431
Column Total	2359	1969	25275

----- End of Error Matrix -----

图4-48　模板分类误差矩阵

分析此误差矩阵，水体有40个像元分到了道路中，18个像元分到了林地中，6个分到了城镇用地中，依次分析其他类别，其结果是令人满意的。注意：从分类误差总的百分比来说，如果误差矩阵值小于85%，则分类模板的精度太低，需要重新建立。

4.3.2.3　特征对象(Feature Objects)

此方法是通过显示各个类别模板的统计图，从而比较不同的类别。统计图基于类别的平均值及其标准差，以椭圆的形式显示在特征空间图像中。在进行统计分析时，可以基于一个类别或者多个类别，如果没有选择类别，则处于当前活动状态(即位于【Signature Editor】对话框模板属性表符号“ > ”旁边)的类别模板都将被使用。注意：在应用此法时，其椭圆是绘制在特征空间图像中，所以必须首先打开特征空间图像。其操作如下：

①打开特征空间图像，打开【Signature Editor】对话框，导入原始图像的分类模板。

②在【Signature Editor】对话框中，单击【Class#】字段下的分类号，选择要分析的类别模板。注意：此处可以选择一个类别或者多个类别模板。

③在【Signature Editor】窗口菜单栏，单击【Feature】→【Objects】命令，打开【Signature Objects】对话框。

④填写【Signature Objects】对话框，如图4-49所示。

- 确定特征空间图像窗口(Viewer)为2(Viewer#2)，直接输入数字2或者单击【Select】按钮，根据系统提示，在特征空间图像单击一下，则数字2自动输入框中。

注意：如果是多个特征空间模板，则选中【All Feature Space Viewers】复选框。

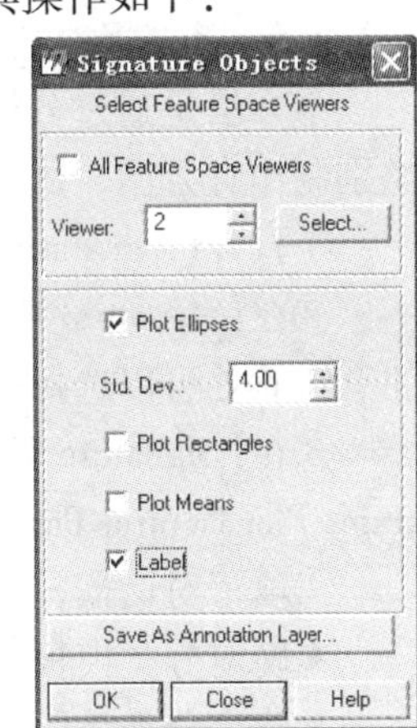

图4-49　【Signature Objects】对话框

• 选中【Plot Ellipses】复选框，确定绘制分类统计椭圆。注意：除此之外，此方法还可以同时显示两个波段类别均值、平行六面体和标识等信息，图4-49。

• 确定统计标准差(Std. Dev)为4。

⑤单击“OK”按钮，执行模板对象图示，绘制分类椭圆。

注意：执行模板对象图示后，特征空间图像窗口显示所选类别的统计椭圆，其椭圆的重叠程度反映了类别的相似性。如果两个椭圆不重叠或者重叠一点点，则表明两个类别相互独立，分类较好。但如果椭圆完全重叠或者重叠太多，就说明两个类别是相似的，分类不理想。

4.3.2.4 特征空间到图像掩膜(Feature Space to Image Masking)

本工具只针对特征空间模板，且图像窗口中的图像要与特征空间图像相对应，可以基于一个或者多个类别的特征空间模板使用，如果没有选择类别，则处于当前活动状态(即位于【Signature Editor】对话框模板属性表符号“ > ”旁边)的类别模板都将被使用。在使用时，其显示结果类似于分类预警评价，可以把特征空间模板定义为一个掩膜，则图像文件就会对该掩膜下的像元作标记，在窗口中这些像元就被高亮度显示出来，从而可以直观地知道哪些像元会被分在特征空间模板所确定的类别之中。其操作如下：

①打开【Signature Editor】对话框，导入原始图像的特征空间分类模板。

②在【Signature Editor】对话框中，单击【Class#】字段下的分类号，选择要分析的特征空间分类模板。注意：此处可以选择一个类别或者多个类别模板。

③在【Signature Editor】窗口菜单栏，单击【Feature】→【Masking】→【Feature Space to Image】命令。

④打开【Feature Space to Image Masking】对话框，不选中【Indicate Overlay】复选框。

⑤单击【Apply】按钮，应用参数设置，产生分类预警。

⑥单击【Close】按钮，关闭【Feature Space to Image Masking】对话框。

⑦在原始图像窗口中，生成被选择的分类图像掩膜。

⑧通过图像叠加显示功能评价分类模板，其操作参见第1种方法(分类预警评价)中的“(2)查看分类预警掩膜”。

4.3.2.5 直方图方法(Histograms)

本方法是通过分析类别的直方图对模板进行评价和比较，其可以同时对一个或者多个类别制作直方图，从而分析类别的特征。其操作如下：

①打开【Signature Editor】对话框，导入原始图像的分类模板。

②在【Signature Editor】对话框中，单击【Class#】字段下的分类号，选择要分析的类别。注意：此处可以选择一个类别或者多个类别模板。

③在【Signature Editor】窗口菜单栏，单击【View】→【Histograms】命令，打开【Histograms Plot Control Panel】对话框。

④填写对话框，设置相关参数，如图4-50所示。

• 确定分类模板数量(Signature)为【Single Signature】。

• 确定分类波段数量(Bands)为【Single Band】。

• 确定应用的波段(Band No.)为【1】。

⑤单击【Plot】按钮，绘制分类直方图并显示，如图4-51所示。

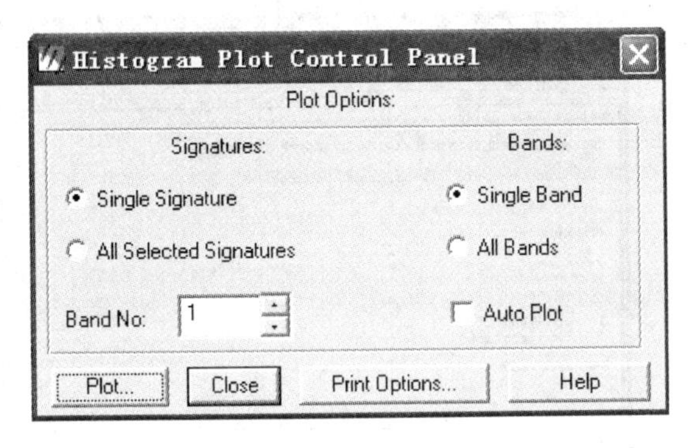

图 4-50 【Histogram Plot Control Panel】对话框

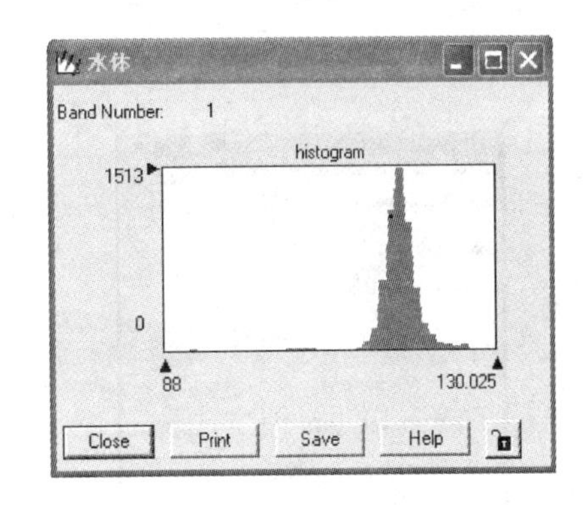

图 4-51 Water 第 1 波段的直方图

4.3.2.6 类别的分离性分析(Signature Separability)

此方法是通过计算任意类别间的统计距离，从而确定两个类别之间的差异性程度，也可用于确定在分类中效果最好的数据层。此方法可以同时对多个类别进行分析，如果没有选择类别，则此方法对模板所有类别进行分析。其操作如下：

①打开【Signature Editor】对话框，导入原始图像的分类模板。

②在【Signature Editor】对话框中，单击【Class#】字段下的分类号，选择要分析的类别。注意：此处可以选择一个类别或者多个类别模板。

③在【Signature Editor】窗口菜单栏，单击【Evaluate】→【Separability】命令，打开【Signature separability】对话框。

④填写【Signature separability】对话框，设置相关参数，如图 4-52 所示。

- 确定组合数据层数(Layers Per Combination)为【7】，即表示此工具将基于 7 个波段来计算类别间的距离，从而确定所选择类别在 7 个波段上的分离性大小。
- 选择计算距离的方法(Distance Measure)为【Transformed Divergence】。

注意：此处系统提供了 4 种计算距离的方法，为欧氏光谱距离、Jeffries - Matusta 距离、分类的分离度(Divergence)和转换分离度(Transformed Divergence)(图 4-52)。

- 选择输出数据格式(Output Form)为【ASCII】。
- 选择输出统计结果报告方式(Report Type)为【Summary Report】。

注意：此处系统提供了 2 种方式，Summary Report 只显示分离性最好的两个波段组合的情况，分别对应最小分离性最大和平均分离性最大；Complete Report 不仅显示分离性最好的两个波段组合，还要显示所有波段组合的情况。

⑤单击“OK”按钮，执行分析，计算结果显示在 ERDAS 文本编辑器窗口，如图 4-53 所示，此计算结果也可以保存为文本文件。

⑥单击【Close】按钮，关闭【Signature Separability】对话框。

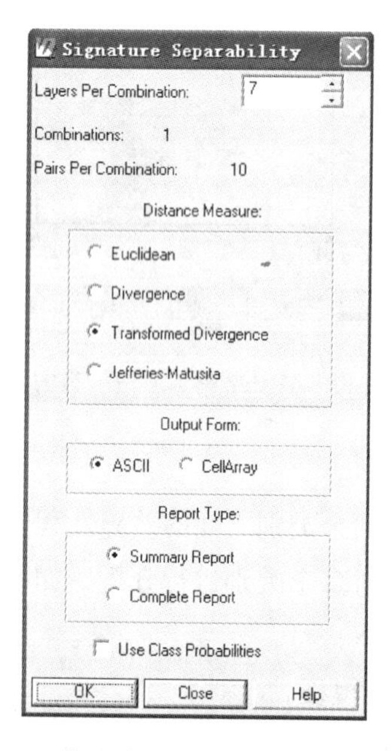

图4-52 【Signature Separability】对话框

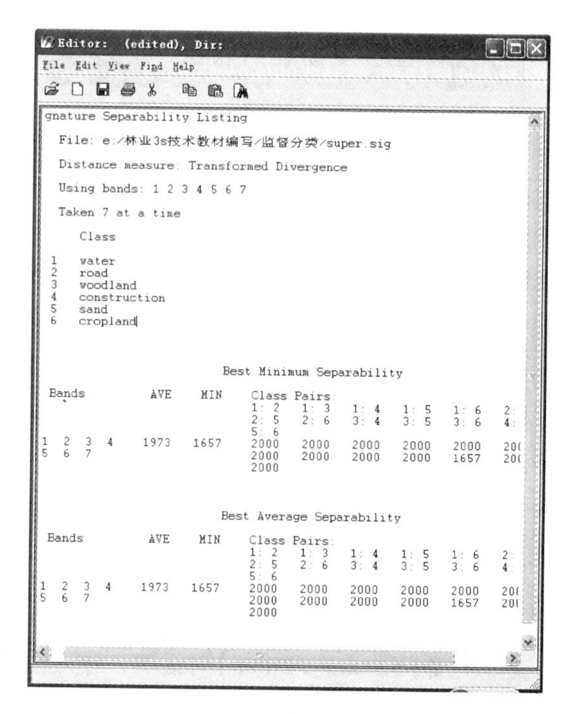

图4-53 分离性分析结果(所有类别基于7个波段)

4.3.2.7 分类统计分析(Statistics)

该功能通过对类别专题层的统计，进而做出评价和比较。注意：此方法每次只能对一个类别进行分析，在进行分析前，要保证此类别处于当前活动状态。

①打开【Signature Editor】对话框，导入原始图像的分类模板。

②在【Signature Editor】对话框中，单击某一类别的“＞”字段，将该类别处于当前活动状态。

③在菜单栏，单击【View】→【Statistics】命令，打开【Statistics】窗口，如图4-54所示，该窗口中的统计结果表包含了该类别模板的基本统计信息(图4-54)。

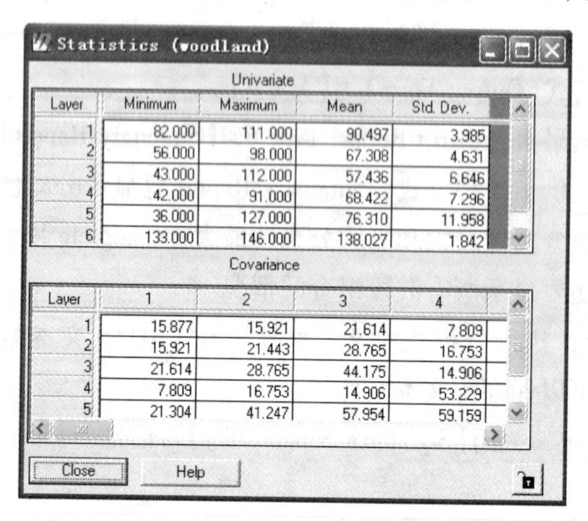

Statistics (woodland)

Univariate

Layer	Minimum	Maximum	Mean	Std. Dev.
1	82.000	111.000	90.497	3.985
2	56.000	98.000	67.308	4.631
3	43.000	112.000	57.436	6.646
4	42.000	91.000	68.422	7.296
5	36.000	127.000	76.310	11.958
6	133.000	146.000	138.027	1.842

Covariance

Layer	1	2	3	4
1	15.877	15.921	21.614	7.809
2	15.921	21.443	28.765	16.753
3	21.614	28.765	44.175	14.906
4	7.809	16.753	14.906	53.229
5	21.304	41.247	57.954	59.159

图4-54 【Statistics】窗口

4.3.3　执行监督分类

(1)打开【Supervised Classification】对话框

①方法一：ERDAS 图标面板菜单条：单击【Main】→【Image Classification】→【Supervised Classification】→【Supervised Classification】对话框

②方法二：ERDAS 图标面板工具条：单击【Classifier】图标 →【Supervised Classification】→【Supervised Classification】对话框

(2)填写 Supervised Classification 对话框(如图 4-55)

①确定输入原始文件(Input Raster File)：【2000TM. img】(位于"... \ prj04 \ 遥感影像监督分类 \ data")。

②定义输出分类文件(Classified File)：【supervised. img】(位于"... \ prj04 \ 遥感影像监督分类 \ data")。

③输入分类模板文件(Input Signature File)：【super. sig】(位于"... \ prj04 \ 遥感影像监督分类 \ data")。

④选择输出分类距离文件(Output Distance File)为：【super – distance】(用于分类结果进行阈值处理)。

⑤定义分类距离文件(Filename)：【super-distance. img】(位于"... \ prj04 \ 遥感影像监督分类 \ data")。

⑥非参数规则(Non-parametric Rule)选择：【Feature Space】。

⑦叠加规则(Overlay Rule)选择：【Parametric Rule】。

⑧未分类规则(Unclassified Rule)选择：【Parametric Rule】。

⑨参数规则(Parametric Rule)选择：【Maximum Likelihood】。

⑩单击"OK"按钮，执行监督分类，关闭【supervised Classification】对话框，获取分类结果图，如图 4-56 所示。

注意：不要选中【Classify zeros】复选框(分类过程中是否包括 0 值)。

注意：还有一种情况，是在分类模板建立好后，直接进行监督分类，具体操作：在【Signature Editor】对话框菜单栏中，单击【Classify】→【Supervised】命令→【Supervised Classification】对话框，如图 4-57 所示，填写对话框即可。

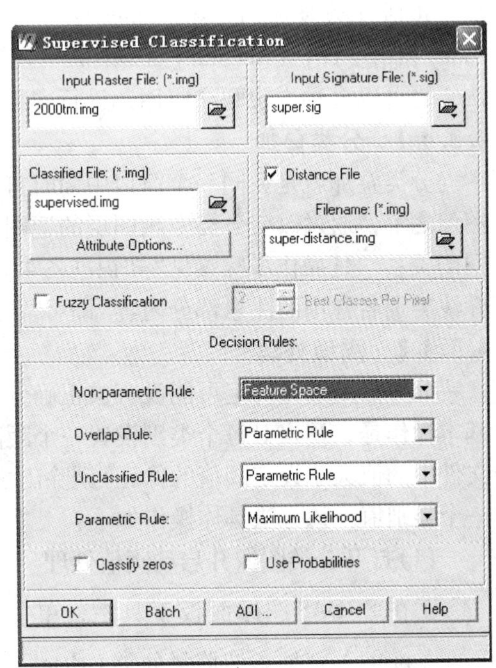

图 4-55　填写【Supervised Classification】对话框

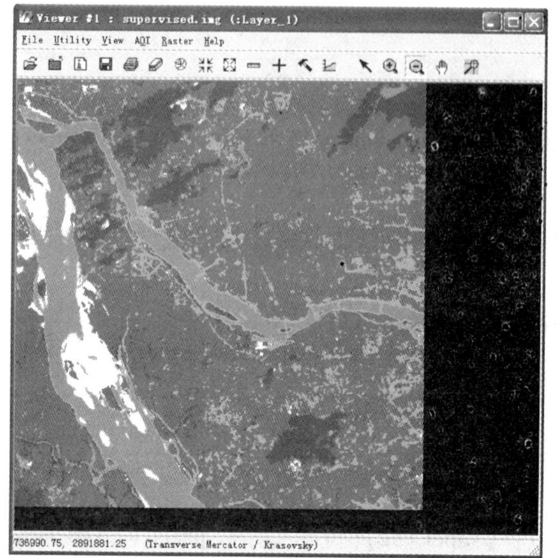

图4-56 监督分类结果赋色图

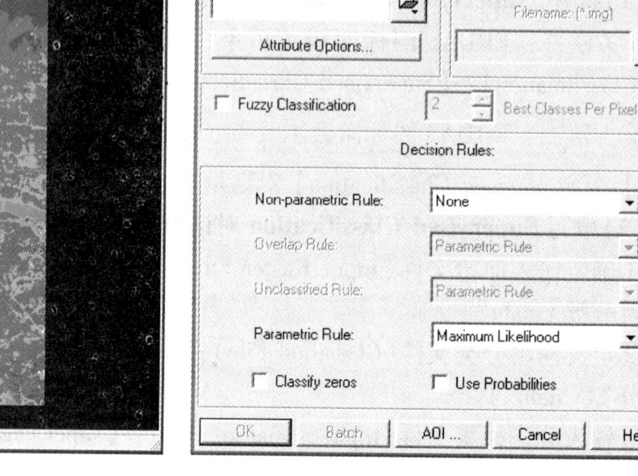

图4-57 【Supervised Classification】对话框

4.3.4 评价分类结果

监督分类完成之后，需要对分类效果进行评价，ERDAS系统提供了多种分类评价方法，包括分类叠加(Classification Overlay)、定义阈值(Thresholding)、分类重编码(Recode)和精度评估(Accuracy Assessment)等。在具体应用时，可以根据情况选择不同的方法，也可以多种方法联合应用，进行多种形式的分类效果评价。

4.3.4.1 分类叠加

分类叠加就是在同一个窗口中同时打开原始图像与分类图像，并将分类图像置于原始图像之上，通过改变分类专题图层的透明度及颜色等属性，来查看分类图像与原始图像之间的关系。其操作步骤参见“知识准备4.2.2.3 类别赋色和4.2.2.4 确定类别意义及精度，标注类别名称中的注意部分内容”即可。

4.3.4.2 阈值处理

此方法是通过确定可能没有被正确分类的像元，进而对分类的初步结果进行优化。其基本操作是，用户对每个类别设置一个距离阈值，将可能不属于该类别的像元(即在距离文件中的值大于设定阈值的像元)剔除出去，这些剔除出去的像元在分类图像中被赋予另一个类别值。该方法具体操作如下：

(1)打开分类图像并启动阈值处理

①在ERDAS图标面板工具栏，单击【Viewer】图标，打开监督分类图像(位于“...\prj04\遥感影像监督分类\data”)。

②在ERDAS图标面板工具栏，单击【Classifier】图标→【Classification】菜单→【Threshold】命令→【Threshold】对话框，或者ERDAS图标面板菜单栏，单击【Main】→【Image Classification】命令→【Classification】菜单→【Threshold】命令→【Threshold】对话框，如图4-58所示。

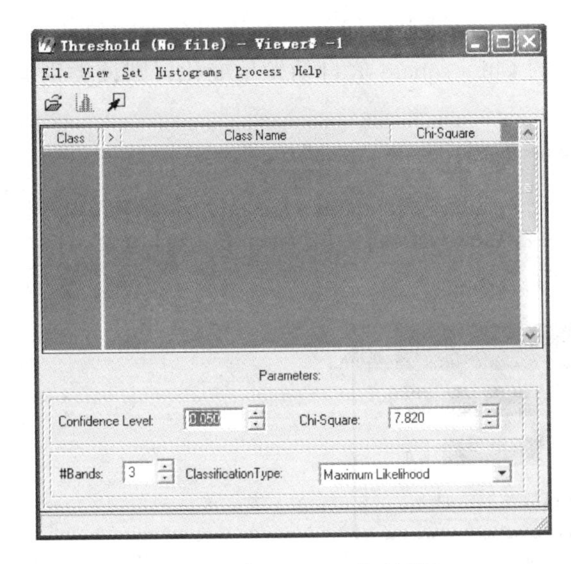

图4-58　【Threshold】对话框

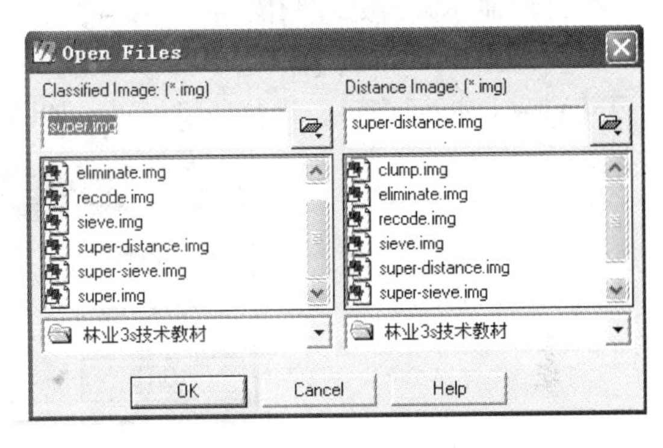

图4-59　填写【Open Files】对话框

(2)设置【Threshold】对话框，确定分类图像和距离图像

①在【Threshold】窗口菜单栏，单击【File】→【Open】命令，或者在工具栏，单击打开图标，打开【Open Files】对话框，并填写此对话框，如图4-59所示。

②确定分类专题图像(Classified Image)为【super. img】(位于“... \ prj04 \ 遥感影像监督分类 \ data”)。

③确定分类距离文件(Distance Image)为【super – distance. img】(位于“... \ prj04 \ 遥感影像监督分类 \ data”)。

④单击“OK”按钮，关闭【Open Files】对话框，返回【Threshold】窗口。

(3)选择视图及计算直方图

①在【Threshold】窗口菜单栏，单击【View】→【Select Viewer】命令，根据系统提示，在显示分类专题图像的窗口单击一下。

②在【Threshold】窗口菜单栏，单击【Histograms】→【Compute】命令，计算各个类别的距离直方图。

③保存直方图，如果有需要，在【Threshold】窗口菜单栏，单击【Histograms】→【Save】命令，则该直方图保存为一个模板文件 . sig 文件。

(4)选择类别并设定阈值

①在【Threshold】窗口分类属性表格中，在“ > ”符号栏下单击，则“ > ”符号右边的类别，则被选中。

②在【Threshold】窗口菜单栏，单击【Histograms】→【View】命令，则被选择类别的 Distance Histogram 显示出来，如图4-60所示。

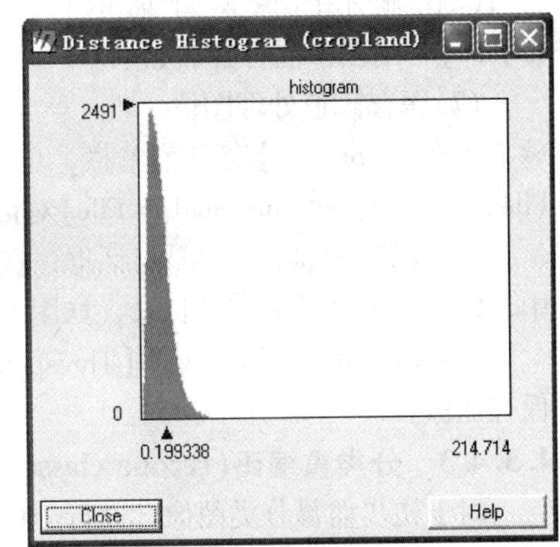

图4-60　【Distance Histogram】(cropland)窗口

③在【Distance Histogram】窗口，拖动 Histogram X 轴上的箭头，到某一合适的位置，即想设为阈值的位置，此时【Threshold】窗口中的 Chi - square 值自动发生变化，则该类别的阈值设定完毕。

④重复上述步骤，依次设定每一个类别的阈值。

(5)显示阈值处理图像

①在【Threshold】窗口菜单栏，单击【View】→【View Colors】→【Custom Colors】命令，打开【View Colors】窗口，进行环境设置，如图4-61所示。

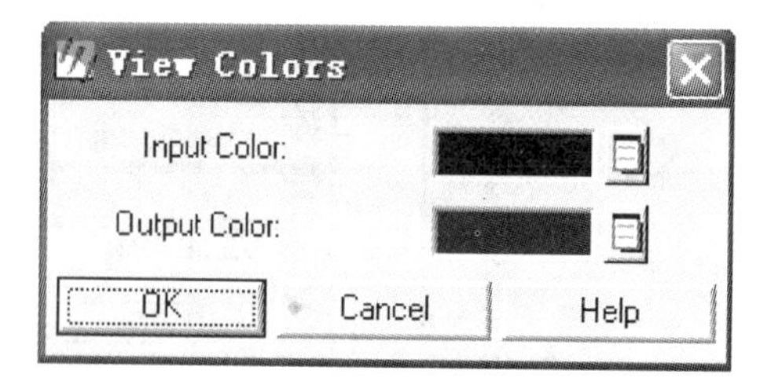

图4-61 【View Colors】窗口

②在【View Colors】窗口【Input Color】框，设置阈值以外的像元颜色，在【Output Color】框，设置阈值之内的像元颜色。

③在【Threshold】窗口菜单栏，单击【Process】→【To Viewer】命令，则形成一个阈值掩膜，阈值处理图像则显示在分类图像之上。

(6)查看阈值处理图像

利用闪烁(Flicker)、卷帘显示(Swipe)、混合显示(Blend)等图像叠加显示工具，直观查看处理前后的图像变化。

①在显示图像窗口菜单栏，单击【Utility】→【Flicker】，则图像闪烁叠加显示。

②在显示图像窗口菜单栏，单击【Utility】→【Swipe】，则图像卷帘叠加显示。

③在显示图像窗口菜单栏，单击【Utility】→【Blend】，则图像混合叠加显示。

(7)保存阈值处理图像

①在【Threshold】窗口菜单栏，单击【Process】→【To File】命令，打开【Threshold to File】对话框。

②在【Threshold to File】对话框，在【Output Image】框中，定义输出文件名字和目录，如图4-62所示。

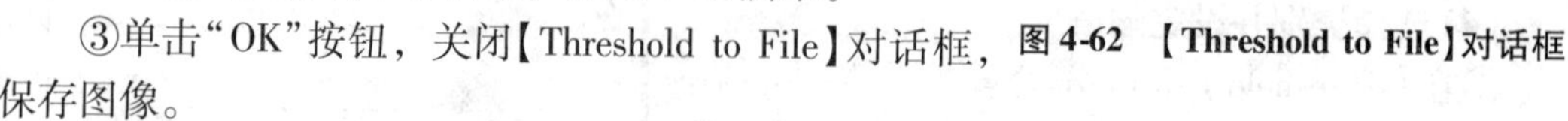

图4-62 【Threshold to File】对话框

③单击“OK”按钮，关闭【Threshold to File】对话框，保存图像。

4.3.4.3 分类重编码(recode classes)

对于初步监督分类图像，进行分析之后，有时可能需要对原来的分类进行重新组合，并赋予新的分类值，产生新的分类专题层，此时就需要分类重编码来完成这个任务。在本案例中，通过监督分类图像分析可看出，道路分类效果不是很理想，且道路也属于城镇建设用地，故把道路和城镇用地归为一类城镇建设用地。

其关于分类重编码的具体操作步骤，参见“知识准备 4. 2. 3. 1 分类重编码(Recode)”，在本案例中，其分类重编码图 supervised – recode. img(位于“... \ prj04 \ 遥感影像监督分类 \ data”)，如图 4-63 所示。

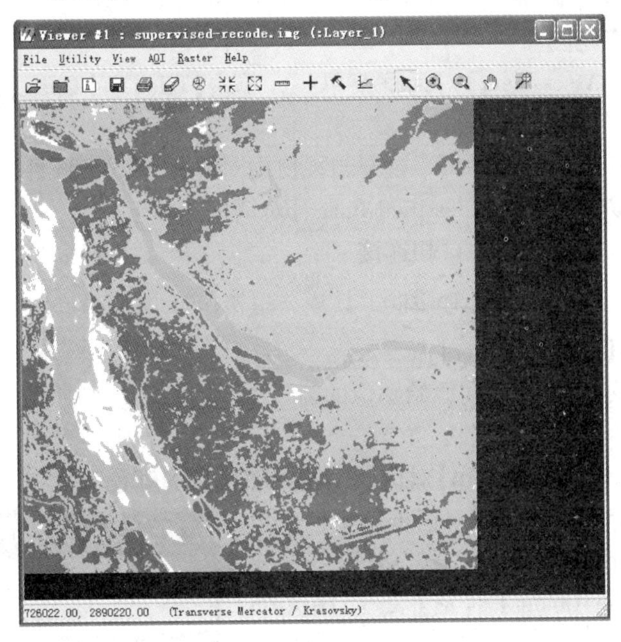

图 4-63　监督分类重编码图

4. 3. 4. 4　分类精度评估

分类精度评估是随机设点，将分类图像中的设点像元与已知分类的参考像元进行比较，从而统计分析分类精度。实际工作中，是利用现实资料，将分类数据与地面真值进行比对。

(1)打开分类前原始图像

在【Viewer】窗口中打开分类前的原始图像(位于“... \ prj04 \ 遥感影像监督分类 \ data”)，以便进行精度评估。

(2)打开精度评估对话框(如图 4-64)

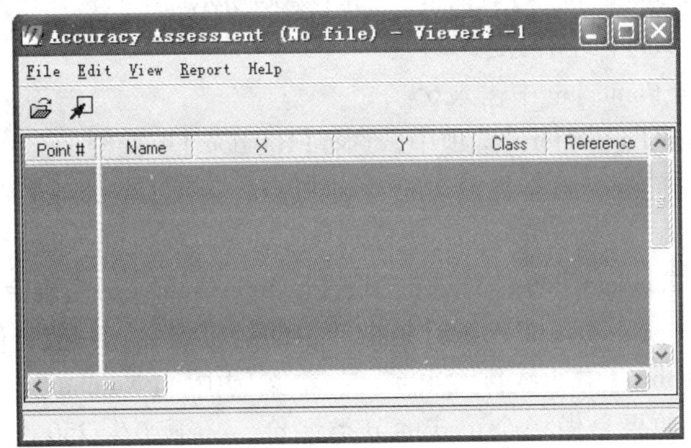

图 4-64　精度评估对话框

①方法一：ERDAS 图标面板菜单栏，单击【Main】→【Image Classification】→【Accuracy Assessment】→打开【Accuracy Assessment】对话框。

②方法二：ERDAS 图标面板工具栏，单击【Classifier】图标 →【Classification】菜单→【Accuracy Assessment】命令→打开【Accuracy Assessment】对话框。

(3)打开分类专题图像

①在【Accuracy Assessment】对话框菜单栏，单击【File】→【Open】命令，打开【Classified Image】对话框。

②在【Classified Image】对话框，确定与视窗中对应的分类专题图像。

③单击"OK"按钮，返回【Classified Image】对话框。

(4)原始图像与精度评估窗口相连接

①在【Accuracy Assessment】对话框工具栏，单击【Select Viewer】图标 ，或者在菜单栏，单击【View】→【Select Viewer】命令。

②根据系统提示，将光标在原始图像的窗口中单击一下，则原始图像窗口与精度评估窗口相连接。

(5)在【Accuracy Assessment】对话框中设置随机点的颜色

①在【Accuracy Assessment】对话框菜单栏，单击【View】→【Change Colors】命令。

②打开【Change Colors】对话框，如图 4-65 所示。

③在【Points with no Reference】文本框，定义没有真实参考值的点的颜色。

④在【Points with Reference】文本框，定义有真实参考值的点的颜色。

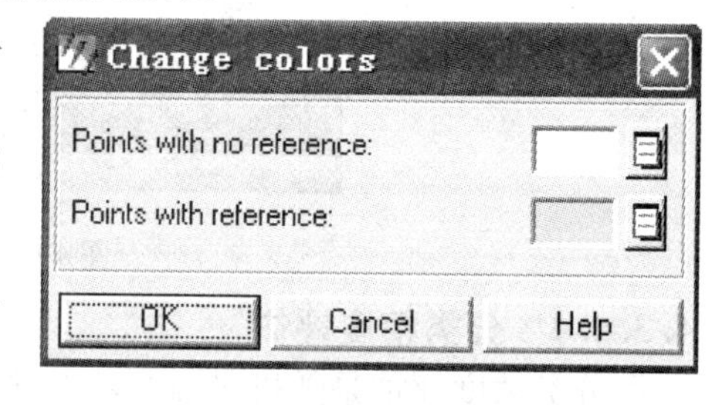

图 4-65 Change Colors 对话框

⑤单击"OK"按钮，返回【Accuracy Assessment】对话框。

(6)设置随机点

①在【Accuracy Assessment】对话框菜单栏，单击【Edit】→【Create/Add Random Points】命令。

②打开【Add Random Points】对话框，如图 4-66 所示。

③在【Search Count】框中输入【1024】。

④在【Number of Points】框中输入 65。

⑤在【Distribution Parameters】选项中，选择【Random】单选框。

⑥单击"OK"按钮，按照参数设置产生随机点，返回【Accuracy Assessment】对话框，如图 4-67 所示。

注意：在【Add Random Point】对话框中，【Search Count】是指确定随机点过程中使用的最多分析像元数，【Number of Points】是指产生的随机点数，一般，【Search Count】中的数目比【Number of Points】中的数目大很多。在本案例中，【Number of Points】为 65，则是产生 65 个随机点。如果是做一个正式的分类评价，必须产生 250 个以上的随机点。在【Distribution Parameters】选项中，【Random】指不使用任何强制性规则而产生绝对随机的点位，【Equalized Random】是指每个类的比较点的数目相同，【Stratified Random】是指设置点数与类别涉及的像元数成比例，但选择该复选框后要确定一个最小点数，即选中【Use Minimum Points】复选框，以保证小类别也有足够的分析点。

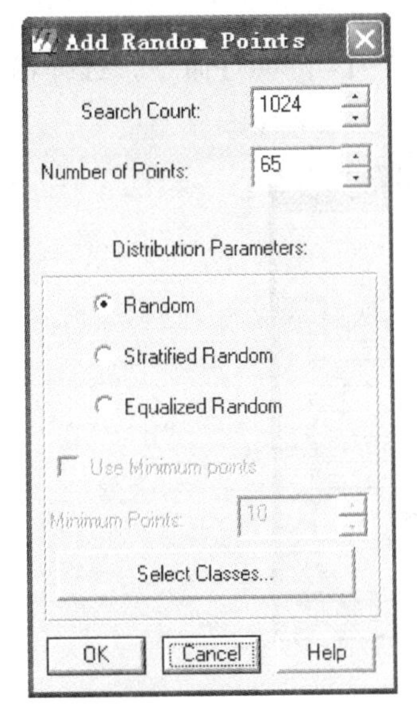

图 4-66　【Add Random Points】对话框

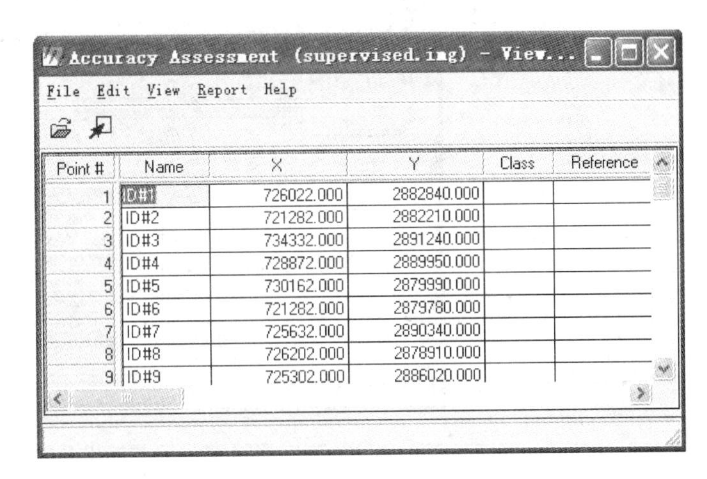

图 4-67　随机点生成对话框

(7)显示随机点及其类别

①在【Accuracy Assessment】对话框菜单栏，单击【View】→【Show All】命令，所有随机点均以第5步设置的颜色显示在原始图像窗口中，如图4-68所示。

②单击【Edit】→【Show Class Values】命令，则各点的类别号出现在数据表的【Class】字段中(图4-67)。

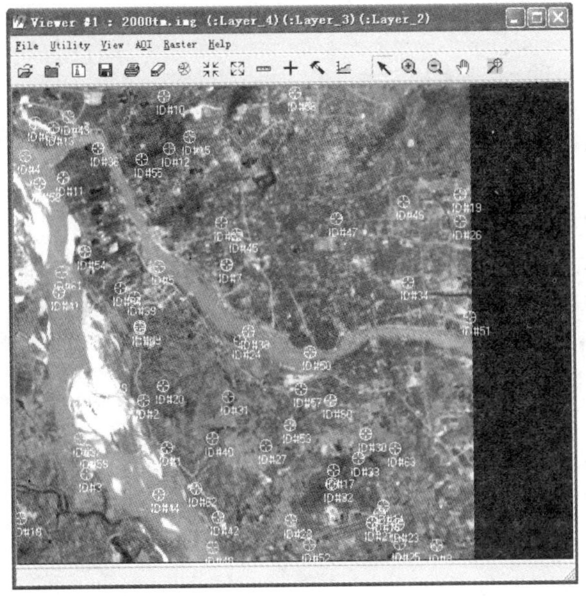

图 4-68　随机点分布图

(8)输入参考点的实际类别值

在【Accuracy Assessment】对话框，在【Reference】字段输入各个随机点的实际类别值，则原始图像窗口中随机点的颜色就变为第五步设置的【Point With Reference】颜色。

(9)生成分类评价报告

①在【Accuracy Assessment】对话框菜单栏，单击【Report】→【Options】命令，选择输出参数，如图4-69所示。

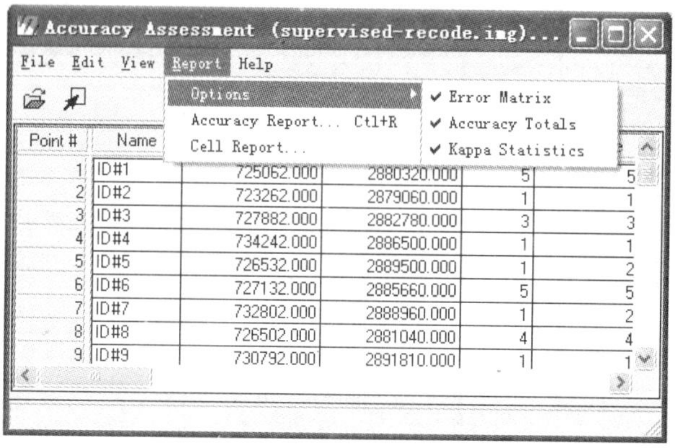

Accuracy Assessment (supervised-recode.img)...

File Edit View Report Help

Options ▸ ✔ Error Matrix ✔ Accuracy Totals ✔ Kappa Statistics

Accuracy Report... Ctl+R

Cell Report...

Point #	Name				
1	ID#1	725062.000	2880320.000	5	5
2	ID#2	723262.000	2879060.000	1	1
3	ID#3	727882.000	2882780.000	3	3
4	ID#4	734242.000	2886500.000	1	1
5	ID#5	726532.000	2889500.000	1	2
6	ID#6	727132.000	2885660.000	5	5
7	ID#7	732802.000	2888960.000	1	2
8	ID#8	726502.000	2881040.000	4	4
9	ID#9	730792.000	2891810.000	1	1

图4-69 设置输出参数

②单击【Report】→【Accuracy Report】命令，生成分类精度报告，显示在ERDAS文本编辑器窗口。

③在精度报告编辑器窗口菜单栏，单击【File】→【Save Table】，保存分类精度评价数据表为文本文件。

④单击【File】→【Close】命令，关闭【Accuracy Assessment】对话框。

通过对分类的评价分析，如果对分类精度满意，保存结果；如果不满意，则进行进一步修改调整，如进行分类模板修改或应用其他功能进行调整。

4.3.5 分类后处理

对于分类后处理，在“知识准备中的4.1.3节”中已有介绍，在此不再一一赘述，只提供处理后的图像。

(1)分类重编码(Recode)

其操作步骤同“知识准备中的4.2.3.1节”，其重编码图supervised－recode.img(位于“...\prj04\遥感影像监督分类\data”)，见图4-63。

(2)聚类统计(Clump)

其操作步骤同“知识准备中的4.2.3.2节”，其Clump分析图super－clump.img(位于“...\prj04\遥感影像监督分类\data”)，如图4-70所示。

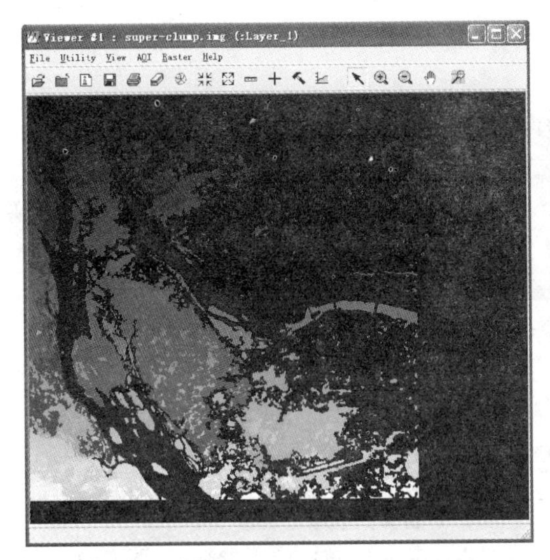

图 4-70　Super-Clump 分析图

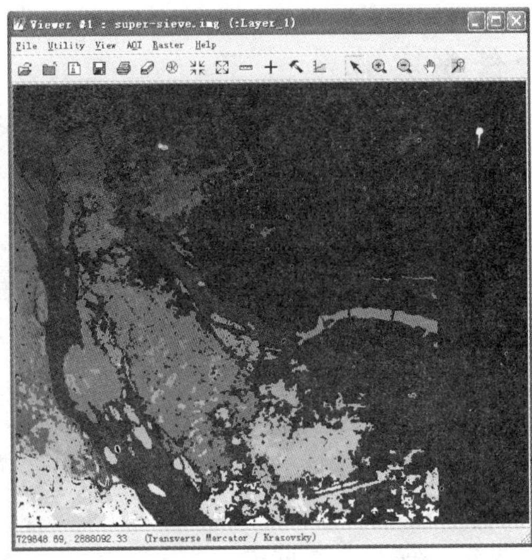

图 4-71　Super－Sieve 分析图

(3)过滤分析(Sieve)

其操作步骤同“知识准备中的 4.2.3.3 节”，其过滤分析图 super－sieve.img(位于“...\prj04\遥感影像监督分类\data”)，如图 4-71 所示。

(4)去除分析(Eliminate)

其操作步骤同“知识准备中的 4.2.3.4 节”，其去除分析图 super－eliminate.img(位于“...\prj04\遥感影像监督分类\data”)，如图 4-72、图 4-73 所示。

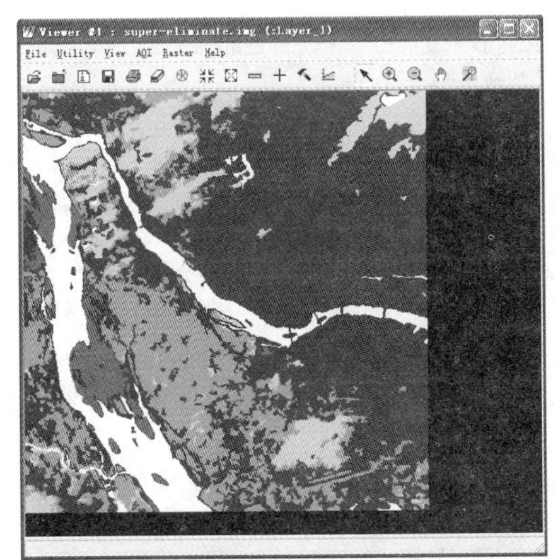

图 4-72　去除分析未附颜色图

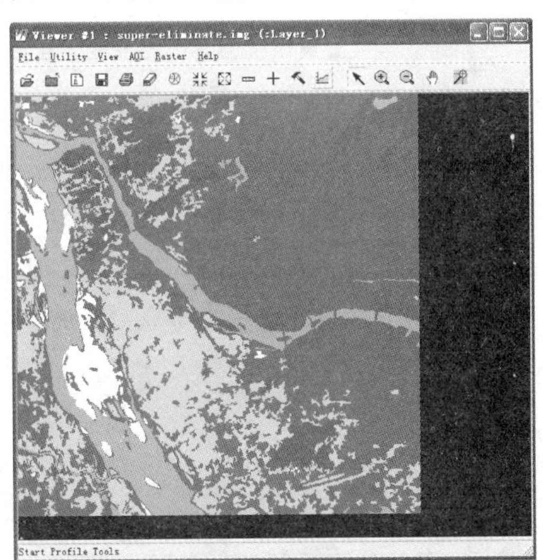

图 4-73　去除分析附颜色图

通过与最初的监督分类结果图(图 4-56)比较，可以看出，经过分类后处理，监督分类图的专题效果明显提高了。当然，对于分类后处理的监督分类图像来说，除了进行类别赋色，也可以进行类别名称的标注与类别面积的增加，获取各类别的相关信息，其操作步骤同“知识准备中的 4.2.3.1 节”。

→任务实施

林地遥感影像监督分类

一、目的与要求

通过林地遥感影像监督分类，明确监督分类方法原理及其与非监督分类方法区别，掌握遥感影像监督分类操作，深刻理解林业遥感影像监督分类的意义。

对影像进行监督分类，获取林地监督分类图及各类别林地相关信息。

二、数据准备

某林场SPOT－5遥感影像。

三、操作步骤

1. 定义分类模板

在本任务中，采用AOI绘图工具在原始图像获取分类模板信息，具体步骤如下：

①在【Viewer】视窗中打开需要分类的图像Subset.img(位于"...\prj04\任务实施4.3\data")。

②打开模板编辑器并调整属性字段。

③应用AOI绘图工具在原始图像获取分类模板信息。

以上各步的操作步骤参见"知识准备中的4.3.1节"。

2. 评价分类模板

本任务采用常用的可能性矩阵(Contingency matrix)进行分类模板评价，其具体操作步骤参见："知识准备中的4.3.2.2节"，获取的模板可能性矩阵如下表4-3所示。

表4-3 模板评价可能性矩阵

Classified	Reference Data									
	纯林	其他灌木林地	混交林	工矿建设用地	其他无立木林地	宜林荒山荒地	人工造林未成林地	耕地	城乡居民点建设用地	total
纯林	296	0	0	0	0	0	0	0	0	296
其他灌木林地	0	33	0	0	0	0	0	3	0	36
混交林	0	0	221	0	0	0	0	0	0	221
工矿建设用地	0	0	0	51	0	0	1	0	0	52
其他无立木林地	0	0	0	0	255	0	0	0	0	255
宜林荒山荒地	0	0	0	0	0	390	0	0	0	390
人工造林未成林地	0	0	0	1	0	7	93	0	0	101
耕地	0	0	0	0	0	0	0	178	0	178
城乡居民点建设用地	0	0	0	8	0	0	0	0	89	97
Column	296	33	221	60	255	397	94	181	89	1626

分析表4-3，从各类别分类误差及分类误差总体百分比来说，其精度大于90%，符合精度要求。

3. 进行监督分类

这一步的操作步骤参见"知识准备中的4.3.3节"，获取的监督分类图super－subset.img(位于"...\prj04\任务实施4.3\data")，如图4-74所示。

4. 评价分类结果

本任务采取常用的精度评估(Accuracy Assessment)方法进行分类结果的评价，其操作步骤参见"知识准备中的4.3.4.4节"，获取的精度评价报告见表4-4。

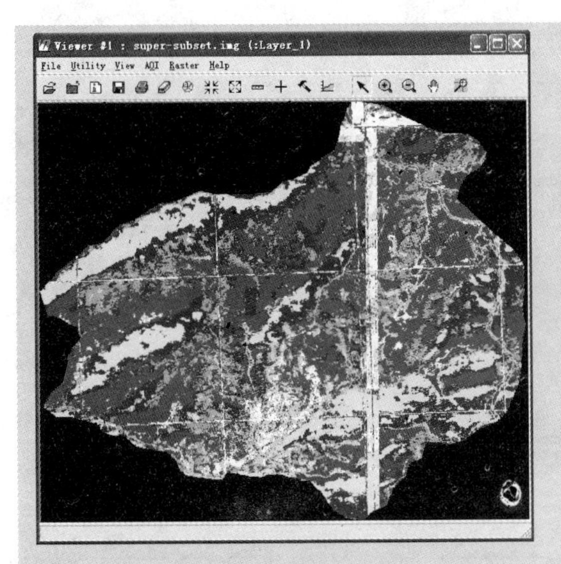

图 4-74　监督分类图

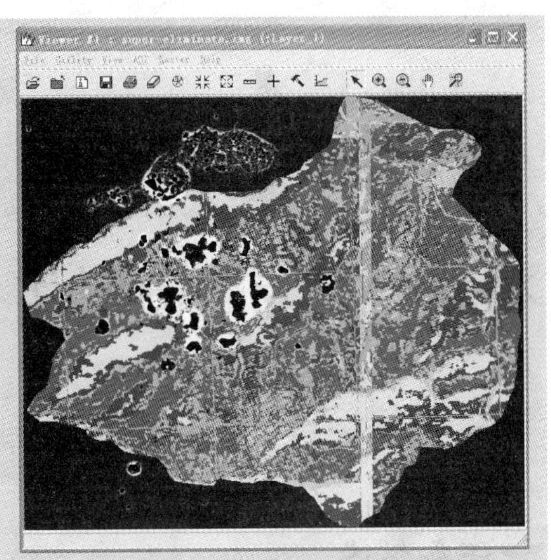

图 4-75　分类后处理图像

总体精度达 93.41%，KAPPa 系数为 0.9568，精度满意，达到精度要求。

5. 分类后处理

本任务根据实际情况，采用聚类统计及去除分析进行处理，其操作步骤参见"知识准备中的 4.2.3.2 节和 4.2.3.4 节"，获取最终分类结果图 super－eliminate.img（位于"...\prj04\任务实施 4.3\data"），如图 4-75 所示。

表 4-4　精度评价报告表

Class Name	Reference Totals	Classified Totals	Number Correct	Producers Accuracy/%	Users Accuracy/%
纯林	27	30	27	100.00	90.00
其他灌木林地	13	13	13	100.00	100.00
混交林	6	5	5	83.33	100.00
工矿建设用地	4	5	4	100.00	80.00
其他无立木林地	19	16	16	84.21	100.00
宜林荒山荒地	2	2	2	100.00	100.00
人工造林未成林地	5	5	5	100.00	100.00
耕地	7	7	6	85.71	100.00
城乡居民点建设用地	8	8	7	87.5	100.00
total	91	91	85		

6. 编辑分类后处理的图像，获取相关信息。

①类别赋色。

②标注类别名称。

③获取类别面积。

以上 3 步的操作步骤参见"知识准备中的 4.2.3.1 节里的编辑重编码图像"。

→成果提交

作出书面报告，包括任务实施过程和结果以及心得体会，具体内容如下：

1. 简述监督分类的任务实施过程，并附上每一步的结果影像。
2. 提取出各类别林地的面积，并分析其误差原因。
3. 回顾任务实施过程中的心得体会，遇到的问题及解决方法。

任务 4
林地分类专题图制作

→任务描述

以任务 4.3 中的监督分类图作为制图数据源，进行林地利用专题图的制作，并进行图面的整饰美化。

→任务目标

通过本任务的完成，要求学生能够独立进行基于 ERDAS 的专题图制作，并进行图面的整饰美化。

→知识准备

专题图是突出反映一种或几种主体要素的地图，这些主体要素是根据专门用途来确定的，其表达的很详细，其他地理要素则根据主体表达的需要作为地理基础进行迭绘。除了主体要素外，作为一幅完整的专题图，还包括图名、比例尺、图例、公里格网线、符号、图廓线、指北针等整饰内容。

基于 ERDAS 系统制作专题图，一般包括如下步骤：准备专题制图数据，生成专题制图文件，确定专题制图范围，放置图面整饰要素，专题地图打印输出或保存。

4.4.1 打开分类图，作为专题制图数据源

在 ERDAS 图标面板工具栏，点击 viewer 图标 ，打开分类好的图像 super - eliminate. img(位于"... \ prj04 \ 林地分类专题图制作 \ data")。

4.4.2 生成专题制图文件

(1)打开【New Map Composition】对话框

①方法一：在 ERDAS 图标面板工具栏，单击 Composer 图标 →【Map Composer】菜单→【New Map Composition】命令→打开【New Map Composition】对话框。

②方法二：在 ERDAS 图标面板菜单栏，单击【Main】→【Map Composer】→【New Map Composition】命令→打开【New Map Composition】对话框。

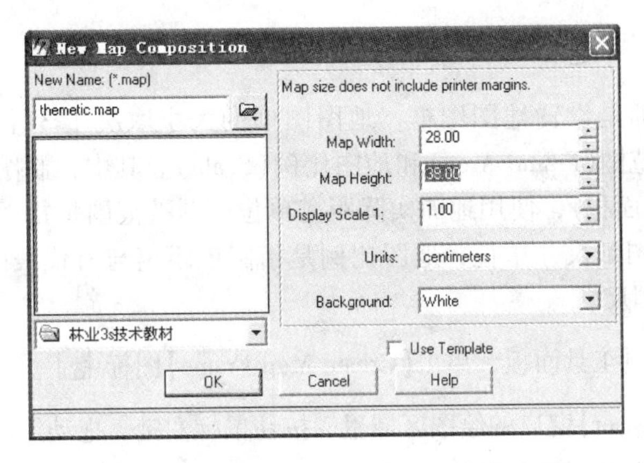

图 4-76　填写【New Map Composition】对话框

(2)填写【New Map Composition】对话框(图 4-76)

①确定专题制图文件目录，输入文件名(New Name)：【themetic. map】(位于“... \ prj04 \ 林地分类专题图制作 \ data”)。

②设置输出图幅宽度(Map Width)28，图幅高度(Map Height)38。

③确定地图显示比例(Display Scale)：1。

④选择图幅尺寸单位(Units)：centimeters。

⑤确定地图背景颜色(Background)：White。(注意：此处也可以选中【Use Template】复选框，则使用已有的模板文件)

⑥单击“OK”按钮，关闭【New Map Composition】对话框。

⑦打开【Map Composer】窗口，如图 4-77 所示，和【Annotation】工具面板，如图 4-78 所示。

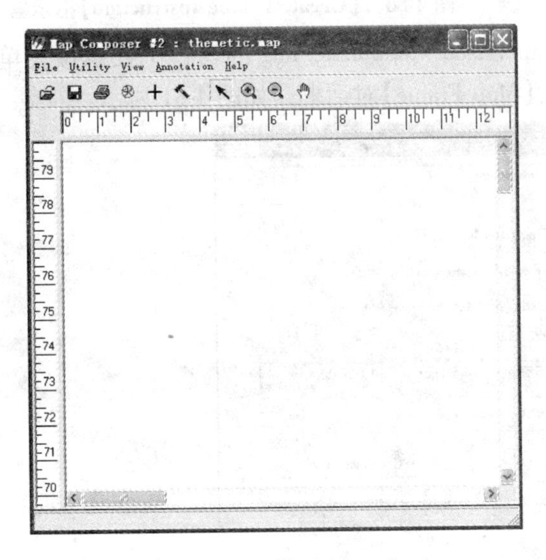

图 4-77　Map Composer 窗口

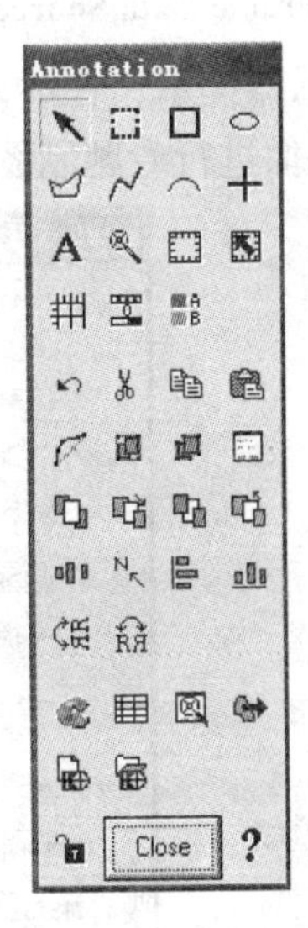

图 4-78　Annotation 工具面板

4.4.3 设置制图范围

设置制图范围即是设置地图图框，地图图框的大小取决于3个要素，即制图范围(Map Area)、图纸范围(Frame Area)和地图比例(Scale)。其中，制图范围是指图框所包含的图像面积(实地面积)，使用地面实际距离单位；图纸范围是指图框所占地图的面积(图面面积)，使用图纸尺寸单位；地图比例是指图框距离与所代表的实际距离的比值，其实质就是制图比例尺。

①在【Annotation】工具面板，单击【Create Map Frame】图标 。

②在【Map Composer】窗口的绘图区域里，按住鼠标左键，拖动绘制一个矩形框。若拖动时按住Shift键，则可绘制正方形。

③图框绘制完成，释放鼠标左键，则弹出【Map Frame Data Source】对话框，如图4-79所示。

④在【Map Frame Data Source】对话框，单击【Viewer】按钮，弹出【Create Frame Instruction】指示器，如图4-80所示。

图4-79 【Map Frame Data Source】对话框

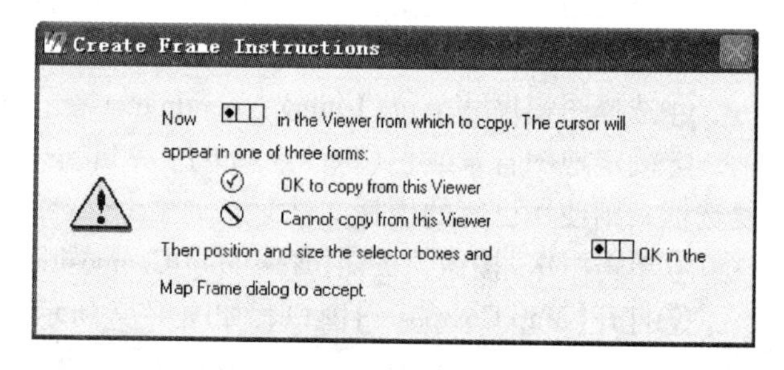

图4-80 【Create Frame Instruction】指示器

⑤根据指示器提示，在显示图像supervised－eliminate.img的窗口中任意位置单击一下(表示对该图像进行专题制图)，弹出【Map Frame】对话框，如图4-81所示。

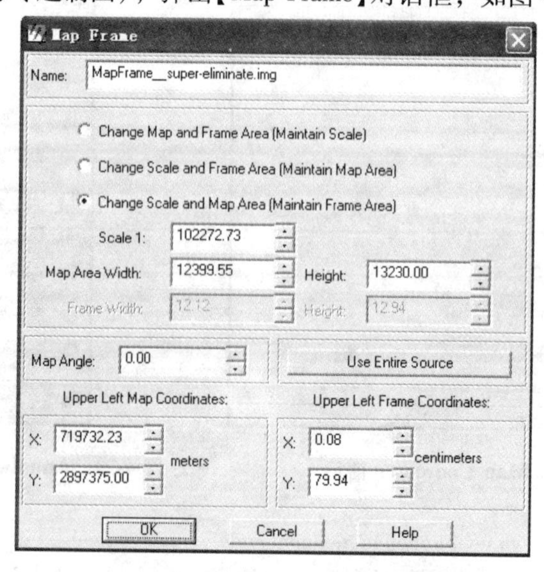

图4-81 【Map Frame】对话框

⑥根据需要，设置【Map Frame】对话框的参数。

• 选择【Change Map and Frame Area(Maintain Scale)】单选按钮，则改变制图范围和图框范围，保持比例尺不变。

• 选择【Change Scale and Frame Area(Maintain Map Area)】单选按钮，则改变比例尺和图框范围，保持制图范围不变。

• 选择【Change Scale and Map Area(Maintain Frame Area)】单选按钮，则改变比例尺和制图范围，保持图框范围不变。

⑦单击“OK”按钮，关闭【Map Frame】对话框，则分类图像 supervised - eliminate. img 显示在制图编辑窗口，如图 4-82 所示。

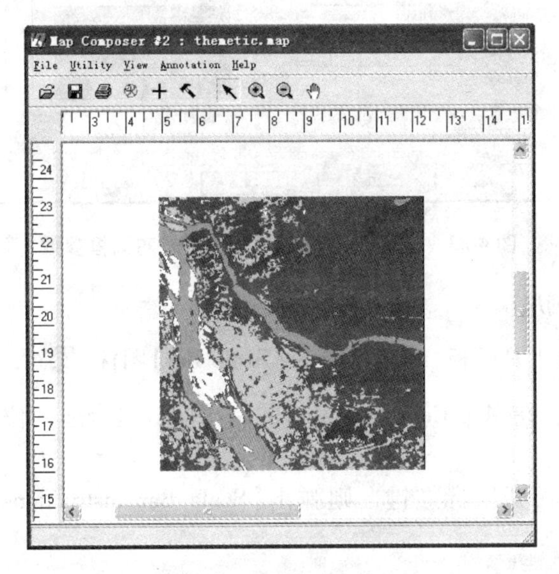

图 4-82　专题制图图面

4.4.4　修饰专题图，放置整饰要素

(1)绘制格网线与坐标注记

①在【Annotation】工具面板，单击 Create Grid/Ticks 图标 。

②在【Map Composer】对话框的制图图框内，在分类图像 supervised - eliminate. img 上单击一下，则弹出【Set Grid/Tick Info】对话框。

③根据需要，设置对话框参数，如图 4-83 所示，在本案例中采用默认状态参数。(注意：此处对话框参数设置一般采用默认状态数据即可)

④设置完成后，单击【Apply】按钮，则应用设置参数、格网线、图廓线与坐标注记全部显示在图像窗口。

⑤若对制图效果满意，则单击 Close 按钮，关闭对话框。若对制图效果不满意，则进行修改调整。

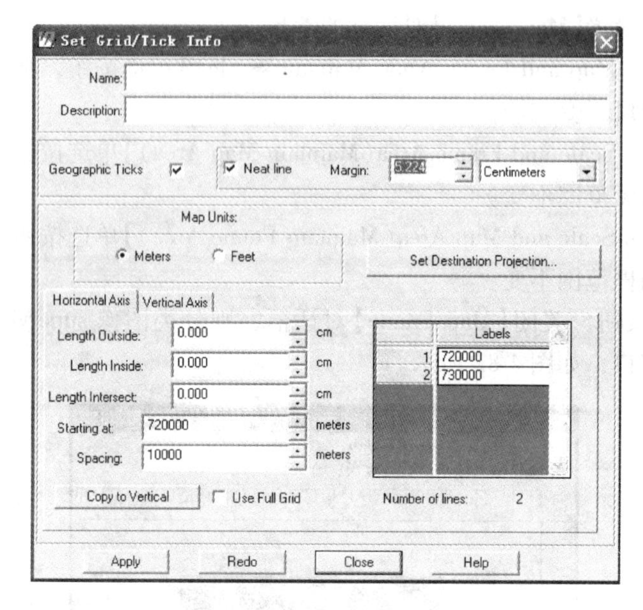

图 4-83　设置【Set Grid/Tick Info】对话框参数

(2)绘制地图比例尺

①在【Annotation】工具面板，单击【Create Scale Bar】图标 。

②按住鼠标左键，在 Map Composer 窗口的制图区域里合适的位置拖动，绘制比例尺放置框。

③绘制完成后，松开鼠标左键，则弹出【Scale Bar Instructions】指示器，如图 4-84 所示。

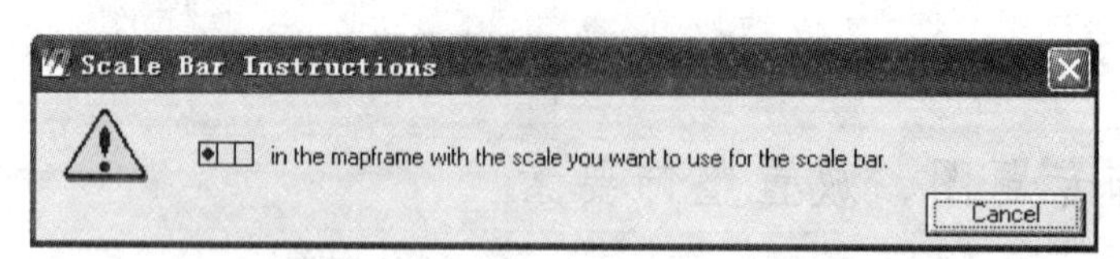

图 4-84　Scale Bar Instruction 指示器

④根据指示器指示，在【Map Composer】对话框的制图图框内，在分类图像 supervised-eliminate. img 上单击一下，则弹出【Scale Bar Properties】对话框。

⑤根据需要，在【Scale Bar Properties】对话框确定各参数，如图 4-85 所示，在本案例中采用默认状态参数。(注意：此处对话框参数设置一般采用默认状态数据即可)

- 定义比例尺标题(Title)为：Scale。
- 选择比例尺排列方式(Alignment)为【Zero】。
- 确定比例尺单位(Units)为【Meters】。
- 定义比例尺长度(Maximum Length)为 3. 41 Inches(注意：此处的长度是默认状态数据，也可以自己设定长度)。

⑥设置完成后，单击【Apply】按钮，即可应用上述参数设置绘制比例尺，并保留对话框状态。

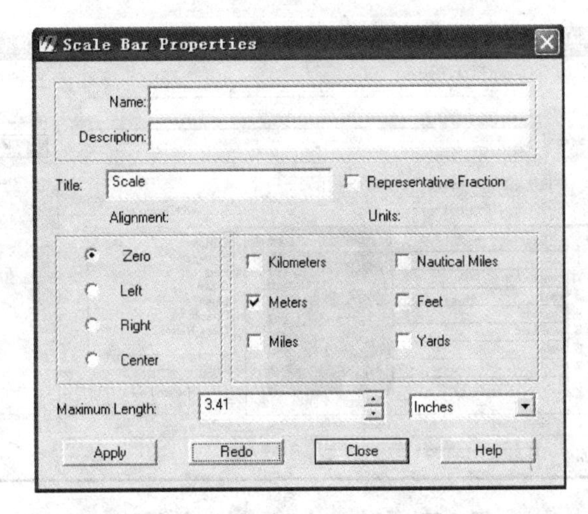

图4-85　设置【Scale Bar Properties】对话框参数

⑦查看显示的比例尺，如果不满意，则可以重新设置上述参数，单击【Redo】按钮，更新比例尺。

⑧设置满意完成后，单击【Close】按钮，关闭【Scale Bar Properties】对话框，则比例尺绘制完成。

(3)绘制地图图例

①在【Annotation】工具面板，单击【Create Legend】图标 。

②在【Map Composer】窗口的制图区域里合适的位置单击一下(表示图例放在此处)，弹出【Legend Instructions】指示器，如图4-86所示。

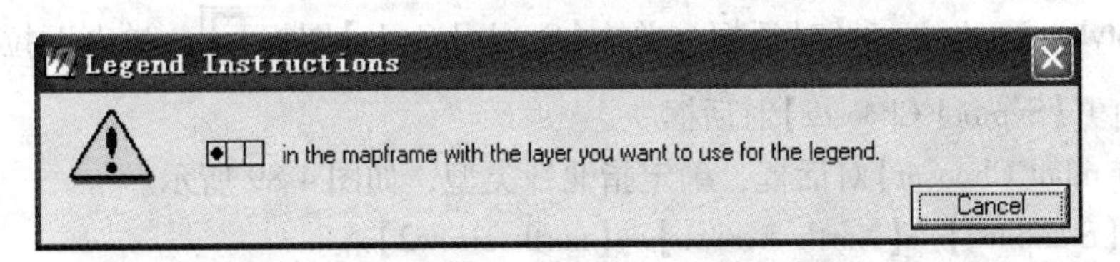

图4-86　【Legend Instructions】指示器

③根据系统提示，在【Map Composer】对话框的制图图框内，在分类图像supervised－eliminate. img上单击一下，指定绘制图例的依据，弹出【Legend Properties】对话框。

④根据需要，在【Legend Properties】对话框设置参数，如图4-87所示，在本案例中采用默认状态参数。(注意：此处对话框参数设置一般采用默认状态数据)

⑤单击【Apply】按钮，即可按照上述参数放置图例，并保留对话框状态。

⑥查看显示的图例，如果不满意，则可以重新设置上述参数，单击【Redo】按钮，更新图例。

⑦设置满意完成后，单击【Close】按钮，关闭【Legend Properties】对话框，则图例设置完成。

(4)绘制指北针

①在【Map Composer】菜单栏，单击【Annotation】→【Styles】命令，打开【Styles for

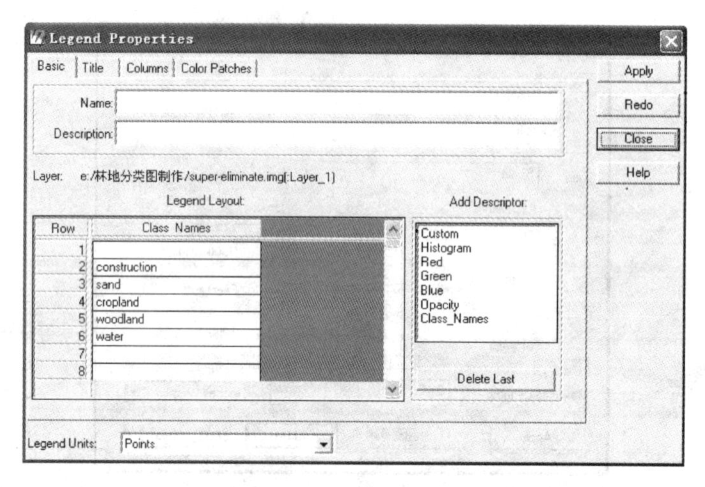

图4-87 【Legend Properties】对话框

themetic】对话框，如图4-88所示。

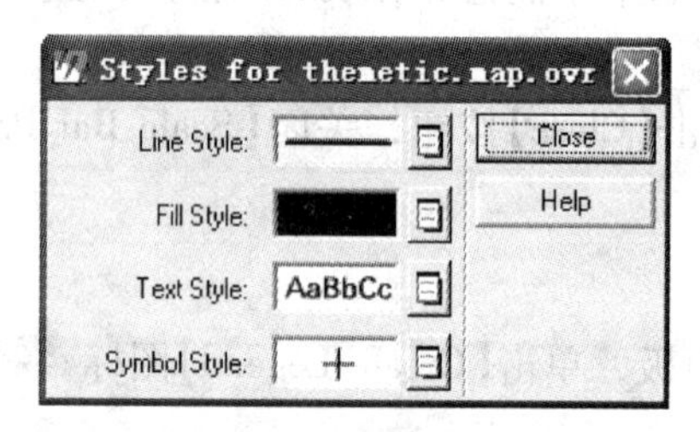

图4-88 【Styles for themetic】对话框

②在【Styles for themetic】对话框，单击【Symbol Style】图标，弹出下拉菜单，选择【Other】，打开【Symbol Chooser】对话框。

③在【Symbol Chooser】对话框，确定指北针类型，如图4-89所示。

- 选择【Standard】→【North Arrows】→【north arrow2】。
- 选中【Use Color】复选框，定义指北针颜色。
- 确定指北针符号大小(Size)为50。
- 确定指北针符号单位(Units)为paper pts。

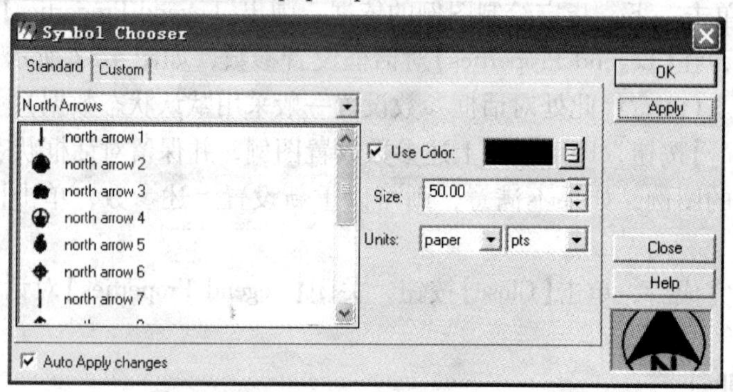

图4-89 设置指北针符号类型

④设置完成，单击【Apply】按钮，应用定义参数设置指北针符号类型。

⑤单击"OK"按钮，关闭【Symbol Chooser】对话框。

⑥单击【Close】按钮，关闭【Styles for Themetic】对话框。

⑦在【Annotation】工具面板，单击【Create Symbol】图标 ＋。

⑧在【Map Composer】窗口的制图区域里合适的位置单击，放置指北针。

⑨单击选中指北针，通过鼠标的拉伸可以改变指北针符号大小。

⑩双击指北针符号，打开【Symbol Properties】对话框，可以设置指北针要素特性，如图4-90所示。

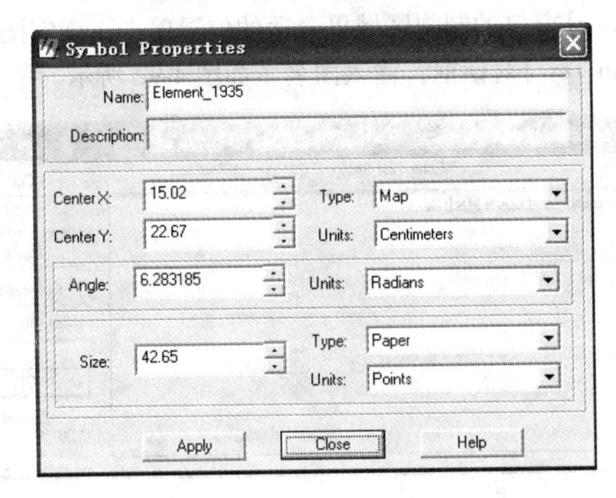

图4-90 【Symbol Properties】对话框

(5)设置地图图名

①在【Map Composer】菜单栏，单击【Annotation】→【Styles】命令，打开【Styles for Themetic】对话框(图4-88)。

②在【Styles for Themetic】对话框，点击【Text Style】图标，弹出下拉菜单，选择【Other】，打开【Text Style Chooser】对话框，如图4-91所示。

③【Text Style Chooser】对话框包括【Standard】和【Custom】两个选项卡，根据需要，分别设置参数(注意：此处【Standard】标签是标准设置，【Custom】标签是自定义设置)。在本

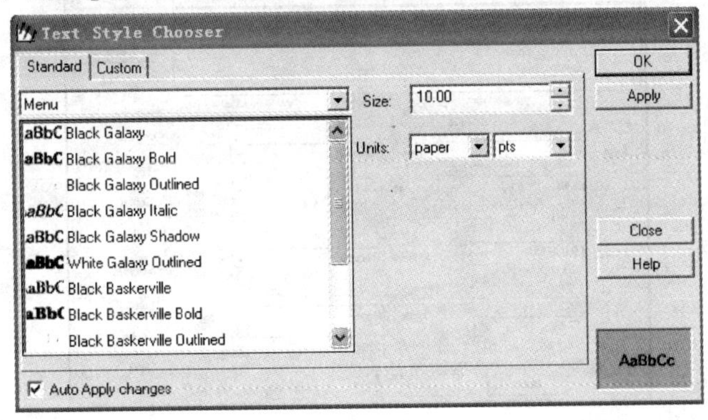

图4-91 【Text Style Chooser】对话框

案例中，选择【Standard】标签设置，【Custom】标签采用默认状态参数。

- 在【Standard】标签，定义图名字体为【Black Galaxy Bold】。
- 定义字体大小为10。
- 定义字符单位为paper pts。

④单击【Apply】按钮，应用设置参数定义字体。

⑤单击“OK”按钮，关闭【Text Style Chooser】对话框。

⑥单击【Close】按钮，关闭【Styles for Themetic】对话框。

⑦在【Annotation】工具面板，单击【Create Text】图标 A 。

⑧在【Map Composer】窗口的制图区域里合适的位置单击，确定图名放置位置。

⑨弹出【Annotation Text】对话框，输入图名，如图4-92所示。

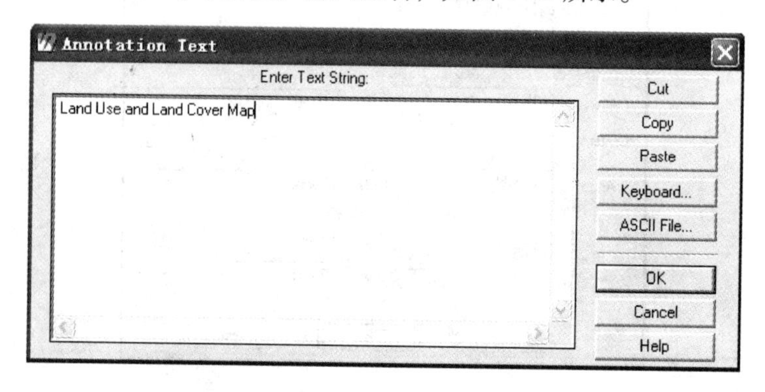

图4-92 【Annotation Text】对话框

⑩单击“OK”按钮，则图名设置完成。

⑪单击选中图名，通过鼠标的拉伸可以改变图名大小或者鼠标的拖动改变图名放置位置。

⑫双击图名，打开【Text Properties】对话框，可以编辑修改图名，如图4-93所示。

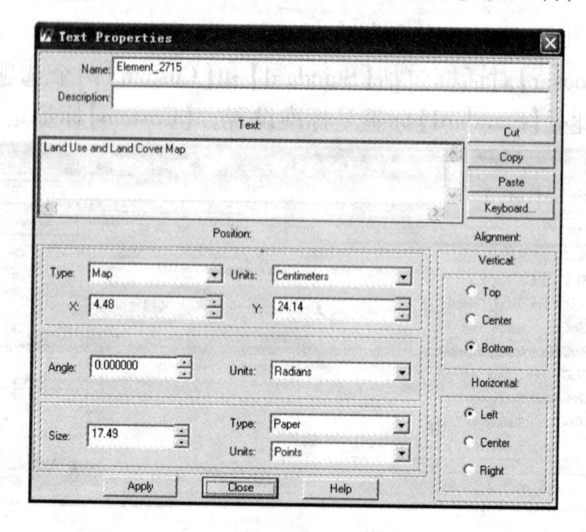

图4-93 【Text Properties】对话框

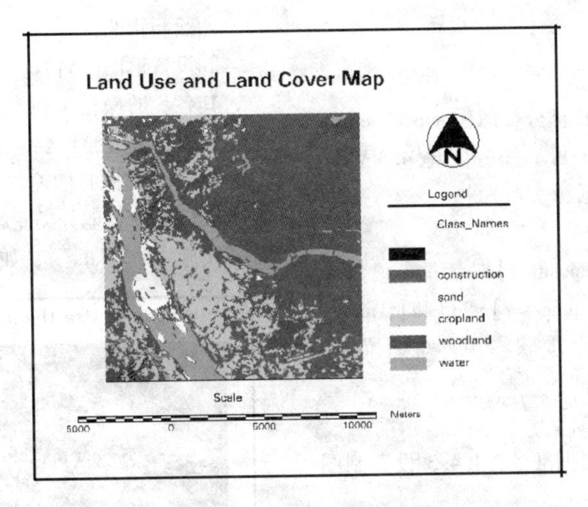

图 4-94　土地利用专题图

至此，专题图的图面整饰工作完成，获取土地利用专题图，如图 4-94 所示。

注意：在专题图面的整饰美化过程中，其中，格网线、坐标注记、图廓线，比例尺，图例都是组合要素，可以对其进行解散或重组，其操作如下：

(1)解散

①在【Map Composer】窗口图形窗口内，单击选中要解散的组合要素。

②在【Map Composer】窗口菜单栏，单击【Annotation】→【Ungroup】命令，则解散组合要素，对单一对象进行编辑。

(2)组合

①单击一个对象，然后按住 Shift 键选择其他对象，直至选中全部对象。

②在【Map Composer】窗口菜单栏，单击【Annotation】→【Group】命令，则选中对象组合为一个要素。

4.4.5　保存专题图

①方法一：在【Map Composer】工具栏，单击【Save Composition】图标，保存专题图 themetic. map(位于"... \ prj04 \ 林地分类专题图制作 \ data")。

②方法二：在【Map Composer】菜单栏，单击【File】→【Save】→【Map Composition】命令，保存专题图 themetic. map(位于"... \ prj04 \ 林地分类专题图制作 \ data")。

→任务实施

林地分类图的制作

一、目的与要求

制作林地利用专题图，并进行图面的整饰美化，包括绘制比例尺、地图图例、指北针、地图图名等，获取林地利用专题图，掌握利用 Erdas 软件制作专题图的操作。

二、数据准备

以"任务 4.3：任务实施"中的监督分类结果图(super-eliminate. img)为制图数据。

三、操作步骤

1. 准备专题制图数据

打开分类后处理的监督分类图像 super-eliminate.img(位于"...\ prj04 \ 任务实施 4.3 \ data"),作为专题制图数据源。

2. 生成专题制图文件

打开【New Map Composition】对话框,设置相关参数,并打开【Map Composer】窗口和【Annotation】工具面板,其操作步骤参见"知识准备:4.4.2 生成专题制图文件"。

3. 确定专题制图范围

其操作步骤参见"知识准备:4.4.3 设置制图范围"。

4. 放置图面整饰要素

①绘制格网线与坐标注记。

②绘制地图比例尺。

③绘制地图图例。

④绘制指北针。

⑤设置地图图名。

其各步的操作步骤参见"知识准备:4.4.4 修饰专题图,放置整饰要素"。

5. 专题地图打印输出或保存

其建立的林地分类专题图(位于"...\ prj04 \ 任务实施 4.4 \ data"),如图 4-95 所示。

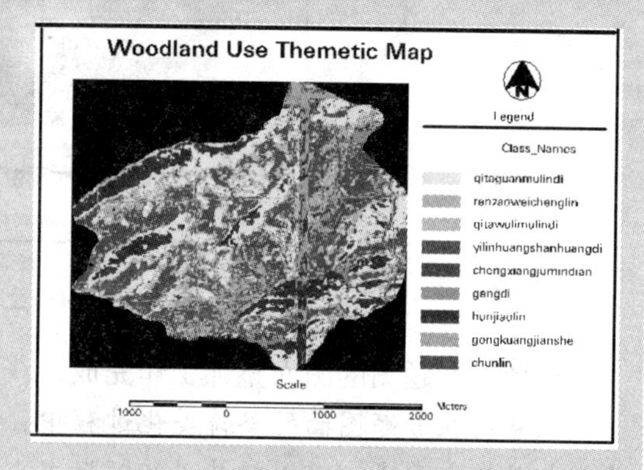

图 4-95 林地分类专题图

→成果提交

作出书面报告,包括任务实施过程和结果以及心得体会,具体内容如下:

1. 简述林地分类专题图制作的任务实施过程,并附上每一步的结果影像。
2. 进行专题图面的装饰美化,上交制作好的林地分类专题图。
3. 回顾任务实施过程中的心得体会,遇到的问题及解决方法。

拓展知识

传统的分类方法只基于像元的光谱特征。实际上,由于大气、地形、地貌、季节等许多因素的影响,使得遥感图像上常常出现"同物异谱"和"同谱异物"现象,单纯依据光谱特征显然不能很好地解决这个问题。伴随着影像信息挖掘技术的发展,出现了基于人工智能理论的专家系统分类,面向对象、支持向量机、神经元网络分类等方法。

传统的监督与非监督分类方法,都是基于像元统计特征,是以单个具体像元作为处理对象,主要考虑像元的邻近关系与统计特征,由于像元的不确定性及混合像元的影响,分类结果往往出现椒盐现象。

面向对象遥感图像分类,突破了传统分类方法以像元为基本分类和处理单元的局限性,处理的最小单元不再是像元,而是含有更多语义信息的多个相邻像元组成的影像对象,在分类时更多的是利用对象的几何信息以及影像对象之间的语义对象、纹理信息、拓扑关系,而不仅仅是单个对象的光谱信息,从较高层次(对象层次)对遥感图像进行分类,减少了语义信息的损失,增强了上下文信息,大大克服了同物异谱、同谱异物的现象。面向对象法是先将图像分割成具有一定意义的均质对象,然后用一组特征来描述对象,在此基础上,建立对象与类结构之间的关系及差别规则,以此为依据将对象分配到相应的类中,因此,从理论上来说,面向对象法更有利于图像信息的挖掘。

面向对象分类大致可分为以下四个阶段:第一为图像分割阶段:对原始图像中分割出一些空间上相邻、内部同质性较好的小区域。其分割要求最好是最大程度的分割出遥感图像中各个地物。第二为特征提取阶段：对于第一步中分割出来的小区域或各个对象进行特征提取，获得各个区域或者对象特征矢量。第三为训练样区选择阶段：利用人机交互方式或者从地物特征库中提取出各地物的参照特征，建立分类知识库。第四个阶段为模糊分类过程：这是面向对象分类的最后一步，结合第三步的参照样区特征，对分割出来的各个小区域或者对象进行模糊分类，最终决定分割出的小区域或者对象的归属类别。

支持向量机(Support Vectors Machine，SVM)是由V. apnik和他的合作者提出来的一种新的机器学习方法，这种方法建立在统计学习理论的VC维理论和结构风险最小化原则之上，它基于有限样本信息在模型复杂性和学习能力之间寻求最佳折衷，以期获得最好的推广能力。SVM是针对两类线形可分数据的分类问题提出来的，后来被推广到线形不可分数据。相比于常规统计方法，SVM提供了一个针对函数复杂性与问题维数无关的有意义刻画，在高维空间控制逼近函数的复杂性方面推广能力很好，对于数值优化的二次规划求解问题也提供了解决帮助。SVM的关键在于核函数。迄今使用较多的核函数主要有线性函数、RBF函数以及S形函数等。

这些新的分类技术不仅可以将遥感数据、地面调查和观测数据、统计分析数据、领域专家知识等结合在一起，充分利用已有的信息，同时可以模拟人类的思考和分析机制，解决分类中众多的不确定性、模糊性问题。

自主学习资料库

1. 梅安新，彭望禄，秦其明，等.2001. 遥感导论[M]. 北京：高等教育出版社.
2. 黄仁涛，庞小平，马晨燕，等.2003. 专题地图编制[M]. 武汉：武汉大学出版社.
3. 彭望禄，白振平，刘湘南.2002. 遥感概论[M]. 北京：高等教育出版社.
4. 常庆瑞，蒋平安，周勇，等.2004. 遥感技术导论[M]. 北京：科学出版社.
5. 赵英时.2013. 遥感应用分析原理与方法[M]. 2版. 北京：科学出版社.
6. 党安荣.2003. ERADS IMAGINE遥感图像处理方法[M]. 北京：清华大学出版社.
7. 沈焕锋，钟燕飞，王毅，等.2009. ENVI遥感影像处理方法[M]. 武汉：武汉大学出版社.
8. 遥感信息. http：//www. remotesensing. org. cn/CN/volumn/current. shtml
9. 中国科学院遥感应用研究所. http：//www. irsa. ac. cn/
10. 中华人民共和国科学技术部国家遥感中心. http：//www. nrscc. gov. cn/nrscc/index. html

参考文献

梅安新，彭望禄，秦其明.2001. 遥感导论[M]. 北京：高等教育出版社.

黄仁涛，庞小平，马晨燕，等.2003. 专题地图编制[M]. 武汉：武汉大学出版社.

彭望禄，白振平，刘湘南.2002. 遥感概论[M]. 北京：高等教育出版社.

常庆瑞，蒋平安，周勇，等.2004. 遥感技术导论[M]. 北京：科学出版社.

赵英时.2013. 遥感应用分析原理与方法[M]. 2版. 北京：科学出版社.

党安荣.2003. ERADS IMAGINE遥感图像处理方法[M]. 北京：清华大学出版社.

沈焕锋，钟燕飞，王毅，等.2009. ENVI遥感影像处理方法[M]. 武汉：武汉大学出版社.

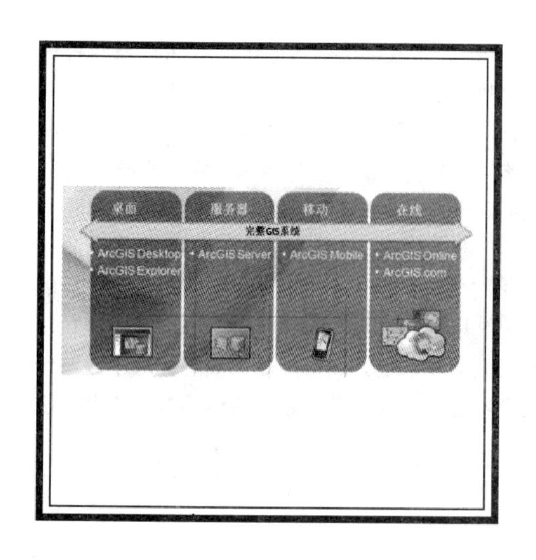

GIS 在林业上的应用

项目 5　ArcGIS Desktop 应用基础
项目 6　林业空间数据采集与编辑
项目 7　林业专题地图制图
项目 8　林业空间数据空间分析

随着信息技术的发展及应用领域的不断扩大，尤其是计算机技术以前所未有的速度快速发展，地理信息系统(Geographic Information System，简称GIS)技术也得到了飞速的发展。近年来，GIS 技术在林业领域的应用非常活跃和普及，国内外林业工作者广泛应用 GIS 进行资源与环境的变化监测、森林资源管理、综合评价、规划决策服务。GIS 的应用从根本上改变了传统的森林资源信息管理的方式，成为现代林业经营管理的崭新工具。目前，地理信息系统软件 ArcGIS 已成为全世界用户群体最大、应用领域最广泛的 GIS 软件平台。ESRI 公司已成为公认的、世界领先的 GIS 软件供应商。本模块将详细介绍地理信息系统与 ArcGIS 10.0 软件的基本操作和在林业上的应用操作。

项目5 ArcGIS Desktop 应用基础

本学习项目是一个基础实训项目，ArcGIS Desktop 是一个集成了众多高级 GIS 应用的软件套件，其中 ArcMap，ArcCatalog，ArcToobox 这三个模块是用户应用 ArcGIS Desktop 软件的基础，ArcMap 提供数据的显示、查询和分析，ArcCatalog 提供空间和非空间的数据管理、创建和组织，ArcToobox 提供空间数据的分析与处理。通过本项目"认识 GIS""ArcMap 应用基础"" ArcCatalog 应用基础"" ArcToobox 应用基础"4 个任务的学习和训练，要求同学们能够熟练掌握三个模块的窗口组成以及基本使用方法。

知识目标

1. 了解 GIS 的概念及其组成。
2. 了解 GIS 在林业生产中的应用。
3. 掌握 ArcMap 的窗口功能及使用方法。
4. 掌握 ArcCatalog 的窗口功能及使用方法。
5. 掌握 ArcToobox 的使用方法。

技能目标

1. 能熟练运用 ArcMap，ArcCatalog，ArcToobox。
2. 掌握空间数据符号化设置。
3. 掌握空间数据与属性数据的关系。
4. 掌握 GIS 2 种基本查询操作。

任务 1

认识 GIS

→任务描述

GIS 作为获取、处理、管理和分析地理空间数据的重要工具、技术和学科，近年来得到了广泛关注和迅猛发展。本任务将从 GIS 的概念、组成、在行业中的应用以及 ArcGIS 10.0 软件的产品构成等方面来认识 GIS。

→任务目标

经过学习和训练，掌握地理信息系统的概念、组成以及 GIS 在林业生产中的有哪些方面的应用，了解 ArcGIS 10.0 软件的产品构成，为下一步软件的学习奠定基础。

→知识准备

5.1.1　GIS 概念、组成及功能

5.1.1.1　GIS 概念

地理信息系统(Geographic Information System，简称 GIS)是一门集计算机科学、信息学、地理学等多门学科为一体的新兴学科，它是在计算机软件和硬件支持下，对整个或部分地球表层的各类空间数据及属性数据进行采集、储存、管理、运算、分析、显示和描述的技术系统。

地理信息系统处理、管理的对象是多种地理空间实体数据及其关系，包括空间定位数据、图形数据、遥感图像数据、属性数据等，用于分析和处理在一定地理区域内分布的各种现象和过程，解决复杂的规划、决策和管理问题。

5.1.1.2　GIS 组成

典型的 GIS 应包括 4 个基本部分：计算机硬件系统、计算机软件系统、地理空间数据库和系统管理应用人员。

(1)计算机硬件系统

该系统是 GIS 的核心。它包括主机和输入输出设备。主机部分不多赘述，输入输出设备包括扫描仪、测绘仪器、绘图仪、数字化仪、解析测图仪、硬盘、打印机等。

(2)计算机软件系统

该系统也是GIS的核心。它包括计算机系统软件、地理信息系统软件和其他支持程序。地理信息系统软件一般由以下五个基本的技术模块组成。即数据输入和检查、数据存储和数据库管理、数据处理和分析、数据传输与显示、用户界面等。

(3)地理信息系统的空间数据库

它是GIS应用的基础。地理信息系统的地理数据分为图形数据和属性数据。数据表达可以采用矢量和栅格两种形式，图形数据表现了地理空间实体的位置、大小、形状、方向以及拓扑关系，属性数据是对地理空间实体性质或数量的描述。空间数据库系统是由数据库实体和空间数据库管理系统组成。

(4)系统管理应用人员

它是地理信息系统应用成功的关键。计算机软硬件和数据不能构成完整的地理信息系统，需要人进行系统组织、管理、维护、数据更新、系统完善扩充、应用程序开发，并灵活采用地理分析模型提取多种信息，为研究和决策服务。

5.1.1.3　GIS功能

地理信息系统的核心问题可归纳为五个方面的内容：位置、条件、变化趋势、模式和模型，依据这些问题，可以把GIS功能分为以下几个方面：

(1)数据的采集、检验与编辑

主要用于获取数据，保证地理信息系统数据库中的数据在内容与空间上的完整性、数值逻辑一致性与正确性等，将所需的各种数据通过一定的数据模型和数据结构输入并转换成计算机所要求的格式进行存储。目前可用于地理信息系统数据采集的方法与技术很多，其中自动化扫描输入与遥感数据集是人们最为关注的方法。扫描技术的应用与改进，实现扫描数据的自动化编辑与处理仍是地理信息系统数据获取研究的主要技术关键。

(2)数据处理

地理信息系统有自身的数据结构，同时也要与其他系统的数据格式相兼容，这就存在不同数据结构之间的数据格式的转换问题。GIS内部也有矢量和栅格数据相互转换的问题。初步的数据处理主要包括数据格式化、转换、概括。数据的格式化是指不同数据结构的数据间变换，是一种耗时、易错、需要大量计算量的工作，应尽可能避免；数据转换包括数据格式转化、数据比例尺的变化等。在数据格式的转换方式上，矢量到栅格的转换要比其逆运算快速、简单。数据比例尺的变换涉及数据比例尺缩放、平移、旋转等方面，其中最为重要的是投影变换。目前地理信息系统所提供的数据概括功能极弱，与地图综合的要求还有很大差距，需要进一步发展。

(3)空间数据库的管理

这是组织GIS项目的基础，涉及空间数据(图形图像数据)和属性数据。栅格模型、矢量模型或栅格/矢量混合模型是常用的空间组织方法。空间数据结构的选择在一定程度上决定了系统所能执行的数据与分析的功能；在地理数据组织与管理中，最为关键的是如何将空间数据与属性数据融合为一体。目前大多数系统都是将二者分开存储，通过公共项(一般定义为地物标识码)来连接。这种组织方式的缺点是数据的定义与数据操作相分离，无法有效记录地物在时间域上的变化属性。

(4)基本空间分析

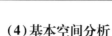

它是 GIS 的核心功能，也是 GIS 与其他计算机软件的根本区别。如图层空间变换、再分类、叠加、邻域分析、网络分析等。

(5)应用模型的构建方法

GIS 除了提供基本空间分析功能外，还应提供构建专业模型的手段，如二次开发工具、相关控件或数据库接口等。

(6)结果显示与输出

GIS 的处理分析结果需要输出给用户，输出数据的种类很多，可能有地图、表格、文字、图像等。一个好的 GIS 应能提供一种良好的、交互式的制图环境，以供 GIS 的使用者能够设计和制作出高品质的地图。

5.1.2 GIS 在林业生产中的应用

由于林业自身有诸如森林生长的长期性、森林资源分布的地域辽阔性、森林资源的再生性、森林成熟的不确定性等特点。用传统的手段来管理和展现森林资源信息并以此来指导林业生产已日益暴露其严重的弊端。因此，采用新技术(如 GIS 技术)使特定区域内林业经营管理进入到数字化、集成化、智能化、网络化已成为必然趋势，为林业的可持续发展提供技术支撑，为林业现代化建设提供新的管理手段。

GIS 的应用从根本上改变了传统的森林资源信息管理的方式，成为现代林业经营管理的崭新工具。近年来，GIS 技术在林业领域的应用非常活跃和普及，国内外林业工作者广泛应用 GIS 进行森林资源信息管理、森林分类经营区划、林业专题制图、营造林规划设计、森林保护、森林防火、林权管理等诸多方面。

(1)在森林资源管理与动态监测上的应用

用 GIS 的数字地形模型(DTM)，地面模型，坡位、坡面模型可表现资源的水平分布和垂直分布，利用栅格数据的融合，再分类和矢量图的叠加，区域和邻域分析等操作，产生各种地图显示和地理信息，用于分析林分、树种、林种、蓄积等因子的空间分布。使用这些技术，研究各树种在一定范围内的空间分布现状与形式，根据不同地理位置、立地条件、林种、树种、交通状况对现有资源实行全面规划，优化结构，确定空间利用能力，提高森林的商品价值。各地市县、各林场森林面积，森林蓄积，森林类型，林种分布，树种结构，林龄结构及变动情况等，过去只能从森林资源档案数据库中了解情况，应用地理信息系统可以做到图上动态管理和监测，从而可以做到更真实、更直观地把握森林资源的状况及变化。

(2)在森林分类经营管理上的应用

利用地理信息系统，可以做到以林班、林场、县市、地区及全省为单位的森林分类经营管理，能够做到分类更为科学、更为客观，为各级领导及林业管理部门、生产部门提供可操作的森林分类经营方案及科学依据。

(3)在编制各类林业专题图上的应用

地理信息系统在林业制图上的应用具有强大的生命力。以往我国通过“二类调查”获取森林资源数据，建立小班档案及绘制林相图等林业用图。这些工作要花费大量的时间、人力和财力，并且图面材料和小班数据库资料是分离的，难以长期有效地重复利用。GIS

强大的空间数据分析和制图功能简化了林业专题图的制作过程，经过收集整理制图信息，经数字化处理，建立坐标投影和拓扑关系，经过编辑修改，建立图形与属性的关联，最终完成多种林业专题图的编制，达到一次投入、多次产出的效果。它不仅可以为用户输出全要素森林资源信息图，而且可以根据用户需要分层输出各种专题图(如林相图、土壤图、森林立地类型图、植被分布图等)。这在林业生产实践中已有广泛应用。

(4)抚育间伐、速生丰产林培育及更新造林管理

利用GIS强大的数据库和模型库功能，检索提取符合抚育间伐的小班，制作抚育间伐图并进行GIS的空间地理信息和林分状况数据结合，依据模型提供林分状况数据如生产力、蓄积等值区划和相关数据，据此可按林分生产力进行基地建设。GIS可通过分析提供森林立地类型图表，宜林地数据图表，适生优势树种和林种资料，运用坡位、坡面分析，按坡度、坡向划分的地貌类型结合立地类型选择造林树种和规划林种，指导科学造林。

(5)在森林病虫害管理上的应用

森林病虫害是林业生产中极具破坏性的生物自然灾害，它们的发生和影响总是与一定的地理空间相关。因此需要对调查所获的病虫害发生及生态因子等数据进行分析和管理，以便对林业病虫害的控制管理活动作出正确的决策。利用GIS结合生物地理统计学可以进行害虫空间分布和空间相关分析，对害虫发生动态的时空进行模拟并作大尺度数据库的管理。其应用潜力十分巨大。

(6)在森林防火上的应用

森林火灾是林业生产的重大灾害之一，及时的火险预警在林业生产中具有十分重大的意义。随着现代计算机网络和“3S”等技术的不断发展，其应用的日趋广泛，使森林防火的方法和所采用的技术手段发生了深刻变化。用GIS技术进行林区信息管理，防火点建设规划，提供林火扑救辅助决策，较大程度提高了灭火的效率，减少经济损失，同时比较准确评估由火灾造成的经济损失。

(7)在林权管理上的应用

权属分国家、集体、个人3种形式，不同权属的森林实行“谁管谁有”的原则，大部分权属明确，产权清晰，界线分明，标志明显，山地林权与实地、图面相符，少数地方界线难以确定，可用邻域分析暂定未定界区域。从而减少或避免各种林权纠纷。

(8)林业地理信息系统的建立

基于GIS强大的空间分析能力和在林业上的良好应用前景，各种应用型林业地理信息系统纷纷涌现。这些林业GIS以林场或县为单位，通过把各种林业图表和自然地理数据数字化进入计算机后，应用通用的GIS平台或采用组件开发技术，使林业资源信息的输入、存储、显示、处理、查询、分析和应用等功能得以实现，通过空间信息与属性信息的结合，为林业生产的科学规划及管理，林业资源属性数据和空间数据的管理及信息发布，项目评估，工程规划与实施、检查验收和辅助决策的制定提供了服务。如四川省宜宾市建立的林业管理信息系统，可提供强大的林业专题管理集成扩展功能，为天然林保护工程管理、退耕还林工程管理、森林防火管理、森林病虫害管理、造林规划设计、林分经营管理、林业分类经营、野生动物栖息地调查与变化监测等提供了一体化解决方案，体现了GIS技术在市（地、州）、县(市、区、旗)、乡（镇）三级林业管理上的综合应用。

5.1.3 ArcGIS 10.0 软件简介

ArcGIS 10.0是美国ESRI公司在2010年开发推出的一套完整的GIS平台产品，具有强大的地图制作、空间数据管理、空间分析、空间信息整合、发布与共享的能力。它全面整合了GIS与数据库、软件工程、人工智能、网络技术、移动技术、云技术及其他多方面的计算机主流技术，旨在为用户提供一套完整的、开放的企业级GIS解决方案。是目前最流行的地理信息系统平台软件。

5.1.3.1 ArcGIS 10.0 产品构成

ArcGIS 10.0作为一个可伸缩的地理信息系统平台，它的产品由桌面GIS、服务器GIS、移动GIS和在线GIS构成，其中最重要的几部分的定位和功能如图5-1所示：

图5-1 ArcGIS 10.0

(1) ArcGIS Desktop

这是供GIS专业人员使用的ArcGIS软件。它是一款适合Windows操作系统的计算机使用的功能强大的综合性GIS软件，可用于处理各种日常GIS功能，如制图、数据编辑和管理、空间分析以及创建可供所有用户使用的地图和地理信息及其服务。根据用户的伸缩性需求，ArcGIS桌面分为四个产品级别：ArcReader、ArcView、ArcEditor和ArcInfo。

- ArcReader：免费的地图数据(PMF)浏览、查询以及打印出版工具；
- ArcView：主要用于综合性数据使用、制图和分析；
- ArcEditor：在ArcView基础上增加了高级的地理数据库编辑和数据创建功能；
- ArcInfo：是ArcGIS Desktop的旗舰产品，作为完整的GIS桌面应用包含复杂GIS的功能和丰富的空间处理工具。

ArcGIS Desktop是一个系列软件套件，它包含了一套带有用户界面的Windows桌面应用：ArcMap，ArcCatalog，ArcGlobe，ArcScene，ArcToolbox和Model Builder。每一个应用都具有丰富的GIS工具。

①ArcMap 是ArcGIS Desktop中一个主要的应用程序，承担所有制图和编辑任务，也包括基于地图的查询和分析功能。对ArcGIS桌面来说，地图设计是依靠ArcMap完成的。

②ArcCatalog 该应用模块帮助用户组织和管理所有的GIS信息，比如地图，球体，数据文件，GeoDatabase，空间处理工具箱，元数据，服务等。用户可以使用ArcCatalog来组织、查找和使用GIS数据，同时也可以利用基于标准的元数据来描述数据。GIS数据库

的管理员使用 ArcCatalog 来定义和建立 GeoDatabase。GIS 服务器管理员则使用 ArcCatalog 来管理 GIS 服务器框架。

③ArcGlobe 是 ArcGIS 桌面系统中 3D 分析扩展模块中的一个部分，提供了全球地理信息连续、多分辨率的交互式浏览功能，支持海量数据的快速浏览。像 ArcMap 一样，ArcGlobe 也是使用 GIS 数据层来组织数据，显示 GeoDatabase 和所有支持的 GIS 数据格式中的信息。ArcGlobe 具有地理信息的动态 3D 视图。

④ArcScene 是 ArcGIS 桌面系统中 3D 分析扩展模块中的一个部分，是一个适合于展示三维透视场景的平台，可以在三维场景中漫游并与三维矢量与栅格数据进行交互，适用于数据量比较小的场景进行 3D 分析显示。ArcScene 是基于 OpenGL 的，支持 TIN 数据显示。显示场景时，ArcScene 会将所有数据加载到场景中，矢量数据以矢量形式显示。

(2) ArcGIS Explorer

ArcGIS Explorer 是连接和使用 ArcGIS Online 的免费客户端。ArcGIS Explorer 支持许多高级 GIS 功能，并且能够像使用 ppt 一样的展示模式来展示交互式地图。ArcGIS Explorer 具有两种实现形式：一是作为独立的应用程序，还可在任一 Web 浏览器中在线使用。

(3) ArcGIS Server

这是基于服务器的 ArcGIS 工具，可以提供专业用户使用 ArcGIS Desktop 创建的地图、地理数据库、分析模型以及其他地理信息。通过 ArcGIS Server 发布的 GIS 服务遵循广泛采用的 Web 访问和使用标准。ArcGIS Server 还包括企业级地理数据库管理和事务支持。ArcGIS Server 广泛用于企业级 GIS 实现以及各种 WebGIS 应用程序中。ArcGIS Server 可在本地或云基础设施上配置运行于 Windows 及 Linux 服务器环境。ArcGIS Server 依据其功能和服务器规模差异，提供了一个可伸缩的产品线。ArcGIS Server 从功能上分为三个级别的版本：基础版、标准版、高级版，功能依次增强。同时，每个级别的产品都支持 ArcSDE 技术。

(4) ArcGIS Mobile

ArcGIS Mobile 包含一个以任务为向导的移动应用程序，此应用程序适用于 Windows Mobile 和 Windows 设备，并使用 Web 服务架构在现场与办公室之间同步信息。可使用名为"Mobile 项目中心"的桌面应用程序对现场地图和现场工作流进行配置。ArcGIS Mobile 包含现场地图浏览、现场观测和现场数据采集任务。ArcGIS Mobile 还包含一个用于构建专用应用程序的 SDK，所构建的程序既适用于 Windows Mobile 设备也适用于 Windows(笔记本电脑/平板电脑)设备。

(5) ArcGIS Online

ArcGIS Online 是构建在 ArcGIS"云架构"之上的在线资源库，ArcGIS 产品体系中的所有产品都可使用 ArcGIS Online 共享地理信息和内容的能力。ArcGIS Online 被用来分享和传播以网络地图和 GIS 服务为代表的地理信息。GIS 专业人士使用 ArcGIS Desktop 和 ArcGIS Server 创建地图和其他 GIS 服务来同时分享大量信息，比如网络地图、影像服务、编辑服务、GP 服务等。这些资源一旦被发布就可被其他网络用户发现和使用。通过这种方法，即便非专业人士，也可方便得使用到组织内的 GIS 信息资源。同时，ArcGIS Online 还使得用户对组织内信息的整合变得更加容易。

(6) ArcGIS. com

ArcGIS. com是基于浏览器的Web应用程序，可供用户在线使用ArcGIS内容，包括：Web地图、Web应用程序和GIS服务等。这些地图、应用程序及服务供单一组织和社区使用，也可在Web上公开使用。ArcGIS. com提供了涵盖全球范围的GIS地图和数据，这些地图和数据来自Esri和广大ArcGIS社区。ArcGIS. com也是供Web开发人员访问Java Script、Flex和Silverlight的API的网站。

5.1.3.2 ArcGIS 10.0五大飞跃

ArcGIS 10.0是全球首款支持云构架的GIS平台，在WEB 2.0时代实现了GIS由共享向协同的飞跃。ArcGIS 10.0具备了真正的3D建模、编辑和分析能力，实现了由三维空间向四维空间的飞跃。

(1)协同GIS

ArcGIS 10.0是一个强大的地理协同平台，实现由共享向协同的飞跃。这种协同可以是政府部门与部门间的协同工作；政府与企业间的协同合作；政府与公众间的协同互动；以及公众完全自发的协同共享。ArcGIS 10.0，为地理协同提供从信息来源、数据内容、技术手段到应用搭建的完整支撑环境，帮助各类用户在复杂多变的环境中实现高效的信息共享和协同工作。

(2)三维GIS

ArcGIS 10.0是一个真正的三维GIS平台，实现三维建模、编辑以及分析能力的飞跃。ArcGIS 10.0实现了海量三维数据模型的创建、编辑和管理，轻松搭建"虚拟城市"；简单易用的三维可视化操作，获得流畅出众的浏览效果；功能强大的三维空间分析，让三维GIS应用无所不在。

(3)云GIS

ArcGIS 10.0是面向云产品构架的GIS平台，实现GIS向云端的飞跃。ArcGIS 10.0可直接部署在Amazon云计算平台上，把对空间数据的管理、分析和处理功能送上云端。ArcGIS. com是Esri在云端部署的在线资源共享平台，提供了由Esri统一维护的在线地图服务、分析功能服务、在线应用以及共享环境。我们不仅可以随时查看地图服务、共享地图成果，还可以从ArcGIS桌面、移动终端盒浏览器等各类客户端调用完全开放的开发接口进行应用定制。

(4)一体化GIS

ArcGIS 10.0是一个集成的矢量影像一体化平台，实现遥感与地理价值整合的飞跃。ArcGIS 10.0实现了影像与矢量数据的一体化，通过扩展统一的数据模型，实现了海量影像数据的快速发布与管理；增强了遥感影像与ArcGIS一体化分析，将专业的影像处理能力整合到GIS工作流中；能够将专业遥感软件ENVI与ArcGIS集成应用，提供整体解决方案；实现了遥感GIS一体化集成开发，可实现界面定制、混合编程、远程调用等多种灵活的开发模式。

(5)时空GIS

ArcGIS 10.0是一个动态的时空GIS平台，实现三维空间向四维空间的飞跃。在ArcGIS 10.0中，时间维伴随着空间数据采集、存储、管理、显示、分析以及信息共享发布的全生命周期。ArcGIS 10.0跨越桌面和服务器产品，通过时间感知数据，展现事物的变化轨迹，揭示内在的发展规律，为决策者提供科学严谨而又动态直观的决策辅助支持环境。

任务 2

ArcMap 应用基础

→任务描述

任何软件的学习都是从最简单、最基础的开始，ArcGIS 软件的学习也不例外。ArcMap 是一个可用于数据输入、编辑、查询、分析等功能的应用程序，具有基于地图的所有功能，实现如地图制图、地图编辑、地图分析等功能。本任务将从 ArcMap 的启动与关闭、窗口组成、快捷菜单以及基本操作等方面学习 ArcMap。

→任务目标

经过学习和训练，能够熟练运用 ArcMap 软件对现有地理数据进行数据的添加、删除，图形的放大、缩小，数据符号化的设置、空间数据与属性数据的互查等操作，为下一步软件的学习奠定基础。

→知识准备

ArcMap 是地理信息系统中最重要的桌面操作系统和制图工具，是 ArcGIS 软件的核心模块，它主要用于完成数据的输入、编辑、查询、分析等操作。

5.2.1 ArcMap 启动与保存

5.2.1.1 启动 ArcMap

启动 ArcMap 有以下几种方法：

①如果在软件安装过程中已经创建了桌面快捷方式，直接双击 ArcMap 快捷方式，启动应用程序。

②如果没有创建桌面快捷方式，则需要单击 Windows 任务栏的【开始】→【程序】→【ArcGIS】→【ArcMap10.0】，启动应用程序。

③还有一种启动方式就是在 ArcCatalog 工具栏中单击 ArcMap 图标按钮。三种启动方式都将首先打开【ArcMap 启动】对话框，如图 5-2 所示。

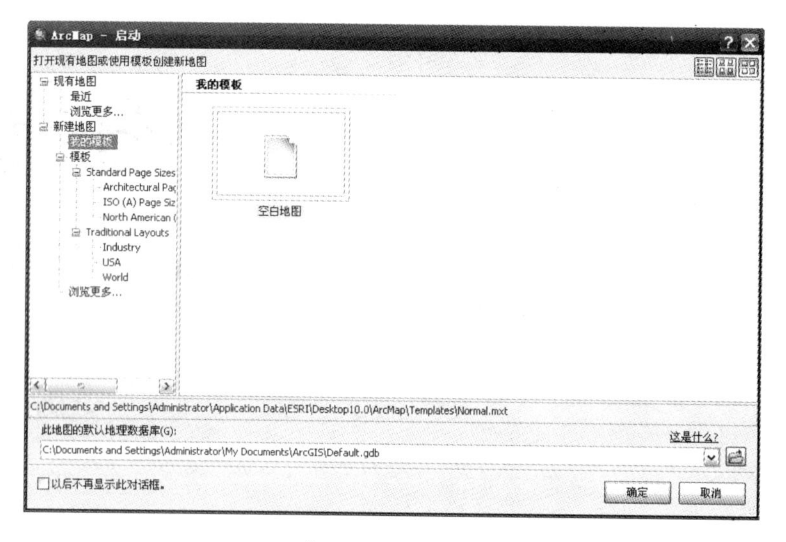

图5-2 【ArcMap－启动】对话框

5.2.1.2 创建空白地图文档

创建空白地图文档主要有以下几种方式。

(1)通过【ArcMap启动】对话框创建

在【ArcMap启动】对话框中，单击【我的模板】，在右边空白区域选择【空白地图】，单击【确认】按钮，完成空白地图文档的创建。

(2)通过【文件】菜单创建

在ArcMap中，单击【文件】菜单下的【新建】按钮，打开【新建文档】对话框，在右边空白区域选择【空白地图】，单击【确认】按钮，完成空白地图文档的创建。

(3)通过工具栏创建

在ArcMap中，单击工具栏上的按钮，打开【新建文档】对话框，在右边空白区域选择【空白地图】，单击【确认】按钮，完成空白地图文档的创建。

5.2.1.3 打开地图文档

打开已创建的地图文档主要有以下几种方式。

(1)通过【ArcMap启动】对话框打开

在【ArcMap启动】对话框中，单击【现有地图】→【最近】来打开最近使用的地图文档，也可以单击【浏览更多】，定位到地图文档所在文件夹，打开地图文档。

(2)通过菜单栏打开

在ArcMap中，单击【文件】菜单下的【打开】按钮，打开【打开】对话框，选择一个已创建的地图文档，单击【打开】按钮，完成地图文档的打开。

(3)通过工具栏打开

在ArcMap中，单击工具栏上的按钮，打开【打开】对话框，选择一个已创建的地图文档，单击【打开】按钮，完成地图文档的打开。

(4)直接打开已创建的地图文档

直接双击现有的地图文档打开地图文档，这是最常用的打开地图文档的方式。

5.2.1.4　保存地图文档

如果对打开的 ArcMap 地图文档进行过一些编辑修改，或创建了新的地图文档，就需要对当前编辑的地图文档进行保存。

(1)地图文档保存

如果要将编辑修改的内容保存在原来的文件中，单击工具栏上的按钮或在ArcMap主菜单中单击【文件】→【保存】，即可保存地图文档。

(2)地图文档另存为

如果需要将地图内容保存在新的地图文档中，在 ArcMap 主菜单中单击【文件】→【另存为】，打开【另存为】对话框，输入【文件名】，单击【确定】按钮，即可将地图文档保存在一个新的文件中。

5.2.2　ArcMap 窗口组成

如图 5-3 所示，ArcMap 窗口主要由主菜单栏、工具栏、内容列表、地图显示窗口、目录、搜索、状态栏等七部分组成，其中目录和搜索是 ArcMap10.0 新增的内容，与 ArcCatalog 中的目录树和搜索窗口功能相同。

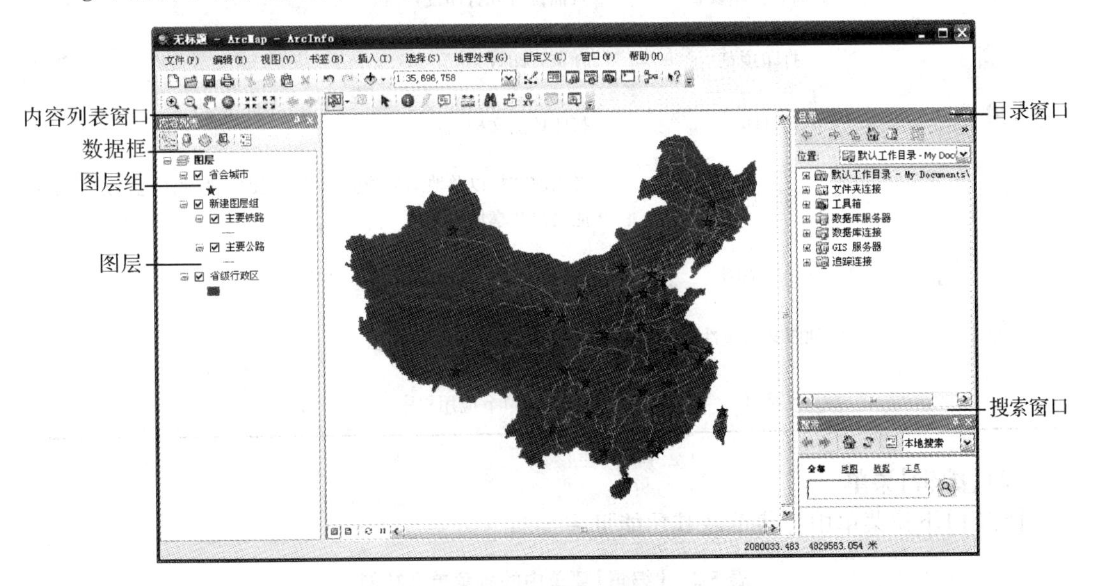

图 5-3　ArcMap 窗口

5.2.2.1　主菜单栏

主菜单栏包括【文件】、【编辑】、【视图】、【书签】、【插入】、【选择】、【地理处理】、【自定义】、【窗口】、【帮助】10 个菜单。

(1)【文件】菜单

【文件】下拉菜单中各菜单及其功能见表 5-1。

表 5-1 【文件】菜单中的各菜单及功能

图 标	名 称	功 能
	新建	新建一个空白地图文档
	打开	打开一个已有的地图文档
	保存	保存当前地图文档
	另存为	另存地图文档
	保存副本	将地图文档保存为 ArcGIS 10 或以前的版本
	添加数据	向地图中添加数据
	登录	登录到 ArcGIS OnLine 共享地图和地理信息
	ArcGIS OnLine	ArcGIS 系统的在线帮助
	页面和打印设置	页面设置和打印设置
	打印预览	预览打印效果
	打印	打印地图文档
	创建地图包	将当前文档以及地图文档所引用数据创建为地图包，方便与其他用户共享地图文档
	导出地图	将当前地图文档输出为其他格式文件
	地图文档属性	设置地图文档的属性信息
	退出	退出 ArcMap 应用程序

(2)【编辑】菜单

【编辑】下拉菜单中各菜单及其功能见表 5-2。

表 5-2 【编辑】菜单中的各菜单及功能

图 标	名 称	功 能
	撤销	取消前一操作
	恢复	恢复前一操作
	剪切	剪切选择内容
	复制	复制选择内容
	粘贴	粘贴选择内容

（续）

图　标	名　称	功　　能
	选择性粘贴	将剪贴板上的内容以指定的格式粘贴或链接到地图中
✕	删除	删除所选内容
	复制地图到粘贴板	将地图文档作为图形复制到粘贴板
	选择所有元素	选择所有元素
	取消选择所有元素	取消选择所有元素
	缩放至所选元素	将所选择元素居中最大化显示

(3)【视图】菜单

【视图】下拉菜单中各菜单及其功能见表5-3。

表5-3　【视图】菜单中的各菜单及功能

图　标	名　称	功　　能
	数据视图	切换到数据视图
	布局视图	切换到布局视图
	图	创建和管理图
	报表	创建、加载、运行报表
	滚动条	勾选启动滚动条
	状态栏	勾选启动状态栏
	标尺	控制标尺开与关
	参考线	控制参考线开与关
	格网	控制格网开与关
	数据框属性	打开【数据框属性】对话框
	刷新	修改地图后刷新地图
	暂停绘制	对地图修改时不刷新地图
	暂停标注	在处理数据的过程中暂停绘制标注

(4)【书签】菜单

【书签】下拉菜单中各菜单及其功能见表5-4。

表 5-4 【插入】菜单中的各菜单及功能

图 标	名 称	功 能
	创建	创建书签
	管理	管理书签

(5)【插入】菜单

【插入】下拉菜单中各菜单及其功能见表 5-5。

表 5-5 【插入】菜单中的各菜单及功能

图 标	名 称	功 能
	数据框	向地图文档插入一个新的数据框
Title	标题	为地图添加标题
A	文本	为地图添加文本文字
	动态文本	为地图添加文本，如日期、坐标系等信息
	内图廓线	为地图添加内图廓线
	图例	在地图上添加图例
N	指北针	在地图上添加指北针
	比例尺	在地图上添加比例尺
1:n	比例文本	在地图上添加文本比例尺
	图片	在地图上添加图片
	对象	在地图上添加图表、文档等对象

(6)【选择】菜单

【选择】下拉菜单中各菜单及其功能见表 5-6。

表 5-6 【选择】菜单中的各菜单及功能

图 标	名 称	功 能
	按属性选择	使用 SQL 按照属性信息选择要素
	按位置选择	按照空间位置选择要素
	按图形选择	使用所绘图形选择要素
	缩放至所选要素	在地图显示窗口中将选择要素居中最大化显示在显示窗口的中心
	平移至所选要素	在地图显示窗口中将选择要素居中显示在显示窗口的中心
Σ	统计数据	对所选要素进行统计

（续）

图　标	名　称	功　　能
	清除所选要素	清除对所选要素的选择
	交互式选择方法	设置选择集创建方式
	选择选项	打开【选择选项】对话框，设置选择的相关属性

(7)【地理处理】菜单

【地理处理】下拉菜单中各菜单及其功能见表5-7。

表5-7　【地理处理】菜单中的各菜单及功能

图　标	名　称	功　　能
	缓冲区	打开【缓冲区】工具创建缓冲区
	裁剪	打开【裁剪】工具裁剪要素
	相交	打开【相交】工具用于要素求交
	联合	打开【联合】工具用于要素联合
	合并	打开【合并】工具用于要素合并
	融合	打开【融合】工具用于要素融合
	搜索工具	打开【搜索】窗口搜索指定的工具
	ArcToolbox	打开【ArcToolbox】窗口
	环境	打开【环境设置】对话框，以设置当前地图环境
	结果	打开【结果】窗口显示地理处理结果
	模型构建器	打开【模型】构建器窗口用于建模
	Python	打开【Python】窗口编辑命令
	地理处理资源中心	ArcGIS在线帮助地理处理资源中心
	地理处理选项	打开【地理处理选项】对话框，用于地理处理各项设置

(8)【自定义】菜单

【自定义】下拉菜单中各菜单及其功能见表5-8。

表5-8 【自定义】菜单中的各菜单及功能

名 称	功 能
工具条	加载需要的工具条
扩展模块	打开【扩展模块】对话框，启用ArcGIS扩展功能
加载项管理器	打开【加载项管理器】对话框，管理加载项
自定义模式	打开【自定义】对话框，添加自定义命令
样式管理器	打开【样式管理器】对话框，管理样式
ArcMap选项	打开【ArcMap选项】对话框，对ArcMap进行设置

(9)【窗口】菜单

【窗口】下拉菜单中各菜单及其功能见表5-9。

表5-9 【窗口】菜单中的各菜单及功能

图 标	名 称	功 能
	总览	查看当前地图总体范围
	放大镜	将当前位置视图放大显示
	查看器	查看当前地图文档内容
	内容列表	打开【内容列表】窗口
	目录	打开【目录】窗口
	搜索	打开【搜索】窗口
	影像分析	打开【影像分析】对话框，对影像进行显示及各项处理操作

(10)【帮助】菜单

【窗口】下拉菜单中各菜单及其功能见表5-10。

表5-10 【帮助】菜单中的各菜单及功能

图 标	名 称	功 能
	ArcGIS Desktop 帮助	打开【ArcGIS 10.0 帮助】对话框，获取相关帮助
	ArcGIS Desktop 资源中心	打开ArcGIS网站，获取相关帮助
	这是什么?	调用实时帮助
	关于ArcMap	查看ArcMap的版本与版权等信息

5.2.2.2 工具栏

在工具栏上任意位置点击鼠标右键，在弹出菜单中勾选用户需要的工具条，常用的工具条有【标准】工具条、【工具】工具条和【布局】工具条。

(1)【标准】工具条

【标准】工具条中共有20个工具，包含了有关地图数据层操作的主要工具，各按钮对应的功能见表5-11。

表5-11 【标准】工具条功能

图 标	名 称	功 能
	新建地图文档	新建一个空白地图文档
	打开	打开一个已有的地图文档
	保存	保存当前地图文档
	打印	打印地图文档
	剪切	剪切选择内容
	复制	复制选择内容
	粘贴	粘贴选择内容
✕	删除	删除所选内容
	撤销	取消前一操作
	恢复	恢复前一操作
	添加数据	添加数据
1:40,000	比例尺	设置显示比例尺
	编辑器工具条	启动、关闭【编辑器】工具条
	内容列表窗口	打开【内容列表】窗口
	目录窗口	打开【目录】窗口
	搜索窗口	打开【搜索】窗口
	ArcToolbox窗口	打开【ArcToolbox】窗口
	Python窗口	打开【Python】窗口编辑命令
	模型构建器窗口	打开【模型】构建器窗口用于建模
	这是什么?	调用实时帮助

(2)【工具】工具条

【工具】工具条中共有20个工具，包含了对地图数据进行视图、查询、检索、分析等操作的主要工具，各按钮对应的功能见表5-12。

表5-12 【工具】工具条功能

图 标	名 称	功 能
	放大	单击或拉框任意放大视图
	缩小	单击或拉框任意缩小视图
	平移	平移视图
	全图	缩放至全图

（续）

图 标	名 称	功 能
	固定比例放大	以数据框中心点为中心，按固定比例放大地图
	固定比例缩小	以数据框中心点为中心，按固定比例缩小地图
	返回到上一视图	返回到上一视图
	转到下一视图	前进到下一视图
	通过矩形选择要素	选择要素
	清除所选要素	清除对所选要素的选择
	选择元素	选择、调整以及移动地图上的文本、图形和其他对象
	识别	识别单击的地理要素或地点
	超链接	触发要素中的超链接
	HTML弹出窗口	触发要素中的HTML弹出窗口
	测量	测量距离和面积
	查找	打开【查找】对话框，用于在地图中查找要素和设置线性参考
	查找路径	打开【查找路径】对话框，计算点与点之间的路径及行驶方向
	转到XY	打开【转到XY】对话框，输入某个(X、Y)，并导航到该位置
	打开"时间滑块"窗口	打开【时间滑块】窗口，以便处理时间数据图层和表
	创建查看器窗口	通过拖拽出一个矩形创建新的查看器窗口

(3)【布局】工具条

【布局】工具条中共有14个工具，借助这些工具可以完成大量在布局视图下可以完成的数据操作，各按钮对应的功能见表5-13。

表5-13 【工具】工具条功能

图 标	名 称	功 能
	放大	单击或拉框任意放大布局视图
	缩小	单击或拉框任意缩小布局视图
	平移	平移视图
	缩放到整个页面	缩放至布局的全图
	缩放至100%	缩放至100%视图
	固定比例放大	以数据框中心点为中心，按固定比例放大布局视图
	固定比例缩小	以数据框中心点为中心，按固定比例缩小布局视图
	返回到范围	返回至前一视图范围

（续）

图　标	名　称	功　　能
	前进至范围	前进至下一视图范围
72%	缩放控制	当前地图显示百分比
	切换描绘模式	切换至描绘模式
	焦点数据框	使数据框在有无焦点之间切换
	更改布局	打开【选择模板】对话框，选择合适的模板更改布局
	数据驱动页面工具条	打开【数据驱动页面】工具条设置数据驱动页面

5.2.2.3　内容列表

内容列表中将列出地图上的所有图层并显示各图层中要素所代表的内容。地图的内容列表有助于管理地图图层的显示顺序和符号分配，还有助于设置各地图图层的显示和其他属性。

一个地图文档至少包含一个数据框，如果地图文档中包含两个或两个以上数据框，内容列表将依次显示所有数据框，但只有一个数据框是当前数据框，其名称以加粗方式显示。每个数据框都由若干图层组成，图层在内容列表中显示的顺序将决定在地图显示窗口中的上下层叠加顺序，系统默认是按照点、线、面的顺序显示。每个图层前面有两个小方框，其中一个方框为“+/-”号，用于显示更多图层信息与否，另一个小方框为“√”号，用于控制图层在地图显示窗口的显示与否。可以按住 CTRL 键并进行单击可同时打开或关闭所有地图图层。

内容列表有 4 种列出图层的方式。

①**按绘制顺序列出**　如图 5-4a 所示，用于表示所有图层地理要素的类型与表示方法。

②**按源列出**　如图 5-4b 所示，除了表示所有图层地理要素的类型与表示方法外，还能显示数据的存放位置与储存格式，即数据源信息。

③**按可见性列出**　如图 5-4c 所示，除了表示所有图层地理要素的类型与表示方法外，还将图层按照可见与不可见进行分组列出。

④**按选择列出**　如图 5-4d 所示，按照图层是否有要素被选中，对图层进行分组显示，同时标识当前处于选中状态的要素的数量。

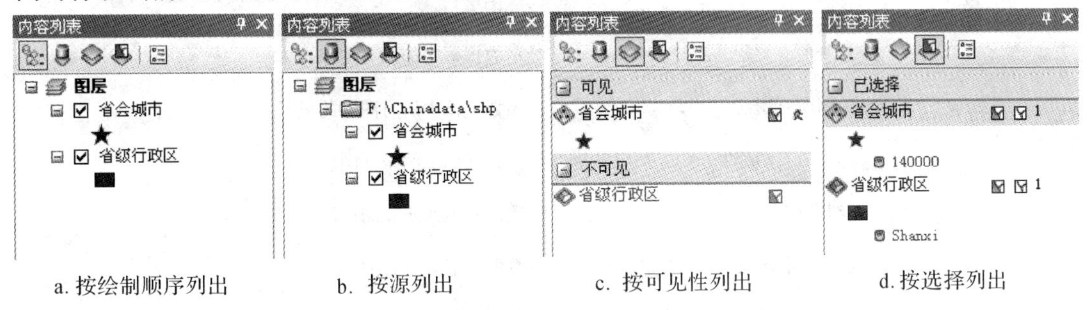

a. 按绘制顺序列出　　b. 按源列出　　c. 按可见性列出　　d. 按选择列出

图 5-4　内容列表的四种列出方式

5.2.2.4 目录窗口

目录窗口主要用于组织和管理地图文档、图层、地理数据库、地理处理模型和工具、基于文件的数据等。如图5-2中的目录窗口所示，使用目录窗口中的树视图与使用Windows资源管理器非常相似，只是目录窗口更侧重于查看和处理GIS信息。它将以列表的形式显示文件夹连接、地理数据库和GIS服务。可以使用位置控件和树视图导航到各个工作空间文件夹和地理数据库。搜索窗口可对本地磁盘中的地图、数据、工具进行搜索。

5.2.2.5 地图显示窗口

地图显示窗口用于显示地图所包括的所有地理要素，ArcMap提供了两种地图显示方式：一种是数据视图，一种是布局视图。在数据视图状态下，可以借助数据显示工具对地图数据进行查询、检索、编辑和分析等各种操作；在布局视图状态下，可以在地图上加载图名、图例、比例尺和指北针等地图辅助要素。两种地图显示方式可以借助地图显示窗口左下角的两个按钮进行切换，也可以通过单击【视图】菜单下的【数据视图】和【布局视图】子菜单进行切换。

5.2.3 ArcMap中的快捷菜单

在ArcMap窗口的不同部位单击鼠标右键，会弹出不同的快捷菜单。在实际操作中经常调用的快捷菜单有以下几种。

5.2.3.1 数据框操作快捷菜单

在内容列表中的数据框上单击鼠标右键，弹出数据框操作的快捷菜单，各菜单的功能见表5-14。

表5-14 数据框操作快捷菜单中的各菜单及功能

图标	名称	功能
	添加数据	向数据框中添加数据
	新建图层组	新建一个图层组
	新建底图图层	新建一个底图图层来存放底图数据
	复制	复制图层
	粘贴图层	粘贴已复制的图层
	移除	移除图层
	打开所有图层	显示数据框中的所有图层
	关闭所有图层	关闭数据框中所有图层的显示
	选择所有图层	选择数据框下的全部图层
	展开所有图层	将数据框下的所有图层展开
	折叠所有图层	将数据框下的所有图层折叠
	参考比例尺	设置数据框下的所有图层的参考比例尺

（续）

图 标	名 称	功 能
	高级绘制选项	对地图中面状要素掩盖的其他要素进行设置
	标记	标注管理，包括标注管理器、设置标注优先级、标注权重等级、锁定标注、暂停标注、查看未放置的标注等。
	将标注转换为标记	将数据框中已标注图层中的标注转换为标记
	将要素转换为图形	将要素转换为图形
	将图形转换为要素	将图像转换为要素
	激活	激活当前选中的数据框
	属性	打开【数据框属性】对话框，设置数据框的相关属性

5.2.3.2 数据层操作快捷菜单

在内容列表中的任意图层上单击鼠标右键，弹出图层操作的快捷菜单，每个菜单分别用于对当前选中的图层及其要素的属性进行操作，各菜单的功能见表5-15。

表5-15 数据层操作快捷菜单中的各菜单及功能

图 标	名 称	功 能
	复制	复制当前选中的图层
	移除	移除当前选中的图层
	打开属性表	打开图层的属性表
	连接和关联	将当前属性表连接、关联到其他表或基于空间位置连接
	缩放至图层	缩放至选中图层视图
	缩放至可见	将当前视图缩放到可见比例尺
	可见比例范围	设置当前图层可见的最大和最小比例尺
	使用符号级别	对当前图层启用符号级别功能
	选择	选择图层中的要素并进行操作
	标注要素	勾选时在要素上显示标注
	编辑要素	对要素进行编辑
	将标注转换为注记	将此图层中的标注转换为注记
	将要素转换为图形	将要素转换为图形
	将符号系统转换为制图表达	将此图层中的符号系统转换为制图表达
	数据	导出、修复数据等
	另存为图层文件	将当前图层另存为图层文件
	创建图层包	创建包括图层属性和图层所引用的数据集的图层包，可以保存和共享与图层相关的所有信息，如图层的符号、标注和数据等
	数据框属性	设置当前图层的属性

5.2.3.3 数据视图操作快捷菜单

在数据视图下，当编辑器处于非编辑状态时，在地图显示窗口中单击鼠标右键，弹出数据视图操作的快捷菜单。数据视图操作快捷菜单用于对数据视图中当前数据框进行操作，各菜单的功能见表 5-16。

表 5-16 数据视图操作快捷菜单中的各菜单及功能

图 标	名 称	功 能
	全图	缩放至地图全图
	返回到上一视图	返回到上一视图
	转到下一视图	前进到下一视图
	固定比例放大	以数据框中心点为中心，按固定比例放大地图
	固定比例缩小	以数据框中心点为中心，按固定比例缩小地图
	居中	视图居中显示
	选择要素	选择单击的要素
	识别	识别单击的地理要素或地点
	缩放至所选要素	缩放至所选要素视图
	平移至所选要素	平移至所选要素视图
	清除所选要素	清除对所选要素的选择
	粘贴	粘贴在内容列表中复制的图层，在地图显示窗口中复制的图形或注记，在【表】窗口中复制的记录
	属性	设置数据框的相关属性

5.2.3.4 布局视图操作快捷菜单

在布局视图下，在当前数据框内单击鼠标右键，弹出针对数据框内部数据的布局视图操作快捷菜单，其功能见表 5-17；在当前数据框外单击鼠标右键，弹出针对整个页面的布局视图操作快捷菜单，其功能见表 5-18。

表 5-17 数据框内布局视图操作快捷菜单中的各菜单及功能

图 标	名 称	功 能
	缩放整个页面	对布局视图的整个页面缩放
	缩放至所选元素	缩放至所选元素视图
	剪切、复制、删除	剪切、复制、删除所选内容
	组	当图例转换为图形后对已取消分组的图形元素创建组合
	取消分组	对转换成图形后的图例取消组合，以便更精确地修改该图例各部分
	顺序	改变数据框的排列顺序

（续）

图　标	名　称	功　　能
	微移	对数据框、图例、比例尺等的位置上、下、左、右进行微调
	对齐	设置数据框的对齐方式
	分布	设置数据框的分布方式
	旋转或翻转	旋转或翻转图形
	属性	设置数据框属性

表5-18　数据框外布局视图操作快捷菜单中的各菜单及功能

图　标	名　称	功　　能
	缩放整个页面	对布局视图的整个页面缩放
	返回到范围	返回至前一视图范围
	前进至范围	前进至下一视图范围
	页面和打印设置	设置打印页面的各个参数
	切换描绘模式	切换至描绘模式
	剪切、复制、粘贴、删除	剪切、复制、粘贴、删除所选内容
	选择所有元素	选择所有的元素
	取消所有元素	取消对所有元素的选择
	缩放至所选元素	缩放至所选元素视图
	标尺	设置标尺
	参考线	设置参考线
	格网	设置格网
	页边距	设置页边距
	ArcMap 选项	设置 ArcMap 选项

→任务实施

ArcMap基本操作

一、目的与要求

通过图层数据的加载、图层数据显示顺序的调整、查询地理要素信息等操作，使学生熟练掌握ArcMap软件的基本操作。

二、数据准备

主要公路、主要铁路、省会城市、省级行政区等矢量数据。

三、操作步骤

1. 启动ArcMap

双击桌面ArcMap快捷方式，在【ArcMap启动】对话框中，单击【我的模板】，在右边空白区域选择【空白地图】，单击【确认】按钮，完成ArcMap的启动。

2. 加载图层数据

①在【标准】工具条上单击【添加数据】按钮，打开【添加数据】对话框，如图5-5所示。

②单击【查找范围】下拉框，浏览到prj05\data文件夹，在列表框中选中所有要素类，单击【添加】按钮，完成图层数据的添加，结果如图5-6所示。

3. 更改图层图名和显示顺序

默认情况下，添加进地图文档中的图层是以数据源的名字命名的，可以根据需要更改图层的名称。

①在“主要公路”图层上单击左键，选中图层，再次单击左键，图层名称进入编辑状态，输入新名称“gonglu”；双击“主要铁路”图层打开【图层属性】对话框，在【常规】选项卡下【图层名称】文本框中输入新名称“tielu”。

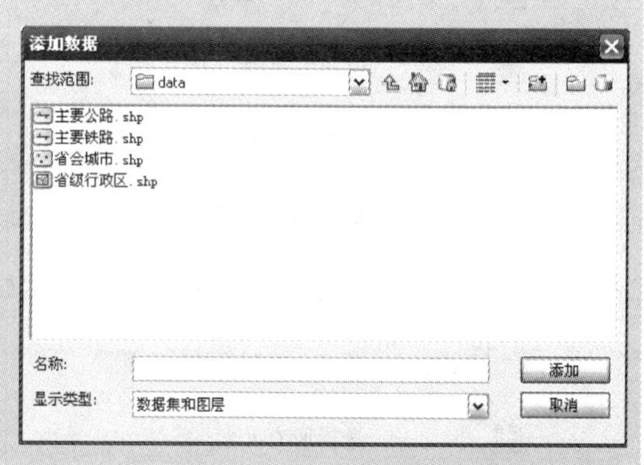

图5-5 【添加数据】对话框

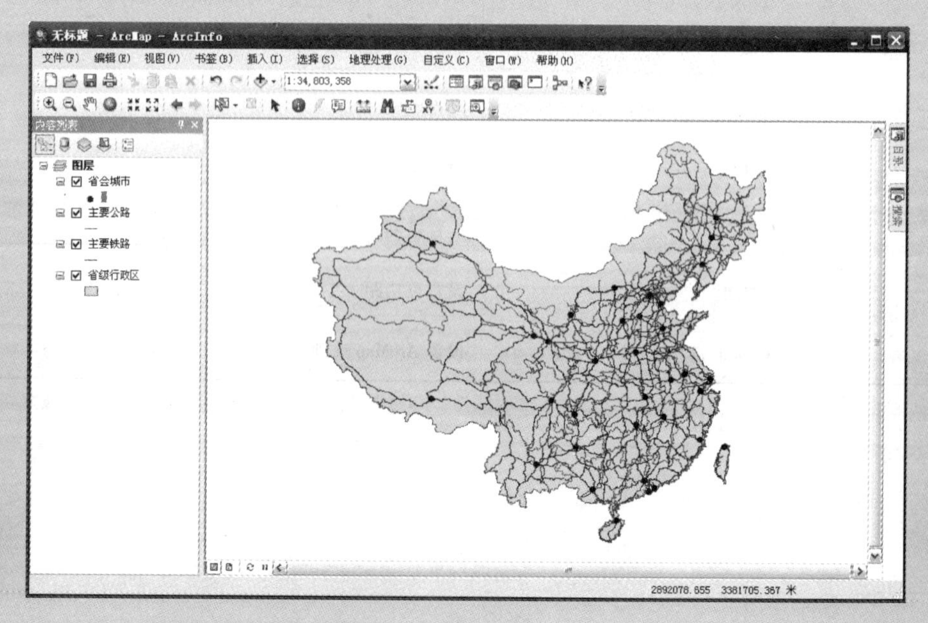

图5-6 【添加数据】结果

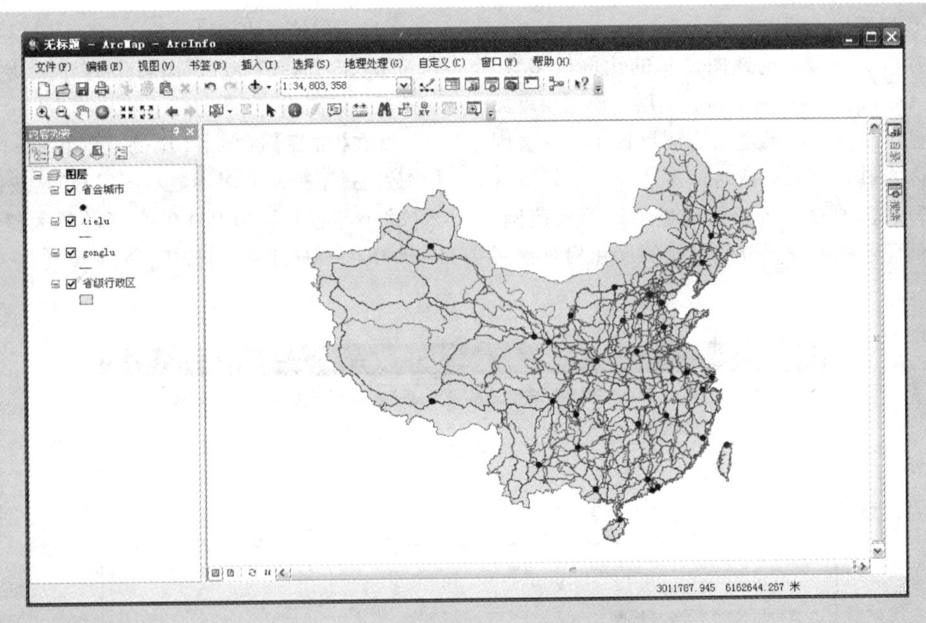

图 5-7　更改图层名称及显示顺序结果

图层在内容列表中的排列顺序决定了图层在地图中的绘制顺序，图层的排列顺序按照点、线、面要素类型以及要素重要程度的高低依次由上而下进行排列。

②在内容列表中单击选中"tielu"图层，按住鼠标向上拖动至"gonglu"上面释放左键完成图层顺序调整，结果如图 5-7 所示。

4. 创建图层组

当需要把多个图层当做一个图层来处理时，可将多个相同类别的图层组成一个图层组。

①在内容列表中，同时选中"gonglu"和"tielu"两个图层，单击鼠标右键，然后单击【组】，即可创建包含这两个图层的图层组。更改图层组的名称为"交通网络"，结果如图 5-8 所示。

②如果想取消图层组，可在图层组上单击右键，然后单击【取消分组】即可取消分组。

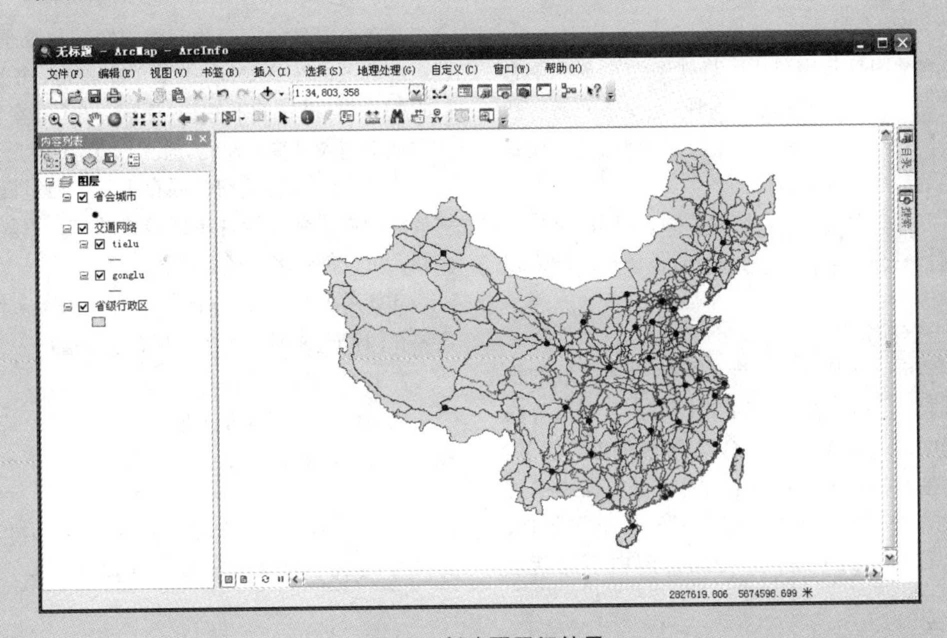

图 5-8　创建图层组结果

5. 设置图层比例尺

通常情况下，不论地图显示的比例尺多大，只要在 ArcMap 内容列表中勾选图层，该图层就始终处于显示状态。如果地图比例尺很小，就会因为地图内容过多而无法清楚地表达。为了解决这个问题，就需要设置各图层的显示比例尺范围。显示比例尺范围的设置分绝对比例尺和相对比例尺两种。

(1)设置绝对比例尺

①双击“省级行政区”图层，打开【图层属性】对话框，如图 5-9 所示。

②在【常规】选项卡【比例范围】下单击选中【缩放超过下列限制时不显示图层】单选按钮，输入【缩小超过】为 40 000 000，和【放大超过】为 6 000 000，单击【确定】按钮，完成设置。

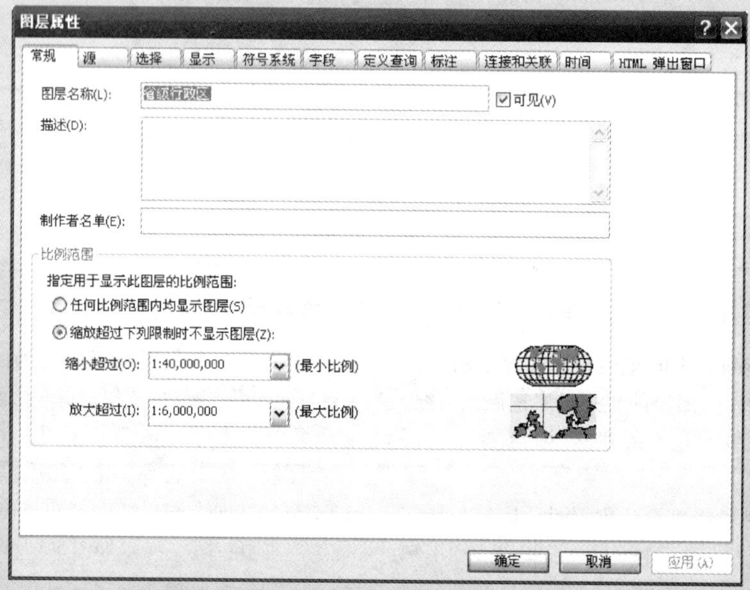

图 5-9 【图层属性常规选项卡】对话框

(2)设置相对比例尺

①在地图显示窗口中，将视图缩小到一个合适的范围，在“省级行政区”图层上单击右键，然后单击【可见比例范围】→【设置最小比例】，设置该图层的最小相对比例尺。

②放到视图到一个合适的范围，单击【可见比例范围】→【设置最大比例】，设置该图层的最大相对比例尺。

6. 创建书签

书签可以将某个工作区域或感兴趣区域的视图保存起来，以便在 ArcMap 视图缩放和漫游等操作过程中，可以随时回到该区域的视图窗口状态。视图书签是与数据组对应的，每一个数据组都可以创建若干个视图书签，书签只针对空间数据，所有又称为空间书签，在布局视图中不能创建书签。

①在地图显示窗口中，将视图缩放或平移到适当的范围，在 ArcMap 主菜单中单击【书签】→【创建】，打开【空间书签】对话框，在【书签名称】文本框中输入书签名称(新疆)，如图 5-10 所示。

②单击【确定】按钮，保存书签。通过漫游和缩放等操作重新设置视图区域或状态，重复上述步骤，可以创建多个视图书签。

③如果要把创建的书签保存到地图文档中，需要在【标准】工具条上单击保存按钮。

7. 设置地图提示信息

地图提示以文本方式显示某个要素的某一属性，当将鼠标放在某个要素上时，将会显示地图提示。

①在内容列表中，双击“省会城市”图层，打开【图层属性】对话框，如图 5-11 所示。

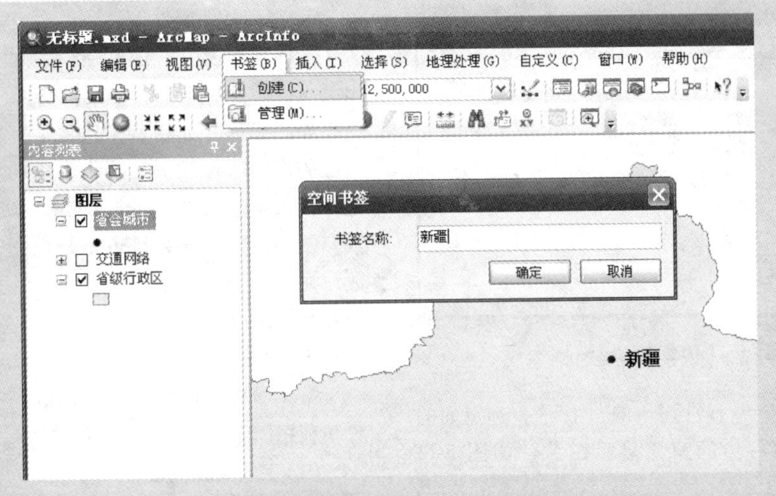

图5-10　【书签】下拉菜单与【空间书签】对话框

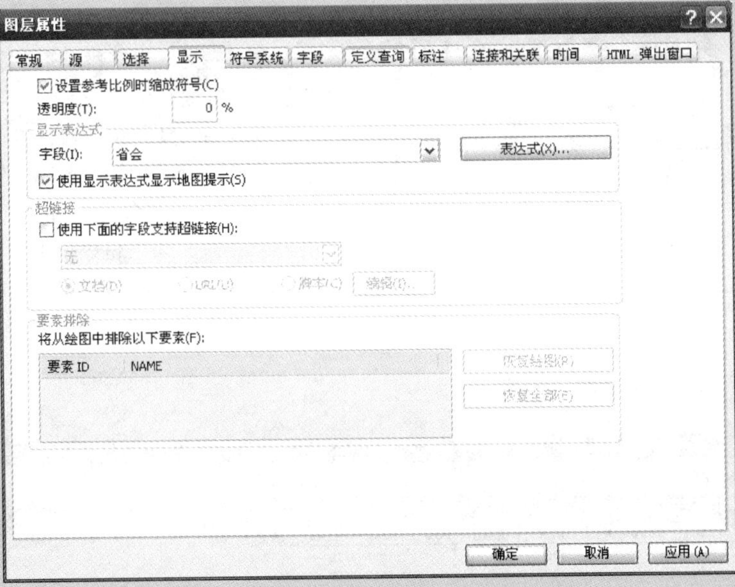

图5-11　【图层属性显示选项卡】对话框

②在【显示】选项卡下单击选中【使用显示表达式显示地图提示】单选按钮，单击【字段】下拉框选择“省会”字段，单击【确定】按钮，完成设置。

③将鼠标保持在“省会城市”图层中的任意一个要素上，这个要素的“省会”字段内容就会作为地图提示信息显示出来。

8. 查询地理要素信息

在ArcMap中，可以通过点击【工具】工具条上的按钮，在地图显示窗口查询任意一个要素的属性。

①在地图显示窗口中，点击表示“太原”的点要素，打开【识别】结果对话框，如图5-12所示。

②在【识别】结果对话框中显示数据库中名为“太原”的所有属性。

③单击【识别】结果对话框左边的“省会城市”或“太原”，在地图显示窗口可以看到这个要素在闪烁显示。

④从【识别范围】下拉列表框中选择【所有图层】，然后在地图显示窗口中再次点击省会城市太原。在【识别】结果对话框左边显示出“tielu”“gonglu”“省级行政区”图层中与选中的省会城市太原相交的线和面。

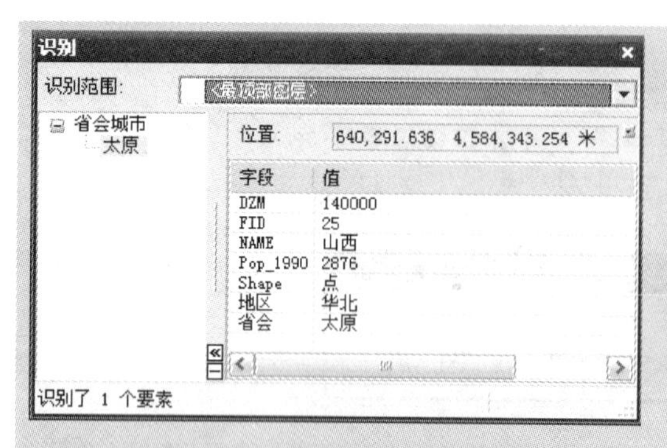

图 5-12 【识别】结果对话框

⑤ 点击【省级行政区】下的“山西”，选定面的所有属性都在右边的窗口显示出来，如图 5-13 所示。

⑥点击【识别】结果对话框右上角的☒按钮，关闭【识别】结果对话框，结束查询。

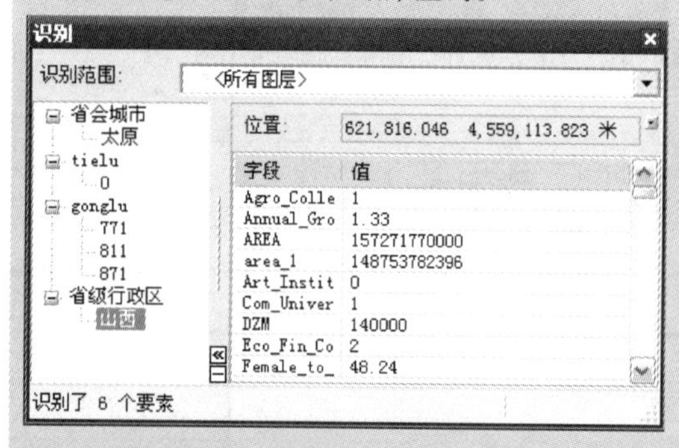

图 5-13 【识别】所有图层结果对话框

9. 查询其他属性信息

在内容列表中，右击“省会城市”图层，在弹出菜单中单击【打开属性表】，打开【表】对话框，结果如图 5-14 所示。其中包含了有关“省会城市”图层的多项属性数据。这个表中的每一行是一个记录，每个记录表示“省会城市”图层中的一个要素。图层中要素的数目也就是数据表中记录的个数，显示在属性表窗口的底部。用同样的方法，查看其他图层的属性表。

10. 超链接

ArcGIS 中超链接有两种形式：字段属性值设置和利用【识别】工具添加超链接。

(1)字段属性值设置

①在内容列表中“省会城市”图层上单击右键，在弹出的快捷菜单中，单击【打开属性表】，打开【表】窗口。

②添加一文本型字段“超链接”，字段值设为要添加的超链接路径。

③双击“省会城市”图层，打开【图层属性】对话框，单击【显示】标签，在【超链接】区域中选中【使用下面的字段支持超链接】复选框，然后选择“超链接”字段，如果超链接不是网址或宏，则选择“文档”，单击【确定】按钮，关闭【图层属性】对话框。

表

省会城市

FID	Shape *	DZM	省会	Pop_1990	NAME	地区
19	点	420000	武汉	5397	湖北	华中
20	点	340000	合肥	5618	安徽	华东
21	点	320000	南京	6706	江苏	华东
22	点	410000	郑州	8551	河南	华中
23	点	370000	济南	8439	山东	华东
24	点	130000	石家庄	6108	河北	华北
25	点	140000	太原	2876	山西	华北
26	点	150000	呼和浩	2146	内蒙古	华北
27	点	120000	天津	879	天津	华北
28	点	210000	沈阳	3946	辽宁	东北
29	点	220000	长春	2466	吉林	东北
30	点	230000	哈尔滨	3521	黑龙江	东北
31	点	110000	北京	1082	北京	华北
32	点	810000	香港	0	香港	华南
33	点	820000	澳门	0	澳门	华南

0 (0 / 34 已选择)

省会城市

图 5-14 “省会城市”属性表

④这时【工具】工具条中的⚡工具就可用了，点击这个工具，移动鼠标指针到要素上，即可看到属性字段超链接的提示信息(如"...\prj05\data\双塔寺.bmp")然后再去点击设置了超链接的要素，就能打开相应的文档。

(2)利用【识别】工具添加超链接

①利用ⓘ工具点击要添加超链接的要素"太原"，打开【识别】对话框。

②右击【识别】对话框左边的"太原"，在弹出的菜单中选择【添加超链接】，打开【添加超链接】对话框，选择【链接 URL】，输入网址(如 http://www.taiyuan.gov.cn)，即可将此要素同网址建立链接，单击【确定】按钮，完成设置。

③单击【工具】工具条中的⚡按钮，在地图显示窗口中单击添加了超链接的要素太原，即可打开设置的网址。

11. 按属性选择要素

如果需要显示满足特定条件的要素，就可以通过构建 SQL 语句对要素进行选择，这里以选择及定位山西省为例进行说明。

①单击菜单【选择】→【按属性选择】命令，打开【按属性选择】对话框，如图 5-15 所示。

②在【图层】下拉列表中选择"省级行政区"图层，在【方法】下拉列表中选择"创建新选择内容"；在字段列表中，调整滚动条，双击"NAME"，然后单击"="按钮，再点击"得到唯一值"按钮，在唯一值列表框中，找到"山西"后双击，通过构造表达式：Select * From 省级行政区 WHERE "NAME" ="山西"，从数据库中找出山西省。

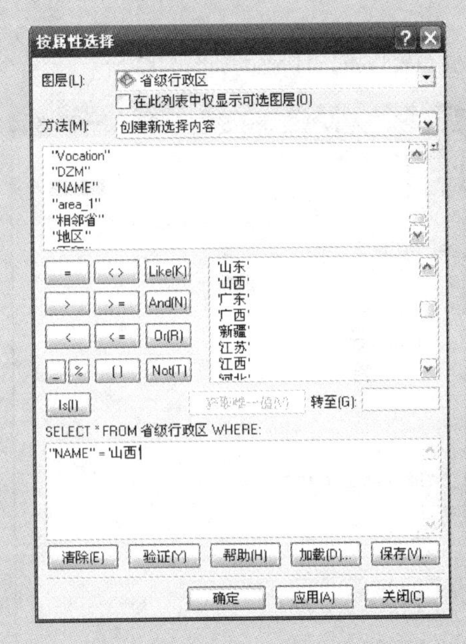

图 5-15 【按属性选择】对话框

③单击【确认】按钮，关闭【按属性选择】对话框，在地图显示窗口中，属性为"山西"的山西省被高亮显示，如图 5-16 所示。选中的这个面就是山西省的行政区域。

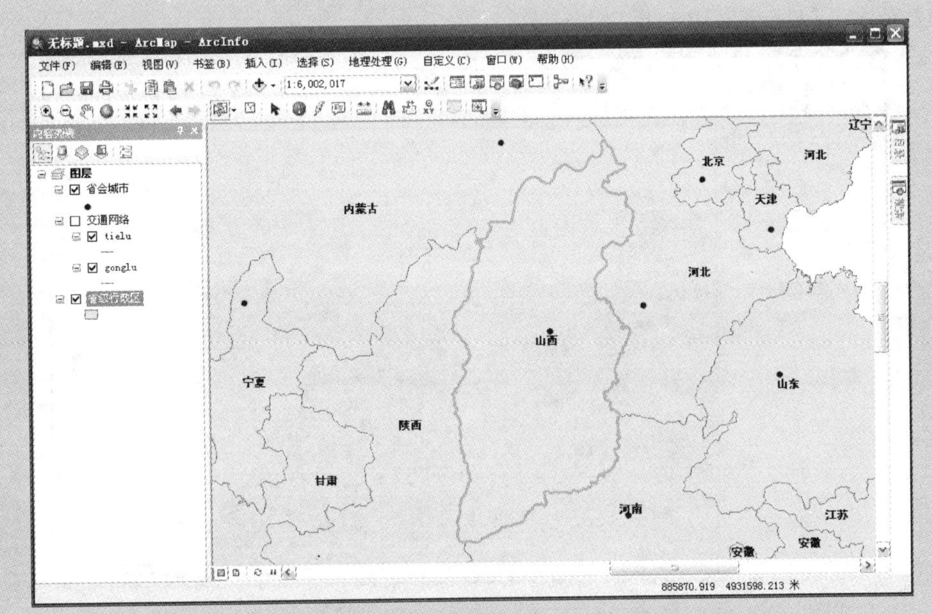

图 5-16 【按属性选择】结果

12. 按空间关系选择要素

通过位置选择要素是根据要素相对于同一图层要素或另一图层要素的位置来进行的选择，现在以选择与山西省相邻的省份为例进行说明。

①单击菜单【选择】→【按位置选择】命令，打开【按位置选择】对话框，如图5-17所示。

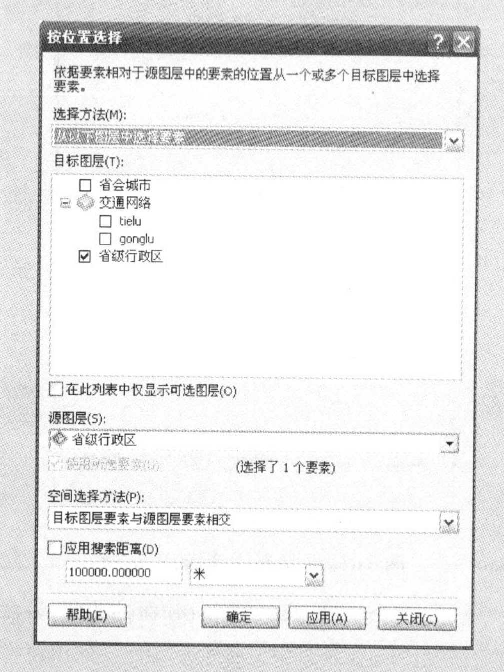

图5-17 【按位置选择】对话框

②在【选择方法】下拉列表中选择“从以下图层中选择要素”；在【目标图层】中选择“省级行政区”的复选框；在【源数据】下拉列表中选择“省级行政区”；在【空间选择方法】下来列表中选择“目标图层要素与原图层要素相交”。

③单击【确定】按钮，在地图显示窗口中，与山西省相邻的省份就会被高亮显示，如图5-18所示。

④在内容列表中，右击“省级行政区”图层，打开属性表，在属性表中与山西省相邻的省份的信息记录也被高亮显示出来，如图5-19所示。

13. 测量距离和面积

通过测量工具可以对地图中的线和面进行测量。也可以使用此工具在地图上绘制一条线或一个面，然后获取线的长度与面的面积，也可以直接单击要素然后该要素的测量信息。在【工具】工具条上单击测量按钮，打开【测量】对话框，如图5-20所示，选择测量工具进行测量，具体步骤如下：

(1)测量线和面积

在【测量】对话框中单击测量线按钮或测量面积按钮，在地图上草绘所需形状，双击鼠标结束线的绘制，然后测量值便会显示在【测量】对话框中，结果如图5-20a、b所示。在测量线结果示例中“线段”后面的数据表示最后一段线段的长度，“长度”表示绘制线段的总长度；在测量面积结果示例中“线段”表示最后一段线段的长度，“周长”表示绘制的多边形的长度，“面积”表示绘制的多边形的面积。

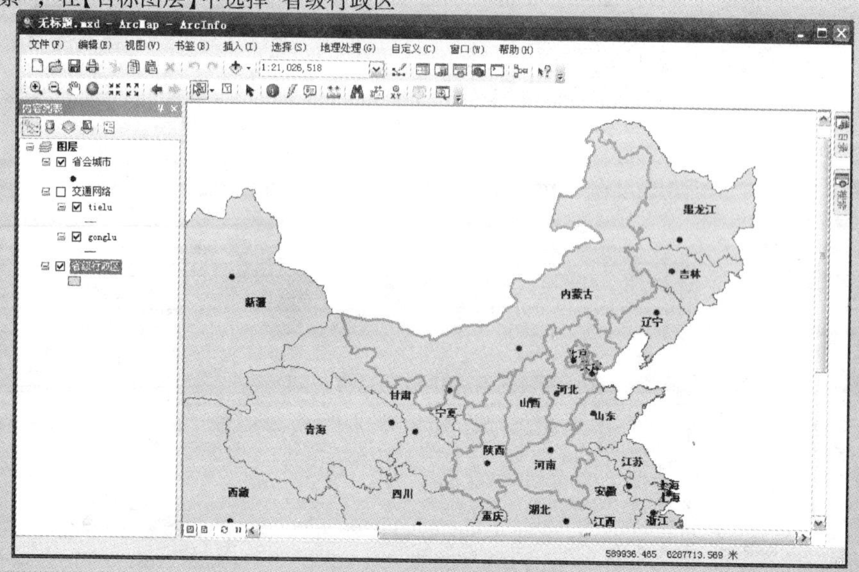

图5-18 【按位置选择】结果

表

省级行政区

Urban_to_T	Vocation	DZM	NAME	area_1	相邻省	地区	面积
26.08	11	130000	河北	175161626464		华北	175162
23.2	13	410000	河南	159705209429		华中	159705
51.54	5	230000	黑龙江	415605426799		东北	415605
40.22	14	420000	湖北	184653778751		华中	184654
29.75	13	430000	湖南	216628173052		华中	216628
49.68	4	220000	吉林	177411566513		东北	177412
41.49	17	320000	江苏	97706093939.2		华东	97706.102
27.67	4	360000	江西	170568533526		华东	170569
54.24	9	210000	辽宁	134940277812		东北	134940
42.68	4	150000	内蒙古	1064829162420		华北	1064830
32.43	1	640000	宁夏	47811352656.3		西北	47811.398
34.76	1	630000	青海	685689498550		西北	685690
38	4	370000	山东	146827735771		华东	146828
34.91	3	140000	山西	148753782396		华北	148754
32.26	3	610000	陕西	197723666386		西北	197724

0　(5 / 34 已选择)

省级行政区

图 5-19　“省级行政区”属性表

(2)测量要素

在【测量】对话框中单击测量要素按钮十，在地图上单击点要素、线要素或面要素，【测量】对话框中便会显示对应的测量结果，结果如图 5-20c 所示。

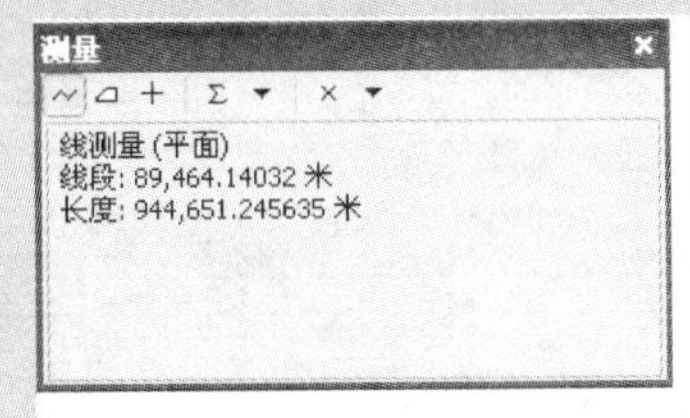

a.测量线结果

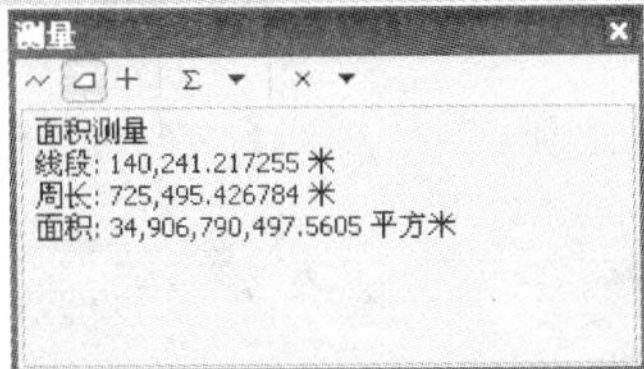

b. 测量面积结果

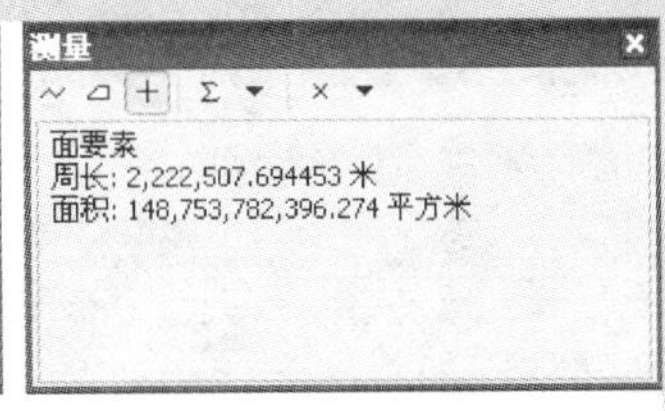

c. 测量要素结果

图 5-20　测量线、面积、要素结果

14. 设置数据路径

ArcMap 地图文档中只保存各图层所对应的源数据的路径信息，通过路径信息实时地调用源数据。由于每次加载地图文档时，系统都会根据地图文档中记录的路径信息去指定的目录中读取数据源，所以，当地图文档数据存储为绝对路径时，存储路径一旦发生变化，地图中将不显示该图层的信息，图层面板上会出现很多红色感叹号。如果不希望出现上述情况，就需要将存储路径设置为相对路径，设置步骤如下：

①单击菜单【文件】→【地图文档属性】命令，打开【地图文档属性】对话框，如图 5-21 所示。

②选中【存储数据源的相对路径名】复选框，单击【确定】按钮，完成设置。

15. 保存地图并退出 ArcMap

单击菜单【文件】→【退出】命令，如果系统提示保存修改，点击“是”，关闭 ArcMap 窗口。

图 5-21　【地图文档属性】对话框

→成果提交

作出书面报告，包括操作过程和结果以及心得体会，具体内容如下：

1. 简述 ArcMap 基本操作过程，并附上每一步的操作结果图片。
2. 回顾操作过程中的心得体会，遇到的问题及解决方法。

任务3

ArcCatalog应用基础

→任务描述

ArcCatalog是ArcGIS Desktop中最常用的应用程序之一，它是地理数据的资源管理器，用户通过ArcCatalog来组织、管理和创建GIS数据。本任务将从ArcCatalog启动与关闭、窗口组成以及基本操作等方面来学习ArcCatalog。

→任务目标

经过学习和训练，能够熟练运用ArcCatalog软件对现有地理数据进行浏览和管理；创建和管理空间数据库；创建图层文件等操作，为下一步软件的学习奠定基础。

→知识准备

ArcCatalog是以数据管理为核心，是ArcGIS桌面软件的核心模块，它主要用于定位、浏览和管理空间数据，创建和管理空间数据库，创建图层文件等操作。

5.3.1 ArcCatalog启动与关闭

(1)启动ArcCatalog

启动ArcCatalog有以下2种方式：

①双击桌面上的ArcCatalog的快捷方式，启动ArcCatalog。

②单击Windows任务栏上的【开始】→【所有程序】→【ArcGIS】→【ArcCatalog10.0】，启动ArcCatalog，启动后，就会出现如图5-22所示的ArcCatalog窗口。

(2)关闭ArcCatalog

①单击ArcCatalog窗口右上角的按钮，关闭ArcCatalog。

②在ArcCatalog主菜单中单击【文件】→【退出】，退出ArcCatalog。关闭ArcCatalog后，ArcCatalog会自动记忆ArcCatalog中已经连接的文件夹，可见的工具栏，ArcCatalog窗口中各元素的位置，ArcCatalog还会记住关闭目录树前选择的数据项，并且在下一次启动ArcCatalog后再次选择它。

5.3.2 ArcCatalog窗口组成

ArcCatalog窗口主要由主菜单栏、工具栏、状态栏、目录树、内容显示窗口组成。

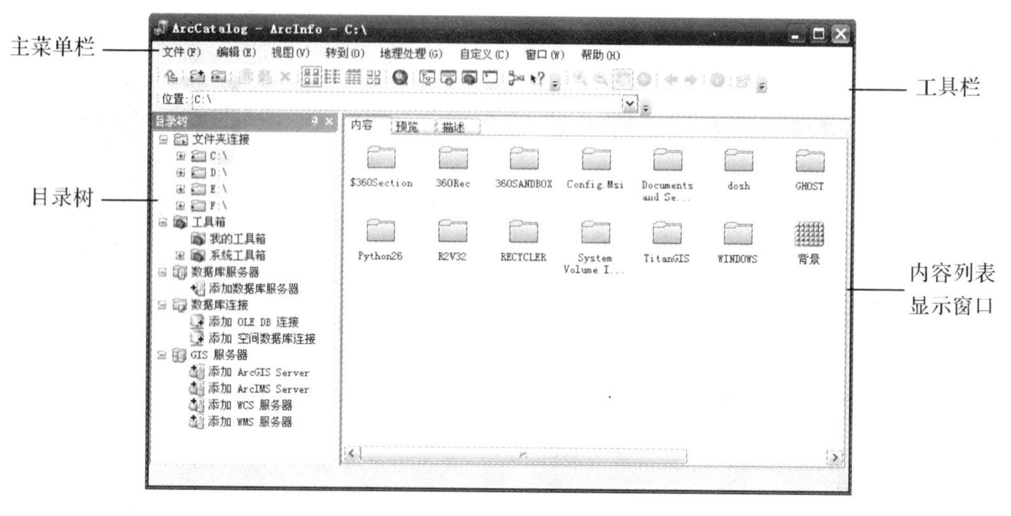

图5-22 ArcCatalog窗口

5.3.2.1 主菜单栏

ArcCatalog窗口主菜单栏由【文件】、【编辑】、【视图】、【转到】、【地理处理】、【自定义】、【窗口】和【帮助】8个菜单组成。其中除【文件】菜单外，其他菜单功能与ArcMap基本一致，这里只介绍【文件】菜单，其下拉菜单中各菜单及其功能见表5-19。

表5-19 【文件】菜单中的各菜单及功能

图 标	名 称	功 能
	新建	新建文件夹、个人和文件地理数据库、Shapefile文件、图层等
	连接文件夹	建立于文件夹的连接
	断开文件夹	断开与文件夹得连接
	删除	删除选中的内容
	重命名	重新命名选中的内容
	属性	查看选中内容的属性信息
	退出	退出ArcCatalog应用程序

5.3.2.2 工具栏

ArcCatalog中常用的工具栏有【标准】工具条、【位置】工具条和地理工具条，其中【标准】工具条是对地图数据进行操作的主要工具，各按钮对应的功能见表5-20。

表5-20 【标准】工具条功能

图 标	名 称	功 能
	向上一级	返回上一级目录
	连接到文件夹	建立与文件夹的连接
	断开与文件夹的连接	断开与文件夹的连接

（续）

图 标	名 称	功 能
	复制	复制所选内容
	粘贴	粘贴所选内容
	删除	删除所选内容
	大图标	文件夹中的内容在主窗口中以大图标样式显示
	列表	文件夹中的内容在主窗口中以列表样式显示
	详细信息	文件夹中的内容在主窗口中以详细信息样式显示
	缩略图	文件夹中的内容在主窗口中以缩略图样式显示
	启动 ArcMap	启动 ArcMap 应用程序
	目录树窗口	打开目录树窗口
	搜索窗口	打开搜索窗口
	ArcToolbox 窗口	打开 ArcToolbox 窗口
	Python 窗口	打开 Python 窗口
	模型建构器窗口	打开模型建构器窗口
	这是什么	调用实时帮助

5.3.2.3 目录树

ArcCatalog 通过目录树管理所有地理信息项，通过它可以查看本地或网络上连接的文件和文件夹，如图 5-23 所示。选中目录树中的元素后，您可在右侧的内容显示窗口中查看其特性、地理信息以及属性。也可以在目录树中对内容进行编排、建立新连接、添加新元素（如数据集）、移除元素、重命名元素等。

5.3.2.4 内容显示窗口

内容显示窗口是信息浏览区域，包括【内容】、【预览】和【描述】三个选项卡，在这里可以显示选中文件夹中包含的内容、预览数据的空间信息、属性信息以及元数据信息。

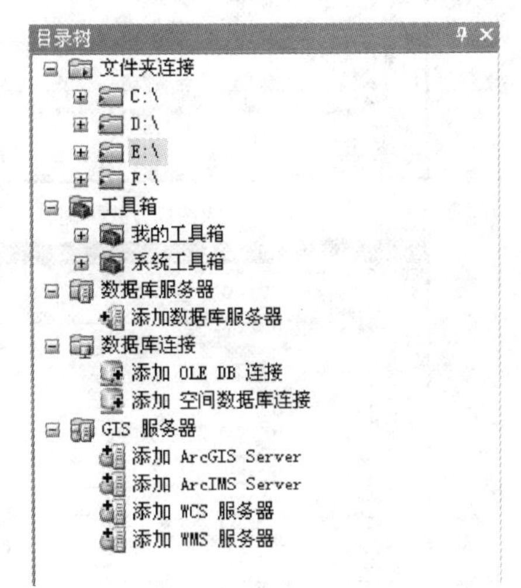

图 5-23 目录树窗口

→任务实施

ArcCatalog 基本操作

一、目的与要求

通过连接文件夹、浏览数据、创建图层文件等操作，使学生熟练掌握 ArcCatalog 软件的基本操作。

二、数据准备

主要公路、主要铁路、省会城市、省级行政区等矢量数据。

三、操作步骤

1. 启动 ArcCatalog

在 Windows 菜单中单击【开始】→【程序】→【ArcGIS】→【ArcCatalog10】，或在桌面上直接双击 ArcCatalog 的快捷方式，启动 ArcCatalog。

2. 连接文件夹

ArcCatalog 不会自动将所有物理盘符添加至目录树，若要访问本地磁盘的地理数据，就需要手动连接到文件夹。

①在【标准】工具条上，单击按钮，打开【连接到文件夹】对话框，选择要访问的文件夹，单击【确定】按钮，建立连接，该连接将出现在 ArcCatalog 目录树中。

②若要断开连接，首先选中要取消连接的文件夹，然后单击【标准】工具条上的按钮，或者直接点击右键，再弹出菜单中选择【断开文件夹连接】，断开与文件夹的连接。

3. 浏览数据

(1) 内容浏览

在目录树中选择一个文件夹或数据库，在【内容】选项卡中就会列出选中文件夹或者数据库中的内容，我们可以根据自己的要求选择大图标、列表、详细信息和缩略图的排列显示方式查看地理内容，如图 5-24 所示。

a. 大图标方式排列　b. 列表方式排列

c. 详细信息方式排列　d. 缩略图方式排列

图 5-24　内容显示窗口中的 4 种预览方式

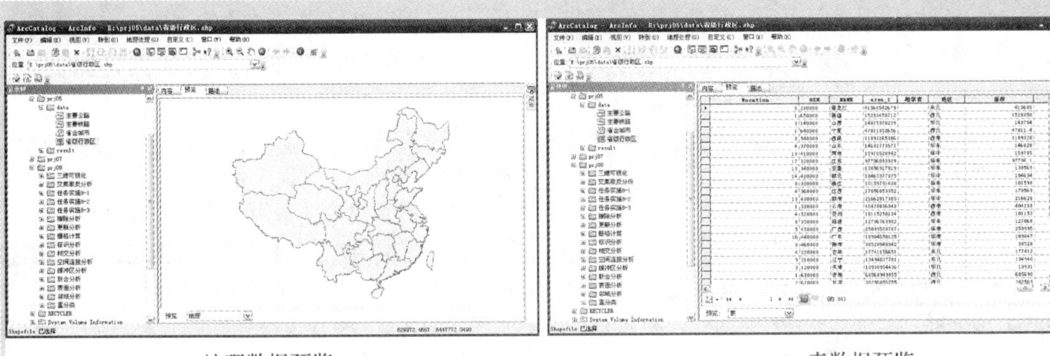

a.地理数据预览　　b.表数据预览

图 5-25　数据预览

(2)数据预览

在目录树中选中需要查看的数据，在内容显示窗口调整为【预览】选项卡，即可预览到相应的信息。可以通过界面下方的【预览】下拉列表选择预览的内容。若界面下方的【预览】选择为“地理”，则预览的是该数据的空间信息，若选择的是“表”，则预览的是其属性信息，如图 5-25 所示。

(3)元数据信息浏览

所谓元数据，即是对数据基本属性的说明。ArcGIS 使用标准的元数据格式记录了空间数据的一些基本信息，比如：数据的主题、关键字、成图目的、成图单位、成图时间、完成或更新状态、坐标系统、属性字段等。元数据是对数据的说明，通过元数据，我们可以更方便地进行数据的共享与交流。在目录树中选中需要查看的数据，在内容显示窗口调整为【描述】选项卡，就可以查看数据的元数据信息，如图 5-26 所示。

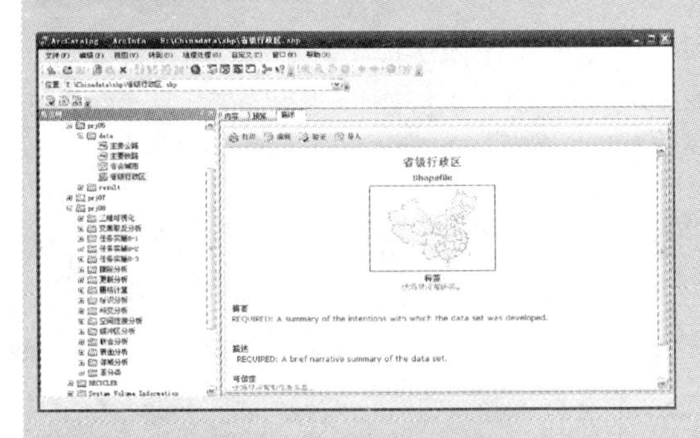

图 5-26　元数据信息浏览

4. 创建图层文件

在 ArcMap 中制作的图层是与地图文档一起保存的，在完成了图层的标注和符号设置后，通过【数据层操作快捷菜单】另存一个独立于地图文档之外的图层文件，以便在其他地图中使用。在 ArcCatalog 中，也可以创建图层文件，创建图层文件有两种途径。

(1)通过菜单创建

①在目录树窗口中，选中要创建图层文件的文件夹，单击【文件】→【新建】→【图层】命令，打开【创建新图层】对话框，如图 5-27 所示。

②在【为图层指定一个名称】文本框中输入图层文件名“行政区”，单击浏览数据按钮，打开【浏览数据】对话框，选定创建图层文件的地理数据，单击【添加】按钮，关闭【浏览数据】对话框。

③单击选中【创建缩略图】和【存储相对路径名】复选框，单击【确定】按钮，完成图层文件的创建。

④双击行政区图层文件，在打开的【图层属性】对话框中可以设置图层的名称、标注、符号等属性。

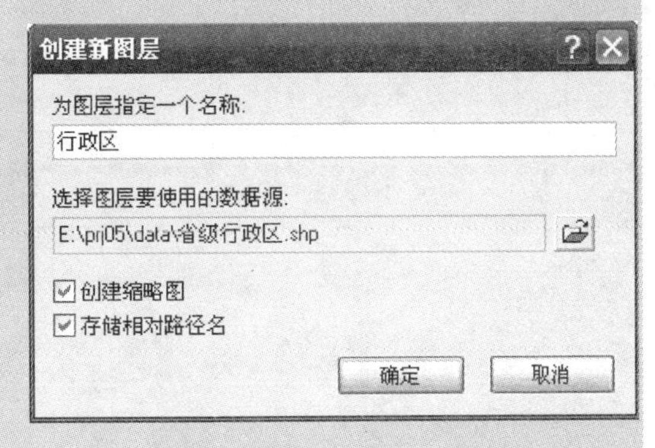

图 5-27　【创建新图层】对话框

(2)通过数据创建

在目录树窗口中，在需要创建图层文件的数

据源上点右键，在弹出菜单中，单击【创建图层】命令，打开【将图层另存为】对话框，指定保存位置和输入图层文件名，单击【保存】按钮，完成图层文件的保存。

5. 创建图层组文件

创建图层组文件也有两种途径。

(1)通过菜单创建

①在目录树窗口中，在要创建图层文件的文件夹上点右键，在弹出菜单中，单击【新建】→【创建图层组】命令，在内容浏览窗口新建图层组文本框中输入文件名“交通网络”，并按Enter键。

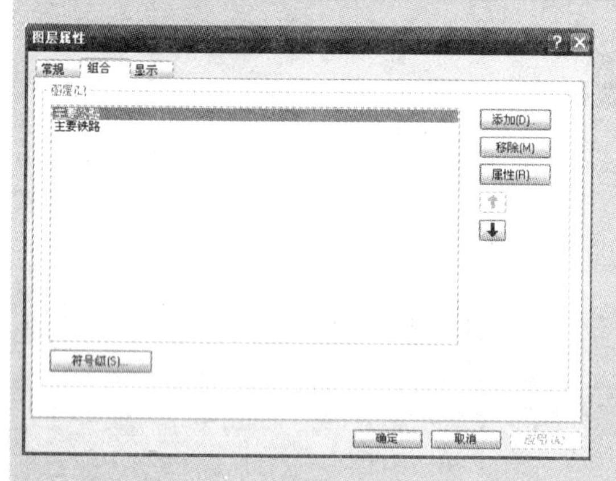

图5-28 【图层属性】对话框

②双击该图层组，打开【图层属性】对话框，如图5-28所示。

③在【组合】选项卡中，单击【添加】按钮，添加“主要公路”和“主要铁路”两个图层，双击上述两个图层，在打开的【图层属性】对话框中可以设置图层的名称、标注、符号等属性。

④单击【确定】按钮，完成图层组文件的创建。

(2)通过数据创建

在ArcCatalog内容浏览窗口中，按住Shift键或Ctrl键，选中多个地理数据(数据格式必须一致)，在任意一个地理数据上点右键，在弹出菜单中单击【创建图层】命令，打开【将图层另存为】对话框，指定保存位置和输入图层组文件名，单击【保存】按钮，完成图层组文件的保存。

6. 退出ArcCatalog

单击ArcCatalog窗口右上角的按钮，退出ArcCatalog。

→成果提交

作出书面报告，包括操作过程和结果以及心得体会，具体内容如下：

1. 简述ArcCatalog基本操作过程，并附上每一步的操作结果图片。
2. 回顾操作过程中的心得体会，遇到的问题及解决方法。

任务 4

ArcToolbox 应用基础

→任务描述

ArcToolBox 包含了 ArcGIS 地理处理的大部分分析工具和数据管理工具。本任务将从 ArcToolbox 工具集的介绍、环境设置以及基本操作等来学习 ArcToolbox。

→任务目标

经过学习和训练，能够熟悉 ArcToolbox 工具箱中常用的工具，能够创建个人工具箱，为下一步学习地理数据的处理奠定基础。

→知识准备

ArcToolbox，顾名思义就是工具箱，它提供了极其丰富的地理数据处理工具。涵盖数据管理、数据转换、矢量数据分析、栅格数据分析、统计分析等多方面的功能。

5.4.1 ArcToolbox 简介

从 ArcGIS 9.0 版本开始，ArcToolbox 变成 ArcMap，ArcCatalog，ArcScene，ArcGlobe 中一个可停靠的窗口，如图 5-29 所示。

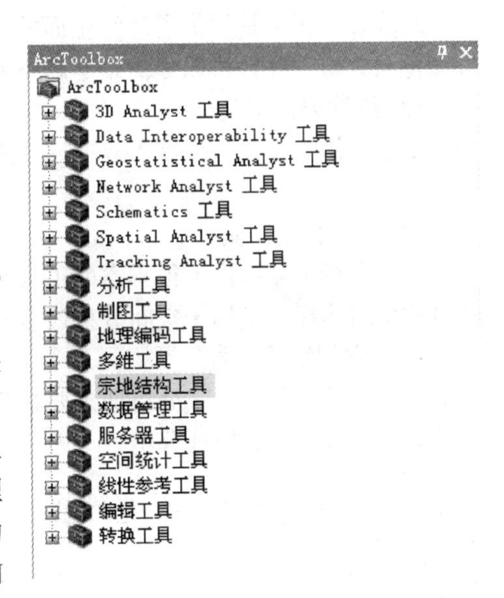

图 5-29 ArcToolbox 窗口

ArcToolbox 的空间处理框架可以跨 ArcView、ArcEditor 和 ArcInfo 环境，ArcView 中的 ArcToolbox 工具超过 80 种，ArcEditor 超过 90 种，ArcInfo 则提供了大约 250 种工具。ArcGIS 具有可扩展性，如 ArcGIS 3D Analyst 和 ArcGIS Spatial Analys 扩展了 ArcToolbox，提供了超过 200 个额外工具。使用 ArcToolbox 中的工具，能够在 GIS 数据库中建立并集成多种数据格式，进行高级 GIS 分析，处理 GIS 数据等；使用 ArcToolbox 可以将所有常用的空间数据格式与 ArcInfo 的 Coverage，Grids，TIN 进行互相转换；在 ArcToolbox 中可进行拓扑处理，

可以合并、剪贴、分割图幅，以及使用各种高级的空间分析工具等。

5.4.2　ArcToolbox 工具集介绍

ArcToolbox 的空间处理工具条目众多，为了便于管理和使用，一些功能接近或者属于同一种类型的工具被集合在一起形成工具的集合，这样的集合被称为工具集。按照功能与类型的不同，工具集主要分为以下几方面。

(1)3D 分析工具

使用 3D 分析工具可以创建和修改 TIN 以及三维表面，并从中抽象出相关信息和属性。创建表面和三维数据可以帮助看清二维形态中并不明确的信息。

(2)分析工具

对于所有类型的矢量数据，分析工具提供了一整套的方法，来运行多种地理处理框架。主要实现有联合，剪裁，相交，判别，拆分；缓冲区，近邻，点距离，频度，加和统计等。

(3)制图工具

制图工具与 ArcGIS 中其他大多数工具有着明显的目的性差异，它是根据特定的制图标准来设计的，包含了三种掩膜工具。

(4)转换工具

包含了一系列不同数据格式的转换工具，主要有栅格数据，Shapefile，Coverage ，table，dBase，数字高程模型，以及 CAD 到空间数据库(GeoDatabase)的转换等。

(5)数据管理工具

提供了丰富且种类繁多的工具用来管理和维护要素类，数据集，数据层以及栅格数据结构。

(6)地理编码工具

地理编码又叫地址匹配，是一个建立地理位置坐标与给定地址一致性的过程。使用该工具可以给各个地理要素进行编码操作，建立索引等。

(7)地统计分析工具

地统计分析工具提供了广泛全面的工具，用它可以创建一个连续表面或者地图，用于可视化及分析，并且可以更清晰了解空间现象。

(8)线性要素工具

生成和维护实现由线状 Coverage 到路径的转换，由路径事件属性表到地理要素类的转换等。

(9)空间分析工具

空间分析工具提供了很丰富的工具来实现基于栅格的分析。在 GIS 三大数据类型中，栅格数据结构提供了用于空间分析最全面的模型环境。

(10)空间统计工具

空间统计工具包含了分析地理要素分布状态的一系列统计工具，这些工具能够实现多种适用于地理数据的统计分析。

5.4.3　ArcToolbox 环境设置

在 ArcToolbox 中，任意打开一个工具，在对话框右下方便有一个【环境】按钮，对于一些特别的模型或者有特殊目的的计算，需要对输出数据的范围、格式等进行调整的时候，单击【环境】按钮，打开【环境设置】对话框。该对话框提供了常用的环境设置，包括工作空间的设定，输出坐标系、处理范围的设置，分辨率、M 值、Z 值的设置，数据库、制图以及栅格分析等设置。

→任务实施

ArcToolbox 基本操作

一、目的与要求

通过激活扩展工具、创建个人工具箱、管理工具等操作，使学生熟练掌握 ArcToolbox 软件的基本操作。

二、数据准备

主要公路、主要铁路、省会城市、省级行政区等矢量数据。

三、操作步骤

1. 启动 ArcToolbox

在 ArcMap、ArcCatalog、ArcScene 和 ArcGlobe 中单击 ArcToolbox 窗口按钮，打开 ArcToolbox 窗口。

2. 激活扩展工具

打开 ArcToolbox 窗口，在【自定义】菜单下有一个【扩展模块】命令，这是一个激活 ArcGIS 扩展工具的命令。这些扩展工具提供了额外的 GIS 功能，大多数扩展工具是拥有独立许可证的可选产品。用户可以选择安装这些扩展工具。

①单击菜单【自定义】→【扩展模块】命令，打开【扩展模块】对话框，如图 5-30 所示。

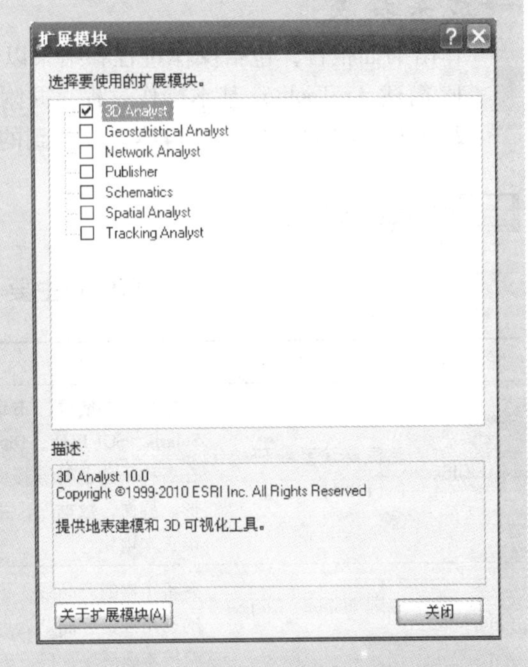

图 5-30　【扩展模块】对话框

②选中 3D Analyst 前面的复选框，安装 3D Analyst 工具。

③单击 3D Analyst 工具箱中的工具，这些工具都可以被打开运行，如果没有加载这个扩展工具，3D Analyst 工具箱其中的工具是不可被执行的。

3. 创建个人工具箱

ArcGIS 允许用户创建自己的工具箱，在个人工具箱里用户可以放入感兴趣的工具集或工具，具体操作如下：

①在 ArcCatalog 目录树窗口中选择【工具箱】中的【我的工具箱】，单击右键，在弹出的快捷菜单中点击【新建】→【工具箱】，则生成一个新的工具箱。

②右击新生成的工具箱，在弹出的快捷菜单中，点击【新建】→【工具集】，给工具箱添加工具子集。

③右击工具集，在弹出的快捷菜单中，单击【添加】→【工具】，点击目标工具集或工具前的复选框，点击【确定】按钮，添加工具。

④在 ArcToolbox 窗口的空白处右击，在弹出的快捷菜单中，点击【添加工具箱】选项，打开【添加工具箱】对话框，找到刚才建立的工具箱加入到 ArcToolbox 中，即可在 ArcToolbox 窗口中看到该工具箱。

4. 管理工具

在任意一个 ArcToolbox 工具箱上右击，打开快捷菜单，菜单中常用的菜单及其提供的功能主要有：

①复制命令　复制一个工具箱或者工具(仅在自定义工具箱)。

②粘贴命令　将复制的工具箱或者工具粘贴到其他工具箱里。

③移除命令 将不需要的工具箱或者工具移除。

④重命名命令 重命名工具箱或者工具。

⑤新建命令 在自定义工具箱或工具集中新建工具集或模型。

⑥添加命令 向自定义工具箱或工具集中添加脚本和工具。

5. 关闭ArcToolbox

单击ArcToolbox窗口右上角的☒按钮，关闭ArcToolbox窗口。

→成果提交

作出书面报告，包括操作过程和结果以及心得体会，具体内容如下：

1. 简述ArcToolbox基本操作过程，并附上每一步的操作结果图片。
2. 回顾操作过程中的心得体会，遇到的问题及解决方法。

拓展知识

国内外主要GIS软件平台

名　称	开发单位	简　　介
ArcGIS	美国环境系统研究所(ESRI)	影响广、功能强、市场占有率高。ARC/INFO可运行于各种平台上，包括SUN Solaris、SCI IRIX、Digital Unix、HP UX、IBM AIX、Windows NT(Intel/Alpha)等。在各种平台上可直接共享数据及应用。ARC/INFO实行全方位的汉化，包括图形、界面，数据库，并支持NLS(Native Language System)，实现可重定义的自动语言本地化
MapInfo	美国MapInfo Corporation	完善丰富的产品线；稳定的产品性能；广泛的业界支持；广大的用户群体；良好的易用性，产品贴近用户；与其他技术的良好融合；良好的可持续发展；极高的新技术敏感度；良好的本地化技术支持；极高的性价比
Titan GIS	加拿大阿波罗科技集团、北京东方泰坦科技有限公司	是加拿大阿波罗科技集团面向中国市场推出的一套功能先进、算法新颖、使用灵活和完善的地理信息系统开发软件。集中了目前国际上优秀的地学软件的优势，广泛使用了目前国际上先进的软件技术及工具。泰坦(Titan)不但是一套运行效率高、性能稳定、算法先进的通用GIS软件，而且针对中国用户使用GIS的特点，专门提供了一系列灵活方便的开发工具，为不同领域的GIS用户提供了极大方便
MAPGIS	中国地质大学信息工程学院、武汉中地信息工程有限公司	是一个工具型地理信息系统，具备完善的数据采集、处理、输出、建库、检索、分析等功能。其中，数据采集手段包括了数字化、矢量化、GPS输入、电子平板测图、开放式数据转换等；数据处理包括编辑、自动拓扑处理、投影、变换、误差校正、图框生成、图例符号整饰、图像镶嵌配准等方面的几百个功能；数据输出既能够进行常规的数据交换、打印，也能够进行版面编排、挂网、分色、印刷出高质量的图件；数据建库可建立海量地图库、影像地图库、高程模型库，实现三库合一；分析功能既包括矢量空间分析，也包括对遥感影像、DEM、网络等数据的常规分析和专业分析。MapGis不仅功能齐全，而且具有处理大数据量的能力，MapGis可以输出印刷超大幅面图件，各种数量(如点数、线数、结点数、区数、地图库中的图幅数等)均可超过20亿个，对数据量的唯一限制可能是磁盘的存储容量。MapGis还具有二次开发能力，提供了丰富的API函数、C++类、组件供二次开发用户选择

（续）

名 称	开发单位	简 介
GeoStar	武汉武大吉奥信息工程技术有限公司	是武汉吉奥信息工程公司所开发的地理信息系统基础软件吉奥之星系列软件的核心（基本）板块。用于空间数据的输入、显示、编辑、分析、输出和构建与管理大型空间数据库。GeoStar 最独特的优点在于矢量数据、属性数据、影像数据、DEM 数据高度集成。这种集成面向企业级的大型空间数据库。矢量数据、属性数据、影像数据和 DEM 数据可以单独建库，并可进行分布式管理。通过集成化界面，可以将四种数据统一调度，无缝漫游，任意开窗放大，实现各种空间查询与处理
SuperMap GIS	北京超图地理信息技术有限公司	SuperMap GIS 由多个软件组成，形成适合各种应用需求的完整的产品系列。SuperMap GIS 提供了包括空间数据管理、数据采集、数据处理、大型应用系统开发、地理空间信息发布和移动/嵌入式应用开发在内的全方位的产品，涵盖了GIS 应用工程建设全过程
GeoBeans	北京中遥地网信息技术有限公司	采用目前国际上的主流计算机技术，独立开发的具有自主版权的网络 GIS 开发平台软件，能为不同用户提供一体化的网络 GIS 解决方案。基于当前最先进的 Internet/Intranet 的分布式计算环境，考虑 GIS 未来发展方向，参考 OpenGIS 规范，地网 GeoBeans 采用与平台无关的 Java 语言 JavaBeans 构件模型以及 Com 组件模型，可在多种系统平台上运行

自主学习资料库

1. 地信网 . http：//www. 3s001. com
2. 遥感测绘网 . http：//3ssky. com/
3. 地理信息论坛 . http：//www. gisrorum. net
4. 中国社区 . http：//training. esrichina – bj. cn/ESRI

参考文献

刘南，刘仁义. 2001. 地理信息系统[M]. 北京：高等教育出版社.

黄杏元，马劲松，汤勤. 2002. 地理信息系统概论[M]. 北京：高等教育出版社.

赵鹏翔，李卫中. 2004. GPS 与 GIS 导论[M]. 杨凌：西北农林科技大学出版社.

袁博，邵进达. 2006. 地理信息系统基础与实践[M]. 北京：国防工业出版社.

吴秀芹，张洪岩，李瑞改，等. 2007. ArcGIS 9. 0 地理信息系统应用与实践[M]. 北京：清华大学出版社.

项目 6
林业空间数据采集与编辑

地理信息系统(GIS)在森林资源调查中应用主要是建立数据库，最终要求导出相应森林调查的属性表结果和绘制出相应的森林调查图。本项目主要内容有：使用 ArcGIS 10.0 中 ArcCatalog 和 ArcMap 进行数据采集，利用 ArcCatalog 和 ArcMap 建立空间数据库，在 ArcMap 中进行图形矢量化处理，对地理数据库中各要素进行要素、注记等属性编辑，利用 ArcCatalog 和 ArcMap、ArcToolbox 建立拓扑，对数据结果进行拓扑检查。

知识目标

1. 理解林业地理数据库含义，Shapelfile 文件、地理数据库(GeoDatabase)、拓扑等的含义及这些文件在建立时应该包含的文件类型；
2. 掌握空间数据(矢量数据、栅格数据)的含义、结构类型，使用 ArcCatalog 进行空间数据采集，在 ArcMap 中建立林业地理数据库的方法步骤；
3. 掌握图形矢量化，图形地理配准、裁剪、合并(拼接)，数据属性，拓扑等的含义、操作方法，它们之间的关系及其在操作时的先后顺序。

技能目标

1. 熟练开启和关闭 ArcCatalog、ArcMap、ArcToolbox 等应用程序，认识其菜单栏、工具栏、显示窗口内各个工具，理解各个工具的含义，操作方式(是左键还是右键操作)；
2. 熟练使用 ArcCatalog 进行空间数据采集，如建立 Shapefile 文件、Coverage 文件、个人地理数据库(GeoDatabase)文件，加载投影或进行投影变换(坐标系统转换)，创建拓扑等；
3. 熟练使用 ArcMap 进行加载数据和定义投影，对图面材料(栅格数据)进行地理配准、裁剪和合并(拼接)；
4. 熟练使用 ArcMap 进行图形矢量化操作、图形数据和属性数据的编辑、要素注记和标注；
5. 在 ArcMap 中对数据进行拓扑检查及拓扑错误的修订。

任务1

林业空间数据采集

→任务描述

空间数据(矢量数据和栅格数据)采集、对栅格数据(图面材料)进行定义投影和坐标转换、地理配准、裁剪和拼接是数据处理的首要工作，完成这些工作主要使用 ArcMap 应用程序。

→任务目标

通过本任务的学习和训练，让同学熟悉 ArcGIS 软件中坐标系的类型及其投影选择的方法，熟练对栅格数据(图面资料)进行定义投影和不同坐标系统转换，具有对栅格数据(图面材料)进行地理配准、裁剪和拼接的技能。注意软件操作时左右键，严格按照要求步骤操作。

→知识准备

6.1.1 空间数据的来源

6.1.1.1 地理空间信息的数字化表述方式

(1)基本概念

地理空间信息的数字化描述方法指在 GIS 中用计算机对地理空间信息的表述方法，即地理信息系统中用空间数据来表述地理空间实体。计算机对地理实体的显式描述称为栅格数据结构，隐式描述称矢量数据结构。因此，空间数据的栅格结构和矢量结构是计算机描述空间实体的两种最基本的方式。

地理实体指将空间现象(即指地球表层空间各种地物、地貌在空间上有交叉所形成的地理空间现象)进行抽象得到的空间对象叫空间实体、空间目标、地理实体，它是一种在现实世界中不能再划分为同类现象的现象。例如，城市可看成一个地理实体，并可划分成若干部分，但这些部分不叫城市，只能称为区、街道之类。用计算机表述时它们具体划分为点状实体、线状实体、面状实体和体状实体，复杂的地理实体由这些类型的实体构成，每一种实体又由许多属性要素组成。例如，面实体，也称多边形、区域等，是对湖泊、岛屿、地块等一类地理现象的描述，通常有如下空间特征：面积、周长、独立或相邻、岛或洞、重叠等。

(2)地理实体的表述

地理实体在地图(或地形图、平面图)上，用各种符号和数字表示。如果在计算机中表示，则用矢量表示法(采用一个没有大小的点(坐标)来表达基本点元素)和栅格表示法(采用一个有固定大小的点(面元)来表达基本点元素)。它们分别对应矢量数据模型和栅格数据模型，它们就是GIS的空间数据。

6.1.1.2 空间数据

空间数据指用于确定具有自然特征或者人工建筑特征地理实体的地理位置、属性及其边界的信息。它是用来描述有关空间实体的位置、形状和相互关系的数据，以坐标和拓扑关系的形式进行存储。而所有的GIS应用软件，也都是以空间数据的处理为核心来进行开发研制的。

要想完整地描述空间实体或现象的状态，一般需要同时有空间数据和属性数据。如果要描述空间实体的变化，则还需记录空间实体或现象在某一个时间的状态。所以，一般认为空间数据具有三个基本特征(图6-1)。

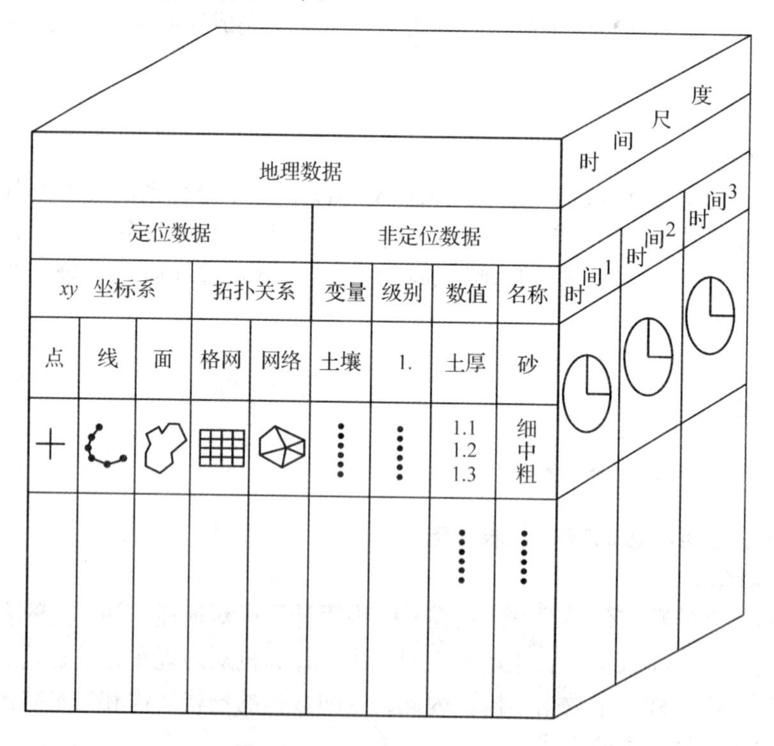

图6-1 空间数据的基本特征

(1)空间特征

表示现象的空间位置或现在所处的地理位置。空间特征又称为几何特征或定位特征，一般以坐标数据表示。

(2)属性特征

表示现象的特征，例如变量、分类、数量特征和名称等。

(3)时间特征

指现象或物体随时间的变化。

位置数据和属性数据相对于时间来说，常常呈相互独立的变化，即在不同的时间，空间位置不变，但是属性类型可能已经发生变化。因此，空间数据的管理是十分复杂。

地理信息系统特点是有空间数据，地理信息系统有一种传统的说法，数据占7，软件占3，硬件占1，比例7∶3∶1。

在地理信息系统中用空间数据对地理实体表述(即将空间数据存入计算机)时：首先从逻辑上将空间数据抽象为不同的专题或层，如土地利用、地形、道路、居民区、土壤单元、森林分布等，一个专题层包含指定区域内地理要素的位置数据和属性数据；其次，将一个专题层的地理要素或实体分解为点、线或面状目标，其中地理实体相邻两个结点间的一个弧段是基本的存储目标，每个目标的数据由定位数据、属性数据和拓扑数据组成。

由基本目标构成数据库的逻辑过程如图6-2所示，即具有相同分类码的同类目标组成类型，一类或相近的若干类构成数据层，若干数据层构成图幅，全部数据组成数据库。最后，对目标进行数字表示，其中对每个弧段或目标分配一个用户标识码(User-ID)。弧段的位置和形状由一系列x，y坐标定义，弧段的拓扑关系由始结点、终结点、左多边形和右多边形四个数据项组成，弧段的属性数据存储在相应的属性表中。每个弧段的空间特征和属性特征通过用户标识码进行连接(图6-2)。

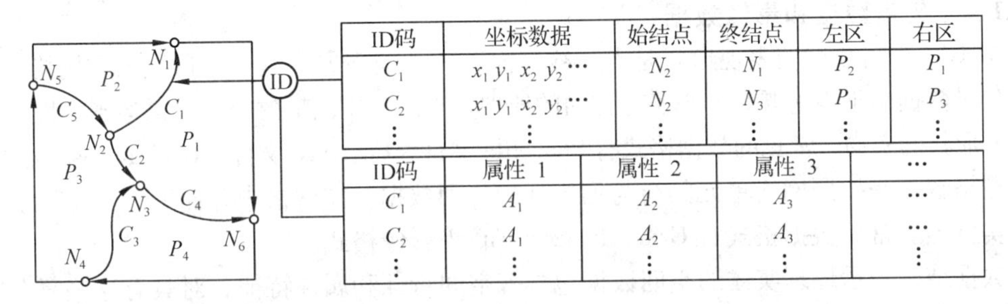

ID码	坐标数据	始结点	终结点	左区	右区
C_1	$x_1\ y_1\ x_2\ y_2 \cdots$	N_2	N_1	P_2	P_1
C_2	$x_1\ y_1\ x_2\ y_2 \cdots$	N_2	N_3	P_1	P_3
⋮	⋮	⋮	⋮	⋮	⋮

ID码	属性 1	属性 2	属性 3	…
C_1	A_1	A_2	A_3	…
C_2	A_1	A_2	A_3	…
⋮	⋮	⋮	⋮	⋮

图6-2 一个空间目标的空间特征与属性特征之间的联系

6.1.1.3 空间数据的来源

GIS中的数据来源和数据类型繁多，概括起来主要有以下几种类型：

(1)地图数据

主要来源于各种类型的普通地图和专题地图。地图的内容丰富，实体间的空间关系直观，实体的类别或属性清晰，可以用各种不同的符号加以识别和表示。在图上还具有参考坐标系统和投影系统，它表示地理位置准确，精度较高。主要用于生成DLG、DRG数据或DEM数据。

(2)遥感影像数据

主要来源于航空(卫星)和航空遥感的遥感影像数据，是GIS的最有效的数据源之一。其特点是可以快速准确地获得面积大、综合性强、有一定周期性(主要指卫片)的各种专题信息。遥感影像数据经识别处理可以直接进入地理信息系统数据库。它主要用于生成数字正射影像数据以及DEM数据等。

(3)数字化测绘数据

来源于测绘仪器工具的实测数据，如GPS点位数据、地籍测量数据等，是GIS的一个很准确和现实的资料，可以通过转换直接进入GIS的地理数据库，便于进行实时的分析和进一步的应用。

(4)统计数据

来源于国家许多部门和机构不同领域(如人口数量、人口构成、国民生产总值、基础设施建设、主要地物等)的大量统计资料，是GIS属性数据的重要来源。

(5)数字资料

来源于各种专题图件。对数字数据的采用需注意数据格式的转换和数据精度、可信度的问题。

(6)文本资料

来源于各行业部门的有关法律文档、行业规范、技术标准、条文条例等。在土地资源管理信息系统、灾害监测信息系统、水质信息系统、森林资源管理信息系统等专题信息系统中，各种文字说明资料对确定专题内容的属性特征起着重要的作用。

根据反映对象特征的不同，空间数据可分为：几何数据(几何位置关系)、关系数据(数据之间的关联)、属性数据(地理现象的特征)和元数据(各类纯数据，通过调查、推理、分析和总结得到的有关数据的数据，例如，数据来源、数据权属、数据产生的时间、数据精度、数据分辨率、源数据比例尺、数据转换方法)等，不同类型的空间数据在计算机中是以不同的空间数据结构存储的。

6.1.1.4　矢量数据和影像数据

ArcGIS空间数据的表现形式是点、线、面、体。表现方式是：矢量数据和栅格数据。

矢量数据用于表达既有大小又有方向的地理要素。是用离散的坐标来描述现实世界的各种几何形状的实物。常见的数据格式有Shapefile文件、Coverage文件、GeoDatabase文件等。

栅格数据是按照网格单元的行与列排列的阵列数据，在网格中存储一定的像元值来模拟现实世界。常见数据格式有Grid、Image、Tiff等影像格式。

数据结构表示地理实体的空间数据包含着空间特征和属性特征，对具有这些复杂特征的空间数据，如何组织和建立它们之间的联系，以便计算机存储和操作，称为数据结构。栅格数据和矢量数据结构是计算机描述空间实体的两种最基本的方式。

6.1.2　空间数据采集的方法

地理信息系统数据采集是指将非数字化形式的各种信息通过某种方法数字化，并经过编辑处理，变为系统可以存储管理和分析的形式。GIS需要输入两方面的数据，即几何数据与属性数据。这些数据在输入过程中，往往要通过编码之后才能输入。

6.1.2.1　ArcGIS中几何数据的采集

几何数据指表示空间目标具体距离和方位的数据，以及可以进一步得到空间目标的大地坐标数据。它们可以采用一些测量仪器和工具通过具体测量方法(如全站仪测量、GPS测量、摄影测量等)和遥感图像转绘来得到。

在GIS的几何数据采集中，如果几何数据已存在于其他的GIS或专题数据库中，那么只要经过转换装载即可；对于由测量仪器(如GPS)获取的几何数据，只要把测量仪器的数据输入数据库即可。

GIS中栅格数据的采集，GIS中主要使用扫描仪等设备对图件进行扫描数字化，通过扫描获取的数据是标准格式的图像文件，大多可直接进入 GIS 的地理数据库，保存多为.Tiff或.Img 格式。

从遥感影像上直接提取专题信息，需要使用几何纠正、光谱纠正、影像增强、图像变换、结构信息提取、影像分类等遥感图像数字化技术(它们属于遥感图像处理的内容)。

GIS 中矢量数据的采集主要通过：①利用数字化仪(即地图跟踪数字化、地图扫描数字化)的作业方式可以做到让地图数字化，这种方式目前用的越来越少；②在 ArcMap 中利用编辑器中高级编辑工具栏和 ArcScan 工具进行几何数据采集；③GPS 数据采集，即将 GPS 采集接收机连接到 ArcMap 中，将外业采集的数据导入即可。

6.1.2.2　ArcGIS 中属性数据的采集

属性数据即空间实体的特征数据，是对目标空间特征以外的目标特性的详细描述。属性数据包含了对目标类型的描述和目标的具体说明与描述。例如，森林资源调查小班的图斑既包括一组连续的像素或矢量表示的面实体，还包括属性数据如权属、地块面积、地类、森林类型、树种等。

属性数据一般采用键盘输入。当数据量较小时，可将属性数据与实体图形数据记录在一起，而当数据量较大时，属性数据与图形数据应分别输入并分别存储，检查无误后转入到数据库中。在进行属性数据输入时，一般使用商品化关系型数据库管理系统如 Microsoft SQL、Oracle、FoxPro 等，根据实体属性的内容定义数据库结构，再按表格一个实体一条记录的输入。特别重要的是，当将实体图形数据和属性数据分别组织和存储时，应给每个空间实体赋予一个唯一标识符(即进行编码)，该标识符分别存储在实体图形数据记录与属性数据记录中，以便于这两者的有效连接。

编码指将各种属性数据变为计算机可以接受的数字或字符形式，便于 GIS 存储管理。属性编码一般包括：①登记部分(用来标识属性数据的序号，可以是简单的连续编号，也可划分不同层次进行顺序编码)；②分类部分(用来标识属性的地理特征，可采用多位代码反映多种特征)；③控制部分(用来通过一定的查错算法，检查在编码、录入和传输中的错误)三个方面的内容。

常用的编码方法有层次分类编码法(按照分类对象的从属和层次关系为排列顺序的一种代码)与多源分类编码法(对于一个特定的分类目标，根据诸多不同的分类依据分别进行编码，各位数字代码之间并没有隶属关系)两种基本类型。

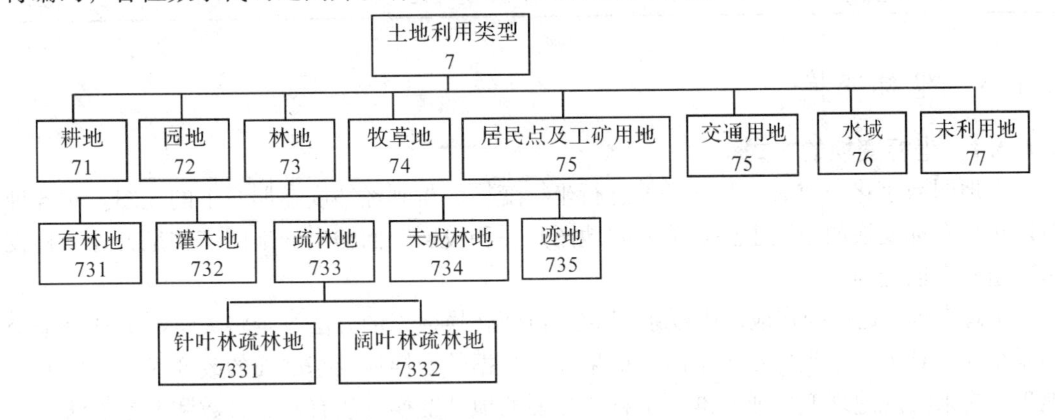

图 6-3　土地利用类型编码(层次分类编码法)

如图6-3以土地利用类型的编码为例，说明层次分类编码法所构成的编码体系。表6-1是森林调查因子代码表。

表6-1 森林调查因子代码表(节选)

类别		代码	类别		代码	类别		代码
灌木覆盖度级	密	1	大径木比等级	大径比<30%	1	径级组	小径组	1
	中	2		大径比	2		中径组	2
	疏	3		大径比	3		大径组	3
有林地郁闭度级	高	1	林木质量	商品用材树	1		特大径组	4
	中	2		半商品用材树	2		其他径级类	5
	低	3		薪材树	3	更新等级	良好	1
活地被物	苔藓	10	湿地保护等级	Ⅰ	1		中等	2
	禾本科草	20		Ⅱ	2		不良	3
	苔草	30		Ⅲ	3	荒漠化类型	风蚀	1
	莎草	40		Ⅳ	4		水蚀	2
	蒿类	50		Ⅴ	5		盐渍化	3
	蕨类	60	森林灾害类型	病害	11		冻融	4
	其他草类	70		虫害	12		非荒漠化土地	0
	其他地被物	80		鼠(兔)害	13	沙化类型	流动沙地	1
调查方法	实测	1		火灾	20		半固定沙地	2
	目测	2		风折	31		固定沙地	3
	回归估测	3		雪压	32		非生物治沙工程等	4
	判读	4		滑坡、泥石流	33		风蚀劣地	5
	其他方法	5		干旱	34		戈壁	6
龄组	幼龄林	1		其他灾害	40		闯田	7
	中龄林	2		无灾害	0		沙改田	8
	近熟林	3	森林灾害等级	无	0		潜在沙化土地	9
	成熟林	4		轻	1		非沙化土地	0
	过熟林	5		中	2		* * * * *	201

6.1.3 坐标变换

6.1.3.1 坐标变换的方式

在地图数字化完成后，经常需要进行坐标变换，得到经纬度参照系下的地图。对各种投影进行坐标变换的原因主要是输入时地图是一种投影，而输出的地图产物是另外一种投影。坐标变换分为：

地理变换：是一种在地理坐标系(基准面)间转换数据的方法，当将矢量数据从一个坐标系统变换到另一个坐标系统下时，如果矢量数据的变换涉及基准面的改变时，需要通过地理变换来实现地理变换或基准面平移。主要的地理变换方法有：三参数和七参数法。

投影变换：当系统所使用的数据是来自不同地图投影的图幅时，需要将一种投影的地理数据转换成另一种投影的地理数据，这就需要进行地图投影变换。进行投影坐标变换有两种方式：一种是利用多项式拟合，类似于图像几何纠正；另一种是直接应用投影变换公式进行变换。

基于同一基准面，如北京54，地理坐标和平面坐标，可以有固定公式转换，ArcGIS可以直接转换，误差可以达到0.1mm，实现北京54经纬度，和北京54平面(xy)之间转换，实现西安80经纬度，和西安80平面(xy)之间转换。数据坐标转换的工具位置：ArcToolbox→【数据管理工具】→投影与变换，打开对话框输入相应数据就可以用于数据换带。

坐标系统：地球上的任何一点都有其相应的空间位置，对该位置进行度量，则需要建立坐标系统。坐标系统是以地球参考椭球为依据建立的，是一个二维或三维的参考系，用于定位坐标点。一般采用二种方式：大地坐标(地理坐标)系统和投影坐标系统。坐标是GIS数据的骨骼框架，能够将数据定位到相应的位置，为地图中的每一点提供准确的坐标，有地理坐标(经纬度)、投影坐标(X，Y)。

坐标域：是一个要素类中，X，Y，Z和M坐标的允许取值范围。通常定位时要用X，Y坐标，Z坐标用于储存高程值(3D分析用)，M坐标用于储存里程值(线性参考用)。在GeoDatabase中，空间参考是独立要素和要素集的属性，要素集中的要素类必须应用要素集的空间参考。空间参考必须在要素类或要素集的创建过程中设置，一旦设置完成，只能修改坐标系统，无法修改坐标域。

在ArcGIS中预设的坐标系统有：地理空间坐标系(Geographic Coordinate System)与投影坐标系(平面直角坐标)(Projected Coordinate System)、高程坐标系(Vertical Coordinate System)3种。

我国常用的空间直角坐标系统有：beijing 1954、xian 1980、2000坐标和WGS84。常用的地图投影：高斯-克吕格、Lambert投影等。

6.1.3.2　在坐标系中预设计坐标系里面 beijing 1954 和 xian 1980 中投影带表示方法

①坐标系\Projected Coordinate Systems\Gauss Kruger\Beijing 1954目录中，可以看到4种不同的命名方式：

Beijing 1954 3 Degree GK CM 102E.prj，表示3°分带法的北京54坐标系，中央经线在东经102°的分带坐标，横坐标前不加带号；

Beijing 1954 3 Degree GK Zone 34.prj，表示3°分带法的北京54坐标系，34分带，中央经线在东经102°的分带坐标，横坐标前加带号；

Beijing 1954 GK Zone 16.prj，表示6°分带法的北京54坐标系，分带号为16，横坐标前加带号；

Beijing 1954 GK Zone 16N.prj，表示6°分带法的北京54坐标系，分带号为16，横坐标前不加带号。

②在Coordinate Systems\Projected Coordinate Systems\Gauss Kruger\xian 1980目录中，我们可以看到4种不同的命名方式：

Xian 1980 3 Degree GK CM 102E.prj，表示3°分带法的西安80坐标系，中央经线在东经102°的分带坐标，横坐标前不加带号；

Xian 1980 3 Degree GK Zone 34.prj，表示3°分带法的西安80坐标系，34分带，中央

经线在东经102°的分带坐标，横坐标前加带号；

Xian 1980 GK CM 117E. prj，表示6°分带法的西安80坐标系，分带号为20，中央经线在东经117°，横坐标前不加带号；

Xian 1980 GK Zone 20. prj，表示6°分带法的西安80坐标系，分带号为20，中央经线在东经117°，横坐标前加带号。

注意：通常是分带确定，中央经线就确定。在进行图面材料地理配准输入X，Y坐标时，一定要注意不同坐标系和投影中横坐标前是否要加带号这个问题。

6.1.4 投影变换预处理

6.1.4.1 定义投影

坐标系的信息通常从数据源获得。如果数据源具有已经定义的坐标系，ArcMap可以将其动态投影到不同的坐标系中，反之，则无法对其进行动态投影。对于未知坐标系的数据进行投影时，需要预先使用定义投影工具为其添加正确的坐标信息。操作方法：

①启动ArcToolbox，双击→数据管理工具→投影和变换→定义投影，打开【定义投影】对话框。

②在【定义投影】对话框中，【输入数据集或要素类】中输入数据，如位于(... \ prj06 \ 定义投影 \ 投影变换预处理 \ data \ 道路 . shp)，如图6-4所示。

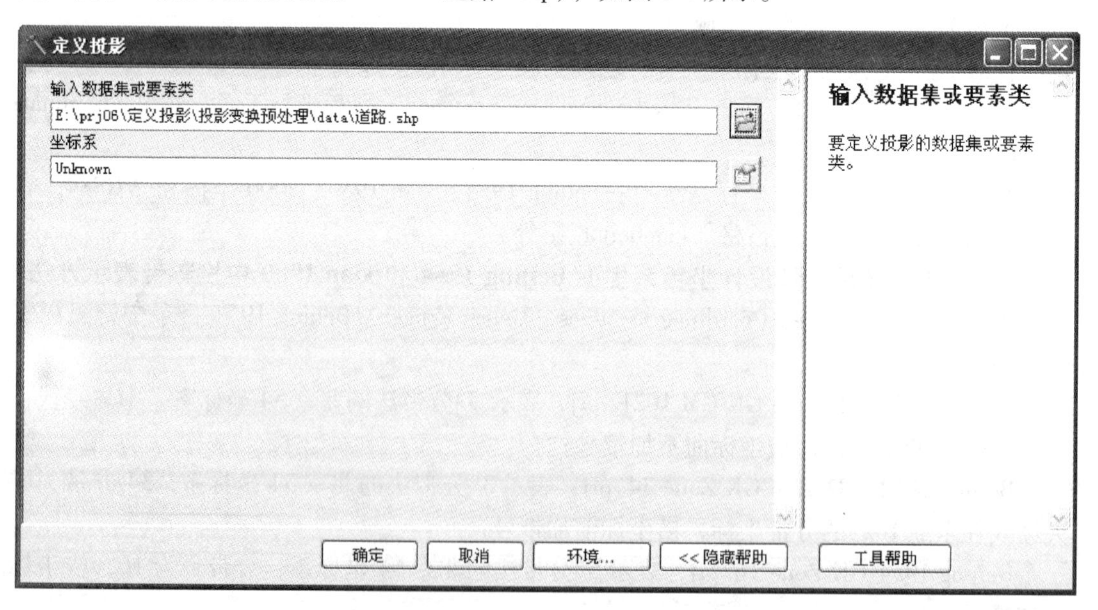

图6-4 【定义投影】对话框

③打开【坐标系】右边的【 】按钮，打开【空间参考属性】对话框(图6-5)，可以看到【XY坐标系】的名称为“Unkown”，表明原始数据没有定义坐标，点击下面“新建”(有地理、投影两个选项)中【地理】，则打开【新建地理坐标】对话框，给其命名名称、选择基准面(D _ Xian _ 1980)、角度单位(Degree)，按【确定】则完成地理坐标设置如图6-6左图所示。

点击下面“新建”中【投影】，则打开【新建投影坐标系】对话框，给其命名名称、选择

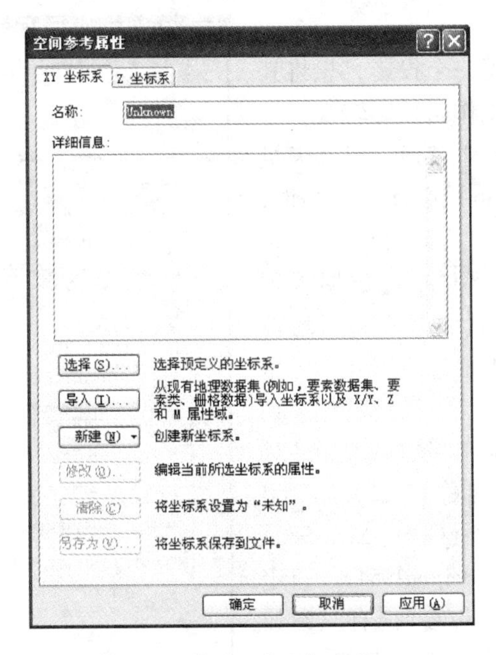

图6-5　【空间参考】对话框

投影名称(Transverse_ Mercator)、线性单位(Meter)，选择地理坐标系(GCS _ Xian _ 1980)按【完成】则完成投影坐标系设置(如图6-6右图所示)，又返回到起始的【定义投影】，按【确定】，则完成对“道路”要素的定义投影工作，如图6-4所示。

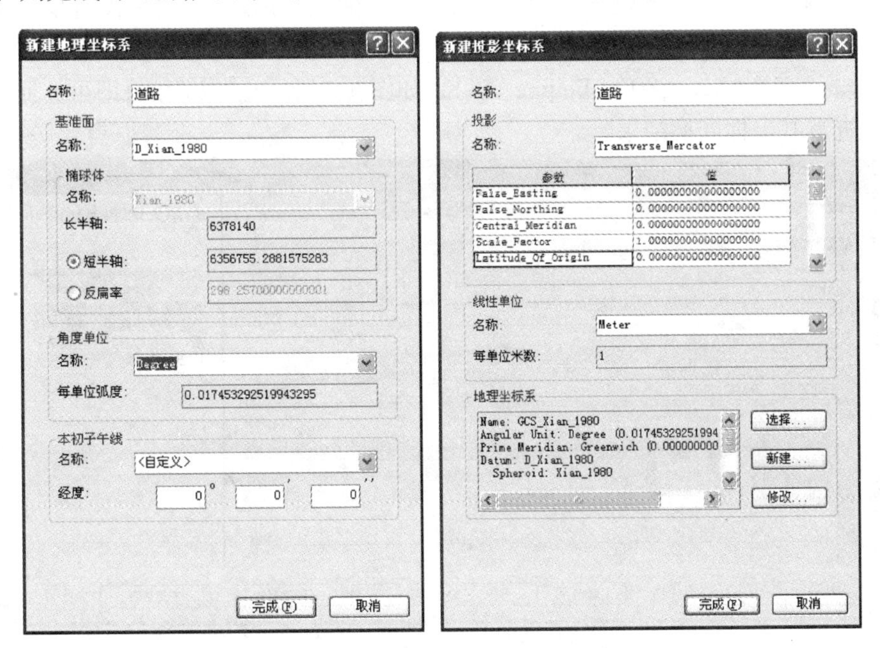

图6-6　新建地理坐标系(左图)和投影坐标系(右图)

④在ArcCatalog目录树中，打开“道路”的属性对话框，查看其坐标系，则可以看见其坐标为刚才定义的坐标系统，如图6-7所示。

6.1.4.2　投影变换

假若某要素已经有了一个投影，想将其转换成另一种投影，此工作叫投影转换。分为矢量要素和栅格要素投影转换，以某矢量要素投影转换(Xian _80 to beijing _54)为例，说明其转换方法。

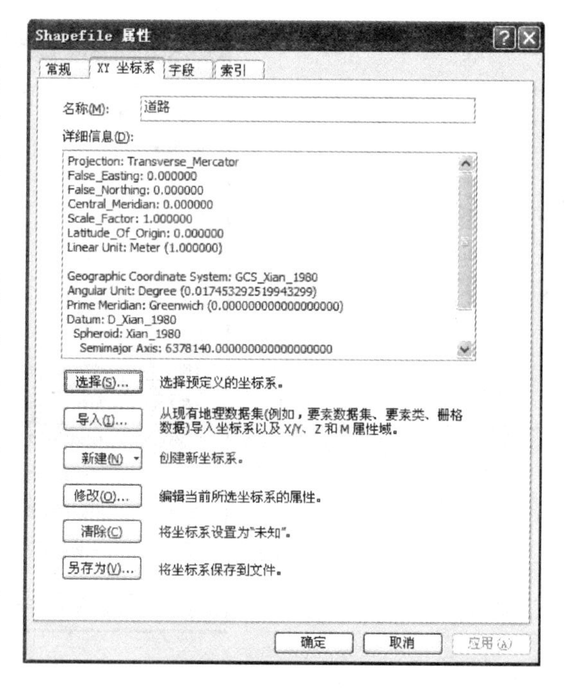

图 6-7　定义投影结果

①启动 ArcToolbox，双击→【数据管理工具】→【投影和变换】→【创建自定义地理(坐标)变换】，打开【创建自定义地理(坐标)变换】对话框。

②在【创建自定义地理(坐标)变换】对话框中，输入【地理变换名称】(如 Xian _80 to Beijing _54)，地理坐标系(GCS_ Xian1980)和输出地理坐标系(GCS_ Beijing1954)、自定义地理(坐标)变换的方法和参数(有三参数和七参数之分，不同地区确定不同的参数数值)(本例以三参数为例，如图 6-8 所示)，按【确定】即可。

③在 ArcToolbox，双击→【数据管理工具】→【投影和变换】→【要素】→【投影】，打开【投影转换】对话框：在其中输入要素集或要素类、输入坐标系(该要素没有坐标系必须输入坐标系，如果已经有坐标系，则不需要输入)、输出数据集或要素类、输出坐标系，选择地理(坐标)变换(Xian _80 to Beijing _54)，如图 6-9 所示，按【确定】即可。回到原来要素位置，查看其坐标变换结果。

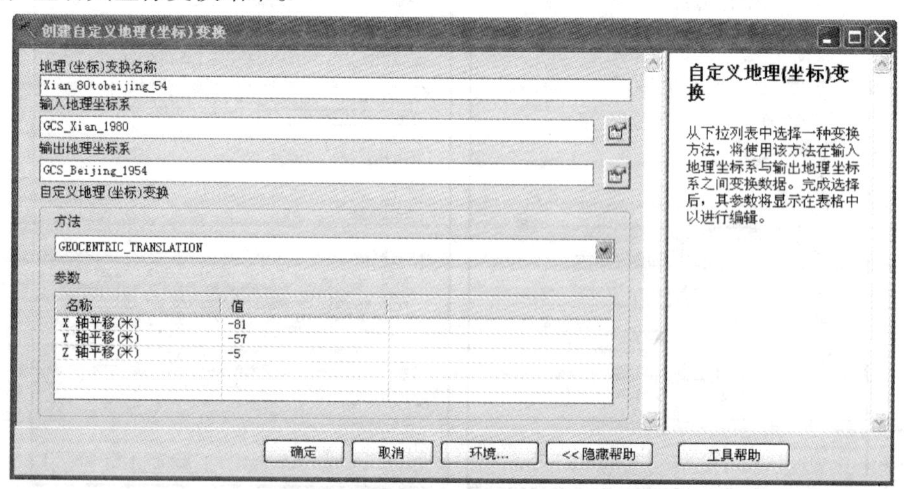

图 6-8　创建自定义地理(坐标)变换

栅格要素坐标转换的方式与矢量要素转换的方式是一样的，都要经过"创建自定义地理坐标变换"和"投影变换"两个过程。不同之处是，在"投影变换"时，在 ArcToolbox 中，双击→【数据管理工具】→【投影和变换】→【栅格】→【投影】。

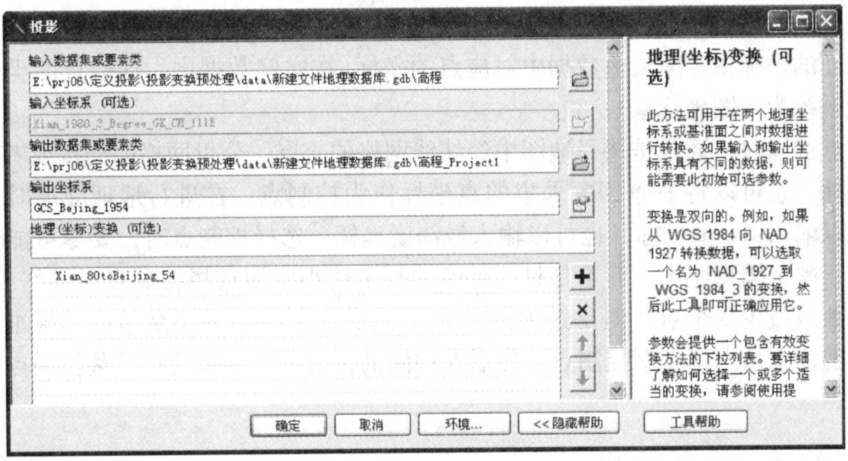

投影
输入数据集或要素类
E:\prj06\定义投影\投影变换预处理\data\新建文件地理数据库.gdb\高程
输入坐标系（可选）
Xian_1980_3_Degree_GK_CM_111E
输出数据集或要素类
E:\prj06\定义投影\投影变换预处理\data\新建文件地理数据库.gdb\高程_Project1
输出坐标系
GCS_Bejing_1954
地理(坐标)变换（可选）
Xian_80toBeijing_54
地理(坐标)变换（可选）
此方法可用于在两个地理坐标系或基准面之间对数据进行转换。如果输入和输出坐标系具有不同的数据，则可能需要此初始可选参数。
变换是双向的。例如，如果从 WGS 1984 向 NAD 1927 转换数据，可以选取一个名为 NAD_1927_到_WGS_1984_3 的变换，然后此工具即可正确应用它。
参数会提供一个包含有效变换方法的下拉列表。要详细了解如何选择一个或多个适当的变换，请参阅使用提
确定　取消　环境...　<< 隐藏帮助　工具帮助

图 6-9　投影变换

6.1.4.3　转换坐标记法

转换坐标记法是将包含点坐标字段的表转换为点要素。如图 6-10 中将"经纬度表 .dbf"转换为点文件(.shp)。在 ArcCatalog 的目录树中可以看到转换后的经纬度表变为点文件。

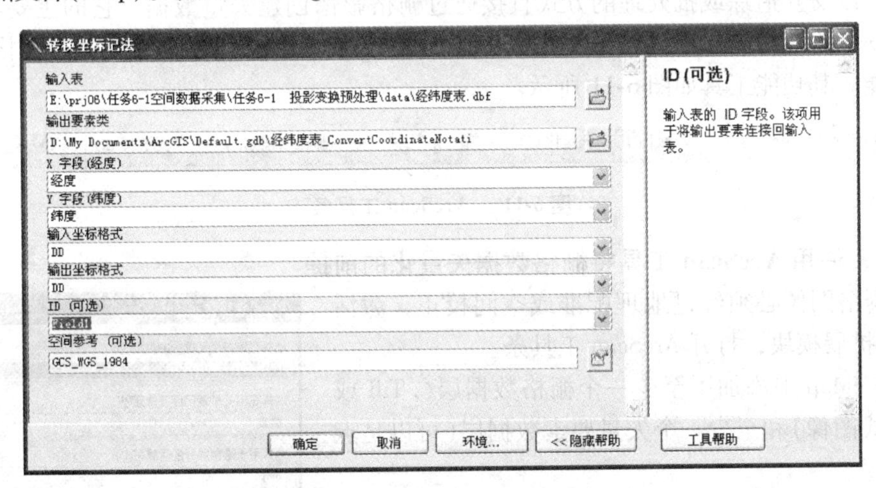

图 6-10　【转换坐标记法】对话框

输入表的坐标字段可以是多种记法，如 GARS、UTM、MGRS。输出点要素类也包含所选择的坐标记法表示的点坐标字段。

6.1.5　地理配准

地理配准指用影像上参考点和控制点建立对应关系，将影像平移、旋转和缩放，定位到所给定的平面坐标系统中去，使影像的每一个像素点都具有真实的实地坐标，具有可量测性。

地理配准分为影像配准和空间配准(校正)。影像配准的对象是栅格图(扫描地图、航片、卫片等)，配准后的图可以保存为 ESRI GRID，TIEF，或 ERDAS IMAGINE 格式，空间配准是对矢量数据进行配准。

地理配准时，是在 ArcMap 应用程序里。工作时必须打开地理配准工具，在编辑器处

于开始编辑的状态下进行。其基本过程是在栅格图像中选取一定数量(3个以上)的控制点，将它们的坐标指定为矢量数据中对应点的坐标(在空间数据中，这些点的坐标是已知的，坐标系统为地图坐标系)。

控制点选取时，通常是选择地图中经纬线网格的交点、公里网格的交点或者一些典型地物的坐标，也可以将手持GPS采集的点坐标作为控制点。在进行地理配准时，控制点的坐标可以输入X，Y坐标，也可以输入经纬度坐标。选择控制点时，要尽可能使控制点均匀分布于整个栅格图像，而不是只在图像的某个较小区域选择控制点，最好成三角形。控制点的数量最少3个点，但是过多的控制点并不一定能够保证高精度的配准 。通常，先在图像的四个角选择4个控制点，然后在中间的位置有规律地选择一些控制点能得到较好的效果。

6.1.6 ArcScan 矢量化

ArcScan是ArcGIS中一个把扫描栅格文件(图形文件)转化为矢量GIS图层的工具，这个过程可以交互式或自动进行。ArcScan是ArcInfo、ArcEditor和ArcView中的栅格数据矢量化扩展。它提供了一套强大的易于使用的栅格矢量化工具，使用它用户可用通过捕捉栅格要素，以交互追踪或批处理的方式直接通过栅格影像创建矢量数据。它的主要功能有：栅格数据库构建功能、栅格数据预处理功能、栅矢一体化编辑功能、交互式的栅格至矢量转换功能。其功能工具如图6-11所示。

图6-11 ArcScan工具条

6.1.6.1 使用ArcScan工具将栅格数据矢量化的前提

①栅格图像必须经过地理配准或空间校正，激活ArcScan扩展模块，打开ArcScan工具条。

②ArcMap中添加了至少一个栅格数据层(.Tiff或.img格式图像)和至少一个矢量要素数据层(可以是点线面等)。

③栅格数据必须进行过二值化处理(将栅格图像的符号化方案设置成黑白两种颜色的图片)。

④编辑器处于开始编辑状态。

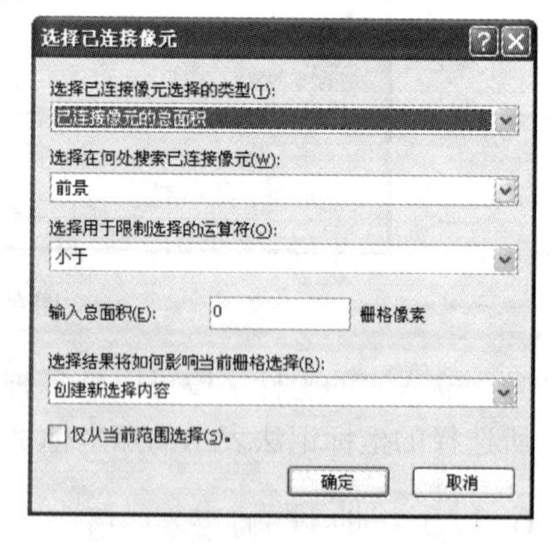

图6-12 像元选择设置

6.1.6.2 ArcScan进行栅格数据矢量化的流程

(1)满足ArcScan进行栅格数据矢量化的条件

图像完成地理配准或空间校正后，在ArcMap中激活(新增加的)ArcScan扩展模块，从ArcCatalog中加载栅格数据和矢量化要素数据(点、线、面均可以)，对栅格数据进行二值化处理，打开编辑器使其对矢量化数据处于开始编辑状态。

(2)选中矢量化要素

①图像平滑处理　将要进行矢量化处理的栅格图像去除图像中的随机噪声(通常表现为图面上不干净的斑点)，做法是：打开矢量化工具条中的栅格清理/开始清理，像元选

择/选择已连接像元，打开其对话框，如图6-12所示，输入像元面积的数值，如200(100～500之间)，目的是让要清除斑点均选中，以便清除不必要的图像随机噪声。如果还有一些栅格不能擦除，则【栅格清理】→【栅格绘画】，打开该工具条，使用其中的擦除工具橡皮擦，将一些像元擦除。

②设置矢量化线条宽度　将一条矢量化线条的粗细进行设置，目的是让矢量化的线条将原来栅格图像上线条能够选中。做法：在ArcScan工具条中，打开矢量化下拉菜单→【矢量化设置】(设置矢量化中参数)对话框，填入相应数值，如图6-13所示。在选择宽度前也可以用量将图上栅格线的宽度量一下。

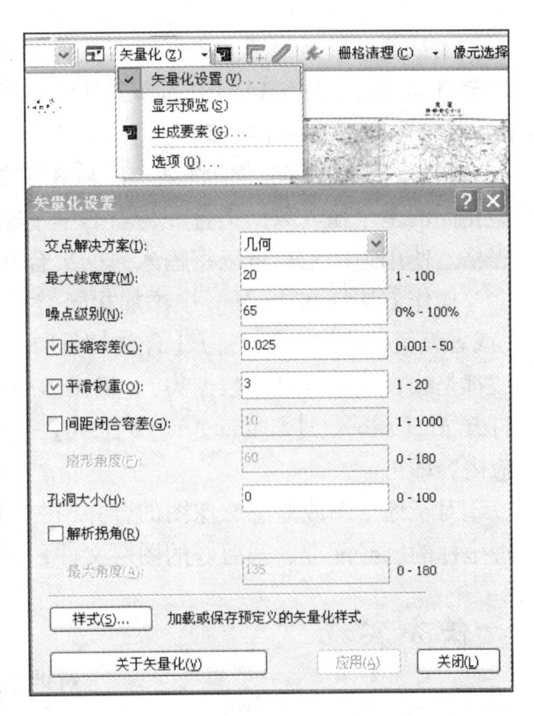

图6-13　【矢量化设置】对话框

(3)矢量化线段提取

用鼠标选中矢量化要素(如线要素)在栅格图形上将要矢量化的线条(如地形图中的等高线等)选中，可以用屏幕跟踪工具，也可以用自动跟踪工具，或者二者交互使用均可。最后保存编辑内容，则可以在ArcMap显示窗里看见已经矢量化好的图形。

6.1.7　图形裁剪与拼接

6.1.7.1　图形裁剪

图形裁剪指将图形按照要求裁剪成需要的大小和形状。在ArcGIS中需要进行裁剪的数据有栅格类型数据和矢量数据两种，它们的裁剪要使用不同的工具来完成。

(1)栅格数据裁剪

栅格数据裁剪可以使用绘图工具中选择图形工具进行。操作方法：将要裁剪的部分所选中，将选中部分的图形的属性中填充色设置为无色即可，再将被裁剪图形选中→右键→导出数据，在其对话框里选中“选中图形(裁剪)”确定后，再将已经裁减好的图形加载到ArcMap中即可。

(2)矢量数据裁剪

矢量数据裁剪，是利用ArcToolbox→【分析工具】→【提取】→【裁剪】(或者ArcMap→【地理处理】→【裁剪】)，即利用裁剪对话框进行裁剪，输入要素(即要被裁剪的对象)，可以是点、线、面对象；裁剪要素是用于裁剪的对象，通常为一个面对象；输出对象为裁剪后保留的内容存放路径和名称。如D：\ My Documents \ ArcGIS \ Default. gdb \ scho_ Clip1。

利用编辑器中裁剪工具进行裁剪，做法是：在ArcMap中已经矢量化好的图形中，打开编辑器→【开始编辑】→采取对某区域编辑，在矢量化好的图形中选择要裁剪的区域→【编辑器】→【裁剪】，打开【裁剪】对话框，缓冲距离：0.000，裁剪要素时：①保留相交区域(裁剪后移动裁剪区域后原图中还保留有裁剪区域图像位置)，②丢弃相交区域(裁剪后移动裁剪区域后原图中不保留有裁剪区域图像位置)，从①、②中任选其一，确定后软件会自动运行。用编辑器中选择工具任意移动裁剪后区域到任意位置 。

6.1.7.2 图形合并(拼接)

图形合并(拼接)，指将某一区域相关的几幅图拼接镶嵌到一起的过程。即将数据类型相同的多个输入数据集合并为新的单个输出数据集。该工具可以合并点、线或面要素或表格。使用追加工具可以将输入数据集合并到现有数据集。

操作方法：在 ArcMap 中添加相同类型的数据集，打开主菜单→【地理处理】→【合并】(或者编辑器中合并)，打开【合并】对话框，输入数据集为相同类型的数据集(如都是点，或都是线，或者都是面数据集)，输出数据集为合并后保留的内容存放路径和名称。或者打开 ArcToolbox→【Spatial Analyst 工具】→【局部】→【合并】，打开【合并】对话框，输入相应内容即可。

对于地形图或遥感影像图的合并(拼接)，还可以采取在 ArcMap 中加载多个有相同地理坐标的已经配准、裁剪好的图层文件，软件会自动拼接，直至所需要的图形为止。

→任务实施

对地形图矢量化

一、目的与要求

(1)了解地理现象、地理实体的含义，地理空间信息的数字化表述方式。

(2)理解空间数据含义、属性、类型和来源。

(3)掌握空间数据中几何数据和属性数据采集的方法。

(4)具备图形地理配准和矢量化、定义坐标和图形裁剪、合并(拼接)的技能。

(5)学会 ArcMap 中加载栅格数据的方法，具备地理配准、图形裁剪和拼接的技能。

二、数据准备

山西林业职业技术学院东山实验林场部分地形图，并对图形扫描完毕，保存格式 . Tiff 或 . img

三、操作步骤

1. 定义坐标系统

(1)创建新文档

启动 ArcMap。执行菜单命令：开始→所有程序→ArcGIS→ArcMap→【创建新文档】，点击→确定→【创建】，则创建一个未命名的空文档，将此文档保存，给其命名，如地理配准。

(2)给文档定义投影

①图像完成地理配准或空间校正后，在内容列表中，用鼠标选中图层(数据框)，右击，打开【数据框属性】对话框。

②在【属性对话框】里选择坐标系，可以新建，如果已经知道某地形图或遥感影像图的坐标系，则直接导入地形图或遥感影像图的坐标系。例如，已知山西太原市阳曲县某地区(地名为建华)的一幅 1: 10 000 地形图地理坐标 beijing1954，高斯投影为 beijing1954，3°带中央经线 114°E，新建时选择坐标系：鼠标左键点击预定义→Geographic Coordinate System→Asia→beijing1954，鼠标左键点击【预定义】→Projected Coordinate System，PCS(投影坐标系)→Gauss Krugr(高斯投影)→Beijing1954→Beijing 1954 3 Degree GK CM 114E，如图 6-14 所示。

如果导入坐标系，则鼠标单击【导入】→打开【选择数据源】对话框，从相应文件夹中选择图形文件即可(如 j-49-82-121. img)(注意：图层即数据框，其坐标系一定要和将来要加载的图面材料的坐标系统相同)。

(3)加载图面材料，给图面材料定义投影

①在 ArcMap 中按(✚ ▾)加载图面材料(地形图或遥感影像)。

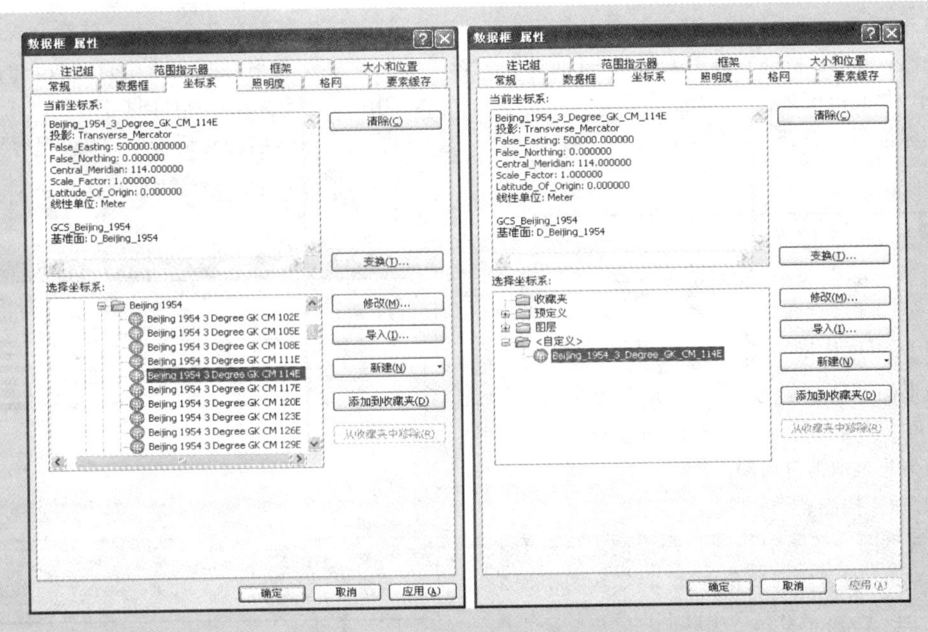

图 6-14　数据框(图层)定义投影

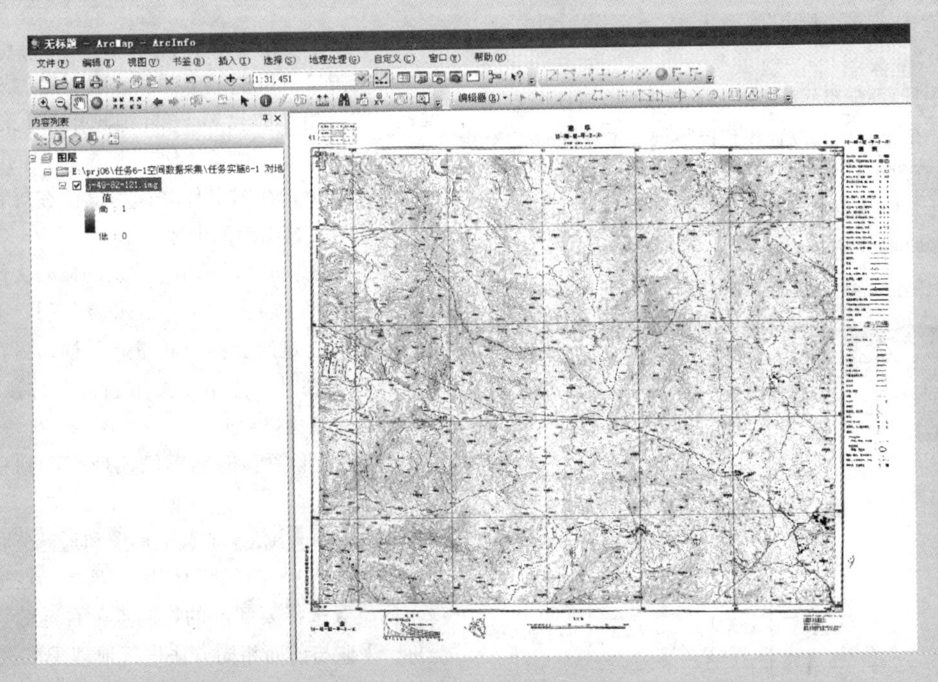

图 6-15　ArcMap 中加载图面材料

②在 ArcMap 左面内容列表中选中地形图图层，右键单击→属性，选择相应坐标系(最好和数据框的图层坐标一致)，如图 6-14 所示。加载好的图形在 ArcMap 显示窗中如图 6-15 所示。

如果所加载的图面材料与图层(数据框)的坐标系统不一致，需要对坐标系统进行转换；如果要加载好几幅图面材料，它们的坐标系统不一致，则事先也必须将它们坐标系统进行转换。

2. 地理配准

以对山西省太原市某张 1∶10 000 的地形图地理配准为例：

(1)加载数据和影像配准工具

打开 ArcMap 应用程序，建立一个未命名的空文档，然后命名，鼠标右键单击图层→【属性】→【常规】，给新图层命名(如地理配准)；在 ArcMap 中在图标位置点右键，加载地理配准工具，如图 6-16 所示。

地理配准(G) ▾ 图层: j-49-82-121.img

图 6-16　地理配准工具条

在 ArcMap 中按(+ ▾)加载图面材料(要配准的地形图或遥感影像)。打开地理配准旁边的"倒三角"下拉菜单，取消"自动校正"前面的"√"，意思是取消自动校正。

(2)输入控制点

通过读图，在图中找到一些控制点——千米网格的交点(或者图形四角点)。必须从图中均匀的取 3 个以上点(最好是 7 个以上点，点越多则配准的越精确)，这些点应该能够均匀分布(但是点也不能太多，否则工作量太大，还影响配准效果)。

在"地理配准"工具栏上，点击"添加控制点"按钮，在图上相应位置找到控制点，击右键输入 X(经线直角坐标)，Y(纬线直角坐标)坐标(注：也可以输入经纬度坐标，如果输入地理坐标时，在未选择控制点前给数据框要定义坐标系统，让地图显示单位是度分秒)，如图 6-17 所示。

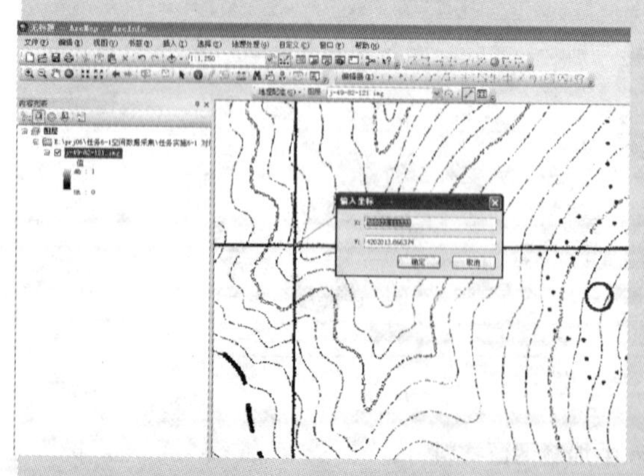

图 6-17　输入控制点

连续输够 3 个以上控制点，然后再点"添加控制点"右边的"查看连接表"查看，点击自动校正前的"√"的"√"(目的是取消自动校正)，检查控制点的残差和 RMS，删除残差特别大的控制点并重新选取控制点。转换方式设定为"一次多项式(仿射)"[如果控制点在 7 个以上，转换方式设定为"二次多项式(仿射)]，再点击自动校正的"√"，然后则图形会自动校正，如图 6-18。

注意：在连接表对话框中点击"保存"按钮，可以将当前的控制点保存为磁盘上的文件，以备使用。

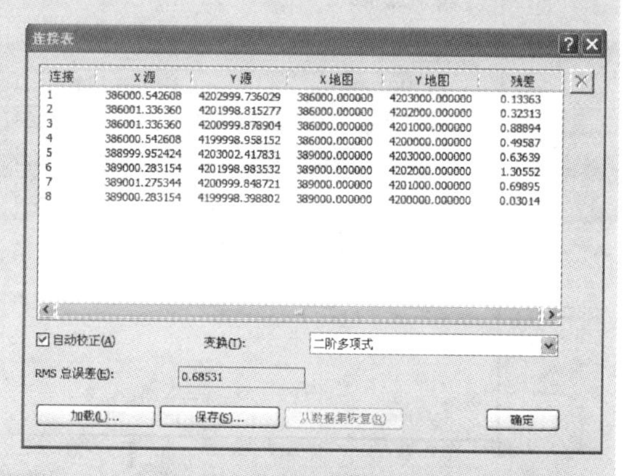

连接表

连接	X源	Y源	X地图	Y地图	残差
1	386000.542608	4202999.736029	386000.000000	4203000.000000	0.13363
2	386001.336360	4201998.815277	386000.000000	4202000.000000	0.32313
3	386001.336360	4200999.878904	386000.000000	4201000.000000	0.88894
4	386000.542608	4199998.958152	386000.000000	4200000.000000	0.49587
5	388999.952424	4203002.417831	389000.000000	4203000.000000	0.63639
6	389000.283154	4201998.983532	389000.000000	4202000.000000	1.30552
7	389001.275344	4200999.848721	389000.000000	4201000.000000	0.69895
8	389000.283154	4199998.398802	389000.000000	4200000.000000	0.03014

图 6-18　地理配准连接表

(3)设定图层(数据框)的坐标系

点击图层→属性→坐标系，给图层(数据框)设置与图层相同的投影。在【地理配准】菜单下，点击地理配准/更新地理配准，则配准好的图形就会有一个坐标，在图上任意移动鼠标在屏幕右下角就可以看见该图形的坐标。

(4)纠正并重采样栅格生成新的栅格文件

在【地理配准】菜单下，点击【纠正】，对配准的影像根据设定的变换公式重新采样，另存为一个新的影像文件，并给影像重新命名称新名称，则形成一个新栅格数据。

(5)将地形图和遥感影像地理配准到一起的方法

在 ArcMap 中依次加载地形图和遥感影像，用前面讲过的方法打开地理配准工具条。在遥感影像不同位置选择要配准的控制点，右键输入各点坐标，采取与前面相同方法进行地理配准。注意：所输入的坐标一定要和地形图上对应点的坐标一致。

3. 地形图裁剪与合并(拼接)

(1)地形图裁剪

①打开 ArcMap 应用程序，建立新图层，加载要进行裁剪的影像。

②击右键，将绘图工具选择，并加载到 ArcMap 中。

③在绘制工具中选择“面(多边形框)”【双击多边形框或右键，打开【属性】对话框，将填充色设为透明如图6-19】，仔细编辑各中点位置，将地图中要裁剪的部位细细选中。

④选中要裁剪的数据后，右键→【导出数据】→将导出的数据保存→将导出的数据以图层形式添加到地图中，则在内容列表中添加了已经裁剪好的图层。将原来图面材料关闭，可以看到已经新加载的裁剪后的图面材料。

⑤将此已经裁剪好的图面材料→右键→另存为图层文件，如图6-20所示。

采用此种方法可以将多个已经配准好的文件经过裁剪另存为图层文件。

另一种裁剪方式是利用ArcToolbox→【分析工具】→【提取】→【裁剪】。此工具用于以其他要素类中的一个或多个要素作为“模具”来剪切掉要素类的一部分。在想要创建一个包含另一较大要素类的地理要素子集的新要素类(也称为研究区域或感兴趣区域(AOI))时，此裁剪工具尤为有用。

(2)地形图合并(拼接)

将多个有共同地理坐标的文件，裁剪好并另存为图层文件后，在ArcMap应用程序中可以进行镶嵌拼接。做法：

①打开ArcMap→加载某一个已经配准、裁剪好的图层文件。

②加载另外一个和其有相同地理坐标的已经配准、裁剪好的图层文件，软件会自动拼接，如图6-21；再加载另外有相同坐标已经配准、裁剪好的图层文件，软件会自动拼接，直至所需要的图形为止。为了让所接图不至于混乱，往往会有一个接图表，让大家根据此表寻找相应图面材料位置。

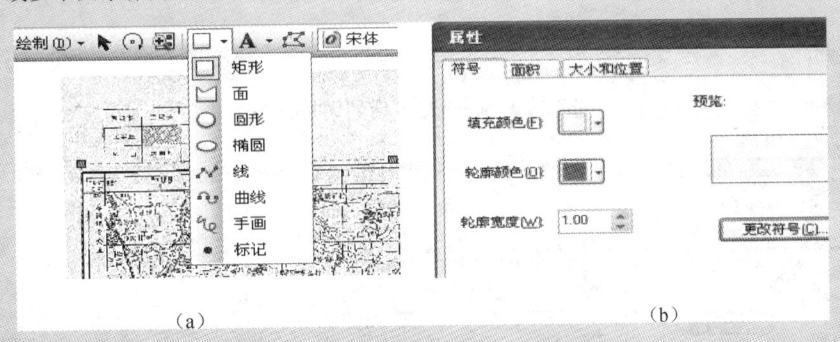

(a) (b)

图6-19 图形裁剪用的绘图工具选择

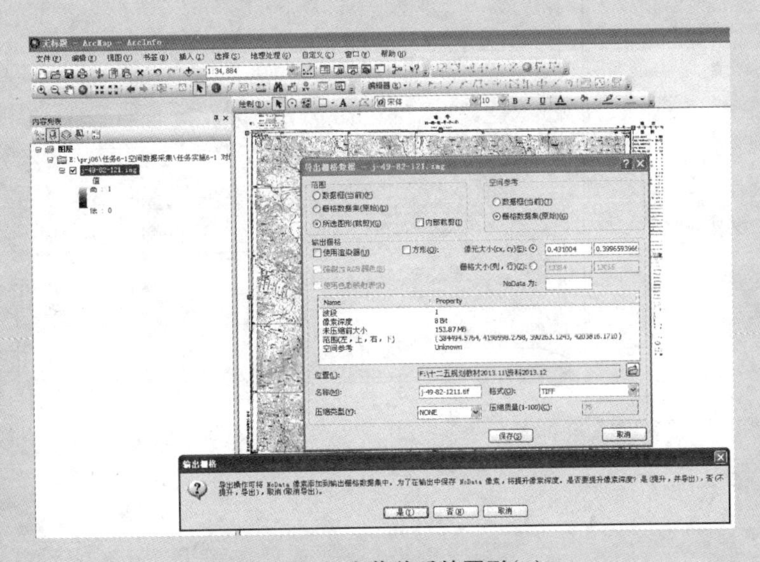

图6-20 导出裁剪后的图形(a)

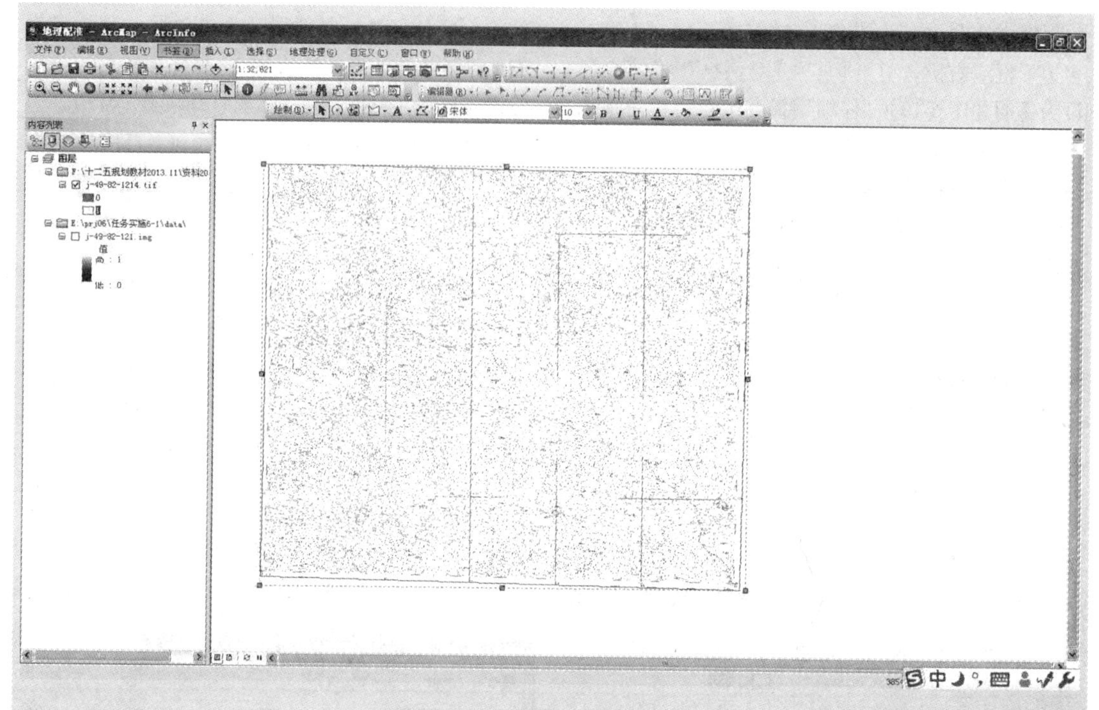

图6-20 导出裁剪后的图形(b)

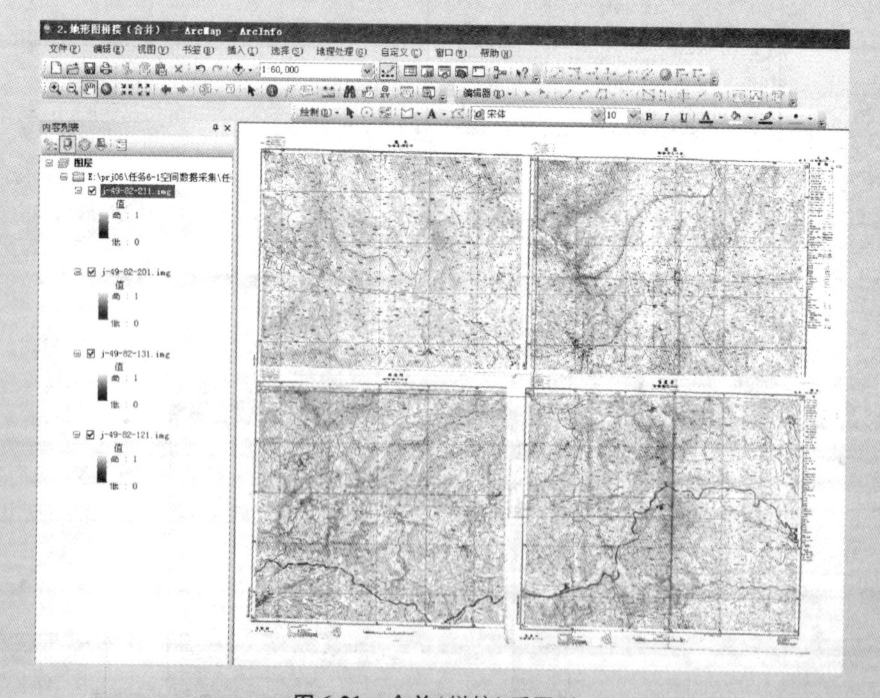

图6-21 合并(拼接)后图形

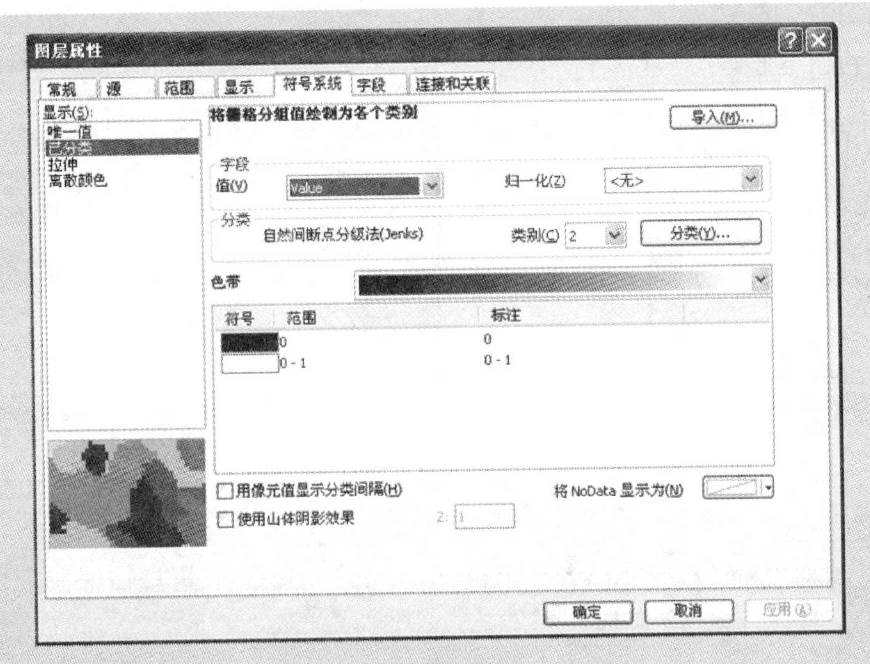

图 6-22 栅格图形数据二值化处理

4. 地形图 ArcScan 矢量化

(1)打开 ArcMap，加载数据

①在 ArcMap 中加载一幅用于矢量化的栅格图形(地形图：J－49－82－121，1∶10 000)，线要素“等高线”。

②打开编辑器→【开始编辑】，使得矢量图层(等高线)处于编辑状态，将鼠标放在显示窗口空白处，右键，在“ArcScan”前勾选“√”，表示将ArcScan 模块打开。

③在主菜单栏，点击→【自定义】→【扩展模块】，在“ArcScan”前勾选“√”，表示将 ArcScan 模块打开。

④在 ArcMap 中选中栅格地形图→右键→【属性】→【符号系统】，在左边的显示栏中，选择【已分类】，【类别】选择将栅格数据分作“2”类，如图 6-22 所示。

(2)打开编辑器→开始编辑，选中等高线，在地形图将调查地区等高线进行矢量化操作

在操作时为了加快工作速度，可用屏幕跟踪矢量化(用鼠标一点点跟踪线段，一般较慢，但易操作)和自动跟踪矢量化(鼠标点上某一段，只要前面没有要素、节点，则线段会自动很快跟踪)结合使用，二者切换用键盘上“Ctrl + X”(撤销的意思)进行，结果如图 6-23 所示。

如果调查区域范围较大，牵扯好几张栅格图形，则将它们裁剪合并(拼接)后，在图上再进行矢量化，最后得到调查地区总的矢量化结果，如图 6-24 所示。

注意：在进行图形矢量化过程中，为了确保结果准确：

①打开捕捉工具，捕捉选项中容差选为 7 ~ 10 个像素。

②自动化跟踪(栅格数量较少)矢量化时，首先要进行栅格清理，将那些会影响栅格的污点、注记数字等清理擦除干净；其次矢量化后预览一下，看看矢量化结果是不是符合要求，若不符合重新进行，直至符合要求为止。

图6-23 图形矢量化过程

图6-24 某调查区域图形等高线矢量化结果

→成果提交

做出书面报告，包括过程和结果。具体内容如下：

1. 给文档定义坐标系统的方法。

2. 对图面材料进行地理配准、裁剪和合并(拼接)、矢量化。

需要注意事项如下：

1. 所收集到的某林场地形图一定要图幅齐全，比例尺一致。

2. 认清地形图的坐标系统，投影类型。在扫描地形图后，图的保存格式为.Tiff或.img。

3. 在操作练习时，一定要将文件另存为一个名字，最好不要在原文件上保存，以免破坏原文件内容。同时，ArcMap地图文件保存的格式为.mxd。

任务 2

林业空间数据库的创建

→任务描述

在森林资源调查前必须根据要求在遥感影像或地形图上进行森林区划，即划分出调查范围求算出其面积，区划出林班、小班，标注清楚相应林业局，或者县、乡村界限，道路、河流、建筑物位置，然后再对林班或小班进行森林资源调查，将调查结果在相应图上标注出来。目前完成这些工作任务大多数采用 ArcGIS 软件进行建立相应数据库，对调查结果的属性资料进行编辑标注。

→任务目标

使用 ArcCatalog 和 ArcMap 应用程序建立数据库，然后对数据库中图形进行矢量化，对相应的要素资料进行属性编辑。通过本任务的完成，能够理解地理数据库的含义、类别，掌握建立 Shapefile、Coverage 文件和 GeoDatabase 文件，学会根据所给资料建立一个完整林业地理数据库的方法。要注意必须按照工作顺序和规范进行，对结果检查分析。

→知识准备

数据采集后如何将其组织在数据库中，以反映客观事物及其联系，这是数据模型要解决的问题。GIS 就是根据地理数据模型实现在计算机上存储、组织、处理、表示地理数据的。储存数据主要有 Shapefile、Coverage 和 GeoDatabase 3 种文件格式，目前在 ArcGIS 10.0 中直接可以创建 Shapefile 文件和 GeoDatabase 文件，Coverage 文件需要通过对 Shapefile 文件进行导出，或者用 ArcToolbox 文件进行创建。

6.2.1 Shapefile 文件创建

6.2.1.1 空间数据采集基本概念

①要素(Feature)　是空间矢量数据最基本的，不可分割的单位，有一定的几何特征和属性。矢量数据有点、线、面、体几种类型。

②要素类(Feature Class)　在 ArcGIS 中是指具有相同的几何特征的要素集合，比如点、或线、面、体等的集合，表现为 Shapefile 或者是 GeoDatabase 中的 Feature Class。

③要素数据集(Feature Dataset)　指 ArcGIS 中相同要素类的集合，表现为 GeoDatabase

中的 Feature Dataset，在一个数据集中所有的 Feature Class 都具有相同的坐标系统，一般也是在相同的区域。

④数据框架(Data Frame) 又称图层，是 Feature Class 的表现，由多个要素数据集和要素组成，相当于装载要素数据集和要素的容器。

⑤表(Table) 指表示要素各种属性的表(dBase)，里面有许多字段。

6.2.1.2 Shapefile 文件创建方法

Shapefile 文件是指要素，是一种基于文件方式存储空间数据的数据格式，其文件类型有点、多点、线、面、立体面几种类型。其至少由 *.shp、*.shx、*.dbf 3 个文件组成：

①*.shp(主文件) 储存地理要素的几何关系的文件。

②*.shx(索引文件) 储存图形要素的几何索引的文件。

③*.dbf(dBase 表文件) 储存要素属性信息的 dBase 文件(关系数据库文件)。

Shapefile 是一种开放格式，比 Coverage 简单得多，没有存储矢量要素间的拓扑关系，需要时通过计算提取。有时还会出现以下文件：

①*.sbn 当执行类似选择"主题之主题""空间连接"等操作，或者对一个主题(属性表)的 shape 字段创建过一个索引，就会出现这个文件。

②*.ain 和 *.aih 储存地理要素主体属性表或其他表的活动字段的属性索引信息的文件。当执行"表格链接(link)"操作，下面两个文件就会出现。

*.prj，坐标系定义文件和 *.xml，元数据文件。

创建 Shapefile 文件前应该设计好文件中点、线、面文件对应的数据要素是什么，它将有哪些属性字段？便于将这些不同类型属性内容添加到属性表的字段中。

可以使用 ArcCatalog 和 ArcMap 两种方法创建新的 Shapefile 和 dBase 表。

(1)使用 ArcCatalog 创建新的 Shapefile 和 dBase 表

打开 ArcCatalog→新建文件夹→右键→新建→Shapefile，打开其对话框：命名、选择其文件类型如点、线、面、立体面几种类型，在属性中定义坐标系统，添加空间索引，在属性表中添加不同属性的字段名称和选择字段类型。以某点文件为例说明其过程：

①打开 ArcCatalog 应用程序→链接文件夹到想要建立文件的文件夹中，如：...\prj06\任务6-2 林业空间数据库的创建\任务6.2 数据库建立方法\1. 创建 Shapefile\result。

②在目录树中，左键选中【result】→右键→新建→右键→创建新 Shapefile(可以分别创建点、线、面文件)，在【Shapefile 属性】对话框中设置各种属性，如图 6-25 所示。

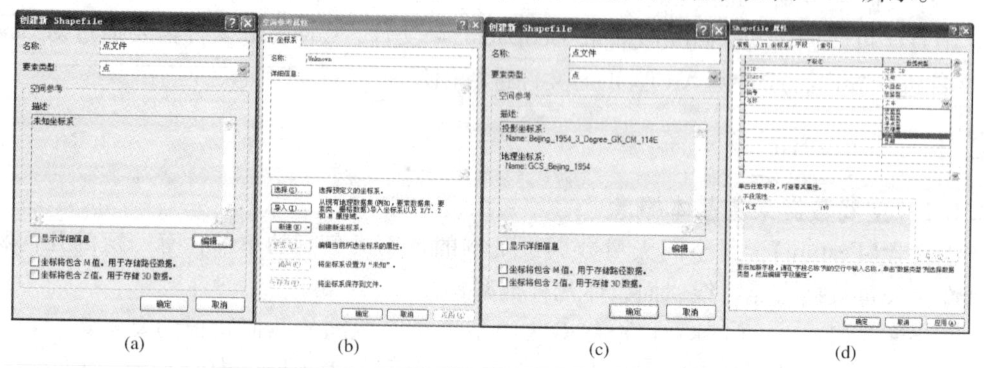

(a) (b) (c) (d)

图 6-25 Shapefile 文件的建立过程

a. 名称：点文件，别名：点；选择文件类型：点文件，如图6-25(a)。

b. 空间参考(XY坐标系)：根据所要工作地方的地理位置(当地经纬度，或者地形图投影情况)选择合适的地理坐标和投影坐标，如果已经知道某地区某文件投影，直接导入即可，如图6-25(b)(c)所示。

c. 字段：根据需要创建不同的字段名称，如在二类森林资源调查中，设ID号、权属性质、县代码、乡镇名、乡镇代码、村代码、组名称、行政村、地类、小班号、照片号等，每个不同字段名又选择不同数据类型，如文本、长整型、短整型、双精度等，如图6-25(d)所示。

用上述方法将需要的点、线、面文件全部建立好。

d. 索引：选择要进行索引的字段(前面打"√")。

还可以在ArcCatalog中新建单独的dBase表，做法与Shapefile文件创建方法相同。注意，如果要将某文件夹中Shapefile文件复制到其他文件夹中，必须要将Shapefile文件中4个文件全部复制过去，不能只复制一或者二个文件。

(2)使用ArcMap创建新的Shapefile和dBase表

打开ArcMap→窗口→目录→文件夹链接，链接到想要建立Shapefile文件的文件夹，在此位置→右键→新建Shapefile，打开其对话框进行新建Shapefile，做法同于ArcCatalog创建新的Shapefile和dBase表。可以将此Shapefile文件直接加载到ArcMap中。注意新建的Shapefile文件与图层的坐标系应该一致，如果不一致，必须将图层的坐标系定义成和Shapefile文件的坐标系一致。

(3)在ArcMap中使用Shapefile文件进行图形矢量化

在ArcMap中使用添加Shapefile文件，进行图形矢量化后，对其属性进行编辑。当在ArcCatalog中改变Shapefile的结构和特性时，必须使用ArcMap来修改其要素和属性。

6.2.2　Coverage和INFO表

Coverage模型是地理关系型数据类型的代表。其主要特征是Coverage作为一个目录存储于计算机中，目录的名称即为Coverage的名称，Coverage的有序集合被称为工作空间。每个Coverage工作空间都有一个info数据库，存储在子目录info文件夹下。Coverage文件夹中的每个*.adf文件都与info文件夹中的一对文件(*.dat和*.nit)关联。因此，切勿删除info文件夹，这样会损坏Coverage文件。

Coverage的空间数据存储在二进制文件中，属性数据和拓扑数据存储在INFO表中，目录合并了二进制文件和INFO表，成为Coverage要素类。在ArcGIS 9.2中，在ArcCatalog中可以直接创建Coverage文件，但是在ArcGIS 10.0以后不能直接创建Coverage文件，需要在已经创建好Shapefile文件中导出创建Coverage文件。

(1)在ArcCatalog中利用Shapefile文件建立

①在ArcCatalog中建立Shapefile文件。

②在目录树中选中某Shapefile(点、或线)→右键→导出→转为Coverage(C)，打开要素类转Coverage对话框(图6-26)：输入要素(点、线)(可以是多个要素)，输出位置，确定即可。

图 6-26 建立 Coverage 文件

(2)利用 ArcToolbox 建立

①在 ArcCatalog 或 ArcMap 中打开 ArcToolbox。

②打开转换工具→【转为 Coverage】→【要素类转 Coverage】，打开【要素类转 Coverage】对话框：输入要素(点、线)(可以是多个要素)，输出位置，确定即可。

在 ArcCatalog 目录树相应的文件位置可以看见建成的 Coverage 文件。

6.2.3 GeoDatabase 数据库创建

6.2.3.1 空间数据库的概念

数据库指为了一定的目的，在计算机系统中以特定的结构组织、存储和应用相关联的数据集合。数据库是一个信息系统的重要组成部分，是数据库系统的简称。

空间数据库是关于某一区域内一定地理要素特征的数据集合，是地理信息系统在计算机物理存储与应用相关的地理空间数据的总和。一般是以一系列特定结构的文件形式组织在存储介质之上的。

地理数据库(GeoDatabase)是为了更好的管理和使用地理要素数据，而按照一定的模型和规则组合起来的存储空间数据和属性数据的容器。是一种面向对象的空间数据模型，地理数据库是按照层次型的数据对象来组织地理数据，这些数据对象包括对象类(Object Class)、要素类(Feature Classes)、要素数据集(Feature Dataset)和关系类(Relationship Classes)，如图 6-27 所示。

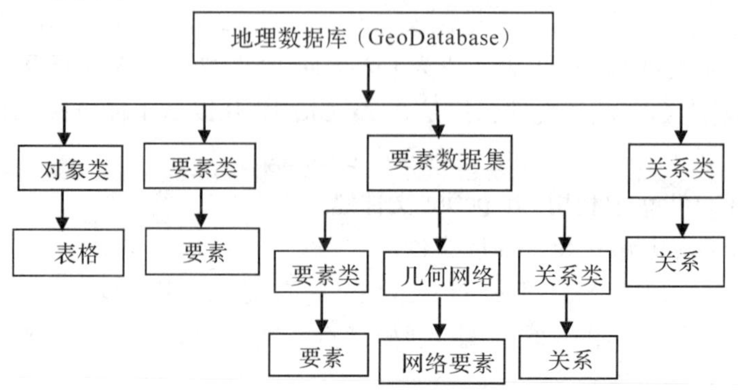

图 6-27 地理数据库(GeoDatabase)结构

GeoDatabase 是 ArcGIS 数据模型发展的第三代产物，它是面向对象的数据模型，能够表示要素的自然行为和要素之间的关系。

GeoDatabase 其类型有：个人地理数据库(.mdb)、文件地理数据库(.gdb)二种类型，在大型企业中有时也会建立企业地理数据库，三者的区别如图 6-28 所示。GeoDatabase 是一种数据格式，将矢量、栅格、地址、网络和投影信息等数据一体化存储和管理。

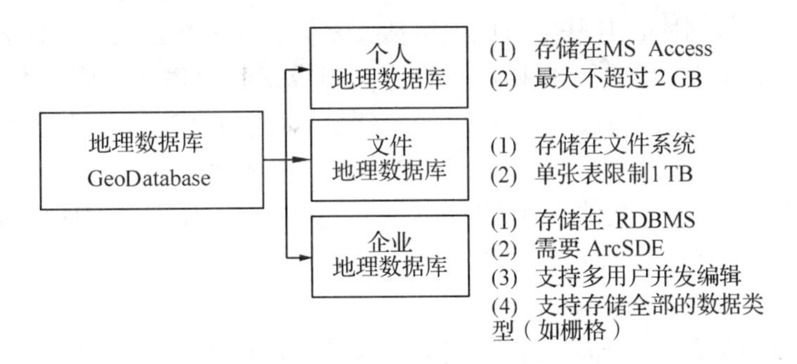

图 6-28　地理数据库(GeoDatabase)类型

6.2.3.2　空间数据库的创建的方法

(1)地理数据库(GeoDatabase)设计

空间数据库设计指将地理空间实体以一定的组织形式在数据库系统中加以表达的过程，也就是地理信息系统中空间课题数据的模型化问题。它是建立地理数据库的第一步，主要设计地理数据库将要包含的地理要素、要素类、要素数据集、非空间对象表、几何网络类、关系类以及空间参考系统等。如在林业生产中根据此思路，建立的地理数据库(GeoDatabase)的数据层次和类型如图 6-29 所示，由图可知建立的地理数据库主要包含空间数据和属性数据两类。在进行地理数据库的设计时，应该根据项目的需要进行规划设计一个地理数据库的投影、是否需要建立数据的修改规则、如何组织对象类和子类、是否需要在不同类型对象间维护特殊的关系、数据库中是否包含网络、数据库是否存储定制对象等。

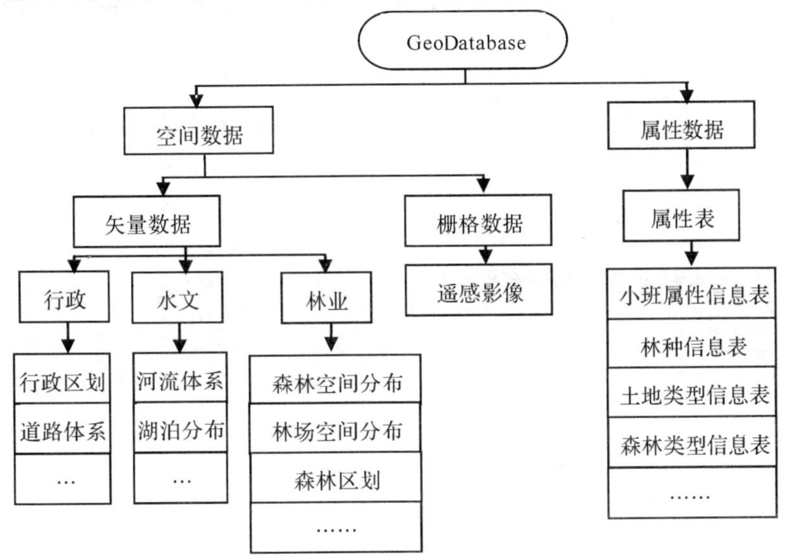

图 6-29　林业地理数据库包含内容

(2)地理数据库(GeoDatabase)的建立

借助ArcGIS 10.0中的ArcCatalog，可以采用从头开始建立一个新的地理数据库、移植已经存在数据到地理数据库、用CASE工具建立地理数据库三种方法创建一个新的地理数据库，选择何种方法将取决于建立地理数据库中的数据源、是否在地理数据库中存放定制对象。实际操作中，经常联合几种或全部方法来创建地理数据库。

一个空的地理数据库，其基本组成项包括要素类、要素数据集、属性表、关系类及工具箱、栅格目录、镶嵌数据集、栅格数据集等。当数据库中建立了要素类、要素数据集、属性表三项后，并加载数据后，一个简单的地理数据库就建成了。具体操作为：

①创建地理数据库　在ArcCatalog目录树中，右击要建立地理数据库的文件夹，在弹出菜单中，单击→新建→【文件地理数据库(.gdb)】或【个人地理数据库(.mdb)】，则创建了一个新的地理数据库，文件存放位置：...\prj06\新建个人地理数据库.gdb。

②建立一个新的要素数据集　在ArcCatalog目录树中，在需要建立新要素集的地理数据库(GeoDatabase)上单击右键→新建→【要素集】，在弹出的对话框【新建要素数据集】中，确定其名称、空间参考和XY容差、Z容差和M容差范围值域及其精度，如图6-30(a、b、c、d)所示。文件存放位置：...\prj06\新建个人地理数据库.gdb。

(a)

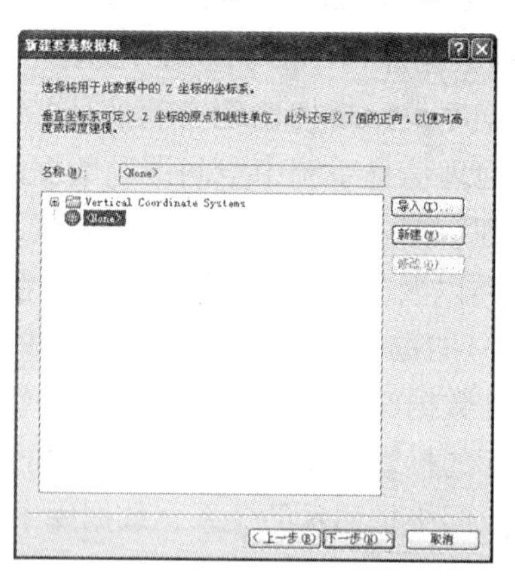

(b)

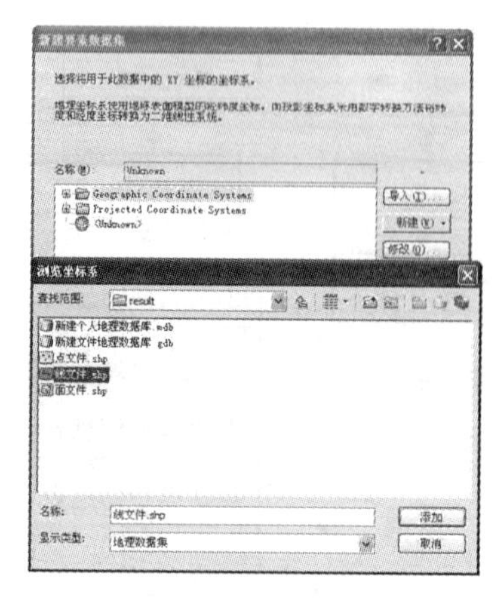

(c)

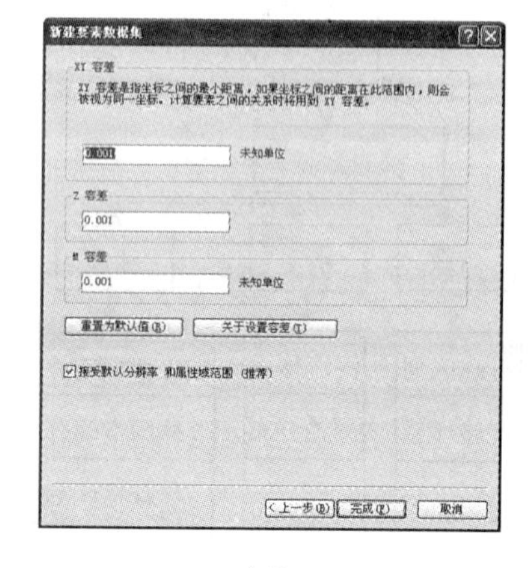

(d)

图6-30　新建要素集

③建立要素类　要素类分为简单要素类和独立要素类。简单要素类存放在要素集中，使用要素数据集坐标，不需要重新定义空间参考。独立要素类存放在数据库中的要素数据集之外，必须重新定义空间参考系。

在 ArcCatalog 目录树中，在需要建立要素类的要素数据集上单击右键→新建→【要素类】，打开【新建要素类】对话框，设置要素类名称及别名(别名是对真名的进一步描述，在 ArcMap 窗口内容表中显示数据层的别名)，并确定要素类字段名及类型与属性对话框，根据需要进行设置，再设置空间参考，如图 6-31(a)和(b)所示。注意因为正在要素数据集中建立要素类，所有不能修改空间参考。在 ArcCatalog 目录树中可以查看其建立的个人地理数据库，如图 6-31(c)所示。

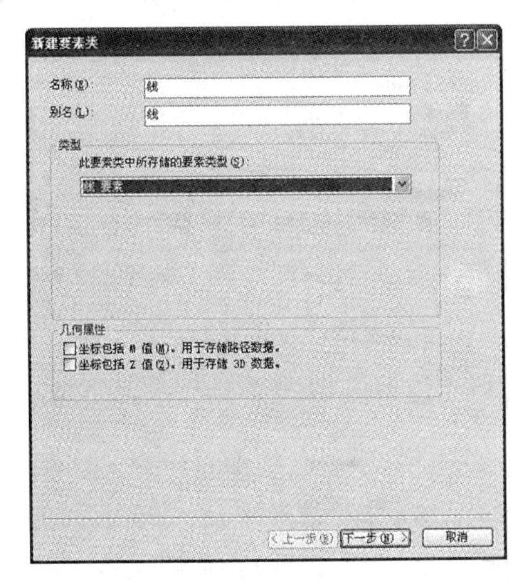

(a)

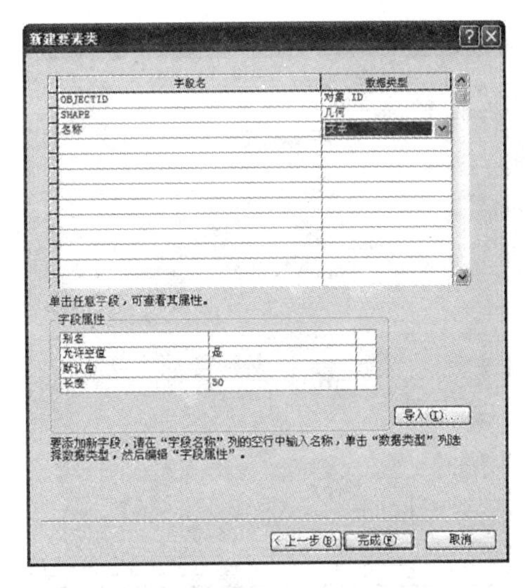

(b)

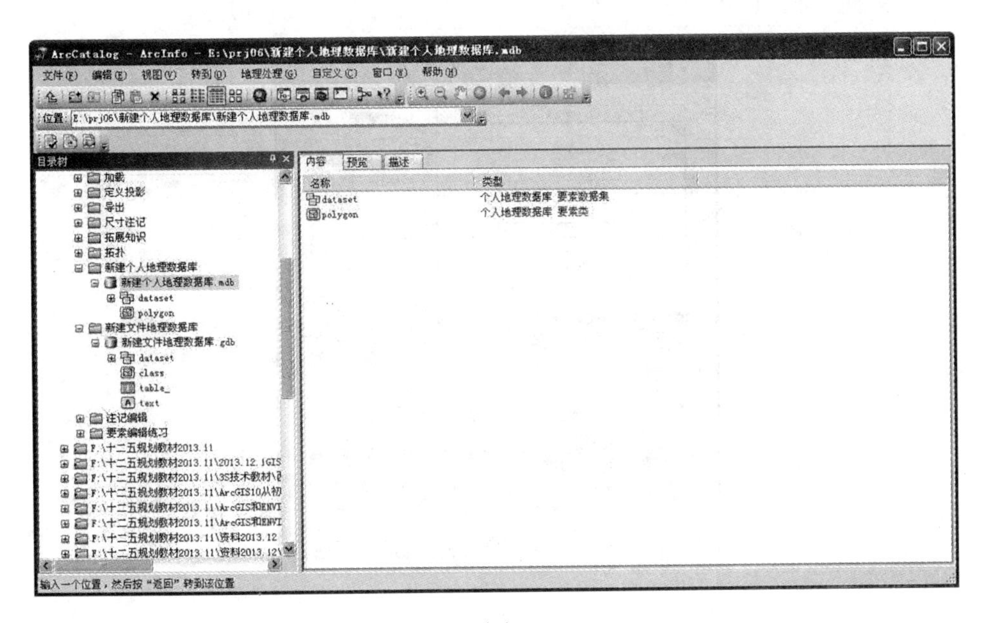

(c)

图 6-31　新建要类

独立要素类值在GeoDatabase中不属于任何要素数据集的要素类。独立要素类的建立方法与在数据集中建立简单要素类相似，不同的是必须重新定义自己的空间参考坐标系统和坐标值域。

④创建表　表用于显示、查询和分析数据。行和列分别称为记录和字段。每个字段可以储存一个特定的数据类型，如数字、日期和文本等。要素类实际上就是带有特定字段的表。这些字段可以用于储存点、线和多边形几何图形的shape字段。创建表的方法：

- 在ArcCatalog目录树中，右键单击需要建立关系表的GeoDatabase→新建→【表】，打开【新建表】对话框，设置新建表类名称及别名，如图6-32(a)所示。
- 单击【下一步】按钮，在打开的数据库存储的关键字配置对话框中选择Use configu-

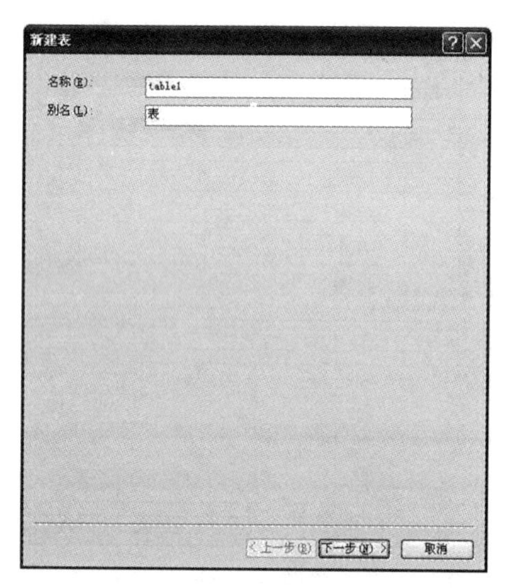

(a)

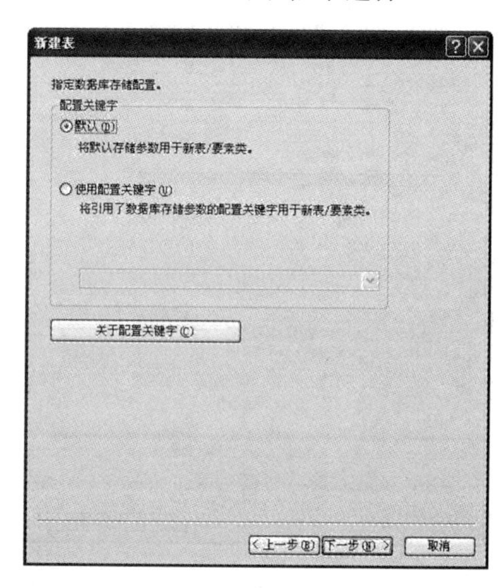

(b)

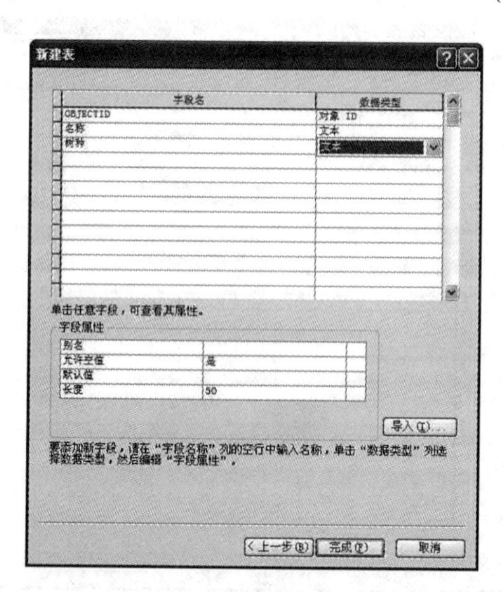

(c)

图6-32　【创建表】对话框

ration keyword，输入关键字名称，如图6-32(b)所示。

• 单击【下一步】，在打开的属性字段编辑对话框中设置要素类字段名及类型与属性对话框，如图6-32(c)所示。

在ArcMap中添加建立的要素类进行地理要素内容编辑和属性信息编辑，或向GeoDatabase中导入Shapefile、Coverage、栅格数据或dBase表\INFO表。注意：数据载入不同于数据导入，当导入Shapefile、Coverage、INFO表和dBase表到一个GeoDatabase时，导入的数据作为新的要素类或新表存在。在导入这些数据之前，这些要素类和表是不存在的；数据载入则要求在GeoDatabase中必须存在于与被载入数据具有结构匹配的数据对象，是对要载入数据库的要素类或表进行操作。

⑤建立关系类　在ArcCatalog目录树中，右键单击需要建立关系类的要素类→新建→关系类，在对话框里选择输入关系类名称，确定源表/要素类和目标表要素类，在确定关系是1∶1(1对1)、1∶M(1对多)、M∶M(多对多)。

⑥创建空间索引　对于数据库中加载的数据，可以在适当的字段上建立索引，以便提高查询效率。操作步骤：在ArcCatalog目录树中，右键单击需要创建索引的要素类，在弹出的菜单中，单击【属性】→打开【要素类属性】对话框→单击【索引】标签，切换到【索引】选项卡，如图6-33所示。

单击【添加】按钮，打开【添加属性索引】对话框，在【名称】文本框中输入新索引的名称，在【可用字段】列表框中，单击选定想要建立索引的一个或多个字段，单击【添加】按钮，把选定的字段移动到【选定字段】列表框中，如图6-34所示。还可以对所选定字段调整其顺序。

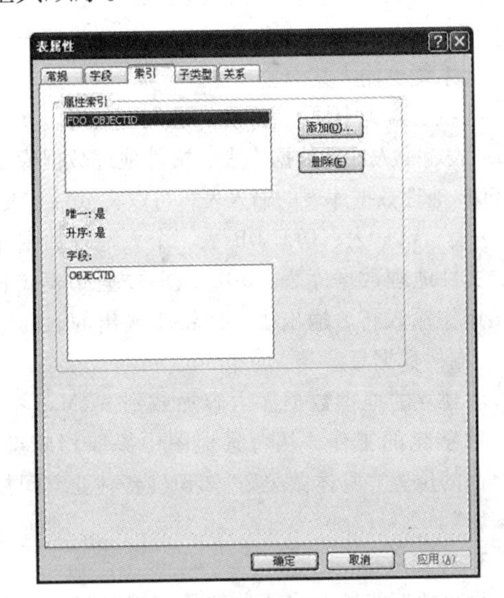

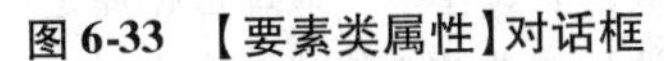
图6-33　【要素类属性】对话框

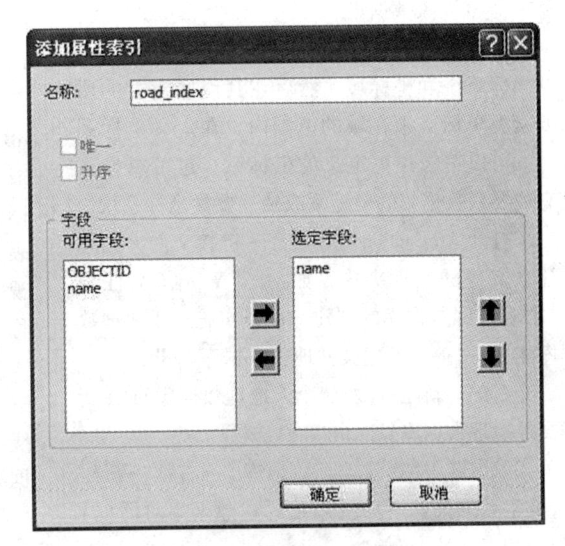

图6-34　【添加属性索引】对话框

可以在建立了数据库的基本组成项后，进一步建立更高级的项，例如空间要素的几何网络、空间要素或非空间要素类之间的关系类等。一个地理数据库只有定义了这些高级项后，才能显出地理数据库在数据组织和应用上的强大优势。

→任务实施

地理数据库的建立

一、目的与要求

(1)了解数据库、空间数据库、地理数据库的含义，相互区别。

(2)理解地理数据库主要文件的类型，它们之间的区别和适用范围。

(3)学会并掌握 Shapefile 文件、地理数据库(GeoDatabase)(个人)文件的创建方法，具备相关的软件操作技能。

(4)根据所给资料建立 Shapefile 文件和个人地理数据库。

(5)在地理数据库中建立要素集、要素类，并能够将数据导出成 XML 工作空间文档。

二、数据准备

山西林业职业技术学院东山实验林场部分地形图、遥感影像及调查资料。

三、操作步骤

1. 建立要素数据集

在新建的要素数据集中必须要定义空间参考，包括坐标系统和坐标域，然后在其内所建立的所有要素类坐标必须在域的范围内。在定义坐标系统时，可以选择预先定义的坐标系，也可以导入已有的要素数据集的坐标系或独立要素坐标系统。

①打开 ArcCatalog 应用程序→链接文件夹到想要建立文件的文件夹中，如：... \ prj06 \ 任务 6.2 林业空间数据库的创建 \ 任务实施 6.2 地理数据库建立 \ data \ 新建文件地理数据库 . gdb；

②右键→新建→【新建个人地理数据库】或【新建文件地理数据库】；

③单击选中【新建地理数据库】→右键→新建→【要素数据集】，打开【新建要素数据集对话框】(以高程点文件为例)：

• 给要素集命名：高程或线要素(或其他)；

• 下一步，给该要素集导入已有数据的坐标系统或新建一个坐标系，设置 X，Y，Z，M 容差，利用软件默认值 0.001(或者改变)，单位为：米(注意：新建一次只新建一个文件)。

④若建立表，则单击【新建地理数据库】→右键→新建→【表】，打开【新建表】对话框，命名，别名；给表设置字段名和选择数据类型，或者导入已有表格的各个字段名。

2. 建立要素类

①新建要素类，选中【要素集】→右键→新建→【要素类】，打开【新建要素类】对话框，给其命名、选择类型(点、线、面等不同文件)、选择坐标系、属性表字段设置等。方法同“6.2.1 Shapefile 文件创建”，建立点、线、面等不同类型文件。

②将事先建好要素类一个或多个导入即可(注意：导入数据的前提是新建数据库中本身没有要素类或要素集)。操作方法：在 ArcCatalog 的地理数据库中，选中某要素集→导入→导入单个或多要素类(如图 6-35)，打开【要素类至地理数据库(GeoDatabase)】对话框，输入要素(已经有的要素文件)(多个要素类时，必须是同类型的要素，如点、线或面)，输出地理数据库(存放位置)。如图 6-35 所示。此法的优点是速度快，并且将原要素的坐标系统也输入其中。

③在要素集中导入表(表的输入行为要转换为 dBase 表、个人地理数据库表、文件地理数据库表或 SDE 地理数据库表的输入表。可以将 dBase 表、INFO 表、VPF 表、OLE DB 表、个人地理数据库表、文件地理数据库表、SDE 地理数据库表或表视图用作输入行。输出表，即将要输出的表的名称)、栅格数据集。

将建立的地理数据库内容加载到 ArcMap 中，进行数字化的工作，从背景地图中提取相应点、线、面的位置。具体做法见“知识准备林业空间数据编辑”。

3. 导出数据

导出数据能够在多个地理数据库之间共享数据并选择性地更改数据格式。导出时可以任意部分或全部导出数据。

(1)导出 XML 工作空间文档

①在 ArcCatalog 目录树中，右击→要导出的地理数据库、要素数据集、要素类或表→导出→XLM 工作空间文档，弹出【XLM 工作空间文档】对

话框，在对话框中选择要导出的内容：数据，如图 6-36 右图所示，若要导出架构而不包含任何要素类和表记录，则选择：仅方案，否则选择：数据。

②制定要导出的新文件路径和名称。若通过在文本框中输入的方式制定路径和名称，则为文件提供 *.xml、*.zip 或者 *.z 扩展名来制定文件类型；若通过【另存为】对话框来指定路径和名称，也需要在对话框中指定文件类型，如图 6-36 左图所示。

③在导出的数据列表中选择具体要导出的数据内容，如图 6-36 右图所示。然后按【完成】，则软件会自动完成 XML 工作空间文档的导出工作。再到保存文件的位置查看已经保存好的文档【 】。

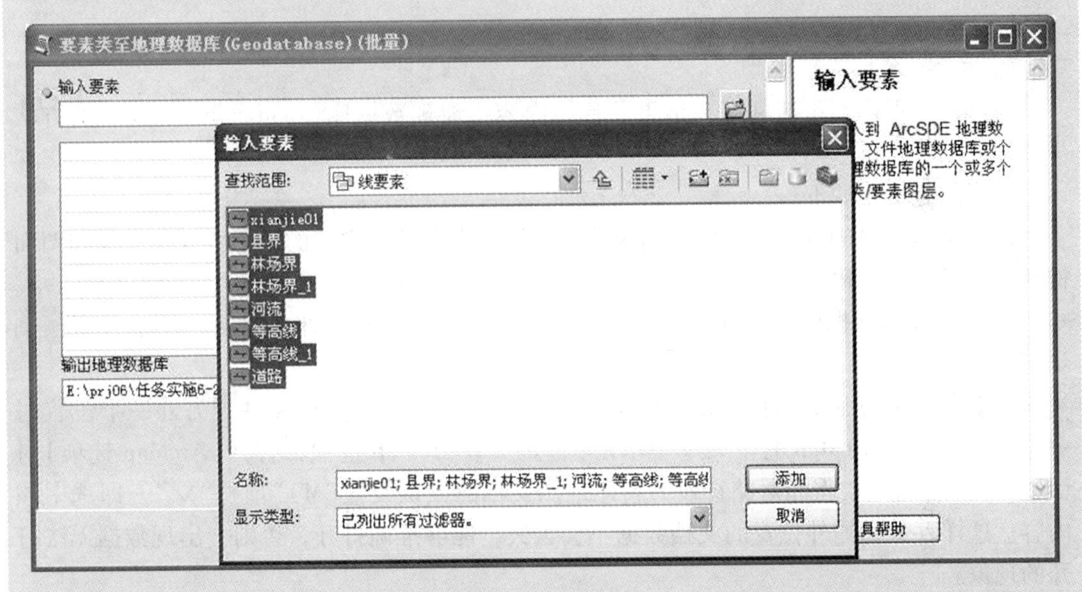

图 6-35　向地理数据库的要素集中导入要素

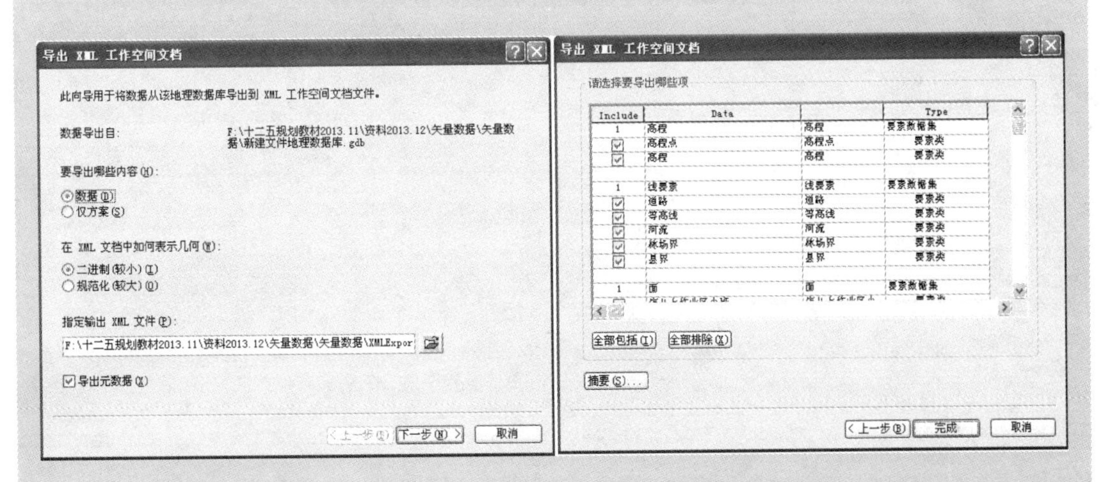

图 6-36　导出 XML 工作空间文档

(2)导出要素类至其他地理数据库

导出要素类并将其导入到其他地理数据库，与在 ArcCatalog 目录树中使用【复制并粘贴】命令将数据从一个地理数据库复制到另一个地理数据库是等效的。这两种方法都会创建新的要素数据集、要素类和表，并传输所有相关数据。

操作方法：在 ArcCatalog 目录树中，选中要导出数据的 GeoDatabase→右键→导出→转至地理数据库(GeoDatabase)(单个)，如果是多个要素导出，则选择【转出至地理数据库】(GeoDatabase)

（批量），打开【要素类至要素类】对话框，设置“输入要素”和“输出要素”等各个参数，最后单击【确定】，则完成导出操作。

如果地理数据库中已经有要素或要素类，还可以继续将地理数据库中加载数据。做法是：在ArcCatalog目录树中，选中要加载数据的要素类→右击→加载→加载数据，打开【简单数据加载程序】对话框，一步步按照要求寻找数据源，选中相应数据进行加载即可。（注意要加载数据的类型要和数据源类型一致，可以是Shapefile，也可以是Coverage、表格或要素集，XML工作空间文档。）

对于要创建相互关系的要素再建立它们之间的关系。一个关系类是两个表/要素类对象的关系集合。

→成果提交

作出书面报告，包括过程和结果。具体内容：地理数据库（GeoDatabase）建立的方法步骤。

需要注意事项如下：

1. 首先要在ArcCatalog中建立相应的点、线、面文件，它们的坐标系统一定要和图面材料的坐标系统一致；

2. 建立地理数据库（GeoDatabase）时要按照方法步骤顺序一步步进行，不能任意颠倒步骤；

3. 数据库建立后，可以导出资料另存为另一个文件。在另存文件到另外一个位置时一定要注意：在ArcMap的主菜单中单击【自定义】/ArcMap选项，打开【ArcMap选项】对话框，在“常规”中“将相对路径设为新建地图文档的默认设置(M)”前打“√”，即选中该内容。这样存放到另外位置的文档数据不会丢失，能够准确打开，否则会出现数据无法打开的现象。

任务3

林业空间数据编辑

→任务描述

当数据库建立之后，必须对地理数据库进行编辑(地理数据库智能化操作)，即使用ArcMap对数据库中几何数据(矢量和栅格数据)和属性数据进行编辑。几何数据的编辑主要是针对图形的操作，包括平行线复制、缓冲区生成、镜面反射、图层合并、结点操作、拓扑编辑等。属性数据的编辑包括对图形要素的属性进行添加、删除、修改、复制、粘贴，增加字段、导出属性表等。其实质是编辑数据层所代表的地理要素类或要素集，一次只能编辑一个数据集中的要素类，Coverage中的部分要素类是不能编辑的。

→任务目标

对地理数据库中数据进行编辑目的是纠正错误，使得图形数据(栅格数据)矢量化。通过本任务的完成，要求学生理解数据库中数据编辑的主要内容，熟悉ArcMap的编辑器中各个工具的含义、功能，掌握用ArcMap编辑器的各种工具条对几何数据和属性数据编辑的方法，具有图形数据编辑、注记、标注，属性数据编辑的技能。

→知识准备

6.3.1 图形数据的编辑

对于图形数据的编辑，主要使用ArcMap编辑器中编辑(editor)和高级编辑(advanced edit)工具进行。编辑过程是启动ArcMap→创建一幅或者打开一幅已经存在的地图→打开编辑工具栏→进入编辑状态(开始编辑)→执行编辑操作→结束并保存编辑，关闭编辑会话。

6.3.1.1 编辑器工具条及功能

(1)打开编辑器

在ArcMap的标准工具条中点击，则打开编辑器工具条(图6-37)，或者在ArcMap显示窗空白处，击右键打开菜单，在菜单的【编辑器】前打“√”，也可以打开编辑器。当在内容列表中加载了要编辑的内容后，点击【编辑器】下拉菜单选中开始编辑，打开构造要素对话框(图6-38)。

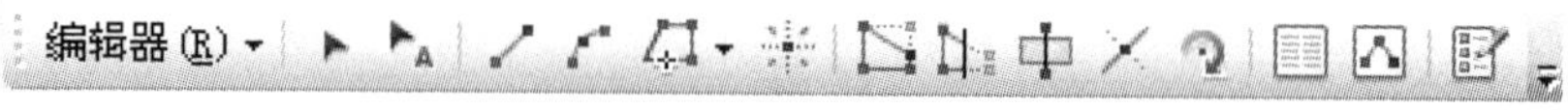

图 6-37　编辑器工具条

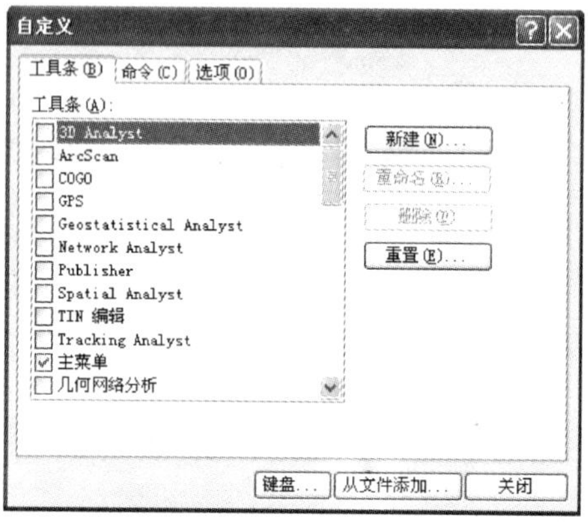

图 6-38　自定义编辑器工具条

(2)编辑器工具栏的组成及功能

在编辑器中，所包含的工具及各工具功能见表6-2。

表 6-2　编辑器工具及功能

图　标	名　称	功　　能
	编辑器	编辑命令菜单
	编辑	选择要编辑的要素
	编辑注记工具	选择要编辑的要素注记
	直线段	创建直线
	弧线段	创建弧线段工具，结束点在圆弧
	追踪	创建追踪线要素或面要素的边，创建线要素
	点	创建点要素
	编辑折点	编辑折点
	修正要素	修改选择要素
	裁剪面工具	线要素裁剪选中的面要素
	分割工具	分割选择的线要素
	旋转工具	旋转选择要素
	要素属性表	打开属性窗口
	草图工具	打开编辑草图属性窗口
	创建要素	打开创建要素窗口
	自定义	打开自定义窗口

在编辑器中，点击【自定义】，打开【自定义】窗口，如图 6-38 所示，添加想要的其他编辑器工具。

6.3.1.2　编辑器下拉列表中功能区域及功能

在编辑器下拉菜单中，有许多编辑时常用的功能区见表 6-3。

表 6-3　编辑器下拉列表中功能区域及功能

功能区域	功　能	功能描述
编辑会话区	开始、停止编辑	提供对编辑会话的启动和停止管理
保存编辑区	保存编辑内容	保存正在编辑的数据
常用命令区	移动、分割、构造点、平行复制、合并、缓冲、联合、裁剪	提供常用的编辑命令
验证要素区	验证要素	验证要素有效性
捕捉设置区	捕捉工具条、选项	提供捕捉工具条及设置捕捉选项
窗口管理区	更多编辑工具和编辑窗口	管理编辑窗口和编辑工具条的显示状态
选项设置区	选项	提供了拓扑、版本管理、单位等选项的设置功能

6.3.2　高级编辑工具条及功能

ArcGIS 10.0 的高级编辑器设在编辑器下拉菜单里，相对通常编辑而言，增加了许多单独的编辑工具条，如 COGO、几何网络编辑、制图表达、宗地编辑器、拓扑编辑器、版本编辑器、空间校正、路径编辑和高级编辑。

6.3.2.1　打开高级编辑工具条

高级编辑在编辑器下拉菜单里，其格式如图 6-39 所示。

(1) 高级编辑器工具栏组成及功能

图 6-39　高级编辑器工具条

高级编辑器包含的工具栏及各工具功能见表 6-4。

表 6-4　高级编辑器工具栏组成及功能

图　标	名　称	功能描述
	复制要素工具	复制选择的要素
	内圆角工具	两要素夹角转为内圆角
	延伸工具	延伸选择要素
	修剪工具	裁剪选择要素
	线相交	剪断选择要素
	拆分工具	拆分多部分要素
	构造大地工具	构造大地测量要素
	概化工具	概化
	平滑工具	平滑

(2)更多高级编辑工具条

在编辑器下拉菜单中还有一些其他编辑工具如：COGO、几何网络编辑、制图表达、宗地编辑器、拓扑、版本管理、空间校正、路径编辑和高级编辑，它们是用于其他编辑，如图6-40所示。

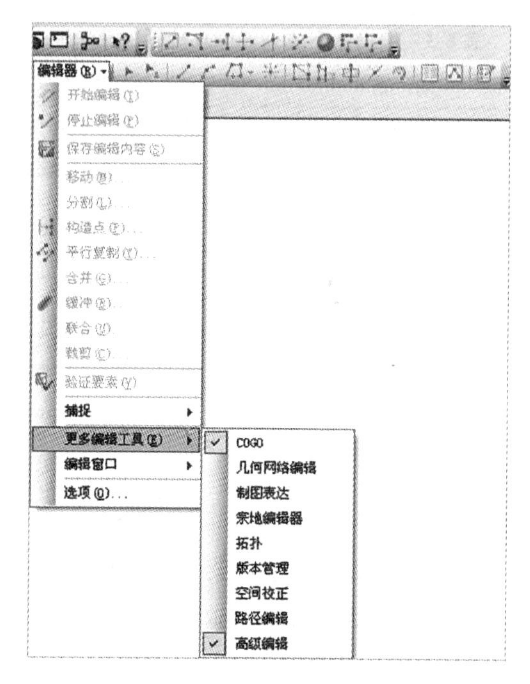

图6-40　更多高级编辑工具条

6.3.3　要素编辑、注记编辑、小班的区划与编辑

6.3.3.1　要素编辑

(1)编辑数据的环境选择设置

要素编辑就是矢量数据编辑，数据编辑时一般先要进行编辑环境的设置，如选择设置、捕捉设置、单位设置等，以提高空间数据编辑的效率和准确性。

①选择设置　选择是指在使用选择工具时，指定那些图层可以被选择，从而保证不受非目标数据的干扰，提高编辑数据的准确性。选择设置包括图层的可选性设置和可见性设置两种。

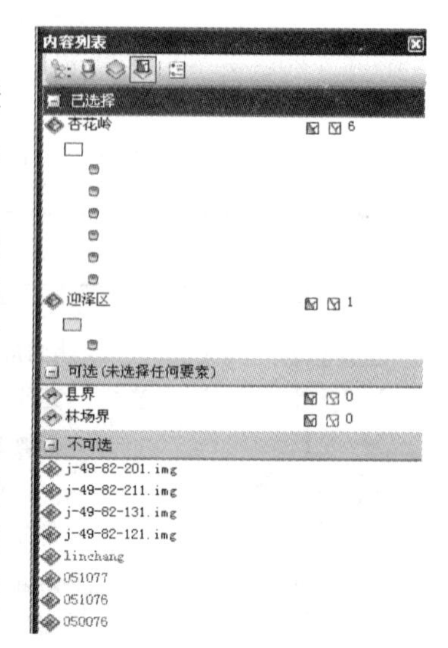

图6-41　图层可选性设置

• 设置图层的可选性。在内容列表中单击按钮，切换到按选择列出视图，视图中列出当前可选图层和不可选图层的集合。单击列表中按钮，可切换图层的可选择性，如图6-41所示(图标如果点量表示要素类某要素被选中，其后的数字表示选择的要素数量)。

• 设置图层的可见性。图层的可见性设置可使某些图层在视图中不可见，提高选择和捕捉的效率。在内容列表中单击按钮，在内容列表中各个要素排列，如果取消选择图层名称前面复选框中“√”，则该图层不可见。

②捕捉设置　在对某图层进行具体编辑之前，先进行捕捉设置。做法：在【编辑器】工具条中打开捕捉工具条，点击→【捕捉选项】，打开捕捉选项对话框，进行捕捉容差和捕捉提示设置。

点击编辑器→【选项】，打开【选项】对话框，在使用经典捕捉前选“√”，再对编辑器中捕捉选项设置其显示捕捉容差，在 ArcGIS 中设置捕捉要素的顶点(节点)、边(线)、端点(开始和结束点)，可捕捉草图的顶点、边、垂线(包括延长线)，可捕捉栅格的中心线、拐点、交点、端点，可捕捉拓扑元素的结点等。

(2)添加编辑工具

根据数据编辑工作的需要，打开编辑器添加编辑工具条和高级编辑工具条。

(3)创建新要素

创建新要素是在 ArcMap 中对点、线、面等要素进行新建，并赋予其属性。通常在启动编辑器后，ArcMap 将启动【创建要素】窗口。在【创建要素】窗口中选择某要素模板后，将给予该要素模板的属性建立编辑环境；此操作包括设置要存储新要素的目标图层、激活要素构造工具并做好为所创建要素制定默认属性的准备。为减少混乱，图层不可见时，在【创建要素】窗口中模板也将隐藏。【创建要素】窗口的顶部面板用于显示地图中的模板，而窗口的底部面板则用于列出创建该类型要素的可用工具。要素创建工具(或构造工具)是否可用取决于在窗口顶部选择的模板类型。例如，如果模板处于活动状态，则会显示一组创建线要素的工具(如图 6-42 为创建线要素，下方为构造线要素的构造工具)。相反，如果选择的是注记模板，则可用的工具将变为可用于创建注记的工具。【创建要素】窗口是创建要素的快捷入口。

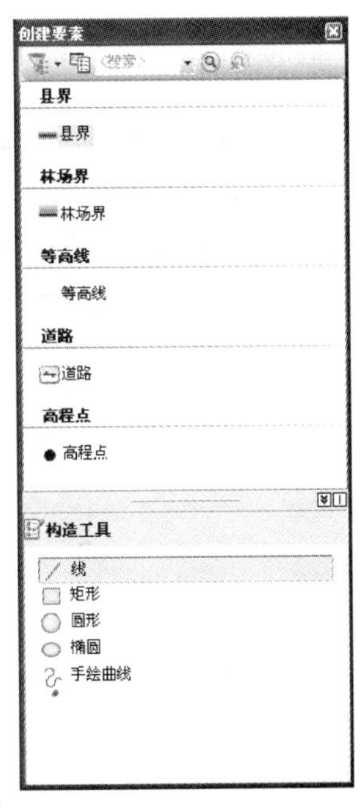

图 6-42　构造要素

创建要素(点、线、面)可以通过要素模板来完成，特别是某要素(如线要素)有好几种类型(如道路、河流)时，用要素模板来创建，则会非常容易方便。

①点要素创建　在 ArcMap 中添加数据，再添加一个要编辑的点图层。启动编辑器→开始编辑，如果要编辑的数据很多，则打开【开始编辑】对话框，从中确定要进行编辑的要素，则会打开【创建要素】对话框。如果其中显示的要素还没有将要编辑的要素显示完，打开【创建要素】对话框中【组织要素模板对话框】中【新建模板】，在里面再创建一个点要素，命名，确定后在创建要素窗口中会出现，如高程点、高程点 1 和高程点 2 三个点要素。创建点要素共有两个构造工具：

【点】，为默认工具，可以通过地图上单击或通过输入坐标的形式创建点要素；

【线末端的点】，通过绘制一条折线，取折线最后一个端点来构造点要素。

• 通过单击地图创建点要素：创建要素→点击点模板→点击【点】构造工具→在地图上相应位置单击，则点要素创建好，并处于选取状态。如果点位置点错了，可以使用删除工具删除。

• 草绘线末端创建点要素：创建要素→点击点模板→点击【线末端的点】构造工具→在地图上相应位置单击创建草图线(如果要确定线段长度，则在右键菜单中单击【长度】，在弹出的窗口中输入长度)，线段最后一个端点则是要创建的点要素位置。

• 在绝对X，Y位置创建点或折点要素：创建要素→点击点模板→点击【点】构造工具→在地图上相应位置单击右键，在弹出的菜单中，选择"绝对X，Y"，则打开【绝对X，Y】对话框(或者直接按下F6，也可以打开X，Y坐标)给点确定具体的坐标值，单击X，Y坐标右端的"倒三角"符号，可以设置具体的单位数值。按【回车键】确定，则点位置自动确定好。

②*线要素创建* 加载要编辑的线图层，启动编辑后，在【创建要素】窗口中选择线要素模板，再选择相应的构造工具，在地图上就可以单击创建线要素了。在线要素模板中提供了线、矩形、圆形、椭圆、手绘曲线五种构造工具，见表6-5。

表6-5 线构造工具

图标	名称	功能描述
	线	在地图上绘制直线
	矩形	在地图上拉框绘制矩形
	圆形	制定圆心和半径框绘制圆形
	椭圆	指定椭圆圆心、长半径和短半轴绘制矩形
	手绘线	单击鼠标左键，移动鼠标绘制自由曲线

直线(折线)构造，只需要使用【】图标，在地图上单击放置折点的位置即可。其他4种线要素构造需要借助要素构造工具：

• 矩形要素创建。【】构造工具可以快捷创建矩形要素，如建筑物等。表6-6的键盘快捷键可以用于简洁方便创建各种类型的矩形。

操作步骤：单击→创建要素窗口中某个线要素模板→单击→创建要素窗口的【构造工具】→单击地图上某位置放置矩形第一个顶角位置，拖动并单击设置矩形的旋转角度。再通过右击选择命令或使用键盘快捷键输入X，Y坐标、方向角、选择矩形是水平或竖直，或选择输入长、宽边尺寸。

注意：尺寸单位是以地图单位表示，也可以通过输入值后附加单位缩写来制定其他单位形式的值。最后拖动并单击完成创建矩形要素操作。

表 6-6　矩形工具键盘快捷键

键盘快捷键	编辑功能
Tab	按 Tab 可以使矩形处于竖直方向(以 90°角垂直或水平)，而不进行旋转。在这种模式下，创建的矩形都是竖直方向的，再次按下 Tab 键，又会恢复
A	输入拐角的 X，Y 坐标。建立矩形角度之后，可以设置第一个拐角的坐标或任意后续拐角的坐标
D	设置完第一个拐角点后指定角度方向
L 或 W	输入长、宽边长的尺寸
Shift	创建正方形而不是矩形

表 6-7　圆形工具快捷键

键盘快捷键	编辑功能
R	输入半径
A	输入中心点的 X，Y 坐标

• 圆形要素创建。【 】构造工具用于创建圆形线要素，表 6-7 所示键盘快捷键可用于快速创建圆形要素。

操作方法步骤：单击→创建要素窗口中某个线要素模板/单击→创建要素窗口的【 】构造工具单击地图上某位置放置圆心，拖动鼠标确定圆半径大小即可。或者鼠标右击或使用键盘快捷键输入 X，Y 坐标或半径大小即可。

• 椭圆形要素创建。【 】构造工具用于构建椭圆形线状要素，表 6-8 所示键盘快捷键可用于快速创建椭圆形要素。

表 6-8　椭圆工具键盘快捷键

键盘快捷键	编辑功能
Tab	默认状态时，椭圆是从中心点向外创建。按 Tab 可以改从端点绘制椭圆。再次按下 Tab 键，又会恢复
A	输入半径中心点(或端点)的 X，Y 坐标
D	设置完第一个点后指定角度方向
R	输入半径或短半径的尺寸
Shift	创建圆而不是椭圆

操作方法：单击→创建要素窗口中某个线要素模板→单击→创建要素窗口的【 】构造工具→单击地图上某位置放置椭圆的圆心，然后拖动鼠标确定椭圆大小确定即可。或者设置椭圆长半径、短半径然后拖动鼠标，或者使用键盘快捷键输入 X，Y 坐标，设置方向角，选择从中心还是从端点构造椭圆，或输入长、短半径大小确定椭圆。

• 手绘线要素创建。使用【 】工具可以创建任意手绘的曲线。在创建快速、自由式设计时，手绘工具显得尤为重要。

操作方法：单击→创建要素窗口中某个线要素模板→单击→创建要素窗口的【 】构造工具→单击地图上某位置开始手绘，绘制时按照需要的形状拖动指针，按住空格键可捕捉到现有要素，单击地图完成草图绘制创建要素。若绘制的要素不够平滑，则可以启动

ArcToolbox→打开制图工具→制图综合→平滑线，打开【平滑线】对话框，进行曲线平滑设置让曲线变得平滑。

③ *面要素创建* ArcMap中加载数据和要创建的面要素图层，启动编辑器→开始编辑→单击→创建要素窗口中某个面线要素模板，单击→创建要素窗口的面要素构建工具(面、矩形、圆、椭圆、手绘曲线、自动完成面)中的某一种，在地图上进行完成多边形面的构造。

在编辑器中还提供了直线段、端点弧线段、弧段、中点、追踪、直角、距离-距离、方向距离、交叉点、正切曲线段、贝塞尔曲线段、点等几种创建其他要素的工具，也可以快捷创建所需要的各种要素。

④*基于现有要素创建要素* 当现在已经创建了某点、线、面要素，在此基础上再对这些要素进一步进行处理，常见形式有：

a. 复制要素

● 简单复制。使用ArcMap标准工具条中【复制】和【粘贴】按钮进行。操作方法：启动编辑器→单击编辑器上【编辑工具】按钮→在地图上选中要复制的要素(如点、线、面等)→单击【复制】→在地图上适当位置再单击【粘贴】(Ctrl + V)即可。

● 使用复制命令复制。需要将要素复制到目标位置或将一个要素按照需要大小进行缩放复制，而不与原有要素重叠时，可以使用【高级编辑】工具条中的复制要素来完成。操作方法：启动编辑器→选择要复制的要素→单击【高级编辑】中【复制要素工具】→在要粘贴的位置单击或拉一个矩形框，打开【复制要素工具】对话框，选择目标图层→单击【确定】即可。

●【平行复制线要素】工具复制。利用编辑器中提供的【平行线复制要素】线要素工具进行复制。操作：启动编辑器→选择要复制的要素→单击【编辑器】工具条中【复制要素工具】，打开其对话框，设置模板、距离(平行复制的距离)、侧[复制位置与原图位置：双向(两侧)、左、右]、拐角(斜接角、斜面角、圆角)→单击【确定】即可，如图6-43所示。

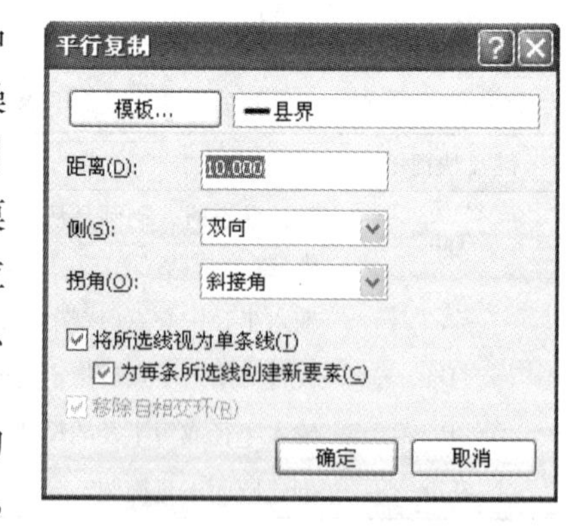

图6-43 平行复制设置

b. 使用现有线构造点：当地图上已经有构造好的线，从现有线上采集一定数量的点，可以采用此方法。操作：ArcMap中加载数据和线图层、要存放构造点的点图层，启动编辑器，选择要构造点的线要素，并点击【编辑折点】工具，则线上所有折点以小方块出现[图6-44中(a)]；再单击【编辑器】工具条中【构造点】工具，打开其对话框(图6-45)。进行设置：【模板】，默认与当前要素一致；【点数】指从线要素上采集的点个数；【距离】指构造点之间距离，单位与当前地图单位一致；【方向】用于指定是从线起点还是终点开始构造点要素；【按测量】指沿着线基于M值以特定间隔创建点，只有具有M值的要素有效；【在起点和终点创建附加点】指是否将起点和终点作为构造点，如果选择此选项，假若构建点个数确定，线距离不够长，则可以在起点或终点按照距离重复构建点数。单击【确定】则完成点构造如图6-44中(b)、(c)所示。

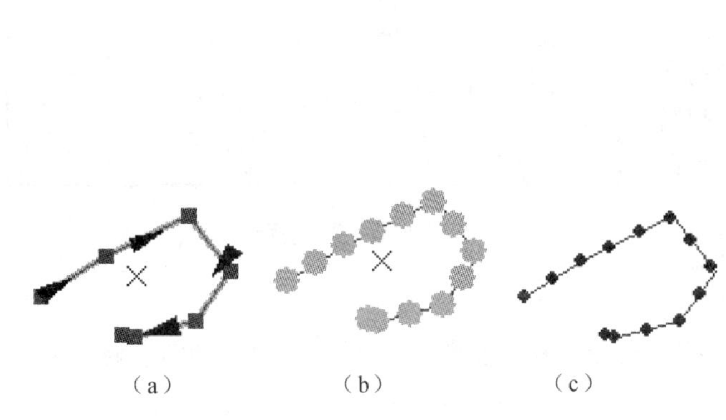

图6-44　线要素转点要素过程

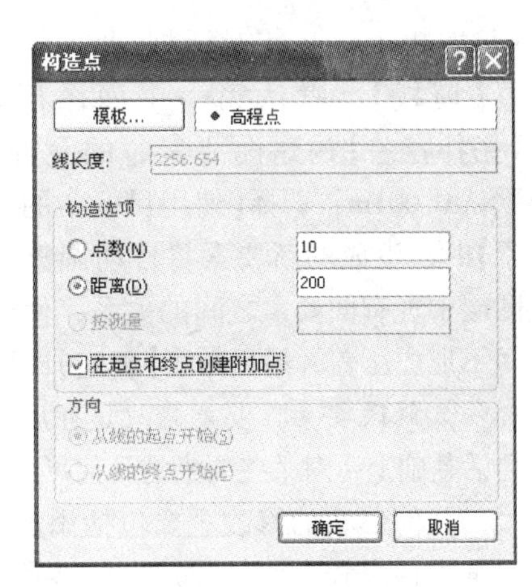

图6-45　构造点设置

c. 使用缓冲区构建要素：即在线要素周围建立一定距离的缓冲区域，如道路中心线两边一定距离的绿化带等。操作方法：在ArcMap中，选中要进行缓冲区操作的要素→启动编辑器→单击编辑器工具条中【缓冲】，打开【缓冲】对话框（图6-46），进行相关选项设置：【模板】，默认和当前要素一致；【距离】指缓冲区距离，单位和当前地图一致，按【确定】即可。

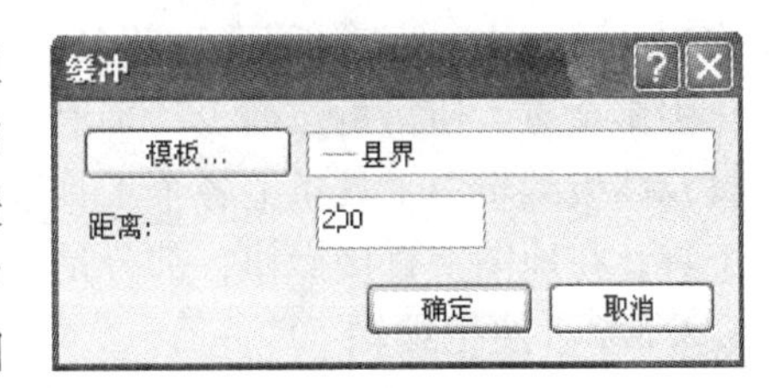

图6-46　缓冲设置

d. 合并同一层的多个要素：通过合并某一图层的多个要素来构建一个新要素。操作：在ArcMap中已经加载相关数据资料的基础上，启动编辑器→开始编辑→用编辑工具选中要进行合并编辑的要素（注意：必须是同一类型）→单击编辑器工具条中【合并】，打开【合并】对话框，单击【确定】即可。

e. 联合不同层的多个要素创建要素：在不同图层之间，通过联合相同要素类型的要素类来构造新的要素（结果保留原始要素）。操作：在ArcMap中加载相关数据资料后，启动编辑器→选中要进行联合的多个要素→在【编辑器】工具条中，单击【联合】，打开【联合】对话框：在对话框中设置构造新要素的模板，单击【确定】即可。

f. 通过相交要素创建新要素：通过对同一图层的要素相交来创建要素。在正式操作前，将"相交"命令添加到【编辑器】中：在ArcMap主菜单中单击【自定义】，打开其对话框。在【命令】标签中，【类别】中选择【编辑器】，然后在【命令】中找到"相交"，将"相交"拖到编辑器的下拉菜单某一位置。

通过相交要素创建新要素操作：启动编辑器→开始编辑，选择要执行相交的线要素或面要素（必须是两个或两个以上要素）→单击【编辑器】工具条上的【相交】按钮，打开【相交】对话框，在对话框中选择构造要素的模板，单击【确定】。

g. 根据线要素构造面要素：将某些闭合环要素构造面要素，如林班线构造林班面继而计算面积，则可以使用此法进行。该命令位于【拓扑】工具条中，因此，工作时需要启动拓扑工具条。操作方法：首先，在ArcMap中加载相关数据资料，如闭合曲线的线要素和要存放构造面的面要素，添加拓扑工具条；其次，在【拓扑】工具条中，单击【构造面】按钮，打开其对话框(图6-47)，设置【模板】，默认第一个面图层模板；【拓扑容差】构建面要素时的允许容差，默认0.001m；选择【使用目标中的现有要素】时，生成的新要素将自动调整与目标图层中现有面要素之间的关系，使要素之间不形成压盖，最后单击【确定】即可。

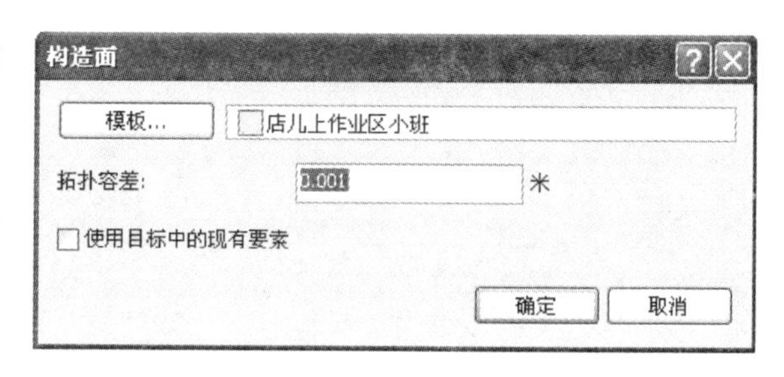

图6-47 构造面设置

⑤*修改要素* 要素修改是在启动编辑会话基础上，对某些要素的几何形状和属性进行修改。

几何形状的修改主要包括添加与删除折点、移动折点、线要素方向的翻转、修剪要素到某一指定长度、修建过长的线段长度、更改线段类型(直线变弧线)、裁剪面、旋转要素、移动要素、分割要素、裁剪要素、内角圆(两直线相交点用圆弧表示)、线段延伸和修建、线相交、要素拆分(即将某一条长直线分割成几段)、简化要素(将线条较多折点概化去多余点，使得折点变少、平滑要素等。它们的操作都是使用编辑器中编辑工具条上工具及高级编辑中工具条上各个工具进行，操作相对比较简单，大多数是打开工具条上相应工具，在地图上直接操作，部分是打开工具条对话框，在对话框中设置即可。

6.3.3.2 注记编辑

在ArcGIS中有标注(Label)与注记(Annotation)之分。标注(Label)有字段属性动态标注出来，不改比例尺的变化，改变字体大小，标注位置，会随比例尺的变化，改变标注的位置，标注设置后必须以.mxd方式保存。注记(Annotation)随着比例尺的变化，会改变字体大小，有参考比例尺，随比例尺的变化，改变标注的位置，注记的方式可以灵活多样，每个都是一个独立的实体。注记分为图形注记、注记要素、属性注记3种。

图形注记是在ArcMap的显示窗口中，利用绘图工具进行文字、数字注记。它存放在地图文档中，不用地理空间坐标，其他应用不能使用，输入、编辑较简单、灵活，适合少量、临时性注记。

注记要素是独立要素，存放在数据库中，有自己的要素类，作为独立图层，可用在不同地图文档中。位置、角度的定位比较准确，字体选择也比较自由，适合静态、精细、数量较大、内容较为简单相对稳定的注记。

属性注记依附于要素属性，不能在地图上单独编辑，当注记位置很保密时，靠软件自动标注位置，可以减轻编辑工作量，适合于内容多、变化快、需要和属性更新保持同步，并且要动态调整标注位置的注记。该方法要靠特殊的计算方法，较为复杂。现在主要介绍注记的创建和编辑方法。

在所建立的地理数据库中，如要表现地理信息的属性，可以采用注记的方式进行。其注记要素类中所有要素均具有地理位置和属性。注记常采用文本，也包含其他类型符号系统的图形形状(如方框或箭头)，每个文本注记要素都有符号系统，对其字体、大小、颜色以及其他形状均可以修改。在地理数据库中注记分为标准注记和要素关联注记两类型，有时对有些要素尺寸也需要进行注记。

(1)创建标准注记要素类

①在ArcCatalog目录树中，右击→要创建新注记要素类的地理数据库→新建→要素

类，打开【新建要素类】对话框：【名称】及【别名】，输入名称和别名；【类型】中单击“此要素类中所存储的要素类型”下拉框，选择“注记要素”；

②单击→下一步，为注记要素类指定空间参考，设置【XY容差】，进入“设置比例尺”对话框，在其中输入【参考比例尺】和【地图单位】；

③单击→下一步，进入【文本符号设置】对话框，其中【文本符号】为第一个注记类设置的默认文本符号属性，通过选择可以设置字体、字号、颜色等。在【比例尺范围】中选择“在任何比例范围内均显示注记”或“缩放时超过以下范围则不显示注记”；

④单击→下一步，在文件或ArcSDE地理数据库中创建新注记要素类，要使用自定义存储关键字，单击【使用配置关键字】单选按钮，然后从下拉框中选择要使用的关键字。如果不想使用自定义存储关键字，选择【默认】单选按钮。

⑤单击→下一步，添加字段。单击【完成】按钮，完成注记类创建。

(2)创建与要素关联的注记要素

在要素数据集中创建与要素关联的注记要素类，具体操作：

①在ArcCatalog目录树中，右击→要创建新注记要素类的要素数据集→新建→要素类，打开【新建要素类】对话框：【名称】及【别名】，输入名称和别名；【类型】中单击“此要素类中所存储的要素类型”下拉框，选择“注记要素”；

②单击→下一步，进入“设置比例尺”对话框，在其中输入【参考比例尺】和【地图单位】，如参考比例尺：1:10 000，地图单位：米。若安装了智能，则选择“ESRI Maplex 标注引擎”，若没有安装则选择“ESRI 标准标注引擎”；

③单击→下一步，进入“文本符号设置”对话框，其中指定包含第一个注记类文本的关联要素类字段，可选择一个【标注字段】或单击【表达式】来指定多个字段。为注记类设置默认的【文本符号】和【放置属性】，也可以单击【标注样式】按钮来加载现有的标注样式。通过选择可以设置字体、字号、颜色等。单击【比例范围】来指定所显示的注记比例尺范围，然后单击【SOL查询】按钮制定该注记类将只标注关联要素类中的某些要素。如果想标注其他注记类，单击【新建】按钮并指定注记类的名称。

④单击→下一步，在文件或ArcSDE地理数据库中创建新注记要素类，要使用自定义存储关键字，单击【使用配置关键字】单选按钮，然后从下拉框中选择要使用的关键字。如果不想使用自定义存储关键字，选择【默认】单选按钮。

⑤单击→下一步，添加字段。单击【完成】按钮，完成注记类创建。

(3)创建尺寸注记要素类

尺寸是用于显示地图上特定长度和距离的一种特殊类的地理数据库注记。在地理数据库中，尺寸存储在尺寸要素类中，它也具有地理位置和属性，通常位于要素数据集之内或之外。与注记要素一样，尺寸要素是图形要素，并且其符号系统存储在地理数据库中。新建尺寸要素类时，可以为其创建默认样式、自定义样式以及导入样式。以创建自定义样式要素类为例，其操作步骤为：

①在ArcCatalog目录树中，右击→要创建新尺寸注记要素类的地理数据库或要素集→新建【要素类】，打开【新建要素类】对话框：【名称】及【别名】，输入名称和别名；【类型】中单击“此要素类中所存储的要素类型”下拉框，选择“注记要素”，如图6-48(a)所示。文件存放位置：... \ prjob \ 创建注记 data \ shang dong. gdb \ zhuji。

新建要素类

名称(E): zhuji001

别名(L): zhuji0

类型

此要素类中所存储的要素类型(S):

注记要素

将注记与以下要素类进行连接(K)

几何属性

坐标包括 M 值(M)。用于存储路径数据。

坐标包括 Z 值(Z)。用于存储 3D 数据。

<上一步(B) 下一步(N)> 取消

(a)

新建要素类

参考比例

指定注记的参考比例。

相对于参考比例执行缩放操作时，注记也将随之缩放。

参考比例(R): 1:100 000

地图单位(M): 米

编辑行为

需要从符号表中选择符号(Q)

<上一步(B) 下一步(N)> 取消

(b)

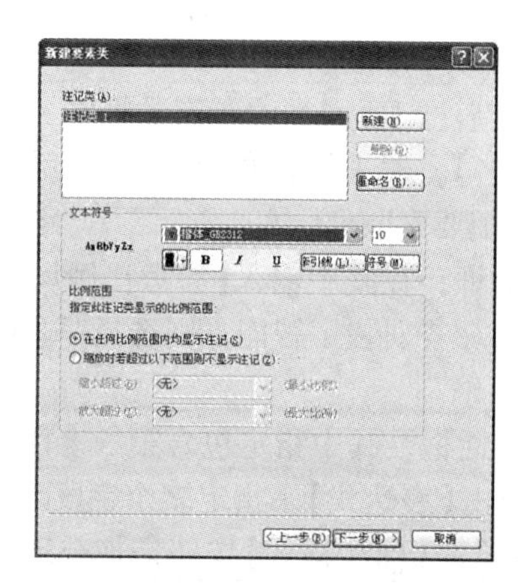

(c)

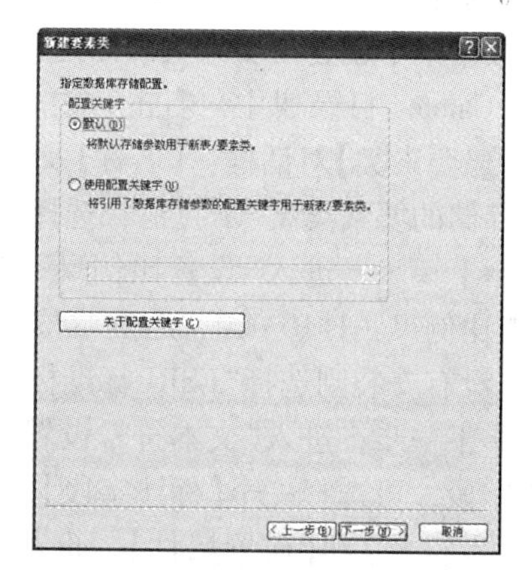

(d)

新建要素类

字段名	数据类型
SHAPE	几何
FeatureID	长整型
ZOrder	长整型
AnnotationClassID	长整型
Element	Blob
SymbolID	长整型
Status	短整型
TextString	文本
FontName	文本
FontSize	双精度
Bold	短整型
Italic	短整型
Underline	短整型

单击任意字段，可查看其属性。

字段属性

别名	Bold
允许空值	是
默认值	
属性域	

导入(I)...

要添加新字段，请在“字段名称”列的空行中输入名称，单击“数据类型”列选择数据类型，然后编辑“字段属性”。

<上一步(B) 完成(F) 取消

(e)

图 6-48　创建注记要素类

②单击→下一步，为注记要素类指定空间参考，设置【XY 容差】，进入“设置比例尺”对话框，在其中输入【参考比例尺】和【地图单位】，如图 6-48(b)所示。

③单击→下一步，如果该要素是独立要素类，则选择或导入一个坐标参考系，如图 6-48(c)所示。

④单击→下一步，接受默认的【XY 容差】或者输入所需要的【XY 容差】。单击→下一步，进入参考比例尺设置对话框，选择合适的参考比例尺和地图单位；在【默认样式】中选择“我想创建自己样式”在此可以选择默认样式或导入样式。单击【新建样式】按钮，则进入【尺寸样式属性】对话框，在该对话框里进行：线和箭头、文本、调整等的设置和选择，如图 6-48(d)所示。

⑤最后单击【确定】按钮，在文件或 ArcSDE 地理数据库中创建此要素类，如图 6-48(e)所示。要使用自定义存储关键字，单击【使用配置关键字】单选按钮，然后从下拉框中选择要使用的关键字。如果不想使用自定义存储关键字，选择【默认】单选按钮。

⑥如果是个人地理数据库，则单击→下一步，尺寸要素类所需要的字段将会添加到要素类中。单击【完成】按钮，完成尺寸注记类的创建。

(4)注记编辑

当创建好注记要素后，在 ArcMap 中还需要对其根据不同要求进行编辑处理。

在 ArcMap 中添加相应要编辑的数据(特别是注记要素类数据)后，启动编辑器→开始编辑，则在【创建要素】栏里的【构造工具】中提供了 5 种注记样式，见表 6-9。

表 6-9　注记样式

类　型	说　明	样　式
水平	创建一个沿水平方向的注记	山东省
沿直线	创建一个沿起点到终点方向的注记	山东省
跟随要素	创建一个沿线要素或面要素边界的注记	山东省界限
牵引线	创建一个带有牵引线的注记	山东省界限
弯曲	创建一个沿曲线的注记	山东省界限

ArcMap 中创建注记的操作方法：

①在 ArcMap 中添加相应编辑要素　特别是注记要素，启动编辑器→开始编辑，在【创建要素】中选中注记要素及其将要注记的模板、构造工具中的构造注记样式(5 种样式中任选一个)，则出现【注记构造】对话框如图 6-49(a)所示，如果按【注记构造】对话框中“切换格式”选项，则【注记构造】对话框变为图 6-49(b)所示，可以直接修改字体、字号、对齐方式等，按【注记构造】对话框中“要素选项”工具条，则出现【要素选项】对话框，在里面设置将来注记要素放置的方式、角度变化等。

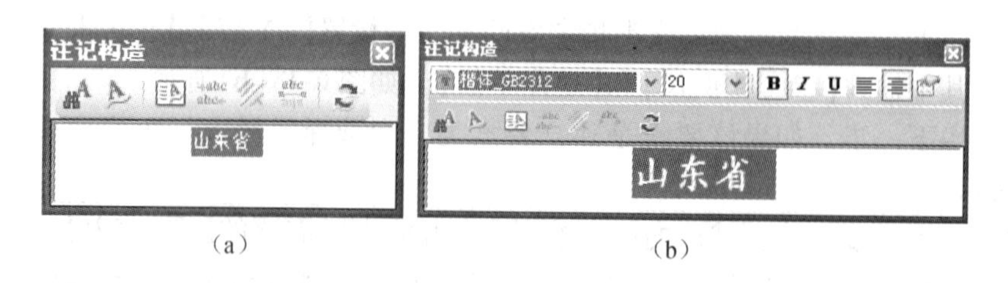

（a） （b）

图 6-49 注记构造窗口的两种状态

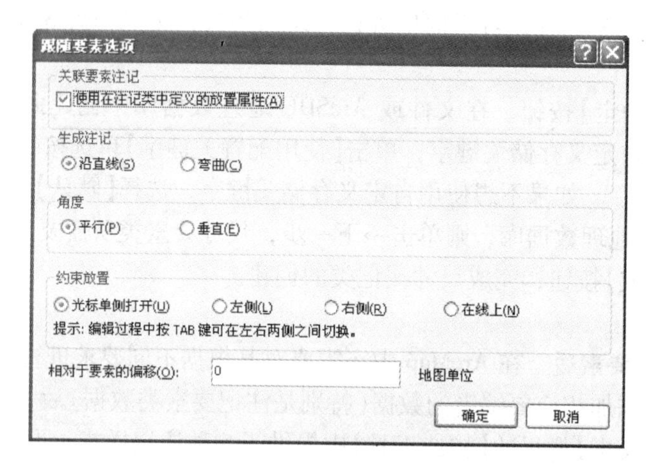

图 6-50 跟随要素选项

②*在地图上相应位置放置相应注记要素* 注意不同构造注记样式在地图中放置的方式不太一样：【水平】，则鼠标直接将注记文本水平方向放置在地图中；【沿直线】，鼠标将注记文本在地图上沿起点或终点方向（沿任意一个角度方向）以直线方向放置；【跟随要素】，首先选中地图中某一个线要素或面要素，鼠标将注记文本沿要素边界放置；【牵引线】首先用鼠标在地图上某点牵引出一条直线，然后在直线旁再放置注记文本；【弯曲】用鼠标在地图上随机弯曲一条曲线，再将注记文本放置，则注记文本成为某一个弯曲形状，【跟随要素选项】对话框，如图 6-50 所示。

③*注记修改* 对创建好的注记要素进行修改，主要包括有：复制和粘贴、移动、旋转、删除、堆叠和取消堆叠、向注记中添加牵引线、将注记转换为多部分、编辑关联要素的注记等内容。操作：

• 在 ArcMap 中，启动编辑器→开始编辑，使用编辑器中【 编辑工具】和【 编辑注记工具】，在地图上单击注记要素（按住 shift 可以选择多个注记），然后复制和粘贴，或者拖动、删除、旋转注记要素。

• 如果要旋转或放大注记要素，一定用【 编辑注记工具】选中注记要素，注记要素如图 6-51 所示，其注记文字框内有“×”，又叫“描点”，是注记要素在地图上不能移动的位置，如果要移动注记文字，必须将其选中，鼠标才能将注记文字移动；左、右下角有“1/4 圆”，鼠标选中此位置可以旋转注记文字：在注记文本框内上方有一个“小红色三角形”，鼠标按住它可以任意放大和缩小文字。

• 如果注记文字较长，需要堆叠（即将文字用两行或多行表示），则用【 编辑注记工具】选中注记文字，在【注记构造】对话框里在要分行的两个文字中间按【一个空格】，然后在地图上右击【堆叠】或【取消堆叠】即可；向注记添加牵引线、将注记转换为多部分，也是用【编辑注记工具】选中注记文字，右击相应的【添加牵引线】、【将注记转换为多部分】即可。

• 编辑关联要素的注记：关联要素注记是直接与要素关联的特殊类型的地理注记。它反映了地理数据库中要素的当前状态，移动、编辑或删除要素后，关联要素的注记将自动更新。操作如下：

在 ArcMap 中添加要素及其关联的注记要素→启动编辑并在源要素类(点、线或面图层)中选择想要生成注记的要素(如果要为所有要素创建注记，可以选择所有要素)；

在内容列表中的源要素图层上右击→选择→【注记所有要素】，打开【注记所有要素】对话框：设置目标注记要素和"是否将未放置的标准转为标注"，单击【确定】即可。

(5)尺寸注记编辑

尺寸注记要素是一种特殊类型文本，用于表示地图上的长度或距离。尺寸注记要素存储于地理数据库中的尺寸注记要素类中，它在创建时需要输入特定数量的点来描述尺寸要素的几何形状。可以创建各种形状如对齐、简单对齐等。在 ArcMap 中对地图上具体要素进行尺寸创建和编辑的前提是尺寸注记已经在 ArcCatalog 中创建好了。

①创建尺寸注记　在 ArcMap 中创建尺寸注记的操作是：在 ArcMap 中加载要进行尺寸注记的要素→启动编辑器→开始编辑→【创建构造要素】，在【创建构造要素】窗口选择用来保存要素的模板和用来创建尺寸注记的尺寸【构造工具】，在地图上适当位置找到要创建尺寸的第一个点单击、第二个点单击，有时还要有第三个点单击，草图自动完成创建尺寸的注记。

注意，在进行尺寸注记时软件中提供了 10 种构造尺寸注记的工具，其含义和方法见表 6-10。

表 6-10　尺寸注记中构造工具类型及注记样式

类　型	说　明	样　式
对齐	输入起始、终止尺寸注记点和描述尺寸注记线高度的第三个点注记尺寸	105943.80
简单对齐	输入起始、终止尺寸注记点注记尺寸	148099.73
线性	创建水平和垂直尺寸注记要素，输入起始、终止尺寸注记点和描述尺寸注记线高度的第三个点注记尺寸	134368.63
旋转线性	输入起始、终止尺寸注记点、描述尺寸注记线高度的第三个点注记尺寸和描述延伸线角度第四个点	42017.26
连续注记	用已有注记为基础创建注记。首先选择一个已有注记的终止点作为新注记的起始点，新尺寸注记要素的基线将会与所选的现有尺寸注记要素的基线保持平衡	132296.16　116616.37

（续）

类　型	说　明	样　式
基线注记	可创建新尺寸注记要素，其起始尺寸注记点与作为基线的现有尺寸注记要素相同	13758.36　135466.94
注记边	可处理任何类型的要素。它可以自动创建尺寸，其基线由现有要素的线段来描述，且只能创建水平和垂直线性注记要素	151341.97　66 998091
垂直尺寸	可创建两个相互垂直的尺寸注记要素	123825.25　123825.25　119591.91　119591.91
自由线性	可创建水平、垂直、旋转线性尺寸注记要素。如果输入三个点将会创建水平线性和垂直线性注记要素，如果输入四个点，则会创建旋转线性尺寸注记要素	120650.24
自由对齐	可创建简单对齐和对其尺寸注记要素。当输入第二个点时，双击鼠标左键，则会在两点之间自动创建简单对齐尺寸注记，输入第三个点时，双击鼠标则会在两点之间，并且以第三个点为高度自动创建对齐尺寸注记	刚开始输入两点　133420.29 简单对齐　115800.04 对齐注记

②编辑尺寸注记　在编辑尺寸要素前，要确保尺寸注记要素类处于编辑状态。编辑尺寸注记要素主要有删除、修改尺寸注记要素的几何属性、修改尺寸要素的样式与属性等内容。

• 删除尺寸要素。单击→编辑器工具条上【编辑工具】→单击要删除的要素（同时按住Shift键可以选中其他要素）→单击标准工具条中【删除】按钮，或键盘中“Delete”键即可。

• 修改注记尺寸要素的几何属性。单击→编辑器工具条上【编辑工具】，双击要编辑的要素，尺寸注记上会出现几个小方块形折点，如图6-51所示。

图6-51　修改尺寸注记的几何属性

• 将鼠标放置在中间红色小方块位置鼠标变为两个小方块套到一起形状时，可以将上面数字“173567.01”移动位置。

• 将鼠标放置在其他几个小黑方框位置，鼠标变形后拖动端点，可以改变起始尺寸和终止尺寸注记点位置。

• 单击地图上任意位置，完成草图。或者在【编辑折点】工具条中单击【完成草图】按钮。

③修改尺寸注记要素的样式与属性　所有尺寸注记要素均与尺寸注记样式相关联。创

建一个新的尺寸注记要素时，必须为其制定尺寸注记样式。创建尺寸注记要素后，自动应用所选样式的所有属性。可以使用【属性】对话框修改其中的部分属性，但有一些属性(如尺寸注记要素元素的符号系统)则无法修改。

• 单击→编辑器工具条上【▶编辑工具】，单击要编辑的要素。

• 单击→编辑器工具条上【编辑窗口】中的【属性】按钮，打开【属性】对话框，如图6-52所示。

• 单击【尺寸线样式】下拉箭头，单击要制定给此要素的尺寸注记样式，单击【提交】即可。

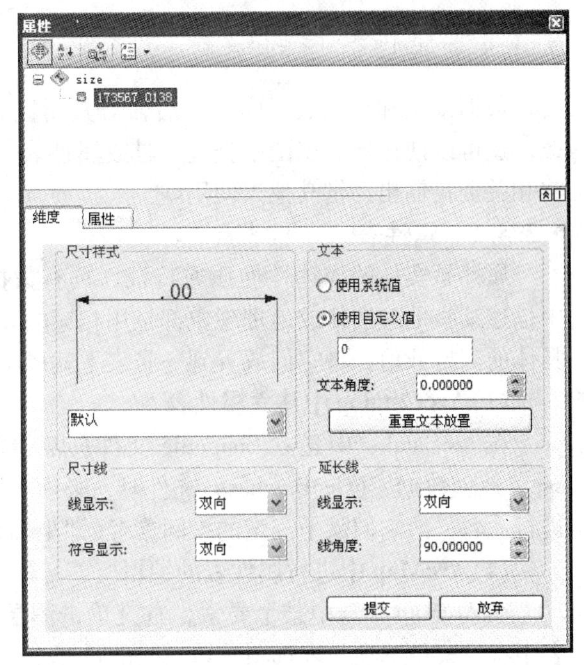

图6-52　修改尺寸注记样式

6.3.3.3　小班区划与编辑

在森林资源调查前首先要进行森林区划。我国常见的森林区划有国有林业局(总场)区划系统、国有林场区划系统、自然保护区区划系统、县级行政单位区划系统四个区划系统。每个区划系统最低端到林班。在具体森林资源调查时，还要将林班区划成小班。

现在森林资源调查时森林区划就直接在已经校正、地理配准好的遥感图像(航片和卫片)及地形图上进行。方法步骤如下:

①在ArcCatalog中建立Shapefile文件、Coverage文件和地理数据库　在ArcCatalog建立地理数据库，数据库中包含各种点、线、面要素、dBase表和注记要素。

②在ArcMap中进行林班、小班区划(即图形数据进行矢量化编辑)　在ArcMap中根据当地森林生长情况和小班区划条件进行各个林班、小班区划。将区划结果以地图形式表现出来，对区划结果借助编辑器进行编辑注记。

③对图形区划编辑的各个林班、小班的图斑处理　对已经在图面材料中区划编辑好的各个林班、小班图斑按照要求进行检查，如重叠部分裁剪、重叠的线段去掉等，图斑之间不能有重叠和遗漏等。

6.3.3.4　GPS数据在ArcMap中处理

在ArcMap也可以输入用手持GPS在外业采集好的数据点。不同的手持GPS操作不相同，有些高级的手持GPS(GIS数据采集器)，装载相应的GPS软件后，直接可以将数据加载导入;

有些需要将手持GPS数据导入Excel【表中必须有采集点数值，如经度(E)、纬度(N)、高程(H)】【在Excel表中录入的相应点名称，具体的经纬度数值，然后将表保存一个名称(M)，其格式.dbf，保存类型(T):DEF 4(dBase Ⅳ)(＊.dbf)】表中，再将此数据导入到dBase表中，再导入ArcMap中。

6.3.4 属性数据的编辑

数据采集和地理数据库建立后，对其属性表中数值进行添加，有错误地方还需要修改。还可以使用数据视图中查询工具或属性表对资料进行查询、检索。也可以生产报表，将相关资料输出，供其他人使用。

6.3.4.1 属性表

属性是实体的描述性性质或特征，具有数据类型、域、默认值三种性质。在 ArcGIS 中描述某一地理实体或地理现象都是用相应的属性来表述，有些是文本语言表述，有些是具体的测量数值，将它们放置到一张表上就成了属性表。

(1) ArcCatalog 中建立属性表

在 ArcCatalog 中建立 Shapefile 文件(点、线、面、体、注记等要素类要素)、Coverage、地理数据库(GeoDatabase)文件时，必须对属性表中相应字段的名称、字段类型均要进行命名，给它们赋予一定的空间参考(即坐标系统)。

(2) ArcMap 中进行属性表的编辑

在 ArcMap 中选中某个要素，右键单击图层→打开属性表，则可以看见属性表窗口，表中有：菜单选项与表选项菜单、表的选择工具及其右键单击字段名后可以得到关于该字段的下拉菜单等，如图 6-53 所示。

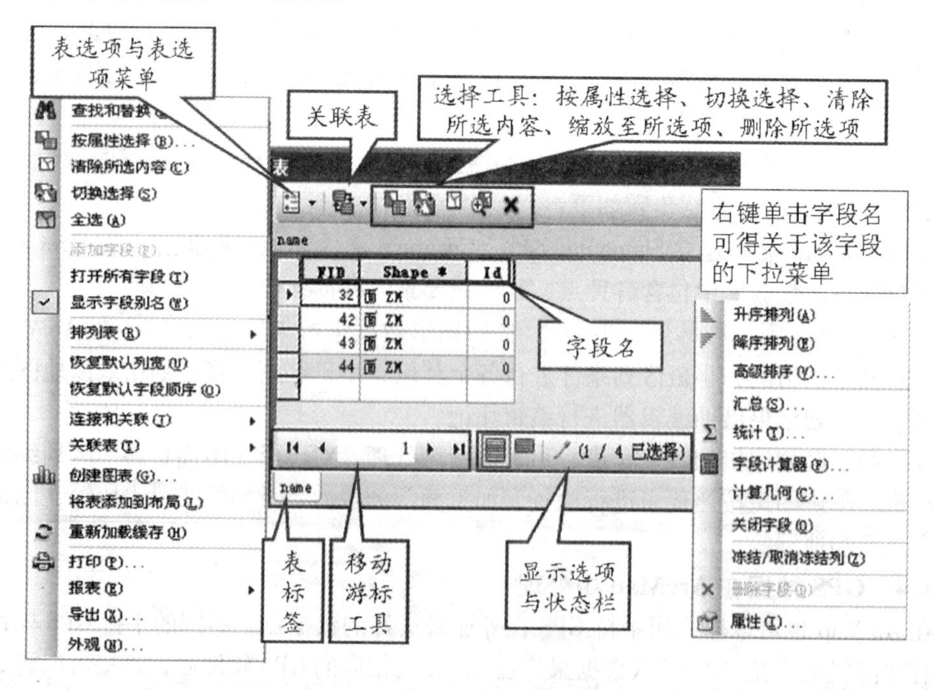

图 6-53 属性表包含的内容

要素属性表窗口编辑或显示单个要素的属性字段内容，如图 6-54 所示。

在 ArcMap 对图形进行矢量化处理后，对每个要素数据集、要素的属性要进行编辑，给它们各个字段赋予相应的文本性描述性属性(如名称等)和数值性描述属性(如编号、周长、面积等)。

6.3.4.2　属性表的编辑

(1)属性字段的设置及填写

①系统字段　要素创建时系统默认创建的字段有：Fid(系统自动序号)、shp *(要素类型，只在属性表中显示，不在属性窗口中显示)、id(自定义序号)；

②自定义字段

a. 在 ArcMap 中非编辑状态下，打开属性表，在表选项菜单中点击添加字段，在添加字段窗口中填写字段名称、数据类型和字段属性相关内容，点击确定。

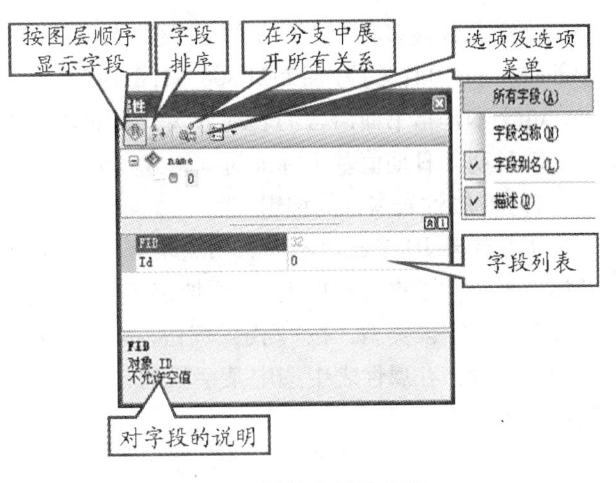

图 6-54　属性字段的内容

b. 在 ArcCatalog 的目录窗口中，右键点击 Shapefile 文件，在右键菜单中点击【属性】，打开 Shapefile【属性】对话框，在字段选项卡中添加字段。

③在 ArcMap 中的编辑状态下，直接在表窗口或者要素属性窗口中填写，并可以使用复制、粘贴等基本功能。

(2)对要素(如点、线、面等要素数据)属性表字段内容的编辑

要素点、线、面编辑的主要内容是将 ArcCatalog 中建立的点、线、面 Shapefile 文件和 GeoDatabase 文件加载到 ArcMap 中，利用编辑器对图形进行矢量化处理。在要素的属性表中(可以删除或增添字段)对各项内容进行添加，如编号、名称、代号、长度、多边形的周长和面积等，这些内容有些需要输入，有些软件可以自动定义，如线段的长度、多边形的周长和面积等。

软件自动计算输入时，必须在非编辑状态下，打开表窗口；在表窗口中，将鼠标移动到某字段(如长度)列标题处，当鼠标形状变为向下的小黑箭头时，右键单击“长度”列标题，在右键菜单中点击计算几何，在计算几何对话框中选择要计算的属性、坐标系和单位，点击确定，完成计算。

在属性表里字段类型有长整型、短整型、浮点型、双精度、文本、日期等几种，其含义和使用的范围为：

①短整型数值为有符号型的数值形式，是一个符号位、15 个二进制位。取值范围介于 -32 768 ~ 32 767 之间，一旦超过 32 767 的值就会变成负值。

②长整型数值也是有符号型的数值形式，取值范围为 -2 147 483 648 到 2 147 483 647(约为 21 亿)，适用于字符长度较长。

③字符串是由零个或多个字符组成的有限序列。一般记为 $s = 'a_1, a_2, \cdots, a_n' (n >= 0)$。它是编程语言中表示文本的数据类型，长度为 2 147 483 647，对于 shp 最大是 254。

④单精度浮点数(浮点型)专指占用 32 位存储空间，约为 -3.4E38 ~ 1.2E384 特定数值范围内包含小数值的数值，对精度要求不高时，用此比双精度运行速度快。

⑤双精度浮点数(双精度型)用来表示带有小数部分的实数，是一个符号位、7 个指数位和 56 个小数位。用 8 个字节(64 位)存储空间，其数值范围为 1.7E -308 ~ 1.7E +308，

双精度浮点数最多有15或16位十进制有效数字，双精度浮点数的指数用“D”或“d”表示，如 double i = 0d；约为 -2.2E308 ~ 1.8E3088。

⑥文本是指书面语言的表现形式，通常具体的名称类多选择文本。

⑦日期，日期值基于标准时间格式存储。

(3)对属性表本身的编辑

①*属性表ID字段的添加和删除编辑*　当ArcMap中编辑器处于“停止编辑”状态，打开属性表，左键点击属性表中【添加字段】，则打开【添加字段】对话框：在对话框中选择字段名称，字段类型，按“确定”按钮，则在表中添加了一个刚才命名的字段；删除属性表中某字段：在属性表中选中某字段列，在右键菜单中选择【删除字段】，即可。最后关闭属性表即可。

②*属性表数据的恢复、删除、复制或粘贴*　如果失误删除要素后，打开备份的原数据，选择删除的数据表，在ArcMap中会显示选中数据项，复制(Ctrl + C)后编辑器中“开始编辑”，选择要复制到的图层，粘贴(Ctrl + V)即可恢复；在“开始编辑”状态下，在属性表中选择数据项(选中项会呈现蓝色，按住Ctrl可以多项选择)，ArcMap中图形会呈现高亮，亦可在ArcMap中直接选择，然后Delete则删除；在属性表中选择数据项(选中项会呈现蓝色，按住Ctrl可以多项选择)，ArcMap中图形会呈现高亮，亦可在ArcMap中直接选择，然后将数据复制到目的图层(目的图层要处于“开始编辑”状态)；

(4)属性表的连接和关联

①右键单击图层，在右键菜单中点击连接和关联，在下拉菜单中点击连接(或者关联)。

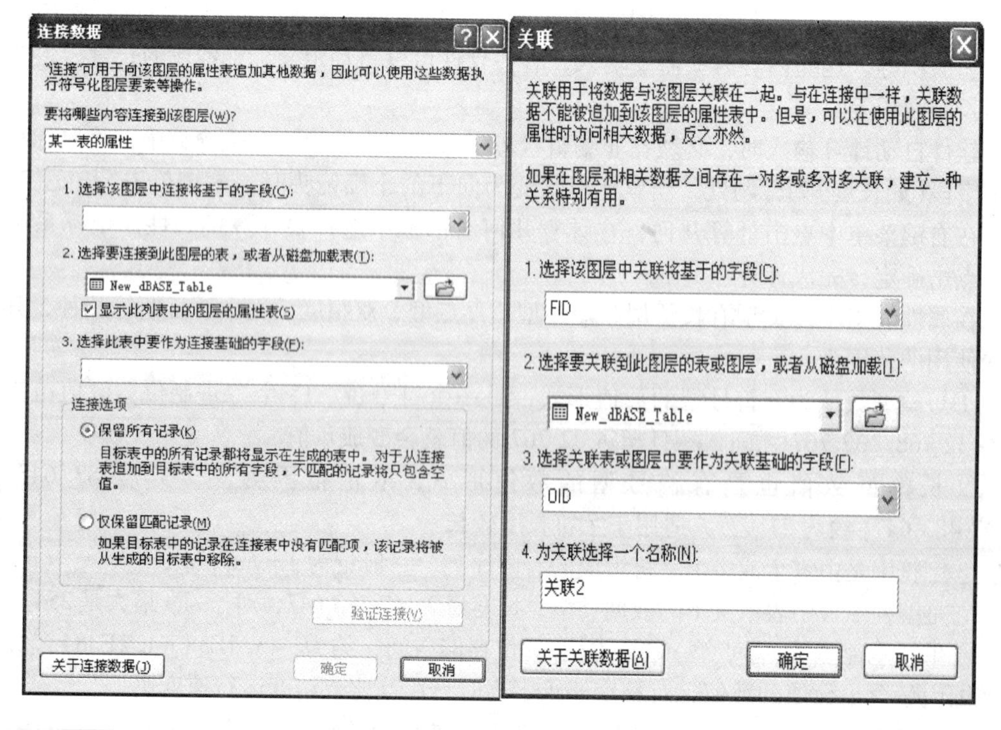

图6-55　数据连接和关联对话框

连接与关联的区别：数据表与图层属性连接后，数据表中的字段相当于追加到图层属性表中，可以在表窗口、属性窗口、图层属性窗口、HTML 弹出窗口、识别窗口中直接显示，并且数据表中的字段可以像图层属性表中的字段一样参与计算、显示设置、统计等数据处理和分析，总之连接之后数据表中的数据就成为图层属性表中的一部分，可以像图层属性表中的数据一样进行处理，除了不能修改和删除；数据表与图层属性关联后，数据表和图层属性表仍然是相对独立的存在，不可以在表窗口、属性窗口、图层属性窗口、HTML 弹出窗口中直接显示，只能在识别窗口中主动选择后显示，并且不能参与图层的任何操作。

(5)超级链接的设置

超级链接主要用于将要素与相关的其他电子文件(如图片、影像、各种格式的文档)链接起来，便于完整、直观地显示与管理林地林木资产数据，扩展矢量数据的外延，丰富矢量数据的内容。设置方法：

①在识别窗口中设置，用于少数要素设置超链接，只保存在项目文件中。

• 在工具条上点击【识别工具】，点击要设置超链接的要素，弹出识别窗口(图6-56)。

• 在识别窗口中右键点击代表要素的显示内容，在右键菜单中点击添加超链接，如图6-56 左图。

• 在添加超链接窗口中选择链接到文档，并输入文档路径，点击确定，如图6-56 右上图。

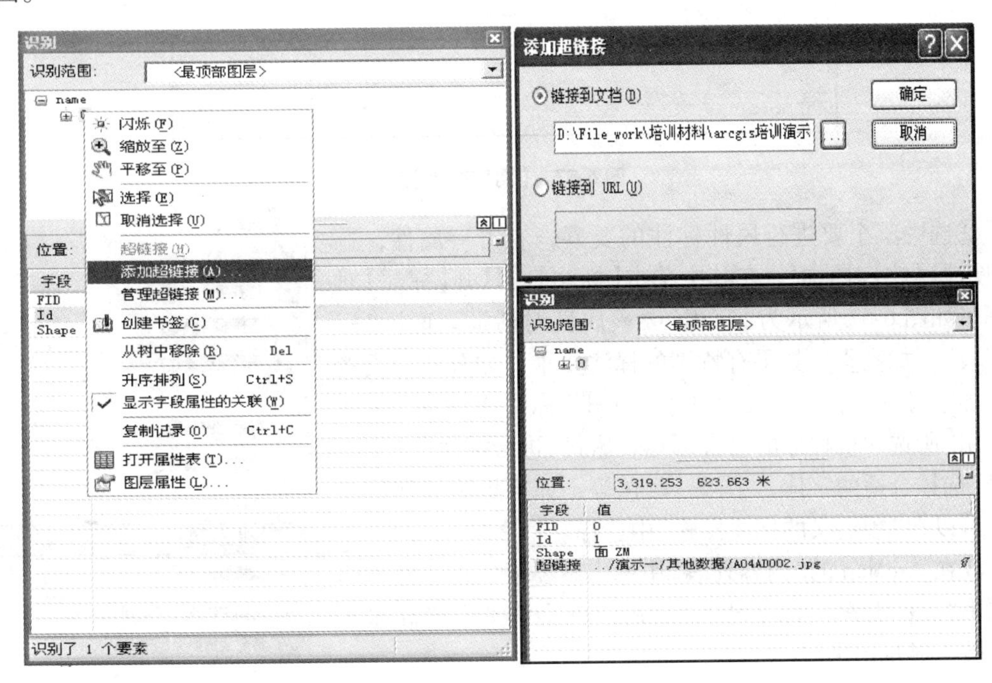

图6-56　数据超链接对话框

显示超链接：在 ArcMap 显示窗口的工具条中，使用超链接工具，点击有超链接的要素，则表现出链接的内容。在识别窗口则显示超链接已经链接完成，如图6-56 右下图。

②在数据表中设置，用于批量设置超链接，可以用表格保存。

在数据表中设置：在属性表中添加一个文本型字段，在该字段中输入要链接的文件的路径。

6.3.4.3 属性标注编辑

属性标注依附于要素属性，不能在地图上单独编辑。当注记位置很保密时，靠软件自动标注位置，可以减轻编辑工作量，适合于内容多、变化快、需要和属性更新保持同步，并且要动态调整标注位置的注记。属性标注编辑的操作方法：

①启动 ArcMap，加载相关数据资料。打开【编辑器】，开始编辑，将图形进行点、线、面矢量化，将点、线、面要素属性表各项内容的属性资料进行添加。

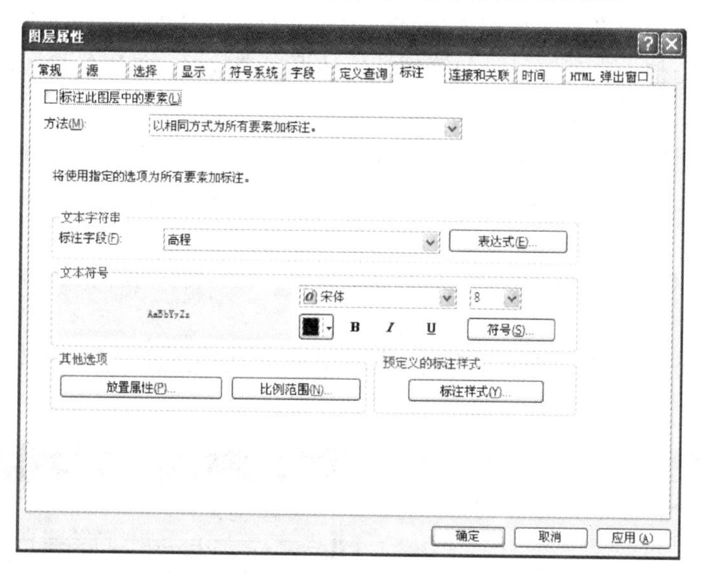

图 6-57 【图层属性】对

②选中某个要进行属性标注的要素，右击→属性，打开【图层属性】对话框，在其中单击【标注】，打开【标注】对话框，如图 6-57 所示为“高程”要素属性对话框。选择“标注字段”，如高程。如果有特别的标注要求，如分式、或者数字加字母等，点击【表达式】，打开【标注表达式】对话框，用“所选解析程序的语言编写表达式”进行标注；“文本符号”选择合适的字体、字号、颜色等，如果想选择其他样式，可以在“预定义的标注样式”中选择。

③在 ArcMap 的“内容列表”中选中某要素，在右键菜单中选中“标注要素”(图 6-58)，则图上就会将某要素具体文字或数值显现出来。

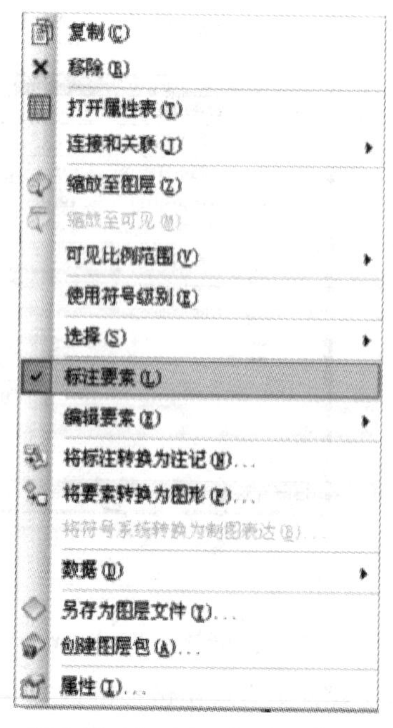

图 6-58 ArcMap 标注要素

④分子式标注的方法。ArcGIS 中标注之一上下标、分数等特殊形式标注。分数形式标注要素：首先将分母和分子的内容分别放在两个字段中，然后在标注的时候，标注内容选择用表达式标注，在表达式的输入框中输入" <UND> " & [分子的字段] & " </UND> " & vbNewLine & [分母的字

段]，即可实现分数形式的标注。

上下角标形式标注要素：将标注的主体内容、上角标内容和下角标内容分别用三个字段保存。假设这三个字段分别是：text、super_ text 和 sub_ text。步骤如下：①在被标注的图层的属性里，点击"experssion(表达式)"。②在弹出的"表达式"窗口中书写表达式如下 [text] & " ^{" & [super_ text] & "}" & " _{" & [sub_ text] & "}" 其中：" ^{" & [super_ text] & "}"表示将 super_ text 字段里的内容作为上角标，" _{" & [sub_ text] & "}"表示将 sub_ text 字段里的内容作为下角标。

补充：比如在：对 BlockName 和 Company 进行标注时候，使用下面语句实现 BlockName 红色显示，而 Company 黑色显示 " <CLR red = '255' green = '0' blue = '0' >" & [BlockName] & " </CLR>" & VbNewLine & [Company]。

6.3.4.4　属性数据查询与提取

(1)属性数据查询

在完成图形矢量化和属性表编辑后，然后可以进行属性数据查询。方法是在 ArcMap 显示窗口中：

①利用选择要素工具选中图中某要素，在属性表里查看表中记录。

②打开主菜单→选择→【按位置选择】，打开【按位置选择】对话框，查看相应图层的要素，进行查询，如图 6-59 左图所示。

③打开菜单中→选择→【按属性选择】，打开【按位置选择】对话框，输入要素进行条件组合查询，如图 6-59 右图所示。

或者在某要素类的属性表中选择→【按位置】或【属性选择】，打开其对话框进行要素查询。

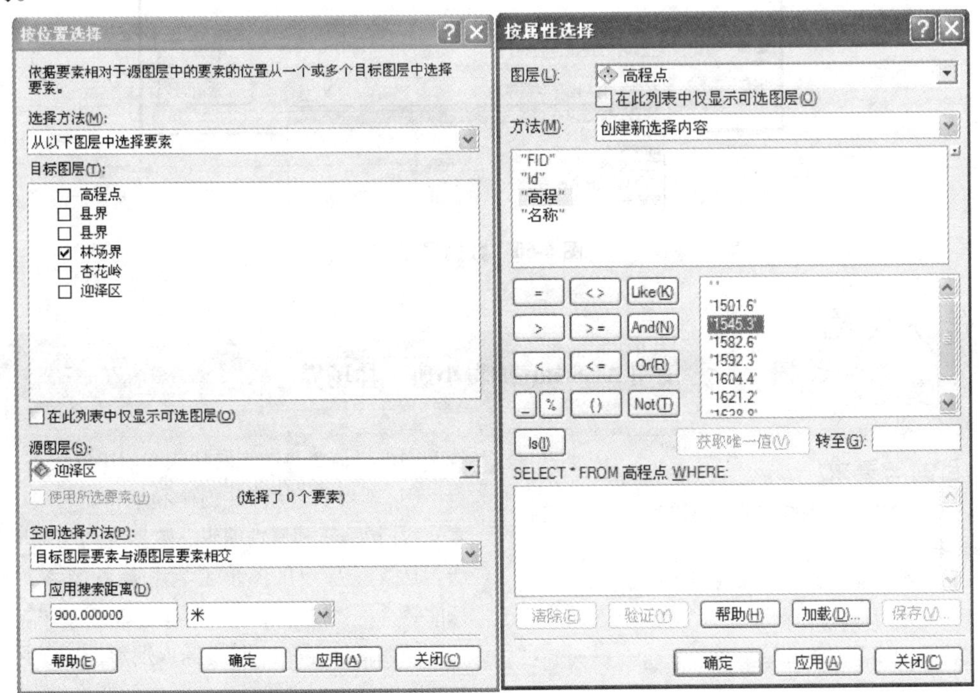

图 6-59　按位置和属性选择对话框

(2)属性数据提取

在某要素类的属性表中，对某要素类进行创建图、报表或将其导出，对其属性数据提取。

①创建图表 在ArcMap中，选中某要素，打开其属性表，单击属性表中"表选项与表选项菜单"里的【创建图表】，打开【创建图表】对话框，按照流程则可以一步步创建图表。

②生成报表 在ArcMap中，选中某要素，打开其属性表，单击属性表中"表选项与表选项菜单"里的【报表】，打开【报表】对话框，按照流程则可以一步步生成报表。

③导出数据 打开某要素属性表，单击属性表中"表选项与表选项菜单"里的【导出】，打开【导出】对话框，按照流程则可以一步步生成报表。注意保存时选择合适的文件类型，软件中提供的文件保存类型有：文件和个人地理数据、dBase表、Info表、文本文件、文件地理数据库表、SDE表，如图6-60所示。

图6-60 数据导出

→任务实施

使用ArcMap编辑小班、林场界

一、目的与要求

(1)了解图形数据和属性数据的含义，要进行编辑的主要内容。

(2)理解图形数据编辑时主要用到的工具、各个工具的类型及功能作用。

(3)掌握ArcMap中编辑器、高级编辑器和一些常用编辑器工具的主要功能和使用方法。

(4)掌握要素编辑(创建和编辑点、线、面要素)，注记编辑和属性编辑、数据查询与提取的方法，具备对某地区图形要素和属性要素编辑的技能。

(5)在ArcMap中对影像或地形图中某区域进行要素编辑，即创建点、线、面新要素(图形矢量化操作)。

(6)对点、线、面新要素进行注记、标注和属性要素编辑。

二、数据准备

山西林业职业技术学院东山实验林场部分地形图、遥感影像及调查资料。

三、操作步骤

1. 要素编辑(创建点、线、面新要素)

(1)在应用程序中添加数据资料，以山西林业职业技术学院东山林场部分调查资料为例：

①打开 ArcMap→新建图层，给图层添加地理坐标，坐标导入山西林业职业技术学院东山林场林班的坐标系。

②单击【 添加数据】加载遥感卫星照片和地形图。

③单击【 添加数据】分别加载 ArcCatalog 中已经建立好的林班点、线、面文件，行政区划(各种点、各类界限线、林班面文件)个人地理数据库(个人地理数据库已经加载有相应的点、线、面文件)，如图 6-61 所示。

(2)在图面材料中进行创建点、线、面新要素以点文件为例说明其方法步骤：

打开编辑器→【开始编辑】，出现【创建要素】对话框，用鼠标选中【高程点】，构造工具中选【点】。再用鼠标在“迎泽区和杏花岭区”图形中将各个高程点选中[图 6-62(a)]，点完后，保存编辑，停止编辑。对于点大小、样式、颜色可以重新编辑，如图 6-62(b)(c)，编辑最终结果如图 6-62(d)所示。

注意，如果是线文件和面文件，在进行图形矢量化前一定要打开捕捉设置，所选择的构造工具应该根据图形情况选择，假如图形属于不规则，则线要素构造工具最好选择【手绘曲线】，面要素构造工具选择【面】或者【自动完成面】。

对于线文件，有时需要让曲线变得光滑，如河流、道路、等高线等，做法：首先在 ArcMap 中加载相应的图面材料和线文件，查看其是否光滑；然后启动 ArcToolbox，打开制图工具→【制图综合】→【平滑线】，打开【平滑线】对话框(图 6-63)，在对话框中输入要素、输出要素、平滑算法、平滑容差等，最后确定即可。

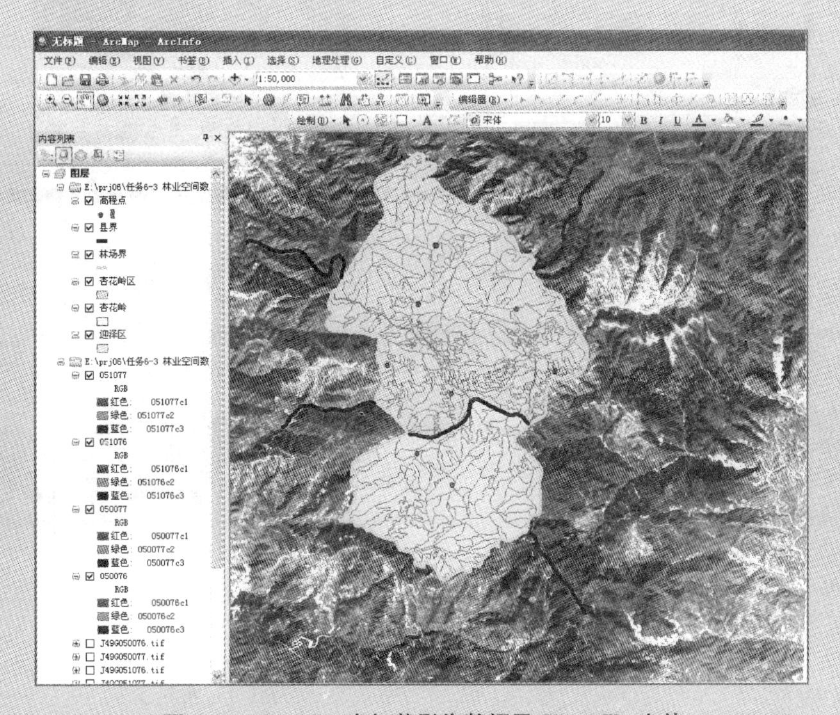

图 6-61　ArcMap 中加载影像数据及 Shapefile 文件

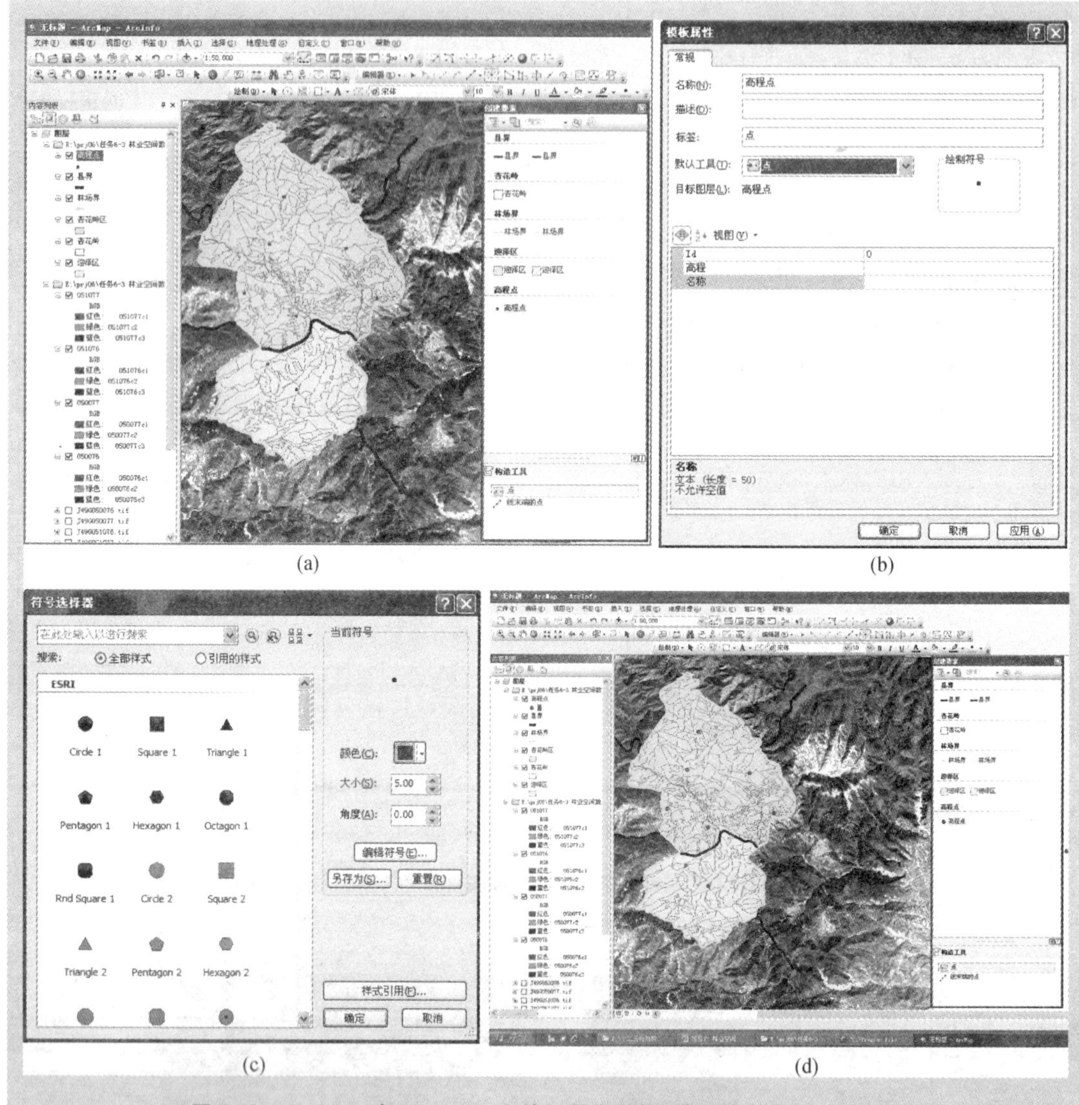

图 6-62 ArcMap 中 Shapefile 文件矢量化编辑(模板和符号样式选择)

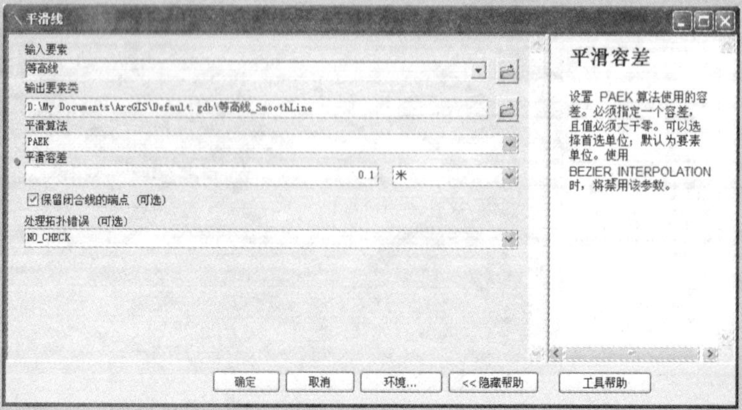

平滑线

输入要素

等高线

输出要素类

D:\My Documents\ArcGIS\Default.gdb\等高线_SmoothLine

平滑算法

PAEK

平滑容差

0.1 米

☑保留闭合线的端点（可选）

处理拓扑错误（可选）

NO_CHECK

平滑容差

设置 PAEK 算法使用的容差。必须指定一个容差，且值必须大于零。可以选择首选单位；默认为要素单位。使用 BEZIER_INTERPOLATION 时，将禁用该参数。

确定 取消 环境... << 隐藏帮助 工具帮助

图 6-63 【平滑线】对话框

2. 属性表要素的编辑

在内容列表中，用鼠标左键选中高程点→右键→打开属性表，打开【属性表】对话框，进行操作：

表

杏花岭区

	Shape *	S_UserID	SHENG	SHI	XIAN	XIAN
▸	面		140000	140100	140107	140107010
	面		140000	140100	140107	140107010
	面		140000	140100	140107	140107010
	面		140000	140100	140107	140107010
	面		140000	140100	140107	140107010
	面		140000	140100	140107	140107010
	面		140000	140100	140107	140107010
	面		140000	140100	140107	140107010
	面		140000	140100	140107	140107010

(0 / 314 已选择)

杏花岭区

图 6-64　ArcMap 中 Shapefile 属性表文件

①在属性表的“表选项”栏(表右侧倒三角符号)，左键单击→添加字段，可以添加多个想要添加的字段，如点文件中高程的数值，面文件中权属性质、县代码、乡镇名、乡镇代码、村代码、组名称、行政村、地类等，如图 6-64 所示。

②在属性表的左侧选中某一行(代表将某个小斑点选中)，对其每个字段相应名称下填写相应资料。

线、面文件的矢量化方法与点文件是一样，对于线、面的样式、颜色均可以编辑。不同之处是，属性表编辑中某些内容，如长度、面积大小等软件会自行计算，做法是，在属性表中选中要计算长度或面积的字段，击右键→计算几何(图 6-65)，则软件自动运行，将所计算长度或面积填入相应表中。另外，在该页面还可以将数据排序、汇总、统计等。

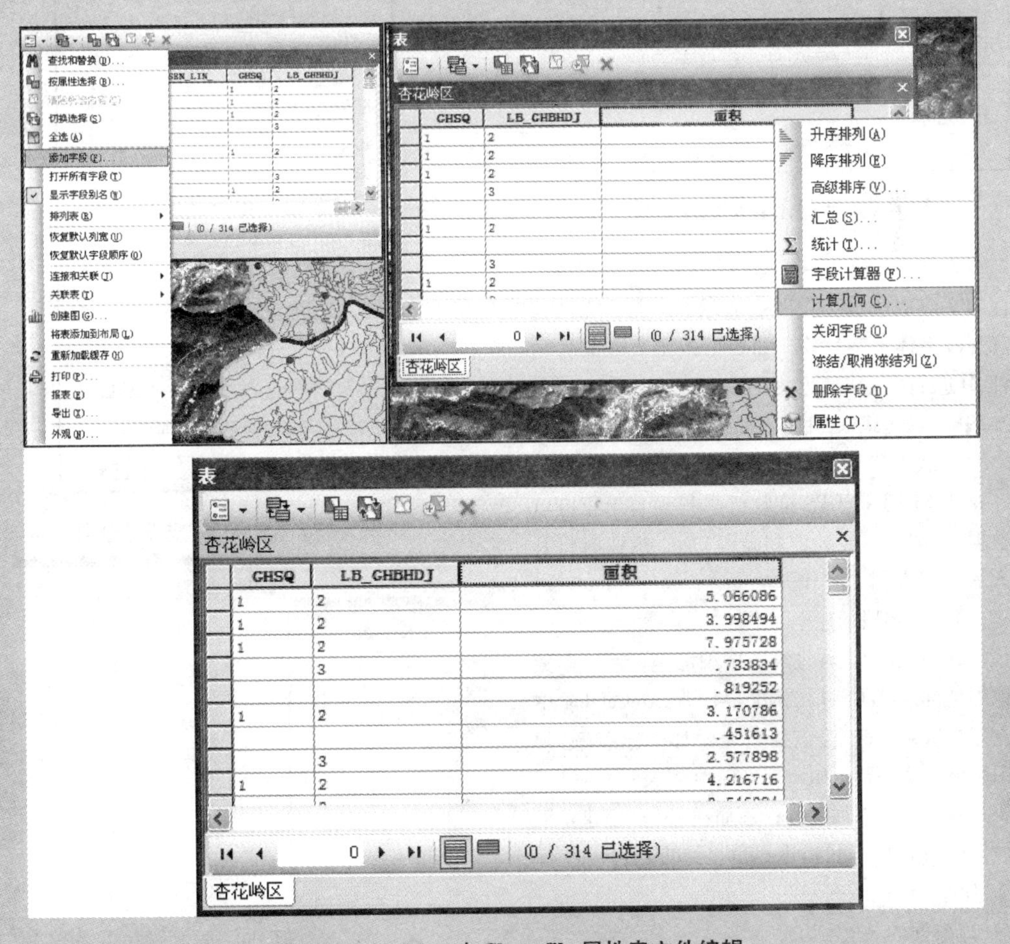

图 6-65　ArcMap 中 Shapefile 属性表文件编辑

在属性表编辑时，如果还要增加属性表的列，则在编辑器停止编辑的情况下，在属性表位置点击“添加字段”即可。属性表也可以进行宽度调整、列位置调整、排序等等，其方式和 Excel 表格中调整的方法一样。同时，也可以对表中属性内容进行增加、删除编辑。

(3)对图中要素字段标注编辑

如果要对图中某些要素进行标注时，则选中某要素→右键→属性→【标注】，打开标注对话框，在标注此图层中要素(L)前选“√”，选择要标注的字段，如高程，选择要标注的字体、字号、符号等内容，然后确定，则相应的标注文字或数字就会在图上显示，如图 6-66 所示。

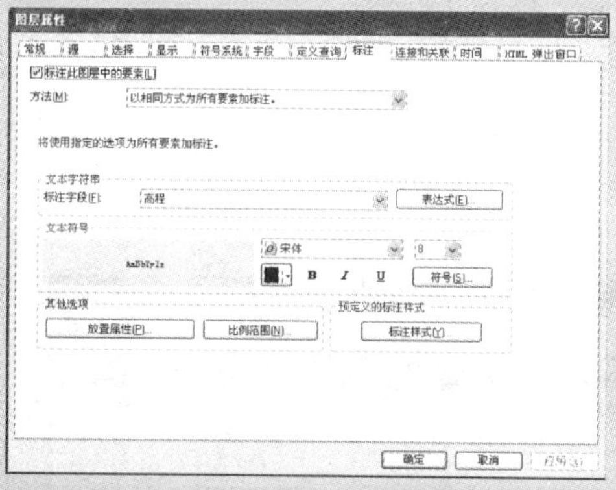

图 6-66　ArcMap 中标注编辑

或者选中某要素→右键→【标注】，则相应的标注文字或数字也会在图上显示。但是，无法选择和更改字体、字号等，如要更改则要在属性的标注中进行。对于复杂的标注，则要点开如图 6-59中“表达式”，用一些特殊公式表示。

3. 加载手持 GPS 测量某些点的数值

在外业用手持 GPS 接收机采集到若干相应点的数据(点编号、经纬度和高程)后，内业时将其导入 ArcGIS 软件。操作方法：

(1)属性字段的建立

在 ArcMap 中，首先给图层添加坐标系，多数为地理坐标中 WGS84。其次再添加 ArcCatalog 中建立好“dBase”表，给该要素表添加坐标系(必须和图层坐标系一致，如地理坐标中 WGS84)，打开该要素属性表→添加字段，添加在 Excel 表建立采集数据点的属性，如经度(E)、纬度(N)、高程(H)字段。

(2)数据的录入

在“dBase”表中经度(E)、纬度(N)、高程(H)字段位置分别录入各点的名称、经纬度和高程数值。或者导入已经录入相应点名称和经纬度坐标的 Excel 表中数值。注意：导入 Excel 坐标点，一定要选择 sheet，Excel 一定要有第一列定义，各个字段的含义。

(3)数据的加载

选中 ArcMap 中的“dBase”表→右键→【显示 X、Y 数据】，打开【显示 X、Y 数据】对话框，在指定 X、Y 和 Z 坐标字段：将 X 字段改为“E”，将 Y 字段改为“N” 将 Z 字段改为“H”，输入坐标系统，则选择为与图层坐标系统相同的“WGS84”，如图 6-67 所示。确定，则软件自动运行，将采集的各点坐标加载到 ArcMap 显示窗口中，如图 6-69 所示。

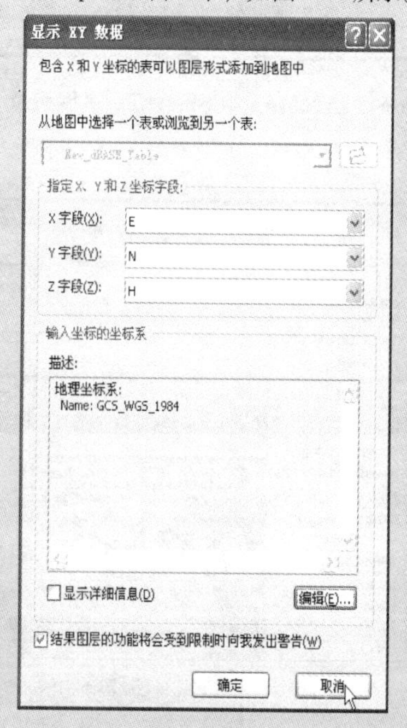

图 6-67　【显示 XY 数据】对话

图 6-68　手持 GPS 数据加载到 ArcMap 显示窗口

或者在 ArcMap 中选中文件→右键→【添加数据】→【添加 XY 数据】，打开其对话框，如图 6-69 所示：

①从地图中选择一个表或浏览到另一个文件：则选择 Excel 表，或“dBase”表。

②制定 X、Y 和 Z 坐标字段：将 X 字段改为“E”，将 Y 字段改为“N”，将 Z 字段改为“H”。

③输入坐标系统，则选择为与图层坐标系统相同的“WGS84”。确定，则软件自动运行，将采集的各点坐标加载到 ArcMap 显示窗口中，如图 6-69 所示。

④如果要将点转换成线，线转换成面，则启动 ArcToolbox→【数据管理工具】→【要素】，打开【点要素转换成线】的对话框，或者【线要素转换成面】的对话框，在对话框中选择线要素及其容差，确定即可。软件会自动将转好的面加载到内容列表的目录树中。

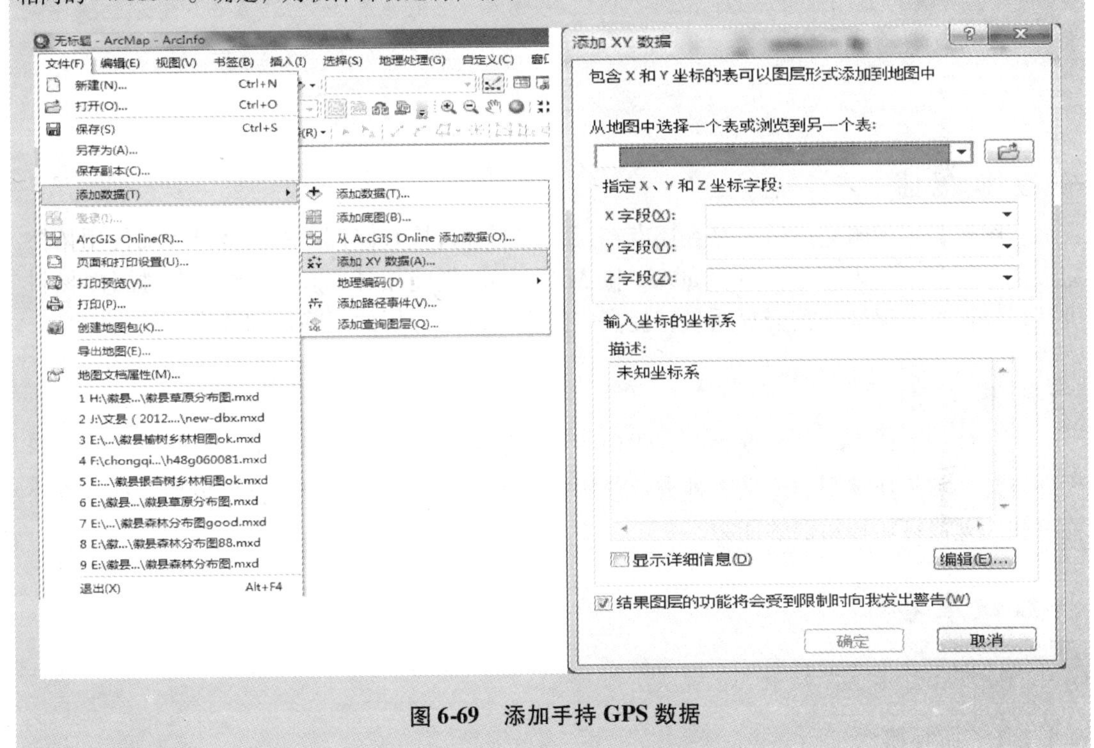

图 6-69　添加手持 GPS 数据

→成果提交

做出书面报告，包括过程和结果。具体内容如下：

1. 图形要素编辑和属性编辑。

2. 给图形中加载手持 GPS 采集器采集的数据资料。

需要注意事项如下：

1. 图形要素编辑时不同的要素，选择的构造工具不同，力争所创建的要素错误最少。如果出现了错误，尽快进行修改要素编辑。

2. 属性注记结果要准确无误，有些地方需要文字注记和尺寸注记时，必须先在 ArcCatalog 中进行创建注记，再到 ArcMap 中进行注记编辑。

任务 4

林业空间数据拓扑处理

→任务描述

当图形数据编辑完成后，是否还有错误，需要进行检查修订。检查修订主要使用拓扑完成。本任务主要内容是在 ArcCatalog 和 ArcToolbox 创建拓扑，在 ArcMap 中对图面材料进行拓扑检查，保证数据资料质量，提高空间查询统计分析的正确性和效率。

→任务目标

拓扑处理是检查空间数据是否有错误非常有效的一种手段。通过本任务的完成，让学生理解拓扑和拓扑规则的含义、种类及使用的范围，掌握建立拓扑的方法步骤，具有拓扑检查和处理修订拓扑错误的能力。

→知识准备

6.4.1 拓扑概念及拓扑规则

6.4.1.1 拓扑概念

ArcGIS 拓扑(Topology)指自然界地理对象的空间位置关系，如相邻(是指对象之间是否在某一边界重合，例如行政区划图中的省、县数据)、重合(是指确认对象之间是否在某一局部互相覆盖，如公交线路和道路之间的关系)、连通(连通关系可以确认通达度、获得路径等)等，是地理对象空间属性的一部分，表示了地理要素的空间关系，是在要素集下要素类之间的拓扑关系集合。

建立拓扑的目的是减少 GIS 设计与开发的盲目性，使得 GIS 系统能够进行无缝统计查询、空间分析，保证数据质量、提高空间查询统计分析的正确性和效率，使得地理数据库能够真实反映地理要素。现实中，由于 GIS 数据多源性、数据格式多样性、数据生产、数据转换、数据处理标准的不一致性等原因都造成数据质量无法满足现实需要，如 GIS 中森林资源调查，获得一个森林区划的林班、小班(面状要素)、界址点(点要素)，若数据质量不严格就不能获得正确结果，需要建立拓扑，利用拓扑关系检查(主要检查共享边界的多边形边有无重合、点与线衔接是否有空隙或多余、面与面图斑是否有空隙等)，对不正确的线、面修改，直到符合要求。

ArcGIS 的拓扑都是基于 Geodatabase(mdb，gdb，sde)，shp 文件是不能进行拓扑检查的。

6.4.1.2　拓扑中的要素

参与拓扑的要素可以是点、线、面和多边形。拓扑关系作为一种或多种多边形关系存储在地理数据库中，描述的是不同要素的空间关联方式，而不是要素自身。

①在拓扑中，多边形要素由定义其边界的边、边相交的节点和定义边形状的顶点构成。即多边形要素拓扑可以共享边，如图 6-70(a)所示为多边形要素，其中 a 和 b 面要素的共享结点为 C、D，共享边为 CD。

②线要素由一条边组成，最少有两个节点(点要素与拓扑中其他要素重合时，它们表现为节点)用以定义边的端点，由一些顶点定义边形状。即线要素可以共享端点和节点(边节点拓扑)，如图 6-70(b)为线要素，线要素 a 和 b 具有共享节点 D，有端点结点 C、D 和 E；线要素与其他线要素可以共享线段(为路线拓扑)，如图 6-70(c)为路线拓扑，假定细线为小路，粗线为大路，两条道路相重叠部分为共享部分。

③当拓扑中的要素有部分相交或重叠时，定义这些公共部分的边和结点是共享的。区域要素(面要素)与其他区域要素相一致，则形成区域拓扑，线要素可以同其他要素共享端点顶点，成为节点拓扑。

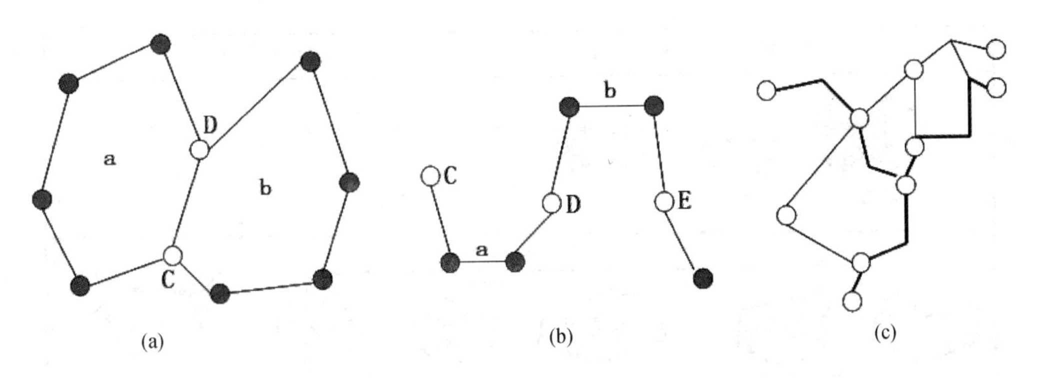

图 6-70　拓扑的几种类型

6.4.1.3　拓扑参数

拓扑关系中存在许多参数，如拓扑容差、等级、拓扑规则等。

(1)拓扑容差

拓扑容差指不重合的要素顶点间最小距离，它定义了顶点间在接近到怎样程度可以视为同一个顶点。在软件中，将位于拓扑容差范围内的所有顶点被认为是重合并被捕捉到一起，实际应用中，拓扑容差一般是很小的一段距离。大多数情况下，软件会有一个默认值(0.001m 或 0.0000000556°)。如果要自己设置拓扑容差时，数值一定要比软件默认数值大一些较好。

(2)等级

等级是当要素需要合并时，用来控制那些要素被合并到其他要素上的参数。在拓扑中指定要素等级用来控制在建立拓扑和验证拓扑过程中，当捕捉到重合顶点时那些要素类将被移动。即不同级别的要素顶点落入拓扑容差中，低等级要素顶点将被捕捉到高等级要素的顶点位置；同一级别的要素落入拓扑容差中，它们将被捕捉到集合平均位置进行合并。

这样的好处是如果不同要素类具有不同的坐标精度，如一个通过差分GPS得的高精度数据，另一个是未校正的GPS得到较低精度的数据，利用等级可以确保定位顶点不会被捕捉到定位不太准确的顶点上。

在拓扑中，最多可以设置50个等级，1为最高级，50为最低级。设立的原则是，将准确度较高（数据质量较好）的要素类设置为较高等级，准确度较低（数据质量较差）的要素类设置为较低等级，保证拓扑检验时将准确度较低的要素类数据整合到准确度较高的数据。

（3）拓扑规则

拓扑规则指通过定义拓扑的状态，控制要素之间存在的空间关系。在拓扑中定义的规则可以控制一个要素类中各要素之间、不同要素类中各要素之间以及要素子类之间的关系。借助GeoDatabase，规定了一系列拓扑规则，在要素之间建立了空间关系。拓扑的基本作用是检查所有要素是否符合所有规则。

拓扑分为两种：

①一个图层自身拓扑　数据类型肯定一致，都是点，或都是线、或都是面。

②两个图层之间的拓扑　数据类型可能不同，有线点、点面、线面、线线、面面五种，它们在现实中就存在如图6-71所示的几种关系。

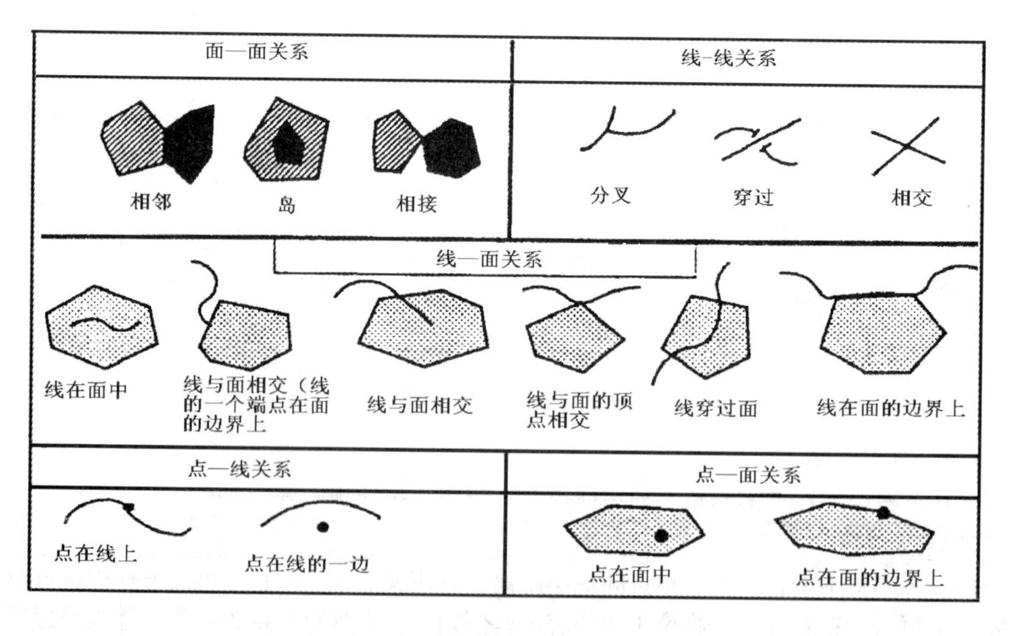

图6-71　几种常见的拓扑关系

如果要对它们之间的关系进行检查，前提必须在同一要素集（Feature Dataset）下，数据基础（坐标系统、坐标范围）要一致。同时，事先还要对它们之间的关系有一定的规定（此规定叫做规则），如检查某一要素集中面面关系时，事先规定面相邻面之间必须有共享边，不得有空隙。则拓扑检查后如果某相邻面之间有空隙，则认为是错误的，必须修改。

拓扑专用术语：

①相交　指线和线交叉，并且只有一点重合，该点不是结点（端点），称为相交；

②接触　指某线段的端点和自身或其他线段有重合，称为接触。

③悬结点　指线段的端点悬空，没有和其他结点连接，这个结点(端点)称为悬结点。

④伪结点　指两个节点相互接触，连接成一个结点，称为伪结点。

拓扑规则的种类按照点、线、面(多边形)来分，目前在 ArcGIS 9. x 中有 25 种拓扑规则，在 ArcGIS 10. 0 中新增了 6 种拓扑规则，共有 31 种规则。其中：点拓扑规则有 4 种 + 2 种，多边形拓扑规则有 9 种 +1 种，线拓扑规则有 12 种 +3 种。内容详见软件介绍。

6.4.1.4　内部要素层

为保证创建和编辑拓扑的逻辑性和连续性，拓扑内部会存储脏区域、错误和异常两个附加要素类型的要素类。

6.4.1.5　脏区域

脏区域是指建立拓扑关系后，在编辑过、更新过的区域内出现的该编辑行为结果违反已有拓扑规则的情况所标记的区域，或者是受到添加或删除要素操作影响的区域。脏区域将追踪那些在拓扑编辑过程中可能不符合拓扑规则的位置，是允许验证拓扑的选定范围，而不是全部。脏区域在拓扑中作为一个独立要素存储。在创建或删除参与拓扑的要素，修改要素的几何，更改要素的子类型，协调版本，修改拓扑属性或更改地理数据库规则时，ArcGIS 均会创建脏区。每个新的脏区域都和已有的脏区域相连，并且验证过的区域都会从脏区域中删除。

6.4.1.6　错误和异常

错误是以要素形式存储在拓扑图层中，并且允许用户提交和管理要素不符合拓扑规则的情况。错误要素记录了发现错误的位置，用红色点、线、方块表示。其中，某些错误是数据创建与更新过程中的正常部分，是可以接受的，这种情况下可以将错误要素标记为异常，用绿色点、线、方块表示。在 ArcGIS 中可以创建要素类中错误和异常的报告，并且将错误要素数目作为评判拓扑数据集中数据质量的度量。用 ArcMap 中的【错误检查器】来选择不同类型错误并且放大浏览每一个错误之处，通过编辑不符合拓扑规则的要素来修复错误，修复后，错误便从拓扑中删去。

6.4.2　创建拓扑和拓扑检查

创建拓扑和拓扑检查，首先要建立 Feature Dataset(要素数据集)，把需要检查的数据放在同一要素集下，要素集和检查数据的数据基础(坐标系统、坐标范围)要一致，直接拖进入就可以，拖出来也可以，有拓扑时要先删除拓扑。注意：只有简单要素类才能参与创建拓扑，注记、尺寸等复杂要素类是不能参与构建拓扑。

创建拓扑时，需要按照以下约定指定从要素数据集中参与拓扑的要素类：

①一个拓扑可以使用同一个要素集中的一个或多个要素类；

②一个要素数据集可以具有多个拓扑。但是，一个要素只能属于一个拓扑；

③一个要素类不能被一个拓扑和一个几何网络同时占有。

6.4.2.1　使用 ArcCatalog 创建拓扑

①在 ArcCatalog 目录树中单击已经有地理数据库，准备建立拓扑的数据集，如 …\ prj06 \ 任务 6. 4 林业空间数据拓扑处理 \ 任务 6. 4 林业空间数据拓扑处理 \ data \ Topology. gdb \ Water。

②右键→新建→【拓扑(T)】，打开【新建拓扑】对话框，浏览简介后，单击→下一步，打开对话框：

在【输入拓扑名称】文本框中输入拓扑名称，water_ Topology 在【输入拓扑容差】中输入容差值，选择默认值0.001m，或0.003284in.，或0.0000000556°。

③单击→【下一步】按钮，进入【选择要参与到拓扑中的要素】(图6-72左图)中选择参加拓扑的要素，单击→【下一步】设置参与拓扑的要素类等级(图6-72右图)，在【等级】下拉框中给每一个要素设置等级，如果有Z值，则选择【Z值属性】。如果二个以上要素时，必须给每个要素设立相应等级。

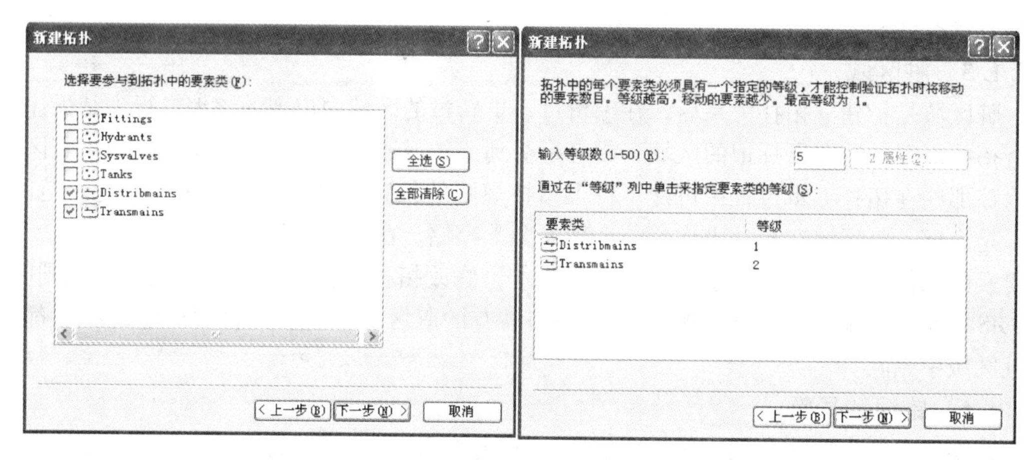

图6-72 新建拓扑

④单击→【下一步】，在打开的对话框中给参与拓扑的每一个要素添加拓扑规则(图6-73左图)，以控制和验证要素共享的集合特征方式。可以给每一个要素重复添加多个规则。

⑤单击→【下一步】，查看【摘要】信息框的反馈信息(图6-73右图)，如果有错误返回到上一步，继续修改添加规则，确认无误后，单击→【完成】，弹出【新建拓扑】提示框，过一会软件自动会创建完成新建拓扑，稍后出现一个询问是否进行拓扑验证对话框，单击→【确认】或不确认。则在目录树中可以看见创建好的拓扑。

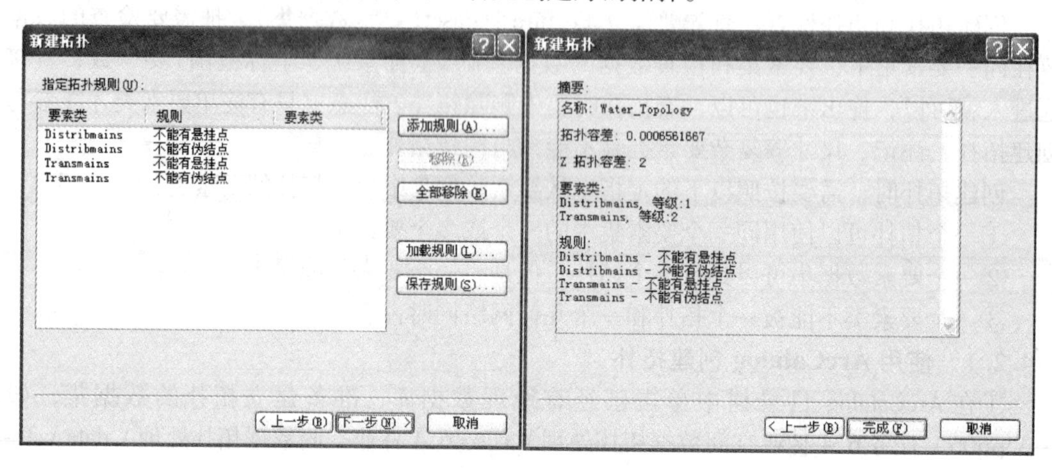

图6-73 添加拓扑规则

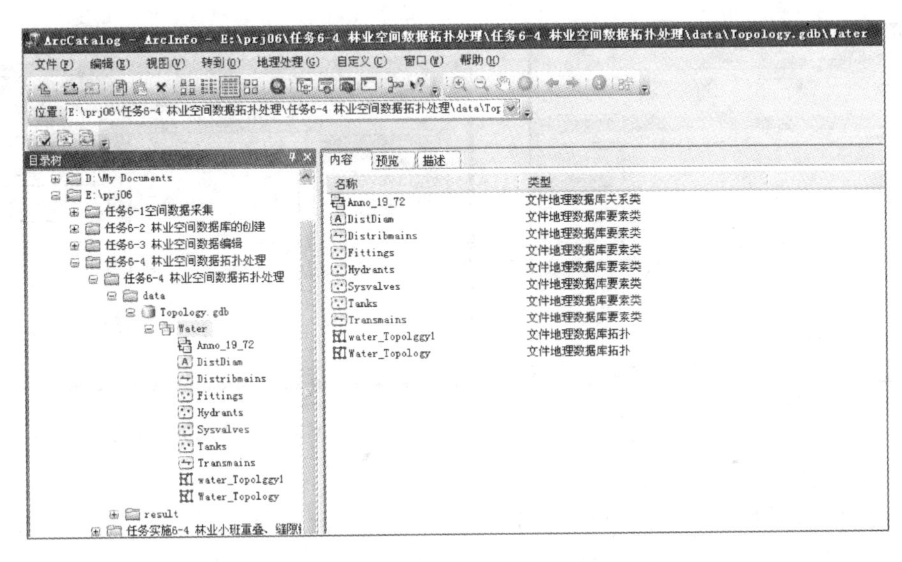

图 6-74　在 ArcCatalog 中查看新建拓扑

⑥在 ArcCatalog 目录树查看已经建立好的拓扑，如图 6-74 所示。

6.4.2.2　使用 ArcToolbox 创建拓扑

①ArcToolbox 中双击【数据管理工具】→【拓扑】→【创建拓扑】，打开创建拓扑对话框。

②在【创建拓扑】对话框中，输入要创建拓扑的要素和要素集，在【输出拓扑】中输入创建拓扑的名称，如 water_ Topology1，在【拓扑容差】选择默认值，如图 6-75 所示。

③单击【确定】，完成拓扑创建。

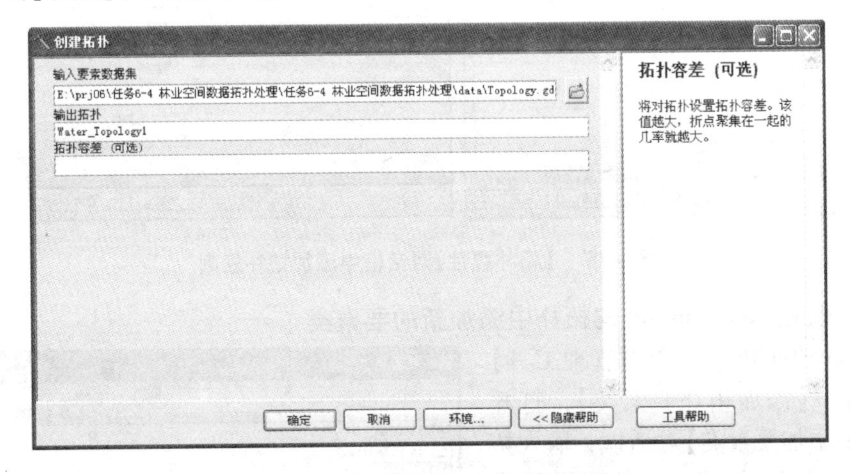

图 6-75　在 ArcToolbox 中新建拓扑

注意：用此方法创建的拓扑是空的，没有任何要素类和拓扑规则，需要使用【拓扑】工具集的【添加拓扑规则】工具为其添加要素和拓扑规则。

在 ArcCatalog 目录树中可以查看已经建立好的拓扑文件，如图 6-74 所示。

6.4.2.3　使用 ArcCatalog 向拓扑中添加新的要素类

①打开【拓扑属性】对话框，如图 6-76 所示。切换到【要素类】选项卡，单击【添加类】对话框添加想添加的要素，如图 6-77 所示。在当前对话框中，列举了当前要素数据集未

图 6-76 【拓扑属性】对话框

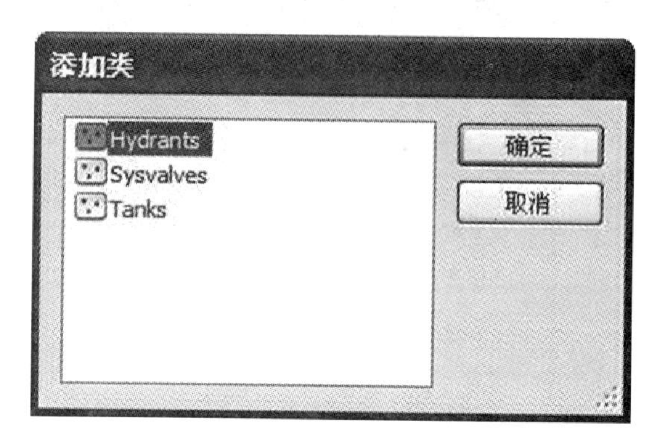

图 6-77 【添加类】对话框

添加到当前拓扑中的所有要素，可以从中选择。

②单击【确定】按钮，关闭【添加类】对话框。然后在【拓扑属性】对话框中，再为刚添加的要素设置坐标等级、添加拓扑规则，如图 6-78 所示（详见任务实施 6.4 后面相关内容），最后单击【确定】按钮，关闭【拓扑属性】对话框即可。

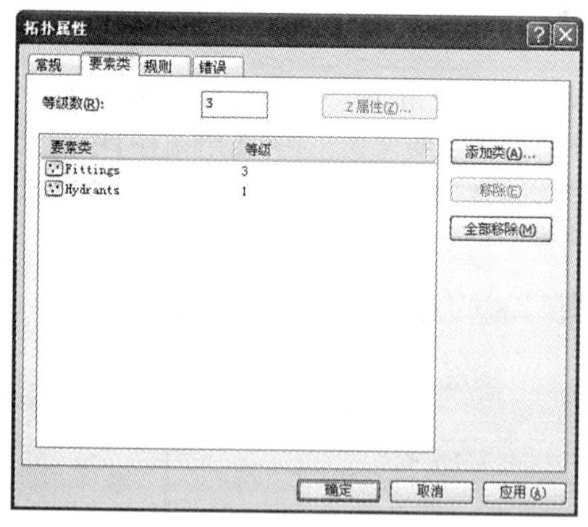

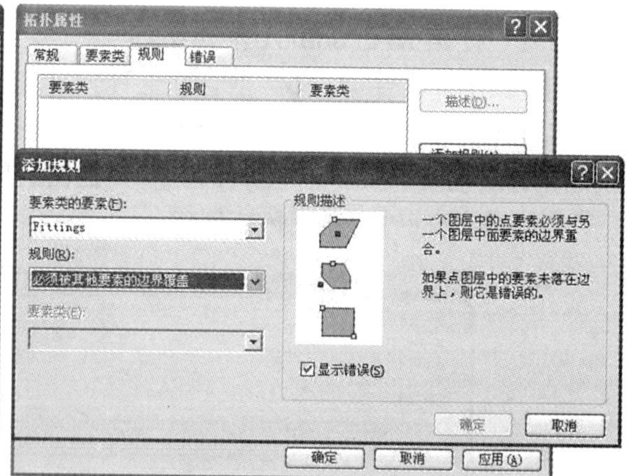

图 6-78 【拓扑属性】对话框中添加拓扑规则

6.4.2.4 使用 ArcToolbox 向拓扑中添加新的要素类

①在 ArcToolbox→【数据管理工具】→【拓扑】→【添加拓扑要素类】，打开【向拓扑中添加要素类】对话框，输入拓扑、输入拓扑要素、XY 等级（拓扑容差）和 Z 等级，如图 6-79、图 6-80 所示，单击→【确定】。则软件自动运行，向拓扑中添加要素类。

②在 ArcToolbox→【数据管理工具】→【拓扑】→【添加拓扑规则】，打开【添加拓扑规则】对话框，输入各个要素的

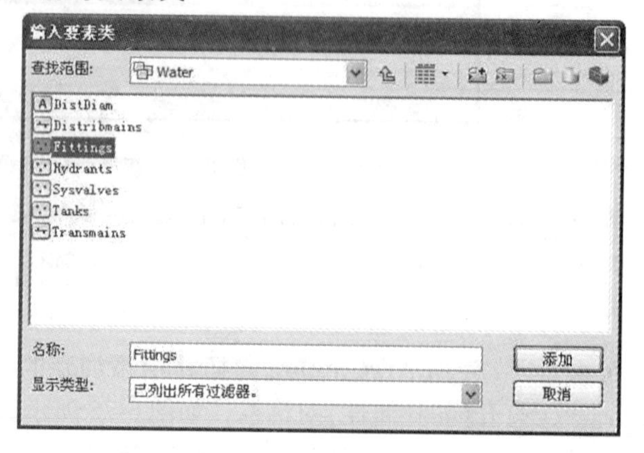

图 6-79 【添加类】对话框

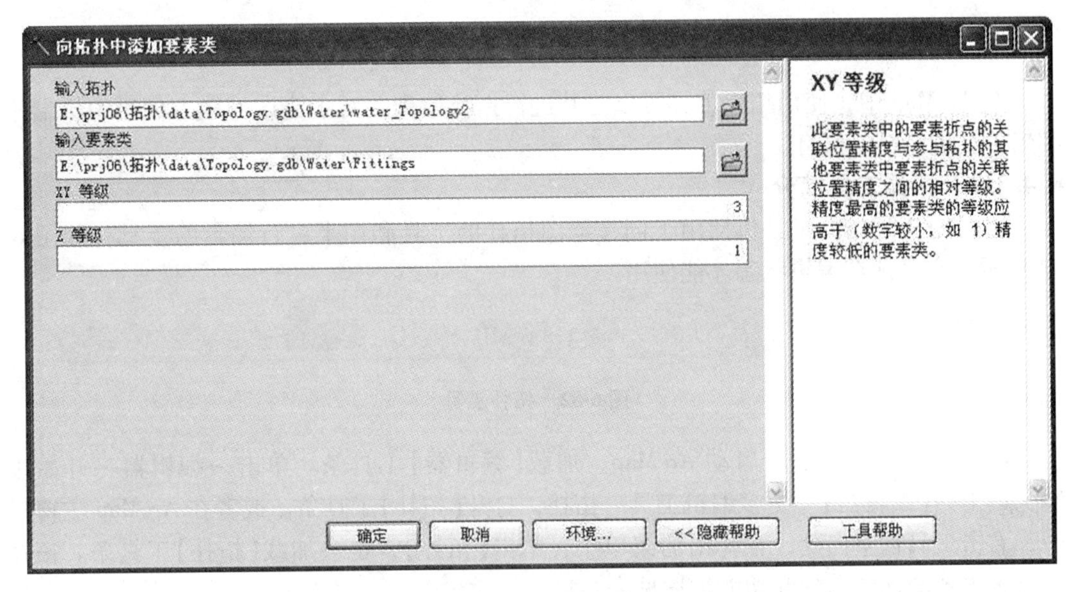

图 6-80　【向拓扑中添加要素类】对话框（添加要素）

拓扑规则，单击→【确定】，软件则会自动添加各要素拓扑规则。

拓扑建立好了之后，可以在 ArcCatalog 中查看拓扑文件，如图 6-81 所示。

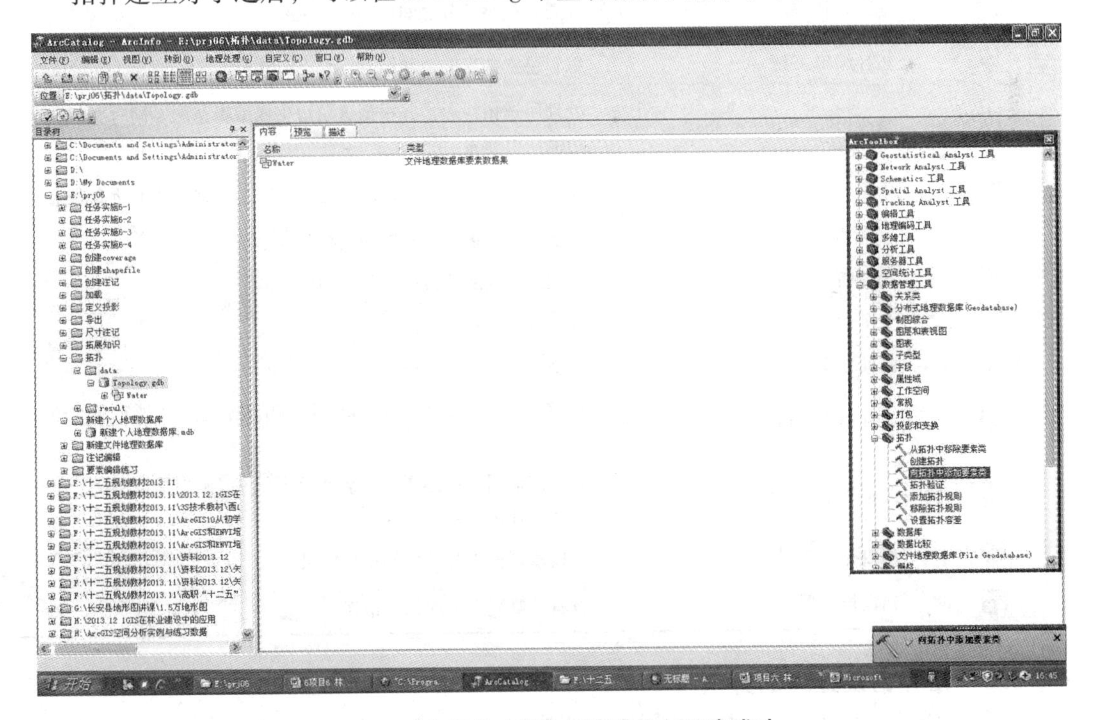

图 6-81　向拓扑中添加要素类添加要素成功

注意：如果没有进行拓扑验证，则在 ArcCatalog 的目录树中，选中已经建立好的拓扑，右击→拓扑验证，则软件会自动进行拓扑验证。验证后就可以在 ArcMap 中进行错误检查。

6.4.3 拓扑错误处理

在ArcMap中，使用拓扑工具可以对其进行拓扑检查，对于错误的地方使用编辑器中编辑工具进行错误修订。

6.4.3.1 拓扑工具简介

【拓扑】工具条的工具包括用于创建地图拓扑的工具和用来进行编辑的工具，如图6-82所示。它必须在编辑状态才能使用。

图6-82 拓扑工具

添加【拓扑】的方法：启动ArcMap，加载【编辑器】工具条。单击→编辑器→开始编辑，单击→【编辑器】→更多编辑工具→拓扑，打开【拓扑】工具条。或者在ArcMap主窗口中，右击工具栏空白处，在弹出的菜单中，单击【拓扑】，也会加载【拓扑】工具条。拓扑工具条中各图标的名称和功能描述见表6-11。

表6-11 拓扑工具条

图标	名称	功能描述
	地图拓扑	在要素重叠部分之间创建拓扑关系
	拓扑编辑工具	编辑要素共享的边和结点
	修改边	处理所选拓扑边，并根据这条边生成编辑草图，同时更新共享边的所有要素
	修整边工具	通过创建一条新线替换现有边，同时更新共享边的所有要素
	显示共享要素	查询哪些要素共享指定的拓扑边或结点
	构造面	根据现有的所选线或其他面创建新面
	分割面	通过叠置要素分割面
	打断相交线	在交叉点处分割所选线
	验证指定区域中的拓扑	对指定区域的要素进行检查，以确定是否违反了所定义的拓扑规则
	验证当前范围中的拓扑	对当前地图窗口范围的要素进行检查，以确定是否违反了所定义的拓扑规则
	修复拓扑错误工具	快速修复检查时产生的拓扑错误
	错误检查器	查看并修复产生的拓扑错误

6.4.3.2 拓扑错误处理的方法

①拓扑错误　在ArcMap中打开创建了拓扑的water_ Topolgy.mxd文件(已经拓扑验证过的)，或从ArcCatalog中添加water_ Topolgy，图层存在许多红色方框，即许多拓扑错误。

在拓扑图层中存储了点、线、面三类错误要素，常见的错误表现形式：

• 悬挂结点：悬挂结点是仅与一个线要素相连的孤立结点。表现为多边形的某两条边不连接、多条线段没有形成一个结点(即点之间有空隙)、某一条边长度不够没有与另一条边相连接、某一条边太长与另一条边连接时多余出一点线头。在图中错误用红色小菱形表示。

• 伪结点：伪结点是两个线要素相连、共享结点。在图种错误用红色小菱形表示。原因是录入数据时一条线要素分两次录入，需要将此两个线要素合并即可。

• 碎屑多边形：碎屑多边形又称为条带形多边形，由于重复录入数据，前后两次录入同一条线的位置不相同造成的小小多边形。

• 不规则多边形：由于数据录入时线、点的次序或者位置不正确引起的。

②查看图中错误　有时图中错误较多，利用【拓扑】中【错误检查器】，打开【错误检查器】对话框，显示不同规则或全部规则错误，使用【立即搜索】，就可以看到错误类型、错误数量。仔细分析，可以看出，图中错误主要是悬挂结点、伪结点两种类型。

③错误纠正办法

• 针对悬挂结点，则利用编辑器中【高级编辑】工具条中【延伸】和【修剪】工具将线条适当延伸和修剪即可，或者使用编辑器工具条中【相交】工具进行。做法：编辑器→开始编辑→捕捉，打开【捕捉】工具条进行捕捉设置；编辑器→高级编辑器，打开【高级编辑器】工具条。用放大工具将地图放大，仔细查看线要素错误是悬挂结点中的哪一种，然后使用【延伸】或【修剪】、【相交】工具对线要素处理。

• 针对伪结点，伪结点指一个图层中的线必须在其端点处与同一图层中的多条线接触，而线任何端点仅与一条其他线接触都是错误的。消除伪结点的方法：是在利用编辑器中"合并"或"合并至最长要素来消除"。

在【错误检查器】对话框中消除错误的方法是：用鼠标点中某一个错误，右键→缩放至，则图像显现出错误位置(黑色小方块)，仔细查看属于哪种类型，然后使用其提供的工具如【延伸】【修剪】【捕捉】【合并】等进行修改。直至所有错误修改完毕。

6.4.4　拓扑编辑

6.4.4.1　拓扑重定义

当在 ArcCatalog 或 ArcToolbox 中将拓扑创建后，有时候还需要对它们进行修订。如添加、删除拓扑规则，拓扑重命名，更改拓扑容差、更改坐标等级等。做法：在 ArcCatalog 目录树中，右击拓扑(如 water_ Topolgy)→属性，打开【拓扑属性对话框】：

①拓扑重命名，在【拓扑属性对话框】的【常规】中，重新命名，选择拓扑容差；也可以对拓扑容差重新修订即设置。

②向拓扑中添加新的要素类，单击【拓扑属性对话框】的【要素类】，打开【添加类】对话框，选择要添加的要素类。或者使用 ArcToolbox→【数据管理工具】→【拓扑】→向拓扑中添加新的要素类，打开对话框，进行添加；在两种方法中也可以将现有的要素选中移除；同时也可以进行等级设置。

③拓扑规则处理，单击→【拓扑属性对话框】的【规则】，打开【规则】对话框，可以重新添加或者删除规则，或移除规则。

6.4.4.2　编辑共享要素

共享要素指在图形中几个要素共同的要素，如两个连接在一起的几何图形，连接两个图形的共同边，连接二条以上边的共同结点等。

在 ArcMap 中，可以使用编辑工具编辑拓扑中的单个要素，通过创建地图拓扑来同时编辑共享几何特征的多个要素来编辑共享要素。

(1)创建地图拓扑

①启动ArcMap，加载需要编辑的空间数据集。打开编辑器，添加拓扑工具并激活拓扑工具(编辑器→开始编辑，则激活了拓扑工具)；

②在【拓扑】工具条中，单击→【地图拓扑】，打开【地图拓扑】对话框，如图6-83所示：

在【要素类】列表框中，选中要参与地图拓扑的数据，在【拓扑容差】文本框中输入拓扑容差数值，也可以采用系统默认值；

③单击→确定，则完成地图拓扑的创建工作。

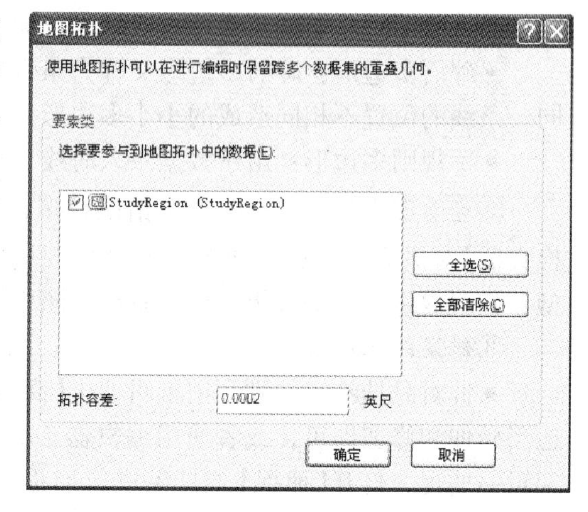

图6-83 【地图拓扑】对话框

注意：参与地图拓扑要素必须位于同一文件夹或同一地理数据库内，任何Shapefile文件或要素类数据都可以创建地图拓扑。但是，注记、标注和关系类及几何网络类要素，不能添加到地图拓扑中。在创建地图拓扑时，需要指定参与地图拓扑的要素类和确定拓扑容差来决定哪些部分是重合的，哪些几何特性在地图拓扑中是共享的。

(2)重构拓扑缓存

当在地图上放大到某块较小区域进行编辑后返回到之前的范围时，某些要素可能不会显示在拓扑缓存中，要融入这些要素，必须重新构建拓扑缓存。重构拓扑缓存的方法是：

在拓扑工具条中，单击【拓扑编辑工具】选择拓扑元素，右击ArcMap地图窗口，单击【构建拓扑缓存】，则ArcMap将自动创建拓扑缓冲来存储位于当前显示范围内的边与结点之间的拓扑关系。

(3)查看共享要素拓扑元素的要素

①*选中拓扑元素* 单击【拓扑编辑工具】，然后选择结点，或在结点周围拖出一个矩形边框选出结点(假若同时按住N键，可以确保不选中边)；如果单击【拓扑编辑工具】，然后选择边，或在结点周围拖出一个矩形边框选出边(假若同时按住E键，可以确保不选中结点)。在选择结点或边的同时按下shift键，则可以添加拓扑选择。一般选中的拓扑边和结点以洋红色显示。

②*取消选择拓扑要素* 在拓扑编辑时，如果要取消所选择的拓扑元素(边或点)时，选中要取消拓扑选择状态要素，单击【拓扑编辑工具】，再单击地图窗口的空白处即可。

③*显示共享要素* 单击【拓扑编辑工具】，选择共享的拓扑结点或共享边，再单击【显示共享要素】，打开【共享要素】对话框，在对话框中可以看见共享要素的名称和共享要素的数量。

(4)移动和编辑拓扑元素

①*移动拓扑元素* 用鼠标点击【拓扑编辑工具】后，用鼠标左键可以任意移动共享

边和节点到图上任意位置，用鼠标点击【拓扑编辑工具】后，右击地图窗口后，在弹出菜单中，单击【移动】，打开【移动增量 x，y】对话框，输入相应的 x、y 距离值，使得共享边和点移动到相应位置；也可以点击【拓扑编辑工具】后，右击地图窗口后，在弹出菜单中，单击【移动至】，打开【移动到 x，y】对话框，输入相应的 x、y 距离值，使得共享边和点移动到相应位置。

②修改拓扑边　点击【拓扑编辑工具】后，选择需要修改的拓扑边，单击【修改边】，利用弹出的【编辑折点】工具条，对拓扑边进行修改，如节点的添加、删除、移动。还可以单击【修整边】，对边上折点的位置进行任意移动，即对边的位置进行修正。还可以对边进行打断(【打断相交线】)、分割、合并等操作。

③根据现有要素创建新要素　利用拓扑边特性和多边形自动闭合功能，可以自动生成多边形。在单击→编辑器的编辑工具，选择需要利用几何形状构建多边形要素的那些要素，单击【构造面】，打开【构造面】对话框，选择用于存储新要素的多边形要素类、拓扑容差，选择【使用目标中的现有要素】复选框(可以创建现有多边形的边界为边界的新多边形)，单击【确定】，则可以生成新的多边形。

④分割面　单击→编辑器的编辑工具，选择要用于分割现有面要素的线要素或面要素，单击【分割面】，打开【分割面】对话框，选择用于存储新要素的图层、拓扑容差，单击【确定】，则可以完成叠置要素分割面的操作。

注意：要参与一个拓扑的所有要素类，必须在同一个要素集内。一个要素集可以有多个拓扑，但每个要素类最多只能参与一个拓扑。

Build 和 Clean 都是建立拓扑的方法。Build 在确定 Coverage 的同时，需要选择建立拓扑关系的空间要素类型。Build 后的 Coverage 仍保持原来属性表中的数据项，但不保留关系特征。一个拓扑关系存储必须有：规则、等级和拓扑容限三个参数。

→任务实施

林业小班重叠、缝隙错误的拓扑检查

一、目的与要求

(1)了解拓扑在数据检查中意义。

(2)理解拓扑的含义，建立拓扑的方法步骤。

(3)掌握在 ArcCatalog、ArcToolbox 中建立拓扑的异同，具有采用不同方法创建拓扑的能力。

(4)学会在 ArcMap 中对某图形进行拓扑错误检查、纠正拓扑错误的方法。

(5)在 ArcCatalog 和 ArcMap 中建立并编辑林业小班，建立拓扑。

(6)在 ArcMap 中使用拓扑工具进行拓扑错误检查并修订错误。

二、数据准备

某林场部分地形图及调查资料。

三、操作步骤

应用 ArcCatalog 和 ArcToolbox 程序对某地理数据库(GeoDatabase)建立拓扑，在 ArcMap 中进行拓扑错误检查和错误纠正。

1. 在 ArcCatalog 建立 Shapefile 文件

①在 ArcCatalog 中建立个人地理数据，新建一个数据集，在数据集中创建一个 Shapefile 文件，如：...\prj06\任务 6.4 林业空间数据拓扑处理\任务实施 6.4\data\Topology.gdb\StudyArea\StudyRegion(面文件)。

②在 ArcMap 中加载 StudyRegin(面文件)，在开始编辑状态，将面文件划分成林业小班，如图 6-84 所示。

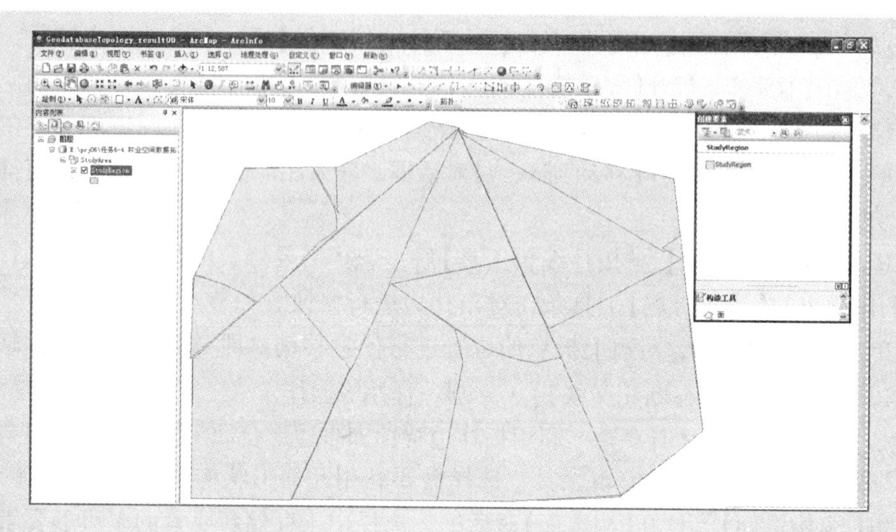

图 6-84　ArcMap 中将面文件划分成小班

(a)

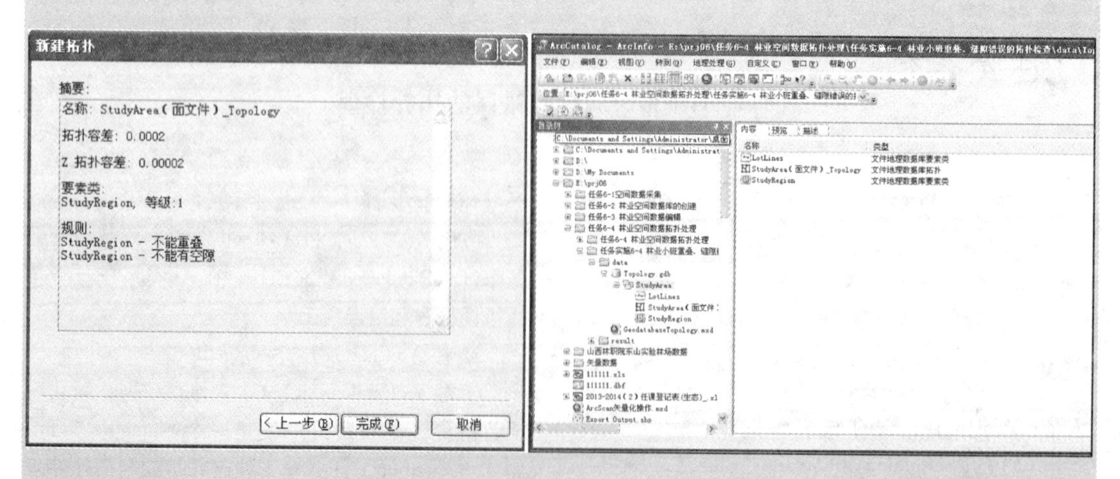

(b)

图 6-85　ArcCatalog 中建立拓扑过程

2. 在 ArcCatalog 建立拓扑

①在 ArcCatalog 目录树中，… \ chop06 \ Exl \ date \ Topology. gdb \ StudyArea（面文件）\ 右键 \ 新建 \ 拓扑，打开【新建拓扑】对话框，单击→【下一步】，打开对话框：在【输入拓扑名称】文本框中输入拓扑名称，StudyArea(面文件) _ Topology，在【输入拓扑容差】中选择默认值 0.001m，或 0.003284in.，或 0.0000000556°，如图 6-85(a)。

②单击→【下一步】按钮，在【选择要参与到拓扑中的要素】列框中，选择参与创建拓扑的要素，单击→【下一步】设置参与拓扑的要素类等级为 5；单击→【下一步】，在打开的对话框中给参与拓扑的要素添加 2 个拓扑规则[如图 6-85(a)所示]“不能重叠、不能有空隙”，查看【新建拓扑】中摘要，拓扑名称、容差、类型和拓扑规则等内容是否符合要求。最后在 ArcCatalog 中确认拓扑文件是否存在[如图 6-85(b)所示]。

3. 在 ArcMap 中拓扑检查，纠正拓扑错误

(1)添加拓扑文件

在 ArcMap 中添加面文件 StudyArea. shape(面文件)和拓扑文件 StudyArea(面文件) _ Topology，如图 6-86 所示；由图中可以看出，图层存在许多红色方框，即许多拓扑错误。

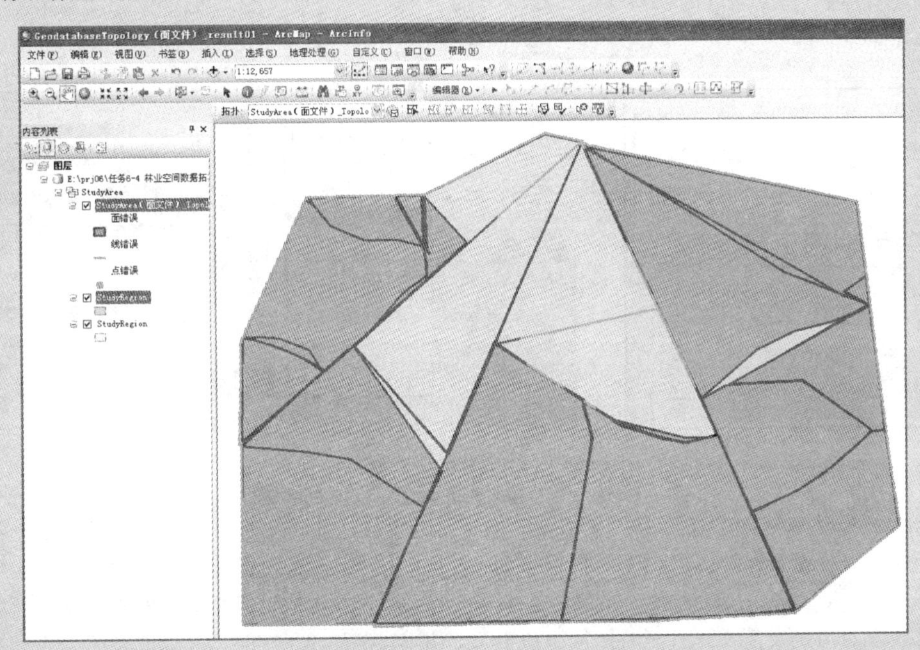

图 6-86 ArcMap 中添加拓扑文件

(2)查看图中错误

在 ArcMap 中，添加拓扑工具条，启动编辑器，让其处于开始编辑状态。单击→【拓扑】中【错误检查器】，打开【错误检查器】对话框，点击→【全部规则错误】，使用【立即搜索】，可以看到错误类型、错误数量。经过仔细分析可看出，图中错误主要是“不能有空隙和不能重叠”两种类型，如图 6-87 所示共有 159 个错误。

(3)错误纠正办法

①不能有空隙指相邻的面要素之间不能有空白处。纠正错误的方法是利用编辑器中【创建要素】工具条，在有空隙位置重新创建一个新面层，然后再将新创建的面层和准备合并的面层选中，利用编辑器中【合并】工具条，将两个面层合并为一个面层即可。

操作方法：在【错误检查器】对话框中，规则类型→选中某个错误“不能有空隙”→右键→缩放至图层，查看错误图层位置，寻找到有空隙的图层位置；编辑器→【开始编辑】→【创建要素】，再将已经创建好的要素(面层)和准备与之合并的要素(面层)选中，使用编辑器中【合并】工具将两个要素合并为一个新要素即可。

②不能重叠要素指相邻面要素不能有相互重叠部分。纠正该错误的方法是在利用编辑器中“合并”来消除。

操作方法：在【错误检查器】的规则类型→选中某个错误“不能有重叠”→右键→缩放至图层，查看错误图层位置，寻找到有重叠的图层位置；编辑器→【开始编辑】→【合并】，打开【合并】对话框(图 6-88)，在对话框中选择某一个将要合并的

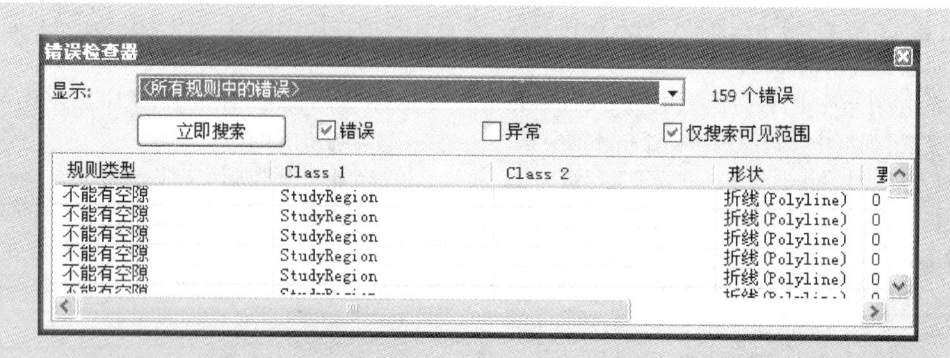

图 6-87 ArcMap 中检查拓扑错误

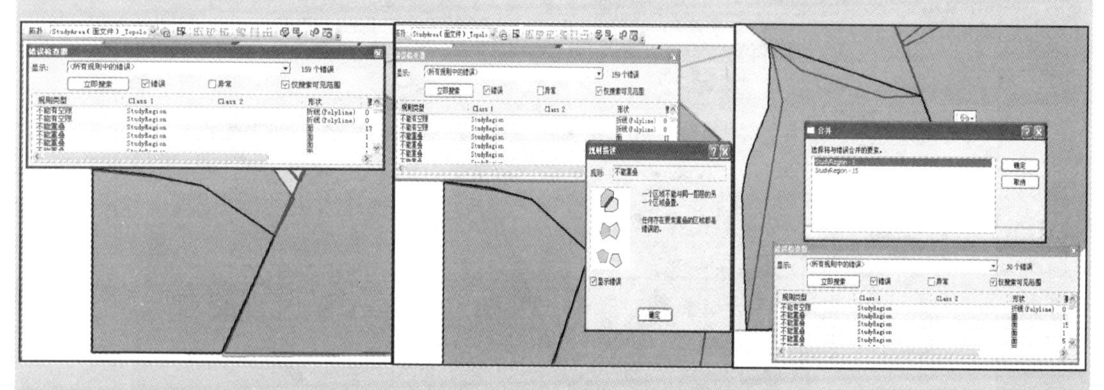

图 6-88 ArcMap 中修订拓扑错误

面层，同时还可以在ArcMap显示窗口中看到具体合并后效果，便于选择。按【确定】后，即可以纠正错误。

用以上两种方法反复操作直至将图层中所有错误纠正、修改完毕。

4. 拓扑验证

使用【拓扑】工具条中【验证当前范围中拓扑】工具，对已经纠正过错误的区域进行拓扑验证。如果范围内再没有了“红色面错误”，则说明已经错误纠正成功，否则还需要重复第3步继续纠正错误。

5. 最终结果检查所示

通过反复多次拓扑错误纠正检查、验证，最终没有一点错误就达到目的，如图6-89所示。

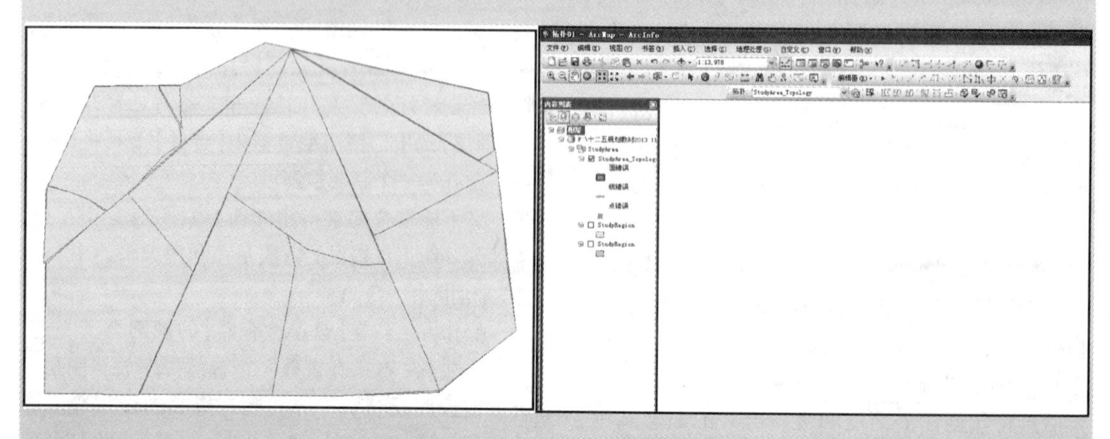

图 6-89 ArcMap 中拓扑最终结果检查

→成果提交

作出书面报告，包括过程和结果。具体内容如下：

1. 在 ArcCatalog 中建立拓扑文件。

2. 在 ArcMap 中检查拓扑错误及拓扑错误纠正。

需要注意事项如下：

1. 在 ArcCatalog 中建立拓扑文件一定要在地理数据库中的要素集内进行，并且要素集中要有相应的要素，在 ArcToolbox 中建立拓扑后，必须再重新添加新要素。

2. 在 ArcMap 中检查拓扑错误时，要分清错误与异常，是拓扑错误必须要纠正。

拓展知识

一、数据格式的转换

基于文件的空间数据类型包括对多种 GIS 数据格式的支持，如 Coverage，Shapefile，Grid，Image 和 TIN。它们之间可以相互转换，GeoDatabase 数据模型也可以在数据库中管理同样的空间数据类型。

(1) Shp 和 GeoDatabase 转换

首先要建立一个空的 GeoDatabase 文件和相应的要素类，然后进行相互转换。做法：

①启动 ArcCatalog，在目录树中选中某一要素(点、或线、面)→右击→导出→GeoDatabase(单个或批量)，打开【要素类至要素类】对话框；

②在【要素类至要素类】对话框中【输入要素类】中输入某要素，如：...\prj06\拓展知识\data\等高线.shp；输出位置，是要存放要素的 GeoDatabase 中某个要素集，...\prj06\拓展知识\data，如图 6-90 所示。最后单击【确定】即可。

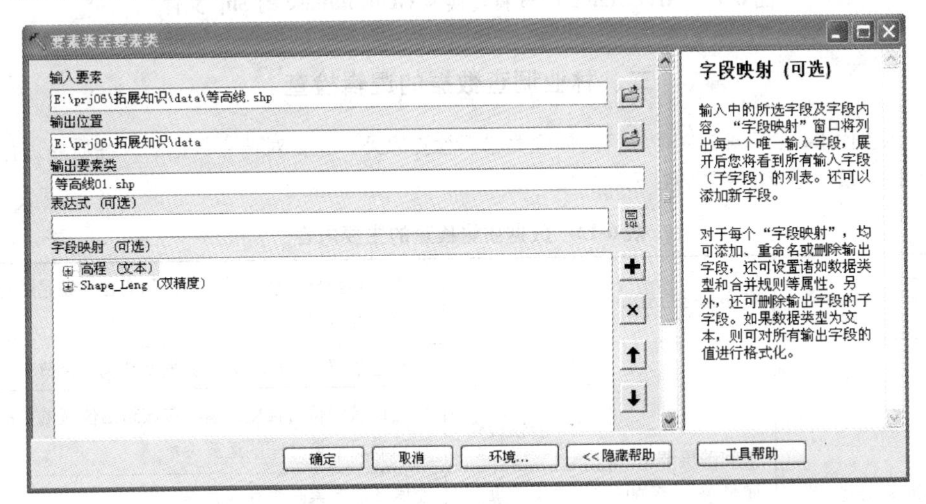

图 6-90　Shapefile 文件转 GeoDatabase 文件

③在 ArcCatalog 中，在目录树中相应位置查找已经转换好"等高线 01"文件，如图 6-91 所示。

依此类推，用此方法还可以将 Shapefile 文件转为 CAD、Coverage 文件。

Shp 和 GeoDatabase 转换也可以用 ArcToolbox 转换。方法：ArcToolbox→【转换工具】→【转为 CAD】，或转为 Coverage、转为 dBase、转为 Shapefile，打开【要素类至要素类】，填写相应内容，如图 6-80 所示，再到 ArcCatalog 中查看已经转换好的文件，如图 6-81。

(2)点、线、面要素的相互转换

在ArcToolbox应用程序中可以将点、线、面要素进行转换。方法：ArcToolbox→【数据管理工具】→【要素】→【XY转】线，或要素转点，要素转线，要素转面，分别打开相应对话框，在输入要素和输出要素栏中输入相应要素即可。

(3)要素转栅格

在ArcToolbox应用程序中还可以将各种矢量要素(如点、线、面)转为栅格。方法：ArcToolbox→【转换工具】→【转为栅格】→【点转栅格】，或要素转栅格，面转栅格，分别打开相应对话框，在输入要素、值字段、输出栅格集、像元分配类型、优先级字段、像元大小等栏中输入相应要素即可。

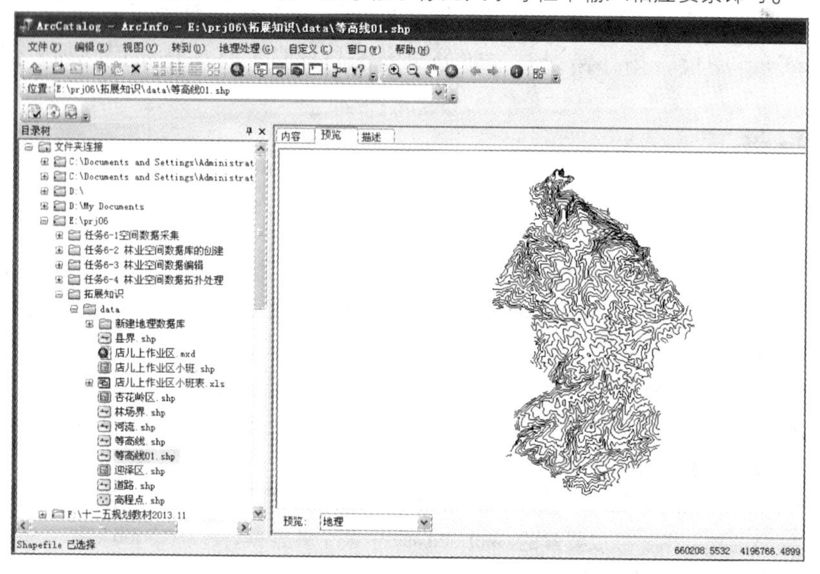

图6-91 ArcCatalog中查看转换为GeoDatabase的Shp文件

二、林业调查数据的逻辑检查

在实际工作中，除了要对图形进行几何位置错误检查以外，还要对调查数据的属性质量进行检查。通常进行数据质量检查的主要内容见表6-12。

表6-12 数据质量检查的主要内容

矢量数据检查	基础数据检查	数学基础检查		检查采用坐标系统、投影方式和高程系统是否存在且符合标准要求
	矢量图层逻辑一致性检查	空间图层要素、属性及关系的规则的一致性规定	结构符合性检查	与标注的符合程度：如与数据库结构是否符合标准
			值符合性检查	值与值域的符合程度，值不应该超出值域的范围；值应该满足值域之间的运算关系
			丢漏检查	空间图层要素是否存在丢漏
			拓扑一致性检查	拓扑特征的准确度：如点、线、面类型定义是否正确、不同图层线面拓扑、面面拓扑、线点拓扑的一致性；统一图层拓扑一致性等
			碎片检查	矢量面层是否存在碎面、矢量面层是否存在碎线

（续）

矢量数据检查	矢量图层综合性检查	矢量图层综合性检查	接边检查	相邻图幅间接边吻合程度，接边线（如标准图幅内图廓线或行政界线等）之间的误差满足要求，接边实体（线或弧段）误差满足要求
			属性值正确性检查	需要资料进行辅助检查属性值是否正确。如地类图斑权属性质需要结合外业调查地图和外业调查内容进行检查
	元数据检查		结构符合性检查	与标准的符合程度：如与数据库结构设计的符合程度
			值符合性检查	值与值域的符合程度，值不应该超出值域范围；值应该满足值域之间的运算关系

概括起来有：

1. 属性检查

主要对属性表的结构检查、字段值范围（如必须在范围，如高程不大于8900m，行政代码必须在行政代码表中）检查。主要通过属性查询和属性统计，进行属性检查。

2. 空间关系检查

利用【拓扑】工具，进行拓扑一致性检查、碎片检查、接边检查。拓扑一致性检查、碎片检查在ArcGIS是通过拓扑检查完成，ArcGIS没有接边检查，但提供了一个自动（线）接边的工具。

3. 数据质量检查

主要在属性表中对表格内属性结果进行统计，利用统计的结果进行确定有无错误。做法是在属性浏览中，选中字段标题→右键，利用“升序排列、降序排列、汇总、统计”等对字段中数值进行查看，检查有无数据质量问题。

在森林资源调查工作中，许多单位在ArcGIS软件基础上进行二次开发形成新软件，对林业调查数据进行逻辑检查。或者利用Excel软件进行森林资源调查数据检查，将检查的结果统计，然后再纠正错误处理，直至没有错误为止。

自主学习资料库

1. 武汉大学学报（信息科学版）. 主办：武汉大学，ISSN：1671－8860，CN：42－1676/TN.

2. 现代测绘. 主办单位：江苏省测绘学会，江苏省测绘行业协会，江苏省测绘科技信息站，ISSN：1672－4097 CN：32－1694/P.

3. 地理学报. 主办：中国地理学会；中国科学院国家计划委员会地理研究所，ISSN：0375－5444，CN：11－1856/P.

4. 地球科学（中国地质大学学报）. 主办：中国地质大学，ISSN：1000－2383，CN：42－1233/P.

5. 测绘科学. 主办：中国测绘科学研究院，ISSN：1009－2307，CN：11－4415/P.

6. 测绘科学技术学报. 主办：信息工程大学测绘学院，ISSN：1673－6338，CN41－1385/P.

7. ArcGIS 10.0 视频教程专辑. http：//www.youku.com

8. 百度文库. http：//wenku.baidu.com/

9. GIS 空间站. http：//www.gissky.net/

10. 地理信息系统精品课程：胡鹏. 武汉大学. http：//jpkt.whu.edu.cn

11. 林业“3S”技术. 廖永峰. 甘肃林业职业技术学院. http：//jpk.gsfc.edu.cn/html/lysjs/index.html

参考文献

刘南，刘仁义. 2002. 地理信息系统[M]. 北京：高等教育出版社.

黄杏元，马劲松，汤勤. 2002. 地理信息系统概论[M]. 北京：高等教育出版社.

赵鹏翔，李卫中. 2004. GPS 与 GIS 导论[M]. 杨凌：西北农林科技大学出版社.

汤国安，杨昕，等. 2012. ArcGIS 地理信息系统空间分析实验教程[M]. 2 版. 北京：科学出版社.

牟乃夏，刘文宝，王海银，等. 2013. ArcGIS 10.0 地理信息系统教程——从初学到精通[M]. 北京：测绘出版社.

袁博，邵进达. 2006. 地理信息系统基础与实践[M]. 北京：国防工业出版社.

吴秀芹，张洪岩，李瑞改，等. 2007. ArcGIS 9.0 地理信息系统应用与实践[M]. 北京：清华大学出版社.

廖永峰. 2010. 林业"3S"技术[M]. 杨凌：西北农林科技大学出版社.

项目7
林业专题地图制图

本学习项目是一个基础实训项目，通过本项目“林业空间数据符号化”、“ 林业专题地图制图与输出”两个任务的学习和训练，要求同学们能够熟练掌握林业专题图的制作方法。

知识目标

1. 掌握林业空间数据符号设置方法。
2. 掌握林业专题图版面的设置方法。
3. 掌握林业专题图的打印与输出方法。

技能目标

1. 能熟练的修改、创建和设置符号。
2. 能创建自己的样式符号库。
3. 能熟练的设置地图版面。
4. 能熟练的打印和输出林业专题图。

任务 1

林业空间数据符号化

→任务描述

空间数据的符号化是将矢量地图数据按照出图要求设置各种图例的过程，它将决定地图数据最终以何种面目呈现在用户面前，因此，符号化对专题图制图非常重要。本任务将从符号的修改、制作以及制定样式库等方面来学习空间数据符号化的各种设置方法。

→任务目标

经过学习和训练，能够熟练运用 ArcMap 软件对前一个项目完成的地理数据进行数据符号化设置操作，为下一个任务专题图制图学习奠定基础。

→知识准备

对于一幅地图，确定了数据之后，就要根据数据的属性特征、地图的用途、制图比例尺等因素，来确定地图要素的表示方法，也就是空间数据的符号化。空间数据可以分为点、线、面 3 种不同的类型，点要素可以通过点状符号的形状、色彩、大小表示不同的类型或不同的等级。线要素可以通过现状符号的类型、粗细、颜色等表示不同的类型或不同的等级。而面要素则可以通过面状符号的图案或颜色来表示不同的类型或不同的等级。无论是点要素、线要素，还是面要素，都可以依据要素的属性特征采取单一符号、定性符号、定量符号、统计图表符号、组合符号等多种表示方法实现数据的符号化。下面介绍符号的修改、符号的制作以及常用的符号设置方法。

7.1.1 符号的修改

在制图的过程中，直接调用图式符号库的符号是非常基础的操作(这里不做介绍)，但由于不同行业制图需求不同，图式符号库中的符号不能满足要求时，就需要修改符号的属性。符号的修改操作步骤如下：

①启动 ArcMap，添加数据(位于“... \ prj07 \ 符号设置 \ data”)。

②在内容列表中，单击省会城市图层标签下的符号，打开【符号选择器】，选择一种符号，如图 7-1 所示。

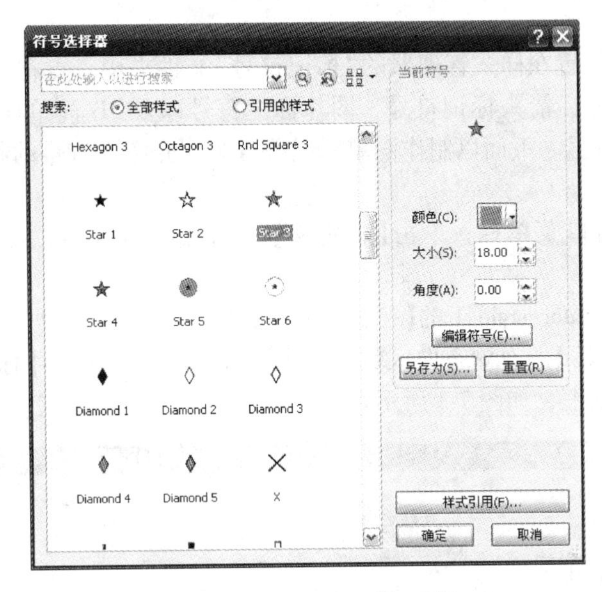

图7-1　【符号选择器】对话框

③在【当前符号】区域，修改符号的颜色、大小和角度。也可以单击【编辑符号】按钮，打开【符号属性编辑器】对话框，对符号进行修改。

④单击【另存为】按钮，打开【项目属性】对话框，如图7-2所示。

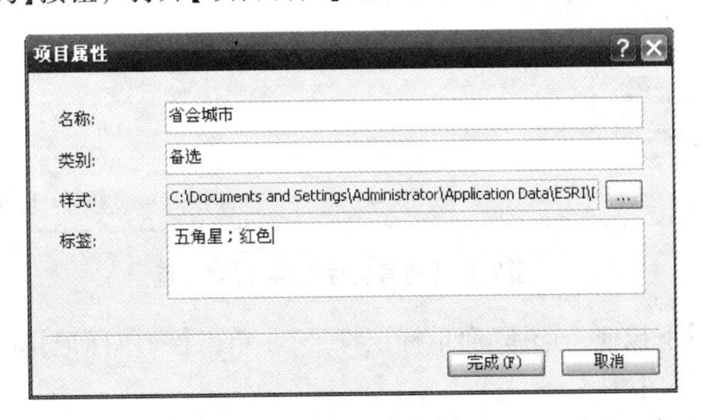

图7-2　【项目属性】对话框

⑤在对话框中输入修改后的符号的名称、类别和标签，符号将被保存在默认的图式符号库 Administrator. style 中。

⑥单击【完成】按钮，返回【符号选择器】对话框。

⑦单击【确定】按钮，完成点符号修改设置。

以上是点符号的修改方法，线符号和面符号的修改步骤与点符号修改一致。

7.1.2　符号的制作

当修改符号都不能满足需要时，我们就需要使用样式管理器对话框在相应的样式中制作能够满足制图需要的全新符号。

7.1.2.1 点符号制作

制作点符号的位置在样式管理器的“标记符号”文件夹中。点符号的类型有简单标记符号、字符标记符号、箭头标记符号、图片标记符号以及3D简单标记符号、3D标记符号和3D字符标记符号。下面以制作简单标记符号为例介绍点符号的制作，具体操作步骤如下：

①在ArcMap窗口菜单栏，单击【自定义】→【样式管理器】，打开【样式管理器】对话框。

②单击Administrator. style下的【标记符号】文件夹。

③在【样式管理器】的右侧空白区域，右击鼠标选择【新建】→【标记符号】，打开【符号属性编辑器】对话框，如图7-3所示。

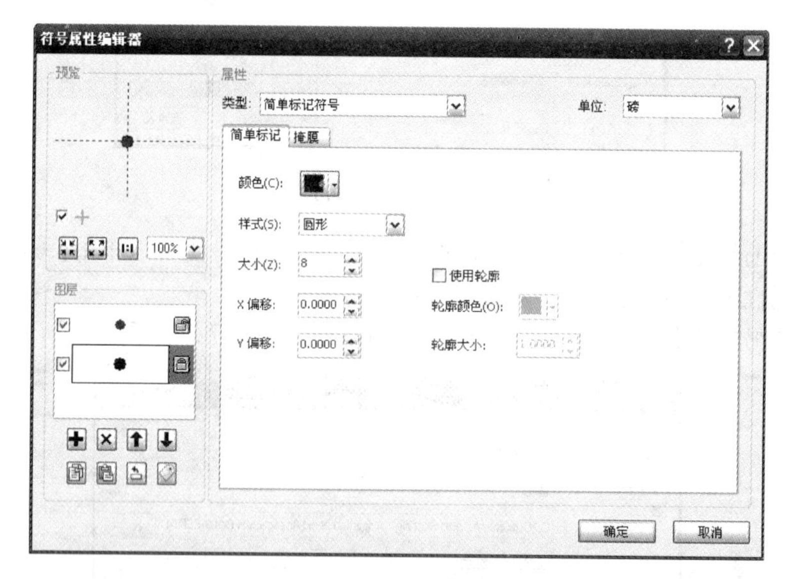

图7-3 【符号属性编辑器】对话框

④单击【类型】下拉框，选择“简单标记符号”，单击【简单标记】标签，设置颜色为红色，样式为圆形，大小为7。

⑤在【图层】区域单击【添加图层】按钮，添加一个简单标记图层，然后选中该图层，设置颜色为黑色，样式为圆形，大小为8，预览栏中可以看到符号的形状。

⑥单击【确定】按钮，完成一个简单标记符号的制作，结果如图7-4所示。

7.1.2.2 线符号制作

制作线符号的位置在样式管理器的“线符号”文件夹中。线符号的类型有简单线符号、制图线符号、混列线符号、标记线符号、图片线符号以及3D简单线符号和3D简单纹理线符号。下面以制作制图线符号为例介绍线符号的制作，具体操作步骤如下：

①在【样式管理器】对话框中单击Administrator. style下的【线符号】文件夹。

②在【样式管理器】的右侧空白区域，右击鼠标选择【新建】→【线符号】，打开符号【属性编辑器】对话框，如图7-5所示。

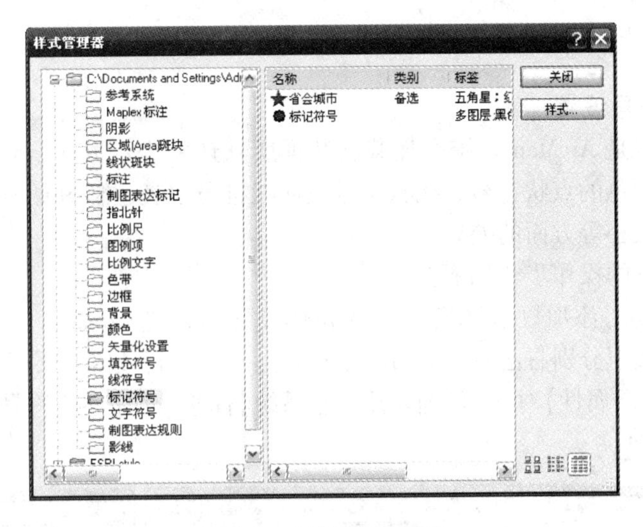

图7-4　点符号制作结果

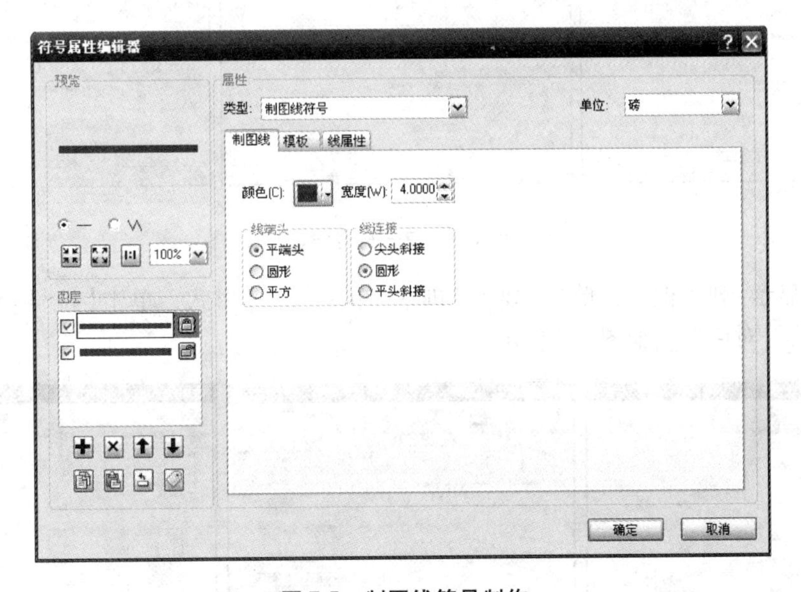

图7-5　制图线符号制作

③单击【类型】下拉框，选择"制图线符号"，单击【制图线】标签，设置颜色为红色，宽度为4，线端头为平端头，线连接为圆形。

④在【图层】区域单击【添加图层】按钮，添加一个制图线图层，然后选中该图层，设置颜色为绿色，宽度为5，线端头为平端头，线连接为圆形。

⑤单击【确定】按钮，完成一个制图线符号的制作。

7.1.2.3　面符号制作

制作面符号的位置在样式管理器的"填充符号"文件夹中。面符号的类型有简单填充符号、渐变填充符号、图片填充符号、线填充符号、标记填充符号以及3D纹理填充符号。由于面符号制作的方法与点符号和线符号的制作类似，这里就不再举例。

7.1.3 符号的设置

7.1.3.1 单一符号设置

单一符号设置是ArcMap系统中加载新数据所默认的表示方法，它是采用统一大小、统一形状、统一颜色的点状符号、线状符号或面状符号来表达制图要素，而不管要素本身在数量、质量、大小等方面的差异。

单一符号设置的操作步骤如下：

①启动ArcMap，添加数据（位于"...\prj07\符号设置\data"）。

②在内容列表中分别右击省会城市、主要公路和省级行政区图层，在弹出菜单中单击【属性】，打开【图层属性】对话框，单击【符号系统】标签，切换到【符号系统】选项卡，如图7-6所示。

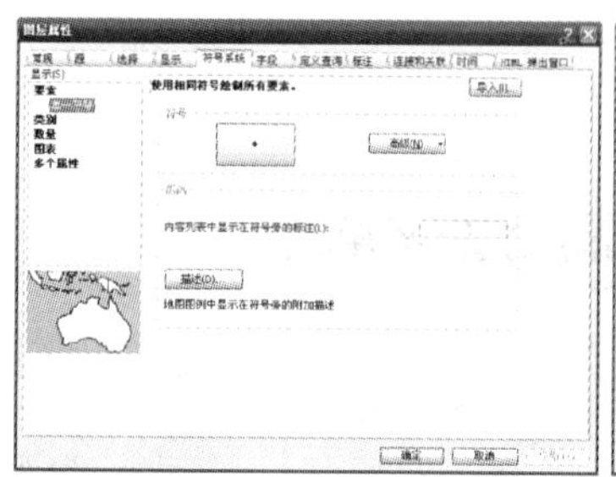

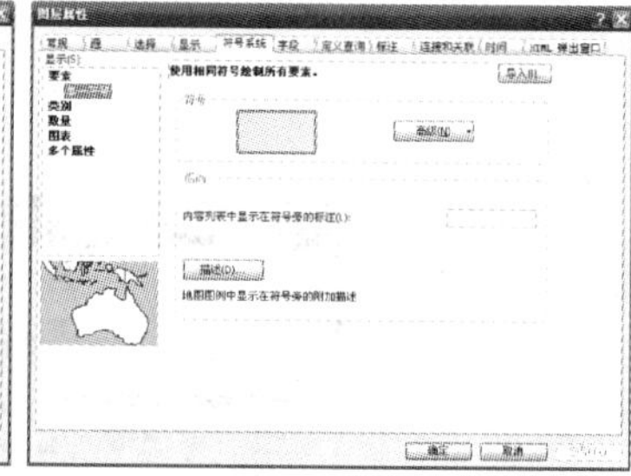

图7-6 单一符号设置

③在【显示】列表框中，单击【要素】进入【单一符号】形式，单击【符号】色块，打开【符号选择器】对话框，如图7-7所示。

图7-7 【符号选择器】对话框

④在【符号选择器】对话框中选择合适的符号，单击【确定】返回。

⑤单击【确定】，完成单一符号的设置。

上述操作是单一符号设置的完整过程，在实际工作中，可以使用更为简便的方法进行设置。我们可以直接在内容列表中单击数据层对应的符号，就可以打开【符号选择器】对话框，根据需要改变符号的大小、形状、粗细、色彩等特征就可以了。

7.1.3.2　定性符号设置

定性符号表示方法是根据数据层要素属性值来设置符号的，对具有相同属性值的要素采用相同的符号，对属性值不同的要素采用不同的符号，定性符号表示方法包括“唯一值”、“唯一值，多个字段”和“与样式中的符号匹配”三种方法。

(1)唯一值定性符号设置

①启动 ArcMap，添加省级行政区数据(位于“...\prj07\符号设置\data”)。

②双击省级行政区图层，打开【图层属性】对话框；在【图层属性】对话框中，单击【符号系统】标签，切换到【符号系统】选项卡，在【显示】列表框中单击【类别】并选择【唯一值】，如图 7-8 所示。

③在【值字段】区域单击下拉列表框，选择字段“NAME”。

④单击【添加所有值】按钮，将 NAME 字段值全部列出，在【色带】区域单击下拉列表框中选择一种色带，改变符号颜色，也可以直接双击【符号】列表下的每一个符号，进入【符号选择器】对话框直接修改每一符号的属性。

⑤如果不想将所有的属性都显示出来，单击【添加值】按钮，打开【添加值】对话框，如图 7-9 所示，即可添加自己想添加的内容。

⑥单击【确定】按钮，完成唯一值定性符号设置，结果如图 7-10 所示。

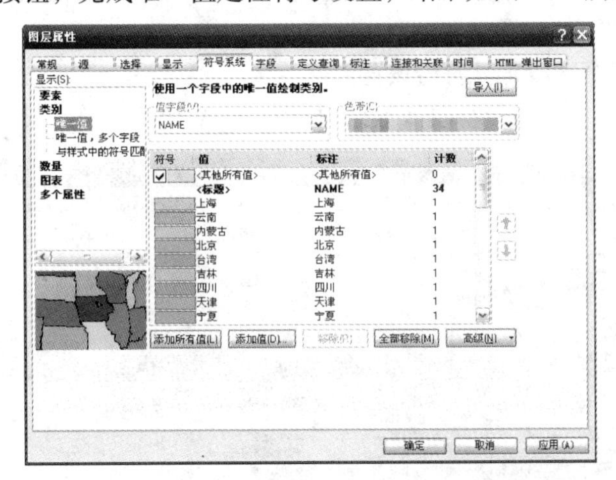

图 7-8　唯一值符号设置

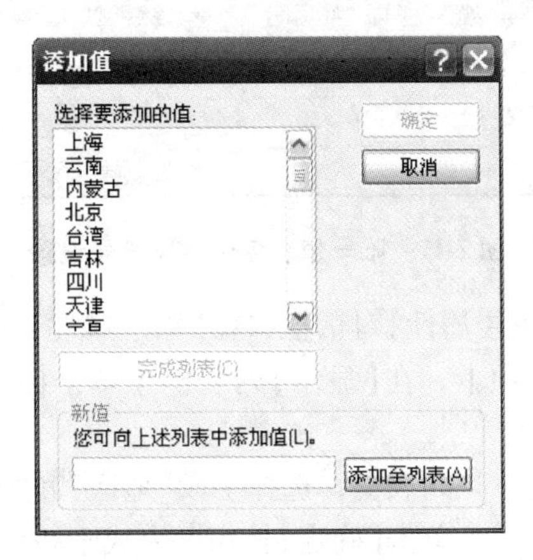

图 7-9　【添加值】对话框

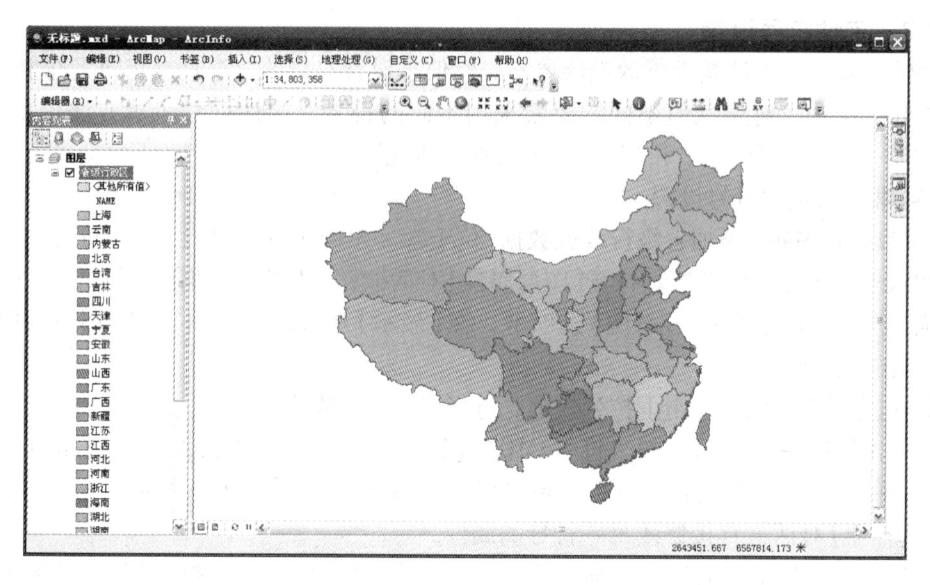

图 7-10　唯一值符号设置结果

以上是面图层唯一值定性符号的设置过程，点图层与线图层的设置过程与上述过程类似，这里就不做介绍了。

(2)唯一值、多个字段定性符号设置

①启动 ArcMap，添加省级行政区数据(位于“...\prj07\符号设置\data”)。

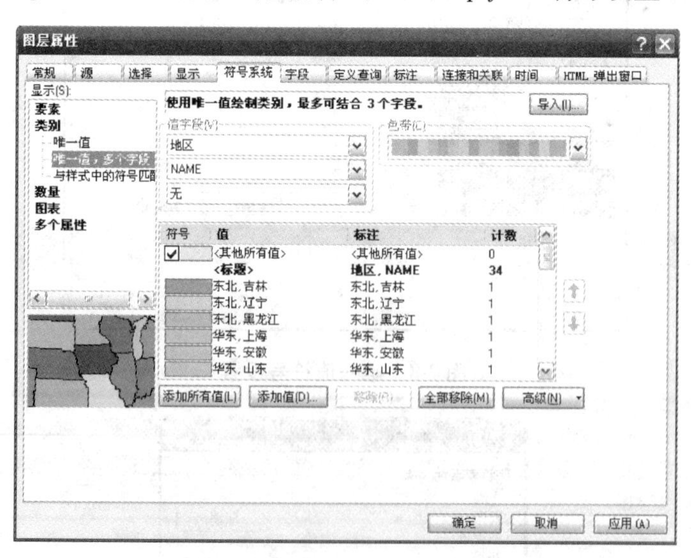

图 7-11　唯一值、多个字段符号设置

②双击该图层，打开【图层属性】对话框；在【图层属性】对话框中，单击【符号系统】标签，切换到【符号系统】选项卡，在【显示】列表框中单击【类别】并选择【唯一值，多个字段】，如图 7-11 所示。

③在【值字段】区域单击下拉列表框，选择字段“地区”和“NAME”(最多不超过三个)。

④单击【添加所有值】按钮，单击【确定】按钮，完成唯一值，多个字段定性符号设置，

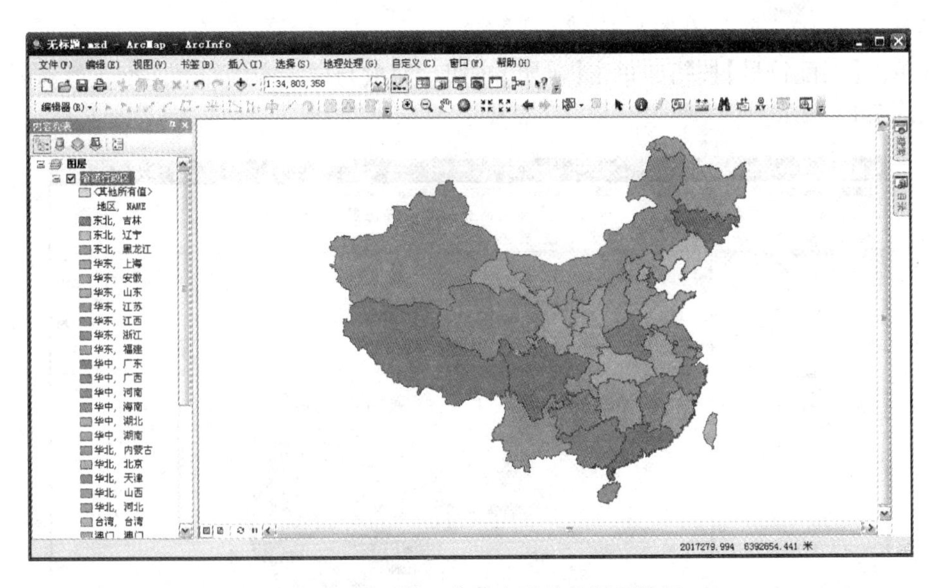

图 7-12　唯一值、多个字段符号设置结果

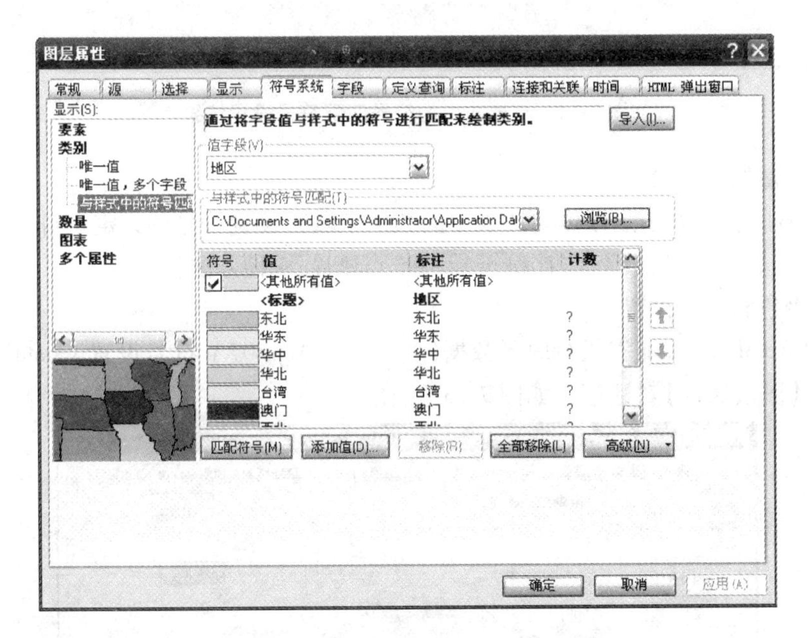

图 7-13　与样式中的符号匹配符号设置

结果如图 7-12 所示。

(3) 与样式中的符号匹配定性符号设置

①启动 ArcMap，添加省级行政区数据(位于“...\prj07\符号设置\data”)。

②双击省级行政区图层，打开【图层属性】对话框；在【图层属性】对话框中，单击【符号系统】标签，切换到【符号系统】选项卡，在【显示】列表框中单击【类别】并选择【与样式中的符号匹配】，如图 7-13 所示。

③在【值字段】区域单击下拉列表框，选择字段“地区”。

④单击【与样式中的符号匹配】区域单击【浏览】按钮，选择 Administrator. style 文件

（位于“...\prj07\符号设置\data”）。

⑤单击【匹配符号】按钮，单击【确定】按钮，完成与样式中的符号匹配定性符号设置，结果如图7-14所示。

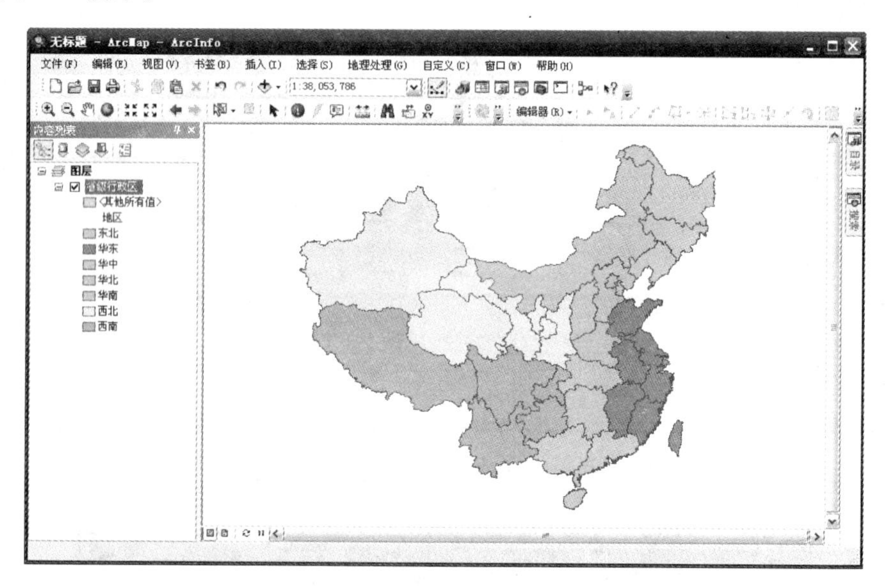

图7-14 与样式中的符号匹配符号设置结果

7.1.3.3 定量符号设置

定量符号的表示方法是根据属性表中的数值字段来设置符号的，定量符号表示方法包括“分级色彩”、“分级符号”、“比例符号”和“点密度”4种方法。

（1）分级色彩符号设置

①启动ArcMap，添加省级行政区数据（位于“...\prj07\符号设置\data”）；双击该图层，打开【图层属性】对话框，如图7-15所示。

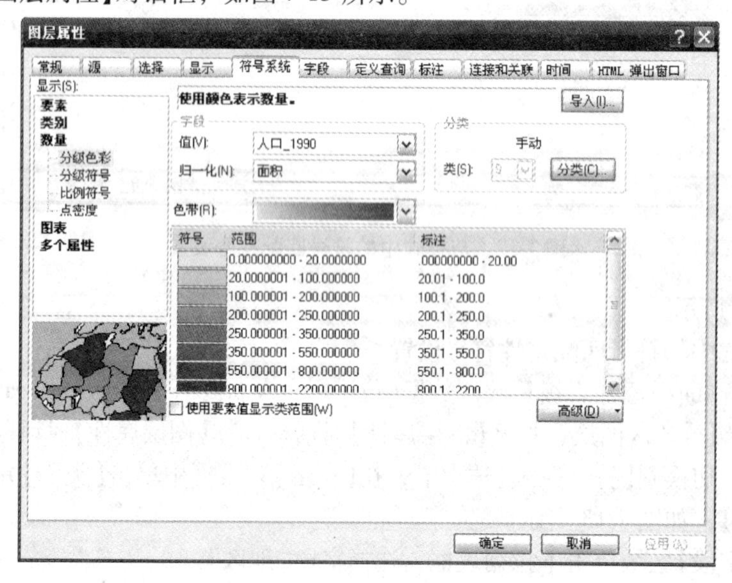

图7-15 分级色彩符号设置

②在【图层属性】对话框中，单击【符号系统】标签，切换到【符号系统】选项卡，在【显示】列表框中单击【数量】并选择【分级色彩】。

③在字段区域中单击【值】下拉列表框，选择字段“人口_ 1990”，在【归一化】下拉框中选择字段“面积”，表示某一省的1990年的人口密度。

④在【色带】下拉列表框中选择一种色带。由于系统默认的分级方法是自然间断点分级法，分类数为“5”，这种分级方法优点是通过聚类分析将相似性最大的数据分在同一级，而差异性最大的数据分在不同级。缺点是分级界限往往是一些任意数，不符合制图的需要，因此，需要进一步修改分级方案。

⑤单击【分类】按钮，打开【分类】对话框，如图7-16所示。单击【类别】下拉框，选择“8”。

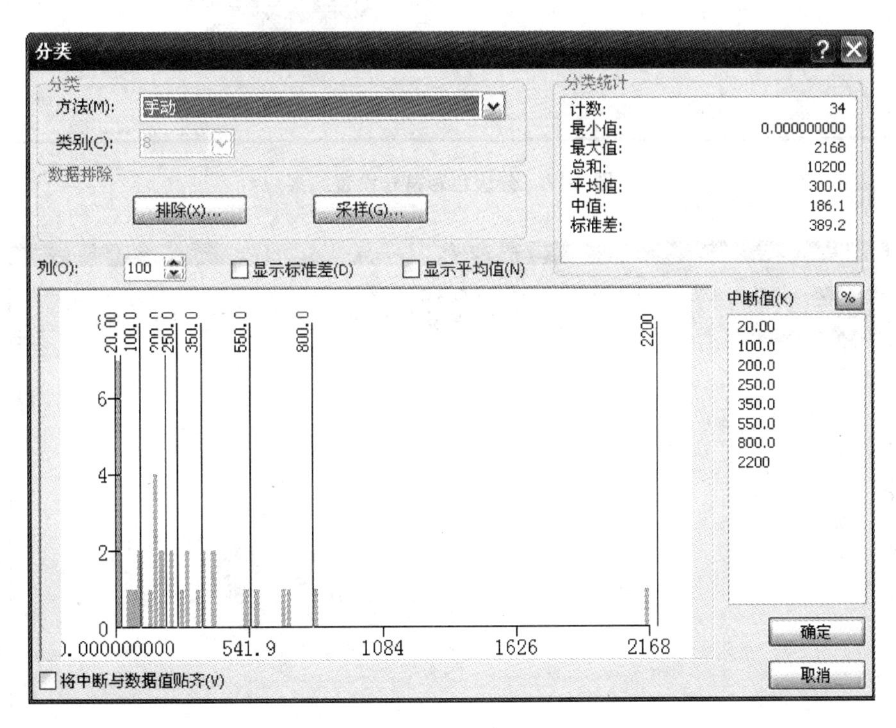

图7-16　【分类】对话框

⑥单击【方法】下拉框，选择分级方法为：手动，单击【中断值】列表框中的第一个数字，使数据处于编辑状态，输入数字20，重复上面的操作步骤，依次将“中断值”修改为：100、200、250、350、550、800、2200。

⑦选择【显示标准差】和【显示平均数】复选框，单击【确认】按钮，返回【图层属性】对话框。

⑧单击【确定】按钮，完成分级色彩定量符号设置，结果如图7-17所示。

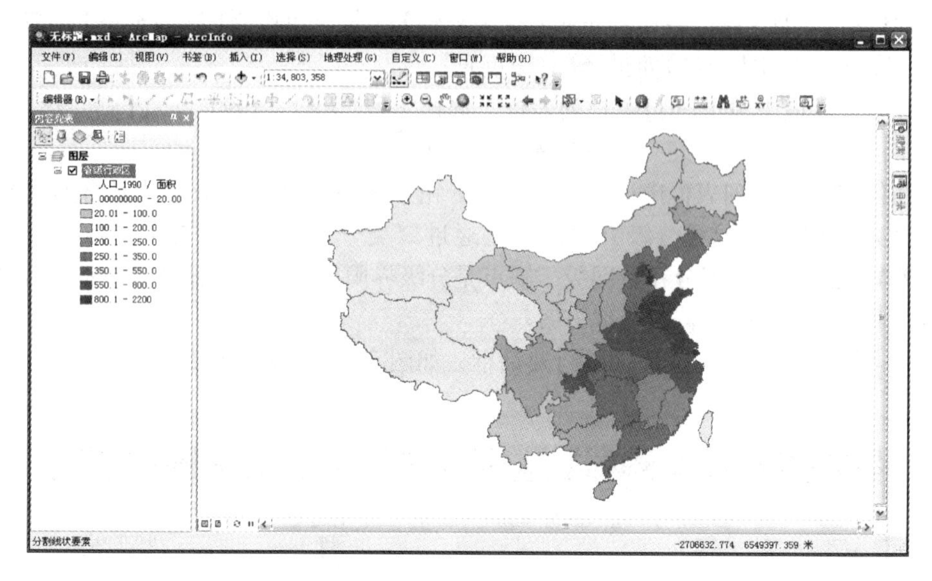

图7-17 分级色彩符号设置结果

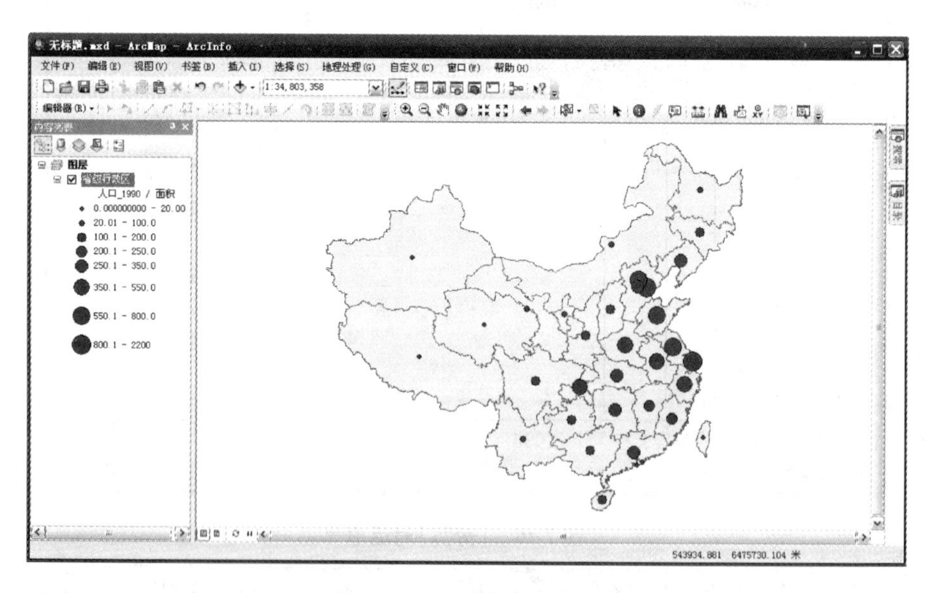

图7-18 分级符号设置结果

(2)分级符号设置

分级符号设置类似于分级色彩的设置方法，参照以上设置，得到的结果如图7-18所示。

以上是面图层的分级色彩符号、分级符号的具体设置方法，点图层和线图层的符号设置步骤与面图层设置一致。

(3)比例符号设置

根据数据的属性数值有无存储单位，数据的比例符号设置分不可量测和可量测2种类型。

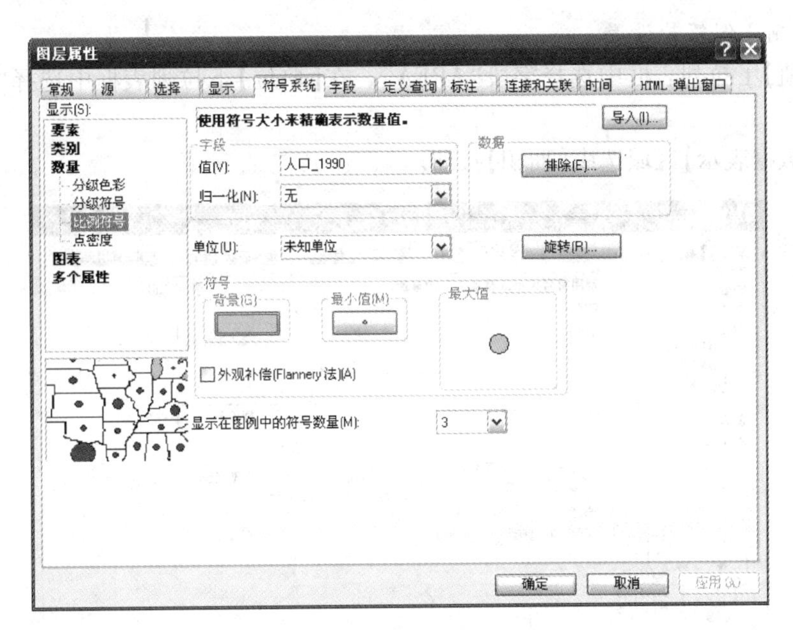

图 7-19　不可量测比例符号设置

①不可量测比例符号设置

• 在【显示】列表框中单击【数量】并选择【比例符号】，如图 7-19 所示。

• 在【值】下拉列表框中选择字段“人口_ 1990”。单击【单位】下拉列表框中选择“未知单位”；单击【背景】按钮，打开【符号选择器】对话框，进行背景色的设置。

• 设置【显示在图例中的符号数量】为“5”。

• 单击【确定】按钮，完成比例定量符号设置，结果如图 7-20 所示。

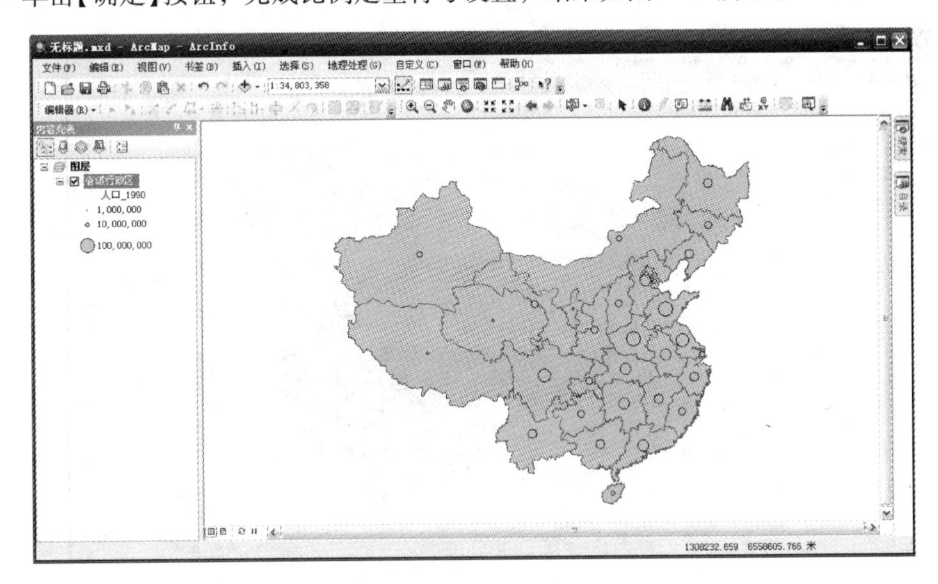

图 7-20　不可量测比例符号设置结果

如果应用比例符号所表示的属性数值与地图上的长度或面积有关的话，就需要在【单位】下拉列表框中选择一种单位。具体操作步骤如下。

②可量测比例符号设置

• 在【值】下拉列表框中选择字段“AREA”。在【单位】下拉列表框中选择“米”，如图7-21所示。

• 在【数据表示】区域选中【面积】按钮。

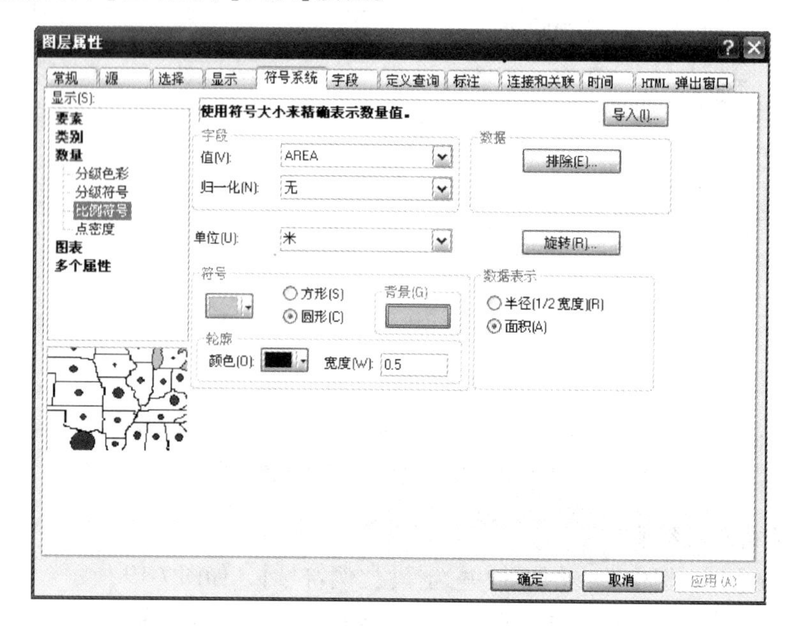

图7-21 可量测比例符号设置

• 在【符号】区域设置符号的颜色、形状、背景色以及轮廓线的颜色和宽度。

• 单击【确定】按钮，完成可测量比例符号设置，结果如图7-22所示。

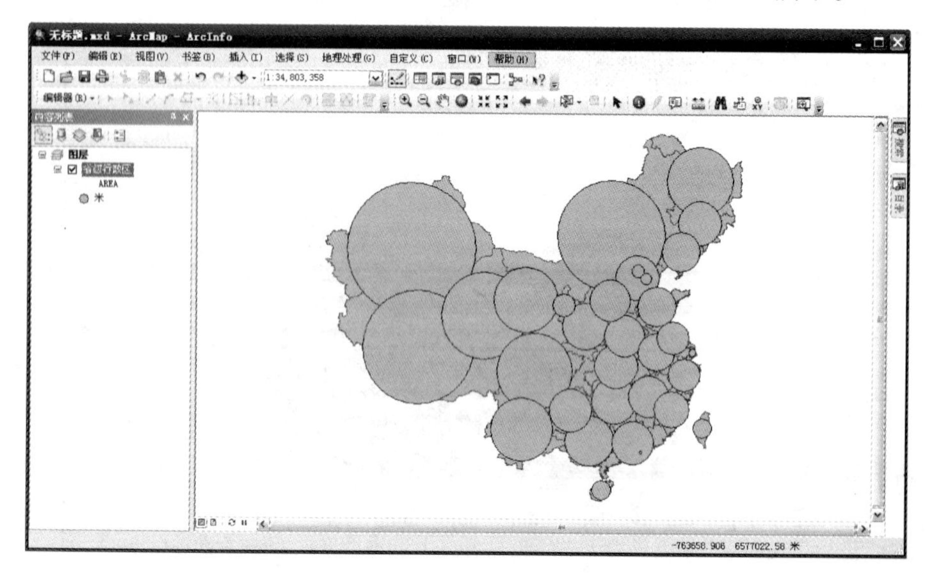

图7-22 可量测比例符号设置结果

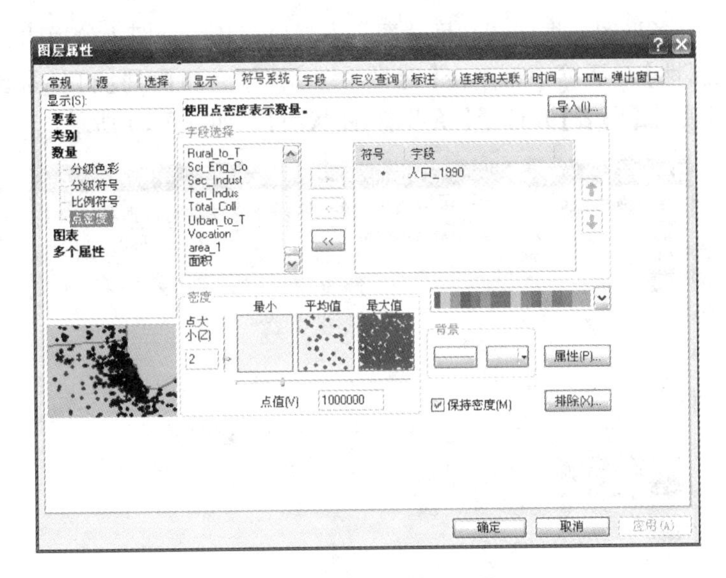

图 7-23　点密度符号设置

(4)点密度符号设置

①在【显示】列表框中单击【数量】并选择【点密度】，如图 7-23 所示。

②在【字段选择】列表框中，双击字段“人口_ 1990”，该字段进入右边的列表中。

③在【密度】区域中调节【点大小】和【点值】的大小，在【背景】区域设置点符号的背景及其背景轮廓的符号。

④选中【保持密度】复选框，表示地图比例发生改变时点密度保持不变。

⑤单击【确定】按钮，完成点密度符号设置，结果如图 7-24 所示。

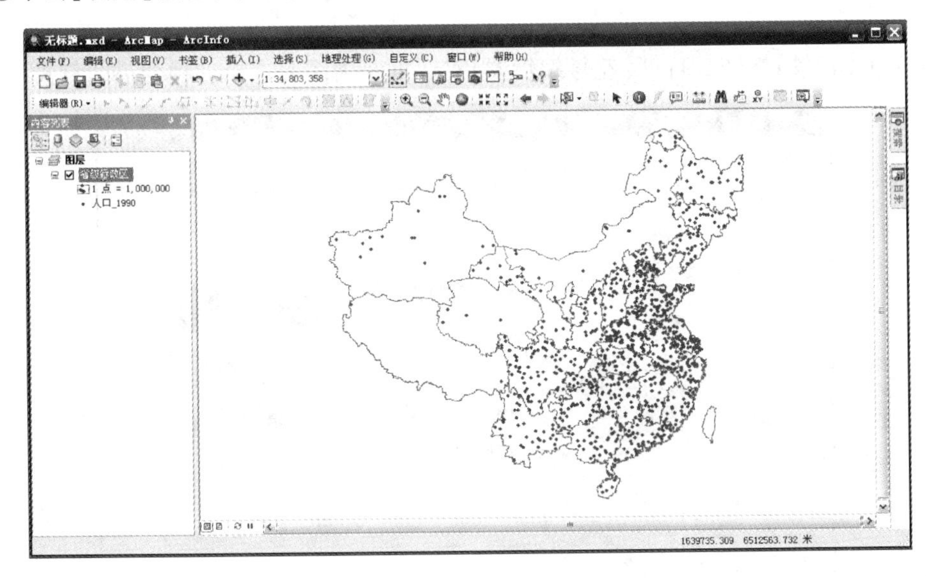

图 7-24　点密度符号设置结果

7.1.3.4　统计图表符号设置

统计图表是专题地图中经常应用的一类符号，用于表示制图要素的多项属性。常用的统计图表有饼图、条形图、柱状图和堆叠图。下面以柱状统计图为例说明具体操作。

①在【图层属性】对话框中，单击【符号系统】标签，切换到【符号系统】选项卡，在【显示】列表框中单击【图表】并选择【条形图/柱状图】，如图7-25所示。

图7-25 条形图/柱状图符号设置

②在【字段选择】列表框中双击字段"GDP_ 1997"、"GDP_ 1998"、"GDP_ 1999"，三个字段自动移动到右边的列表框中，双击符号，进入【符号编辑器】对话框，选择或修改符号。

③单击【属性】按钮，打开【图表符号编辑器】对话框，调整宽度和间距，如图7-26所示。

④单击【背景】按钮，打开【符号编辑器】对话框，为图表选择一种合适的背景。

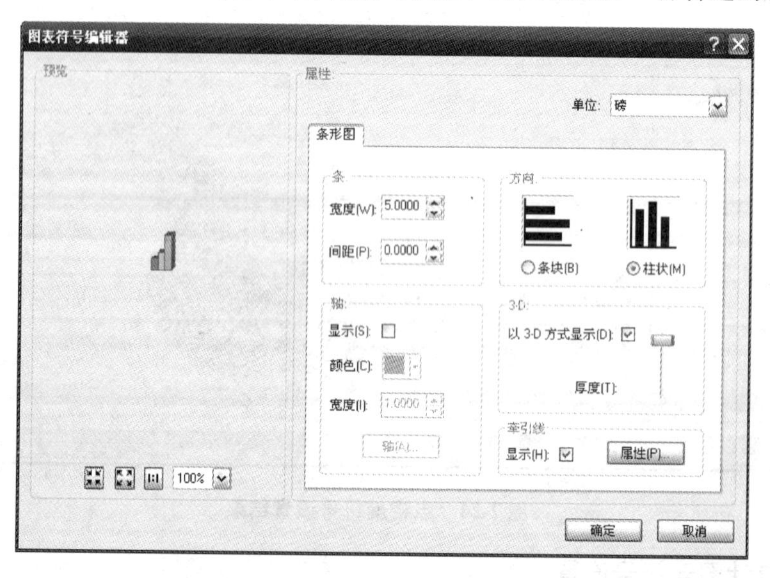

图7-26 【图表符号编辑器】对话框

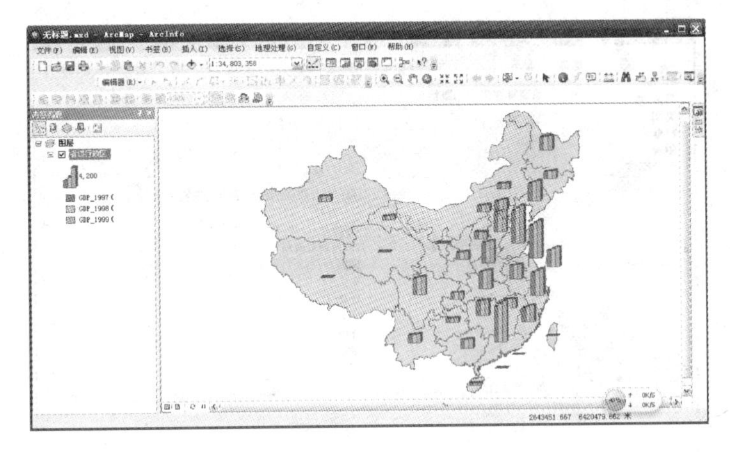

图 7-27　柱状图符号设置结果

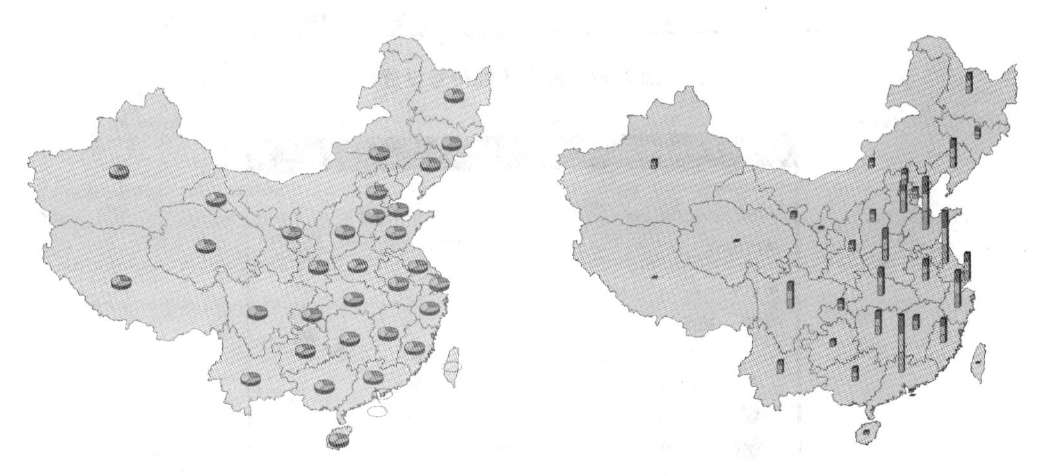

图 7-28　饼图符号设置结果　　图 7-29　堆叠图符号设置结果

⑤单击【确定】按钮，完成图表符号设置，结果如图 7-27 所示。

饼图和堆叠图的操作步骤同上，符号设置结果如图 7-28 和图 7-29 所示。

7.1.3.5　多个属性符号设置

多个属性符号设置就是利用不同的符号参数表示同一地图要素的不同属性信息，比如利用符号的颜色表示城市的级别，符号的大小表示人口。具体操作步骤如下：

①启动 ArcMap，添加省会城市数据(位于“...\prj07\符号设置\data”)；双击该图层，打开【图层属性】对话框。

②在【图层属性】对话框中，单击【符号系统】标签，切换到【符号系统】选项卡，在【显示】列表框中单击【多个属性】并选择【按类别确定数量】，如图 7-30 所示。

③在第一个【值字段】中选择字段“地区”，在【配色方案】下拉列表框中选择一种色彩方案。

④单击【添加所有值】按钮，加载属性字段“地区”的所有数值，并取消选择“其他所有值”前面的复选框。

⑤双击“符号”列的第一个符号，打开【符号选择器】对话框，设置符号图案和色彩。

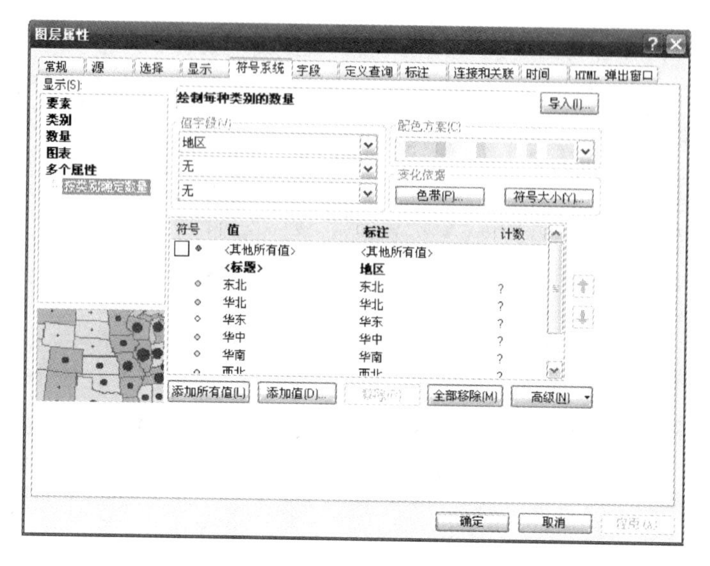

图 7-30 多个属性符号设置

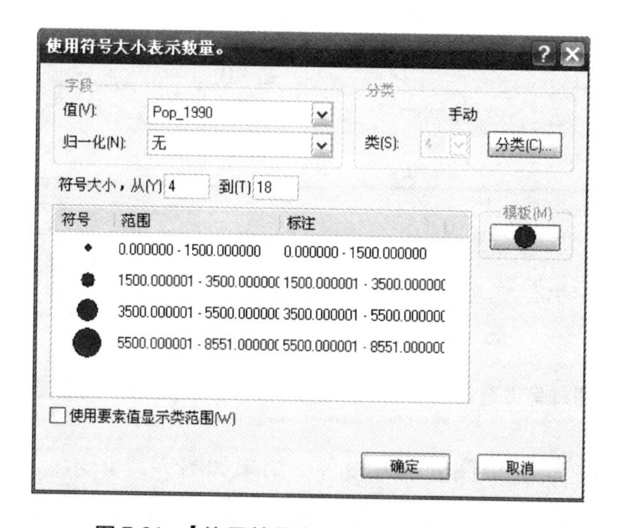

图 7-31 【使用符号大小表示数量】对话框

用相同的办法设置剩余符号的图案和色彩。

⑥单击【符号大小】按钮，打开【使用符号大小表示数量】对话框，如图 7-31 所示。

⑦在【值】下拉框中选择“Pop_ 1990”。

⑧单击【分类】按钮，打开【分类】对话框，单击【类别】下拉框，选择“4”。

⑨单击【方法】下拉框，选择分级方法为：手动，并在【中断值】列表框中输入数字，使数据处于编辑状态，输入数字 1500，重复上面的操作步骤，依次修改“中断值”为 3500、5500、8551，单击【确认】按钮，返回【使用符号大小表示数量】对话框。

⑩单击【确定】按钮，完成多个属性符号设置，结果如图 7-32 所示。

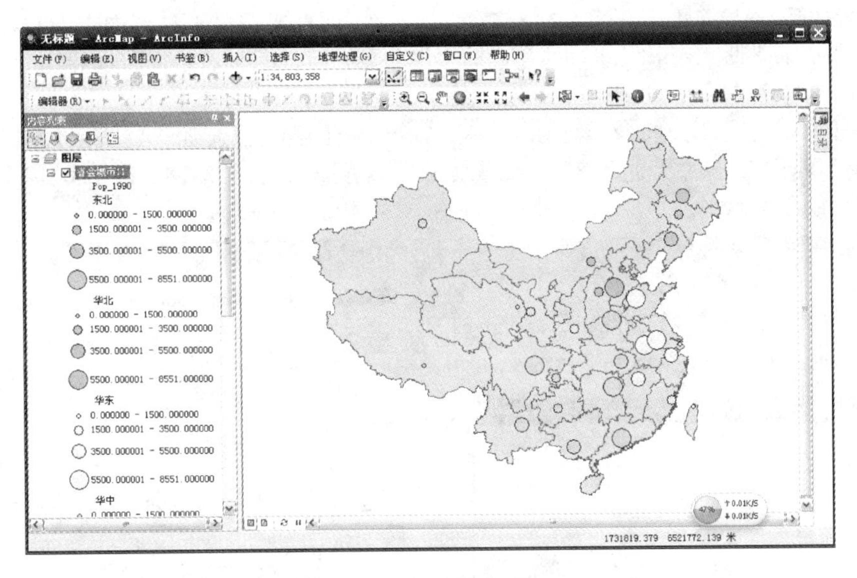

图7-32　多个属性符号设置结果

→任务实施

林业专题图符号的设置与制作

一、目的与要求

通过符号的设置、引导学生熟练掌握利用ArcGIS符号设置、制作等功能，熟练地设置林业专题图符号。

二、数据准备

高程点、林场界、县界、道路、等高线、店儿上作业区小班等矢量数据。

三、操作步骤

1. 添加数据

启动ArcMap，添加数据(位于"...\prj07\任务实施7.1\data")，结果如图7-33所示。

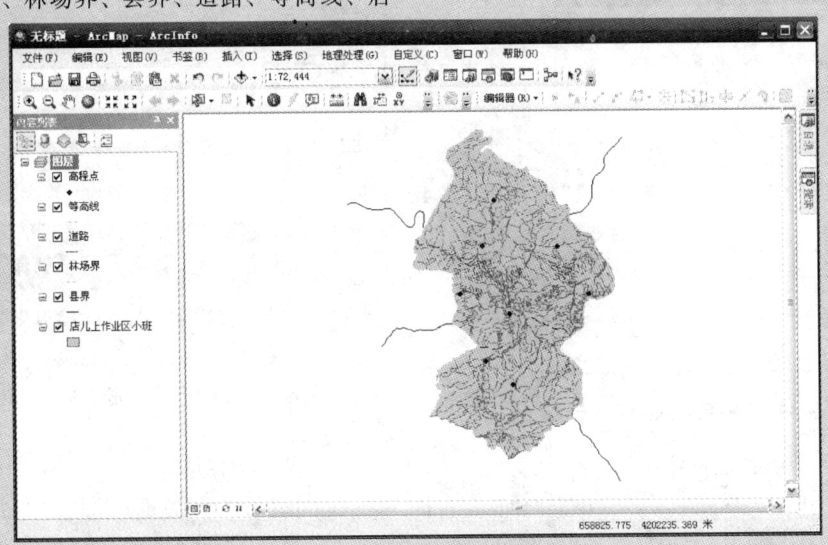

图7-33　地图文档窗口

2. 设置高程点图层符号

高程点图层符号设置采用修改符号。

①单击【内容列表】中的高程点图层标签下的符号，打开【符号选择器】，如图7-34所示。

②选择“Cricle1”，调整大小为“8”，单击【确定】按钮，完成符号设置。

3. 设置等高线图层符号

等高线图层符号设置采用修改符号。

①单击【内容列表】中的等高线图层标签下的符号，打开【符号选择器】，如图7-35所示。

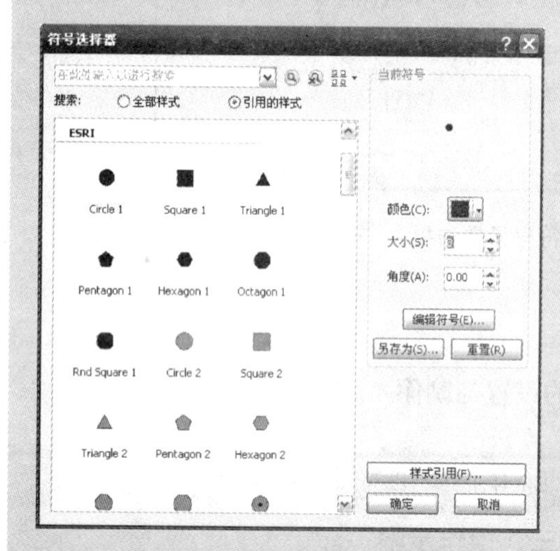

图7-34 【符号选择器】对话框

②调整颜色为“Mango”，单击【确定】按钮，完成符号设置。

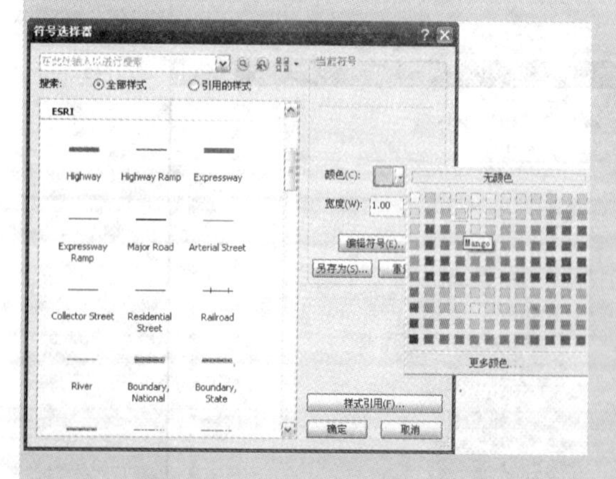

图7-35 【符号选择器】对话框

4. 设置林场界图层符号

林场界图层符号设置采用制作制图线符号。

①在【样式管理器】对话框中单击Administrator. style下的【线符号】文件夹。

②在右侧空白区域，右击鼠标选择【新建】→【线符号】，打开【符号属性编辑器】对话框，设置如下参数。

•【制图线】选项卡，【类型】：制图线符号；【颜色】：黑色，【宽度】：2；【线端头】：平端头，【线连接】：圆形。

•【模板】选项卡，【间隔】：2；【模板】：。

③在【图层】区域单击【添加图层】按钮，添加两个制图线图层，然后选中其中一个图层，设置如下参数。

•【制图线】选项卡，【颜色】：Fushia Pink，【宽度】：8；【线端头】：平端头，【线连接】：圆形。

•【线属性】选项卡，【偏移】：4。

④选中另外一个图层，设置如下参数。

•【制图线】选项卡，【颜色】：Rhodolite Rose，【宽度】：11；【线端头】：平端头，【线连接】：圆形。

•【线属性】选项卡，【偏移】：9。效果如图7-36中的【预览】区域所示。

⑤单击【确定】按钮，关闭【符号属性编辑器】对话框，更名为“林场界”。

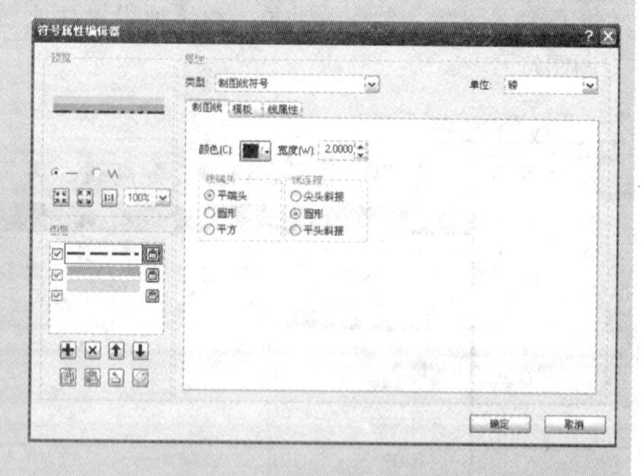

图7-36 林场界符号制作

⑥单击【内容列表】中的林场界图层标签下的符号，打开【符号选择器】，选择符号为“林场界”。

⑦单击【确定】按钮，完成林场界图层符号的设置。

5. 设置县界图层符号

县界图层符号设置也是采用制作制图线符号，制作方法与林场界类似。

①在【样式管理器】对话框中单击Administrator. style 下的【线符号】文件夹。

②在右侧空白区域，右击鼠标选择【新建】→【线符号】，打开符号【属性编辑器】对话框，设置如下参数。

•【制图线】选项卡，【类型】：制图线符号；【颜色】：黑色，【宽度】：2；【线端头】：平端头，【线连接】：圆形。

•【模板】选项卡，【间隔】：2；【模板】：

。

③在【图层】区域单击【添加图层】按钮，添加一个制图线图层，然后选中该图层，设置如下参数。

•【制图线】选项卡，【颜色】：Fushia Pink，【宽度】：8；【线端头】：平端头，【线连接】：圆形。效果如图 7-37 中的【预览】区域所示。

图 7-37　县界符号制作

④单击【确定】按钮，关闭【符号属性编辑器】对话框，更名为“县界”。

⑤单击【内容列表】中的县界图层标签下的符号，打开【符号选择器】，选择符号为“县界”。

⑥单击【确定】按钮，完成县界图层符号的设置。

6. 设置道路图层符号

道路图层符号设置采用唯一值定性符号和修改符号。

①打开道路图层的【图层属性】对话框，如图 7-38 所示。

②按图 7-38 设置对话框参数。

③双击【符号】列表下的“国省道路”符号，进入【符号选择器】对话框，单击【编辑符号】按钮，打开【符号属性编辑器】窗口，设置如下参数。

【制图线】选项卡，【类型】：制图线符号；

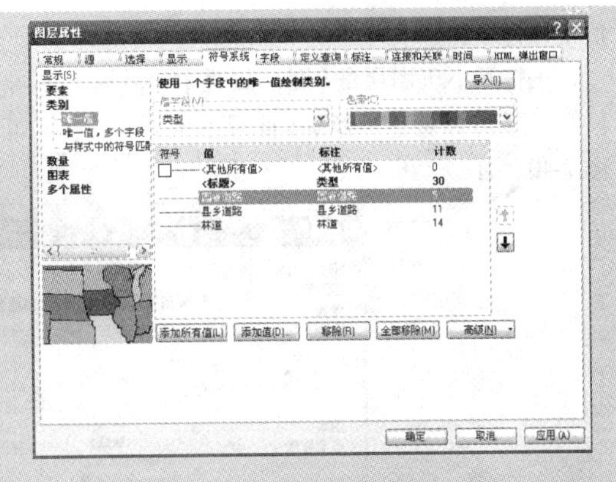

图 7-38　道路【图层属性】对话框

【颜色】：Medium Colar Light，【宽度】：2；【线端头】：平端头，【线连接】：圆形。

④在【图层】区域单击【添加图层】按钮，添加一个制图线图层，然后选中该图层，设置如下参数。

【制图线】选项卡，【颜色】：Fir Green，【宽度】：4；【线端头】：平端头，【线连接】：圆形。

⑤单击【确定】按钮，另存为“国省道路”，单击【确定】按钮，关闭【符号选择器】对话框。

⑥双击【符号】列表下的“县乡道路”符号，进入【符号选择器】对话框，单击【编辑符号】按钮，打开【符号属性编辑器】窗口，设置如下参数。

【制图线】选项卡，【类型】：制图线符号；【颜色】：Rose Quartz，【宽度】：1.5；【线端头】：平端头，【线连接】：圆形。

⑦在【图层】区域单击【添加图层】按钮，添加一个制图线图层，然后选中该图层，设置如下参数。

【制图线】选项卡，【类型】：制图线符号；【颜色】：Fir Green，【宽度】：3；【线端头】：平端头，【线连接】：圆形。

⑧单击【确定】按钮，另存为“县乡道路”，单击【确定】按钮，关闭【符号选择器】对话框。

⑨双击【符号】列表下的“林道”符号，进入【符号选择器】对话框，设置如下参数。

【颜色】：Cocoa Brown，【宽度】：2。

⑩另存为“林道”，单击【确定】按钮，关闭【符号选择器】对话框，设置结果如图 7-39 所示。

⑪单击【确定】按钮，完成道路图层符号设置。

7. 设置林地利用现状图小班图层符号

林地利用现状图小班图层符号设置采用唯一

值定性符号和修改符号。

①打开小班图层的【图层属性】对话框，单击【符号系统】标签，切换到【符号系统】选项卡，如图 7-40 所示。

②按图 7-40 设置对话框参数，同时将纯林、混交林和经济林进行组值，移除非林地，修改标注，并按照地类级别调整值的顺序。

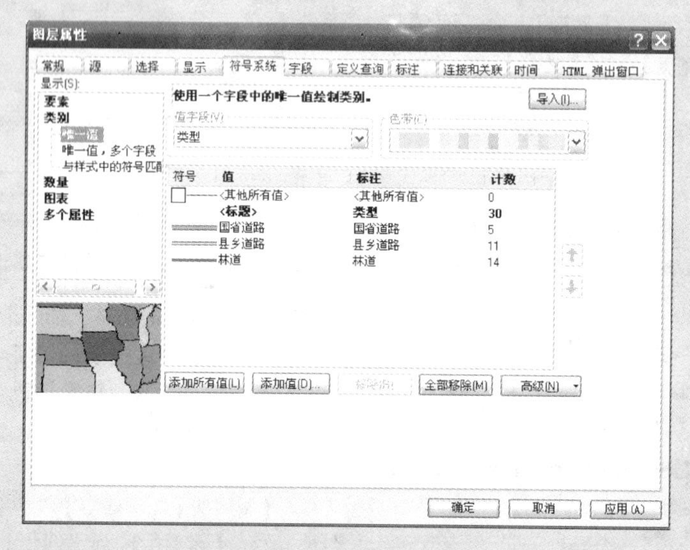

图 7-39　道路符号设置

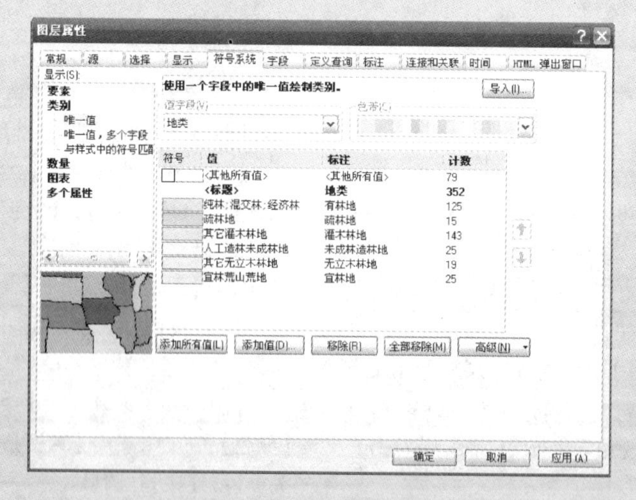

图 7-40　小班符号设置

③单击【确定】按钮，关闭【图层属性】对话框。

④右击【内容列表】中的小班图层标签下的每个符号→【更多颜色】按钮，打开【色彩选择器】窗口，如图 7-41 所示。

⑤按《林业地图图式》(LY/T 1821－2009)地类色标色值的要求赋值，轮廓线全部设置为 Dashed2：2，结果如图 7-42 所示。

8. 提取居名用地并设置符号

①单击菜单栏中的【选择】→【按属性选择】命令，打开【按属性选择】对话框，如图 7-43 所示。

②按图 7-43 设置对话框参数，单击【确定】按钮，完成选择，被选中的小班在地图显示窗口中高光显示。

③右击店儿上作业区小班图层→【数据】→【导出数据】命令，弹出【导出数据】对话框，如图 7-44 所示。

④在【导出数据】对话框中，选择导出【所选要素】，编辑文件输出路径和名称，点击【确定】按

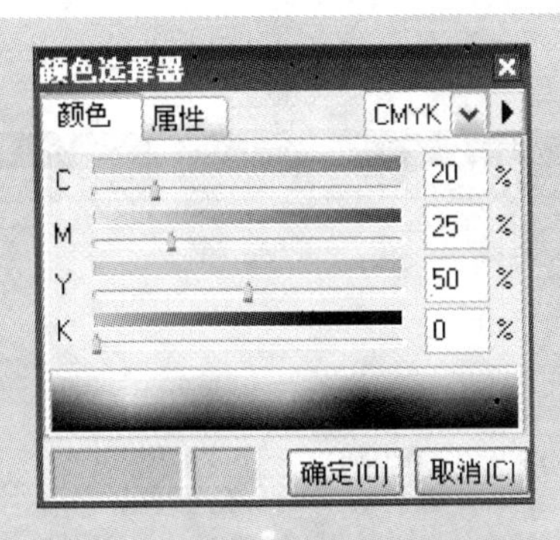

图 7-41　【颜色选择器】对话框

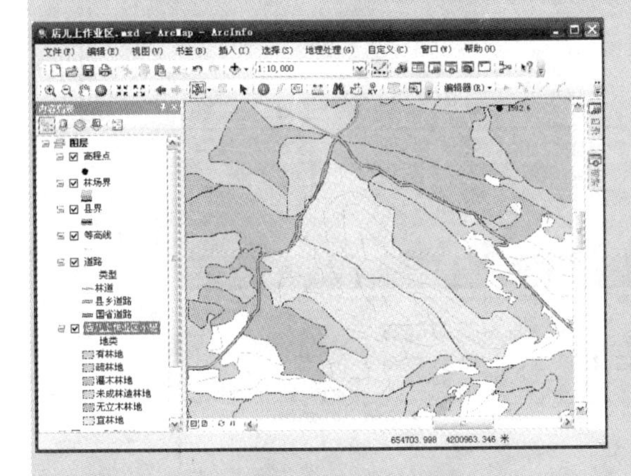

图 7-42　小班符号设置结果

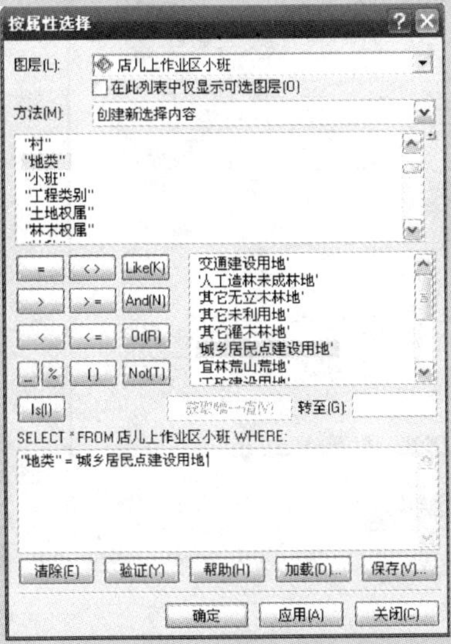

图 7-43　【按属性选择】对话框

钮，完成数据导出。

⑤右击【内容列表】中的居名用地图层标签下的符号→【更多颜色】按钮，打开【色彩选择器】窗口，如图 7-41 所示。设置如下参数：C5 K20。

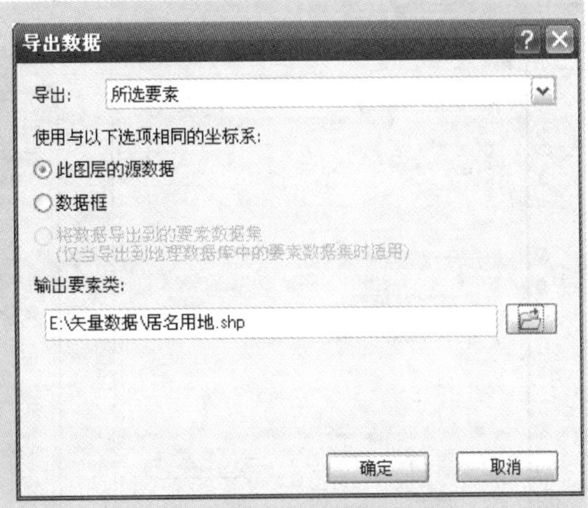

图 7-44　【导出数据】对话框

⑥单击【确定】按钮，完成颜色设置；轮廓线设置为 Dashed2：2。

9. 设置小班、居名用地注记

①双击小班图层，打开【图层属性】对话框，单击【标注】标签，切换到【标注】选项卡，如图 7-45 所示。

②单击【表达式】按钮，打开【标注表达式】对话框，如图 7-46 所示。

③按图 7-45 和图 7-46 设置对话框参数，单击【确定】按钮，完成小班图层注记。

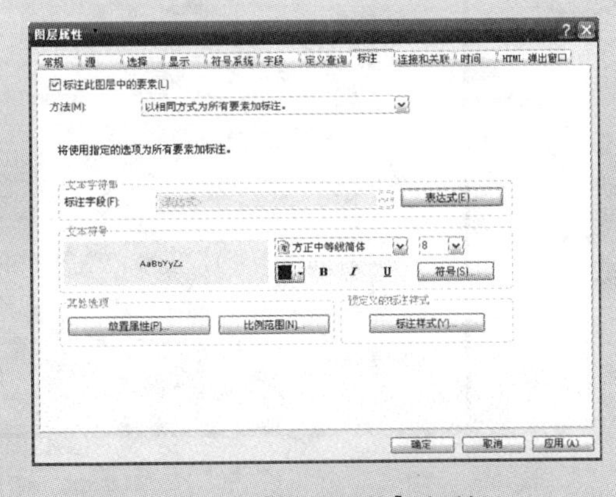

图 7-45　【图层属性】对话框

④按图 7-47 设置居名用地【图层属性】对话框参数，单击【确定】按钮，完成居名用地图层注记，结果如图 7-48 所示。

10. 保存符号设置结果

在【文件】菜单下点击【保存】命令，在弹出菜单中输入【文件名】，单击【确定】按钮，所有图层符号设置都将保存在该地图文档中。

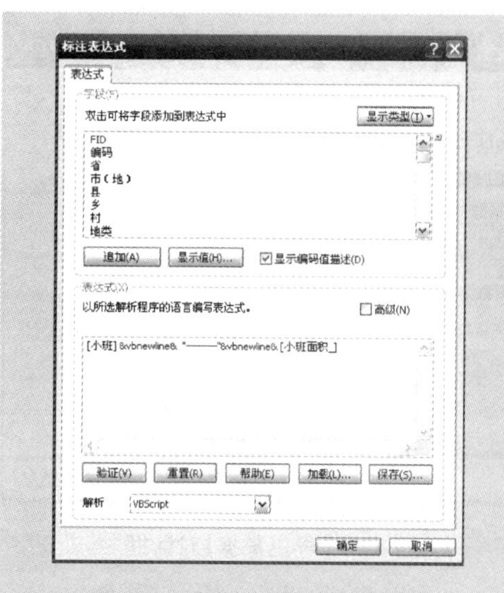

图7-46　【标注表达式】对话框

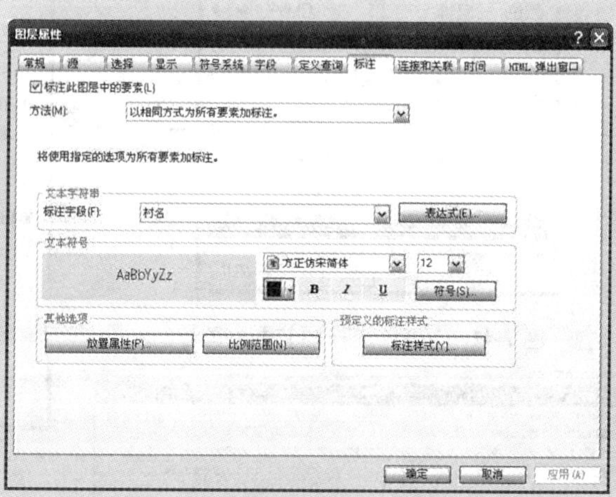

图7-47　【图层属性】对话框

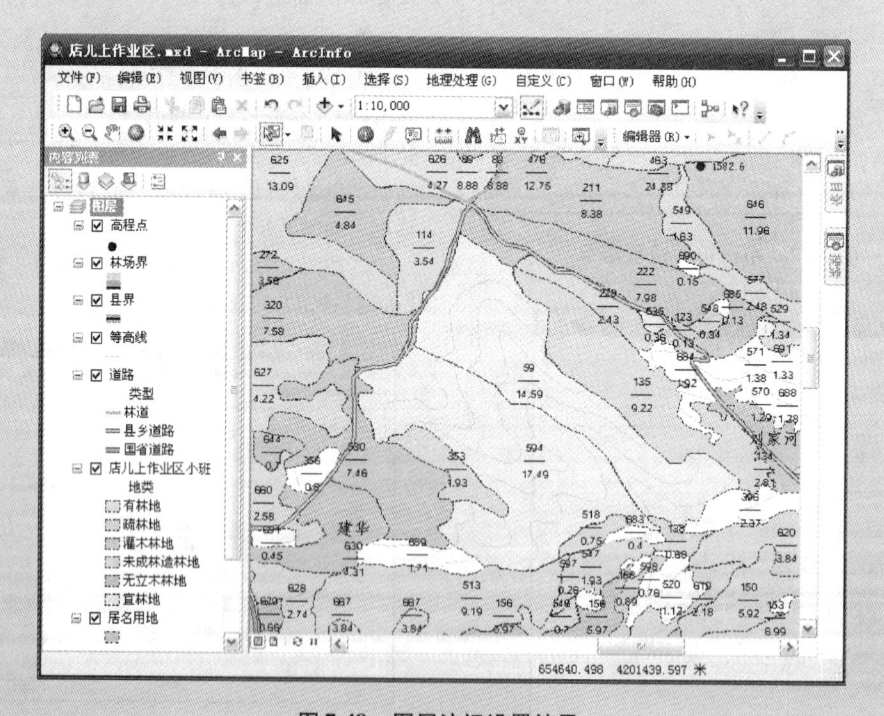

图7-48　图层注记设置结果

→成果提交

作出书面报告，包括任务实施过程和结果以及心得体会，具体内容如下：

1. 简述林业专题图符号设置与制作的任务实施过程，并附上每一步的结果影像。
2. 回顾任务实施过程中的心得体会，遇到的问题及解决方法。

任务2

林业专题地图制图与输出

→任务描述

为了能够制作出符合要求的地图并将所有的信息表达清楚，满足生产和生活的需求，需要根据地图数据比例尺大小设置页面大小、页面方向、图框大小等，同时还需要添加图名、比例尺、图例、指北针等一系列辅助要素，并将制作好的专题图进行打印或输出，本任务将从这些方面学习林业专题地图制图与输出。

→任务目标

经过学习和训练，能够熟练运用ArcMap软件通过版面设置、地图整饰、绘制坐标网格和打印输出地图几个步骤，完成林业专题图的制作。

→知识准备

专题图编制是一个非常复杂的过程，前面两个项目的内容，包括上一个任务“林业空间数据符号化”，都是为专题图的编制准备地理数据的。然而，要将准备好的地图数据，通过一幅完整的地图表达出来，将所有的信息传递出来，满足生产、生活中的实际需要，这个过程涵盖了很多内容，包括版面纸张的设置、制图范围的定义、制图比例尺的确定、图名、图例、坐标格网的添加等。

7.2.1 制图版面设置

7.2.1.1 版面尺寸设置

ArcMap窗口包括数据视图和布局视图，正式输出地图之前，应该首先进入布局视图，按照地图的用途，比例尺，打印机的型号等来设置版面的尺寸。若没有进行设置，系统会应用它默认的纸张尺寸和打印机。版面尺寸设置的操作步骤如下：

①单击【视图】菜单下的【布局视图】命令，进入布局视图。

②在ArcMap窗口布局视图中当前数据框外单击鼠标右键，弹出针对整个页面的布局视图操作快捷菜单，选择【页面和打印设置】命令，打开【页面和打印设置】对话框，如图7-49所示。

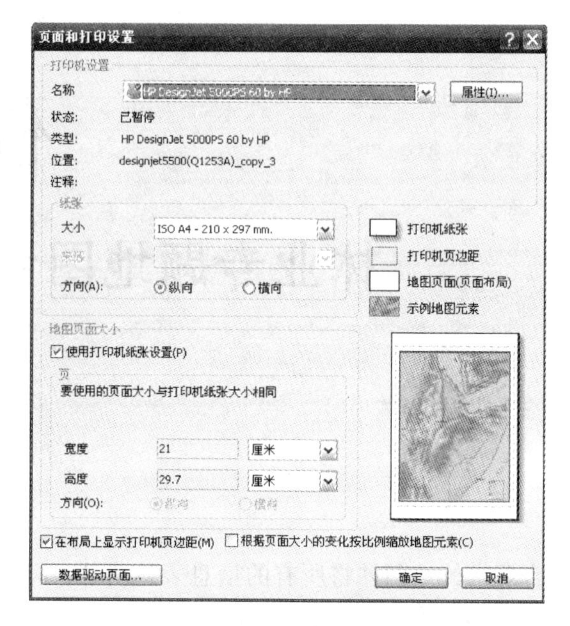

图 7-49 【页面和打印设置】对话框

③在【名称】下拉列表中选择打印机的名字。【纸张】选项组中选择输出纸张的类型：A4。如在【地图页面大小】选项组中选择了【使用打印机纸张设置】选项，则【纸张】选项组中默认尺寸为该类型的标准尺寸，方向为该类型的默认方向。若不想使用系统给定的尺寸和方向，可以在【大小】下拉列表中选择用户自定义纸张尺寸，去掉【使用打印机纸张设置】选项前面的勾，在【宽度】和【高度】中输入需要的尺寸以及单位。【方向】可选横向或者纵向。

④选择【在布局上显示打印机页边距】选项，则在地图输出窗口上显示打印边界，选择【根据页面大小的变化按比例缩放地图元素】选项，则使得纸张尺寸自动调整比例尺。注意选择【根据页面大小的变化按比例缩放地图元素】选项的话，无论如何调整纸张的尺寸和纵横方向，系统都将根据调整后的纸张参数重新自动调整地图比例尺，如果想完全按照自己的需要来设置地图比例尺就不要选择该选项。

⑤单击【确定】按钮，完成设置。

7.2.1.2 辅助要素设置

为了便于编制输出地图，ArcMap 提供了多种地图输出编辑的辅助要素，如标尺、参考线、格网、页边距等，用户可以灵活的应用这些辅助要素，使地图要素排列得更加规则。

(1)标尺

标尺显示了最终打印地图上页面和地图元素的大小。标尺的应用包括设置标尺功能的开关、设置自动捕捉标尺以及设置标尺单位等。

①标尺功能开关　在 ArcMap 窗口布局视图当前数据框外单击鼠标右键，弹出针对整个页面的布局视图操作快捷菜单，选择【标尺】→【标尺】命令(默认状态下，标尺是打开的，再次单击就关闭)。

②标尺捕捉开关　在弹出针对整个页面的布局视图操作快捷菜单中，选择【标尺】→

【捕捉到标尺】命令，标尺捕捉打开时，命令前有√标志；再次单击就关闭，√标志消失。

③*标尺单位设置*　在弹出针对整个页面的布局视图操作快捷菜单中，选择【ArcMap 选项】命令，打开【ArcMap 选项】对话框，如图 7-50 所示，选择【布局视图】标签，打开【布局视图】选项卡，在【标尺】选项组的【单位】下拉列表框中确定标尺单位为“厘米”，【最小主刻度】下拉列表框中设置标尺最小主刻度为“0. 1cm”。

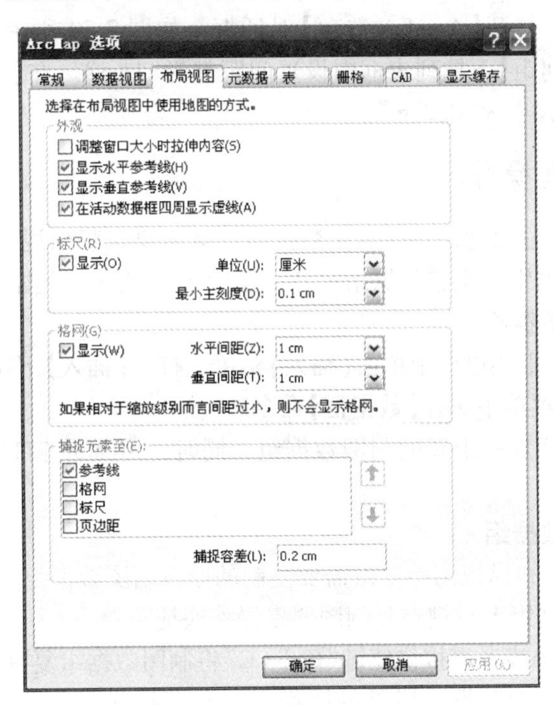

图 7-50　【ArcMap 选项】对话框

(2)参考线

参考线是用户用来对齐页面上地图元素的捷径。参考线的应用包括设置参考线功能的开关、设置参考线自动捕捉、增删参考线以及移动参考线等。

①*参考线功能的开关*　在 ArcMap 窗口布局视图当前数据框外单击鼠标右键，弹出针对整个页面的布局视图操作快捷菜单，选择【参考线】→【参考线】命令，打开参考线功能，再次单击就关闭。

②*参考线捕捉开关*　在弹出针对整个页面的布局视图操作快捷菜单中，选择【参考线】→【捕捉到参考线】命令，参考线捕捉打开时，命令前有√标志；再次单击就关闭，√标志消失。

③*增删、移动参考线*　在 ArcMap 窗口布局视图中将鼠标指针放在标尺上单击左键，就会在当前位置增加一条参考线；将鼠标指针放在标尺中参考线箭头上按住鼠标左键拖动，可以移动参考线；在标尺中参考线箭头上单击鼠标右键，打开辅助要素快捷菜单，选择【清除参考线】或【清除所有参考线】命令，删除一条或所有参考线。

(3)格网

格网是用户用来放置地图元素的参考格点。格网操作包括设置格网的开关、设置格网大小和设置捕捉误差等。

①格网功能的开关　在 ArcMap 窗口布局视图当前数据框外单击鼠标右键，弹出针对整个页面的布局视图操作快捷菜单，选择【格网】→【▦格网】命令，打开或关闭格网。

②格网捕捉开关　在弹出针对整个页面的布局视图操作快捷菜单中，选择【格网】→【捕捉到格网】命令，格网捕捉打开时，命令前有√标志；再次单击就关闭，√标志消失。

③格网大小与捕捉容差设置　在弹出针对整个页面的布局视图操作快捷菜单中，选择【ArcMap 选项】命令，打开【ArcMap 选项】对话框，如图 7-50 所示，在【格网】选项组的【水平间距】和【垂直间距】下拉列表框中设置间距都为“1cm”。在【捕捉容差】文本框中设置地图要素捕捉容差大小为“0. 2cm”。

7. 2. 2　制图数据操作

如果一幅 ArcMap 输出地图包含若干数据组，就需要在版面视图直接操作数据，比如增加数据组、复制数据组、调整数据组尺寸以及生成数据组定位图等。

7. 2. 2. 1　增加地图数据组

①在 ArcMap 窗口主菜单栏中单击【插入】菜单，打开【插入】下拉菜单。

②在【插入】下拉菜单中选择【数据框】命令。

③地图显示窗口增加一个新的制图数据组，同时，ArcMap 窗口内容列表中也增加一个“新建数据框”。

7. 2. 2. 2　复制地图数据组

①在 ArcMap 窗口布局视图中单击需要复制的原有制图数据组。

②在原有制图数据组上右键打开制图要素操作快捷菜单。

③单击【复制】命令或者直接快捷键“Ctrl + C”将制图数据组复制到剪贴板。

④鼠标移至选择制图数据组以外的图面上，右键打开图面设置快捷菜单，单击【粘贴】命令或者直接快捷键“Ctrl + V”将制图数据粘贴到地图中。

⑤地图显示窗口增加一个复制数据组，同时，内容列表中也增加一个“数据框”。

7. 2. 2. 3　旋转地图数据组

在实际应用中，有时候可能会对输出的制图数据组进行一定角度的旋转，以满足某种制图效果。当然，对制图数据的旋转，只是对输出图面要素进行的，并不改变所有对应的原始数据层。具体操作步骤如下：

①在 ArcMap 窗口主菜单条中单击【自定义】菜单下的【工具条】命令，打开【数据框工具】工具条，如图 7-51 所示。

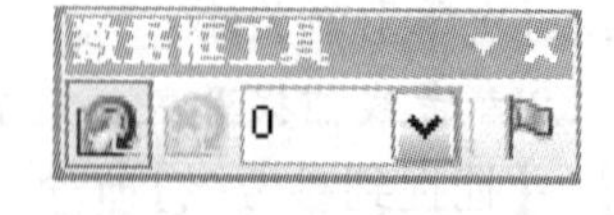

图 7-51　【数据框工具】工具条

②在工具条上单击旋转数据框按钮。

③将鼠标移至版面视图中需要旋转的数据组上，左键拖放旋转。如果要取消刚才的旋转操作，只需要单击清除旋转按钮。

7. 2. 3　专题地图整饰操作

一幅完整的地图除了包含反映地理数据的线及色彩要素以外，还必须包含与地理数据相关的一系列辅助要素，比如图名、比例尺、图例、指北针、统计图表等。用户可以通过地图整饰操作来管理上述辅助要素。

7.2.3.1　图名的放置与修改

①在 ArcMap 窗口主菜单上单击【插入】→【Title标题】命令，打开【插入标题】对话框。

②在【插入标题】对话框的文本框中输入所需要的地图标题。

③单击【确定】按钮，关闭【插入标题】对话框，一个图名矩形框出现在布局视图中。

④将图名矩形框拖放到图面合适的位置。

⑤可以直接拖拉图名矩形框调整图名字符的大小，或者鼠标双击图名矩形框，打开【属性】对话框，在【属性】对话框中调整图名的字体、大小等参数。

7.2.3.2　图例的放置与修改

图例符号对于地图的阅读和使用具有重要的作用，主要用于简单明了地说明地图内容的确切含义。通常包括两个部分：一部分用于表示地图符号的点线面按钮，另一部分是对地图符号含义的标注和说明。

(1)放置图例

①创建 ArcMap 文档，添加数据(位于“...\prj07\符号设置\data”)，单击【视图】菜单下的【布局视图】命令，打开布局视图。

②在 ArcMap 窗口主菜单上单击【插入】菜单下的【图例】命令，打开【图例向导】对话框，如图 7-52 所示。

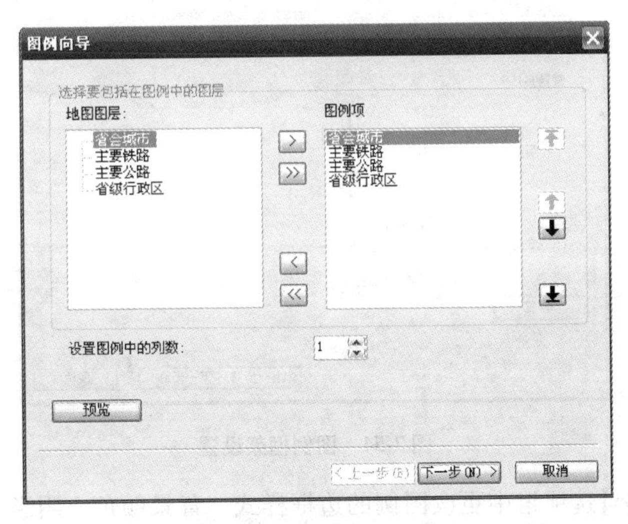

图 7-52　【图例向导】对话框

③选择【地图图层】列表框中的数据层，使用右向箭头将其添加到【图例项】中。通过向上、向下方向箭头调整图层顺序，也就是调整数据层符号在图例中排列的上下顺序。

④如果图例按照一列排列，在【设置图例中的列数】数值框中输入 1，单击【下一步】按钮，进入到图 7-53 所示对话框。

⑤在【图例标题】文本框中填入图例标题，在【图例标题字体属性】选项组中可以更改标题的颜色，字体，大小以及对齐方式等，单击【下一步】按钮，进入到图 7-54 所示对话框。

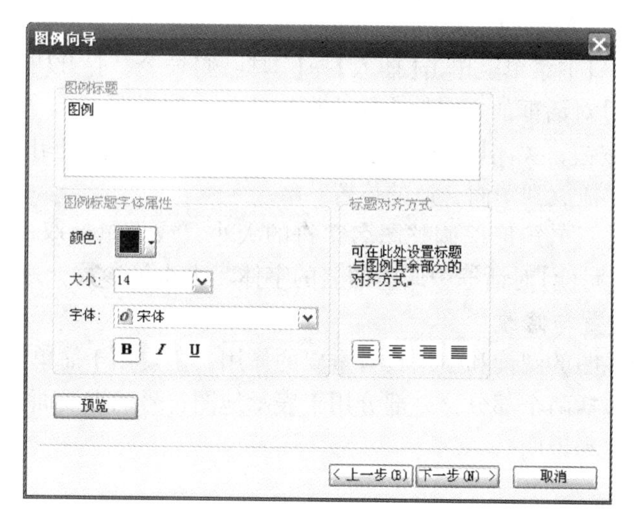

图7-53 图例标题设置

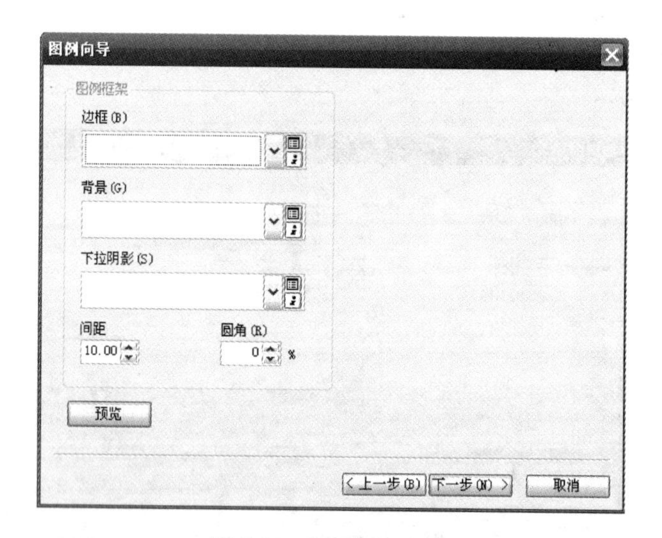

图7-54 图例框架设置

⑥在【图例框架】选项组中更改图例的边框样式、背景颜色、阴影等。完成设置后单击【预览】按钮，可以在版面视图上预览到图例的样子。

⑦单击【下一步】按钮，进入到图7-55所示对话框。

⑧选择【图例项】列表中的数据层，在【面】选项卡设置其属性：宽度(图例方框宽度)：28.00；高度(图例方框高度)：14.00；线(轮廓线属性)和面积(图例方框色彩属性)。单击【预览】按钮，可以预览图例符号显示设置效果，单击【下一步】按钮，进入到图7-56所示对话框。

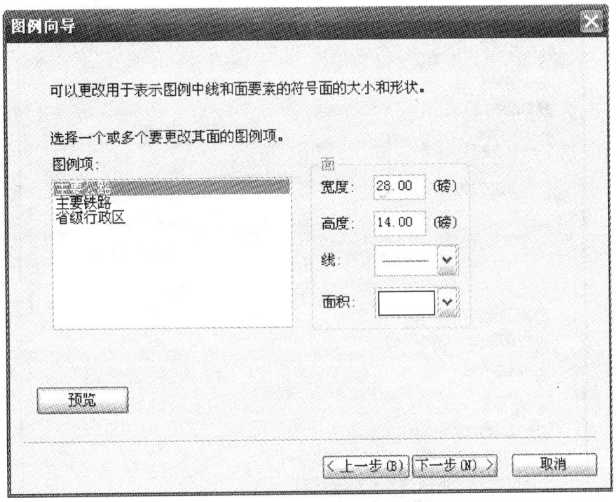

图 7-55　图例项设置

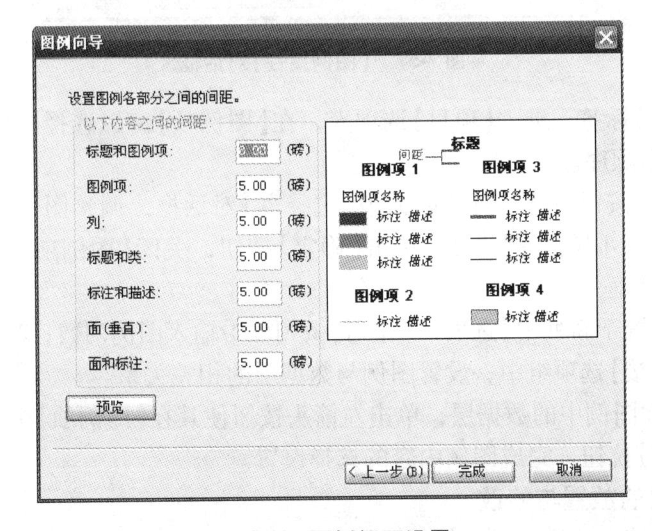

图 7-56　图例间距设置

⑨在【以下内容之间的间距】选项组中，依次设置图例各部分之间的距离。

⑩单击【预览】按钮，可以预览图例符号显示设置效果。单击【完成】按钮，关闭对话框，图例符号及其相应的标注与说明等内容放置在地图版面中。

⑪单击刚刚放置的图例，并按住左键移动，将其拖放到更合适的位置。如果对图例的图面效果不太满意，可以双击图例，打开【图例属性】对话框，进一步调整参数。

(2)图例内容修改

①双击图例，打开【图例属性】对话框，如图 7-57 所示。

图 7-57 【图例属性】对话框

②单击【项目】标签，进入【项目】选项卡，在【图例项】窗口选择图层，可以通过上下箭头按钮调整显示顺序。

③单击【样式】按钮，可以打开【图例项选择器】对话框，调整图例的符号类型，可以使不同数据层具有不同的图例符号，单击【确定】按钮，关闭【图例项选择器】对话框，返回【图例属性】对话框。

④单击选择【置于新列中】选项，在【列】微调框中输入图例列数：2。

⑤在【地图连接】选项组中，设置图例与数据层的相关关系。

⑥如果要删除图例中的数据层，单击左箭头按钮使其在【图例项】中消失。

⑦单击【确定】拉钮，完成图例内容的选择设置。

7.2.3.3 比例尺的放置与修改

在 ArcMap 系统中，比例尺有数字比例尺和图形比例尺两种，数字比例尺能够非常精确地表达地理要素与所代表的地物之间的定量关系，但不够直观，而且随着地图的变形与缩放，数字比例尺标注的数字是无法相应变化的，无法直接用于地图的量测；而图形比例尺虽然不能精确地表达制图比例，但可以用于地图量测，而且随地图本身的变形与缩放一起变化。由于两种比例尺标注各有优缺，所以在地图上往往同时放置两种比例尺。

(1)图形比例尺

①在 ArcMap 窗口主菜单上单击【插入】下拉菜单下的【比例尺】命令，打开【比例尺选择器】对话框，如图 7-58 所示。

②在比例尺符号类型窗口选择比例尺类型：Alternating Scale Bar1，单击【属性】按钮，打开【比例尺】对话框，如图 7-59 所示。

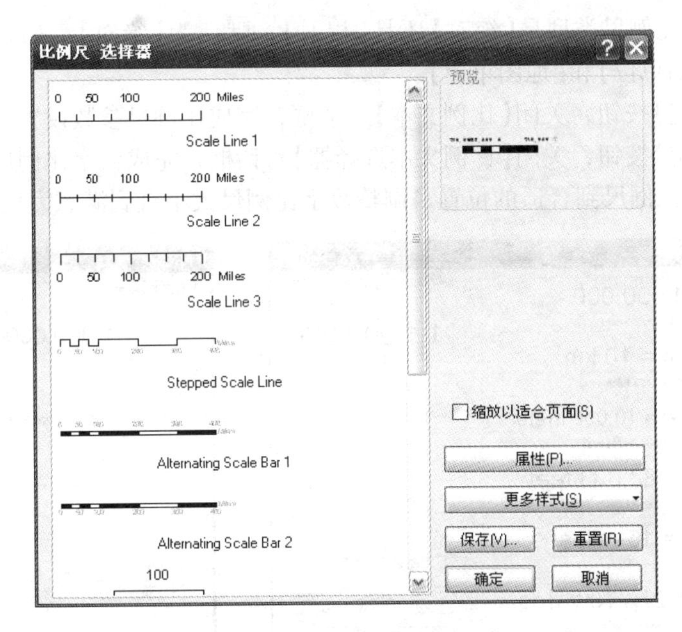

图 7-58　【比例尺选择器】对话框

③单击【比例和单位】标签，进入【比例和单位】选项卡。

④在【主刻度数】数值框和【分刻度数】数值框中分别输入 2 和 4。

⑤在【调整大小时】下拉框中选择"调整分割值"。

⑥在【主刻度单位】下拉框中选择比例尺划分单位为"千米"。

⑦在【标注位置】下拉框中选择数值单位标注位置为"条之后"。

⑧在【间距】微调框中设置标注与比例尺图形之间距离为"3pt"。

⑨单击【确定】按钮，关闭【比例尺】对话框，完成比例尺设置。

⑩单击【确定】按钮，关闭【比例尺选择器】对话框，初步完成比例尺放置。

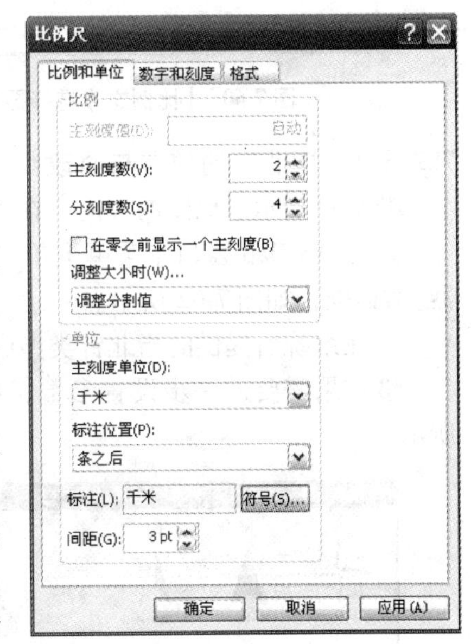

图 7-59　【比例尺】对话框

⑪任意移动比例尺图形到合适的位置。另外，可以双击比例尺矩形框，打开相应的图形比例尺属性对话框，修改图形比例尺的相关参数。

(2)数字比例尺

①在 ArcMap 窗口主菜单上单击【插入】菜单下的【1:n比例文本】命令，打开【比例文本选择器】对话框，如图 7-60 所示。

②在系统所提供的数字比例尺类型中选择一种。

③如果需要进一步设置参数，单击【属性】按钮，打开【比例文本】对话框，如图 7-61 所示。

④首先选择比例尺类型是【绝对】还是【相对】，默认为【绝对】。如果选择相对类型，还需要确定【页面单位】和【地图单位】。

⑤单击【确定】按钮，关闭【比例文本】对话框，完成比例尺参数设置。

⑥单击【确定】按钮，关闭【比例文本选择器】对话框，完成数字比例尺设置。

⑦移动数字比例尺到合适的位置，调整数字比例尺大小直到满意为止。

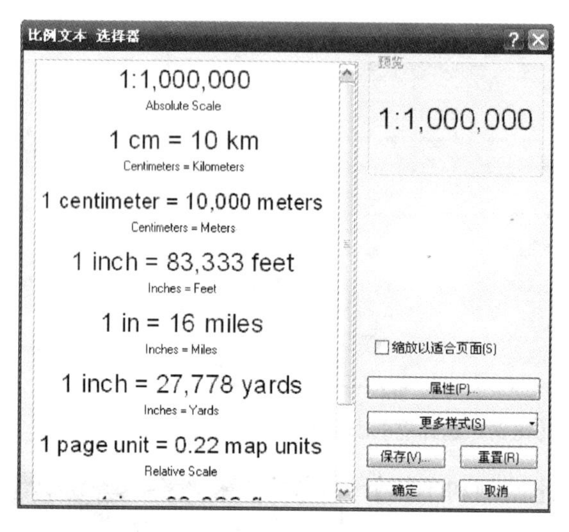

图 7-60 【比例文本选择器】对话框图

图 7-61 【比例文本】对话框

7.2.3.4 指北针的放置与修改

指北针指示了地图的方向，在 ArcMap 系统中可通过以下步骤添加指北针。

①在 ArcMap 窗口主菜单上单击【插入】菜单下的【指北针】命令，打开【指北针选择器】对话框，如图 7-62 所示。

②在系统所提供的指北针类型中选一种。这里选择 ESRI North 3。

③如果需要进一步设置参数，单击【属性】按钮，打开【指北针】对话框，如图 7-63 所示。

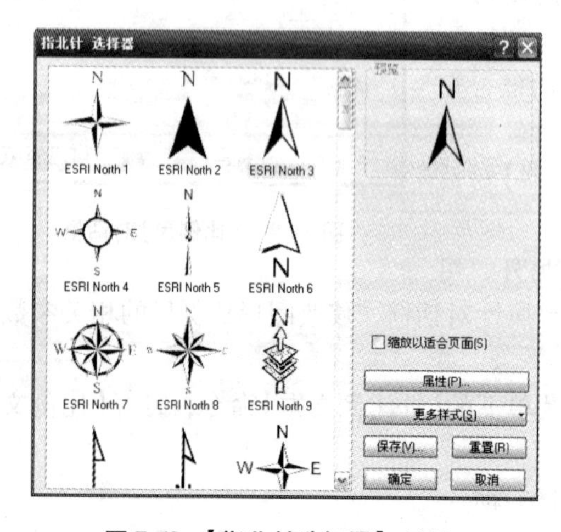

图 7-62 【指北针选择器】对话框

图 7-63 【指北针】对话框

④在【常规】区域中，确定指北针的大小为“72”；确定指北针的颜色为“黑色”；确定指北针的旋转角度为“0”。

⑤单击【确定】按钮，关闭指北针对话框。

⑥单击【确定】按钮，关闭【指北针选择器】对话框，完成指北针放置。

⑦移动指北针到合适的位置，调整指北针大小直到满意为止。

7.2.3.5　图框与底色设置

ArcMap 输出地图中也可以由一个或多个数据组构成。如果输出地图中只含有一个数据组，则所设置的图框与底色就是整幅图的图框与底色。如果输出地图中包含若干数据组，则需要逐个设置，每个数据组可以有不同的图框与底色。

①在需要设置图框的数据组上右键打开快捷菜单，单击【属性】选项，打开【数据框属性】对话框，如图 7-64 所示。

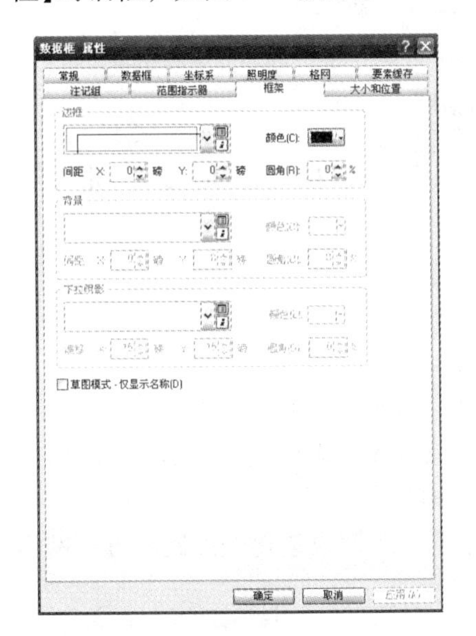

图 7-64　【数据框属性】对话框图

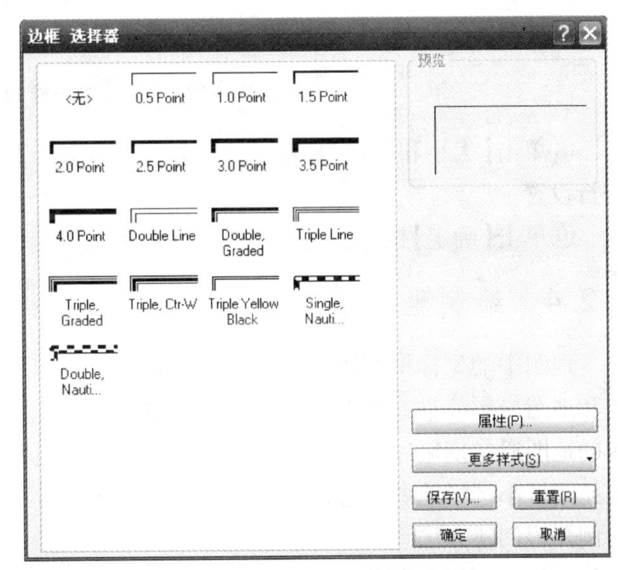

图 7-65　【边框选择器】对话框

②单击【框架】标签，进入【框架】选项卡。

③首先，调整图框的形式，在【边框】选项组单击样式选择器按钮，打开【边框选择器】对话框，如图 7-65 所示。

④选择所需要的图框类型，如果在现有的图框样式中没有找到合适的，可以单击【属性】按钮，改变图框的颜色和双线间距，也可以单击【更多样式】获得更多的样式以供选择。

⑤单击【确定】按钮，返回【数据框属性】对话框，继续底色的设置。在【背景】下拉列表中选择需要的底色，若没有选择到合适的底色，单击【背景】选项组中的样式选择器按钮，打开【背景选择器】对话框，如图 7-66 所示。

⑥如果在【背景选择器】中选择不到合适的底色，可以单击【更多样式】按钮，获取更多样式。

⑦在【下拉阴影】选项组中调整数组阴影，在下拉框中选择所需要的阴影颜色，跟调整底色方法类似。

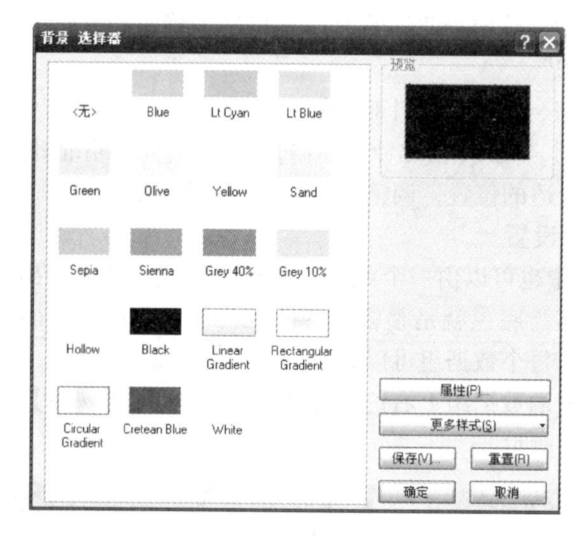

图7-66 【背景选择器】对话框

⑧单击【大小和位置】标签，进入【大小和位置】选项卡。可以对数据框的大小和位置进行设置。

⑨单击【确定】按钮，完成图框和底色的设置。

7.2.4 绘制坐标格网

地图中的坐标格网属于地图的三大要素之一，是重要的要素组成，反映地图的坐标系统和地图投影信息。根据不同制图区域的大小，将坐标格网分为3种类型：小比例尺大区域的地图通常使用经纬网；中比例尺中区域地图通常使用投影坐标格网，又称方里格网；大比例尺小区域地图，通常使用千米格网或索引参考格网。下面以创建经纬网和方里网格为例介绍创建方法。

7.2.4.1 经纬网设置

①在需要放置地理坐标格网的数据组上右键打开【数据框属性】对话框，单击【格网】标签进入【格网】选项卡，如图7-67所示。

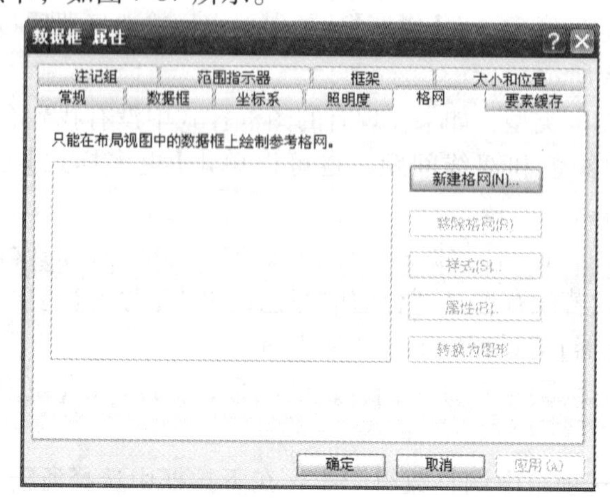

图7-67 【数据框属性(格网)】对话框

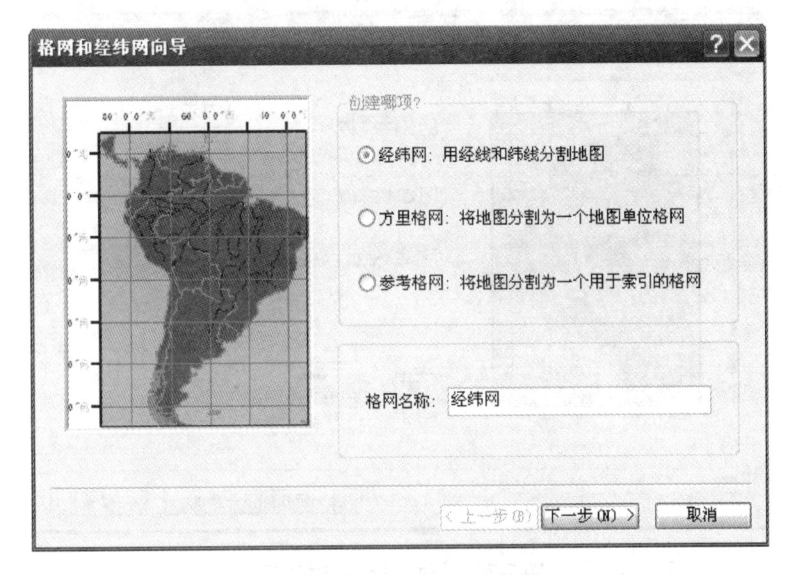

图 7-68　【格网和经纬网向导】对话框

②单击【新建格网】按钮，打开【格网和经纬网向导】对话框，如图 7-68 所示。

③选择【经纬网】单选按钮。在【格网名称】文本框中输入坐标格网的名称。

④单击【下一步】按钮，打开【创建经纬网】对话框，如图 7-69 所示。

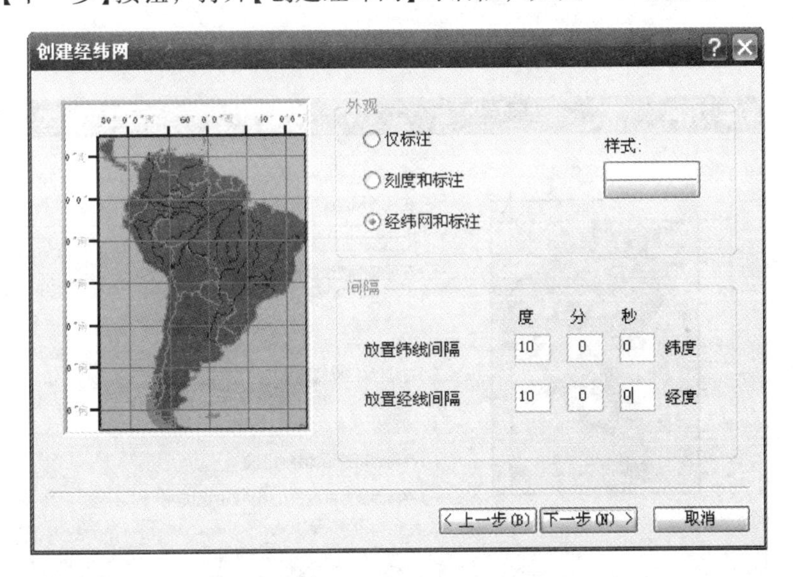

图 7-69　【创建经纬网】对话框

⑤在【外观】选项组选择【经纬网和标注】单选按钮。在【间隔】选项组输入经纬线格网的间隔，【纬线间隔】文本框中输入“10 度 0 分 0 秒”；【经线间隔】文本框中输入“10 度 0 分 0 秒”。

⑥单击【下一步】按钮，打开【轴和标注】对话框，如图 7-70 所示。

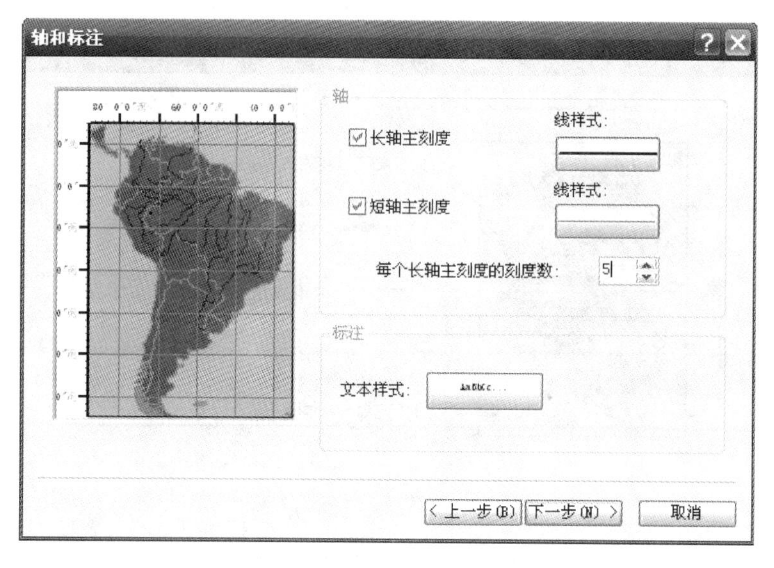

图7-70 【轴和标注】对话框

⑦在【轴】选项组，选中【长轴主刻度】和【短轴主刻度】复选框。单击【长轴主刻度】和【短轴主刻度】后面的【线样式】按钮，设置标注线符号。在【每个长轴主刻度的刻度数】数值框中输入主要格网细分数为“5”。单击【标注】选项组中【文本样式】按钮，设置坐标标注字体参数。

⑧单击【下一步】按钮，打开【创建经纬网】对话框，如图7-71所示。

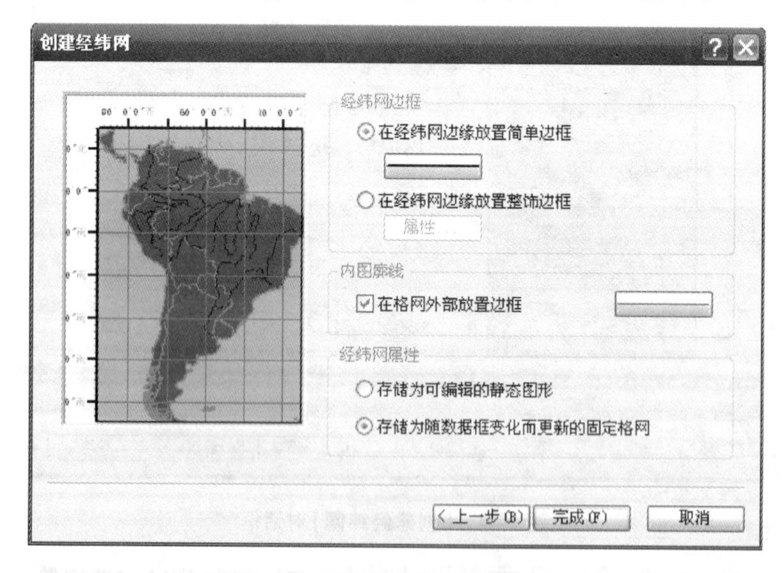

图7-71 【创建经纬网】对话框

⑨在【经纬网边框】选项组中选择【在经纬网边缘放置简单边框】单选按钮；在【内图廓线】选项组中选中【在格网外部放置边框】复选框；在【经纬网属性】选项组中选择【储存为随数据框变化而更新的固定格网】单选按钮。

⑩单击【完成】按钮，完成经纬网的设置，返回【数据框属性】对话框，所建立的经纬网文件显示在列表。

⑪单击【确定】按钮，经纬网出现在版面视图中。

7.2.4.2 方里格网设置

①在需要放置地理坐标格网的数据组上右键打开【数据框属性】对话框，单击【格网】标签进入【格网】选项卡，如图7-64所示。

②单击【新建格网】按钮，打开【格网和经纬网向导】对话框，如图7-72所示。选择【方里格网】单选按钮在【格网名称】文本框中输入坐标格网的名称。

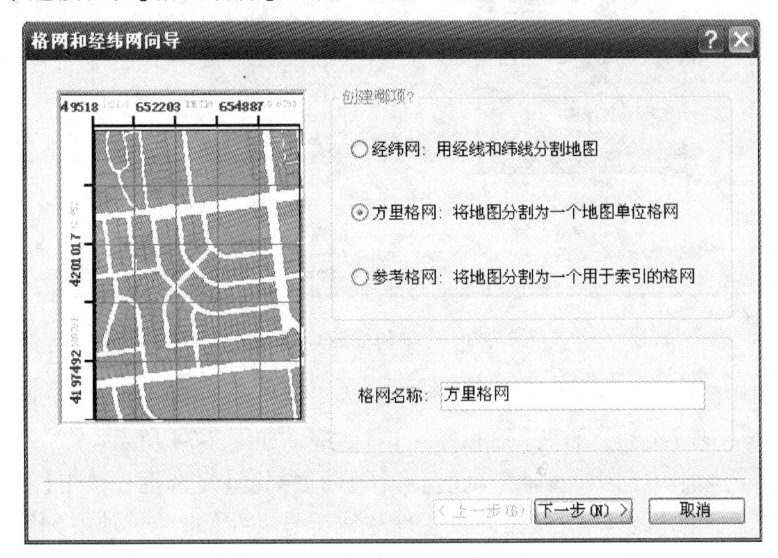

图7-72 【格网和经纬网向导】对话框

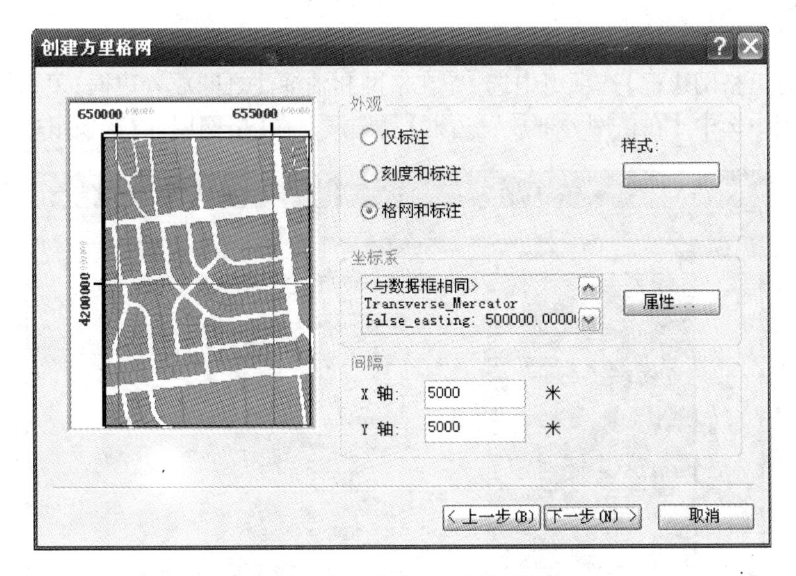

图7-73 【创建方里格网】对话框

③单击【下一步】按钮，打开【创建方里格网】对话框，如图7-73所示。

④在【外观】选项组中选择【格网和标注】单选按钮(若选择【仅标注】，则只放置坐标标注，而不绘制坐标格网；若选择【刻度和标注】，只绘制格网线交叉十字及标注)；在

图 7-74　【轴和标注】对话框

【间隔】选项组中的【X 轴】和【Y 轴】文本框中输入千米格网的间隔都为“5000”。

⑤单击【下一步】按钮，打开【轴和标注】对话框，如图 7-74 所示。

⑥在【轴】选项组中选中【长轴主刻度】和【短轴主刻度】复选框；单击【长轴主刻度】和【短轴主刻度】后面的【线样式】按钮，设置标注线符号。在【每个长轴主刻度的刻度数】数值框中输入主要格网细分数为“5”；单击【标注】选项组中【文本样式】按钮，设置坐标标注字体参数。

⑦单击【下一步】按钮，打开【创建方里格网】对话框，如图 7-75 所示。

⑧在【方里格网边框】选项组中选中【在格网和轴标注之间放置边框】复选框；在【内图廓线】选项组中选中【在格网外部放置边框】复选框；在【格网属性】选项组中选择【储存为

图 7-75　【创建方里格网】对话框

随数据框变化而更新的固定格网】单选按钮。

⑨单击【完成】按钮，完成方里格网设置，返回【数据框属性】对话框，所建立的方里格网文件显示在列表中。

⑩单击【确定】按钮，方里格网出现在布局视图。

当对所创建的经纬网和方里格网不满意时，可在【数据框属性】对话框中单击列表中的经纬网或方里格网名称，然后单击【样式】或【属性】按钮，修改经纬网或方里格网的相关属性；单击【移除格网】按钮，可以将经纬网或方里格网移除；单击【转换为图形】按钮，可将经纬网或方里格网转换为图形元素。

7.2.5　地图输出

编制好的地图通常按两种方式输出：一种是借助打印机或绘图机打印输出，另外一种是转换成通用格式的栅格图形，以便于在多种系统中应用。对于打印输出，关键是要选择设置与编制地图相对应的打印机或绘图机；而对于格式转换输出数字地图，关键是设置好满足需要的栅格采样分辨率。

7.2.5.1　地图打印输出

打印输出首先需要设置打印机或者绘图机及其纸张尺寸，然后进行打印预览，通过打印预览就可以发现是否可以完全按照地图纸制过程中所设置的那样，打印输出地图。如果要打印的地图小于打印机或绘图仪的页面大小，则可以直接打印或选择更小的页面打印；如果打印的地图大于打印机或绘图仪的页面大小，则可以采用分幅打印或者强制打印。

(1)地图分幅打印

①在 ArcMap 窗口主菜单上单击【文件】菜单下的【打印】命令，打开【打印】对话框，如图 7-76 所示。

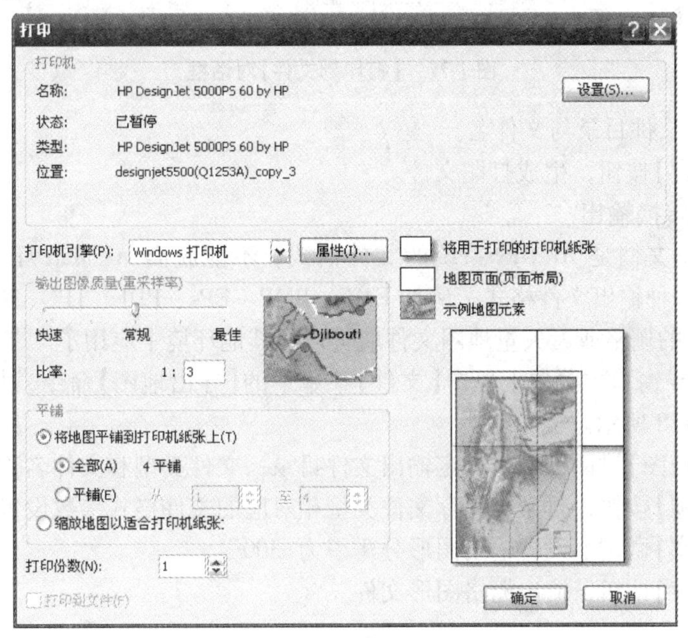

图 7-76　【打印】对话框

②单击【设置】按钮，设置打印机或绘图仪型号以及相关参数。

③单击【将地图平铺到打印机纸张上】单选按钮，选中【全部】单选按钮。

④根据需要在【打印份数】微调框输入打印份数。

⑤单击【确定】按钮，提交打印机打印。

(2)地图强制打印

①在ArcMap窗口主菜单上单击【文件】菜单下的【打印】命令，打开【打印】对话框，如图7-76所示。

②单击【缩放地图以适合打印机纸张】单选按钮。

③选中【打印到文件】复选框。

④单击【确定】按钮，执行上述打印设置，打开【打印到文件】对话框，如图7-77所示。

图7-77 【打印到文件】对话框

⑤确定打印文件目录与文件名。

⑥单击【保存】按钮，生成打印文件。

7.2.5.2 地图转换输出

ArcMap地图文档是ArcGIS系统的文件格式，不能脱离ArcMap环境来运行，但是ArcMap提供了多种输出文件格式，诸如EMF、BMP、EPs、PDF、1PG、TIF以及ArcPress格式，转换以后的栅格或者矢量地图文件就可以在其他环境中应用了。

①在ArcMap窗口主菜单上单击【文件】菜单下的【导出地图】命令，打开【导出地图】对话框，如图7-78所示。

②在【导出地图】对话框中，确定输出文件目录、文件类型和文件名称。

③单击【选项】按钮，打开与保存文件类型相对应的文件格式参数设置对话框。

④在【分辨率】微调框设置输出图形分辨率为“300”。

⑤单击【保存】按钮，输出栅格图形文件。

导出地图
保存在(I)：导出地图
Recent
桌面
我的文档
文件名(N)：店儿上作业区.jpg
保存类型(T)：JPEG (*.jpg)
保存(S)
取消
选项(O)
常规　格式
分辨率(R)：300 dpi
宽度(W)：3719 像素
高度(H)：2278 像素
写入坐标文件(D)

图 7-78　【导出地图】对话框

→任务实施

林地利用现状图的制作

一、目的与要求

通过页面和打印设置、地图整饰、图框设置、绘制方里格网等操作，使学生熟练掌握林业专题图的制作方法。

二、数据准备

高程点、林场界、县界、道路、等高线、店儿上作业区小班等矢量数据。

三、操作步骤

1. 打开 店儿上作业区 . mxd

启动 ArcMap，打开地图文档（位于“…\prj07\任务实施 7. 1\result”），如图 7-79 所示。

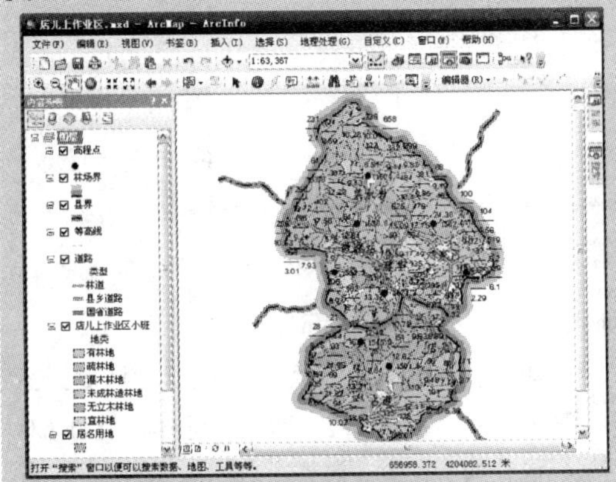

图 7-79　地图文档窗口

2. 固定比例尺

①在 ArcMap 窗口主菜单上单击【视图】菜单下的【数据框属性】按钮，打开【数据框属性】对话框；单击【数据框】标签进入【数据框】选项卡，如图 7-80 所示。

②按图 7-80 设置对话框参数；单击【确定】按钮，完成比例尺固定操作。

图 7-80　【数据框属性】对话框

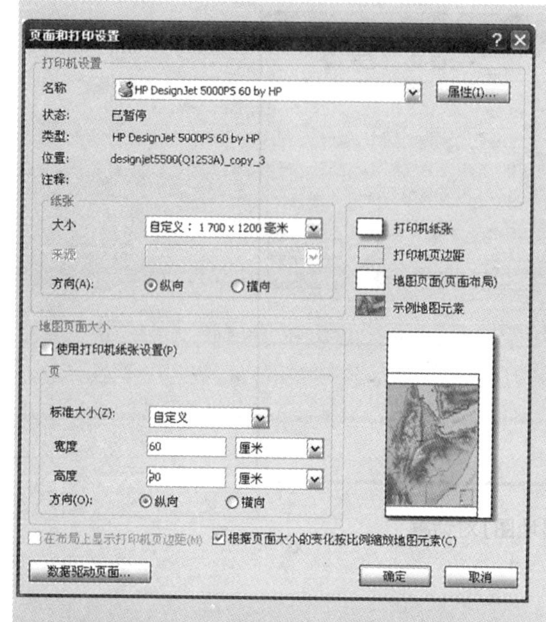

图7-81 【页面和打印设置】对话框

3. 页面和打印设置

①在ArcMap窗口主菜单中单击【文件】菜单下的【页面和打印设置】命令，打开【页面和打印设置】对话框，如图7-81所示。

②在【页面和打印设置】对话框中，选择“HP DesignJet 5000PS 60 by HP”打印机；通过【属性】设置纸张大小为“700mm×1200mm，在【大小】下拉列表中选择打印机设置好的纸张尺寸；去掉【使用打印机纸张设置】选项前面的勾，在【宽度】中输入数值“60”，【高度】中输入数值“90”，单位为“厘米”。【方向】选择为“纵向”。

③单击【确定】按钮，完成页面设置。

4. 页边距设置

①单击【视图】菜单下的【布局视图】命令，进入布局视图，如图7-82所示。

②在标尺上单击鼠标左键，增加4条参考线，参考线距离纸张边缘距离上：5cm；下：8cm；左：5cm；右：5cm。同时打开捕捉到参考线功能；选中当前数据框，调整数据框的大小，使数据框的4条边分别捕捉到4条参考线上。

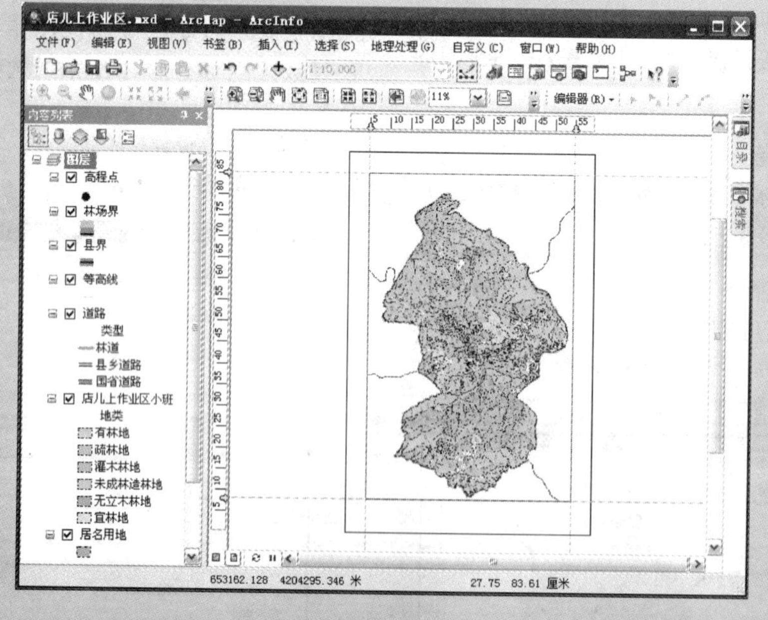

图7-82 页边距设置

5. 地图整饰

(1)放置图名

①在ArcMap窗口主菜单上单击【插入】→【Title标题】命令；在打开的【插入标题】对话框的文本框中输入地图标题“东山实验林场店儿上作业区林地利用现状图”。

②单击【确定】按钮，将图名矩形框拖放到图面合适的位置；双击图名矩形框，打开【属性】对话框，设置如下参数：调整图名的字体为“方正行楷简体”、颜色为“黑色”、大小为“70”并加粗。

(2)放置图例

①在 ArcMap 窗口主菜单上单击【插入】菜单下的【图例】命令，在打开【图例向导】对话框中选择【地图图层】列表框中的所有数据层，使用右向箭头将其添加到【图例项】中。通过向上、向下方向箭头调整图层顺序；【设置图例中的列数】为“1”；在【图例框架】选项组中更改图例的边框样式为“0. 5point”。

②单击【完成】按钮，关闭对话框；单击刚刚放置的图例，通过拖拉直接调整图例矩形框的大小，然后将其拖放到合适的位置。

(3)放置数字比例尺

①在 ArcMap 窗口主菜单上单击【插入】菜单下的【比例文本】命令，在打开【比例文本选择器】对话框中选择“Absolute Scale”数字比例尺类型。

②单击【属性】按钮，打开【比例文本】对话框，设置如下参数：选择比例尺类型为【绝对】，字体大小为“17”，同时加粗字体和加下划线。

③单击两次【确定】按钮，完成数字比例尺设置；移动数字比例尺到合适的位置。

(4)放置指北针

①在 ArcMap 窗口主菜单上单击【插入】菜单下的【指北针】命令，在打开【指北针选择器】对话框中选择“ESRI North 3”指北针类型。

②单击【属性】按钮，打开【指北针】对话框，设置如下参数：大小为“140”；颜色为“黑色”；旋转角度为“0”。

③单击两次【确定】按钮，完成指北针放置；移动指北针到合适的位置。

(5)放置编制单位、时间

①在 ArcMap 窗口主菜单上单击【插入】→【文本】命令；在弹出的文本框中输入“山西林业职业技术学院 2014 年 3 月 编制”，单击回车键，完成文本录入。

②双击该文本框，打开【属性】对话框，设置如下参数：字体为“宋体”、颜色为“黑色”、大小为“18”并加粗；然后将该文本框拖放到图面合适的位置。

6. 图框设置

①在数据组上右键打开快捷菜单，单击【属性】选项，打开【数据框属性】对话框；单击【框架】标签，进入【框架】选项卡，在【边框】选项组单击样式选择器按钮，打开【边框选择器】对话框，选择“2. 5point”边框类型。

②单击两次【确定】按钮，完成图框和底色的设置。

7. 绘制方里格网

①在【数据框属性】对话框，单击【格网】标签进入【格网】选项卡；单击【新建格网】按钮，打开【格网和经纬网向导】对话框，选择【方里格网】单选按钮；单击【下一步】按钮，打开【创建方里格网】对话框。

②在【创建方里格网】对话框中选择【仅标注】单选按钮；【X 轴】和【Y 轴】文本框中输入千米格网的间隔都为“1000”。

③在【轴和标注】对话框中，选中【长轴主刻度】复选框，单击【文本样式】按钮，设置坐标标注字体大小为“10”。

④在【创建方里格网】对话框中，选中【在格网外部放置边框】复选框，单击【线样式】按钮，设置标注线符号颜色为“黑色”，宽度为“2”，选择【储存为随数据框变化而更新的固定格网】单选按钮。

⑤单击【完成】按钮，完成方里格网设置。

⑥单击刚刚创建的方里格网，然后单击【属性】按钮，打开【参考系统属性】对话框，单击【标注】标签进入【标注】选项卡，单击【其他属性】→【数字格式】按钮，打开【数字格式属性】对话框，在【取整】选项组中选择【有效数字位数】，并在数值框中输入数值为“6”。

⑦单击【确定】按钮，完成方里格网标注有效数字位数的修改。

8. 保存、导出地图

①在【文件】菜单下点击【另存为】命令，在弹出菜单中指定输出位置(位于“... \ prj07 \ 任务实施 7. 2 \ result”)和文件名(店儿上作业区版面设置)，单击【确定】按钮，所有制图版面设置都将保存在该地图文档中。

②单击【文件】菜单下的【导出地图】命令，在打开的【导出地图】对话框中，设置【保存类型】为“JPEG”，【文件名称】为“店儿上作业区林地利用现状图”，【保存在】为“... \ prj07 \ 任务实施 7. 2 \ result”。

③单击【选项】按钮，在文件格式参数设置对话框中设置输出图形分辨率为“300”；单击【保存】按钮，输出栅格图形文件，结果如图 7-83 所示。

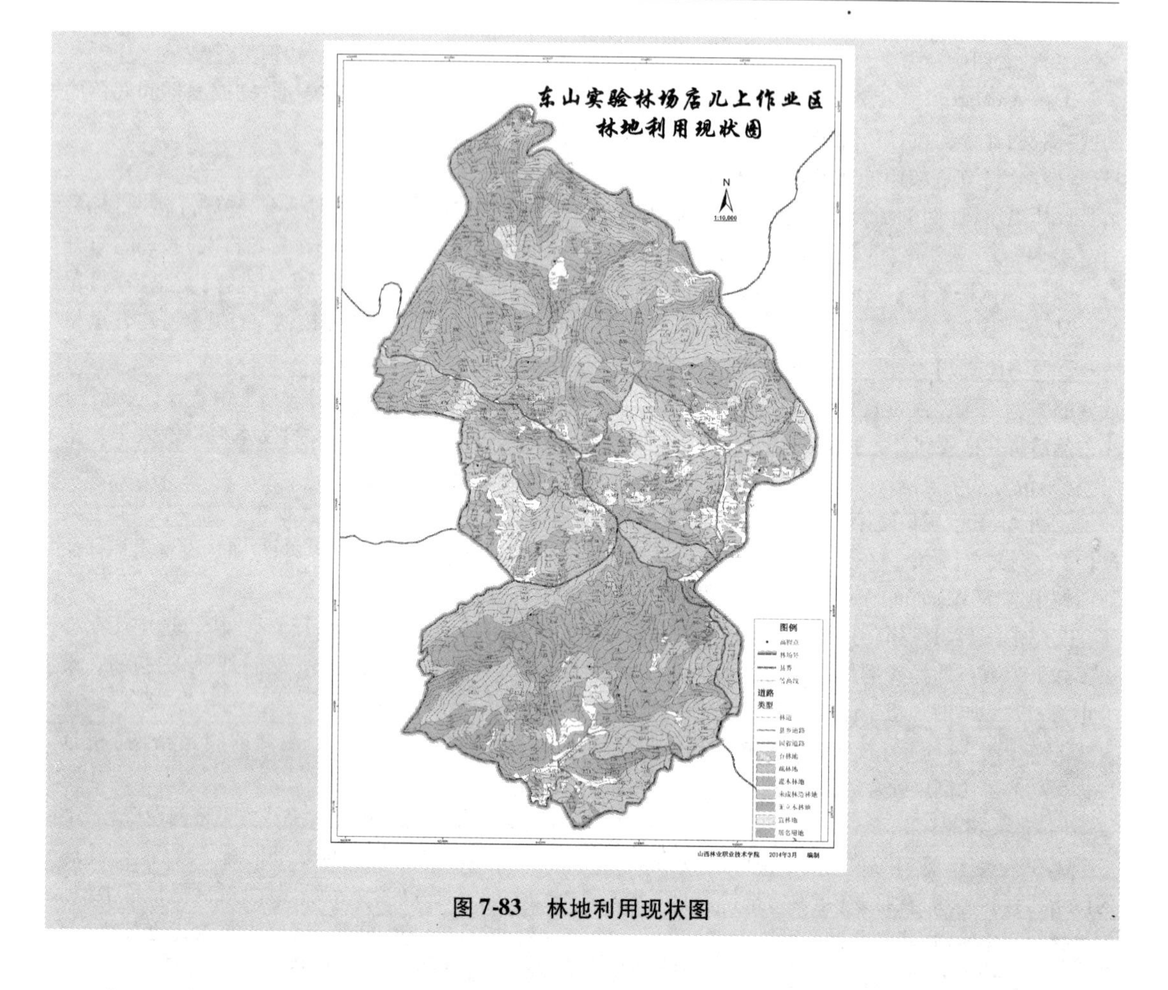

图7-83 林地利用现状图

→成果提交

作出书面报告，包括任务实施过程和结果以及心得体会，具体内容如下：

1. 简述林业专题图制作的任务实施过程，并附上每一步的结果影像。
2. 回顾任务实施过程中的心得体会，遇到的问题及解决方法。

拓展知识

《林业地图图式》(LY/T 1821—2009)

一、林相色标

树种		龄组				色值
		幼龄林	中龄林	近熟林	成过熟林	
1	红松、樟子松、云南松、高山松、油松、马尾松、华山松及其他松属					C10Y10 C25Y25 C60Y60 C100Y100

（续）

一、林相色标						
树　种		龄　组				色　值
		幼龄林	中龄林	近熟林	成过熟林	
2	落叶松、杉木、柳杉、水杉、油杉、池杉					C5Y10 C20Y35 C45Y75 C70Y100K5
3	云杉(红皮云杉、鱼鳞松、沙松)、冷杉(白松、杉松、臭松)、铁杉、柏属					M8 M30 M65 M95K10
4	樟、楠、檫木、桉及其他常绿阔叶树					C3Y20 C10Y45 C20Y80 C40Y100M5
5	水曲柳、核桃楸、黄檗、栎类、榆、桦、其他硬阔叶树					C8M5 C30M20 C60M50 C85M80
6	白桦、杨、柳、椴类、泡桐及其他软阔叶树					C10 C30 C60 C90K10
7	经济林各树种	产前期	初产期	盛产期	衰产期	色值
						M10Y10 M25Y20 M55Y40 M80870
8	竹类	幼龄竹	壮龄竹	老龄竹		色值
						M8Y35 M30Y60 M55Y95
9	红树林					C25M45

二、林种色标			
林　种		颜色样式	色　值
1	防护林		C15Y20

（续）

林种		颜色样式	色值
二、林种色标			
2	特殊用途林		C5M20
3	用材林		C10Y35K3
4	薪炭林		M10Y30
5	经济林		M35Y25
三、地类色标			
林地		颜色样式	色值
1	有林地 a. 乔木 b. 红树林 c. 竹林		C30Y45 C25M45 M30Y60
2	疏林地		C20Y60
3	灌木林地		C20M25
4	未成林造林地		C10Y35M15
5	苗圃地		C55Y80
6	无立木林地		M35Y20
7	宜林地		Y40K5

自主学习资料库

1. 国家基础地理信息系统 . http://nfgis. nsdi. gov. cn/
2. 中国科学院资源与环境信息系统国家重点实验室 . http://www. lreis. ac. cn
3. 中国科学院地理科学与资源研究所 . http://www. igsnrr. ac. cn/index. jsp
4. 北京大学遥感与 GIS 研究所 . http://www. irsgis. pku. edu. cn/

参考文献

汤国安，杨昕，等 . 2012. ArcGIS 地理信息系统空间分析实验教程[M] . 2 版 . 北京：科学出版社

牟乃夏，刘文宝，王海银，等 . 2013. ArcGIS 10. 0 地理信息系统教程——从初学到精通[M]. 北京：测绘出版社 .

吴秀芹，张洪岩，李瑞改，等 . 2007. ArcGIS 9. 0 地理信息系统应用与实践[M]. 北京：清华大学出版社 .

项目8
林业空间数据空间分析

本学习项目是一个拓展实训项目，空间分析是地理信息系统的核心功能，有无空间分析功能是 GIS 与其他系统相区别的标志。通过本项目“矢量数据空间分析”、“栅格数据空间分析”和“ArcScene 三维可视化”三个任务的学习和训练，要求同学们能够熟练掌握最基本的空间数据分析方法以及二维数据的三维显示方法和三维动画的制作。

知识目标

1. 掌握矢量数据的缓冲区分析、叠加分析等空间分析基本操作和用途。

2. 掌握栅格数据的表面分析、邻域分析、重分类、栅格计算等空间分析基本操作和用途。

3. 掌握二维数据的三维显示方法及制作三维动画的基本操作。

技能目标

1. 能熟练运用缓冲区向导或工具建立缓冲区。
2. 能熟练的对矢量数据进行各种叠加分析。
3. 能熟练的运用表面分析提取栅格数据中的空间信息。
4. 能熟练的通过叠加栅格表面三维显示影像数据。
5. 能熟练的制作三维动画。
6. 能选择合适的空间分析工具解决复杂的实际问题。

任务 1

矢量数据的空间分析

→任务描述

矢量数据的空间分析是 GIS 空间分析的主要内容之一。由于其一定的复杂性和多样性特点，一般不存在模式化的分析处理方法，主要是基于点、线、面三种基本形式。在 ArcGIS 中，矢量数据的空间分析方法主要有缓冲区分析和叠加分析等。本任务将从这两个分析入手，学习矢量数据的空间分析。

→任务目标

经过学习和训练，使学生能够熟练运用 ArcMap 软件对矢量数据进行缓冲区分析和叠加分析，从而解决实际问题。

→知识准备

8.1.1 缓冲区分析概念

缓冲区分析是对一组或一类地图要素(点、线或面)按设定的距离条件，围绕这组要素而形成具有一定范围的多边形实体，从而实现数据在二维空间扩展的信息分析方法。点、线、面向量实体的缓冲区表示该向量实体某种属性的影响范围，它是地理信息系统重要的和基本的空间操作功能之一。

8.1.2 叠加分析概念

叠加分析是指在统一的空间参考下，将两个或多个数据层进行叠加，产生一个新的数据层的过程，其结果综合了原来两个或多个数据层所具有的属性，同时叠加分析不仅生成了新的空间关系，而且还产生了新的属性关系。叠加分析是地理信息系统中常用来提取空间隐含信息的方法之一。

8.1.3 缓冲区分析

缓冲区的建立有两种方法：一种是用缓冲区向导建立，另一种是用缓冲区工具建立。点、线、面要素的缓冲区建立过程基本一致。

8.1.3.1 用缓冲区向导建立缓冲区

(1)添加缓冲区向导工具

①在 ArcMAP 窗口菜单栏，单击【自定义】→【自定义模式】命令，打开【自定义】对话框。

②切换到【命令】选项卡，在【类别】列表框中选择【工具】，然后在【命令】列表框中选择【缓冲向导】，将其拖动到工具栏中。

(2)创建缓冲区

①单击工具栏上的添加数据按钮，添加数据(位于“... \ prj08 \ 缓冲区分析 \ data”)。

②单击工具栏中的缓冲区向导工具，打开【缓冲向导】对话框，如图 8-1 所示。

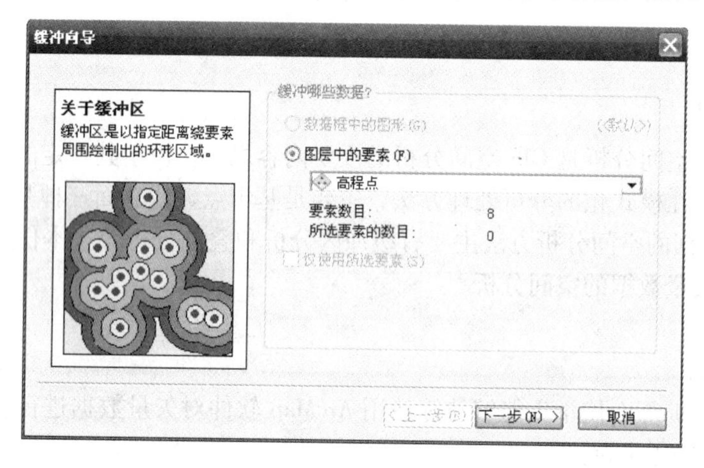

图 8-1 【缓冲向导】对话框

③单击【图层中的要素】下拉列表框中选择建立缓冲区的图层，如果该图层中有选中要素并仅对选中要素进行缓冲区分析，则选中【仅使用所选要素】复选框。单击【下一步】按钮，弹出【缓冲区类型】对话框，如图 8-2 所示。

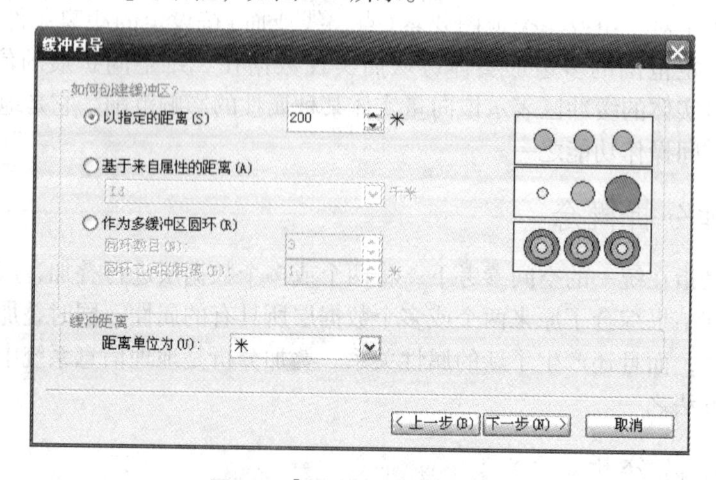

图 8-2 【缓冲区类型】对话框

④在【缓冲区类型】对话框中，提供了 3 种方式建立缓冲区。

•【以指定的距离】是以一个给定的距离建立缓冲区(普通缓冲区)。

•【基于来自属性的距离】是以分析对象的属性值作为权值建立缓冲区(属性权值缓冲区)。

•【作为多缓冲区圆环】是建立一个给定环个数和间距的分级缓冲区(分级缓冲区)。

这里我们选择第一种(普通缓冲区)方法，指定缓冲距离为 200m，完成缓冲区类型和距离设置。单击【下一步】按钮，弹出【缓冲区存放选择】对话框，如图 8-3 所示。

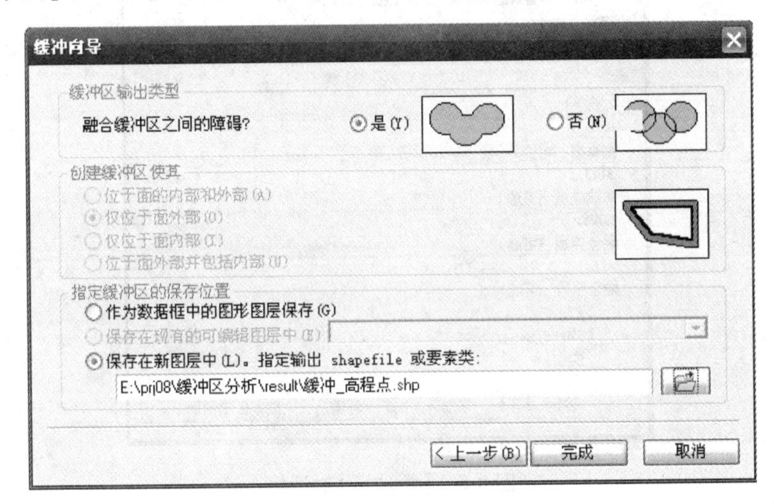

图 8-3 【缓冲区存放选择】对话框

⑤在【缓冲区输出类型】中，选择是否将相交的缓冲区融合在一起；如果使用的是面状要素，那么在【创建缓冲区使其】中对多边形进行内缓冲和外缓冲的选择；在【指定缓冲区的保存位置】中选择第三种生成结果档的方法。

⑥单击【完成】按钮，完成使用缓冲区向导建立缓冲区的操作，结果如图 8-4 所示。

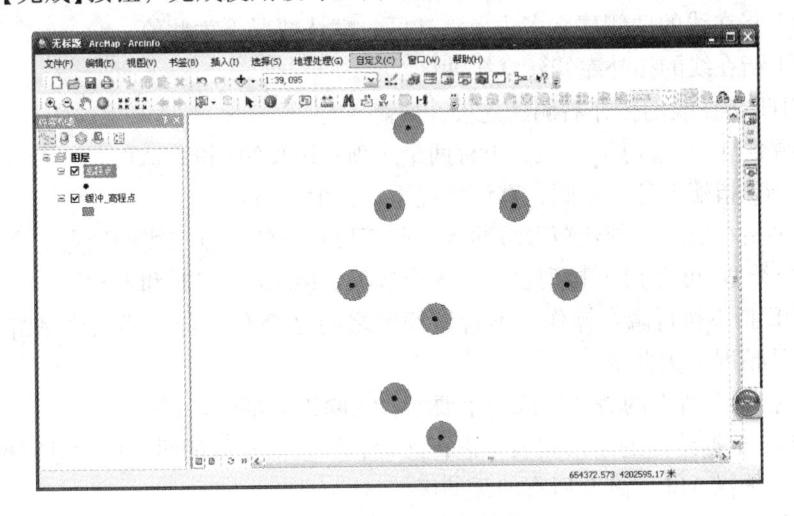

图 8-4 缓冲区分析结果

8.1.3.2 使用缓冲区工具建立缓冲区

①在 ArcMAP 窗口菜单栏，单击【地理数据】→【缓冲区】命令，打开【缓冲区】对话框，如图 8-5 所示。

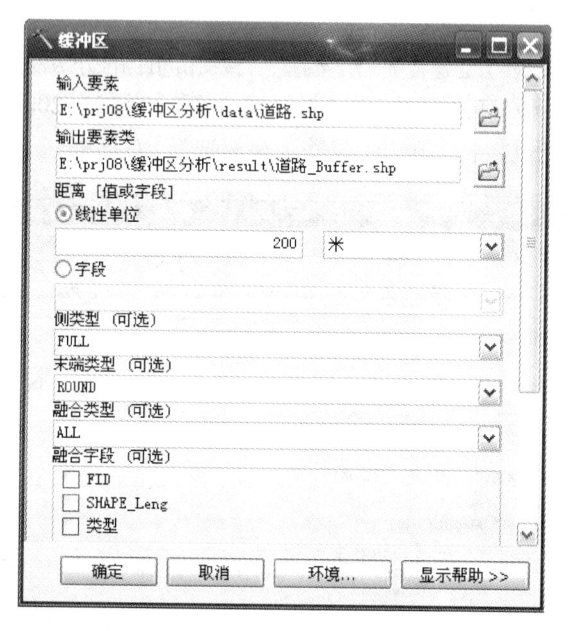

图 8-5 【缓冲区】对话框

②在【缓冲区】对话框中，单击按钮，添加【输入要素】数据(位于“... \ prj08 \ 缓冲区分析 \ data”)。

③在【输出要素类】中，指定输出要素类的保存路径和名称。

④在【距离[值或字段]】中，选择【线性单位】按钮，输入值为“200”，单位为“米”。

⑤【侧类型(可选)】下拉列表中有 3 个选项：FULL、LEFT 和 RIGHT。

- FULL 指在线的两侧建立多边形缓冲区，默认情况下为此值。
- LEFT 指在线的拓扑左侧建立缓冲区。
- RIGHT 指在线的拓扑右侧建立缓冲区。

⑥【末端类型(可选)】下拉列表中有两个选项：ROUND 和 FLAT。

- ROUND 指端点处是半圆，默认情况下为此值。
- FLAT 指在线末端创建矩形缓冲区，此矩形短边的中点与线的端点重合。

⑦【融合类型(可选)】下拉列表中有 3 个选项：NONE、ALL 和 LIST。

- NONE 指不执行融合操作，不管缓冲区之间是否有重合，都完整保留每个要素的缓冲区，默认情况下为此值。
- ALL 指融合所有的缓冲区成一个要素，去除重合部分。
- LIST 指根据给定的字段列表来进行融合，字段值相等的缓冲区才进行融合。

在此我们选择 ALL，融合所有的缓冲区。

⑧单击【确定】按钮，完成缓冲区分析操作，结果如图 8-6 所示。

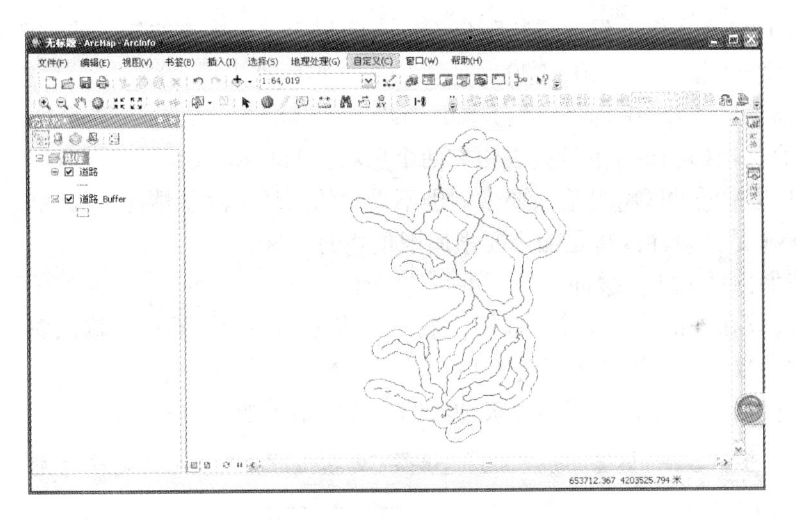

图 8-6　缓冲区分析结果

8.1.3.3　使用缓冲区工具建立多环缓冲区

在输入要素周围的指定距离内创建多个缓冲区。使用缓冲距离值可随意合并和融合这些缓冲区，以便创建非重叠缓冲区。制作林场界的时候可以使用该方法。

下面还是以实验林场的数据为例，建立林班的多环缓冲区，具体操作步骤如下：

①在 ArcToolbox 中双击【分析工具】→【邻域分析】→【多环缓冲区】，打开【多环缓冲区】对话框，如图 8-7 所示。

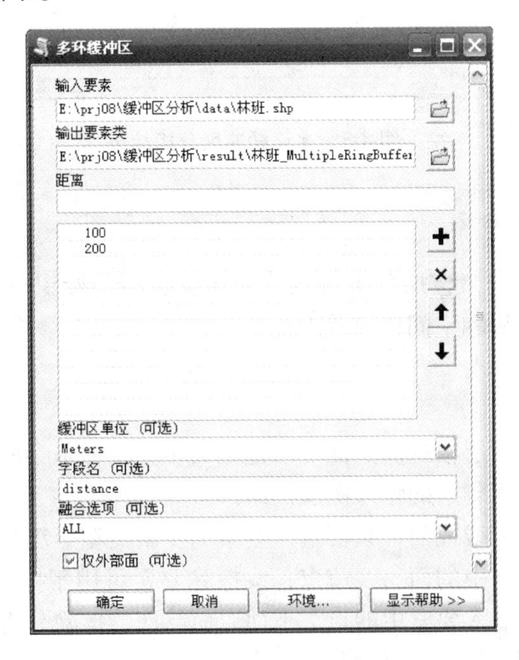

图 8-7　【多环缓冲区】对话框

②在【多环缓冲区】对话框中，单击按钮，添加【输入要素】数据(位于“...\prj08\缓冲区分析\data”)。

③在【输出要素类】中，指定输出要素类的保存路径和名称。

④在【距离】文本框中设置缓冲距离，输入距离后，单击+按钮，将其添加到列表中，可多次输入缓冲距离，如100，200。

⑤在【缓冲区单位】中选择单位为“Merers”。

⑥【融合选项(可选)】下拉列表中有两个选项：ALL和NONE。

- ALL是指缓冲区将是输入要素周围不重叠的圆环，默认情况下为此值。
- NONE是指缓冲区将是输入要素周围重叠的圆盘。

在此我们选择ALL，缓冲区是不重叠的圆环。

⑦选中【仅在外部(可选)】复选框，缓冲区将是空心的，不包含输入多边形本身。如果不选中此参数，那么缓冲区将是实心的，包含输入多边形本身。

⑧单击【确定】按钮，完成多环缓冲区的建立，结果如图8-8所示。

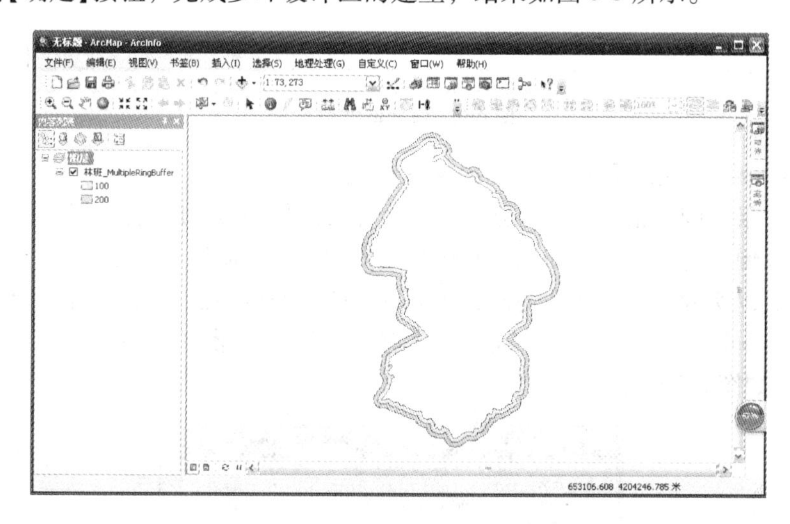

图8-8 多环缓冲区分析结果

8.1.4 叠加分析

根据操作形式的不同，叠加分析可以分为擦除分析、标识分析、相交分析、交集取反、联合分析、更新分析和空间连接等七类。

8.1.4.1 擦除分析

(1)擦除分析定义

图层擦除是指输入图层根据擦除图层的范围大小，将擦除参照图层所覆盖的输入图层内的要素去除，最后得到剩余的输入图层的结果。

擦除要素可以为点、线或面，只要输入要素的要素类型等级与之相同或较低。面擦除要素可用于擦除输入要素中的面、线或点；线擦除要素可用于擦除输入要素中的线或点；点擦除要素仅用于擦除输入要素中的点。下面以面与面的擦除分析为例介绍操作步骤。

(2)擦除分析操作步骤

①在ArcMap主界面中，单击按钮，打开ArcToolbox工具箱。

②在ArcToolbox中双击【分析工具】→【叠加分析】→【擦除】，打开【擦除】对话框，如图8-9所示。

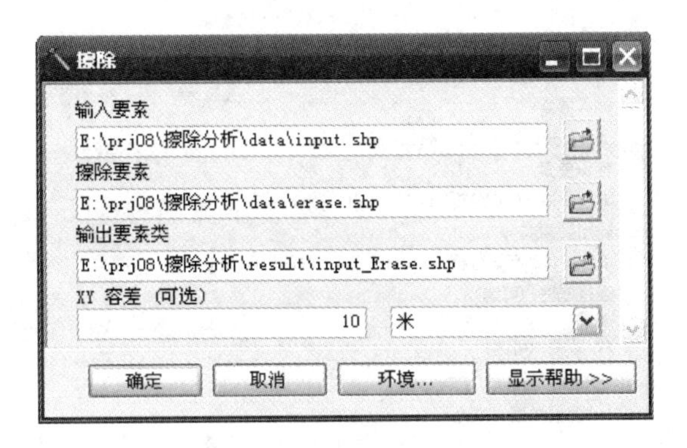

图 8-9　【擦除】对话框

③在【擦除】对话框中，点击按钮，添加【输入要素】和【擦除要素】数据(位于“… \ prj08 \ 擦除分析 \ data”)。

④在【输出要素类】中指定输出要素图层的保存位置和名称。

⑤在【XY 容差】文本框中输入容差值，并设置容差值的单位。

⑥单击【确定】按钮，完成擦除分析操作，结果如图 8-10 所示。

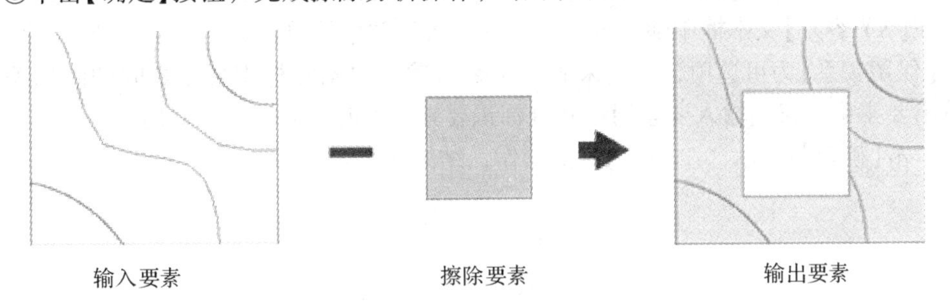

图 8-10　擦除分析结果

8.1.4.2　标识分析

(1)标识分析定义

标识分析是指计算输入要素和标识要素的几何交集，输入要素与标识要素的重叠部分将获得这些标识要素的属性。

输入要素可以是点、线、面，但不能是注记要素、尺寸要素或网络要素。标识要素必须是面，叠加生成的输出要素与输入要素的几何类型相同。标识分析主要有 3 种类型：面与面，线与面和点与面的标识分析，下面以面与面的标识分析为例介绍操作步骤。

(2)标识分析操作步骤

①在 ArcToolbox 中双击【分析工具】→【叠加分析】→【标识】，打开【标识】对话框，如图 8-11 所示。

②在【标识】对话框中，点击按钮，添加【输入要素】和【标识要素】数据(位于“… \ prj08 \ 标识分析 \ data”)。

③在【输出要素类】中，指定输出要素类的保存路径和名称。

④【连接属性(可选)】下拉列表中有 3 个选项：ALL、NO_ FID、ONLY_ FID，通过其确定输入要素的哪些属性将传递到输出要素类。

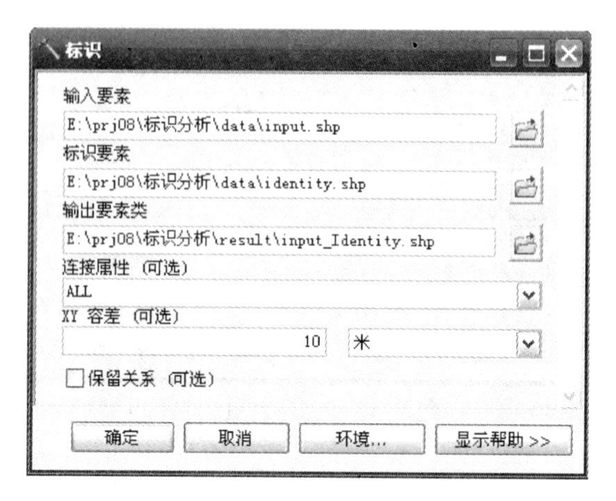

图 8-11 【标识】对话框

- ALL 指输入要素的所有属性都将传递到输出要素类中。默认情况下为此值。
- NO_ FID 指除 FID 外，输入要素的其余属性都将传递到输出要素类中。
- ONLY_ FID 指只有输入要素的 FID 字段将传递到输出要素类中。

⑤在【XY 容差】文本框中输入容差值，并设置容差值的单位。

⑥【保留关系】为可选项，它用来确定是否将输入要素和标识要素之间的附加关系写入到输出要素中。仅当输入要素为线并且标识要素为面时，此选项才适用。

⑦单击【确定】按钮，完成标识分析操作，结果如图 8-12 所示。

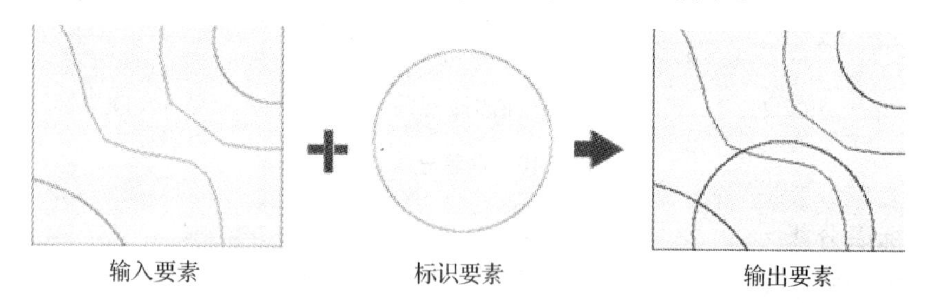

图 8-12 标识分析结果

8.1.4.3 相交分析

(1)相交分析定义

相交分析是指计算输入要素的几何交集。由于点、线、面三种要素都有可能获得交集所以相交分析的情形可以分为七类：面与面，线与面，点与面，线与线，线与点，点与点，以及点、线、面三者相交。下面以面与面的相交分析为例介绍操作步骤。

(2)相交分析操作步骤

①在 ArcToolbox 中双击【分析工具】→【叠加分析】→【相交】，打开【相交】对话框，如图 8-13 所示。

②在【相交】对话框中，点击按钮，添加【输入要素】数据(位于“... \ prj08 \ 相交分析 \ data”)。

③在【输出要素类】中，指定输出要素类的保存路径和名称。

④在【连接属性(可选)】下拉列表中选择“ALL”。

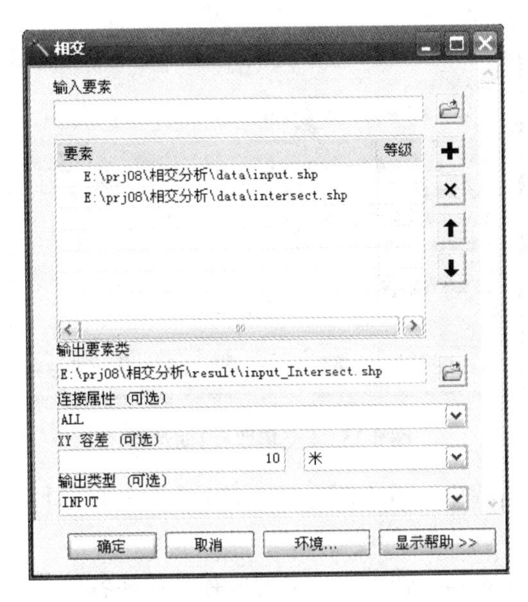

图 8-13 【相交】对话框

⑤在【XY 容差】文本框中输入容差值，并设置容差值的单位。

⑥【输出类型】下拉框中有 3 个选项：INPUT、LINE、POINT。

- INPUT 指将【输出类型】保留为默认值，可生成叠置区域。
- LINE 指将【输出类型】指定为"线"，生成结果为线。
- POINT 指将【输出类型】指定为"点"，生成结果为点。

⑦单击【确定】按钮，完成相交分析操作，结果如图 8-14 所示。

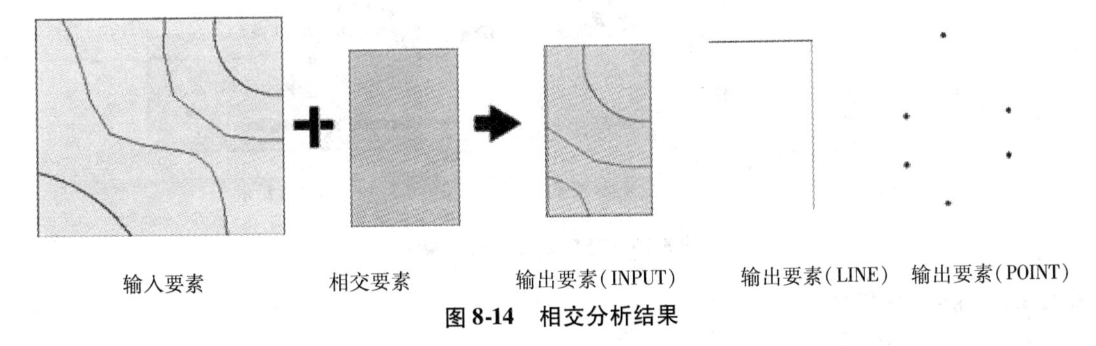

图 8-14 相交分析结果

8.1.4.4 交集取反分析

(1)交集取反分析定义

交集取反分析是指输入要素和更新要素中不叠置的要素或要素的不重叠部分将被写入到输出要素类中。输入要素和更新要素必须具有相同的几何类型。下面以面与面的交集取反分析为例介绍操作步骤。

(2)交集取反分析操作步骤

①在 ArcToolbox 中双击【分析工具】→【叠加分析】→【交集取反】，打开【交集取反】对话框，如图 8-15 所示。

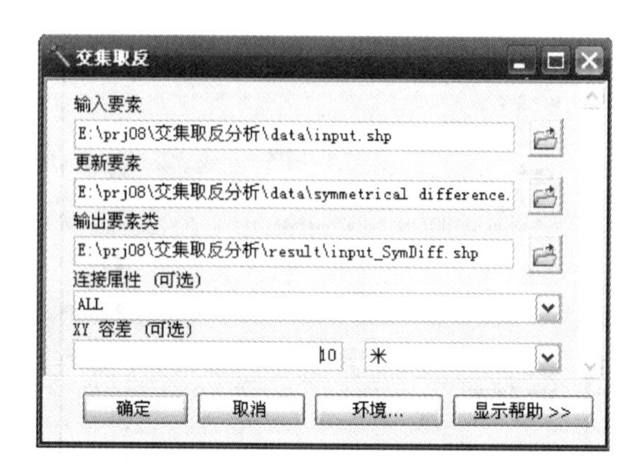

图8-15 【交集取反】对话框

②在【交集取反】对话框中，点击按钮，添加【输入要素】和【更新要素】数据(位于“... \ prj08 \ 交集取反分析 \ data”)。

③在【输出要素类】中，指定输出要素类的保存路径和名称。

④在【连接属性(可选)】下拉列表中选择“ALL”。

⑤在【XY 容差】文本框中输入容差值，并设置容差值的单位。

⑥单击【确定】按钮，完成交集取反分析操作，结果如图8-16所示。

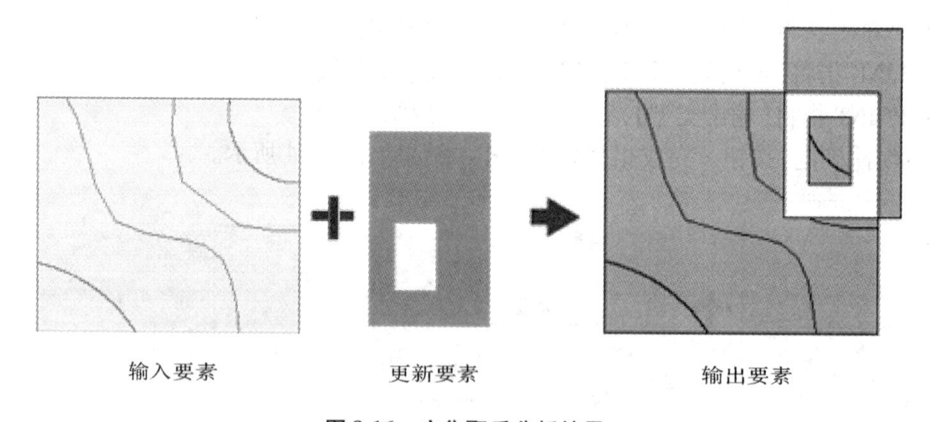

图8-16 交集取反分析结果

8.1.4.5 联合分析

(1)联合分析定义

联合分析是指计算输入要素的几何交集，所有要素都将被写入到输出要素类中。在联合分析过程中，输入要素将被分割成新要素，新要素具有相交的输入要素的所有属性，同时要求输入要素必须是面要素。

(2)联合分析操作步骤

①在ArcToolbox中双击【分析工具】→【叠加分析】→【联合】，打开【联合】对话框，如图8-17所示。

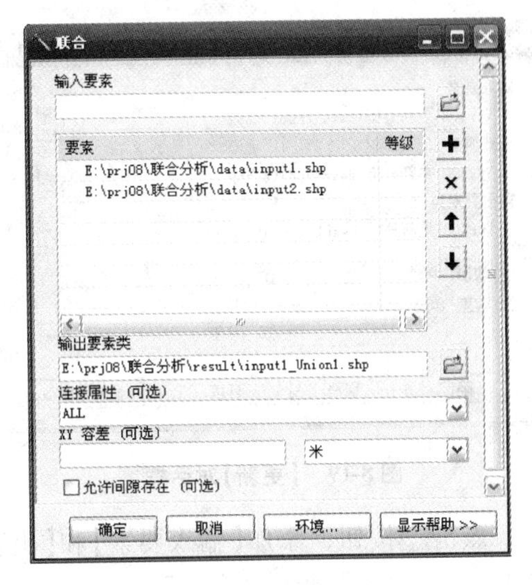

图 8-17　【联合】对话框

②在【联合】对话框中，点击按钮，添加【输入要素】数据(位于“... \ prj08 \ 联合分析 \ data”)。

③在【输出要素类】中，指定输出要素类的保存路径和名称。

④在【连接属性(可选)】下拉列表中选择“ALL”。

⑤在【XY 容差】文本框中输入容差值，并设置容差值的单位。

⑥【允许间隙存在】为可选项，选择允许，被其他要素包围的空白区域将不被填充，反之，则会被填充。

⑦单击【确定】按钮，完成联合分析操作，结果如图 8-18 所示。

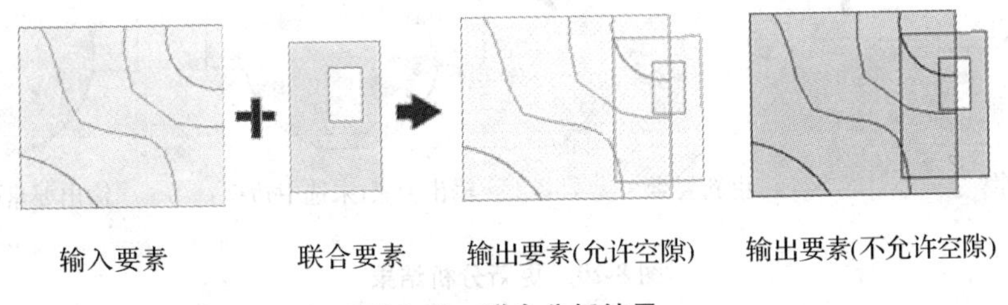

图 8-18　联合分析结果

8.1.4.6　更新分析

(1)更新分析定义

更新分析是指计算输入要素和更新要素的几何交集。输入要素中与更新要素相交部分的属性和几何都将会在输出要素类中被更新要素所更新。

同时要求输入要素和更新要素必须是面，输入要素类与更新要素类的字段名称必须保持一致，如果更新要素类缺少输入要素类中的一个(或多个)字段，则将从输出要素类中移除缺失字段。

(2)更新分析操作步骤

①在 ArcToolbox 中双击【分析工具】→【叠加分析】→【更新】，打开【更新】对话框，如图 8-19 所示。

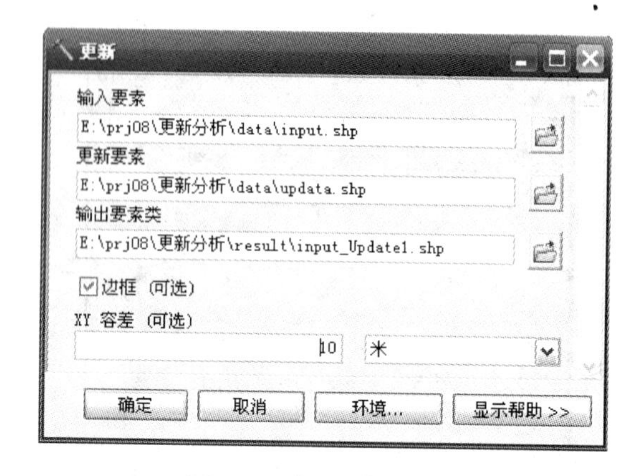

图 8-19 【更新】对话框

②在【更新】对话框中，点击按钮，添加【输入要素】和【更新要素】数据(位于“...\ prj08 \ 更新分析 \ data”)。

③在【输出要素类】中，指定输出要素类的保存路径和名称。

④【边框】为可选项，如果选中，则沿着更新要素外边缘的多边形边界将被删除，反之，则不会被删除。

⑤在【XY容差】文本框中输入容差值，并设置容差值的单位。

⑥单击【确定】按钮，完成更新分析操作，结果如图8-20所示。

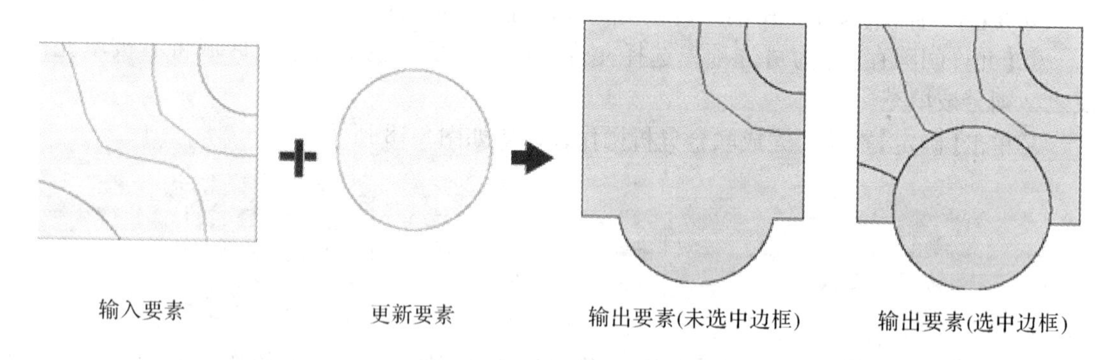

图 8-20 更新分析结果

8.1.4.7 空间连接

(1)空间连接定义

空间连接是指基于两个要素类中要素之间的空间关系将属性从一个要素类传递到另一个要素类的过程。下面应用具体的实例来说明空间连接的功能和操作步骤。假设某林场有两个行政村(林班)：占道和后沟，同时拥有该林场的道路图层，如图8-21所示。利用空间连接求出每个行政村内道路的长度。

(2)空间连接操作步骤

①在ArcToolbox中双击【分析工具】→【叠加分析】→【空间连接】，打开【空间连接】对话框，如图8-22所示。

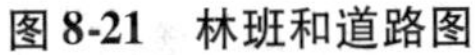
图 8-21　林班和道路图

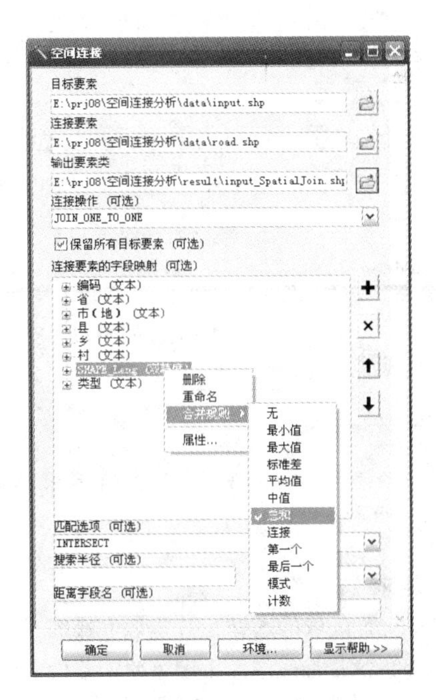

图 8-22　【空间连接】对话框

②在【空间连接】对话框中，点击按钮，添加【目标要素】和【连接要素】数据(位于“... \ prj08 \ 更新分析 \ data”)。

③在【输出要素类】中，指定输出要素类的保存路径和名称。

④【连接操作(可选)】下拉框中有两个选项：JOIN_ ONE_ TO_ ONE 和 JOIN_ ONE_ TO_ MANY。

• JOIN_ ONE_ TO_ ONE 指在相同空间关系下，如果一个目标要素对应多个连接要素，就会使用字段映射合并规则对连接要素中某个字段进行聚合，然后将其传递到输出要素类。默认情况下为此值。

• JOIN_ ONE_ TO_ MANY 指在相同空间关系下，如果一个目标要素对应多个连接要素，输出要素类将会包含多个目标要素。

⑤右击“SHAPE_ leng(双精度)”字段，选择【合并规则】→【总和】，如图 8-22 所示。

⑥【匹配选项(可选)】下拉框中有四个选项：INTERSECT、CONTAINS、WITHIN 和 CLOSEST。

• INTERSECT 指如果目标要素与连接要素相交，则将连接要素的属性传递到目标要素。默认情况下为此值。

• CONTAINS 指如果目标要素包含连接要素，则将连接要素的属性传递到目标要素。

• WITHIN 指如果目标要素位于连接要素内部，则将连接要素的属性传递到目标要素。

• CLOSEST 指将最近的连接要素的属性传递到目标要素。

⑦其他选项默认，单击【确定】按钮，完成空间连接操作，结果如图 8-23 所示。

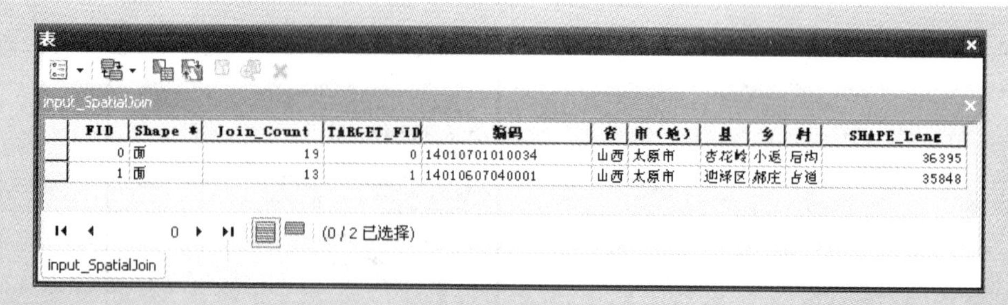

表

input_SpatialJoin

FID	Shape *	Join_Count	TARGET_FID	编码	省	市(地)	县	乡	村	SHAPE_Leng
0	面	19	0	14010701010034	山西	太原市	杏花岭	小返	后沟	36395
1	面	13	1	14010607040001	山西	太原市	迎泽区	郝庄	占道	35848

(0 / 2 已选择)

input_SpatialJoin

图 8-23　空间连接结果

→任务实施

红脂大小蠹诱捕器安置区域的选择

一、目的与要求

通过诱捕器安置区域的选择、引导学生熟练掌握利用 ArcGIS 矢量数据空间分析中缓冲区分析和叠加分析的相交和擦除功能，解决实际问题。

二、数据准备

小班、道路、诱捕器安置点等矢量数据以及地图文档(诱捕器 . mxd)。

三、操作步骤

1. 打开 诱捕器 . mxd

启动 ArcMap，打开地图文档(位于“... \ prj08 \ 任务实施 8. 1 \ data”)。

2. 小班影响范围的建立

①打开小班属性表，通过属性选择，选中主要树种为油松和华北落叶松的小班。

②在 ArcToolbox 中双击【分析工具】→【邻域分析】→【多环缓冲区】，打开【多环缓冲区】对话框，设置如下参数：

- 【输入要素】：小班；【输出要素类】：“... \ prj08 \ 任务实施 8. 1 \ result \ 缓冲_ 小班 . shp”。
- 【距离】：5，10；【缓冲区单位】：Meters；
- 【字段名】：distance；【融合选项(可选)】：ALL。
- 不选【仅在外部(可选)】复选框。

③单击【确定】按钮，完成小班影响范围多环缓冲区的建立，结果如图 8-24 所示。

3. 道路影响范围的建立

(1)单击缓冲区向导工具，打开【缓冲向导】对话框，设置如下参数：

①【图层中的要素】：道路；单击【下一步】按钮。

② 指定缓冲区距离：200；距离单位：米；单击【下一步】按钮。

③ 在【缓冲区输出类型】中，选择是。

④ 确定输出位置：“... \ prj08 \ 任务实施 8. 1 \ result \ 缓冲_ 道路 . shp”

(2)单击【完成】按钮，完成道路影响范围缓冲区的建立，结果如图 8-25 所示。

4. 已安置诱捕器地点影响范围的建立

(1)单击缓冲区向导工具，打开【缓冲向导】对话框，设置如下参数：

①【图层中的要素】：诱捕器安置点；单击【下一步】按钮。

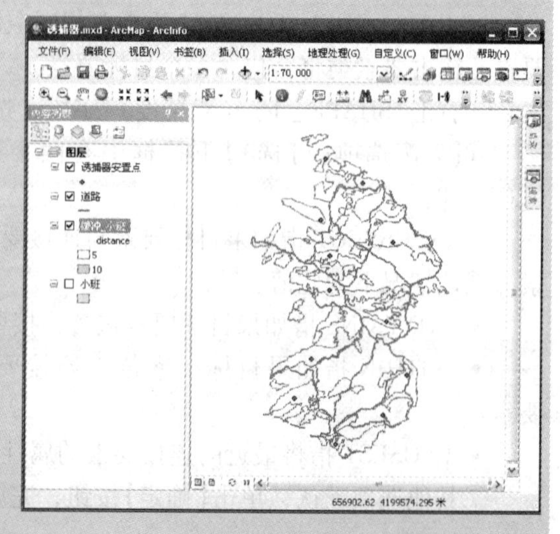

图 8-24　小班影响范围缓冲区

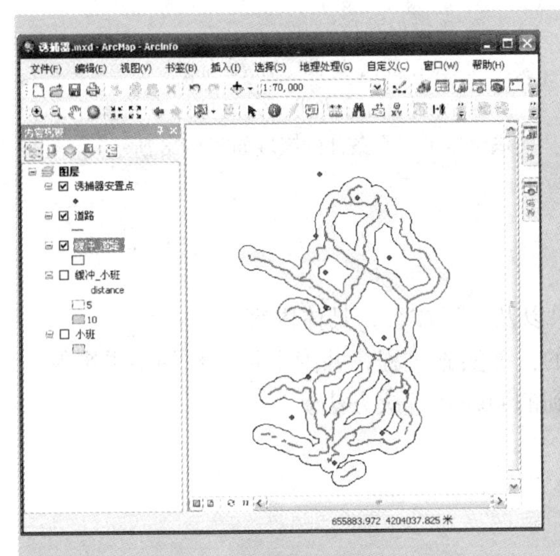

图 8-25　道路影响范围缓冲区

② 指定缓冲区距离：200；距离单位：米；单击【下一步】按钮。

③ 在【缓冲区输出类型】中，选择是。

④ 确定输出位置："... \ prj08 \ 任务实施 8. 1 \ result \ 缓冲_ 诱捕器安置点 . shp"

(2)单击【完成】按钮，完成已安置诱捕器地点影响范围缓冲区的建立，结果如图 8-26 所示。

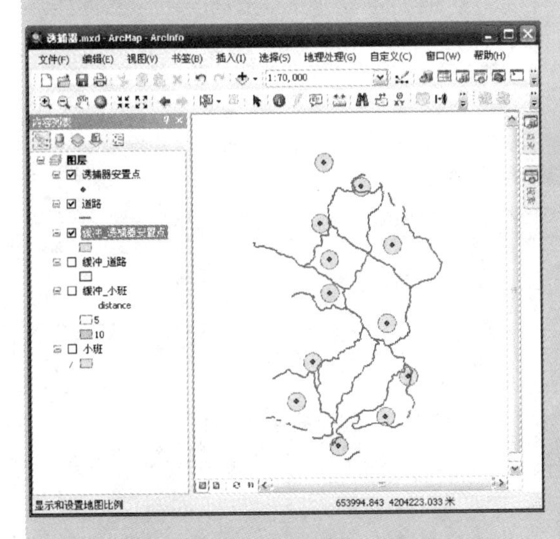

图 8-26　已安置诱捕器影响范围缓冲区

5. 进行叠加分析，求出同时满足 3 个条件的区域

(1)求出小班和道路两个图层缓冲区的交集区域，操作步骤如下：

① 在 ArcToolbox 中，双击【分析工具】→【叠加分析】→【相交】，打开【相交】对话框。

② 点击按钮，添加【输入要素】数据：缓冲_ 小班 . shp 和缓冲_ 道路 . shp。

③【输出要素类】："... \ prj08 \ 任务实施 8. 1 \ result \ 缓冲_ Two. shp"。

④【连接属性(可选)】为 ALL。【输出类型】为 INPUT。

⑤单击【确定】按钮，完成相交分析操作，求出的交集区域如图 8-27 所示。

(2)求出同时满足三个条件的区域，操作步骤如下：

① 在 ArcToolbox 中，双击【分析工具】→【叠

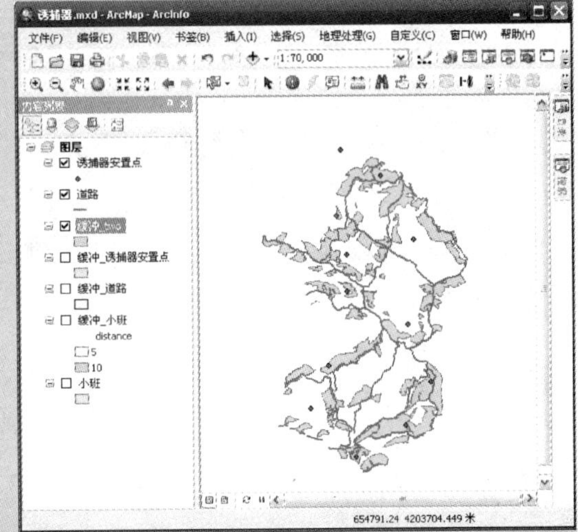

图 8-27　满足两个条件的选择区域

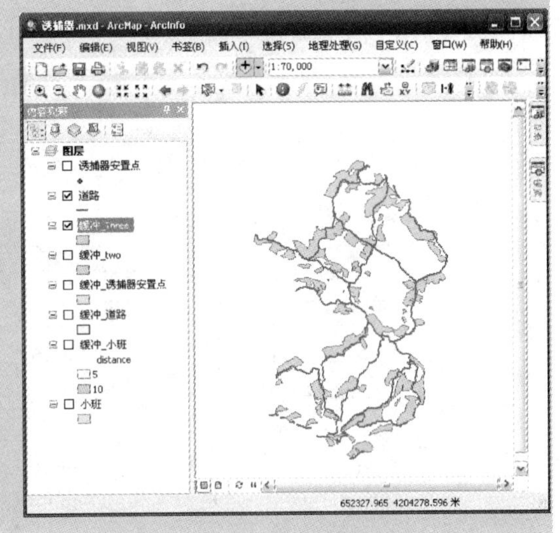

图 8-28　需安置诱捕器的区域

加分析】→【擦除】，打开【擦除】对话框。

② 点击按钮，添加【输入要素】数据：缓冲_ Two. shp 和【擦除要素】数据：缓冲_ 诱捕器安置点 . shp。

③ 指定保存位置和名称：“... \ prj08 \ 任务实施 8. 1 \ result \ 缓冲_ Three. shp”。

④单击【确定】按钮，完成擦除分析操作，求出满足以上 3 个条件的区域如图 8-28 所示。

→成果提交

作出书面报告，包括任务实施过程和结果以及心得体会，具体内容如下：

1. 简述红脂大小蠹诱捕器安置区域选择的任务实施过程，并附上每一步的结果影像。
2. 回顾任务实施过程中的心得体会，遇到的问题及解决方法。

任务 2

栅格数据的空间分析

→任务描述

栅格数据结构简单、直观，非常利于计算机操作和处理，是 GIS 常用的空间基础数据格式。基于栅格数据的空间分析是 GIS 空间分析的基础，也是 ArcGIS 空间分析模块(Spatial Analyst)的核心内容。该模块允许用户从 GIS 数据中快速获取所需信息，并以多种方式进行分析操作，主要包括表面分析、邻域分析、重分类、栅格计算等。本任务将从这些分析入手，学习栅格数据的空间分析。

→任务目标

经过学习和训练，使学生能够熟练运用 ArcMap 软件对栅格数据进行表面分析、邻域分析、重分类、栅格计算等操作，从而解决实际问题。

→知识准备

8.2.1 栅格数据的概念

栅格数据是按网格单元的行与列排列、具有不同灰度或颜色的阵列数据。每一个单元(像素)的位置由它的行列号定义，所表示的实体位置隐含在栅格行列位置中，数据组织中的每个数据表示地物或现象的非几何属性或指向其属性的指针。

最简形式的栅格由按行和列(或格网)组织的单元(或像素)矩阵组成，其中的每个单元都包含一个信息值(例如温度)。栅格可以是数字航空摄影、卫星影像、数字图片或扫描的地图。

8.2.2 栅格数据分析的环境设置

在进行栅格数据的空间分析操作之前，首先应对相关参数进行设置，主要包括：加载空间分析模块、为分析结果设置工作路径、坐标系统、分析范围和像元大小等。

这些参数可在四个级别下进行设置，首先是针对使用的应用程序进行设置，以便将环境设置应用于所有工具，并且可以随文档一起保存；其次是针对使用的某个工具进行设置，工具级别设置适用于工具的单次运行并且会覆盖应用程序级别设置；再次是针对某个模型进行设置，以便将环境设置应用于模型中的所有过程，并且会覆盖应用程序级别设置和工具级别设置；最后是针对模型流程进行设置，它随模型一起保存，并且会覆盖模型级别设置。这些级别只在访问方式和设置方式上有所不同。

应用程序级别环境设置步骤：单击【地理处理】主菜单下的【环境】命令，打开【环境设置】对话框，即可进行各项参数的设置。

工具级别环境设置步骤：在ArcToolbox窗口中打开任意一个工具对话框，单击【环境】按钮，打开【环境设置】对话框，即可对各项参数进行设置。

模型级别与模型流程级别环境设置步骤：在【模型】对话框中，单击【模型】→【模型属性】命令，打开【模型属性】对话框，切换到【环境】选项卡，选中要设置的环境前面的复选框(可多选)，单击【值】按钮，打开【环境设置】对话框进行设置。

8.2.2.1 加载空间分析模块

空间分析模块(Spatial Analyst)是ArcGIS外带的扩展模块，虽然在ArcGIS安装时自动挂接到ArcGIS的应用程序中，但是并没有加载，只有获得了它的使用许可后，才能加载和有效使用。

加载空间分析模块的操作过程如下：

①在ArcMAP窗口菜单栏，单击【自定义】→【扩展模块】命令，打开【扩展模块】对话框，选择Spatial Analyst，如图8-29所示。

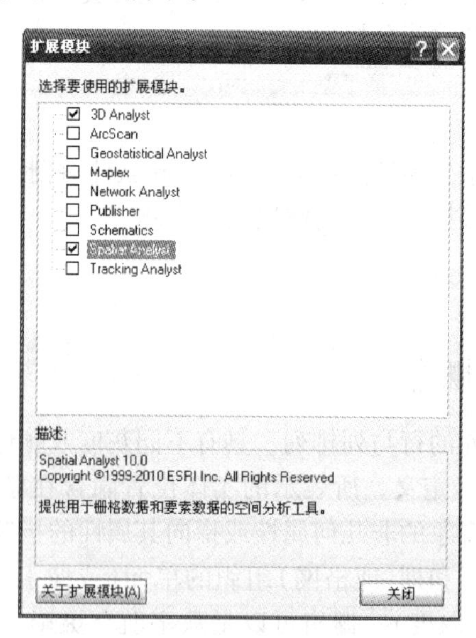

图8-29 【扩展模块】对话框

②单击【关闭】按钮，关闭【扩展模块】对话框。

③在ArcMap菜单栏或工具栏区，单击鼠标右键，选择Spatial Analyst工具。Spatial Analyst工具条出现在ArcMap视图中，如图8-30所示。

图8-30 Spatial Analyst工具条

8.2.2.2　设置工作路径

ArcGIS 空间分析的中间过程文件和结果文件均自动保存到指定的工作目录中。缺省情况下工作目录通常是系统的临时目录。为了方便数据管理，可以通过【环境设置】中【工作空间】选项的设置，指定新的存放位置。

设置步骤如下：

①在【环境设置】对话框中单击【工作空间】标签，如图 8-31 所示。

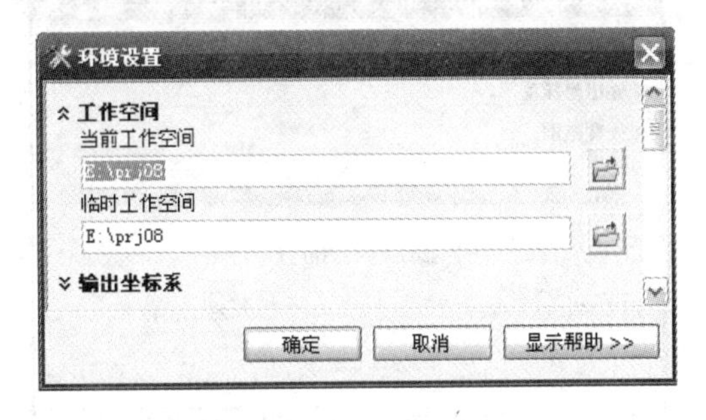

图 8-31　工作空间设置

②在【当前工作空间】和【临时工作空间】文本框中输入存放路径。

③单击【确定】按钮，完成设置。

8.2.2.3　设置坐标系统

在栅格数据的空间分析中，可以指定结果文件的坐标系统。

设置步骤如下：

①在【环境设置】对话框中单击【输出坐标系】标签，如图 8-32 所示。

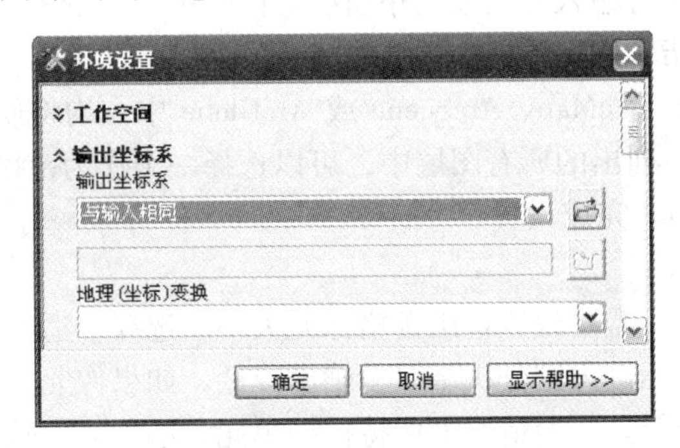

图 8-32　输出坐标系统设置

②在【输出坐标系】下拉框中有四个选项：与输入相同、如下面的指定、与显示相同和与图层相同。

- 与输入相同指输出地理数据集的坐标系与第一个输入坐标系相同。这是默认设置。
- 如下面的指定指为输出地理数据集选择坐标系。
- 与显示相同指在 ArcMap、ArcScene 或 ArcGlobe 中，均将使用当前显示的坐标系。
- 与图层相同指在列出的所有图层中，可以选择一个作为坐标系。

③单击【确定】按钮，完成设置。

8.2.2.4 设置分析范围

在栅格数据的空间分析中，分析范围由所使用的工具决定。但在实际应用中还是需要自定义一个分析范围。

设置步骤如下：

①在【环境设置】对话框中单击【处理范围】标签，如图8-33所示。

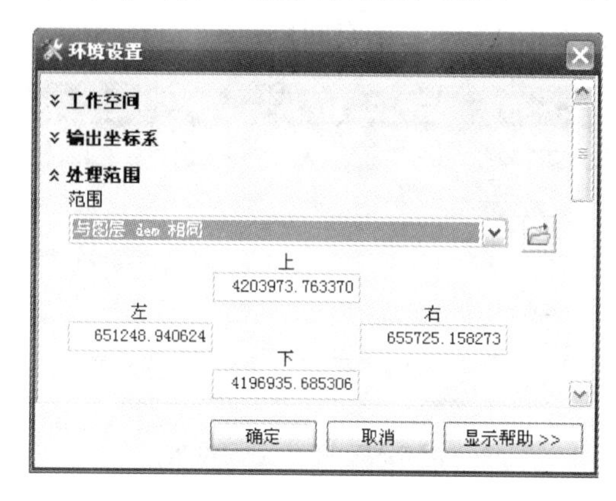

图8-33 结果文件的范围设置

②在【范围】下拉框中有6个选项：默认、输入的并集、输入的交集、如下面的指定、与显示相同和与图层相同。

- 默认指由所使用的工具决定处理范围。
- 输入的并集指所有输入数据的组合范围。所有要素或栅格都会被处理。
- 输入的交集指所有输入要素或栅格所叠置的范围。
- 如下面的指定指输入矩形的坐标。
- 与显示相同指在ArcMap、ArcScene或ArcGlobe中，均将使用当前显示的范围。
- 与图层相同指在列出的所有图层中，可以选择一个作为范围。

③单击【确定】按钮，完成设置。

8.2.2.5 设置像元大小

在输出栅格数据时，需要设置输出栅格像元大小。选择合适的像元大小，对实现空间分析非常重要。如果像元过大则分析结果精确度降低，如果像元过小则会产生大量的冗余数据，并且计算速度降低。一般情况下保持栅格单元大小与分析数据一致，默认的输出像元大小由最粗糙的输入栅格数据集决定。

设置步骤如下：

①在【环境设置】对话框中单击【栅格分析】标签，如图8-34所示。

②在【像元大小】下拉框中有4个选项：输入最大值、输入最小值、如下面的指定和与图层相同。

- 输入最大值指使用所有输入数据集的最大像元大小。这是默认设置。
- 输入最小值指使用所有输入数据集的最小像元大小。
- 如下面的指定指在以下字段中指定数值。
- 与图层相同指使用指定图层或栅格数据集的像元大小。

③单击【确定】按钮，完成设置。

图 8-34　像元大小设置

8.2.3　表面分析

表面分析主要通过生成新数据集，诸如等值线、坡度、坡向、山体阴影等派生数据，获得更多的反映原始数据集中所暗含的空间特征、空间格局等信息。在 ArcGIS 中，表面分析的主要功能见表 8-1。

表 8-1　表面分析的主要功能

工　具	功　能
坡向	获得栅格表面的坡向。坡向用于标识从每个像元到其相邻像元方向上值的变化率最大的下坡方向
坡度	判断栅格表面的各像元中的坡度(梯度或 z 值的最大变化率)
曲率	计算栅格表面的曲率，包括剖面曲率和平面曲率
等值线	根据栅格表面创建等值线(等值线图)的线要素类
等值线序列	根据栅格表面创建所选等值线值的要素类
含障碍的等值线	根据栅格表面创建等值线。如果包含障碍要素，则允许在障碍两侧独立生成等值线
填挖方	计算两表面间体积的变化。通常用于执行填挖操作
山体阴影	通过考虑照明源的角度和阴影，根据表面栅格创建晕渲地貌
视点分析	识别从各栅格表面位置进行观察时可见的观察点
视域	确定对一组观察点要素可见的栅格表面位置

8.2.3.1　坡向

坡向指地表面上一点的切平面的法线矢量在水平面的投影与过该点的正北方向的夹角。对于地面任何一点来说，坡向表征了该点高程值改变量的最大变化方向。在输出的坡向数据中，坡向值有如下规定：正北方向为 0 度，按顺时针方向计算，取值范围为 0° ~ 360°。不具有下坡方向的平坦区域将赋值为 －1。

坡向提取的操作步骤如下：

①在 ArcToolbox 中，双击【Spatial Analyst 工具】→【表面分析】→【坡向】，打开【坡向】对话框，如图 8-35 所示。

②在【坡向】对话框中，单击按钮，添加【输入栅格】数据（位于“... \ prj08 \ 表面分析 \ data”）。

③在【输出栅格】中，指定输出栅格的保存路径和名称。

④单击【确定】按钮，完成坡向提取操作，结果如图 8-36 所示。

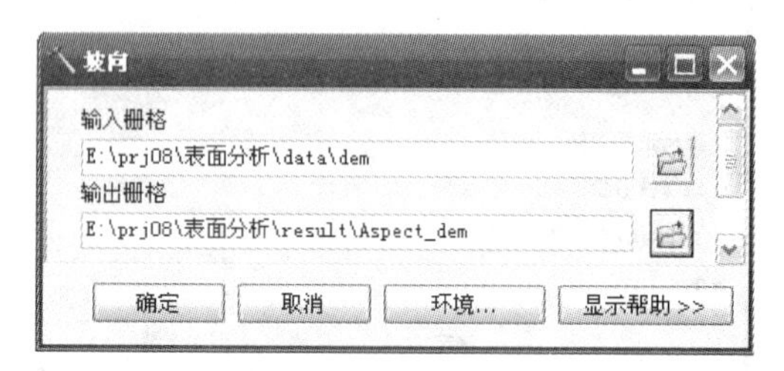

图 8-35　【坡向】对话框

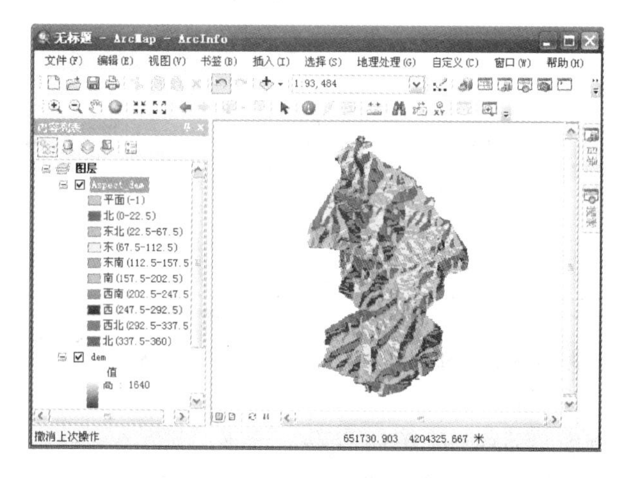

图 8-36　坡向提取结果图

8.2.3.2　坡度

坡度指地表面任一点的切平面与水平地面的夹角。坡度工具用于计算像元与其相邻的像元之间的最大变化率。坡度表示了地表面在该点的倾斜程度，坡度值越小，地形越平坦；坡度值越大，地形越陡。

坡度提取的操作步骤如下：

①在 ArcToolbox 中，双击【Spatial Analyst 工具】→【表面分析】→【坡度】，打开【坡度】对话框，如图 8-37 所示。

②在【坡度】对话框中，单击按钮，添加【输入栅格】数据（位于“... \ prj08 \ 表面分析 \ data”）。

③在【输出栅格】中，指定输出栅格的保存路径和名称。

④【输出测量单位】为可选项，下拉框中有两个选项：DEGREE 和 PERCENT_ RISE。

- DEGREE 指坡度倾角将以度为单位进行计算。
- PERCENT_ RISE 指坡度以百分比形式表示，即高程增量与水平增量之比的百分数。

⑤在【Z 因子（可选）】文本框中输入 Z 因子。

图 8-37　【坡度】对话框

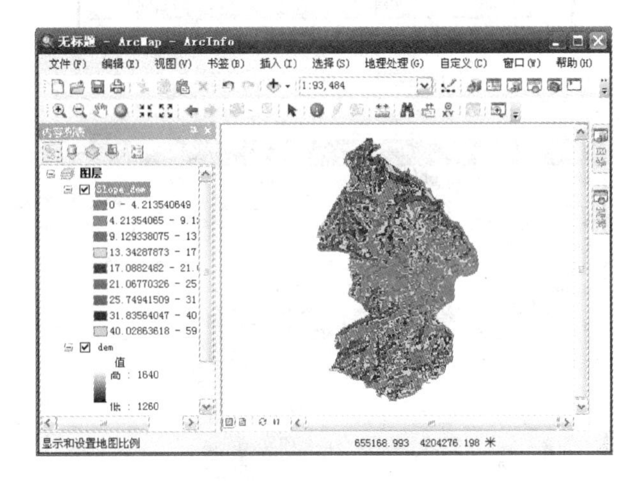

图 8-38　坡度提取结果图

⑥单击【确定】按钮，完成坡度提取操作，结果如图 8-38 所示。

8.2.3.3　曲率

地面曲率是对地形表面扭曲变化程度的定量化度量因子，地面曲率在垂直和水平两个方向上分量分别称为剖面曲率和平面曲率。剖面曲率是对地面坡度的沿最大坡降方向地面高程变化率的度量。平面曲率指在地形表面上，具体到任何一点，指过该点的水平面沿水平方向切地形表面所得的曲线在该点的曲率值。平面曲率描述的是地表曲面沿水平方向的弯曲、变化情况，也就是该点所在的地面等高线的弯曲程度。

曲率提取的操作步骤如下：

①在 ArcToolbox 中，双击【Spatial Analyst 工具】→【表面分析】→【曲率】，打开【曲率】对话框，如图 8-39 所示。

②在【曲率】对话框中，单击按钮，添加【输入栅格】数据（位于“...\prj8\表面分析\data”）。

③在【输出曲率栅格】中，指定输出栅格的保存路径和名称。

④在【Z 因子（可选）】文本框中输入 Z 因子。

⑤【输出剖面曲率栅格】为可选项，指定保存路径和名称。

⑥【输出平面曲线栅格】为可选项，指定保存路径和名称。

⑦单击【确定】按钮，完成曲率提取操作，总曲率结果如图 8-40 所示，剖面曲率结果

如图8-41所示，平面曲率结果如图8-42所示。

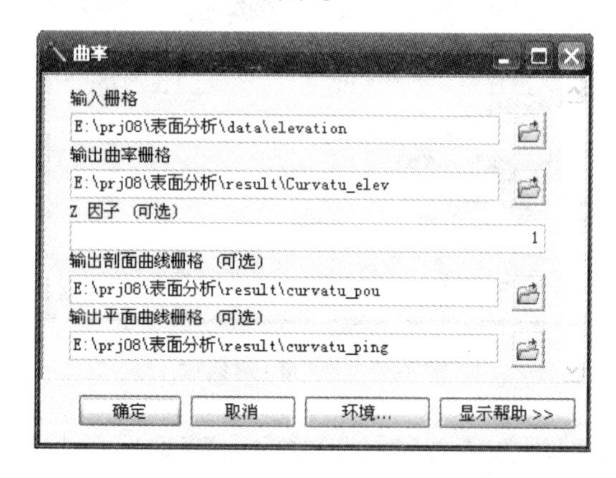

图8-39 【曲率】对话框

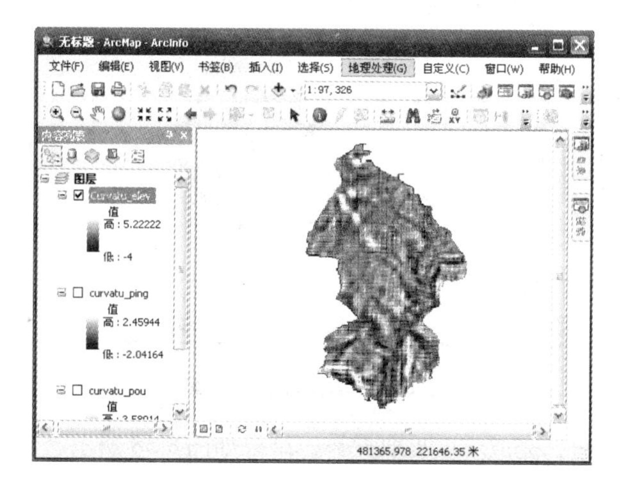

图8-40 总曲率结果图

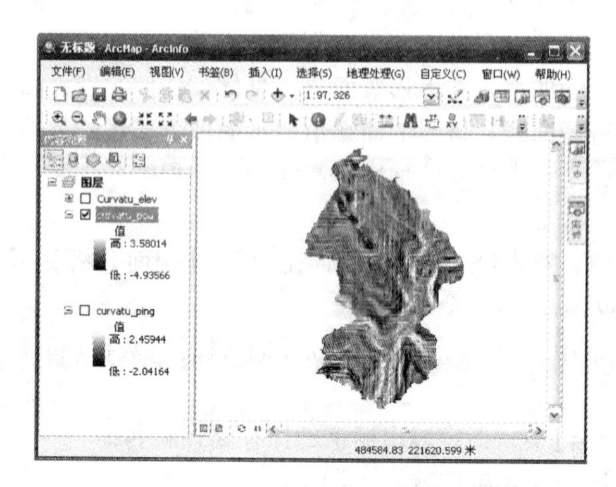

图8-41 剖面曲率结果图

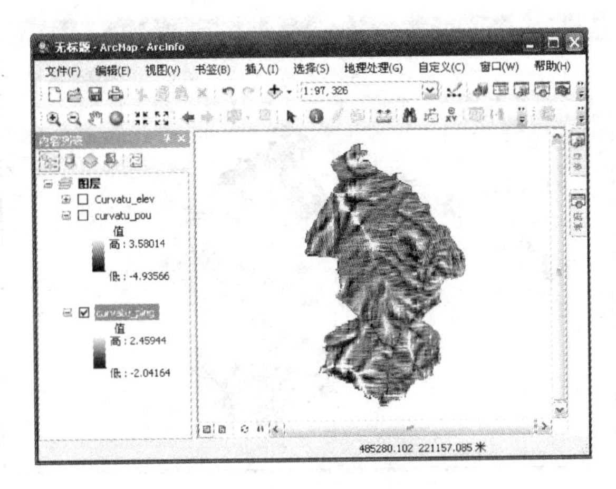

图 8-42　平面曲率结果图

8.2.3.4　等值线

等值线是连接等值点(如高程、温度、降雨量、人口或大气压力)的线。等值线的集合常被称为等值线图，但也可拥有特定的术语称谓，这取决于测量的对象。例如，表示高程的称为等高线图，表示温度的称为等温线图，而表示降雨量的称为等降雨量线图。等值线的分布显示表面上值的变化方式。值的变化量越小，线的间距就越大。值上升或下降得越快，线的间距就越小。

(1)等值线提取的操作

具体操作步骤如下：

①在 ArcToolbox 中，双击【Spatial Analyst 工具】→【表面分析】→【等值线】，打开【等值线】对话框，如图 8-43 所示。

②在【等值线】对话框中，单击按钮，添加【输入栅格】数据(位于"...\prj08\表面分析\data")。

③在【输出折线(polyline)要素】中，指定输出折线要素的保存路径和名称。

④在【等值线间距】文本框中输入等值线的间距 50。

⑤【起始等值线】为可选项，用于输入起始等值线的值。

⑥在【Z 因子(可选)】文本框中输入 Z 因子，默认值为 1。

⑦单击【确定】按钮，完成等值线提取操作，结果如图 8-44 所示。

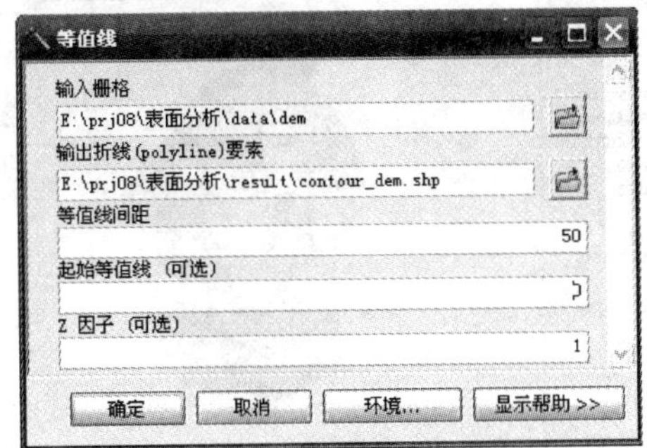

图 8-43　【等值线】对话框

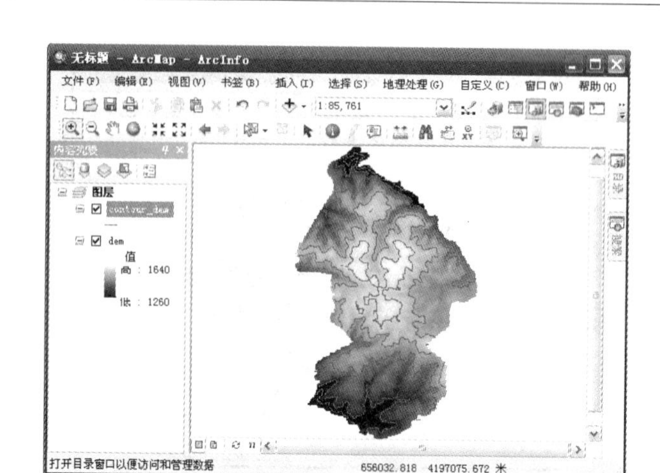

图 8-44 等值线提取结果图

(2)等值线序列提取的操作

具体操作步骤如下：

①在 ArcToolbox 中，双击【Spatial Analyst 工具】→【表面分析】→【等值线序列】，打开【等值线序列】对话框，如图 8-45 所示。

②在【等值线序列】对话框中，单击按钮，添加【输入栅格】数据(位于“...\prj08\表面分析\data”)。

③在【输出折线(polyline)要素】中，指定输出折线要素的保存路径和名称。

④在【等值线值】文本框中输入等值线的值，输入值后，单击按钮，将其添加到列表中，可多次输入距离，如 1320，1580。

⑤单击【确定】按钮，完成等值线系列提取操作，结果如图 8-46 所示。

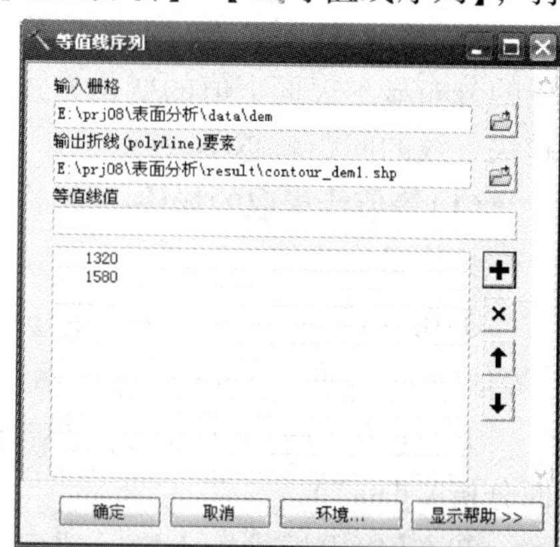

图 8-45 【等值线序列】对话框

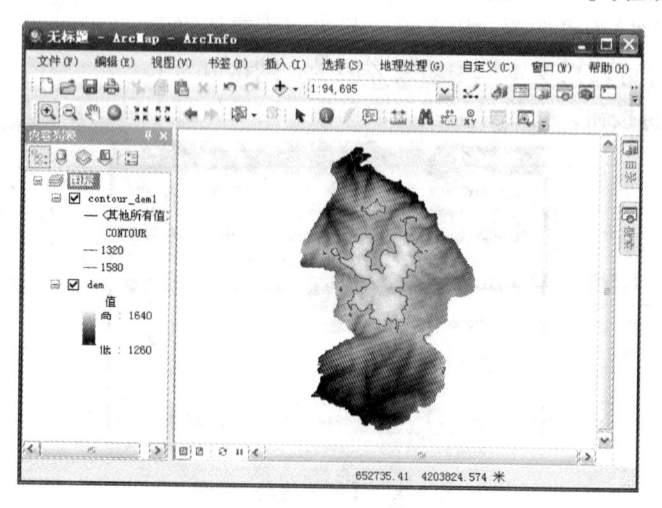

图 8-46 等值线序列提取结果图

8.2.3.5　填挖方

填挖操作是一个通过添加或移除表面材料来修改地表高程的过程。填挖方工具用于汇总填挖操作期间面积和体积的变化情况。通过在两个不同时段提取给定位置的表面，该工具可识别表面材料移除、表面材料添加以及表面尚未发生变化的区域。在实际应用中，借助填挖方工具，可以解决诸如识别河谷中出现泥沙侵蚀和沉淀物的区域，计算要移除的表面材料的体积和面积，以及为平整一块建筑用地所需填充的面积等问题。

填挖方分析的操作步骤如下：

①在 ArcToolbox 中，双击【Spatial Analyst 工具】→【表面分析】→【填挖方】，打开【填挖方】对话框，如图 8-47 所示。

②在【填挖方】对话框中，单击按钮，添加【输入填/挖之前的栅格表面】和【输入填/挖之后的栅格表面】数据(位于"...\prj08\表面分析\data")。

③在【输出栅格】中，指定输出栅格的保存路径和名称。

④在【Z 因子(可选)】文本框中输入 Z 因子，默认值为 1。

⑤单击【确定】按钮，完成填挖方分析操作，结果如图 8-48 所示。

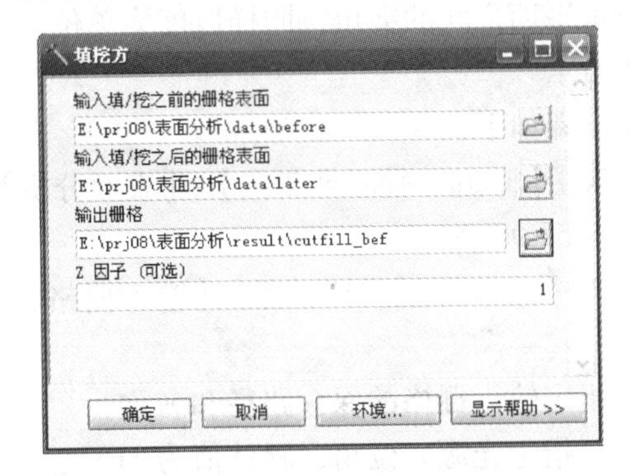

图 8-47　【填挖方】对话框

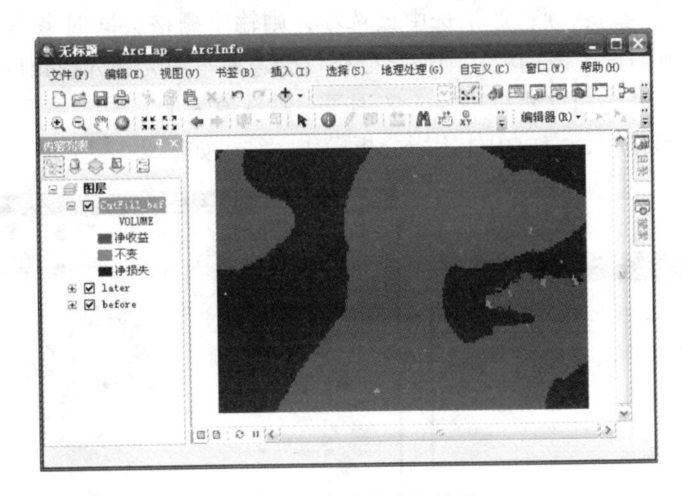

图 8-48　填挖方分析结果

8.2.3.6 山体阴影

山体阴影是根据假想的照明光源对高程栅格图的每个栅格单元计算照明值。山体阴影图不仅很好地表达了地形的立体形态，而且可以方便地提取地形遮蔽信息。创建山体阴影地图时，所要考虑的主要因素是太阳方位角和太阳高度角。

太阳方位角以正北方向为0°，按顺时针方向度量，如90°方向为正东方向。由于人眼的视觉习惯，通常默认方位角为315°，即西北方向，如图8-49所示。

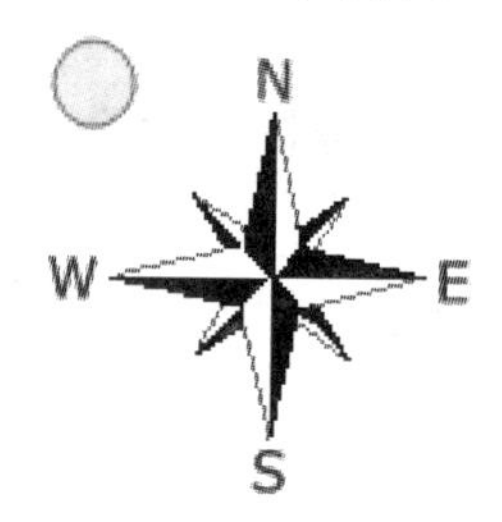

图8-49 太阳方位角示意

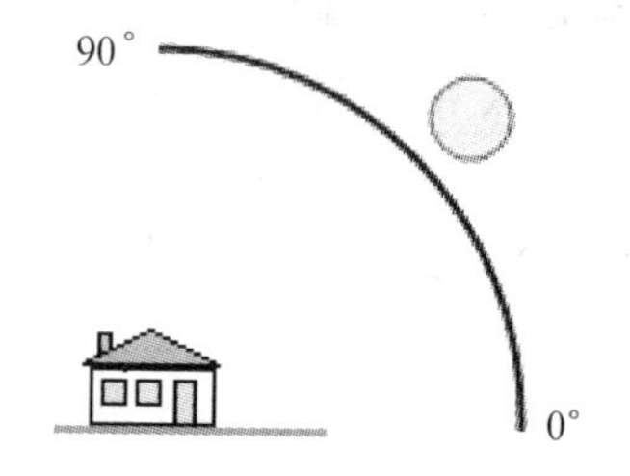

图8-50 太阳高度角示意

太阳高度角为光线与水平面之间的夹角，同样以度为单位。为符合人眼视觉习惯，通常默认为45°，如图8-50所示。

山体阴影分析的操作步骤如下：

①在ArcToolbox中，双击【Spatial Analyst工具】→【表面分析】→【山体阴影】，打开【山体阴影】对话框，如图8-51所示。

②在【山体阴影】对话框中，单击按钮，添加【输入栅格】数据(位于"...\prj08\表面分析\data")。

③在【输出栅格】中，指定输出栅格的保存路径和名称。

④【方位角】为可选项，指定光源方位角，默认值为315°。

⑤【高度】为可选项，指定光源高度角，默认值为45°。

⑥【模糊阴影】为可选项，如果选中该选项，则输出栅格会同时考虑本地光照入射角度和阴影。如果取消选中该选项，则输出栅格仅会考虑本地光照入射角度。

⑦在【Z因子(可选)】文本框中输入Z因子，默认值为1。

⑧单击【确定】按钮，完成山体阴影分析操作，结果如图8-52所示。

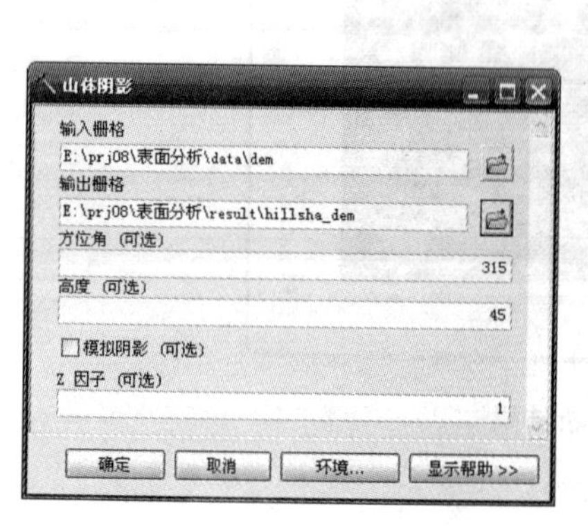

图8-51 【山体阴影】对话框

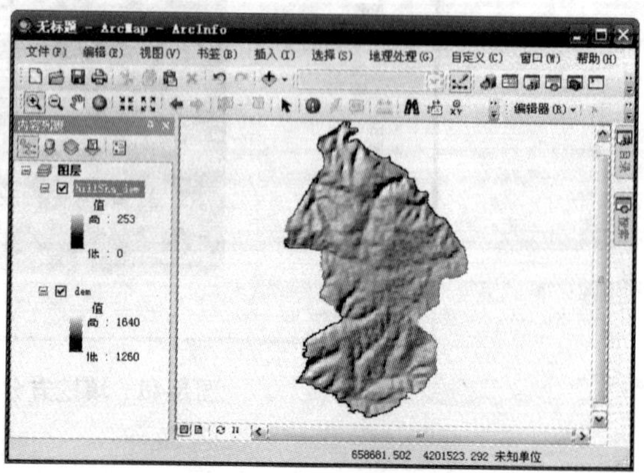

图8-52 山体阴影分析结果

8.2.3.7 可见性分析

有两个工具可用于可见性分析，即视域和视点。它们均可用来生成输出视域栅格数据。另外，视点的输出会精确识别可从每个栅格表面位置看到哪些视点。

视域可识别输入栅格中能够从一个或多个观测位置看到的像元。输出栅格中的每个像元都会获得一个用于指示可从每个位置看到的视点数的值。如果只有一个视点，则会将可看到该视点的每个像元的值指定为 1，将所有无法看到该视点的像元值指定为 0。

视点工具会存储关于哪些观测点能够看到每个栅格像元的二进制编码信息。此信息存储在 VALUE 项中。例如，要显示只能通过视点 1(瞭望塔)看到的所有栅格区域，打开输出栅格属性表，然后选择视点 1（OBS1）等于 1 而其他所有视点等于 0 的行。只能通过视点 1(瞭望塔)看到的栅格区域将在地图上高亮显示。

(1)视点分析的操作

具体操作步骤如下：

①在 ArcToolbox 中，双击【Spatial Analyst 工具】→【表面分析】→【视点分析】，打开【视点分析】对话框，如图 8-53 所示。

②在【视点分析】对话框中，单击按钮，添加【输入栅格】和【输入观察点要素】数据（位于“... \ prj08 \ 表面分析 \ data”）。

③在【输出栅格】中，指定输出栅格的保存路径和名称。

④在【Z 因子(可选)】文本框中输入 Z 因子，默认值为 1。

⑤【使用地球曲率校正】为可选项，如果选中该选项，则需要在【折射系数】文本框中输入空气中可见光的折射系数，默认值为 0.13。

⑥单击【确定】按钮，完成视点分析操作，结果如图 8-54 所示。绿色区域就是只能通过瞭望塔 1 才能看到的区域。

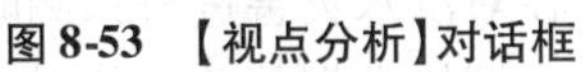

图 8-53 【视点分析】对话框

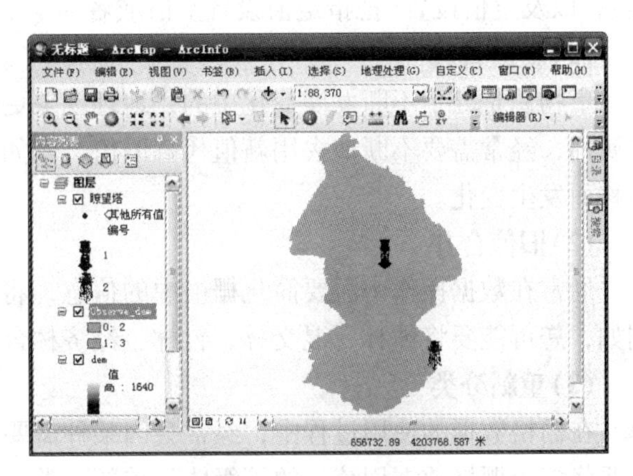

图 8-54 视点分析结果图

(2)视域分析的操作

具体操作步骤如下：

①在 ArcToolbox 中，双击【Spatial Analyst 工具】→【表面分析】→【视域】，打开【视域】对话框，如图 8-55 所示。

②在【视点分析】对话框中，单击按钮，添加【输入栅格】和【输入观察点或观察折

线(Polyline)要素】数据(位于“... \ prj08 \ 表面分析 \ data”)。

③在【输出栅格】中，指定输出栅格的保存路径和名称。

④在【Z 因子(可选)】文本框中输入 Z 因子，默认值为 1。

⑤选中【使用地球曲率校正】复选框，在【折射系数】文本框中输入默认值 0.13。

⑥单击【确定】按钮，完成视域分析操作，结果如图 8-56 所示。

图 8-55　【视域】对话框

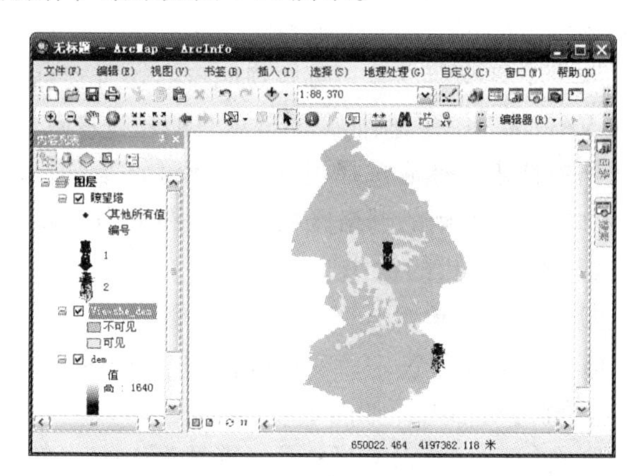

图 8-56　视域分析结果图

8.2.4　重分类

重分类即基于原有数值，对原有数值重新进行分类整理从而得到一组新值并输出。

根据不同的需要，重分类一般包括 4 种基本分类形式：新值替代(用一组新值取代原来值)、旧值合并(将原值重新组合分类)、重新分类(以一种分类体系对原始值进行分类)，以及空值设置(把指定值设置空值或者为空值设置值)。

(1)新值替代

事物总是处于不断发展变化中的，地理现象更是如此。所以，为了反映事物的实时真实属性，经常需要不断地去用新值代替旧值。例如，某区域的土地利用类型将随着时间的推移而发生变化。

(2)旧值合并

经常在数据操作中需要简化栅格中的信息，将一些具有某种共性的事物合并为一类。例如，您可能要将纯林、混交林、竹林、经济林合并为有林地。

(3)重新分类

在栅格数据的使用过程中，经常会因某种需要，要求对数据用新的等级体系分类，或需要将多个栅格数据用统一的等级体系重新归类。例如，在对洪水灾害进行预测时，需要综合分析降雨量、地形、土壤、植被等数据。首先需要每个栅格数据的单元值对洪灾的影响大小，把它们分为统一的级别数，如统一分为 10 级，级别越高其对洪灾的影响度越大。经过分级处理后，就可以通过这些分类信息进行洪灾模拟的定量分析与计算。

(4)空值设置

有时需要从分析中移除某些特定值。例如，可能是因为某种土地利用类型存在限制(如湿地限制)，从而使您无法在该处从事建筑活动。在这种情况下，您可能要将这些值

更改为 NoData 以将其从后续的分析中移除。

在另外一些情况下，您可能要将 NoData 值更改为某个值，例如，表示 NoData 值的新信息已成为已知值。

重分类的操作步骤如下：

①在 ArcToolbox 中，双击【Spatial Analyst 工具】→【重分类】→【重分类】，打开【重分类】对话框，如图 8-57 所示。

②在【重分类】对话框中，单击按钮，添加【输入栅格】数据（位于“... \ prj08 \ 重分类 \ data”），在【重分类字段】中选择需要变更的字段。

③在【输出栅格】中，指定输出栅格的保存路径和名称。

图 8-57　【重分类】对话框

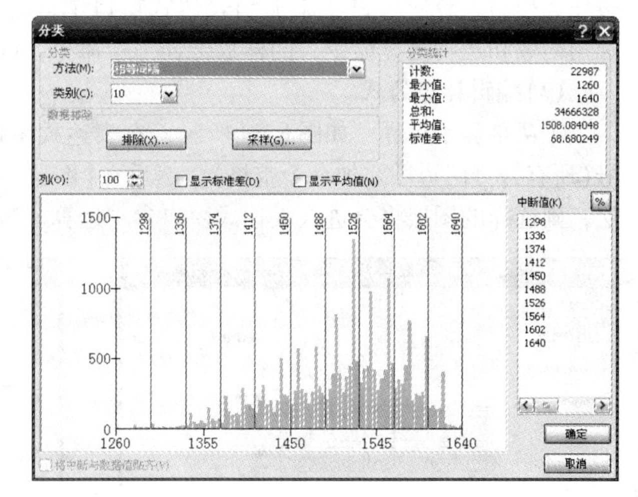

图 8-58　【分类】对话框

④单击【分类】按钮，打开【分类】对话框，如图 8-58 所示。在【方法】下拉框中选择一种分类方法：包括手动，相等间隔，定义的间隔，分位数，自然间断点分级法，几何间隔，标准差，并设置相关参数，单击【确定】按钮，完成旧值的分类。

⑤在【新值】文本框中定位需要改变数值的位置，然后键入新值。可单击【加载】按钮导入已经制作好的重映射表，也可以单击【保存】按钮来保存当前重映射表。

⑥若要添加新条目，单击【添加条目】按钮，若要删除已存在的条目，则单击【删除条目】按钮，此外，还可以对新值取反，以及设置数值的精度等。

⑦【将缺失值更改为 NoData】为可选项，若选中则将缺失值改成无数据（NoData）。

⑧单击【确定】按钮，完成重分类操作。

8.2.5　栅格计算器

栅格计算是数据处理和分析最为常用的方法，也是建立复杂的应用数学模型的基本模块。ArcGIS 提供了非常友好的图形化栅格计算器。利用栅格计算器，不仅可以方便地完成基于数学运算符的栅格运算，以及基于数学函数的栅格运算，它还可以支持直接调用 ArcGIS 自带的栅格数据空间分析函数，并可方便地实现多条语句的同时输入和运行。同时，栅格计算器支持地图代数运算，栅格数据集可以直接和数字、运算符、函数等在一起混合计算，不需要做任何转换。

栅格计算器使用方法如下：

(1)启动栅格计算器

①在ArcToolbox中，双击【Spatial Analyst工具】→【地图代数】→【栅格计算器】，打开【栅格计算器】对话框，如图8-59所示。

②在【输出栅格】中，指定输出栅格的保存路径和名称。

③栅格计算器由四部分组成，左上部【图层和变量】选择框为当前ArcMAP视图中已加载的所有栅格数据层列表，双击任一个数据层名，该数据层名便可自动添加到下部的表达式窗口中；中上部是常用的算术运算符、0～10、小数点、关系运算符面板，单击所需按钮，按钮内容便可自动添加到表达式窗口中；右上部【条件分析】区域为常用的数学、三角函数和逻辑运算命令，同样双击任一个命令，内容便可自动添加到表达式窗口中。

(2)编辑计算公式

①简单算术运算　如图8-59所示，在表达式窗口中先输入计算结果名称，再输入等号(所有符号两边需要加一个空格)，然后在【图层和变量】选择框中双击要用来计算的图层，则选择的图层将会进入表达式窗口参与运算。数据层名尽量用()括起来，便于识别。

图8-59　【栅格计算器】对话框图

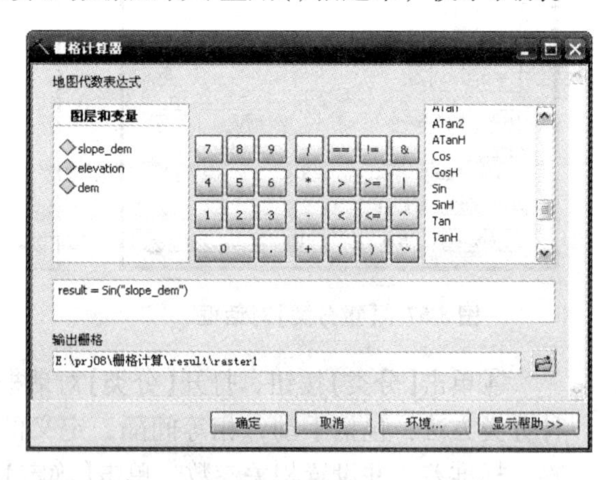

图8-60　栅格计算器的数学函数运算

②数学函数运算　先单击函数按钮，然后在函数后面的括号内加入计算对象，如图8-60所示。应该注意三角函数以弧度为其默认计算单位。

③空间分析函数运算　栅格数据空间分析函数没有直接出现在栅格计算器面板中，需要手动输入。引用时，首先查阅有关文档，确定函数全名、参数、引用的语法规则；然后在栅格计算器输入函数全名，并输入一对小括号，再在小括号中输入计算对象和相关参数，如图8-61所示。

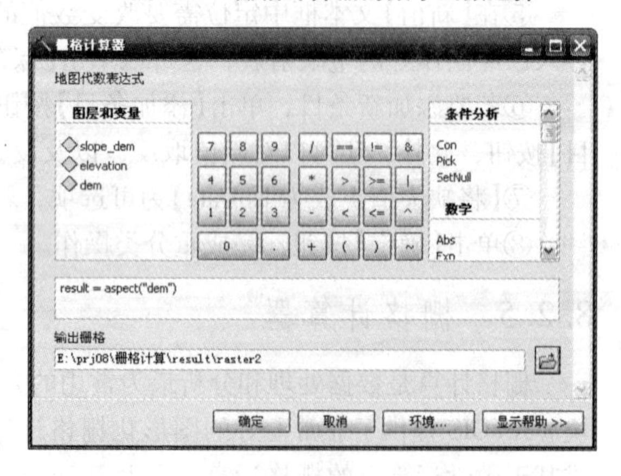

图8-61　栅格计算器的空间分析函数运算

④多语句的编辑　ArcGIS 栅格计算器多表达式同时输入，并且先输入的表达式运算结果可以直接被后续语句引用，如图8-62 所示。一个表达式必须在一行内输入完成，中间不能换行。此外，如果后输入的函数需要引用前面表达式计算结果，前面表达式必须是一个完整的数学表达式。此外，引用先前表达式的输出对象时，直接引用输出对象名称，对象名称不需要用中括号括起来。

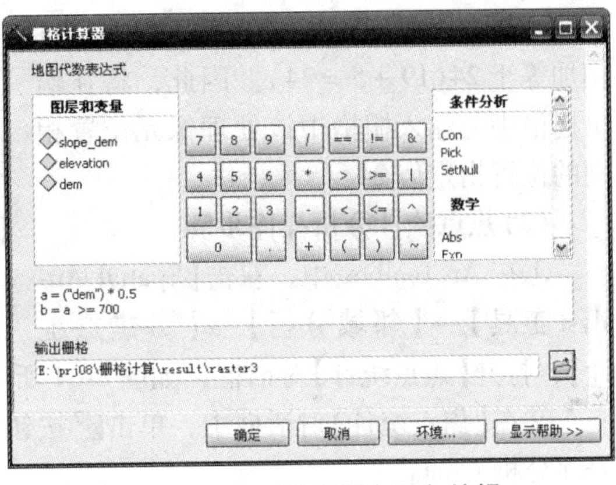

图 8-62　栅格计算器的多语句编辑

(3) 检查输入的表达式

准确无误后，单击【确定】按钮，执行运算，计算结果将会自动加载到当前 ArcMap 视图窗口中。

8.2.6　邻域分析

邻域分析是以待计算栅格的单元值为中心，向其周围扩展一定范围，基于这些扩展栅格数据进行函数运算，并将结果输出到相应的单元位置的过程。ArcGIS 中存在两种基本的邻域运算：一种针对重叠的处理位置邻域，另一种针对不重叠邻域。焦点统计工具处理具有重叠邻域的输入数据集。块统计工具处理非重叠邻域的数据。

邻域分析过程中，ArcGIS 中提供了以下几种邻域分析窗口类型，分别如下：

①矩形　矩形邻域的宽度和高度单位可采用像元单位或地图单位。默认大小为 3×3 像元的邻域。

②圆形　圆形大小取决于指定的半径。半径用像元单位或地图单位标识，以垂直于 x 轴或 y 轴的方式进行测量。在处理邻域时，将包括圆形中的所有像元中心。

③环　在处理邻域时，将包括落在外圆半径范围内但位于内圆半径之外的所有像元中心。半径用像元单位或地图单位标识，以垂直于 x 轴或 y 轴的方式进行测量。

④楔形　在处理邻域时，将包括落在楔形内的像元。通过指定半径和角度可创建楔形。半径以像元单位或地图单位指定，从处理像元中心开始，且以垂直于 x 轴或 y 轴的方式测量。楔形的起始角度可以是从 0°～360°的整型值或浮点型值。楔形角度的取值范围是以 x 正半轴上的 0 点为起始点，按逆时针增长方向旋转一周，直到返回至 0 点。楔形的终止角度可以是从 0°～360°的整型值或浮点型值。使用以起始值和结束值定义的角度来创建楔形。

此外，还有不规则邻域和权重邻域两种情况，由于用得比较少，这里不做介绍。

下面以焦点统计分析为例介绍邻域分析的应用。

(1) 焦点统计原理

焦点统计工具可执行用于计算输出栅格数据的邻域运算，各输出像元的值是其周围指定邻域内所有输入像元值的函数。对输入数据执行的函数可得出统计数据，例如，最大值、平均值或者邻域内遇到的所有值的总和。以图 8-63 中值为 5 的处理像元可演示出焦点统计的邻域处理过程。指定一个 3×3 的矩形像元邻域形状。邻域像元值的总和(3 + 2 +

3 +4 +2 +1 +4 = 19）与处理像元的值（5）相加等于 24（19 + 5 = 24）。因此，将在输出栅格中与输入栅格中该处理像元位置相同的位置指定值 24。

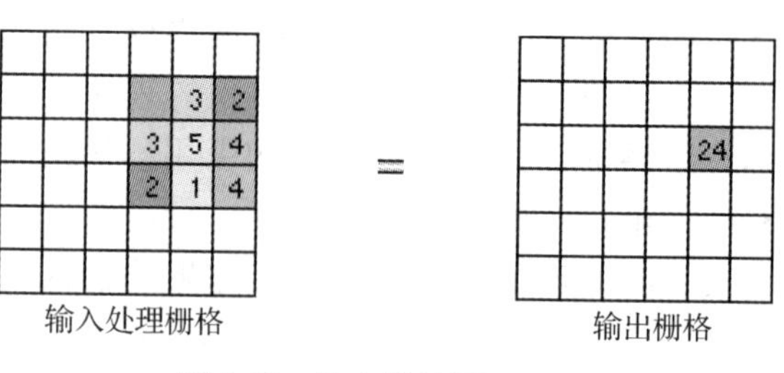

图 8-63 焦点统计原理图

（2）焦点统计分析操作步骤

①在 ArcToolbox 中，双击【Spatial Analyst 工具】→【邻域分析】→【焦点统计】，打开【焦点统计】对话框，如图 8-64 所示。

②在【焦点统计】对话框中，单击按钮，添加【输入栅格】数据（位于“... \ prj08 \ 表面分析 \ data”）。

③在【输出栅格】中，指定输出栅格的保存路径和名称。

④在【邻域分析（可选）】下拉框中选择邻域类型，这里选择“矩形”。

⑤在【邻域设置】选项中选择邻域分析窗口的单位，可以是栅格像元或地图单位。

⑥【统计类型】为可选项，下拉框中有是个选项：Mean、Majority、Maximum、Median、Minimum、Minority、Range、STD、Sum 和 Variety。

- Mean 邻域单元值的平均数。
- Majority 邻域单元值中出现频率最高的数值。
- Maximum 邻域内出现的最大数值。
- Median 邻域单元值中的中央值。
- Minimum 邻域内出现的最小数值。
- Minority 邻域单元值中出现频率最低的数值。
- Range 邻域单元值的取值范围。
- STD 邻域单元值的标准差。
- Sum 邻域单元值的总和。本例选此项。
- Variety 邻域单元值中不同数值的个数。

⑦【在计算中忽略 NoData】为可选项，若选中则将忽略 NoData 的计算。

⑧单击【确定】按钮，完成焦点统计分析操作，结果如图 8-65 所示。

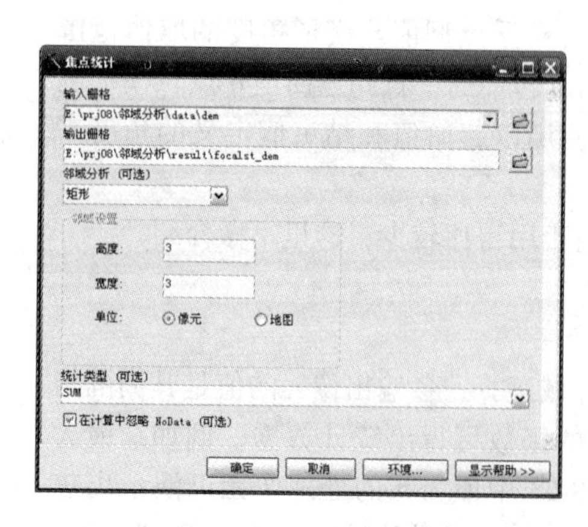

图 8-64 【焦点统计】对话框

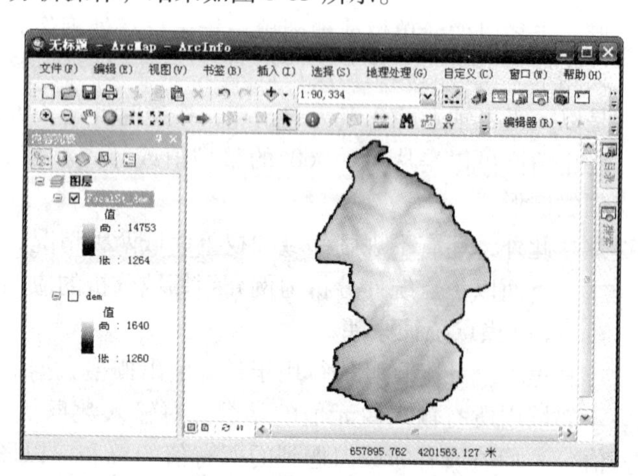

图 8-65 焦点统计分析结果

→任务实施

山顶点的提取

一、目的与要求

通过等高线、山顶点的提取和配置、引导学生熟练掌握利用ArcGIS栅格数据空间分析中等高线的提取、栅格数据邻域分析和栅格计算功能，解决实际问题。

二、数据准备

某研究地区1∶10 000DEM数据。

三、操作步骤

1. 加载Spatial Analyst模块和DEM数据

①运行ArcMap，单击【自定义】菜单下的【扩展模块】命令，在打开的窗口中选择Spatial Analyst，单击【关闭】按钮。

②单击按钮，添加数据(位于“...\prj08\任务实施8.2\data”)。

2. 设置工作路径

单击【地理处理】→【环境】，在弹出的【环境设置】对话框中的【工作空间】区域，【当前工作空间】和【临时工作空间】都设置为“...\prj08\任务实施8.2\result”。

3. 提取等高距为15m和75m的等高线图

①双击【Spatial Analyst工具】→【表面分析】→【等值线】，打开【等值线】对话框，如图8-66所示。

②按图8-66设置对话框参数，单击【确定】按钮，生成等高距为15m的等高线图。

③重复以上操作，修改【等值线间距】为75m，生成等高距为75m的等高线图。

④单击contour_dem15数据层的图例，选择显示颜色为灰度60%。

⑤单击contour_dem75数据层的图例，选择显示颜色为灰度80%。结果如图8-67所示。

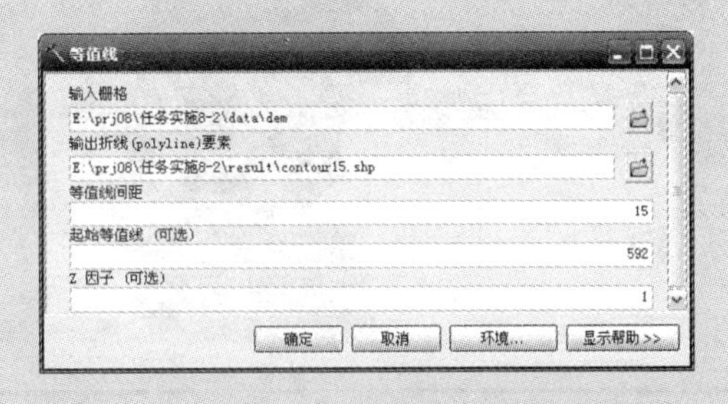

图8-66　【等值线】对话框

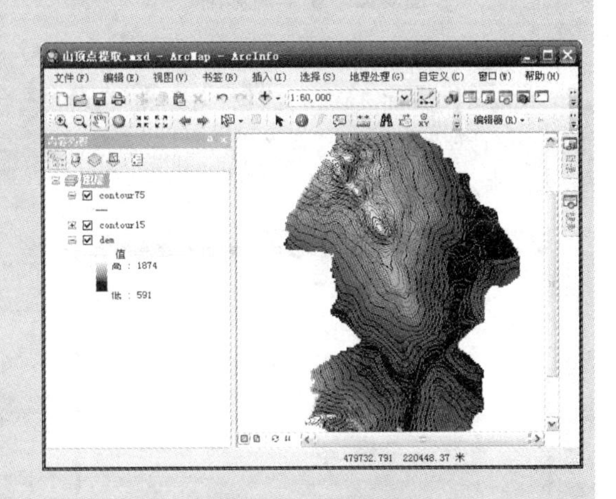

图8-67　等高线图

4. 提取山体阴影图

①双击【Spatial Analyst工具】→【表面分析】→【山体阴影】，打开【山体阴影】对话框，如图8-68所示。

②按图8-68设置对话框参数，单击【确定】按钮，生成该地区光照晕渲图，作为等高线三维背景。结果如图8-69所示。

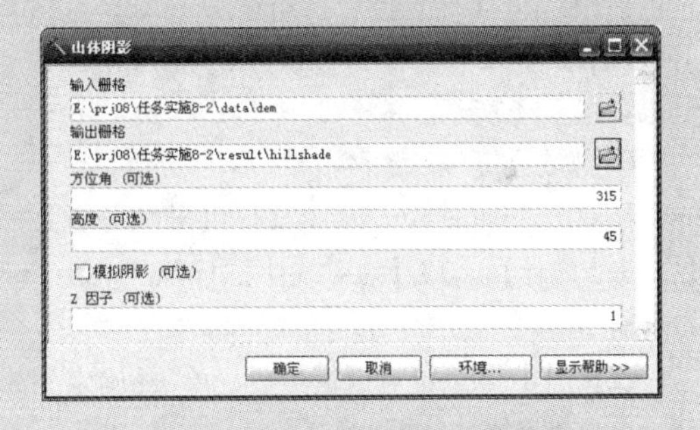

图8-68　【山体阴影】对话框

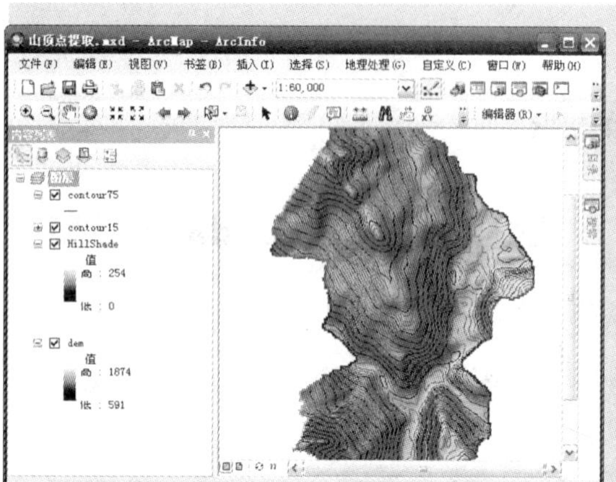

图 8-69　山体阴影图

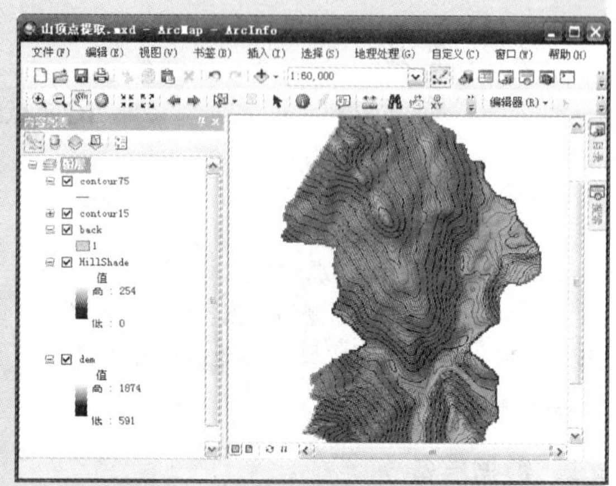

图 8-71　三维立体等高线图

5. 提取有效数据区域

①双击【Spatial Analyst 工具】→【地图代数】→【栅格计算器】，打开【栅格计算器】对话框，如图 8-70 所示。

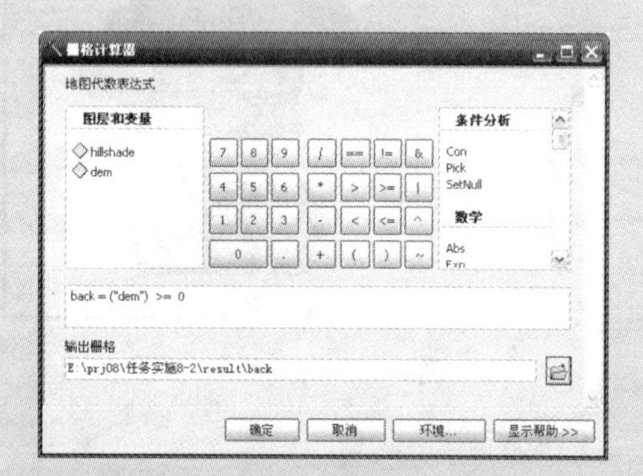

图 8-70　【栅格计算器】对话框

②按图 8-70 设置对话框参数，单击【确定】按钮，提取有效数据区域，作为等高线三维背景掩膜。

③双击 back 数据层，在弹出的【图层属性】对话框的【显示】属性页设置透明度为 60%，在【符号系统】属性框中设置其显示颜色为 Gray 50%，结果如图 8-71 所示。

6. 邻域分析

①双击【Spatial Analyst 工具】→【邻域分析】→【焦点统计】，打开【焦点统计】对话框，如图 8-72 所示。

②按图 8-72 设置对话框参数，单击【确定】按钮，完成焦点统计分析操作。

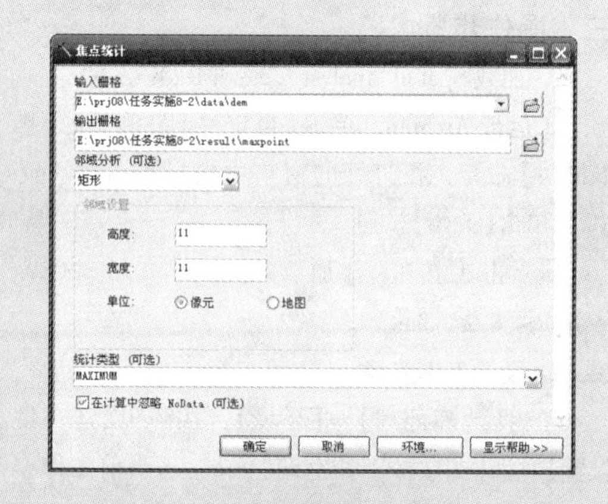

图 8-72　【焦点统计】对话框

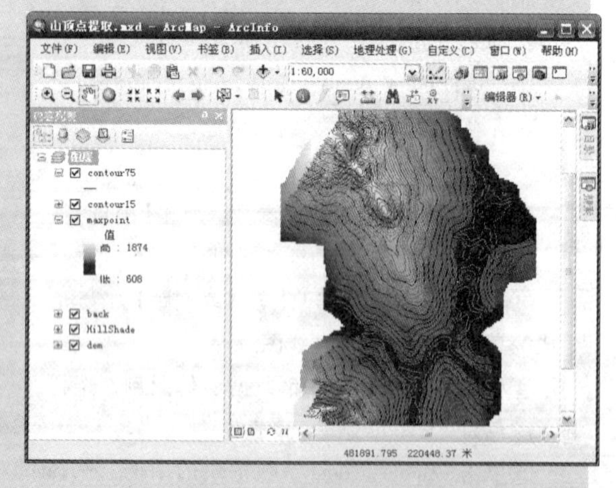

图 8-73　焦点统计分析图

7. 提取山顶点区域

①双击【Spatial Analyst 工具】→【地图代数】→【栅格计算器】，打开【栅格计算器】对话框，如

图 8-74 所示。

②按图 8-74 设置对话框参数，单击【确定】按钮，提取山顶点区域结果如图 8-75 所示。

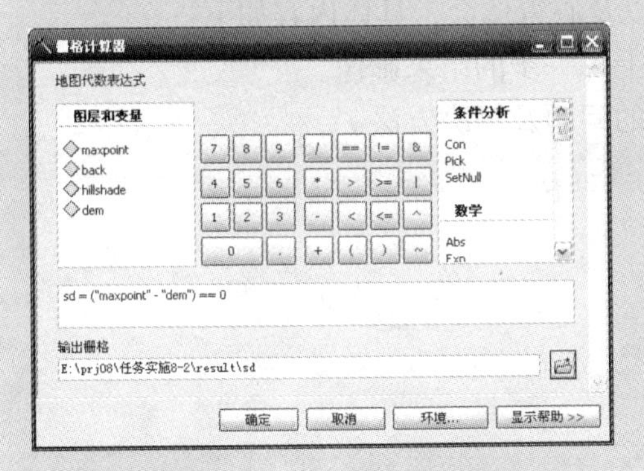

图 8-74　【栅格计算器】对话框

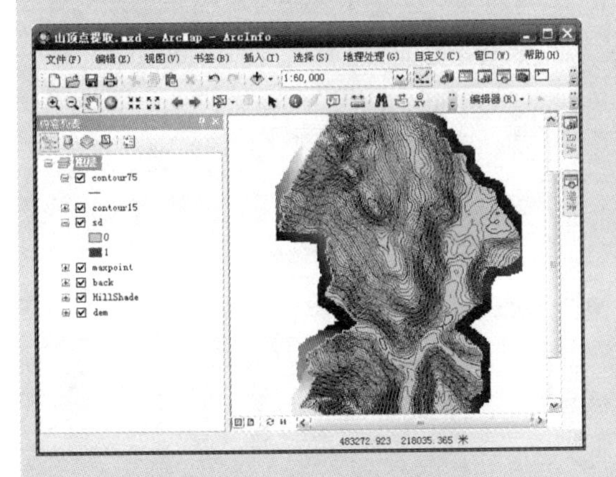

图 8-75　山顶点区域提取图

8. 重分类 sd 数据

①双击【Spatial Analyst 工具】→【重分类】→【重分类】，打开【重分类】对话框，如图 8-76 所示。

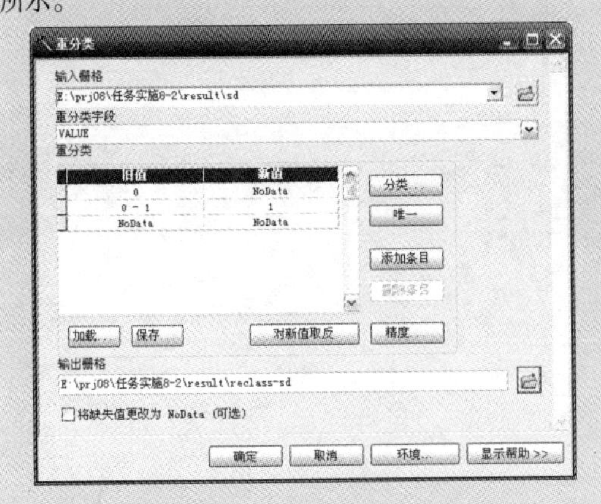

图 8-76　【重分类】对话框

②按图 8-76 设置对话框参数，单击【确定】按钮，sd 数据重分类结果如图 8-77 所示。

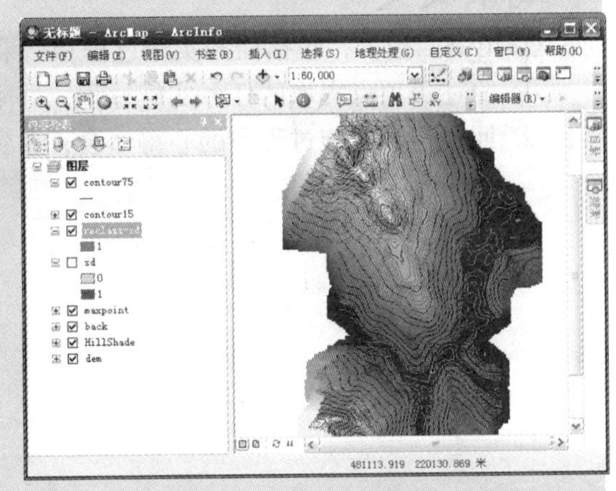

图 8-77　重分类结果图

9. 数据转换

①双击【转换工具】→【由栅格转出】→【栅格转点】，打开【栅格转点】对话框，如图 8-78 所示。

②按图 8-78 设置对话框参数，单击【确定】按钮，结果如图 8-79 所示。

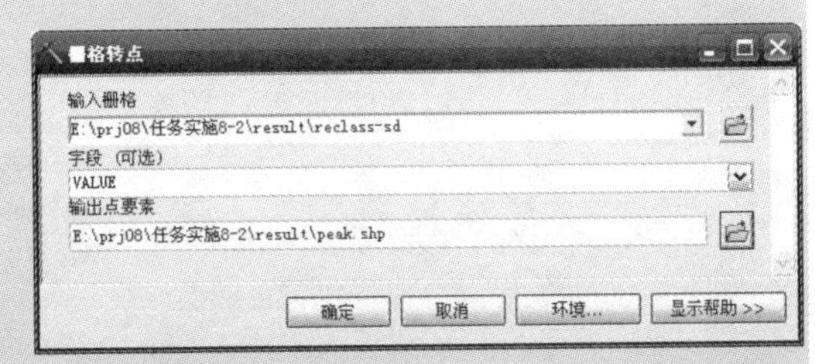

图 8-78　【栅格转点】对话框

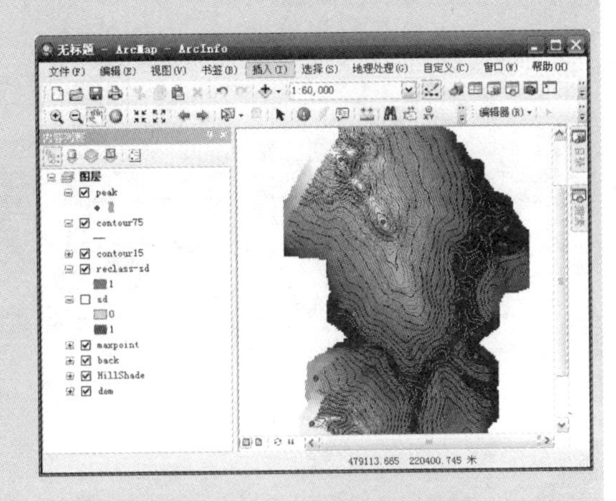

图 8-79　山顶点提取结果图

→成果提交

作出书面报告，包括任务实施过程和结果以及心得体会，具体内容如下：

1. 简述山顶点提取的任务实施过程，并附上每一步的结果影像。
2. 回顾任务实施过程中的心得体会，遇到的问题及解决方法。

任务 3

ArcScene 三维可视化

→任务描述

ArcScene 是 ArcGIS 三维分析模块 3D Analyst 所提供的一个三维场景工具，它可以更加高效地管理三维 GIS 数据、进行二维数据的三维显示，以及制作和管理三维动画。本任务将从这些方面入手，学习 ArcScene 三维可视化。

→任务目标

经过学习和训练，使学生能够熟练运用 ArcScene 软件将二维数据进行三维显示，并掌握三维动画的制作方法。

→知识准备

在三维场景中浏览数据更加直观和真实，对于同样的数据，三维可视化将使数据能够提供一些平面图上无法直接获得的信息。可以很直观地对区域地形起伏的形态及沟、谷、鞍部等基本地形形态进行判读，比二维图形如等高线图更容易被大部分读图者所接受。

8.3.1 ArcScene 的工具条

除了【标准】工具条外，ArcScene 中常用的工具条还有【3D Analyst】工具条、【基础工具】工具条和【动画】工具条等。【标准】工具条和【3D Analyst】工具条在前面的内容已经做过介绍，这里就不再赘述。

8.3.1.1 【基础工具】工具条

【基础工具】工具条中共有 17 个工具，包含了对三维地图数据进行导航、查询、测量等操作的主要工具，各按钮对应的功能见表 8-2。

表 8-2 【基础工具】工具条功能

图 标	名 称	功 能
	导航	导航 3D 视图
	飞行	在场景中飞行

（续）

图标	名称	功能
	目标处居中	将目标位置居中显示
	缩放至目标	缩放到目标处视图
	设置观察点	在指定位置上设置观察点
	放大	放大视图
	缩小	缩小视图
	平移	平移视图
	全图	视图以全图显示
	选择要素	选择场景中的要素
	清除所选要素	清除对所选要素的选择
	选择图形	选择、调整以及移动地图上的文本、图形和其他对象
	识别	查询属性
	HTML 弹出窗口	触发要素中的 HTML 弹出窗口
	查找要素	在地图中查找要素
	测量	几何测量
	时间滑块	打开时间滑块窗口以便处理时间感知型图层和表

8.3.1.2 【动画】工具条

【动画】工具条中共有12个工具，包含了创建动画要用到的主要工具，各按钮对应的功能见表8-3。

表8-3 【动画】工具条功能

图标	名称	功能
动画(A)▾	动画	显示一个包含所有其他动画工具的菜单
	清除动画	从文档中移除所有动画轨迹
	创建关键帧	为新轨迹或现有轨迹创建关键帧
	创建组动画	创建用于生成分组图层属性动画的轨迹
	创建时间动画	创建用于生成时间地图动画的轨迹

（续）

图 标	名 称	功 能
	根据路径创建飞行动画	通过定义照相机或视图的行进路径来创建轨迹
	沿路径移动图层	根据 ArcScene 中的路径创建图层轨迹
	加载动画文件	将现有动画文件加载到文档
	保存动画文件	保存动画文件
	导出动画	将动画文件导出为视频或连续图像
	动画管理器	编辑和微调动画、修改关键帧属性和轨迹属性以及在预览更改效果时编辑关键帧和轨迹的时间
	捕获视图	通过捕获视图创建一个动画
	打开动画控制器	打开【动画控制器】对话框

8.3.2 要素的三维显示

在三维场景中显示要素的先决条件是要素必须以某种方式赋予高程值或其本身具有高程信息。因此，要素的三维显示主要有两种方式：一种是具有三维几何的要素，在其属性中存储有高程值，可以直接使用其要素几何中或属性中的高程值，实现三维显示；另一种是缺少高程值的要素，可以通过叠加或突出两种方式在三维场景中显示。所谓叠加，即将要素所在区域的表面模型的值作为要素的高程值，如将所在区域栅格表面的值作为一幅遥感影像的高程值，可以对其做立体显示；突出则是指根据要素的某个属性或任意值突出要素，如要想在三维场景中显示建筑物要素，可以使用其高度或楼层数这样的属性来将其突出显示。

ArcGIS 的三维分析功能在要素属性对话框中提供了要素图层在三维场景中的 3 种显示方式：①使用属性设置图层的基准高程；②在表面上叠加要素图层设置基准高程；③突出要素。还可以结合多种显示方式，如先使用表面设置基准高程，然后在表面上再突出显示要素。

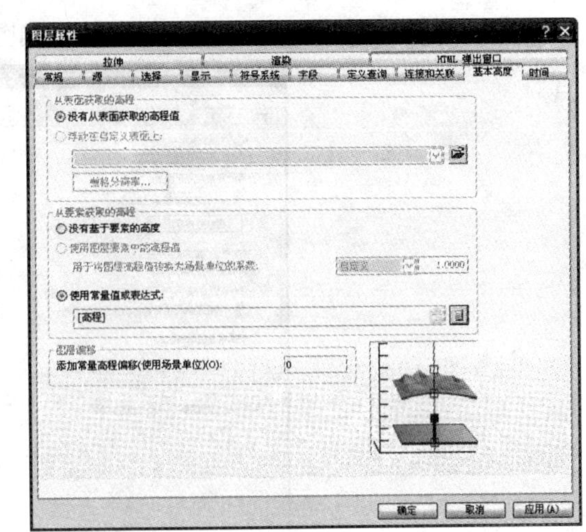

图 8-80 设置要素图层的基准高程

8.3.2.1 通过属性进行三维显示

操作步骤如下：

①启动 ArcScene，单击按钮，加载等高线数据(位于“... \ prj08 \ 三维可视化 \ data”)。

②双击等高线图层，打开【图层属性】对话框，如图 8-80 所示。

③在【图层属性】对话框中，单击【基本高度】标签，切换到【基本高度】选项卡，在

【从要素获取的高程】区域中选择【使用常量值或表达式】单选按钮，单击按钮，弹出【表达式构建器】对话框；双击字段里的“高程”输入到表达式中，单击【确定】按钮。关闭【表达式构建器】对话框。

④单击【确定】按钮，完成操作，结果如图8-81所示。

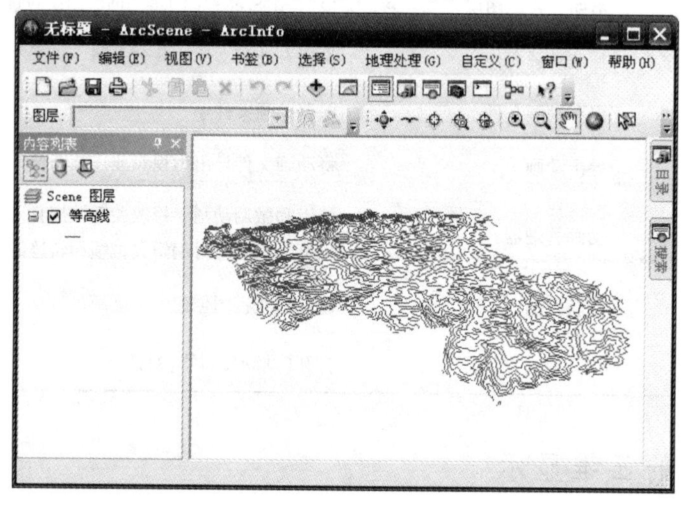

图8-81　等高线要素的三维显示

8.3.2.2　通过表面进行三维显示

操作步骤如下：

①启动ArcScene，单击按钮，加载小班和dem数据(位于“... \ prj08 \ 三维可视化 \ data”)。

②双击小班图层，打开【图层属性】对话框，如图8-82所示。

③在【图层属性】对话框中，单击【基本高度】标签，切换到【基本高度】选项卡，在【从表面获取的高程】区域中选择【浮动在自定义表面上】单选按钮，在下拉框中选择“dem”，其他参数保持默认值。

④单击【确定】按钮，完成操作，结果如图8-81所示。

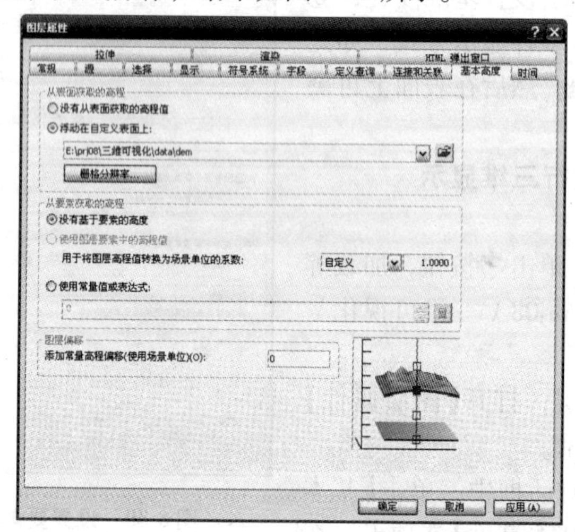

图8-82　使用表面设置要素基准高程

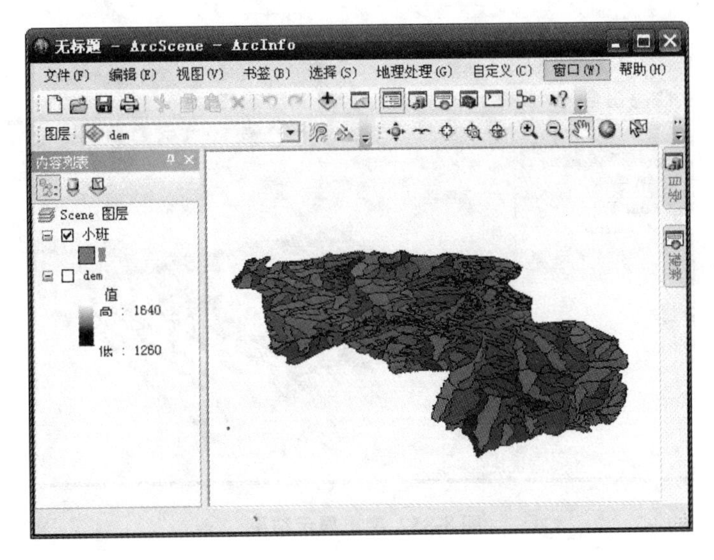

图 8-83 小班要素的三维显示

8.3.2.3 要素的突出显示

①启动 ArcScene，单击按钮，加载货场数据(位于“...\prj08\三维可视化\data”)。

②双击货场图层，打开【图层属性】对话框，如图 8-84 所示。

③在【图层属性】对话框中，单击【拉伸】标签，切换到【拉伸】选项卡，选中【拉伸图层中的要素......】复选框，单击按钮，弹出【表达式构建器】对话框；双击字段里的“高度”输入到表达式中，单击【确定】按钮。关闭【表达式构建器】对话框。

④在【拉伸方式】下选择“将其添加到各要素的基本高度”。

⑤单击【确定】按钮，完成操作，结果如图 8-85 所示。

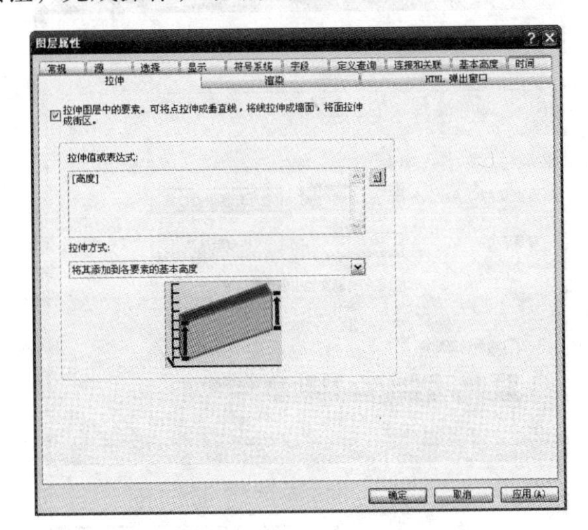

图 8-84 设置对要素进行突出显示

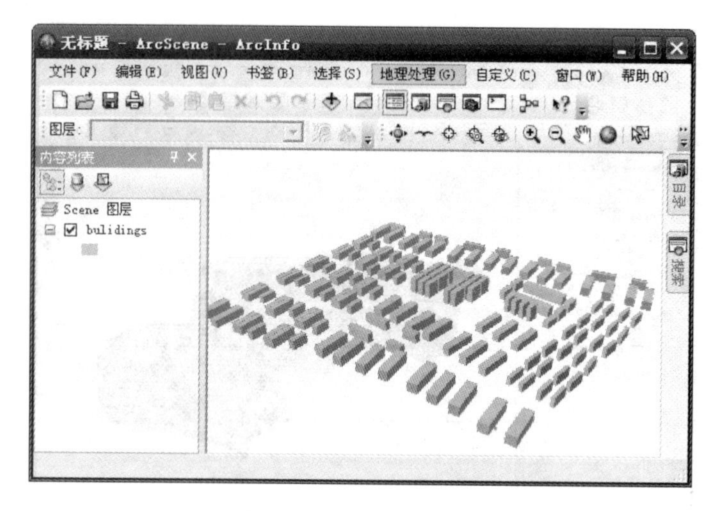

图 8-85 突出显示结果

8.3.3 设置场景属性

在实现要素或表面的三维可视化时，为了达到更好的显示效果，还需要对场景属性进行一些设置，所有操作在 8.3.2.2 的基础上进行。

8.3.3.1 垂直夸大

为了更好地表示地表高低起伏的形态，有时需要进行垂直拉伸，以免地形显示的过于陡峭或平坦。

①在 ArcScene 窗口中，单击【视图】→【场景属性】命令，打开【场景属性】对话框，如图 8-86 所示。

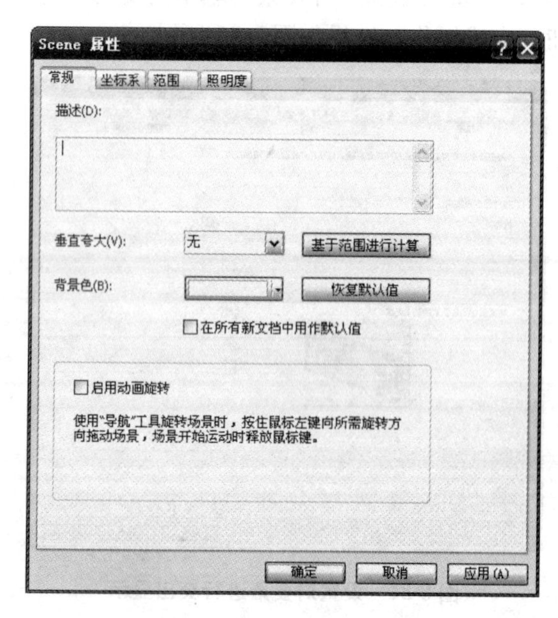

图 8-86 【Scene 属性】对话框

②在【常规】选项卡中，单击【垂直夸大】下拉框选择垂直夸大系数，或者点击【基于范围进行计算】按钮，系统将根据场景范围与高程变化范围自动计算垂直拉伸系数。

图 8-87 为原始表面与设置垂直夸大系数为 2 时的显示效果的对比。

图 8-87　原始表面与垂直夸大后的表面

8.3.3.2　使用动画旋转

为全面地了解区域地形地貌特征，可以进行动画旋转。在【常规】选项卡中，选中【启用动画旋转】复选框，即可激活动画旋转功能，激活之后，可以使用场景漫游工具将场景左右拖动之后，即可开始进行旋转，旋转的速度取决于鼠标释放前的速度，在旋转的过程中也可以通过键盘的 Page Up 键和 Page Down 键进行调节速度。点击场景即可停止其转动。

8.3.3.3　设置场景背景颜色

为增加场景真实感，需要设置合适的背景颜色。同样，在【常规】选项卡中，单击【背景色】下拉框选择背景颜色，同时还可以将所选颜色设置为场景默认背景色(选中【在所有新文档中用作默认值】复选框)。

8.3.3.4　设置场景的光照

根据不同分析需求，设置不同的场景光照条件，包括入射方位角，入射高度角及表面阴影对比度。

在【照明度】选项卡中，可以通过手动输入方位角和高度角。同时通过拖动【对比度】区域的滑动条设置对比度，如图 8-88 所示。

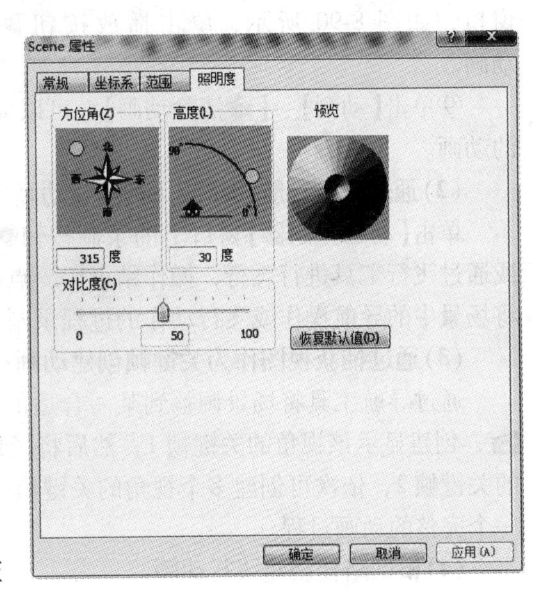

图 8-88　设置场景的光照

8.3.4　三维动画

通过使用动画，可以使场景栩栩如生，能够通过视角、场景属性、地理位置以及时间的变化来观察对象。

8.3.4.1　创建动画

动画是由一条或多条轨迹组成，轨迹控制着对象属性的动态改变，例如，场景背景颜色的变化，图层视觉的变化或者观察点的位置的变化。轨迹是由一系列帧组成，而每一帧是某一特定时间的对象属性的快照，是动画中最基本的元素。在 ArcScene 中可以通过以下几种方法生成三维动画：

（1）通过创建一系列关键帧组成轨迹创建动画

在【动画】工具条中提供了创建关键帧的工具。可以通过改变场景的属性（例如场景的背景颜色、光照角度等）、图层的属性（图层的透明度、比例尺等）以及观察点的位置来创建不同的帧。然后用创建的一组帧组成轨迹演示动画。动画功能会自动平滑两帧之间的过程。例如，可以改变场景的背景颜色由白变黑，同时改变场景中光照的角度来制作一个场景由白天到黑夜的动画。

操作步骤如下：

①启动 ArcScene，打开 exercise1. sxd 文档（位于“... \ prj08 \ 三维可视化 \ data”）。

②在工具栏上右击鼠标，在弹出菜单中选择【动画】，加载【动画】工具条。

③在【动画】工具条上，单击【动画】下拉菜单，选择【创建关键帧】命令，打开【创建动画关键帧】对话框，如图 8-89 所示。

④在【类型】下拉框中选择“场景”，单击【新建】按钮，创建新轨迹。

⑤单击【创建】按钮，创建一个新的帧。

⑥改变场景属性之后，再次单击【创建】按钮，创建第二帧，根据需要抓取全部所需的帧。

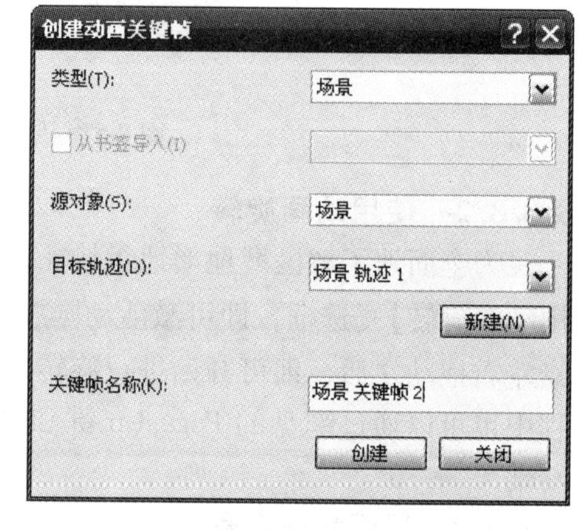

图 8-89 【创建动画关键帧】对话框

⑦抓取完全部的帧之后，单击【关闭】按钮，关闭【创建动画关键帧】对话框。

⑧单击动画控制器按钮，打开【动画控制器】窗口，如图 8-90 所示，单击播放按钮▶，播放动画。

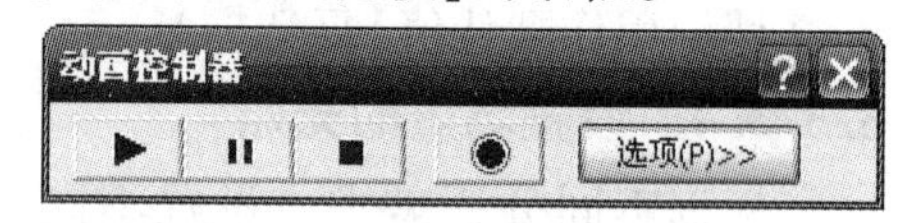

图 8-90 【动画控制器】窗口

⑨单击【动画】→【清除动画】，可以清除创建的动画。

（2）通过录制导航动作或飞行创建动画

单击【动画控制器】窗口上的录制按钮●开始录制，在场景中通过导航工具进行操作或通过飞行工具进行飞行，操作结束后，点击录制按钮停止录制。这个工具类似录像器，将场景中的导航操作或飞行动作的过程录制下来形成动画。

（3）通过捕获视图作为关键帧创建动画：

通过导航工具将场景调整到某一合适的视角，单击【动画】工具条上的捕获视图按钮，创建显示该视角的关键帧 1，然后将场景调整到另一个合适的视角，创建显示该视角的关键帧 2，依次可创建多个视角的关键帧。动画功能会自动平滑两视角间的过程，形成一个完整的动画过程。

（4）根据路径创建飞行动画

操作步骤如下：

①启动 ArcScene，打开 exercise2. sxd 文档（位于“...\prj08\三维可视化\data”）。

②右击 Flight Path 图层，在弹出菜单中单击【选择】→【全部】，将 Flight Path 图层的所有要素全部选中。

③在【动画】工具条上单击【动画】→【根据路径创建飞行动画】，打开【根据路径创建飞行动画】对话框，如图 8-91 所示。

④在【垂直偏移】文本框中输入“200”。

⑤在【路径目标】区域单击【保持当前目标路径移动观察点】单选按钮。

⑥点击【导入】按钮，关闭【根据路径创建飞行动画】对话框。

⑦单击【动画控制器】窗口上的播放按钮▶，播放动画。

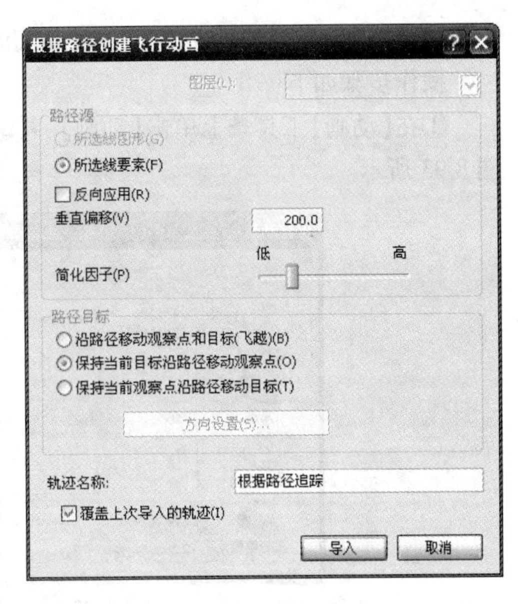

图 8-91　【根据路径创建飞行动画】对话框

⑧单击【动画控制器】窗口上的【选项】按钮，在【按持续时间】文本框中输入“50”，单击【动画控制器】窗口上的播放按钮▶，对比两次播放的区别。

8.3.4.2　管理动画

动画的帧或轨迹创建完成之后，可以用动画管理器编辑和管理组成动画的帧和轨迹。另外，通过它也能改变帧的时间属性，并可预览动画播放效果。

操作步骤如下：

①在【动画】工具条上单击【动画】→【动画管理器】，打开【动画管理器】对话框，如图 8-92 所示。

②在【动画管理器】对话框中，对各种参数进行管理。

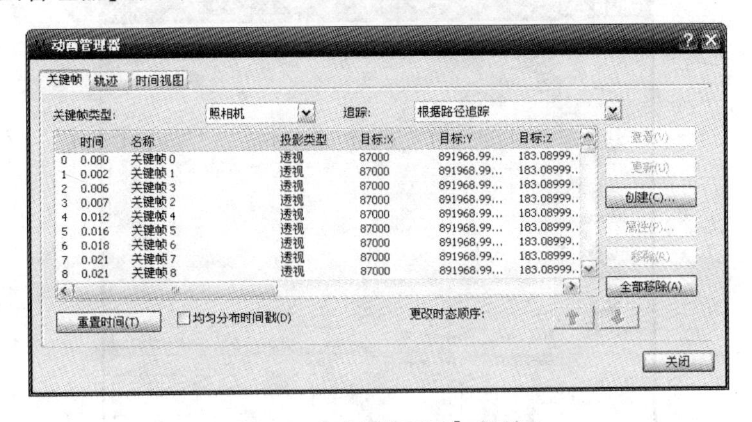

图 8-92　【动画管理器】对话框

8.3.4.3　保存动画

在 ArcScene 中制作的动画可以存储在当前的场景文档中，即保存在 SXD 文档中；也能存储成独立的 ArcScene 动画文件（*.asa）用来与其他的场景文档共享；同时也能将动画导出成一个 AVI 文件，被第三方的软件调用。

(1)将动画存储为独立的ArcScene动画文件

操作步骤如下：

①在【动画】工具条上单击【动画】→【保存动画文件】，打开【保存动画】对话框，如图8-93所示。

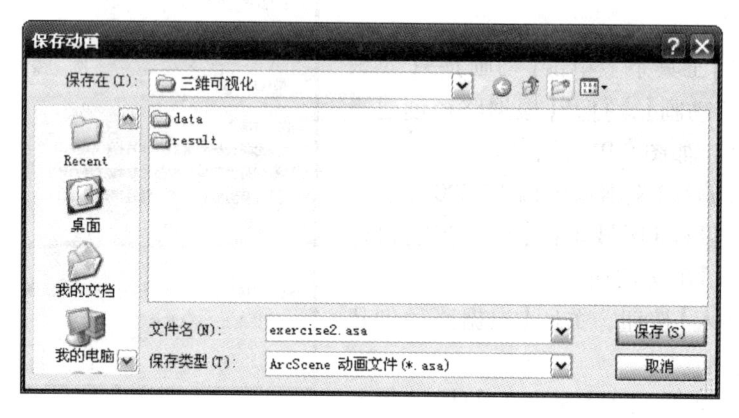

图8-93 【保存动画】对话框

②在【保存动画】对话框中指定存储路径及文件名。

③单击【保存】按钮，完成动画的保存。

(2)将动画导出为AVI文件

操作步骤如下：

①在【动画】工具条上单击【动画】→【导出动画】，打开【导出动画】对话框，如图8-94所示。

②在【导出动画】对话框中指定存储路径及文件名。

③单击【导出】按钮，完成动画的导出。

图8-94 【导出动画】对话框

→任务实施

Dem 与遥感影像制作三维动画

一、目的与要求

通过 Dem 与遥感影像的叠加、引导学生熟练掌握应用 Arcscene 三维显示功能，快速逼真的模拟出三维地形的二维图像，并按照一定比例尺和飞行路线生成研究区域的虚拟三维影像动画。

二、数据准备

某研究地区 1:10 000DEM 数据、Spot2.5m 影像数据、小班数据。

三、操作步骤

1. 加载数据

启动 Arcscene，添加数据(位于"...\prj08\任务实施 8.3\data")，结果如图 8-95 所示。

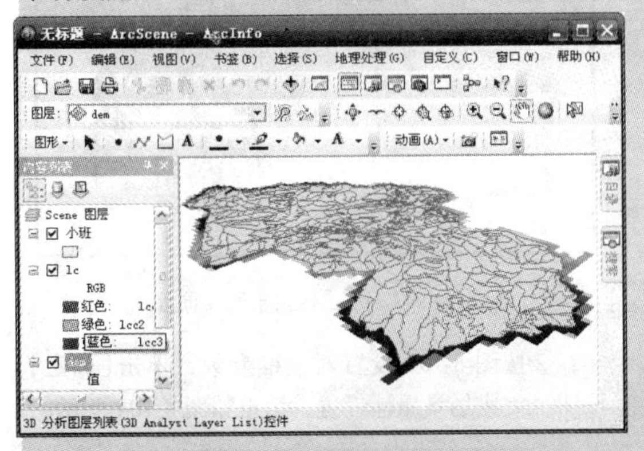

图 8-95 数据显示效果

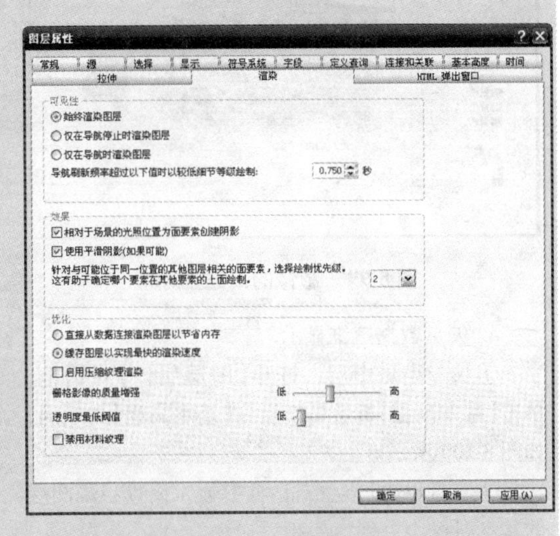

图 8-96 设置图层显示顺序

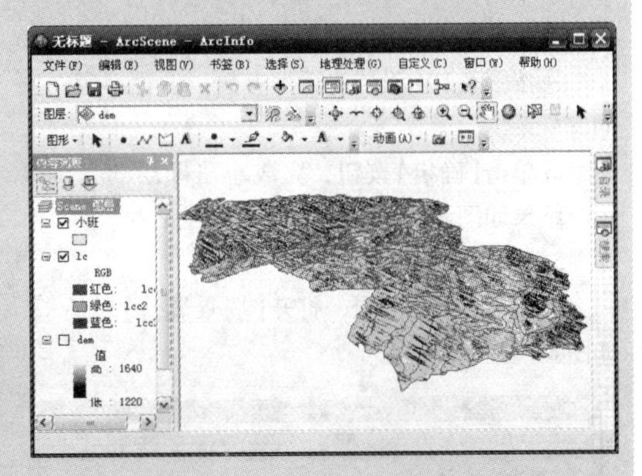

图 8-97 图层显示顺序调整效果

2. 设置图层的显示顺序

①双击小班图层，打开【图层属性】对话框，单击【渲染】标签，切换到【渲染】选项卡，如图 8-96 所示。

②按图 8-96 设置对话框参数，单击【确定】按钮，完成图层显示顺序设置操作，结果如图 8-97 所示。

3. 遥感影像数据三维显示

①双击 lc 图层，打开【图层属性】对话框，单击【基本高程】标签，切换到【基本高程】选项卡，如图 8-98 所示。

②按图 8-98 设置对话框参数，单击【确定】按钮，完成影像的三维显示，结果如图 8-99 所示。

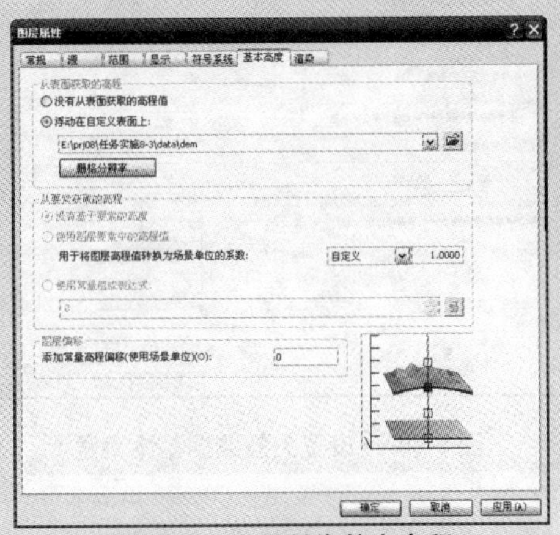

图 8-98 设置影像基本高程

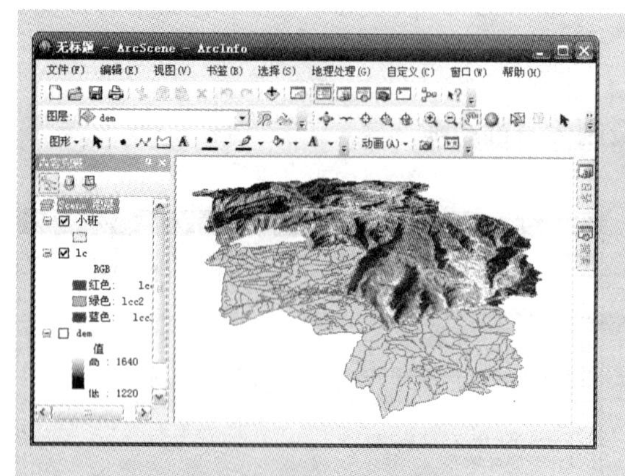

图 8-99 影像的三维显示

4. 矢量数据三维显示

①双击小班图层，打开【图层属性】对话框，单击【基本高程】标签，切换到【基本高程】选项卡，如图 8-100 所示。

②按图 8-100 设置对话框参数，设置小班图层的基本高程。

③单击【符号系统】标签，切换到【符号系统】选项卡，如图 8-101 所示。

④按图 8-101 设置对话框参数，设置小班图层的符号系统。

⑤单击【确定】按钮，完成小班图层的三维显示，结果如图 8-102 所示。

5. 设置场景属性

①双击 Scene 图层，打开【场景属性】对话框，如图 8-103 所示。

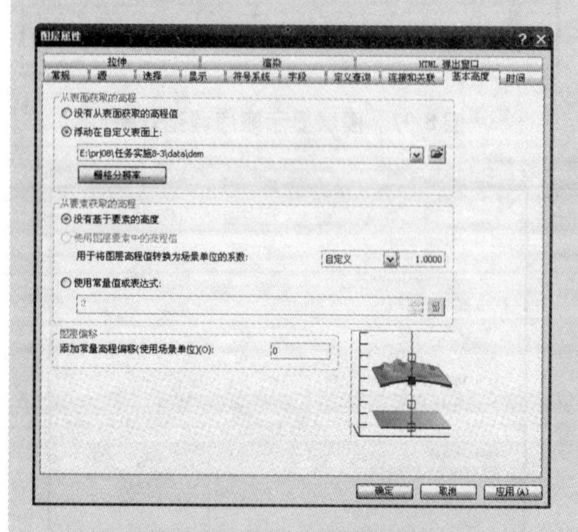

图 8-100 设置矢量数据基本高程

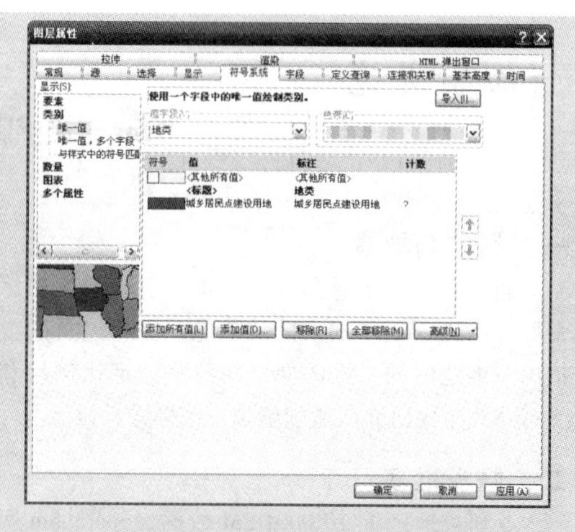

图 8-101 矢量数据的符号设置

图 8-102 矢量数据三维显示

②按图 8-103 设置对话框参数，单击【确定】按钮，完成场景属性设置，结果如图 8-104 所示。

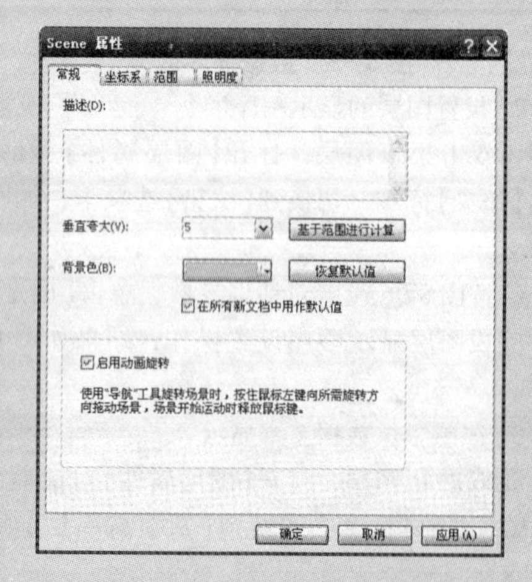

图 8-103 设置场景属性

图 8-104 场景属性设置显示效果

图 8-106 添加 3D 文本效果

6. 添加 3D 文本(村庄)

①在工具栏上点右键，在弹出菜单中选择【3D 图形】，打开【3D 图形】工具条，如图 8-105 所示。

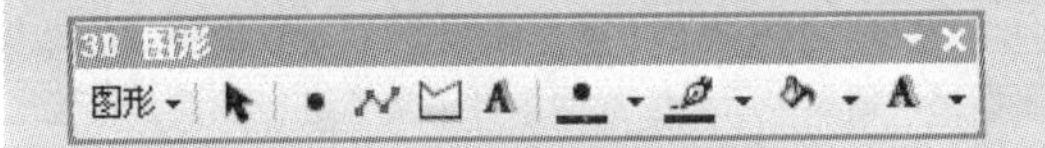

图 8-105 【3D 图形】工具条

②在【3D 图形】工具条上，单击【3D 文本】按钮，在指定位置添加 3D 文本，并设置字体、颜色和大小等参数，结果如图 8-106 所示。

7. 录制动画

单击【动画控制器】窗口上的录制按钮●开始录制，在场景中通过导航工具进行操作，操作结束后，点击录制按钮停止录制。

8. 保存动画

按照 8. 3. 4. 3 保存动画的操作步骤，保存本次三维动画，结果保存在“... \ prj08 \ 任务实施 8. 3 \ result”文件夹内。

→成果提交

作出书面报告，包括任务实施过程和结果以及心得体会，具体内容如下：

1. 简述 Dem 与遥感影像制作三维动画的任务实施过程，并附上每一步的结果影像。
2. 回顾任务实施过程中的心得体会，遇到的问题及解决方法。

拓展知识

Spatial Analyst 工具集

Spatial Analyst 的 22 个工具集中拥有 170 项工具，可执行空间分析和建模所需的各项操作(表 8-4)。

表 8-4 Spatial Analyst 工具集

工具集	描 述
条件分析	“条件分析”工具允许您基于在输入值上应用的条件对输出值进行控制。可应用的条件有两种类型，分别是对属性的查询或基于列表中条件语句位置的条件
密度分析	使用“密度分析”工具，可计算每个输出栅格像元周围邻域内输入要素的密度

（续）

工具集	描　述
距离	“距离”工具用于通过以下方式执行距离分析： • 欧氏（直线）距离 • 成本加权距离 • 用于垂直移动限制和水平移动限制的成本加权距离 • 源之间具有最小行程成本的路径和廊道
提取分析	“提取分析”工具可用于根据像元的属性或其空间位置从栅格中提取像元的子集。也可以获取特定位置的像元值作为点要素类中的属性或作为表
栅格综合	“栅格综合”分析工具可用于清理栅格中较小的错误数据，或者用于概化数据以便删除常规分析中不需要的详细信息
地下水分析	“地下水分析”工具可用于对地下水流中的成分构建基本的对流-扩散模型。 可通过单独或按顺序应用“地下水分析”工具来为地下水流建立模型并进行分析
水文分析	“水文分析”工具用于为地表水流建立模型 可通过单独或按顺序应用“水文分析”工具来创建河流网络或描绘分水岭
插值	表面插值工具用于根据采样点值创建连续（或预测）表面 栅格数据集的连续表面制图表达表示某些测量值，例如高度、密度或量级（例如，高程、酸度或噪点级别）。表面插值工具会根据输出栅格数据集中所有位置的采样测量值进行预测，而无论是否已在该位置进行了测量
局部	局部工具可以将输出栅格中各个像元位置上的值作为所有输入项在同一位置上的值的函数进行计算 通过局部工具，您可以合并输入栅格，计算输入栅格上的统计数据，还可以根据多个输入栅格上各个像元的值，为输出栅格上的每个像元设定一个评估标准
地图代数	“地图代数”是通过使用代数语言创建表达式以执行空间分析的一种方法。使用栅格计算器工具，您可以轻松创建和运行能够输出栅格数据集的“地图代数”表达式
数学常规	“常规数学”工具可对输入应用数学函数。这些工具可分为几种类别。算术工具可执行基本的数学运算，例如加法和乘法。还有几种工具可以执行各种类型的幂运算，除了基本的幂运算之外，还可以执行指数和对数运算。其余工具可用于转换符号，或者用于在整型数据类型和浮点型数据类型之间进行转换
数学按位	按位数学工具用于计算输入值的二进制表示
数学逻辑	“逻辑数学”工具对输入的值进行评估，并基于布尔逻辑确定输出值。这些工具划分为四个主要类别：布尔、组合、逻辑和关系
数学三角函数	“三角函数数学”工具对输入栅格值执行各种三角函数计算
多元分析	通过多元统计分析可以探查许多不同类型的属性之间的关系。在ArcGIS Spatial Analyst中有两种类型的可用多元分析，分别是“分类”（监督和非监督）和“主成分分析”（PCA）
邻域分析	邻域工具基于自身位置值以及指定邻域内标识的值为每个像元位置创建输出值。邻域可分为两类：移动或搜索半径
叠加分析	通过叠加分析工具可以将权重应用到多个输入中，并将它们合并成一个输出。适宜性建模是“叠加分析”工具最为常见的应用
栅格创建	通过“栅格创建”工具生成新栅格，在该栅格中输出值将基于常量分布或统计分布
重分类	“重分类”工具提供了多种可对输入像元值进行重分类或将输入像元值更改为替代值的方法
太阳辐射	通过太阳辐射分析工具可以针对特定时间段太阳对某地理区域的影响进行制图和分析
表面分析	您可以利用“表面分析”工具量化及可视化地形地貌

（续）

工具集	描　述
区域分析	“区域分析”工具用于对属于每个输入区域的所有像元执行分析，输出是执行计算后的结果。虽然区域可以定义为具有特定值的单个区域，但它也可由具有相同值的多个断开元素或区域组成。区域可以定义为栅格或要素数据集。栅格必须为整型，而要素必须拥有整型或字符串类型属性字段

自主学习资料库

1. 中国海外地理信息系统协会 . http：//www. acpgis. org/
2. 协会城市信息系统专业委员会 . http：//www. ugis. com. cn/ GIS
3. 地理信息系统情报站(IAGIS) . http：//www. aige. com. cn/lisq/
4. 中国地理信息系统协会 . http：//www. cagis. org. cn/

参考文献

汤国安，杨昕，等 . 2012. ArcGIS 地理信息系统空间分析实验教程[M] . 2 版 . 北京：科学出版社 .

牟乃夏，刘文宝，王海银，等 . 2013. ArcGIS 10. 0 地理信息系统教程——从初学到精通[M]. 北京：测绘出版社 .

吴秀芹，张洪岩，李瑞改，等 . 2007. ArcGIS 9. 0 地理信息系统应用与实践[M]. 北京：清华大学出版社 .

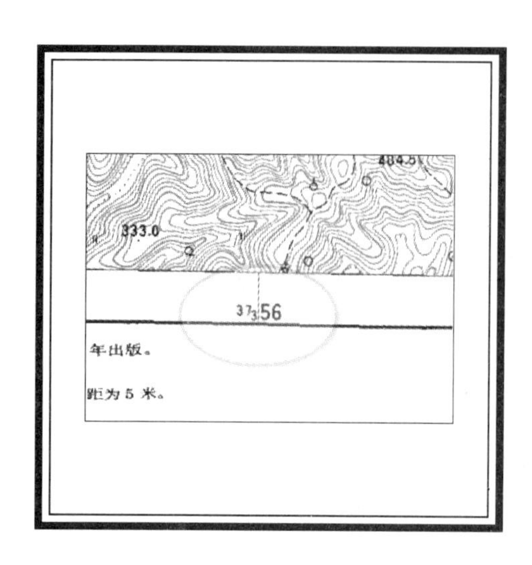

模块4 “3S”技术的综合应用

项目9 “3S”技术在林业生产中的综合应用

本模块是一个综合性实训模块，通过本模块“‘3S’技术的综合应用”两个任务的学习和训练，要求同学们能够熟练掌握“3S”技术在森林资源调查中的应用思路和方法，以及熟悉“3S”技术在森林防火中的应用方法。

项目9
“3S”技术在林业生产中的综合应用

本学习项目是一个综合性实训项目，通过本项目“‘3S’技术在森林资源调查中的应用”“‘3S’技术在森林防火中的应用”两个任务的学习和训练，要求同学们能够熟悉“3S”技术在森林资源调查中的应用思路和方法，以及熟悉“3S”技术在森林防火中的应用方法。

知识目标

1. 掌握林业空间数据获取途径及共享方法。
2. 掌握林业属性数据获取途径及处理方法。
3. 掌握林业资源数据协调处理的方法。
4. 掌握 RS、GPS、GIS 在林业生产中的综合应用模式。

技能目标

1. 能熟悉应用“3S”技术在林业生产中的工作步骤和思路。
2. 能熟练地掌握 RS、GPS、GIS 在林业生产中正确设置坐标系的方法。
3. 能熟练地掌握各应用软件协调完成林业生产成果材料的处理方法。
4. 能运用各应用软件独立处理林业生产综合应用中各种数据的方法。

任务 1

"3S"技术在森林资源调查中的应用

→任务描述

经过学习和训练，能够熟练运用 RS、GPS、GIS 及各相关软件共同完成对森林资源规划设计调查(简称二类调查)中各种空间数据与属性数据的处理，并形成成果材料，为林业生产的科学决策提供依据。

→任务目标

经过学习和训练，学生能够熟练运用 RS、GPS、GIS 及各相关软件共同完成对二类调查中各种空间数据与属性数据的处理，并形成成果材料，为林业生产的科学决策提供依据。

→知识准备

二类调查主要包括前期准备、森林资源调查(或外业调查)及成果编制 3 个步骤。

(1)二类调查的前期准备工作

主要利用"3S"技术进行野外工作手图编制。使用最新版1∶10 000地形图与遥感图像(RS)等数据源，通过 GIS 进行野外工作手图编制，以便高效地完成野外调查工作。通过实训使学生掌握调查区域地理坐标系的确定与设置，地形图与遥感图像的配准，建立空间数据图层等技术技能。

(2)森林资源调查

就是对林业的土地进行其自然属性和非自然属性的调查。自然属性主要是指森林资源状况；非自然属性包括森林经营历史、经营条件及未来发展等方面。"3S"技术在二类调查中，主要利用 GPS 完成外业调查辅助定位。通过实训使学生掌握在调查中用 GPS 辅助调查定位，以获取更加精确的空间数据，为森林资源调查精度提供保证。

(3)"3S"技术在二类调查中的成果编制

主要是通过 GIS 软件依据野外工作手图，在地形图和 RS 图像的参照下，对小班边界进行修正并计算小班面积，而后进行小班空间数据与小班属性数据的连接或关联，以完成二类调查基本图、林班图集、林相图、森林分布图等成果图件的编制。通过实训，使学生掌握二类调查成果图编制的步骤和基本技能。

任务实施

“3S”技术在二类调查中的综合应用

一、目的与要求

通过完成某森林经营单位二类调查准备工作、野外调查、内业处理等步骤，引导学生熟练掌握利用3S技术处理二类调查数据的技能及工作过程，解决实际问题。

在ArcGIS中应用RS和GPS提供的数据及相关的基础数据完成二类调查工作所需的材料，包括野外工作的工作手图及二类调查成果材料的制作；通过属性数据的完善处理并与空间数据关联，形成完整的二类调查数据集。

二、数据准备

某森林经营单位的1:10 000地形图和遥感图像、林班线及以上的行政区划界线等。

三、操作步骤

(一)工作手图编制

在“3S”技术支持下的二类调查工作，不再是直接拿地形图到野外进行小班勾绘，而是利用遥感图像(RS)在开展外业调查工作前进行小班区划，然后叠加到地形图上制作成工作手图，以减少外业工作的判图和勾图工作量，从而提高工作效率与质量。编制工作手图的操作步骤如下：

1. 确定调查区域的坐标系统

坐标系统是地理信息系统的骨架，某个调查区域的坐标系统如果在开展工作前未能明确确定，后继工作中的所有数据都将可能无法协调该区域的空间数据显示，以致不得不从头再来，因此调查区域的坐标系统必须明确确定。

目前，国内林业系统使用的地形图几乎都是开展二类调查工作前最新版的1:10 000西安80坐标系地形图，而1:10 000地形图是以3度分带的，因此要确定调查区域的坐标系仅就确定其所在分带的带号就可以将该调查区域的坐标系确定下来。

而坐标系分带的带号是通过察看调查区域的地形图获取的，某幅地形图上千米网的经度坐标值前两位数就是该幅地形图所在分带的带号，如图9-1所示。

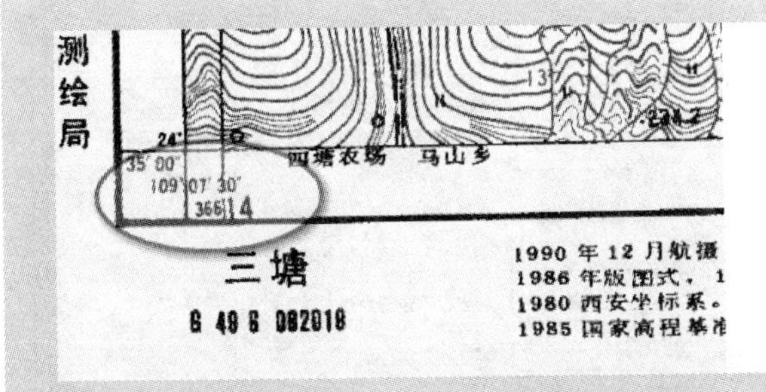

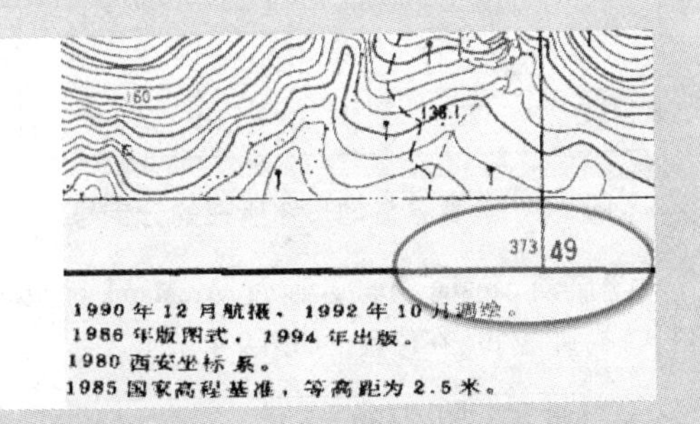

图9-1 地形图所在分带的带号

图9-1中的左图，其所在分带的带号为第36带，右图所在分带的带号为第37带，则其坐标系统可分别设置为：Xian_ 1980_ 3_ Degree_ GK_ Zone_ 36和Xian_ 1980_ 3_ Degree_ GK_ Zone_ 37。而后建立矢量图层的坐标系必须设置与该区域的坐标系一致。

如果该调查区域属两个或两个以上的分带，则建立的矢量图层坐标系以面积大的区域分带设置其坐标系。

注意：设置坐标系时，尽可能用分带坐标系，这对于初学者比较直观，也更容易理解；而使用中央经线坐标系或不使用带号的坐标系则需要计算或不太直观。

2. 配准地形图和遥感图像(RS)

通常情况下，从省级测绘局购买到的最新版地形图和遥感图像(RS)的电子文件，除栅格图像文件外还带有一个主文件名相同而扩展名为tfw的文件，此文件实际上是一个坐标系信息文件，则在使用时只需要在GIS中进行简单的设置就完成配准工作。如果没有此文件，可按单元三项目五

的“地形图配准”进行手工配准(在此不再赘述),或用第三方软件建立相应的tfw文件(如北京吉威数源软件GeowayDRG可建立相应栅格图像的tfw文件)。带有tfw文件的坐标系设置如下:

图9-2 同一区域的地形图与RS图像及其tfw文件

①图9-2为从测绘局新购买到的同一区域地形图与RS图像,但未经过配准设置。

②用看图软件打开地形图G49G062026. TIF文件,查看该区域的坐标系分带,则可确定其分带为第37分带,如图9-3所示。

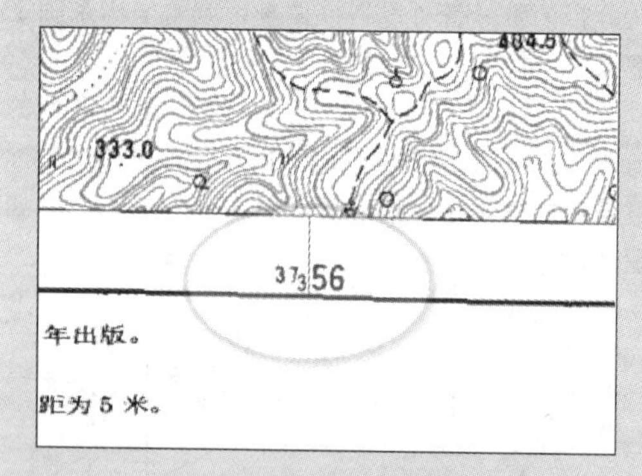

图9-3 查看某幅地形图所在的分带号

③启动ArcMap 10.0,通过ArcMap【目录窗口】查找到文件所在位置,如图9-4所示。

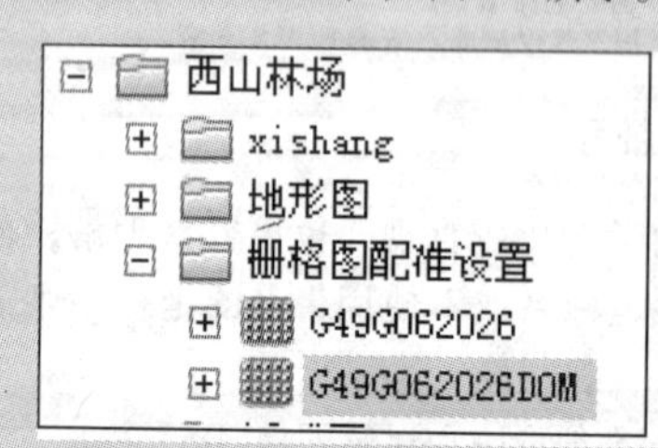

图9-4 地形图G49G062026. TIF和RS图像G49G062026dom. TIF存放位置

④右击G49G062026文件并选择【属性】,打开【栅格数据集属性】对话框,如图9-5所示。

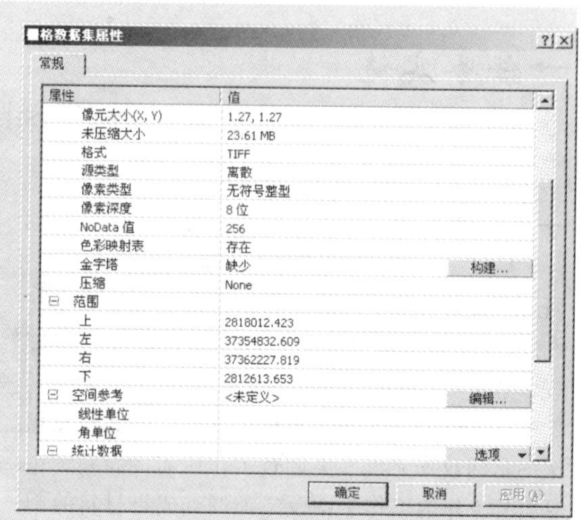

图9-5 【栅格数据集属性】对话框

⑤在【栅格数据集属性】对话框中单击【编辑】,打开【空间参考属性】对话框,如图9-6所示。

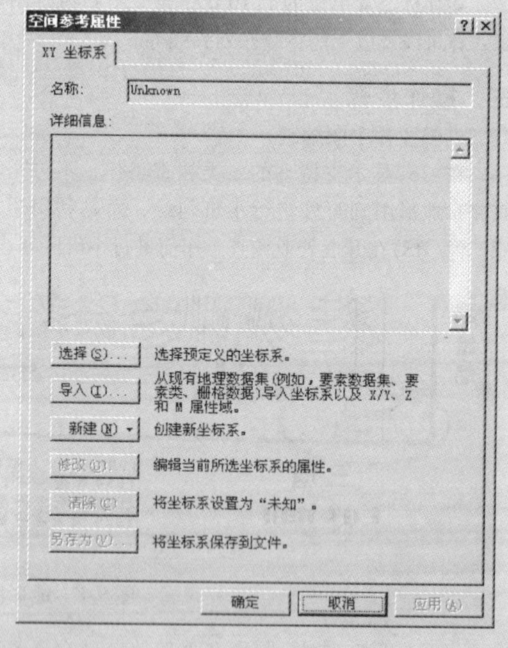

图9-6 【空间参考属性】对话框

⑥在【空间参考属性】对话框中单击【选择】,打开【浏览坐标系】对话框,如图9-7所示;然后在其中依次选择“Projected Coordinate Systems \ Gauss Kruger \ Xian \ Xian 1980 3 Degree GK Zone 37”,将该地形图设置为西安80坐标系3度分带第37带的坐标系,如图9-8所示。

⑦单击【应用】按钮并【确定】按钮返回【栅格

数据集属性】对话框，然后选择【确定】按钮完成坐标设置。

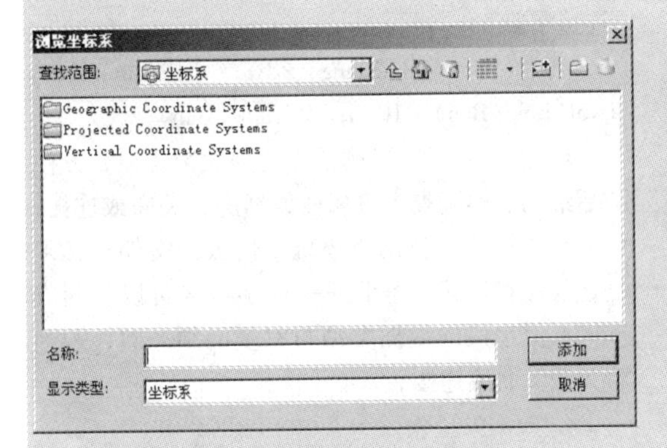

图 9-7 【浏览坐标系】对话框

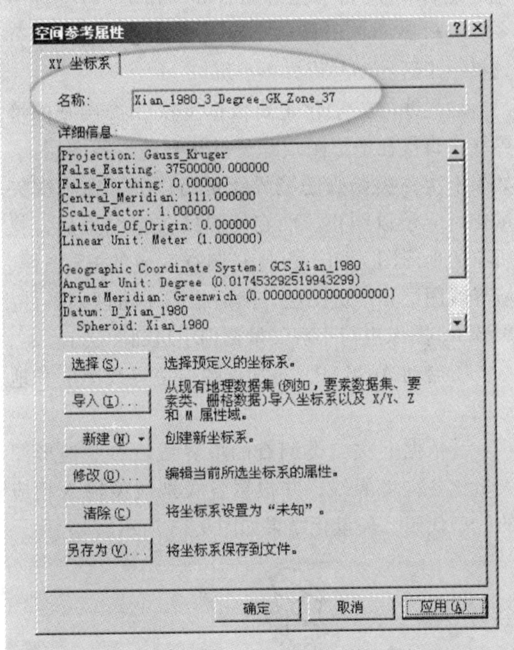

图 9-8 【空间参考属性】对话框中坐标已显示设置为 Xian_ 1980_ 3_ Degree_ GK_ Zone_ 37

相应的 RS 图像 G49G062026dom. TIF 的坐标设置方法同上；也可以不进行坐标设置，只需要在打开该 RS 图像前先打开已设置坐标系的相应地形图，则该 RS 图像自动匹配到相应的位置上而不影响后继矢量数据的精确度。

⑧在 ArcMap 中单击【添加数据】按钮，打开【添加数据】对话框，选择“G49G062026. TIF”文件，然后【添加】，出现【创建金字塔】提示框，如图 9-9 所示。(创建金字塔可以在 ArcMap 中更快速地浏览大容量的栅格数据，不创建金字塔则大容量数据刷新速度会较慢，因此可以根据需要进行选择。)

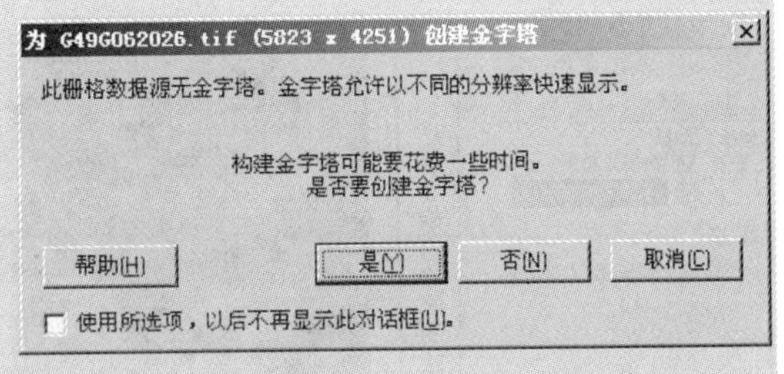

图 9-9 是否【创建金字塔】提示框

⑨右击【内容列表】的【图层】，选择【属性】后打开【数据框 属性】对话框，选择【坐标系】标签，查证地形图 G49G062026. TIF 已正确设置为 Xian_ 1980_ 3_ Degree_ GK_ Zone_ 37 坐标，如图 9-10 所示。

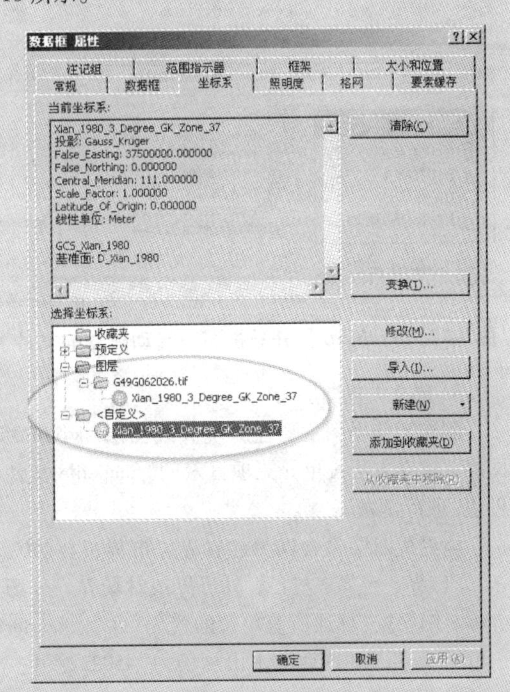

图 9-10 查证坐标系设置是否正确

⑩按第⑧操作方法添加 G49G062026dom. TIF 文件，该 RS 图像自动匹配到相应的地形图坐标位置上，如图 9-11 所示。

通过配准设置及在 ArcMap 中使用构建金字塔打开上述地形图与 RS 图像后(图 9-12)，与图 9-4 比较该文件夹自动产生了以下文件，后继使用时只需要直接添加到 ArcMap 中而不再需要再次进行配准设置。

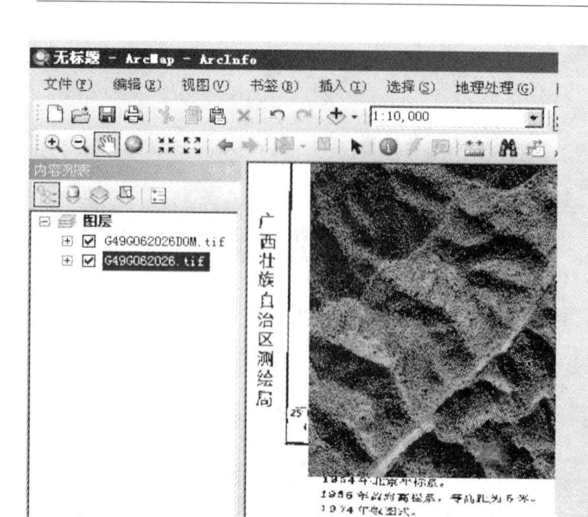

图 9-11 地形图与相应 RS 图像叠加效果

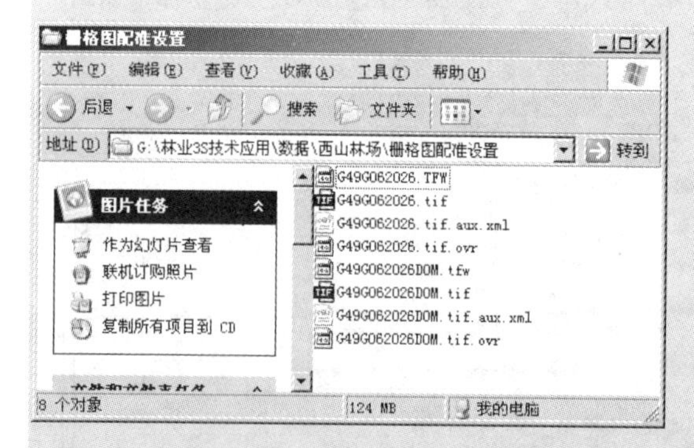

图 9-12 ArcMap 打开栅格图后自动建立的文件

3. 建立矢量图层

制作工作手图主要建立境界线图层和小班面图层，建立方法按单元三项目六的“Shapefile 文件创建”进行建立。

境界线图层包含国界、省界、市界、县(市、区、旗)界、乡界、村界、林班界或林场界、分场界等。图层按“林地所有单位的代码” + “_ border _ line”命名，如广西凉水山林场为“450222_ 1_ border_ line”。

属性库结构为：ID(N3.0)，Type(N2.0)(类型)。

类型代码为：国界(11)，省界(12)，市界(13)，县(市、区、旗)界(14)，乡镇界(15)，村界(16)，林场界(21)，分场界(22)，工区(林站)界(23)，林班界(24)。

小班面图层按“林地所有单位的代码” + “_ xb _ poly”命名，如广西凉水山林场为“450222_ 1_ xb_ poly”。

属性库结构为：Xiang(C2)[乡]，Cun(C2)[村]，Lin_ Ban(C2)[林班]，Xiao_ Ban(C4)[小班]，Mian_ Ji(N6.2)[面积]，No(N10.0)[连接字段]。

其中：$No = val(Xiang) \times 10^8 + val(Cun) \times 10^6 + val(Lin\_Ban) \times 10^4 + val(Xiao\_Ban)$

创建 ID 字段，目的是以此为关键字段，方便与后继的二类调查小班属性数据进行关联或连接；而后继建立的二类调查小班属性数据文件也必须创建与此相匹配的字段——即字段名可以相同或不同，但字段的数据类型与宽度必须一致，否则将无法关联或连接。

4. 数据矢量化

数据矢量化过程通常从大到小进行，即矢量化的先后顺序为：(国界→省界→市界→)县界→乡界→村界→林班界→小班，或者是林场界→分场界→工区界→林班界→小班。

境界线的矢量化主要依据上次二类调查的境界线，直接在地形图跟踪矢量化到境界线图层上，如果上次二类调查的境界线是错误的，在本次矢量化时应予以纠正。而在境界线矢量结束后，将所有的地形图关闭，再打开调查区域的 RS 图像、境界线图层和小班图层，然后根据小班区划条件，判读 RS 图像进行小班矢量化到小班面图层上。

①启动 ArcMAP，添加点图层境界线图层和地形图。

②依据上次二类调查的境界线，参照地形图矢量化各种境界线，并根据各级别线型输入相应的线型代码，矢量化结果如图 9-13 所示。

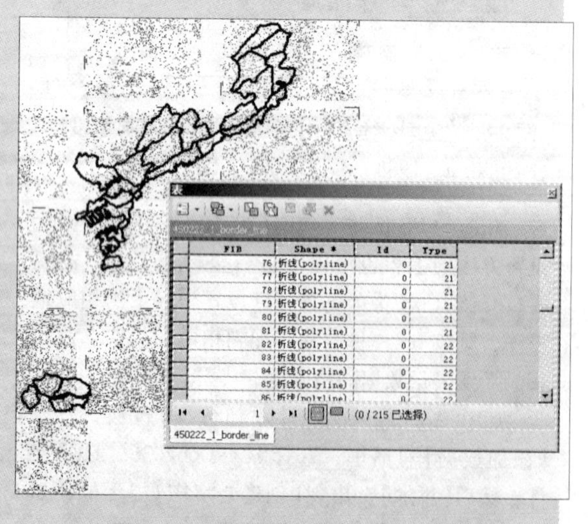

图 9-13 某林场境界线矢量化结果

③境界线矢量结束后，根据国家林业局《林业地图图式》LY/T 1821—2009设置各级线型。方法如下：

右击境界线图层，选择【属性】，打开【图层属性】对话框并选择【符号系统】标签，如图9-14所示。

依次单击【类别】、【唯一值】，并在【值字段】选择境界线图层中的“Type”字段，再单击【添加所有值】，然后依据《林业地图图式》标准设置各级线型，如图9-15所示。

④关闭地形图并添加RS图像和小班面图层，如图9-16所示。

⑤依据小班区划条件，判读RS图像进行小班区划，区划结果如图9-17所示。

⑥整个调查区域小班区划结束后关闭RS图像，并打开地形图，然后将境界线图层和小班面图层叠加到地形图上，进入布局视图以林班为单位制作A_3幅面大小的工作手图，如图9-18所示。

⑦打印工作手图，完成外业调查前准备工作。

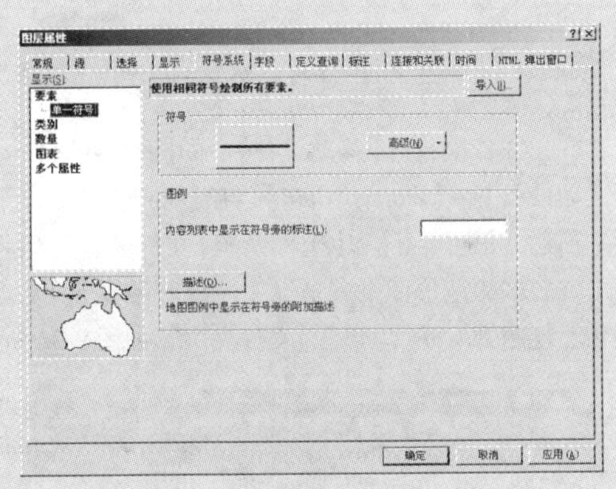

图9-14 【图层属性】对话框

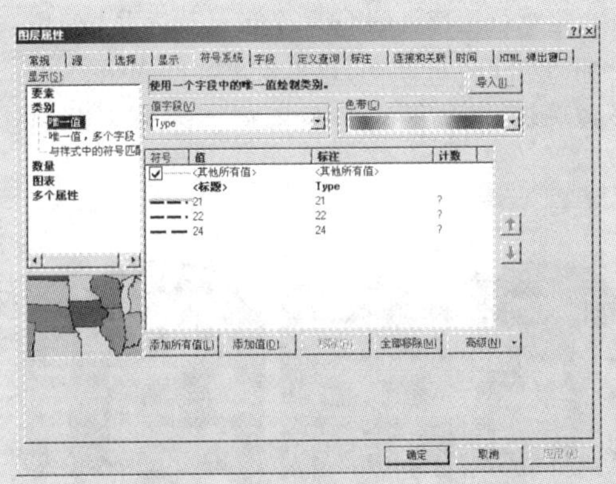

图9-15 【图层属性】符号系统设置

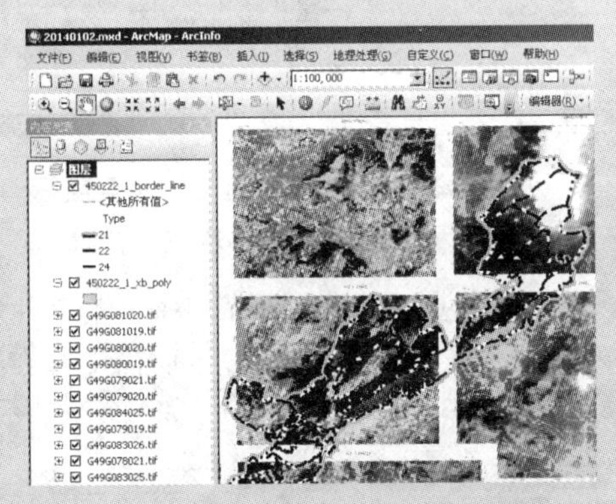

图9-16 添加RS图像及小班面图层效果

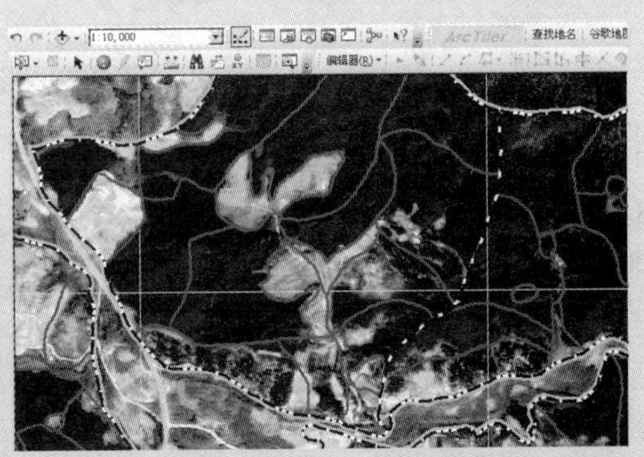

图9-17 依据RS图像区划小班效果

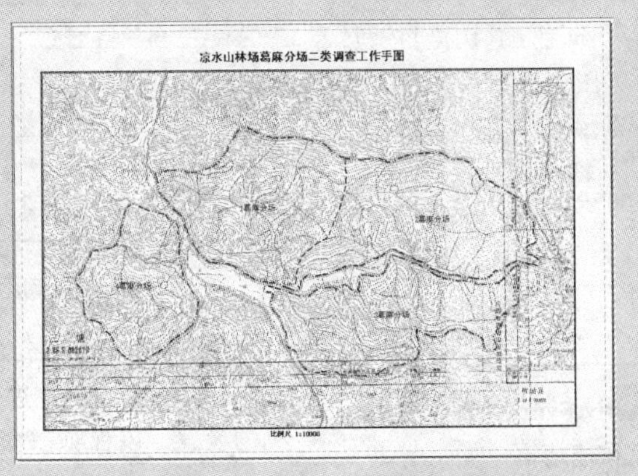

图9-18 二类调查工作手图制作效果

(二)二类调查的野外作业调查

“3S”技术在二类调查的野外作业中，主要利用GPS完成外业调查辅助定位。当用工作手图到野外进行调查，发现调查区域的小班区划边界与现状不相符时，特别是对总体蓄积量控制系统样点在无法准确目视判读定位时，则可借助GPS来辅助定位和修正小班边界，以获取更加精确的空间数据，为森林资源调查精度提供保证。

在使用GPS辅助定位前，先将调查区域的地形图及坐标系统拷贝到GPS存储卡上备用，使用GPS辅助定位方法如下(以合众思壮的MG758型GPS为例说明，MG758 GPS正面图如图9-19所示)。

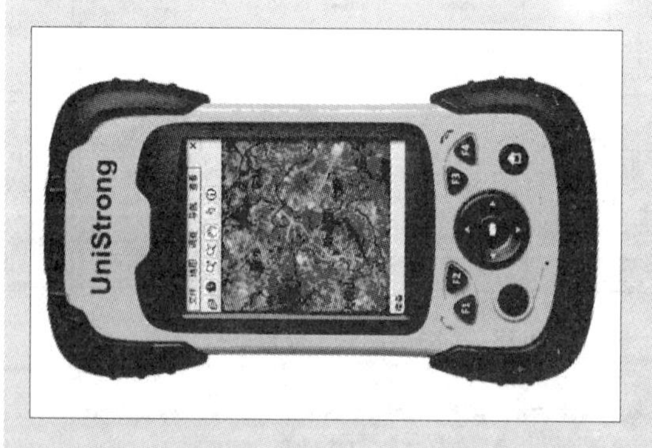

图9-19 MG758 GPS正面图

1. GPS进行辅助定位前准备工作

GPS使用前的准备工作主要是将二类调查区域的地形图与坐标投影文件存放到GPS上，以保证调查区域地形图的参照使用和坐标系统的统一性。

①启动MG758 GPS，并通过数据线与电脑连接，电脑上的同步软件Microsoft ActiveSync自动与GPS连接，如图9-20所示。

②单击Microsoft ActiveSync上的【浏览】按钮，打开【移动设备】对话框，如图9-21所示。

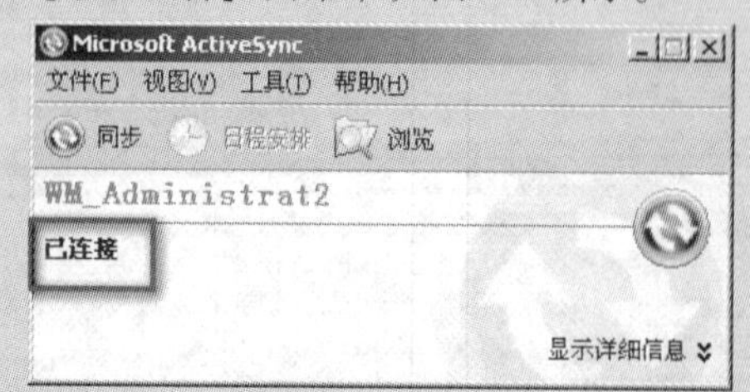

图9-20 Microsoft ActiveSync提示GPS与电脑连接成功

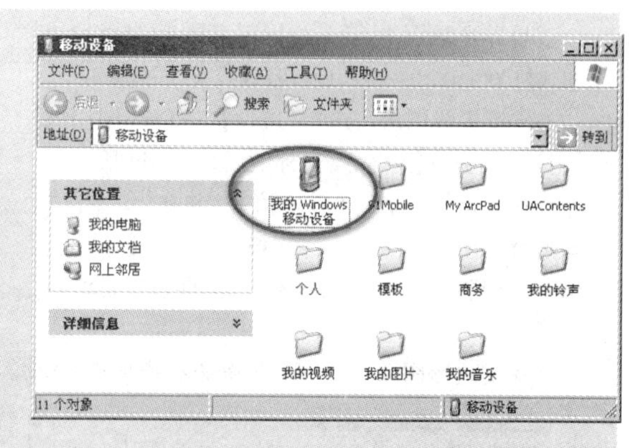

图9-21 【移动设备】对话框

③依次打开【移动设备】中的【我的Windows移动设备】→【Storage Card】，在【Storage Card】下分别建立【地形图】和【坐标系统】文件夹，然后将调查区域的地形图及其坐标文件(即tfw文件)从电脑上复制到GPS【地形图】文件夹中，如图9-22所示。

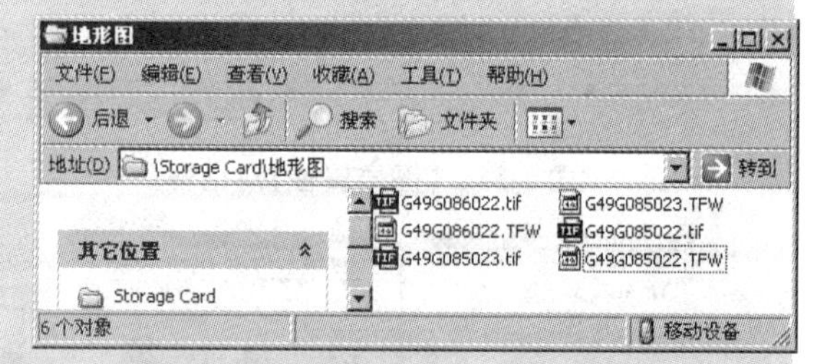

图9-22 调查区域的地形图及其坐标文件存放到GPS中

同样方法，将调查区域的坐标投影文件复制到【坐标系统】文件夹中(注：广西自治区所在的坐标分带为第35、36、37分带)，如图9-23所示。

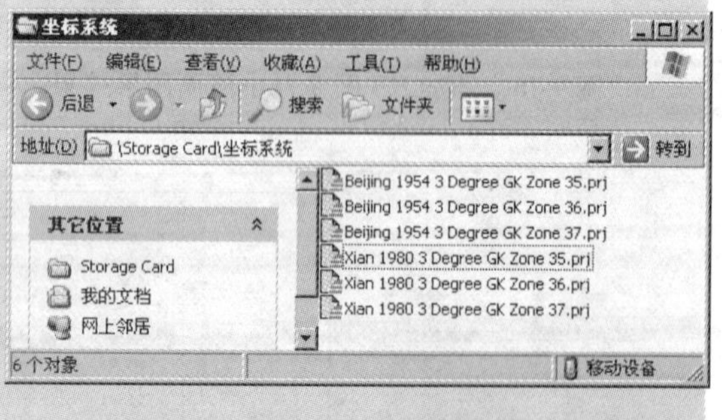

图9-23 调查区域的坐标系统文件

2. GPS进行数据采集前的设置

MG758型GPS在进行数据采集前要进行一系列的设置，以保证采集获取的数据的可靠和可使用。

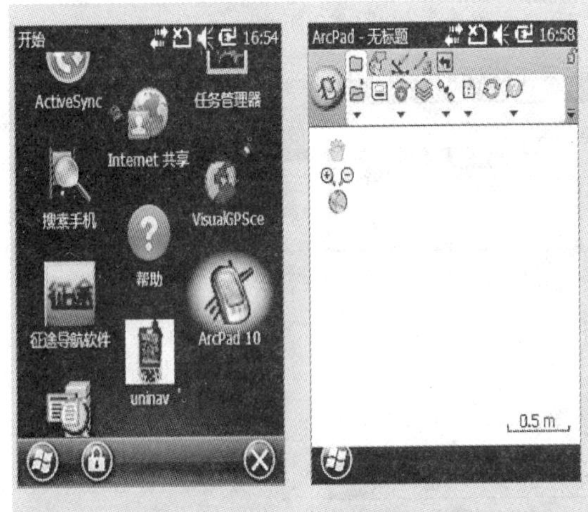

图 9-24　MG758 GPS 主界面

图 9-25　ArcPad 10.0 主界面

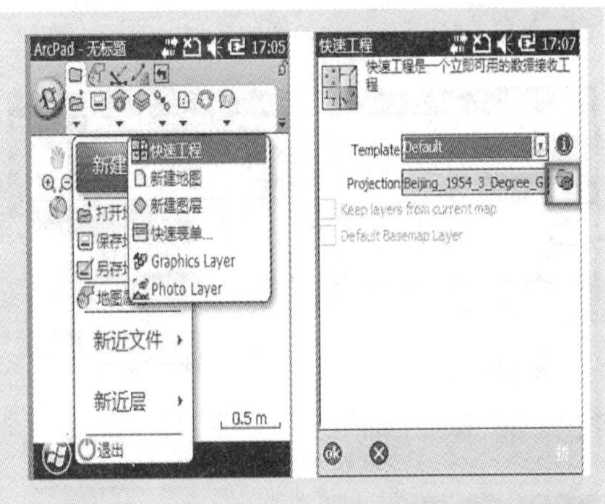

图 9-26　建立快速工程并进入【快速工程】对话框

①进入 MG758 GPS 主界面，通过翻屏找到【ArcPad 10.0】并运行它，MG758 GPS 主界面与 ArcPad 10.0 主界面如图 9-24 和图 9-25 所示。

②在 ArcPad 10.0 主界面中单击【新建】→【快速工程】，进入【快速工程】对话框，在此进行坐标系设置，如图 9-26 所示。

③在【快速工程】对话框中单击【Projection】右边的【浏览】按钮，然后再单击【文件夹】右边的下拉按钮，找到坐标投影文件存放的文件夹，如【坐标系统】文件夹，则在【文件】下显示该文件夹存放的所有坐标投影文件，然后选择该调查区域的坐标系，如“Xian 1980 3 Degree GK Zone 36”，再单击“OK”完成坐标系设置，如图 9-27 所示。

图 9-27　快速工程坐标系设置

④在进入【快速工程概要】对话框后，依次去除【Record GPS tracklog】、【Start using GPS】前边的选择，然后单击“OK”返回 ArcPad 10.0 主界面，单击主菜单下【GPS 首选项】，在【GPS 首选项】对话框中设置【端口】为：COM6，【波特率】为：9600，然后单击“OK”返回主界面；再单击主菜单下【激活 GPS】进行卫星信号接收，如图 9-28 所示。

⑤单击 ArcPad 10.0 主界面的【添加图层】，打开【添加图层】对话框，在【添加图层】对话框并找到地形图存放位置，然后选择该调查区域的地形

图，再单击"OK"完成地形图的添加，返回 ArcPad 10.0 主界面，如图9-29 所示。

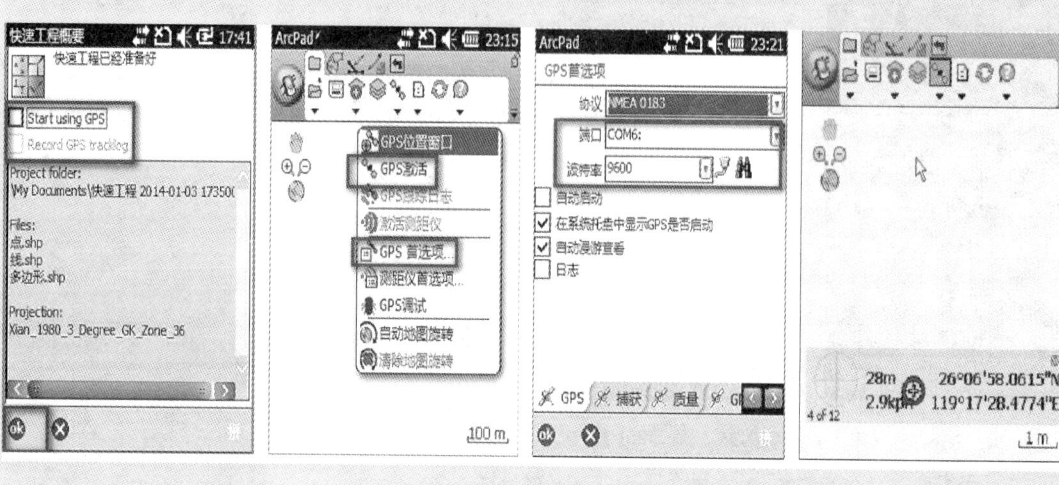

图 9-28 【快速工程概要】对话框与 GPS 参数设置及激活

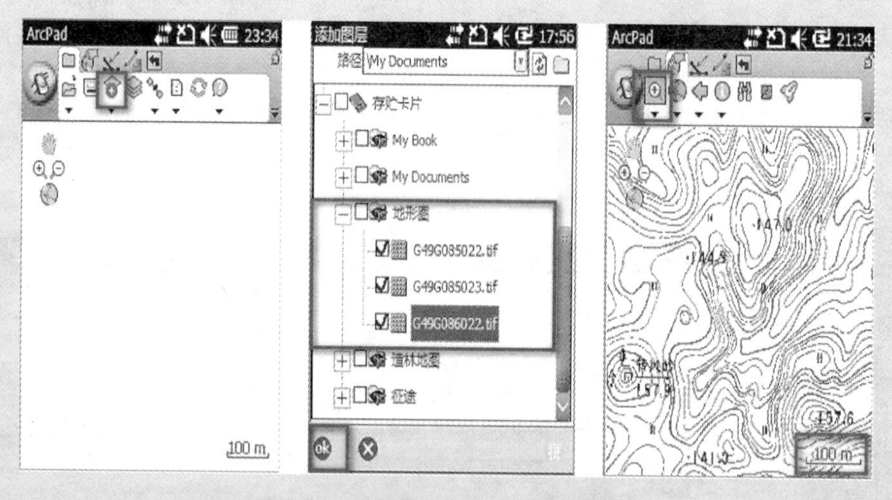

图 9-29 添加地形图到当前快速工程

⑥用【放大】【缩小】调节比例为 100m，即为 1:10 000显示，如上图 9-29 所示。

3. GPS 辅助定位或数据采集

MG758 GPS 辅助定位数据的获取与数据采集主要使用【编辑】菜单各操作按钮完成，如图 9-30 所示。

当 GPS 激活成功，可单击【GPS 位置窗口】查看卫星信号情况，在此情况下即可利用 GPS 进行辅助定位或进行数据采集；如果 GPS 置放于室内或者卫星信号不好则无法定位，GPS 接收到卫星信号和没有信号的显示，如图 9-31 所示。

①点要素的采集或定位。在进入 ArcPad 10.0 后建立的【快速工程】已自动将点、线、面要素图层建好并处于编辑状态(如果未处于编辑状态，可通过【图层控制】设置)，因此点要素的 GPS 采集或定位只需依次按以下操作即可。

单击【编辑要素】下拉按钮→选择点→根据 GPS 屏幕定位点是否为采集点或定位点→单击【当前点捕捉】→在弹出的【要素属性】对话框中输入采集点属性→单击"OK"完成。如图 9-32 所示 。

②线要素的采集或定位。线要素的采集手工和自动采集 2 种，手工采集方法与点要素采集相似，方法如下。

线要素手工采集过程：单击【编辑要素】下拉按钮→选择折线→单击【当前线节点捕捉】(即每到一个节点单击一次)→单击屏幕下方的按钮，

结束线要素采集→在弹出的【要素属性】对话框中 输入要素属性→单击“OK”完成。如图9-33所示。

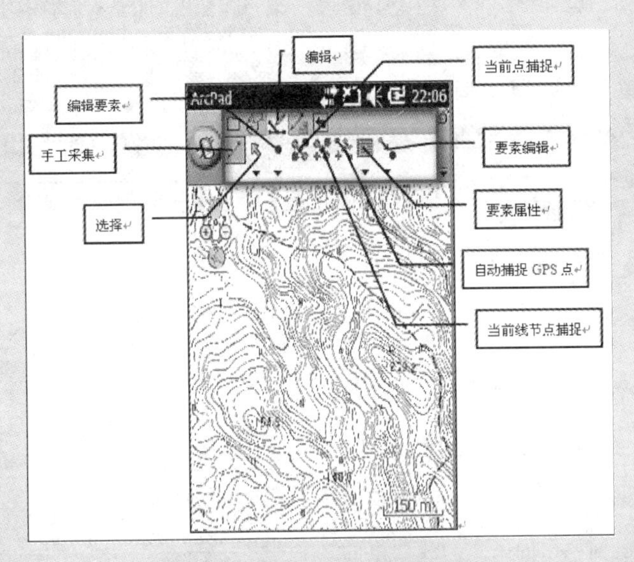

图9-30 【数据采集】各操作按钮

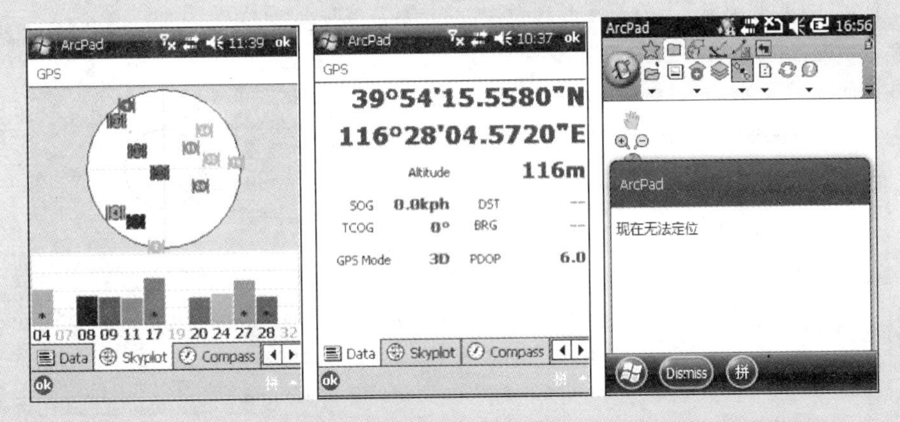

图9-31 【GPS位置窗口】显示当前卫星信号和GPS无法接收信号情况

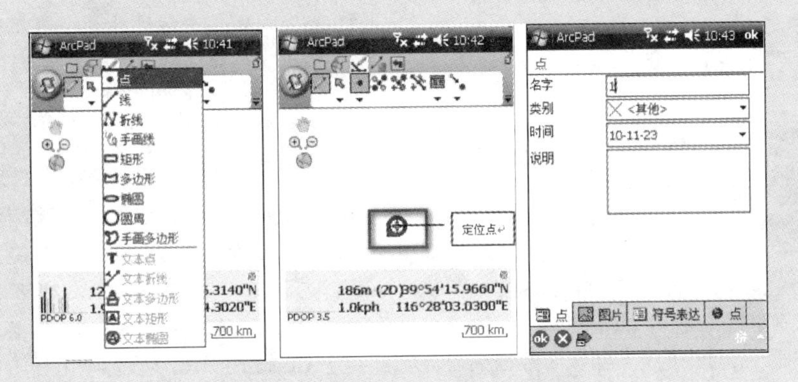

图9-32 点要素采集或定位过程

线要素自动采集过程：单击【编辑要素】下拉按钮→选择折线→单击【自动捕捉 GPS 点】（系统会根据设置的“顶点间隔”[单位是秒]以及“距离间隔”[单位是米]沿 GPS 移动轨迹自动采集 GPS 数据）→单击屏幕下方的按钮，结束线要素采集→在弹出的【要素属性】对话框中输入要素属性→单击“OK”完成。

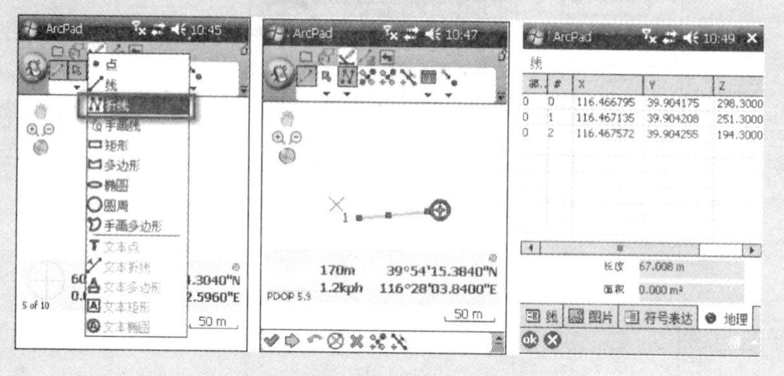

图 9-33 线要素手工采集或定位过程

③面要素的采集。面要素的采集与线要素的采集相似，也分为手工采集和自动采集 2 种，只是在采集前单击【编辑要素】下拉按钮时选择面，完成面要素采集后单击屏幕下方的按钮时，系统会自动增加一个与初始点相同的休坐标点形成封闭面关要素。选择编辑面要素如图 9-34 所示。

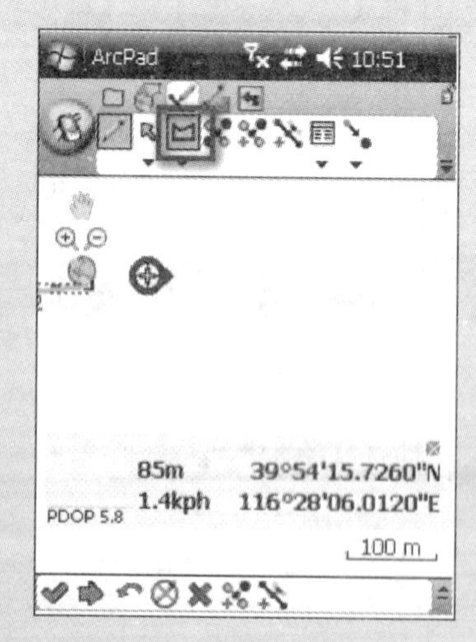

图 9-34 选择编辑面要素

4. 使用 GPS 采集获取的空间数据

空间数据采集结束后，要及时将【快速工程】文件夹拷贝到电脑上以免丢失，然后启动 ArcMap，直接【添加】【快速工程】中的点、线、面数据到当前 ArcMap 环境中，然后进行相应操作，如图 9-35 所示。

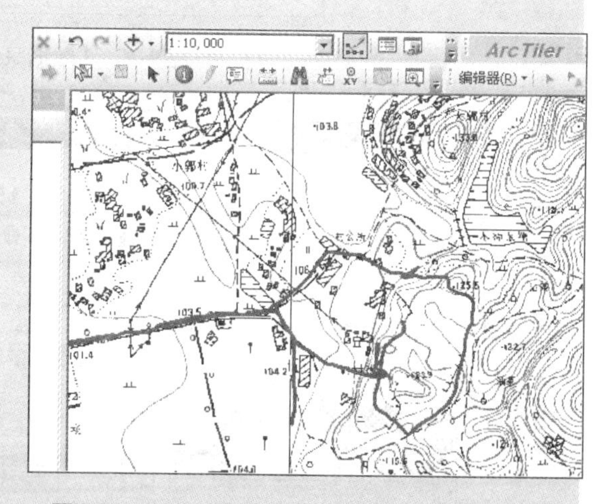

图 9-35 GPS 采集到的数据可直接应用于 ArcMap

（三）二类调查的内业处理及成果编制

“3S”技术在二类调查的内业处理中，主要使用 GIS 平台修正小班边界，并对每一个小班的空间位置字段赋值，然后计算小班面积，再与小班属性数据库连接，使得每个小班记录具有完整的数据，最后编制基本图、林班图集、林相图和森林分布图等。

为使小班属性库与小班图层的记录具有一对一的对应关系，小班属性数据库结构除了按【小班调查卡片】设置相应字段外，还要建立一字段与小班图层的 No（N10.0）字段相匹配，如 XBID（N10.0），小班属性库按“林地所有单位的代码”+“_ xbsj”命名，如广西凉水山林场为“450222_ 1_ xbsj”。【小班调查卡片】样式如图 9-36 所示。对应的库结构见表 9-1。

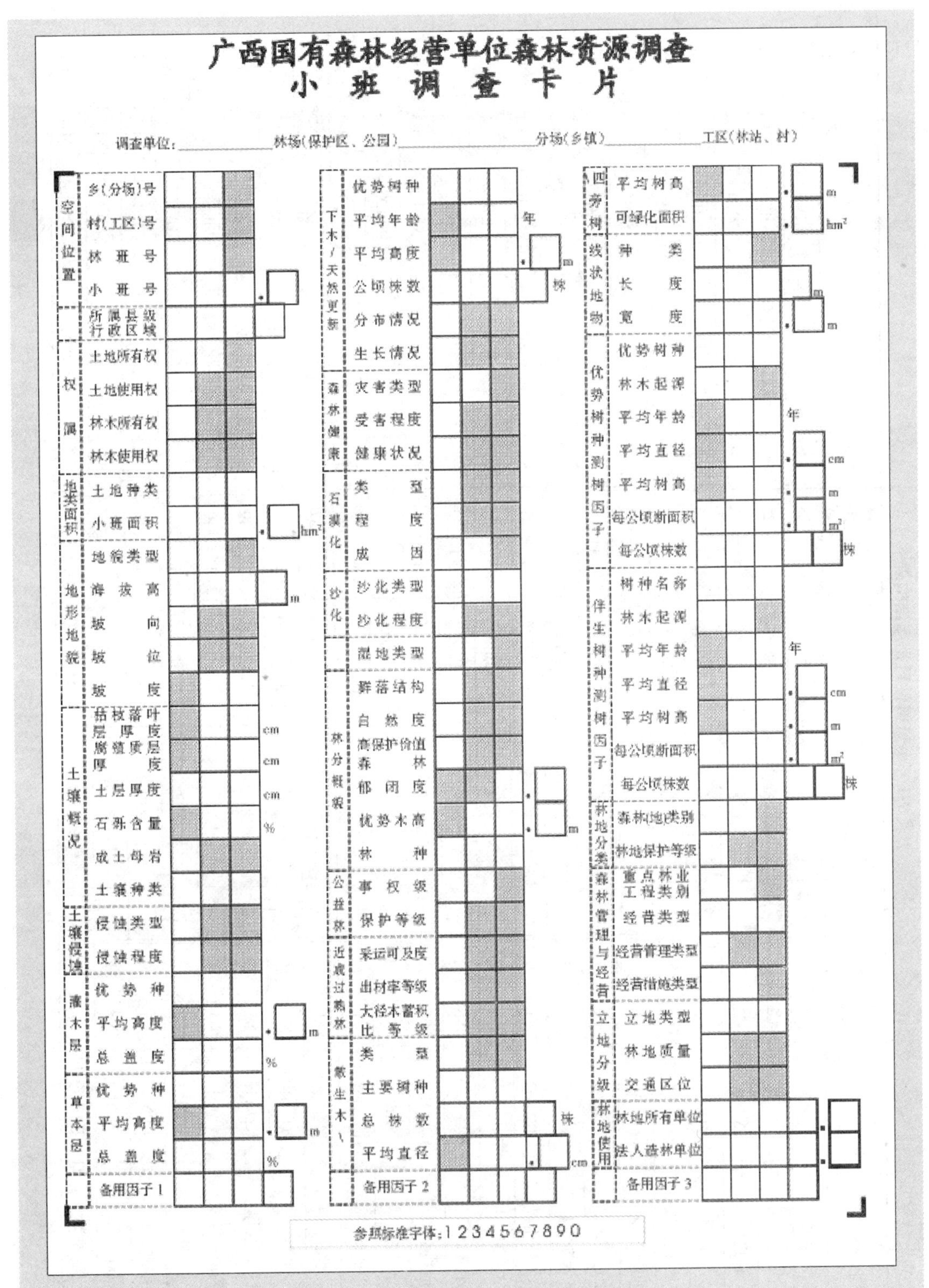

广西国有森林经营单位森林资源调查
小班调查卡片

调查单位:______林场(保护区、公园)______分场(乡镇)______工区(林站、村)

空间位置	乡(分场)号	
	村(工区)号	
	林班号	
	小班号	
	所属县级行政区域	
权属	土地所有权	
	土地使用权	
	林木所有权	
	林木使用权	
地类面积	土地种类	
	小班面积	hm²
地形地貌	地貌类型	
	海拔高	m
	坡向	
	坡位	
	坡度	°
土壤概况	枯枝落叶层厚度	cm
	腐殖质层厚度	cm
	土层厚度	cm
	石砾含量	%
	成土母岩	
	土壤种类	
土壤侵蚀	侵蚀类型	
	侵蚀程度	
灌木层	优势种	
	平均高度	m
	总盖度	%
草本层	优势种	
	平均高度	m
	总盖度	%
	备用因子1	

下木/天然更新	优势树种	
	平均年龄	年
	平均高度	m
	公顷株数	株
	分布情况	
	生长情况	
森林健康	灾害类型	
	受害程度	
	健康状况	
石漠化	类型	
	程度	
	成因	
沙化	沙化类型	
	沙化程度	
	湿地类型	
林分概况	群落结构	
	自然度	
	高保护价值森林	
	郁闭度	
	优势木高	m
	林种	
公益林	事权级	
	保护等级	
近成过熟林	采运可及度	
	出材率等级	
	大径木蓄积比等级	
散生木、	类型	
	主要树种	
	总株数	株
	平均直径	cm
	备用因子2	

四旁树	平均树高	m
	可绿化面积	hm²
线状地物	种类	
	长度	m
	宽度	m
优势树种测树因子	优势树种	
	林木起源	
	平均年龄	年
	平均直径	cm
	平均树高	m
	每公顷断面积	m²
	每公顷株数	株
伴生树种测树因子	树种名称	
	林木起源	
	平均年龄	年
	平均直径	cm
	平均树高	m
	每公顷断面积	m²
	每公顷株数	株
林地分类	森林(地)类别	
	林地保护等级	
森林管理与经营	重点林业工程类别	
	经营类型	
	经营管理类型	
	经营措施类型	
立地分级	立地类型	
	林地质量	
	交通区位	
林地使用	林地所有单位	
	法人造林单位	
	备用因子3	

参照标准字体:1234567890

图9-36 广西国有林场小班调查卡片样式

表 9-1 小班属性数据库结构表

类别	字段含义	字段名	字段类型	序号	类别	字段含义	字段名	字段类型	序号	类别	字段含义	字段名	字段类型	序号
空间位置	乡(分场)号	XIANG	C2	1	土壤侵蚀	侵蚀类型	QSLX	C1	23	林分概貌	湿地类型	SDLX	C2	45
	村(工区)号	CUN	C2	2		侵蚀程度	QSCD	C1	24		群落结构类型	QLJG	C1	46
	林班号	LIN_ BAN	C2	3	灌木层	优势种	GMYSZ	C3	25		自然度	ZRD	C1	47
	小班号	XIAO_ BAN	C4	4		平均高度	GMPJGD	N6. 1	26		高保护价值森林	GBHJZSL	C1	48
	所属县级行政区域	XIAN	C6	5		总盖度	GMZGD	N6. 2	27		郁闭度	YU_ BI_ DU	N6. 2	49
权属	土地所有权	LD_ QS	C2	6	草本层	优势种	CBYSZ	C3	28		优势木高	YSMG	N6. 1	50
	土地使用权	TDJYQ	C1	7		平均高度	CBPJGD	N6. 1	29		林种	LIN_ ZHONG	C3	51
	林木所有权	LMSYQ	C1	8		总盖度	CBZGD	N6. 2	30	公益林	事权级	SHI_ QUAN_ D	C2	52
	林木使用权	LMJYQ	C1	9	下木/天然更新	优势树种	GXYSSZ	C3	31		保护等级	GYL_ BHD	C1	53
地类面积	土地种类	DI_ LEI	C3	10		平均年龄	GXPJNL	N3	32	近成过熟林	采运可及度	KJD	C1	54
	小班面积	MIAN_ JI	N6	11		平均高度	GXPJGD	N6. 1	33		出材率等级	CCLDJ	C1	55
地形地貌	地貌类型	DI_ MAO	C1	12		公顷株数	GXGQZS	N4	34		大径木蓄积比等级	XJBDJ	C3	56
	海拔高	HBG	N4	13		分布情况	GXFBQK	C1	35	散生木/四旁树	类型	SSLX	C1	57
	坡向	PO_ XIANG	C1	14		生长情况	GXSZQK	C1	36		主要树种	SSZYSZ	C6	58
	坡位	PO_ WEI	C1	15	森林健康	灾害类型	DISPE	C2	37		总株数	SSZZS	N4	59
	坡度	PO_ DU	N 2	16		受害等级	DISASTER_ C	C1	38		平均胸径	SSPJXJ	N6. 1	60
土壤概况	枯枝落叶层厚度	KZLYH	N3	17		健康状况	JKZK	C1	39		平均树高	SSPJH	N6. 1	61
	腐殖质层厚度	FZCH	N3	18	石漠化	类型	SMHLX	C1	40		可绿化面积	klhmj	N4. 1	62
	成土母岩	CTMY	C1	19		程度	SMHCD	C1	41	线状地物	种类	XZWZL	C2	63
	土层厚度	TU_ CENG_ HD	N3	20		成因	SMHCY	C2	42		长度	XZWCD	N4. 1	64
	石砾含量	SLHL	N2	21	沙化	沙化类型	SHLX	C3	43		宽度	XZWKD	N4. 1	65
	土壤种类	TU_ RANG_ LX	C3	22		沙化程度	SHCD	C1	44		优势树种	YOU_ SHI_ SZ	C3	66

（续）

类别	字段含义	字段名	字段类型	序号	类别	字段含义	字段名	字段类型	序号	类别	字段含义	字段名	字段类型	序号
优势树种测树因子	林木起源	QI_ YUAN	C2	67	森林管理与经营	重点林业工程类别	G_ CHENG_ LB	C2	82	派生因子	森林蓄积	SLXJ	N5. 0	97
	平均年龄	PINGJUN_ NL	N3	68		经营类型	JYLX	C2	83		优势树种蓄积	XJ1	N5. 0	98
	平均胸径	PINGJUN_ XJ	N6. 1	69		经营管理类型	JYGLLX	C1	84		伴生树种蓄积	XJ2	N5. 0	99
	平均树高	PINGJUN_ SG	N6. 1	70		经营措施类型	JYCSLX	C2	85		散生四旁蓄积	SSXJ	N5. 0	100
	每公顷断面积	PINGJUN_ DM	N6. 1	71	立地分级	立地类型	LDLX	C2	86		公顷蓄积（活立木）	HUO_ LMGQXJ	N5. 1	101
	每公顷株数	MEI_ GQ_ ZS	N4	72		林地质量	ZL_ DJ	C1	87		主伐年龄	ZFNL	N3	102
伴生树种测树因子	树种名称	BSSZ	C3	73		交通区位	KE_ JI_ DU	C1	88		造林年度	ZLND	N4	103
	林木起源	BSSZQY	C2	74	林地使用	林地所有单位	LDSYDW	C8	89		龄组	LING_ ZU	C1	104
	平均年龄	BSSZNL	N3	75		法人造林单位	FRZLDW	C8	90		龄级	LJ	C1	105
	平均直径	BSSZSG	N6. 1	76	备用因子	备用因子1	BAK1	N5. 1	91		经济林产期	JJLCQ	C1	106
	平均树高	BSSZPJXJ	N6. 1	77		备用因子2	BAK2	N5. 1	92		编号	XBID	C10	107
	每公顷断面积	BSSZGQDM	N6. 1	78		备用因子3	BAK2	N5. 1	93					
	每公顷株数	BSSZGQZS	N4	79	派生因子	小班有效面积	YXMJ	N6. 1	94					
林地分类	森林（地）类别	SEN_ LIN_ LB	C3	80		线状物面积	XZWMJ	N6. 1	95					
	林地保护等级	BH_ DJ	C1	81		小班总蓄积	ZXJ	N5. 0	96					

1. 小班边界修正和面积计算

①要进行小班边界修正及面积计算，首先要启动 ArcMap 10.0，然后将由 RS 图像区划得到的小班边界原图(如 450222_ 1_ xb_ poly)与 RS 图像、1:10 000 地形图及 GPS 采集得到的数据叠合，根据 GPS 数据对原图上的小班边界进行修正(编辑)，并对每一个小班的空间位置字段赋值(在编辑状态)。如图 9-37 和图 9-38 所示。

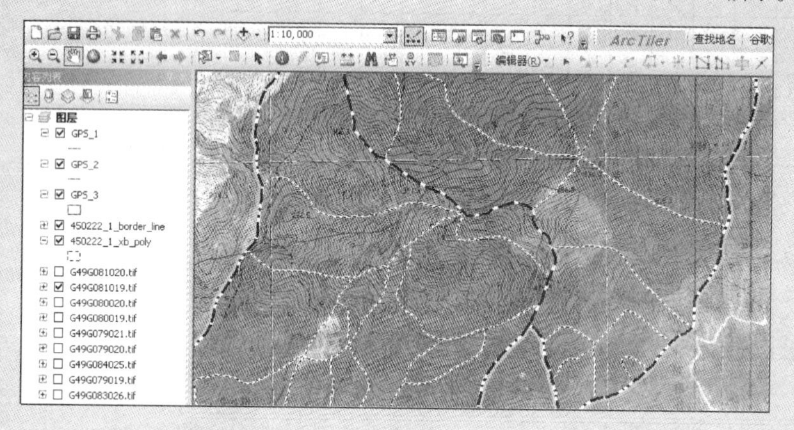

图 9-37 根据 GPS 采集数据对小班边界进行修正

表

450222_1_xb_poly

FID	Shape	Id	xiang	cun	lin_ban	xiao_ban	mian_ji	No
0	面	0	15	6	02	0005	0	0
1	面	0	15	6	02	0021	0	0
2	面	0	15	6	02	0011	0	0
3	面	0	15	6	02	0013	0	0
4	面	0	15	6	02	0012	0	0
5	面	0	15	6	02	0019	0	0
6	面	0	15	6	02	0018	0	0
7	面	0	15	6	02	0020	0	0
8	面	0	15	6	02	0017	0	0
9	面	0	15	6	02	0016	0	0
10	面	0	15	6	02	0015	0	0
11	面	0	15	6	01	0009	0	0
12	面	0	15	6	01	0010	0	0
13	面	0	15	6	02	0014	0	0
14	面	0	15	6	02	0009	0	0
15	面	0	15	6	01	0011	0	0

1 (0 / 541 已选择)

450222_1_xb_poly

图 9-38 在编辑状态下输入每个小班的空间位置字段值

面积计算是在属性表的“mian_ ji”字段名上右击，在弹出的快捷菜单中选择【计算几何】，然后在【计算几何】对话框中设置【属性】为“面积”，【单位】为“公顷”，单击【确定】完成面积计算。如图 9-39 和图 9-40 所示。

连接字段(No)的赋值是由 xiang[乡]、cun[村]、lin_ ban[林班]、xiao_ ban[小班]计算而得，通常可以用Microsoft Visual FoxPro 数据库软件来完成计算赋值。如图 9-41所示。

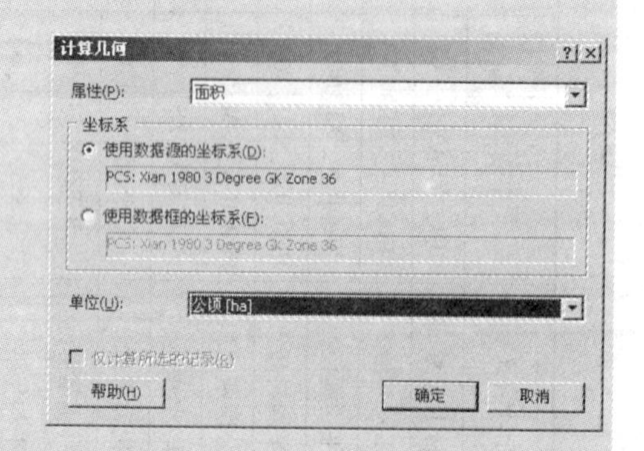

图 9-39 【计算几何】对话框位置

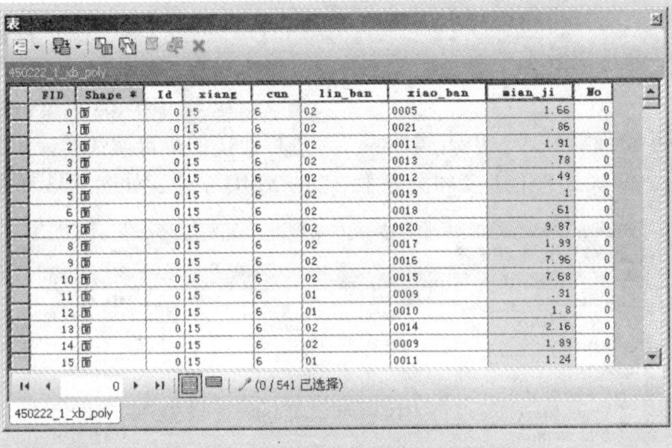

FID	Shape *	Id	xiang	cun	lin_ban	xiao_ban	mian_ji	No
0	面	0	15	6	02	0005	1.66	0
1	面	0	15	6	02	0021	.86	0
2	面	0	15	6	02	0011	1.91	0
3	面	0	15	6	02	0013	.78	0
4	面	0	15	6	02	0012	.49	0
5	面	0	15	6	02	0019	1	0
6	面	0	15	6	02	0018	.61	0
7	面	0	15	6	02	0020	9.87	0
8	面	0	15	6	02	0017	1.99	0
9	面	0	15	6	02	0016	7.96	0
10	面	0	15	6	02	0015	7.68	0
11	面	0	15	6	01	0009	.31	0
12	面	0	15	6	01	0010	1.8	0
13	面	0	15	6	02	0014	2.16	0
14	面	0	15	6	02	0009	1.89	0
15	面	0	15	6	01	0011	1.24	0

图9-40 与图9-38比较已完成面积计算的属性表

而对应的小班属性数据库也需要通过Microsoft Visual FoxPro软件进行关键字段(xbid)的计算并依据属性数据库的数据增加小班标注(xbbz)、林相图标注(lxbz)、森林分布图标注(fbbz)的信息计算，如图9-42所示。

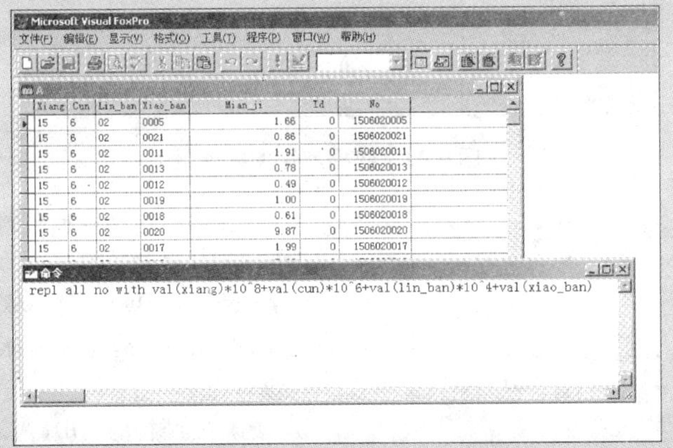

Xiang	Cun	Lin_ban	Xiao_ban	Mian_ji	Id	No
15	6	02	0005	1.66	0	1506020005
15	6	02	0021	0.86	0	1506020021
15	6	02	0011	1.91	0	1506020011
15	6	02	0013	0.78	0	1506020013
15	6	02	0012	0.49	0	1506020012
15	6	02	0019	1.00	0	1506020019
15	6	02	0018	0.61	0	1506020018
15	6	02	0020	9.87	0	1506020020
15	6	02	0017	1.99	0	1506020017

```
repl all no with val(xiang)*10^8+val(cun)*10^6+val(lin_ban)*10^4+val(xiao_ban)
```

图9-41 用Microsoft Visual FoxPro完成No字段值的计算

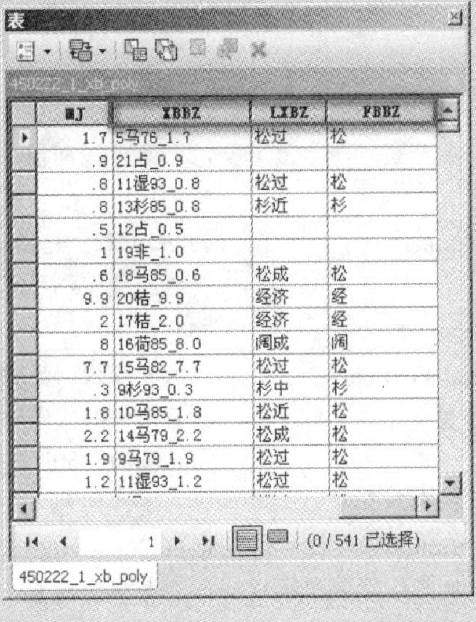

MJ	XBBZ	LXBZ	FBBZ
1.7	5马76_1.7	松过	松
.9	21占_0.9		
.8	11湿93_0.8	松过	松
.8	13杉85_0.8	杉近	杉
.5	12占_0.5		
1	19非_1.0		
.6	18马85_0.6	松成	松
9.9	20桔_9.9	经济	经
2	17桔_2.0	经济	经
8	16荷85_8.0	阔成	阔
7.7	15马82_7.7	松过	松
.3	9杉93_0.3	杉中	杉
1.8	10马85_1.8	松近	松
2.2	14马79_2.2	松成	松
1.9	9马79_1.9	松过	松
1.2	11湿93_1.2	松过	松

图9-42 用Microsoft Visual FoxPro完成各标注字段值计算

小班图层编辑、赋值完善后即可与小班属性库进行连接，形成完整的小班数据记录。连接方法如下：

在ArcMap中打开小班面属性表，单击属性表中【表选项】下拉按钮，依次选择【连接和关联】【连接...】菜单，在弹出【连接数据】对话框中进行相应设置，其中在1. 中选择小班面图层的No字段，在2. 中单击【浏览】按钮打开与小班面图层进行连接的小班属性库，在3. 中选择小班属性库的XBID字段，如图9-43和图9-44所示。

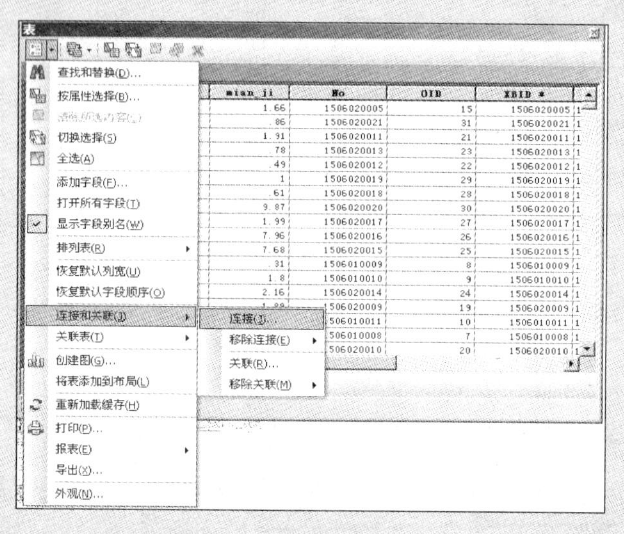

图9-43 数据连接的操作

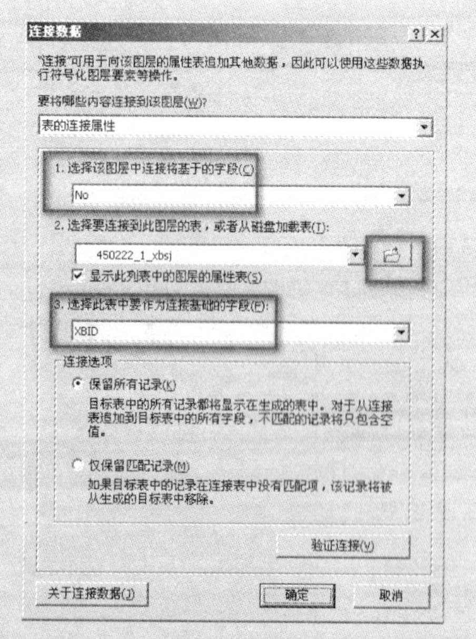

图9-44 用Microsoft Visual FoxPro完成No字段值的计算

2. 地理基础信息图层的创建

在二类调查的成果图制作中，除了境界线图层与小班面图层外，还必须包含地理基础信息图层，包括交通、水系、居民地等图层，其中：

①交通 包括高速公路、一级公路、二级公路、国道、省道、县道、乡村公路、林区公路；铁路。线(line)图层，按“林地所有单位的代码” + “_ road_ line”命名，如凉水山林场为“450222_ 1 _ road_ line”。

属性库结构为：ID(N3.0)；Type(N2.0)(类型)；Length(N8.1)(长度，单位为m)。

类型代码为：高速公路1；一级公路10；二级公路20；国道30；省道40；县道50；乡村公路60；林区公路70；铁路80。

②水系 主要河流、水库。分两个图层：

• 单线河流：线(line)图层，按“林地所有单位的代码” + “_ water_ line”命名，如凉水山林场为“450222_ 1_ water_ line”。

属性库结构为：ID(N3.0)；Name(C20)(名称)。

• 双线河流和水库：面(poly)图层，按“林地所有单位的代码” + “_ water_ poly”命名，如凉水山林场为“450222_ 1_ water_ poly”。

属性库结构为：ID(N3.0)；Type(C1)(类型)，Name(C20)(名称)。

类型代码为：主要河流1；一般河流2；大型水库3；一般水库4；湖泊(一般大于$20 \times 10^4 m^2$)

5；海水养殖场6；人工湿地7。

③居民地 自治区、市、县、乡镇、村委、林场、分场所在地。点(point)图层，按“林地所有单位的代码”+“_ resident_ point”命名，如凉水山林场为“450222_ 1_ resident_ point”。

属性库结构为：ID(N3.0)；Type(C2)(类型)；Name(C20)(名称)。

类型代码为：

• 行政驻地(10)：自治区政府驻地11；市政府驻地12；县(市、区)驻地13；乡(镇)驻地14；村委驻地15；村屯16；

• 机构驻地(20)：区林业厅21；市林业局22；县林业局23；乡镇林业站24；区直总场25；区直分场26；区直林站(工区)27；其他林场总场28；其他林场29；农场30。

• 辅助设施(30)：瞭望台31。

地理基础信息图层可参照地形图和RS图像创建，方法与创建小班面图层相同，在此不再赘述。

3. 成果图制作

①基本图编制 基本图在GIS平台上编制，比例尺为1: 10 000，以图幅为单元打印输出。

基本图的编制需要启动ArcMap 10.0，然后添加编制基本图必需的数据图层，包括地形图、小班图层、境界图层、基础地理信息图层和制图元素等，而制图元素包含框架、坐标格网、标题、指北针、比例尺、图例、落款等。地图元素的设计与制作可参照单元三项目七任务7.2制图版面设计进行，在此不再赘述；也可以利用第三方软件快速高效地完成，如GisOracle开发的ArcGisC-tools工具，具体详见相关资料。ArcMap中制作基本图添加必需的数据图层如图9-45所示。

图9-45 制作基本图的必要图层

各图层的符号类型依据《林业地图图式》标准，在各图层的【图层属性】中的【符号系统】标签进行设置，如图9-46所示。

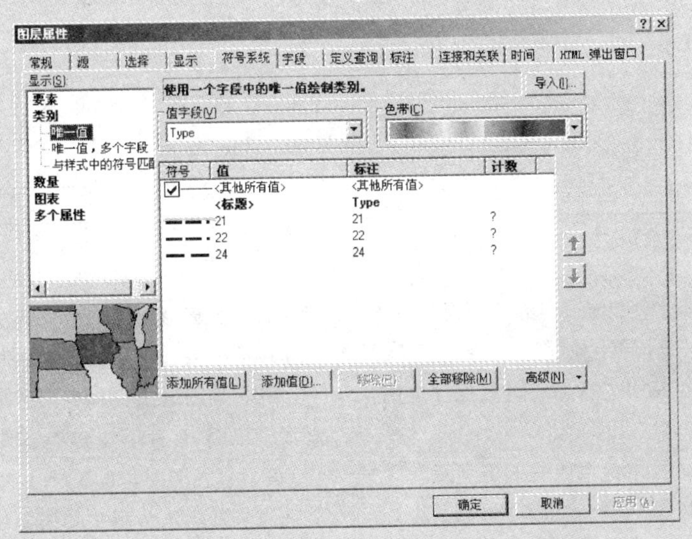

图9-46 【图层属性】对话框中【符号系统】标签设置符号类型

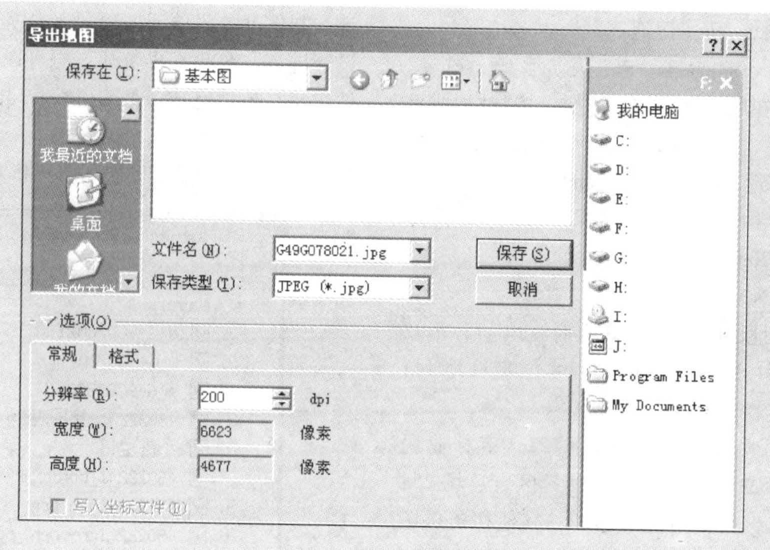

图 9-47 【导出地图】对话框

图 9-48 制作所得的基本图

再在【布局视图】中进行适当的微调得到基本图，然后选择【文件】【导出地图】菜单，打开【导出地图】对话框，在其中进行相应设置保存地图，如图 9-47 所示。

制作所得的基本图的效果如图 9-48 所示。

②林班图集编制　林班图集比例尺为 1∶10 000。包含图层与基本图一致。制作过程与基本图类似，只是在图幅内空白处适当位置标示林班主要资源统计数据，在此不再赘述。

林班图集编制成 PDF 格式文件，然后打印 A_3 规格纸质图纸，以分场(工区)为单位装订成册。

③林相图编制　林相图的编制一般限于国有林场，以分场为单位进行编制。比例尺为 1∶10 000。包含图层与基本图一致。在图幅下部空白处适当位置标示分场主要资源统计数据。林相图编制成 PDF 格式文件，然后打印 A_1 或 A_0 规格纸质图纸。

林相图以土地种类或优势树种 + 龄组为依据，

根据标准色标进行着色。如图9-49所示。

其他的布局设置与基本图制作相同，效果图如图9-50所示。

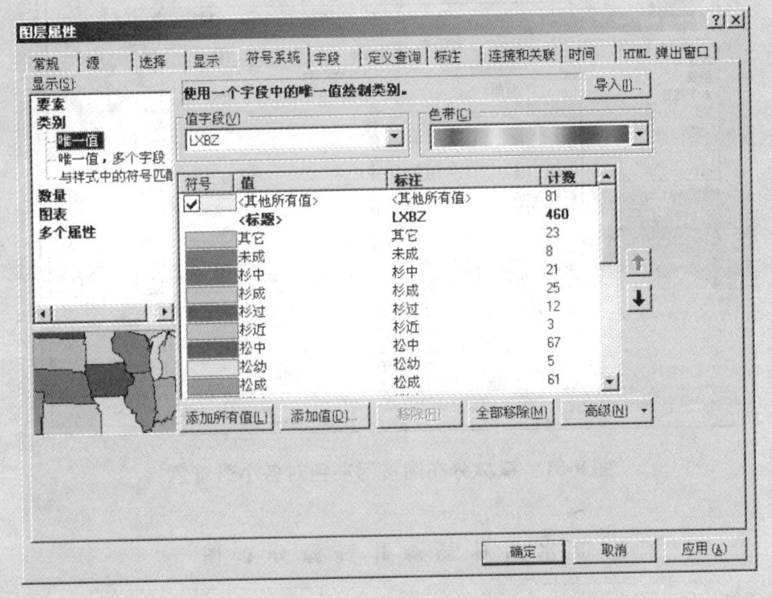

图9-49 林相图按标准色对各小班着色

图9-50 林相图

④森林分布图编制 森林分布图通常以整个森林调查单位进行编制，包含图层比基本图少地形图。制成PDF格式文件，然后打印A_0规格纸质图纸。并输出A_4图纸大小的森林分布简图，用于报告文本。

森林分布图以优势树种为依据，根据标准色标进行着色，如图9-51所示。

其他的布局设置与基本图制作相同，效果图如图9-52所示。

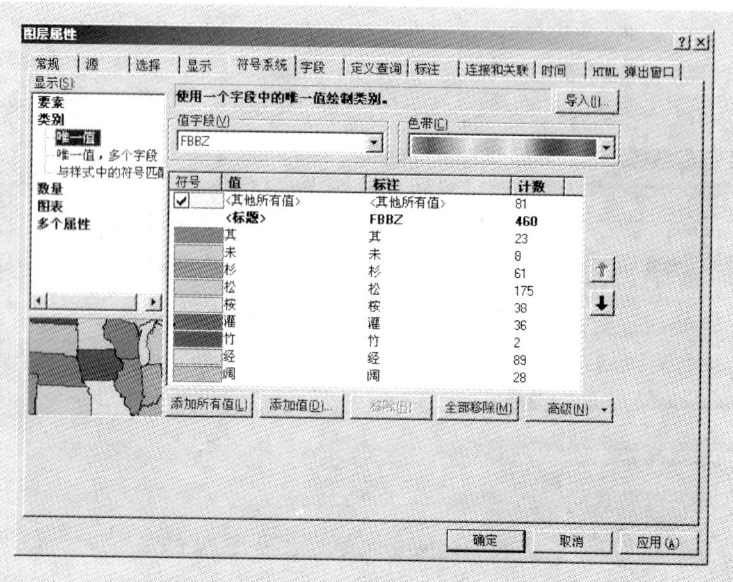

图 9-51　森林分布图按标准色对各小班着色

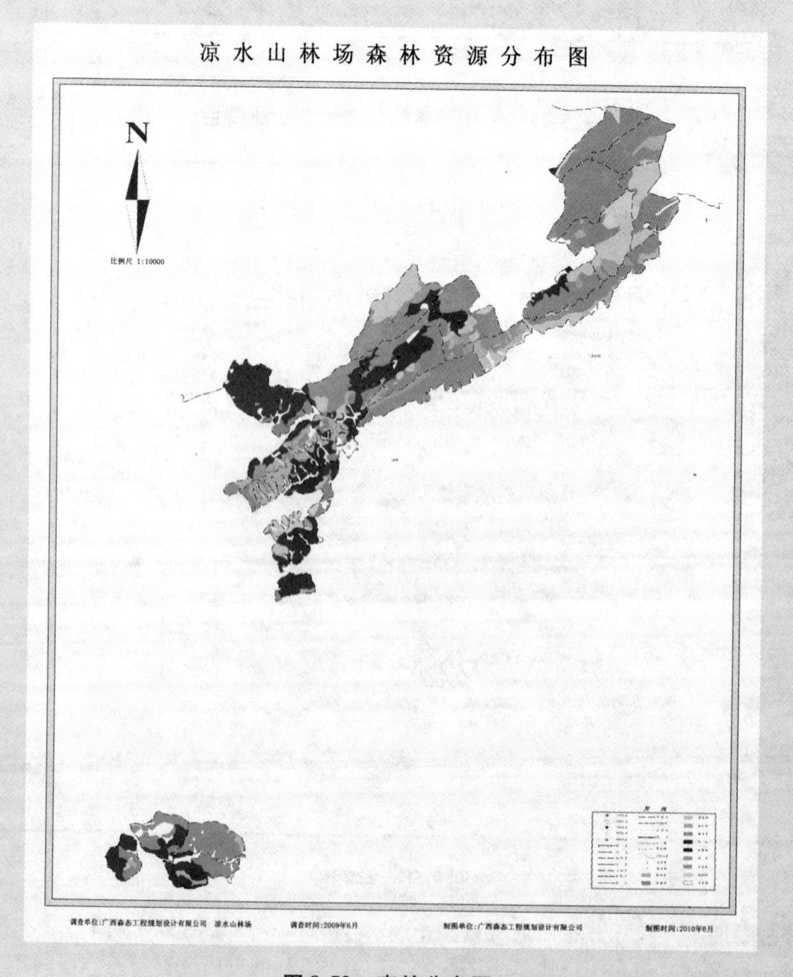

图 9-52　森林分布图

→成果提交

作出书面报告，包括操作过程和结果以及心得体会，具体内容如下：

1. 简述“3S”技术在二类调查中的综合应用过程。
2. 回顾操作过程中的心得体会，遇到的问题及解决方法。

任务2

“3S”技术在森林防火中的应用

→任务描述

经过学习和训练，能够熟悉“3S”技术在森林防火应用中的一般模式与方法，熟悉GPS、GIS、RS各自在具体应用时的优势与局限性，了解GPS、GIS、RS整合为功能强大、经济实用的集成系统的思路。

→任务目标

经过学习和训练，学生能够熟练运用RS、GPS、GIS及各相关软件共同完成火场定位、分析决策、损失评估等工作。

→知识准备

森林火灾是森林资源的主要灾害之一，有效防止和减少森林火灾是护林工作的主要任务，也是保护森林资源的重要措施。“3S”(GPS、GIS、RS)技术及网络、通讯、可视化等技术手段在森林防火中的应用是当前森林防火中最先进、最有效的技术支持体系，其可以实现火灾的全天候实时监控并预测火灾走势、准确确定火灾地点和范围、实现林业资源的综合管理和森林火灾信息档案管理等。

通过气象遥感卫星接收系统接收相关气象信息，按用户设定的范围自动生成区域森林火险等级等数据集，而气象卫星无法精确定位的特性可结合分辨率更高的陆地卫星或资源卫星等监测火险等级高的区域，及时发现森林火灾并及时实施扑救。目前由于卫星信息接收通常只有省厅级林业主管部门才具有接收使用权限，因此，此技术应用的普及还有较大局限性。

利用遥感卫星可以从高空大范围监测大面积林区情况，在发生森林火灾后可利用GPS确定火灾发生的具体位置，然后结合GIS数据分析得出最合理、最高效的扑救方案和科学决策，将森林火灾造成的损失降到最低限度，并对灾后损失进行评估和管理。

→任务实施

“3S”技术在森林防火中的应用

一、目的与要求

通过3S技术确定火场位置、指导扑救队员的扑救行进路线及时有效扑救森林火灾，降低火灾损失。应用森林经营单位完整的二类调查数据，建立三维数据模型，作为扑救火灾的指挥图；通过借助汽车和遥控无人机携带GPS确定火场位置。

二、数据准备

某森林经营单位二类调查数据。

三、操作步骤

（一）火场定位

使用GPS可以精确定位森林火灾发生现场，为森林火灾扑救明确位置和方向。MG758型GPS内置的UniNav软件是搭配高精度GPS采集器设备，功能实用，涵盖数据采集、导航与放样及面积周长量算的软件。UniNav导航定位操作如下：

启动MG758型GPS，运行UniNav，如图9-53所示。

图9-53 运行UniNav

在图9-53右图中单击【连接主机】，按图9-54所示设置【串口设置】和【硬件选择】并单击【确定】返回图9-53右图所示。

在开始导航/放样或数据采集前，必须新建工程。单击【工程管理】，选择【新建工程】，打开【新建工程】对话框，如图9-55所示，在其中填入工程名称和保存路径后，点击【保存】，弹出如图9-56所示。

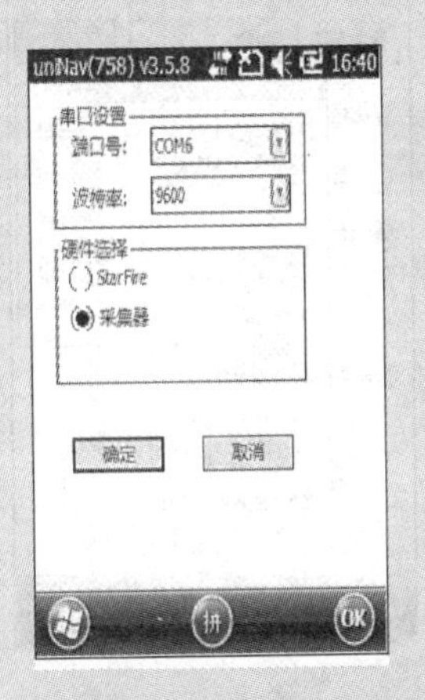

图9-54 设置【串口设置】和【硬件选择】

图9-55 【新建工程】对话框

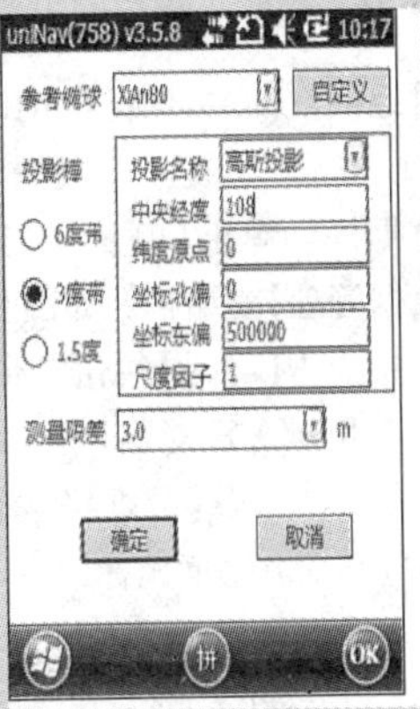

图9-56 工程参数设置对话框

在工程参数设置对话框中根据具体需要输入各参数后，点击【确定】按钮，弹出如图9-57所示。

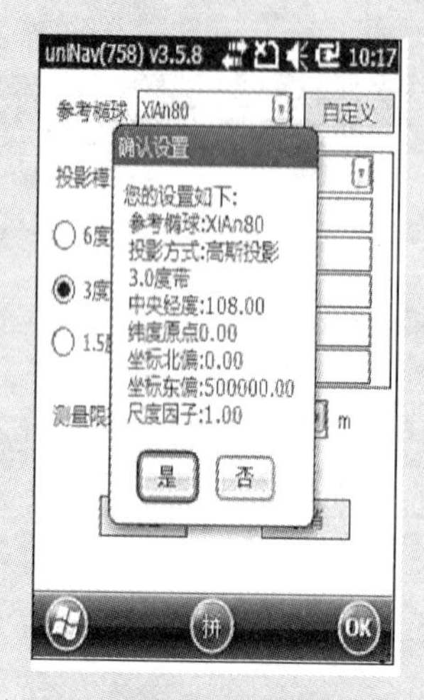

图9-57 【确认设置】对话框

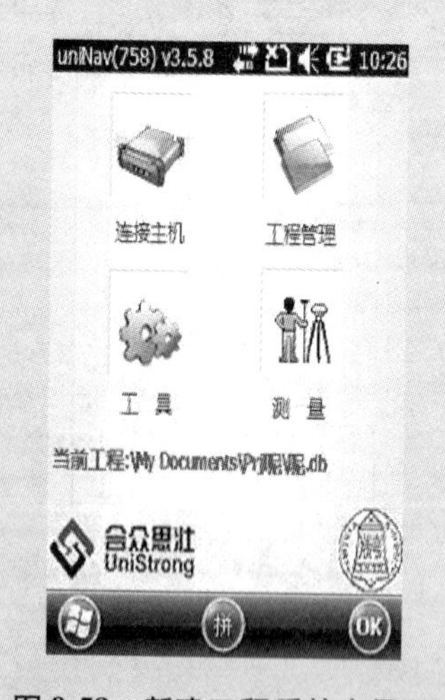

图9-58 新建工程后的主界面

点击【是】返回软件主界面，如图9-58所示。

完成上述设置后，可通过【数据管理】建立导航目标点的数据库。单击【测量】，选择【数据管理】，弹出【数据管理】对话框，如图9-59所示。

在图9-59中点击【导入】按钮，弹出【导入】对话框，如图9-60所示。该对话框可直接填入和从文件导入2种方式。其中【数据格式】支持经纬度坐标(B－L－H)和地方平面坐标(X－Y－h)2种格式，而经纬度坐标可显示为度(d. dddd)、度．分(d. mmmm)和度．分秒(d. mmss)3种类型。

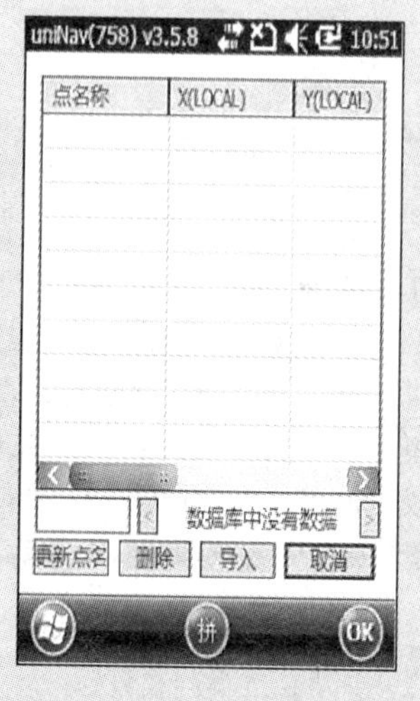

图9-59 【数据管理】对话框

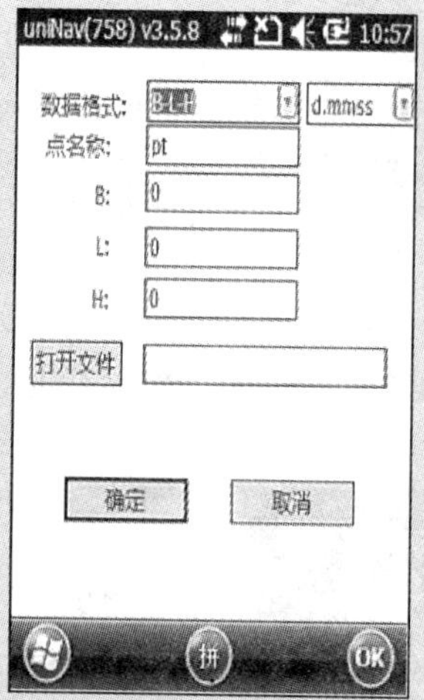

图9-60 【导入】对话框

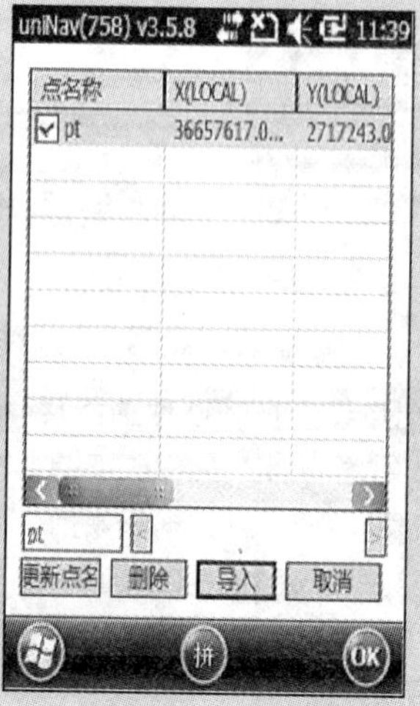

图9-61 【数据管理】对话框

目标点坐标输入完成后点击【确定】，返回【数据管理】对话框，如图9-61所示。

目标点坐标设置完成后即可进行导航定位。单击主界面【测量】，选择【导航】，弹出【导航】对话框，如图9-62所示。

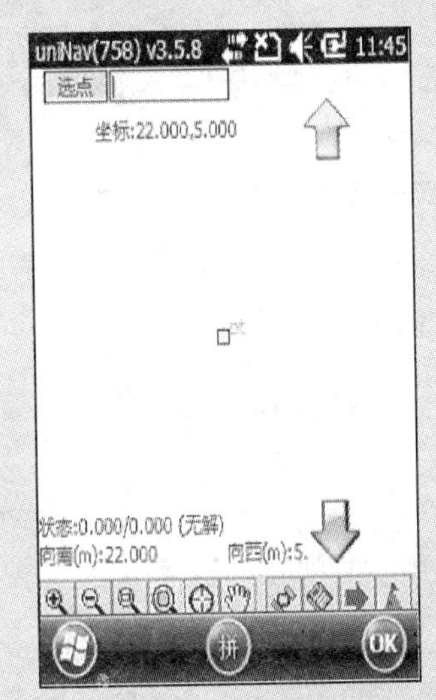

图9-62 【导航】对话框

点击【选点】按钮，弹出目标点对话框，从中选择森林火灾目标点，如图9-63所示。

点击【确定】后返回【导航】界面，点击次级导航按钮，进入次级导航页面，如图9-64所示。次级导航页面中的中心红色点表示目标点位置，绿色点表示当前点位置；同时还显示目标点与当前点的关系，包括南北方向坐标之差，东西方向坐标之差及调和之差等。

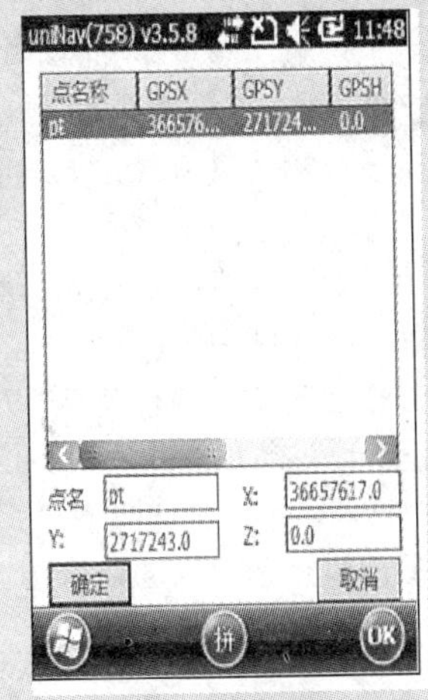

图9-63 选择目标点

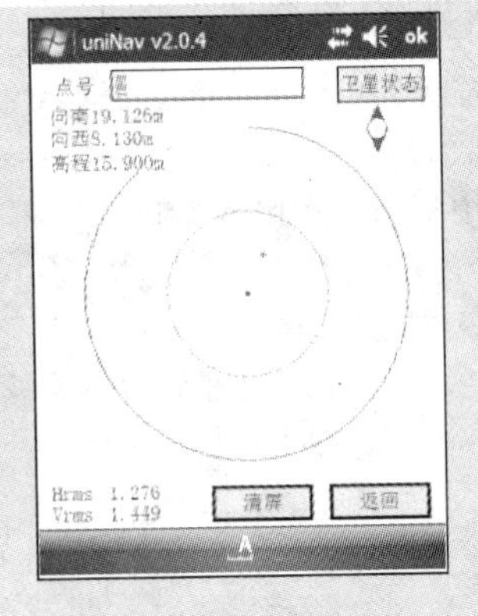

图9-64 次级导航界面

然后按照次级导航界面提示，即可导航到达指定目标点(火场)。

定位方式可利用飞机、车辆、步行等携带GPS完成。

(二)“3S”技术在森林火灾时的数据分析决策

森林火灾发生时的林火扑救决策，直接影响森林火灾损失的大小。“3S”技术及通讯、网络等技术的综合应用，能够快速掌握火场周围的情况，对扑火决策的合理性、高效性提供科学可靠的指导数据。决策者由此获取火场周边的救援队、水源、道路等信息，有效地部署和指挥救援队伍的先进路线、防火隔离带的开挖准备等。

1. 创建三维影像

经由森林资源规划设计调查的基础地理数据，通过ArcGIS创建DEM影像，效果如图9-65所示，以直观显示林区的地形，方便决策者部署和指挥火灾扑救的工作。建立的方法和步骤详见项目八。

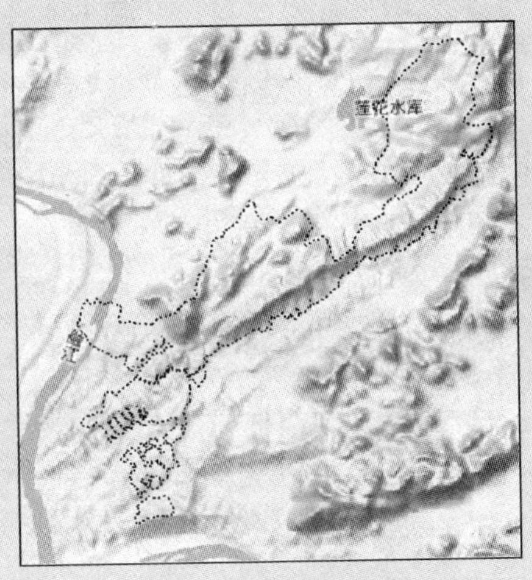

图9-65 林区三维影像图

2. 网络分析

网络分析是ArcGIS模拟现实世界的网络问题，如从网络数据中寻找多个地点之间的最优路径，确定网络中资源配置和网络服务范围等。ArcGIS可使用几何网络分析和网络数据集的网络分析2种模式实现不同的网络分析功能。

森林火灾的扑救主要是查找最短路径来解决扑火效率，这可以使用比较简单的几何网络分析就能实现。由于林区中的基础地理数据具有缺陷，如道路、水源、人员、火点等要素几乎都是独立的，因而无法进行完善的网络分析，因此以下仅简单介绍查找最短路径的网络分析。

①在ArcMap进行网络分析前，必须先建立一个要素数据集，然后将参与几何网络构建的数据类或要素类如道路、水源、火点等要素存放在同一个要素数据集中。建立方法参见前述。

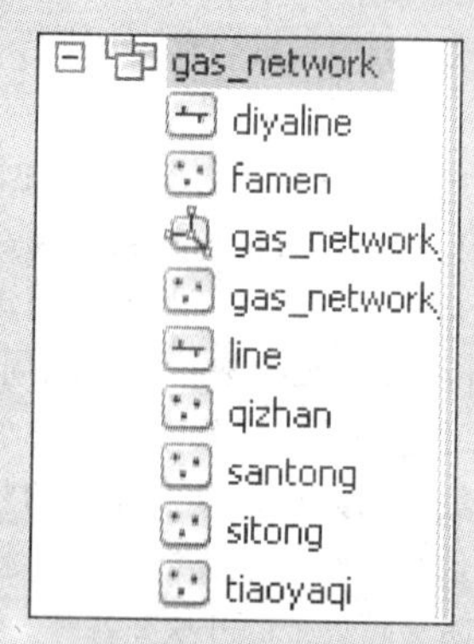

图9-66 构建几何网络的要素数据集和要素

②将参与网络分析的道路、水源、火点等要素导入要互素数据集中，如图9-66所示。

③构建几何网络，右击图9-66中的要素数据集“gas_ network”，选择【新建】→【几何网络】，弹出【新建几何网络】对话框，如图9-67所示。

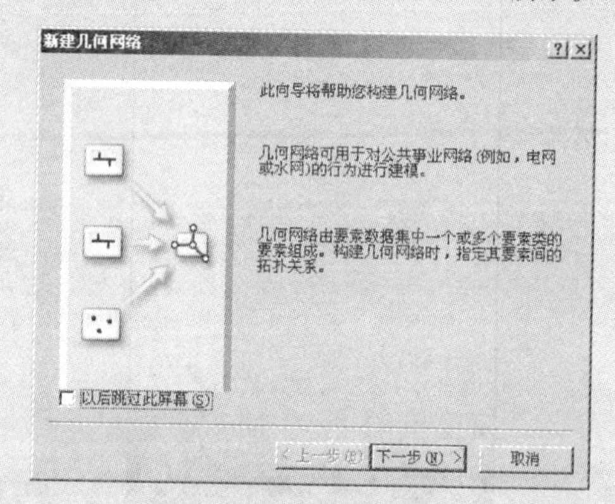

图9-67 【新建几何网络】对话框

然后单击【下一步】按提示进行相应设置，直到完成。

几何网络建立后，可通过【几何网络编辑】工具条对几何网络进行网络要素的添加与删除、连通性、属性、权重编辑等，如图9-68所示。

图9-68 【几何网络分析】工具条

④几何网络分析。几何网络分析是在几何网络模型基础上进行的网络分析，主要用于流向分析和追踪分析任务，而森林火灾最短路径分析属于追踪分析。可通过【几何网络分析】工具条进行，如图9-69所示。

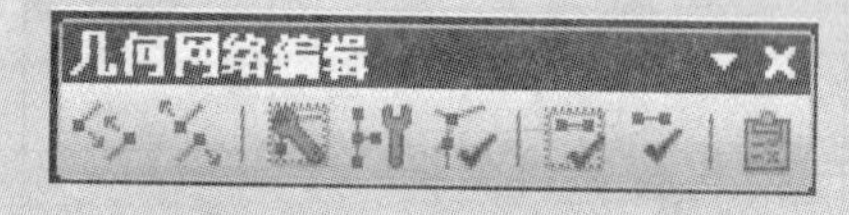

图9-69 【几何网络编辑】工具条

由于森林火灾环境复杂，影响因素众多，仅依靠网络分析仍然无法满足扑火的决策指挥，因此决策者最直观的办法就是通过EDM影像，根据着火点的地形、风向、风力、坡度、可燃物类型等因素来判断指挥救援队伍的扑救工作。因此，除了“3S”技术外，还需要应用网络、通讯等技术进行施援。如通过监测GPS返回信息，结合ArcGIS的EDM影像指挥GPS持有者行进方向。或通过手机定位系统通过通讯方式返回的信息，再结合相关信息进行调度施救。如图9-70所示，为手机定位系统的测试效果，其中红块为测试位置，红框为手机所在位置。

图 9-70 手机定位系统测试

(三)森林火灾后的损失评估

森林火灾发生后，其造成的损失估算包括过火面积、蓄积损失、经济损失及扑火过程中的各种经济投入、碳汇损失分析等，为灾后火烧迹地清理、制定和实施更新等各种森林生态系统的重建与修复提供决策依据。而“3S”技术在灾后评估方面主要用于过火面积和蓄积损失方面的评估分析。

过火面积的调查可按任务实施 9-3 所述，使用 GPS 沿过火面积的边界采集空间数据，然后通过 ArcGIS 就可精确计算出过火面积，在此不再赘述。

蓄积损失评估可在 GIS 基础上以小班为单位，解释火灾地历史遥感数据和其他相关资料数据作为基础，以树种、林龄、郁闭度、立地质量、地位级等数据为参数，建立蓄积模型来估算森林火灾的详细信息和火灾损失。具体参阅相关林业调查书籍。

→成果提交

作出书面报告，包括操作过程和结果以及心得体会，具体内容如下：

1. 简述“3S”技术在森林防火中的应用过程。
2. 回顾操作过程中的心得体会，遇到的问题及解决方法。

自主学习资料库

1. 北京吉威数源软件开发有限公司. GeowayDRG 2.0 数字栅格地图制作系统用户手册.

2. 罗可. FoxPro for DOS 教程.

参考文献

薛在军，马娟娟. 2013. ArcGIS 地理信息系统大全[M]. 北京：清华大学出版社.

牟乃夏，刘文宝，王海银，等. 2012. ArcGIS 10.0 地理信息系统教程——从初学到精通[M]. 北京：测绘出版社.

党安荣，王晓，陈晓峰，等. 2003. ERDAS IMAGINE 遥感图像处理方法[M]. 北京：清华大学出版社.

冯仲科，余新晓. 2000. “3S”技术及其应用[M]. 北京：中国林业出版社.

胡志东. 2003. 森林防火[M]. 北京：中国林业出版社.

广西壮族自治区林业局. 2008. 广西森林资源规划设计调查技术方法.

高香玲. 2012. “3S”技术在森林资源调查规划中的应用[J]. 辽宁林业科技(2)：49－51.

焦一之，陈瑜，张锁成，等. 2007. “3S”技术在森林资源调查中的应用[J]. 河北林果研究，22(4)：24－26.

侯瑞霞，仝红瑞，于凌霄. 2006. “3S”技术在森林资源二类调查中的应用[J]. 林业调查规划，31(3)：14－16.

殷亚南，李罗仁，王勇. 2008. “3S”技术在森林资源规划设计调查中的应用探讨[J]. 江苏林业科技，35(6)：41－43.

黄锋. 2013. 基于 VB 与 Google earth 插件的广西百色市森林防火地理信息系统的设计与构建[J]. 林业调查规划，38(4)：32－36.

金朝. 2013. GPS 导航技术在森林防火中的应用[J]. 科技信息(1)：483.

周全. 2013. GIS 在森林防火管理中的应用. 四川林业科技，34(1)：111－113，122.

杨鹏，侯晓玮，张翠华，等. 2012. 基于 RS 和 GIS 技术的石家庄森林防火系统[J]. 河北遥感(3)：7－11.